面向新工科的电工电子信息基础课程系列教材
教育部高等学校电工电子基础课程教学指导分委员会推荐教材

普通高等教育"十一五"国家级规划教材
国家级一流本科课程、国家精品课程、国家精品资源共享课主讲教材

新一代通信技术
新兴领域"十四五"
高等教育教材

# 通信原理

## 第 3 版

李晓峰　周　亮　孔令讲　周　宁
凌　翔　邵怀宗　傅志中　邵士海　编著

清华大学出版社
北京

## 内 容 简 介

本书主要讨论通信系统的基础理论、技术与分析方法。全书共 11 章，内容包括绪论、基础知识、模拟传输、数字基带传输、数字频带传输、模拟信号数字化与 PCM、信号空间理论与数字最佳接收机、现代数字传输技术、多用户与无线通信、信息论基础以及纠错编码等。

本书注重通信系统的理论基础与技术思想，紧密联系工程实践，前沿应用案例丰富。本书内容全面，条理分明，叙述清楚，例题与图示丰富，便于教学与自学。

本书可作为高等学校通信工程、信息工程等电子信息类专业的本科生教材与研究生参考书，也可供相关领域的科研和工程技术人员参考。

版权所有，侵权必究。举报：010-62782989，beiqinquan@tup.tsinghua.edu.cn。

**图书在版编目（CIP）数据**

通信原理 / 李晓峰等编著. -- 3 版. -- 北京：清华大学出版社，2024.12.
（面向新工科的电工电子信息基础课程系列教材）. -- ISBN 978-7-302-67773-4

Ⅰ. TN911

中国国家版本馆 CIP 数据核字第 2024Y4B934 号

责任编辑：文　怡　李　晔
封面设计：王昭红
责任校对：李建庄
责任印制：曹婉颖

出版发行：清华大学出版社
网　　址：https://www.tup.com.cn，https://www.wqxuetang.com
地　　址：北京清华大学学研大厦 A 座　　　邮　编：100084
社 总 机：010-83470000　　　　　　　　　邮　购：010-62786544
投稿与读者服务：010-62776969，c-service@tup.tsinghua.edu.cn
质量反馈：010-62772015，zhiliang@tup.tsinghua.edu.cn
课件下载：https://www.tup.com.cn，010-83470236

印 装 者：三河市龙大印装有限公司
经　　销：全国新华书店
开　　本：185mm×260mm　　　印　张：30.75　　　字　数：748 千字
版　　次：2008 年 11 月第 1 版　　2024 年 12 月第 3 版　　印　次：2024 年 12 月第 1 次印刷
印　　数：1～1500
定　　价：99.00 元

产品编号：089161-01

# 序

新一代信息通信技术以前所未有的速度蓬勃发展,深刻改变着社会的每一个角落,成为推动经济社会发展和国家竞争力提升的关键力量。本教材体系的构建,旨在落实立德树人根本任务,充分发挥教材在人才培养中的关键作用,牵引带动通信技术领域核心课程、重点实践项目、高水平教学团队的建设,着力提升该领域人才自主培养质量,为信息化数字化驱动引领中国式现代化提供强大的支撑。

本系列教材汇聚了国内通信领域知名的8所高校、科研机构及2家一流企业的最新教育改革成果以及前沿科学研究和产业技术。在中国科学院院士、国家级教学名师、国家级一流课程负责人、国家杰出青年基金获得者,以及光通信、5G等领域一线工程师和专家的带领下,团队精心打造了"知识体系全面完备、产学研用深度融合、数字技术广泛赋能"的新一代信息技术(新一代通信技术)领域教材。本系列教材编写团队已入选教育部"战略性新兴领域'十四五'高等教育教材体系建设团队"。

总体而言,本系列教材有以下三个鲜明的特点。

**一、从基础理论到技术应用的完备体系**

系列教材聚焦新一代通信技术中亟需升级的学科专业基础、通信理论和通信技术,以及亟需弥补空白的通信应用,构建了"基础—理论—技术—应用"的系统化知识框架,实现了从基础理论到技术应用的全面覆盖。学科专业基础部分涵盖电磁场与波、电子电路、信号系统等;通信理论部分涵盖通信原理、信息论与编码等;通信技术部分涵盖移动通信、通信网络、通信电子线路等;通信应用部分涵盖卫星通信、光纤通信、物联网、区块链、虚拟现实、网络安全等。

**二、产学研用的深度融合**

系列教材紧跟技术发展趋势,依托各建设单位在信息与通信工程等学科的优势,将国际前沿的科研成果与我国自主可控技术有机融入教材内容,确保了教材的前沿性。同时,联合华为技术有限公司、中信科移动等我国通信领域的一流企业,通过引入真实产业案例与典型解决方案,让学生紧贴行业实践,了解技术应用的最新动态,并通过项目式教学、课程设计、实验实训等多种形式,让学生在动手操作中加深对知识的理解与应用,实现理论与实践的深度融合。

**三、数字化资源的广泛赋能**

系列教材依托教育部虚拟教研室平台,构建了结构严谨、逻辑清晰、内容丰富的新一代信息技术领域知识图谱架构,并配套了丰富的数字化资源,包括在线课程、教学视频、工程实践案例、虚拟仿真实验等,同时广泛采用数字化教学手段,实现了对复杂知识体系的直观展示与深入剖析。部分教材利用AI知识图谱驱动教学资源的优化迭代,创新性地引入生成式AI辅助教学新模式,充分展现了数字化资源在教育教学中的强大赋能作用。

我们希望本系列教材的推出,能全面引领和促进我国新一代信息通信技术领域核心课

# 序

程与高水平教学团队的建设，为信息通信技术领域人才培养工作注入全新活力，并为推动我国信息通信技术的创新发展和产业升级提供坚实支撑与重要贡献。

电子科技大学副校长 孔令讲

2024 年 10 月

# 前 言

本书为战略性新兴领域"十四五"高等教育教材体系建设的新一代信息技术(新一代通信技术)系列丛书之一。

本书第 1 版自 2008 年 11 月发行以来,被电子科技大学和国内许多高等院校用作主讲教材与参考书,获得了大量成功应用。本书是国家级一流课程与国家精品课程的主讲教材,被评为普通高等教育"十一五"国家级规划教材。本次修订为第 3 版。

"通信原理"阐述电子通信系统的基础理论、技术与分析方法,它是现代信息社会中许多专业技术人员所需的基础知识。作者结合多年来从事通信与信息领域的科学研究与技术开发的经验,以及讲授这门课程的教学实践经验,在广泛参考了国内外同类书籍基础上,编写了本教材。在编写中,作者力图做好下面几点。

(1) 反映前沿工程技术与学术理论的新进展:近年来,信息与通信领域持续快速发展,新技术与新理论不断涌现,教材要提炼最新的学术与产业成果,将先进内容用于课程教学。

(2) 经典理论与前沿技术创新相贯通:通信前沿技术及其创新精彩纷呈,大量的创新方法根植于基础理论,凝练代表性技术并贯通基本理论,才能更好地帮助学生打牢基础,进而融会贯通,逐步建立创新能力。

(3) 知识传承与立德树人同行:注重内容与表达方式的简明性、系统性、科学性与可读性,力图案例丰富、内容先进、重点突出与层次分明。通过专业的知识体系、严谨的科学态度与认真的编写作风,在教授知识中传承科学方法,树立科学精神。结合战略性新兴领域的国家发展需求,培育科技报国精神。

全书共 11 章。

第 1 章——绪论,介绍通信及其系统的基础概念、入门知识与简要发展。

第 2 章——基础知识,介绍信号、随机信号及线性系统的基本知识,着重关注它们在通信方面的内容。

第 3 章——模拟传输,介绍各种重要的模拟调制技术,包括幅度调制(常规 AM、DSBSC、SSB 和 VSB)与角度调制(FM 和 PM)方式,说明它们的信号产生与接收方法、功率谱与带宽、噪声性能等,并介绍几个典型应用实例。

第 4 章——数字基带传输,介绍传输数字序列时基带信号的形成、码率、功率谱与带宽等基本问题,说明噪声中的传输、无码间干扰、符号定时与同步,以及线路码型等问题。

第 5 章——数字频带传输,引入信号空间思想与星座图,说明各种数字频带调制技术,包括 2PSK/OOK、QPSK/MPSK/QAM/MASK、差分 PSK 以及 FSK/MFSK 与 MSK,讨论各种非相干解调方法,介绍载波同步技术,最后比较各种技术的特性与应用方向。

第 6 章——模拟信号数字化与 PCM,介绍模拟信号数字化中的抽样、量化与编码技术,解释脉冲编码调制及其相关技术,简要说明时分复用与有关的数字体系。

第 7 章——信号空间理论与数字最佳接收机,介绍信号空间、星座图、最佳接收准则、最佳接收机结构与差错概率,并运用它们讨论 MASK、MPSK、MQAM 与 MFSK 的最佳接收

# 前言

与性能。

第 8 章——现代数字传输技术，介绍几种现代数字传输中的重要技术，包括采用多个并行载波的 OFDM、扩展频谱的通信、伪随机序列以及多天线传输技术。

第 9 章——多用户与无线通信，介绍解决众多用户共享通信系统资源的多路复用与多址技术，说明无线系统设计中的链路预算分析，并简单介绍无线信道的多径衰落特征与分集接收技术。

第 10 章——信息论基础，介绍熵、相对熵与互信息的基本概念，解释信道的容量与信道编码定理，说明无失真信源编码定理、速率-失真关系等。

第 11 章——纠错编码，介绍编码信息传输的基本概念、纠错编码与译码的基本原理以及应用与发展。讨论线性分组码、循环码与卷积码等，并说明典型的代数结构码与迭代可译码，包括新近的 Turbo 码、LDPC 码与极化码等。

书中给出了大量的例题与图示，列举了丰富的前沿应用案例，包括人工智能、量子通信、5G/6G 无线移动通信、空间通信等方面，各章末附有充足的习题供练习。

本次修订广泛吸取近年来诸多院校教师与学生们的反馈意见，并结合作者新的学术与教学研究，以适应当前通信理论与技术的发展与教学需要。为了方便熟悉前版的广大师生，下面对本次所作变动予以详细说明。

第 1 章：1.1 节，增加时分双工与频分双工（TDD/FDD）的概念；1.2 节，历史回顾中充实移动通信发展的重要事件，增加第一代（1G）至第五代（5G）移动通信系统的基本特点与发展过程的简述，添加了几个新技术的应用案例；1.4 节，更新无线移动通信信道的说明；1.5 节，新增电磁波传播损耗的基本说明，增加无线电波的大气衰减特性曲线，更新国际电联 ITU 的介绍，更新 FDM 图例与说明；1.6 节，更新数字通信系统结构框图及其单元模块说明，增加 MIMO、复用与多址的概念，更新数字化固有优势的解释；1.7 节，增加现代移动通信网络，说明移动电话的基本控制过程。

第 2 章：优化文字阐述，修正几处笔误。

第 3 章：3.2 节，简化 FM 频偏比 $D$ 的说明，简述窄带调频的抗噪特点；3.5 节，表 3.5.1 增加各种调制方式的典型应用举例。

第 4 章：4.1 节，更新一般 PAM 基带信号的产生原理，简述消息序列的格式转换处理；4.2 节，更新数字 PAM 信号功率谱引入，梳理单极性与双极性 NRZ/RZ 信号功率谱的讨论；4.3 节，优化基本接收系统的介绍，将原来的 LPF 与匹配滤波接收方法合并后统一说明；优化误码分析与最佳接收机讨论，突出分析条件的普适性，归纳最佳接收机基本结论；4.4 节，更正 MPAM 误码率曲线；4.5 节，更新带限信道情况讨论并优化图示；4.7 节，更新异步串行通信图示，新增 I2C 串行通信的同步举例，加入同步时钟作用的波形与眼图解释，增加早迟门同步的自噪声说明，新增 Gardner 符号同步器的基本介绍。

第 5 章：全章重新编写。前版侧重于传统路线：按照 AM、FM 向 PM 的主线，以二元

# 前言

与 QPSK 为主,而后差分 PSK,再简介一般多元情况;突出波形特点,从非相干到相干接收,最后简要引入星座图的概念。本版的路线是:直观引入信号空间思想,以星座图为主线,系统讨论单载波与多载波两类基本方式,并说明差分 PSK、非相干接收,以及载波同步。

本版具体做法是:第一,先简要地引入信号矢量概念与信号空间思想,建立频带信号空间。第二,以星座图为主线,重点讨论两类方式:一方面,先二元 BPSK/OOK,再 QPSK/MPSK/QAM/MASK,先二元最佳接收理论与带限传输,再扩展到一般多元情况;另一方面,从 BFSK 到 MFSK,进而说明连续相位与紧致带宽的 MSK。第三,中间插入几种典型的差分 PSK,以及 OOK 与 FSK 的非相干解调方法,稍后说明基本的载波同步方法,最后系统地比较各种方式的特点与应用方向。本章新增了三节内容:信号空间分析基础、MSK 与 GMSK、载波同步,另外,还加入了 5G 与 DVB 等工程应用案例。

第 6 章:6.1 节,充实带通采样部分,更新采样率公式与例题讨论;6.2 节,梳理均匀量化器误差讨论,充实其一般性结论;6.3 节,结合两种折线标准,强调工程技术思维与创新;6.4 节,结合 PCM 系统误码率,突出复杂工程问题的分析思路。

第 7 章:更新名称。7.2 节,基于前面章节内容简化模型讨论,删除图 7.2.1,更新表 7.2.1,简化云图说明;7.5 节,更新 FSK 基函数公式与最佳接收机框图。

第 8 章:原 8.1 节 MSK 内容提前到第 5 章;8.1 节为原 8.2 节的 OFDM,并新增 5G 应用案例;8.2 节为原 8.3 节的扩展频谱技术;8.3 节,多天线传输技术(新增),包括空间复用与 V-BLAST、空间分集与 STBC、智能天线与 5G 应用案例。

第 9 章:9.1 节,新增图 9.1.2 多址与复用技术的图示,增加中国标准 TD-SCDMA 案例;9.2 节,增加中国"天通一号"卫星与华为手机链路预算分析案例。

第 10 章:10.2 节,简化内容,删除典型序列与信道编码定理的解释;10.4 节,更新典型序列内容与信源编码定理的定性解释。

第 11 章:全章重新编写。本版沿用了前版以原理阐述为主并辅以关键方法介绍的风格,重新梳理并细化了相关原理及方法的叙述,形成"通信的编码传输原理、纠错码机理与一般方法、经典纠错码概念和案例注解、现代实用纠错码及其机理、通信传输差错控制及其应用途径"的简明结构。特别地,增加了最新的 Turbo 码、LDPC 码和 Polar 码机理阐释;充实了主要的通信实用纠错码类的研究、发展及其应用的历程和状态介绍。

最后,梳理与丰富前沿应用案例,包括人工智能、量子通信、5G/6G 无线移动通信、空间通信等方面的前沿应用案例;充实各章的关键词、例题与习题并更新参考文献。

本书以高等数学、初等概率论、信号与系统的基本知识为基础,可以作为高等学校通信工程、信息工程等电子信息类专业的本科生的教材或研究生的教学参考书。为了适应不同学校教学与广大读者自学的需要,本书的内容大致分为两部分:第一部分为基本内容,包括第 1~6 章;第二部分为提高内容,包括第 7~11 章。为了尽量突出层次,书中对于一些可

# 前言

选的节或小节标注了"*";还特意将烦琐的计算、数学证明、部分深度阐述等相对独立的段落采用楷体排版,读者阅读时可以视情况跳过这些内容,而不影响对整体内容的理解。本书建议了两种教学方案(参见图示):

基本教学方案(48~64 学时)

| 第 1 章　绪论 |
| 第 2 章　基础知识 |
| 第 3 章* 模拟传输 |
| 第 4 章　数字基带传输 |
| 第 5 章　数字频带传输 |
| 第 6 章　模拟信号数字化与 PCM |
| 第 8 章* 现代数字传输技术(部分节) |

完整教学方案(64~96 学时)

| 第 1~6 章 |
| 第 7 章　信号空间理论与数字最佳接收机 |
| 第 8 章　现代数字传输技术 |
| 第 9 章　多用户与无线通信 |
| 第 10 章* 信息论基础 |
| 第 11 章* 纠错编码 |

基本方案

(1) 作为一个学期课程的基本教学方案:建议教学学时数为 48~64 学时。

(2) 作为两学期课程的完整教学方案:建议教学学时数为 64~96 学时。

还可以在此基础上灵活调整,比如:①第 2 章的基础知识可以分散,结合具体章节讲授;②只关心数字通信时,第 3 章可以略去;③第 4、5 章可以选择基础内容讲解;④第 8 章中可以选择部分节讲授;⑤第 10、11 章的信息论与纠错编码可以留给专门课程讲授;⑥选择性地跳过各处标有"*"的节与楷体排版的可选内容。

本次修订由李晓峰教授统编定稿。李晓峰、周亮、孔令讲、周宁、凌翔、邵怀宗、傅志中、邵士海教授参与了相关章节的编写。

本书的出版得到电子科技大学"通信原理"课程组同仁们的帮助,以及学校教务处、信息与通信工程学院和众多师生的大力支持。冯钢、陈智教授对部分应用案例的编写给予了指导,吴廷勇教授对符号同步与载波同步等内容的编写给予了详细建议。在教材的使用过程中,许多院校的教师和学生提出了大量宝贵的意见。清华大学出版社的文怡、李晔编辑等花费了不少精力,作者在此一并表示衷心感谢。

书中不当之处在所难免,敬请批评指正。

作　者

2024 年 11 月

# 目 录

第 1 章　绪论 ············································································· 1
　1.1　通信的基本概念 ································································· 1
　1.2　历史回顾 ········································································· 3
　　　应用案例(1)——人工智能与通信 ············································· 7
　　　应用案例(2)——6G 与太赫兹通信 ············································· 7
　　　应用案例(3)——量子通信 ······················································ 8
　1.3　消息与信源 ······································································· 9
　　　1.3.1　数字信源与模拟信源 ···················································· 9
　　　1.3.2　随机信号与确定信号 ··················································· 11
　　　1.3.3　信息及其度量 ···························································· 12
　　　1.3.4　常见的消息类型 ························································· 14
　1.4　信道 ·············································································· 16
　　　1.4.1　信道的影响 ······························································· 16
　　　1.4.2　加性噪声信道模型 ······················································ 17
　　　1.4.3　常用信道 ·································································· 18
　1.5　频带与电波传播 ······························································· 20
　　　1.5.1　频带的名称 ······························································· 20
　　　1.5.2　无线电波的传播 ························································· 21
　　　1.5.3　无线频谱及其管理 ······················································ 25
　　　1.5.4　频分复用 ·································································· 25
　1.6　数字与模拟通信系统 ························································· 26
　　　1.6.1　模拟通信系统 ···························································· 26
　　　1.6.2　数字通信系统 ···························································· 27
　　　1.6.3　通信系统的基本性能指标 ············································· 29
　　　1.6.4　信道的容量 ······························································· 30
　1.7　通信网络 ········································································ 31
　本章关键词 ············································································ 32
　习题 ···················································································· 32

第 2 章　基础知识 ······································································ 34
　2.1　确知信号 ········································································ 34
　　　2.1.1　信号及其基本参数 ······················································ 34
　　　2.1.2　傅里叶变换与信号的频谱密度 ········································ 36
　　　2.1.3　能量谱密度与功率谱密度 ············································· 37

# 目录

  2.1.4 信号的频带与带宽 ………………………………………… 38
 2.2 随机信号 ……………………………………………………………… 39
  2.2.1 概念与定义 ……………………………………………… 39
  2.2.2 基本特性 ………………………………………………… 40
  2.2.3 平稳随机过程 …………………………………………… 41
  2.2.4 两个信号的联合特性 …………………………………… 42
  2.2.5 功率谱密度 ……………………………………………… 43
 2.3 高斯信号与高斯白噪声 ……………………………………………… 44
  2.3.1 高斯分布与高斯信号 …………………………………… 45
  2.3.2 白噪声 …………………………………………………… 45
  2.3.3 高斯白噪声 ……………………………………………… 46
 2.4 信号通过线性时不变系统 …………………………………………… 47
  2.4.1 确知信号通过系统 ……………………………………… 47
  2.4.2 无失真传输条件 ………………………………………… 47
  2.4.3 平稳随机信号通过系统 ………………………………… 48
  *2.4.4 系统的等效噪声带宽 …………………………………… 49
 2.5 带通信号 ……………………………………………………………… 50
  2.5.1 希尔伯特变换与解析信号 ……………………………… 50
  2.5.2 带通信号及其复包络 …………………………………… 51
  *2.5.3 频谱搬移 ………………………………………………… 52
  *2.5.4 带通系统 ………………………………………………… 53
  2.5.5 带通高斯白噪声 ………………………………………… 54
 本章关键词 ………………………………………………………………… 57
 习题 ………………………………………………………………………… 58

## 第3章 模拟传输 ……………………………………………………………… 60
 3.1 幅度调制 ……………………………………………………………… 60
  3.1.1 常规调幅 ………………………………………………… 60
  3.1.2 抑制载波双边带调幅 …………………………………… 63
  3.1.3 单边带调幅 ……………………………………………… 65
  3.1.4 残留边带调幅 …………………………………………… 68
 3.2 模拟角度调制 ………………………………………………………… 69
  3.2.1 角度调制的基本概念 …………………………………… 69
  3.2.2 角度调制信号的频谱特性 ……………………………… 71

# 目 录

　　　*3.2.3　窄带角度调制 …… 74
　　　3.2.4　调角信号的产生 …… 74
　　　3.2.5　调角信号的接收 …… 75
　3.3　幅度调制系统的抗噪声性能 …… 76
　　　3.3.1　模拟传输中的噪声问题 …… 77
　　　3.3.2　常规 AM 系统（非相干解调） …… 78
　　　3.3.3　DSB-SC 与 AM（相干解调）系统 …… 80
　　　*3.3.4　SSB 系统 …… 81
　3.4　角度调制系统的抗噪声性能 …… 82
　　　3.4.1　FM 与 PM 系统的抗噪声性能 …… 82
　　　*3.4.2　预加重/去加重技术 …… 83
　　　*3.4.3　角度调制系统的噪声性能分析 …… 85
　　　*3.4.4　改善门限效应的解调方法 …… 87
　3.5　各类通信系统的比较与应用 …… 89
　　　3.5.1　各类通信系统的比较 …… 89
　　　3.5.2　频分多路复用 …… 90
　　　应用案例(4)——模拟电话系统中的FDM …… 91
　　　*3.5.3　模拟调制应用举例 …… 92
　　　应用案例(5)——无线电 AM 广播中的超外差接收机 …… 92
　　　应用案例(6)——立体声 FM 无线电广播中的 FDM 与兼容性设计 …… 94
　　　*应用案例(7)——模拟电视广播中的 VSB …… 95
　本章关键词 …… 96
　习题 …… 97

第 4 章　数字基带传输 …… 102
　4.1　二元与多元数字基带信号 …… 102
　　　4.1.1　数据传输的基本概念 …… 103
　　　4.1.2　二元与多元 PAM 信号 …… 105
　　　4.1.3　数字传输信号的速率 …… 107
　4.2　数字基带信号的功率谱与带宽 …… 107
　　　4.2.1　信号的功率谱 …… 108
　　　4.2.2　基带信号的带宽 …… 109
　　　*4.2.3　一般 PAM 信号功率谱公式及推导 …… 110
　4.3　二元信号的接收方法与误码分析 …… 112

# 目录

  4.3.1 噪声中二元信号的接收方法 ……………………………………… 112
  4.3.2 接收系统的误码性能 …………………………………………… 113
  4.3.3 匹配滤波器 ……………………………………………………… 115
  *4.3.4 误码分析与最佳接收机 ………………………………………… 117
  *4.3.5 一般接收系统的误码率计算 …………………………………… 121
 *4.4 多元信号的接收方法与误码分析 …………………………………………… 123
  4.4.1 接收方法与误码性能 …………………………………………… 123
  4.4.2 误比特率 ………………………………………………………… 123
  4.4.3 格雷编码 ………………………………………………………… 124
  4.4.4 误码分析 ………………………………………………………… 125
 4.5 码间串扰与带限信道上的传输方法 ………………………………………… 127
  4.5.1 码间串扰问题 …………………………………………………… 128
  4.5.2 无码间串扰传输与奈奎斯特准则 ……………………………… 129
  4.5.3 带限信道上的无码间串扰传输 ………………………………… 131
  4.5.4 升余弦滚降滤波器 ……………………………………………… 132
  *4.5.5 带限 AWGN 信道上的最佳传输系统 ………………………… 134
  4.5.6 眼图 ……………………………………………………………… 135
 *4.6 信道均衡 ……………………………………………………………………… 137
  4.6.1 均衡原理 ………………………………………………………… 137
  4.6.2 数字均衡器 ……………………………………………………… 137
  4.6.3 基本均衡算法 …………………………………………………… 138
  4.6.4 自适应均衡算法 ………………………………………………… 140
 *4.7 部分响应系统 ………………………………………………………………… 141
  4.7.1 第Ⅰ类部分响应系统（又名双二进制系统）…………………… 141
  4.7.2 第Ⅳ类部分响应系统（又名改进双二进制系统）……………… 144
  4.7.3 部分响应系统的一般形式 ……………………………………… 145
 4.8 符号同步 ……………………………………………………………………… 146
  4.8.1 基本概念 ………………………………………………………… 146
  4.8.2 非线性滤波同步法——开环自同步法 ………………………… 149
  4.8.3 早迟门同步法——闭环自同步法 ……………………………… 150
  *4.8.4 Gardner 符号同步器 …………………………………………… 152
 4.9 线路码型 ……………………………………………………………………… 156
  4.9.1 基本线路码型 …………………………………………………… 156
  *4.9.2 HDB3 码及其他 ………………………………………………… 159

# 目 录

| | |
|---|---|
| 本章关键词 | 161 |
| 习题 | 161 |

## 第5章 数字频带传输 … 166
### 5.1 信号空间分析基础 … 167
- 5.1.1 信号空间的概念 … 167
- 5.1.2 频带传输与二维信号空间 … 170
- 5.1.3 频带传输的调制与解调方法 … 171

### 5.2 二元频带传输 … 172
- 5.2.1 基本概念 … 173
- 5.2.2 最佳传输系统与误码率 … 174
- 5.2.3 频带信道与等效基带信道 … 175
- 5.2.4 无 ISI 传输与传输信号带宽 … 176

### 5.3 多元频带传输 … 177
- 5.3.1 四相移键控 … 178
- *5.3.2 多元相移键控 … 181
- *5.3.3 正交幅度调制 … 182
- *5.3.4 MASK 与星座图比较 … 184
- *5.3.5 误码率与传输信号带宽 … 185
- 应用案例(8)——4G 与 5G 移动通信系统中的调制方案 … 187

### 5.4 差分 PSK 与 OOK 非相干解调 … 188
- 5.4.1 二元差分 PSK … 188
- *5.4.2 差分 QPSK 与 OQPSK … 192
- 5.4.3 OOK 的非相干解调 … 195

### 5.5 频移键控 … 197
- 5.5.1 二元频移键控 … 197
- *5.5.2 多元频移键控 … 200
- 5.5.3 非相干解调 … 201

### 5.6 MSK 与 GMSK … 204
- 5.6.1 连续相位 FSK … 204
- 5.6.2 最小频移键控 … 206
- *5.6.3 高斯滤波的 MSK … 211

### 5.7 载波同步 … 212
- 5.7.1 相干接收中载波偏差的分析 … 213

# 目录

   5.7.2 平方环与四次方环法 ⋯⋯⋯⋯⋯⋯⋯⋯⋯⋯⋯⋯⋯⋯⋯⋯⋯⋯⋯⋯⋯ 215
   5.7.3 科斯塔斯环 ⋯⋯⋯⋯⋯⋯⋯⋯⋯⋯⋯⋯⋯⋯⋯⋯⋯⋯⋯⋯⋯⋯⋯⋯⋯ 217
   *5.7.4 导频法 ⋯⋯⋯⋯⋯⋯⋯⋯⋯⋯⋯⋯⋯⋯⋯⋯⋯⋯⋯⋯⋯⋯⋯⋯⋯⋯⋯ 219
  5.8 频带传输的讨论 ⋯⋯⋯⋯⋯⋯⋯⋯⋯⋯⋯⋯⋯⋯⋯⋯⋯⋯⋯⋯⋯⋯⋯⋯⋯⋯⋯ 221
   5.8.1 信号频带与带宽 ⋯⋯⋯⋯⋯⋯⋯⋯⋯⋯⋯⋯⋯⋯⋯⋯⋯⋯⋯⋯⋯⋯⋯ 221
   5.8.2 差错性能的比较 ⋯⋯⋯⋯⋯⋯⋯⋯⋯⋯⋯⋯⋯⋯⋯⋯⋯⋯⋯⋯⋯⋯⋯ 222
   应用案例（9）——数字视频广播 DVB-C 系统中的调制与符号同步方案 ⋯⋯ 225
 本章关键词 ⋯⋯⋯⋯⋯⋯⋯⋯⋯⋯⋯⋯⋯⋯⋯⋯⋯⋯⋯⋯⋯⋯⋯⋯⋯⋯⋯⋯⋯⋯⋯⋯⋯⋯ 226
 习题 ⋯⋯⋯⋯⋯⋯⋯⋯⋯⋯⋯⋯⋯⋯⋯⋯⋯⋯⋯⋯⋯⋯⋯⋯⋯⋯⋯⋯⋯⋯⋯⋯⋯⋯⋯⋯ 227

第 6 章 模拟信号数字化与 PCM ⋯⋯⋯⋯⋯⋯⋯⋯⋯⋯⋯⋯⋯⋯⋯⋯⋯⋯⋯⋯⋯⋯⋯ 231
  6.1 模拟信号的抽样 ⋯⋯⋯⋯⋯⋯⋯⋯⋯⋯⋯⋯⋯⋯⋯⋯⋯⋯⋯⋯⋯⋯⋯⋯⋯⋯⋯ 231
   6.1.1 带限信号的抽样 ⋯⋯⋯⋯⋯⋯⋯⋯⋯⋯⋯⋯⋯⋯⋯⋯⋯⋯⋯⋯⋯⋯⋯ 232
   6.1.2 实际抽样 ⋯⋯⋯⋯⋯⋯⋯⋯⋯⋯⋯⋯⋯⋯⋯⋯⋯⋯⋯⋯⋯⋯⋯⋯⋯⋯ 233
   *6.1.3 模拟脉冲调制 ⋯⋯⋯⋯⋯⋯⋯⋯⋯⋯⋯⋯⋯⋯⋯⋯⋯⋯⋯⋯⋯⋯⋯⋯ 235
   *6.1.4 带通信号的抽样 ⋯⋯⋯⋯⋯⋯⋯⋯⋯⋯⋯⋯⋯⋯⋯⋯⋯⋯⋯⋯⋯⋯⋯ 235
  6.2 均匀量化与最佳量化 ⋯⋯⋯⋯⋯⋯⋯⋯⋯⋯⋯⋯⋯⋯⋯⋯⋯⋯⋯⋯⋯⋯⋯⋯⋯ 237
   6.2.1 量化原理 ⋯⋯⋯⋯⋯⋯⋯⋯⋯⋯⋯⋯⋯⋯⋯⋯⋯⋯⋯⋯⋯⋯⋯⋯⋯⋯ 237
   6.2.2 均匀量化器 ⋯⋯⋯⋯⋯⋯⋯⋯⋯⋯⋯⋯⋯⋯⋯⋯⋯⋯⋯⋯⋯⋯⋯⋯⋯ 239
   *6.2.3 最佳量化器 ⋯⋯⋯⋯⋯⋯⋯⋯⋯⋯⋯⋯⋯⋯⋯⋯⋯⋯⋯⋯⋯⋯⋯⋯⋯ 240
  6.3 量化信噪比与对数量化 ⋯⋯⋯⋯⋯⋯⋯⋯⋯⋯⋯⋯⋯⋯⋯⋯⋯⋯⋯⋯⋯⋯⋯⋯ 241
   6.3.1 量化信噪比 ⋯⋯⋯⋯⋯⋯⋯⋯⋯⋯⋯⋯⋯⋯⋯⋯⋯⋯⋯⋯⋯⋯⋯⋯⋯ 242
   6.3.2 对数量化 ⋯⋯⋯⋯⋯⋯⋯⋯⋯⋯⋯⋯⋯⋯⋯⋯⋯⋯⋯⋯⋯⋯⋯⋯⋯⋯ 243
   6.3.3 $A$ 律与 $\mu$ 律及其折线近似 ⋯⋯⋯⋯⋯⋯⋯⋯⋯⋯⋯⋯⋯⋯⋯⋯⋯⋯⋯ 245
  6.4 脉冲编码调制 ⋯⋯⋯⋯⋯⋯⋯⋯⋯⋯⋯⋯⋯⋯⋯⋯⋯⋯⋯⋯⋯⋯⋯⋯⋯⋯⋯⋯ 248
   6.4.1 PCM 的基本原理 ⋯⋯⋯⋯⋯⋯⋯⋯⋯⋯⋯⋯⋯⋯⋯⋯⋯⋯⋯⋯⋯⋯⋯ 248
   6.4.2 编码规则 ⋯⋯⋯⋯⋯⋯⋯⋯⋯⋯⋯⋯⋯⋯⋯⋯⋯⋯⋯⋯⋯⋯⋯⋯⋯⋯ 249
   *6.4.3 PCM 传输系统的信噪比 ⋯⋯⋯⋯⋯⋯⋯⋯⋯⋯⋯⋯⋯⋯⋯⋯⋯⋯⋯ 250
  *6.5 差分脉冲编码调制与增量调制 ⋯⋯⋯⋯⋯⋯⋯⋯⋯⋯⋯⋯⋯⋯⋯⋯⋯⋯⋯⋯ 251
   6.5.1 语音压缩编码 ⋯⋯⋯⋯⋯⋯⋯⋯⋯⋯⋯⋯⋯⋯⋯⋯⋯⋯⋯⋯⋯⋯⋯⋯ 251
   6.5.2 差分脉冲编码调制 ⋯⋯⋯⋯⋯⋯⋯⋯⋯⋯⋯⋯⋯⋯⋯⋯⋯⋯⋯⋯⋯⋯ 251
   6.5.3 增量调制 ⋯⋯⋯⋯⋯⋯⋯⋯⋯⋯⋯⋯⋯⋯⋯⋯⋯⋯⋯⋯⋯⋯⋯⋯⋯⋯ 253
  6.6 时分复用 ⋯⋯⋯⋯⋯⋯⋯⋯⋯⋯⋯⋯⋯⋯⋯⋯⋯⋯⋯⋯⋯⋯⋯⋯⋯⋯⋯⋯⋯⋯ 255
   6.6.1 TDM 的基本原理 ⋯⋯⋯⋯⋯⋯⋯⋯⋯⋯⋯⋯⋯⋯⋯⋯⋯⋯⋯⋯⋯⋯⋯ 255

# 目录

  6.6.2 帧同步方法 ········································································ 257
  6.6.3 E1 与 T1 ············································································ 258
  6.6.4 准同步与同步数字体系 ······················································· 259
  *6.6.5 复接与码率调整 ································································· 261
本章关键词 ······················································································ 262
习题 ······························································································ 263

## 第 7 章　信号空间理论与数字最佳接收机 ············································· 265
### 7.1　信号空间理论 ·········································································· 265
  7.1.1 向量空间回顾 ····································································· 265
  7.1.2 信号空间的基本概念 ···························································· 267
  7.1.3 信号的合成器、分析器与相关器 ··········································· 269
  *7.1.4 信号组及 Gram-Schmidt 正交化方法 ······································ 270
  7.1.5 AWGN 信道及其等效向量形式 ············································· 271
### 7.2　数字传输模型与信号星座图 ····················································· 273
  7.2.1 数字传输系统的一般模型 ···················································· 273
  7.2.2 信号星座图 ········································································ 275
### 7.3　最佳接收机 ············································································· 277
  7.3.1 最佳接收机原理 ································································· 277
  7.3.2 最佳接收机结构 ································································· 281
  7.3.3 最小差错概率 ····································································· 283
### 7.4　MASK、MPSK 与 QAM 及性能分析 ········································ 286
  7.4.1 信号星座图 ········································································ 286
  7.4.2 最佳接收机 ········································································ 288
  *7.4.3 MASK 最小差错概率 ·························································· 288
  *7.4.4 MPSK 最小差错概率 ·························································· 289
  *7.4.5 QAM 最小差错概率 ··························································· 291
  7.4.6 差错概率的比较 ································································· 293
### 7.5　MFSK 及性能分析 ··································································· 293
  7.5.1 信号正交性条件 ································································· 294
  7.5.2 信号星座图与最佳接收机 ···················································· 294
  *7.5.3 最小差错概率 ····································································· 295
本章关键词 ······················································································ 297
习题 ······························································································ 298

# 目 录

**第 8 章 现代数字传输技术** ········· 302
  8.1 OFDM ········· 302
    8.1.1 多载波调制的由来 ········· 302
    8.1.2 OFDM 方案 ········· 304
    8.1.3 利用 FFT 的数字实现方法 ········· 305
    8.1.4 保护间隔与循环前缀 ········· 307
    *8.1.5 OFDM 系统方案 ········· 308
    应用案例（10）——5G 无线移动网络中的 OFDM ········· 310
    应用案例（11）——无线局域网（Wireless LAN）中的 OFDM ········· 310
    应用案例（12）——非对称数字用户线路（ADSL）中的 OFDM ········· 311
  8.2 扩展频谱技术与 CDMA ········· 311
    8.2.1 直接序列扩频 ········· 312
    8.2.2 CDMA ········· 314
    应用案例（13）——蜂窝移动电话系统 IS-95 中的 CDMA ········· 316
    *8.2.3 伪随机序列及其同步方法 ········· 317
    应用案例（14）——全球定位系统 GPS 中的 PN 序列 ········· 319
    *8.2.4 跳频扩频 ········· 320
    应用案例（15）——蓝牙（Bluetooth）中的 FHSS ········· 321
  8.3 多天线传输技术 ········· 322
    8.3.1 空间复用与 V-BLAST ········· 322
    8.3.2 空间分集与 STBC ········· 325
    8.3.3 智能天线 ········· 327
    应用案例（16）——5G 网络中的 MIMO ········· 331
  本章关键词 ········· 331
  习题 ········· 332

**第 9 章 多用户与无线通信** ········· 334
  9.1 多址技术 ········· 334
    9.1.1 多路复用与多址技术概述 ········· 334
    9.1.2 FDM/FDMA 举例 ········· 336
    9.1.3 TDM/TDMA 举例 ········· 337
    9.1.4 CDM/CDMA 及举例 ········· 339
    *9.1.5 随机接入多址技术 ········· 339

# 目录

  应用案例（17）——中国提出的 TD-SCDMA 标准成为 3G 国际标准之一 ······ 341
 9.2 无线通信链路预算分析 ···················· 341
  9.2.1 无线传输中的增益与损耗 ············ 341
  9.2.2 噪声温度与噪声系数 ················ 343
  9.2.3 链路预算分析 ···················· 345
  应用案例（18）——"天通一号"卫星与华为 Mate 60 手机的通信链路预算 ··· 347
 *9.3 多径衰落与信号分集接收技术 ·············· 348
  9.3.1 无线电波传播机理 ·················· 348
  9.3.2 多径衰落信道举例 ·················· 349
  9.3.3 瑞利和莱斯衰减模型 ················ 350
  9.3.4 时延扩展与相关带宽 ················ 351
  9.3.5 分集技术及分类 ···················· 351
  9.3.6 分集合并技术 ···················· 352
  9.3.7 Rake 接收机 ······················ 353
 本章关键词 ···································· 354
 习题 ·········································· 355

第 10 章 信息论基础 ································ 357
 10.1 熵与互信息 ·································· 357
  10.1.1 熵及其特性 ······················ 357
  10.1.2 联合熵与条件熵 ·················· 359
  10.1.3 互信息 ·························· 361
 10.2 离散信道与信道容量 ························ 362
  10.2.1 离散信道模型 ···················· 362
  10.2.2 信道容量 ························ 364
 10.3 相对熵与高斯信道容量 ······················ 365
  10.3.1 连续信号的相对熵与互信息 ·········· 366
  10.3.2 高斯信道的容量 ·················· 367
  10.3.3 信道容量公式的讨论 ·············· 368
 10.4 离散信源编码与压缩算法 ···················· 370
  10.4.1 定长编码与信源编码定理 ············ 370
  *10.4.2 典型序列 ························ 371
  10.4.3 变长编码及相关定理 ·············· 373
  10.4.4 Huffman 算法 ···················· 373

# 目录

*10.5 率失真函数与限失真编码定理 375
 10.5.1 失真与率失真定理 375
 10.5.2 二进制信源编码器的率失真函数 376
 10.5.3 高斯信源编码器的率失真函数 377
本章关键词 378
习题 379

## 第 11 章 纠错编码 382
11.1 纠错编码与传输信道 383
 11.1.1 编码与纠错编码 383
 11.1.2 编码传输系统 385
 11.1.3 纠错编码传输信道 389
11.2 可靠性信息传输原理 392
 11.2.1 信息的编码传输 392
 11.2.2 无差错编码传输机理 395
11.3 线性分组码 402
 11.3.1 纠错码的基础结构与编码目标 402
 11.3.2 线性分组码的一般结构 406
 11.3.3 线性分组码的检错与纠错机理 411
11.4 线性循环码 419
 11.4.1 线性循环码的多项式结构 419
 11.4.2 线性循环码的矩阵结构 422
 11.4.3 系统循环码与 CRC 校验 424
11.5 线性卷积码 428
 11.5.1 线性卷积码的矩阵结构与多项式结构 428
 11.5.2 线性卷积码的状态转移图与栅格图结构 432
 11.5.3 卷积码的维特比译码方法 434
 *11.5.4 卷积码的好码 435
11.6 典型代数结构码 437
 11.6.1 汉明码 437
 *11.6.2 RM 码 438
 *11.6.3 BCH 码与 RS 码 441
 应用案例（19）——空间数据传输所用的一种 RS 码及其参数 446
11.7 典型迭代可译码 446

# 目录

    11.7.1 Turbo 码 ……………………………………………………………… 446
    11.7.2 LDPC 码 ………………………………………………………………… 449
    11.7.3 极化码 …………………………………………………………………… 453
  11.8 纠错码的应用和发展 ……………………………………………………………… 455
    11.8.1 纠错码的应用及运用模式 ……………………………………………… 455
    11.8.2 纠错码的简要发展历程 ………………………………………………… 457
 本章关键词 ………………………………………………………………………………… 460
 习题 ………………………………………………………………………………………… 461

附录 A 常用数学公式 ……………………………………………………………………… 464

附录 B 典型概率分布及主要统计特性 …………………………………………………… 466

附录 C $Q(x)$ 函数表 ………………………………………………………………………… 469

参考文献 …………………………………………………………………………………………… 470

# 第 1 章

# 绪　　论

导学图

　　现代社会以充分利用与交流信息为基本特征,人们每天都要接触与使用各式各样的通信系统。通信系统及其提供的各种服务,可以帮助人们有效地获取与调动信息资源,从而处理日常事务、沟通彼此感情、享受娱乐生活、取得事业进步与了解世界发展。人们几乎每时每刻都离不开手机,通信已经成为日常生活与工作不可缺少的组成部分。

　　人类希望达到"任何人,在任何时间,任何地点,可与任何对象互通任何信息"的境界。通信是最为快速的发展领域之一,它涉及范围广泛。通信原理阐述通信及其系统的基础理论、技术与分析方法,它是现代信息社会中,许多专业领域的工作者必须掌握的基础知识。

　　本章介绍通信及其系统的基本概念与入门知识,内容要点包括:

　　(1) 基本知识——通信的基本单元、模式与关注的问题,重要历史事件,现代移动通信系统(1G 到 6G)的发展概述。

　　(2) 消息与信源——消息、信号与信息,数字与模拟信源,随机与确定信号,信息的度量,文字、语音、音乐、图像与数据。

　　(3) 信道与 AWGN 信道——信道与加性噪声、AWGN 信道、几种重要的物理信道。

　　(4) 频带与电波传播——频带定义、无线电波传播特性、无线频谱管理、频分复用。

　　(5) 通信系统——模拟通信系统的结构、数字通信系统的结构、数字通信的优点、通信系统的基本指标、信道容量的概念。

　　(6) 通信网络——站点与交换节点、信令与协议,现代移动通信网络的概念。

## 1.1　通信的基本概念

　　**通信**(communication),顾名思义,就是沟通信息。实现通信的系统称为**通信系统**(communication system),它通过信息通道(信道)将信息从发信者传送到收信者。通信系统的基本结构可以简单地表示为三个单元:**发送器**(transmitter)、**信道**(channel)与**接收器**(receiver),如图 1.1.1 所示。

图 1.1.1　通信系统的基本框图

　　发信者发出所要传输的信息,它是信息的源头,也称为**信源**(source);接收者是信息传输的终点,也称为**信宿**(destination),即信息的"归宿"。它们位于通信系统的两端,有时也统称为**终端**(terminal)。信道是介于发信者与收信者之间的某种能够传递信息的物理媒质。信源给出的信息通常无法直接通过信道,因而发送方需要借助一种称为发送器的装置(或称发送设备)把信息送入信道。相应地,接收方必须采用接收器(或称接收设备)从信道中提取信息。

本书讨论的通信系统是某种电子系统,它通过控制电信号来实现信息的传递。这里,电信号可以是某个电流、电压、电磁波或光波等形式的物理量,它携带信息,沿信道传向远端。电子通信基于电最基本的特性——神奇的超距作用力与无比的传输速度。这正是传输信息需要的特性。人们也使用**电信**(**telecommunication**)这个术语,很多时候,"通信"与"电信"的含义是相同的,不特别加以区分。

第一个实用电信系统是传送文字消息的**莫尔斯电报系统**(**Morse's telegraph system**),诞生于 1837 年。该系统虽然古老且简单,但已经包含了现代通信系统的三个基本单元。它的发报机由一个按键开关和电池组成,发报员对不同的字符采用不同的按键方式,通过电路的通断形成不同的电码信号。例如,字符"A"的按键是"短、长";字符"B"的按键是"长、短、短、短"……收报机是一个发声器,它能够按传来的电码发出不同长度的声音,收报员依据听到的声音还原字符,从而获得文字消息。而信道是连接收报机、发报机的一条电线,电码信号经由这条导线传送。

今天,观察形形色色的现代通信系统,例如,固定电话系统、移动电话系统、对讲机系统、无线电台与电视广播系统、计算机网络系统与移动通信系统等,它们无一例外地仍然由发送设备、信道与接收设备这三个基本单元组成。而且,从各种通信系统中还可以发现,通信具有两种基本方式。

(1) **广播**(**broadcasting**)方式:信道同时连接着多个收信者,信源发出的信息同时送到所有这些收信者。比如,无线电台与电视广播通信是广播方式的典型例子。

(2) **点-点**(**point-to-point**)方式:信道只连接着一个收信者,信源发出的信息只送到这一个收信者。例如,常规的电话通信是点-点方式的典型例子。

通信又可以分为单向的和双向的。双向通信系统实际上由两个方向相对的单向通信系统构成,允许通信双方互通信息。按照传输方向的特点,通信系统还可以分为三种。

(1) **单工**(**simplex**)系统:只能沿一个固定方向传输信息。例如,电视广播中,图像信息只能从电视台传输至千家万户的电视屏幕上。

(2) **双工**(**duplex**)系统:能够同时沿两个方向传输信息。例如,电话通信中,通话双方可以同时向对方讲话。

(3) **半双工**(**half-duplex**)系统:任何时候只能沿一个方向传输信息,但可以切换传输方向。例如,对讲机通信中,通话双方中的任何一方都可以向对方讲话,但只能轮流讲,而不能同时讲。

单工、双工与半双工常常是相对的。例如手机通话感觉是双工的,但实际上可能是高速交替的半双工。两个方向的语音各自按 20ms 分成短段,而后以两倍的速度在一半的时间(10ms)内完成传输,双方只有一个通道,但不断切换传输方向,两方轮流占用,收到语音后再按正常的速度播放,如果图 1.1.2(a)所示。这种单个信道上分时轮流切换方向来实现双向通信的方式,称为**时分双工**(**Time Division Duplex**,**TDD**),而依靠两个不同的信道实现双向通信的方式称为**频分双工**(**Frequency Division Duplex**,**FDD**),如图 1.1.2(b)所示,所谓"频分"是指频带不同,即信道不同。

通信还可以引申成一个更为广泛的概念。存储过程也可以视为一个通信过程。人们利用写入器将数据送入存储介质,又通过读出器将信息接收回来,如图 1.1.3 所示。存储系统将信息从一个时期"转移"到另一个时期。因此,通信又可以定义为:信息或其表示方式的时/空转移。

图 1.1.2　时分双工(TDD)与频分双工(FDD)

图 1.1.3　存储系统是一个通信系统

通信系统所传输的信息本质上都是接收方所未知的,否则就没有传输的必要。通信的根本目的就在于交流原先未知的消息。收信者对所接收到的消息越感出乎意料("吃惊"),其获得的信息量就越大。

然而,所有的通信系统中都存在噪声。噪声是无法预知的,噪声与信号混在一起,使得接收方不可能准确地分辨原来的信息,因而限制了通信的能力。噪声越大,信息经过传输后出现偏差的可能性也越大。如果没有噪声,通信系统能够以极小的功率准确无误地传输信息,并能够将信息传送到很远的地方。

通信系统涉及广泛的领域,包括电子学、电磁学、电路学、信号处理、微处理、通信网络、计算机系统、人工智能等,它还深入地运用各种数学与物理学的理论与方法。通信原理教材内容无法覆盖所有的方面,它主要从宏观的角度阐述通信及其系统如何有效地传输信息的基本理论与方法。通信原理中要考虑的主要问题包括:

(1) 能够高效地携带信息的消息形式。
(2) 适合于特定信道的传输信号,如波形形式、频域特点、带宽以及功率与能量等。
(3) 有效抑制噪声与其他干扰以保障传输质量的措施。
(4) 具体可行并尽量简单的技术方法,如发送端产生波形与接收端检测波形的实现方法。
(5) 系统的性能与成本。
(6) 通信系统的分析与设计方法。

## 1.2　历史回顾

在漫长的历史中人类总是千方百计地发展通信能力。突破性的进展是近 200 年以来人们认识了电以后发明了各种电子通信方法,从而开启了现代通信的大门。

表 1.2.1 按时间顺序列举了一些通信发展中的重要事件,通过这些事件可以粗略地了解到 200 多年来通信的发展历程。从中可以看到,通信从最基本的文字传送与语音传送开始,也就是电报与电话,它们长期占据主要地位。今天电报蜕变成了 Email、短消息以及其他新的形式,而电话机演化出更加灵活方便的手机。无线电通信中,除电报与电话外,收音机与电视广播、卫星通信等都是重要的系统,而现代移动电话系统发展成日常生活中运用最多的综合信息系统。通信朝着数字化、宽带化、网络化、综合化、移动与泛在化方向发展。从历史的事件中还可以注意到,通信的不断发展是需求与应用、产业与协会组织、技术与理论等各个方面相互促进与共同推动的结果。通信总是运用最新的科学技术,推动社会的发展。

表 1.2.1 通信发展中的重要事件

| 时间 | 事件 |
|---|---|
| 1799 年 | 伏打(Volta)发明电池 |
| 1834 年 | 高斯(Gauss)和韦伯(Weber)发明电磁电报机 |
| 1837 年 | 莫尔斯(Morse)研究出莫尔斯编码与有线电报系统 |
| 1844 年 | 第一条电报线在美国华盛顿和巴尔的摩之间投入运行 |
| 1858 年 | 首次安装连接美国和欧洲的跨洋电缆,约 4 周后失败 |
| 1864 年 | 麦克斯韦(Maxwell)预言电磁波的存在 |
| 1871 年 | 在伦敦成立了电报工程师协会,1889 年改名为电子工程师协会(IEE) |
| 1876 年 | 贝尔(Bell)发明电话 |
| 1883 年 | 爱迪生(Edison)发现了真空管中的电子束,奠定了电子管的基础 |
| 1884 年 | 美国电子工程师协会(AIEE)成立 |
| 1887 年 | 赫兹(Hertz)用实验验证了电磁波的存在 |
| 1894 年 | 洛奇(Lodge)在 150 码的距离上演示无线通信过程 |
| 1897 年 | 史端乔(Strowger)发明步进式电话交换机 |
| 1901 年 | 马可尼(Marconi)首次跨大西洋传输无线电报 |
| 1906 年 | 德福雷斯特(De Forest)发明电子三极管放大器 |
| 1912 年 | 美国无线电报工程师协会与无线电协会合并为无线电工程师协会(IRE) |
| 1918 年 | 阿姆斯特朗(Armstrong)发明超外差式无线接收机 |
| 1920 年 | 匹兹堡的 KDKA 电台开始无线调幅(AM)广播 |
| 1924 年 | 奈奎斯特(Nyquist)提出无码间干扰数字传输技术 |
| 1926 年 | 英国人贝尔德(Baird)和美国人詹金斯(Jenkins)演示了电视 |
| 1933 年 | 阿姆斯特朗(Armstrong)发明了调频技术 |
| 1934 年 | 在联邦无线电委员会的基础上美国成立了联邦通信委员会(FCC) |
| 1935 年 | 瓦森-沃特(Watson-Watt)研制出首部实用雷达 |
| 1936 年 | 英国广播公司(BBC)开始商业电视广播 |
| 1937 年 | 李维斯(Reeves)提出脉冲编码调制(PCM) |
| 1942 年 | 维纳(Wiener)提出最佳线性滤波器理论 |
| 1943 年 | 诺斯(North)提出匹配滤波器理论 |
| 1945 年 | 莫奇勒(Mauchly)发明了电子数字计算机 ENIAC |
| 1947 年 | 布拉顿(Brattain)、巴丁(Bardeen)和肖克利(Shockley)发明了晶体管 |
| 1947 年 | 莱斯(Rice)提出了噪声的统计理论 |
| 1947 年 | 科捷利尼科夫(Kotelnikov)提出了信号的几何表示理论 |
| 1948 年 | 香农(Shannon)发表信息论的奠基论文 |
| 1950 年 | 电报系统中引入了时分复用技术 |
| 1950 年 | 贝尔实验室研制出 PCM 数字设备 |
| 20 世纪 50 年代 | 微波中继通信开始使用 |
| 1953 年 | NTSC 彩色电视制式在美国研制成功 |
| 1953 年 | 第一条跨洋电缆提供 36 路电话 |
| 1957 年 | 第一颗人造地球卫星 SputnikⅠ在苏联发射成功 |
| 1957 年 | 发明电话线数据传输 |
| 1958 年 | 汤斯(Townes)和肖洛(Schawlow)发现了激光 |
| 1958 年 | 基尔比(Kilby)和诺伊斯(Noyce)发明了集成电路 |
| 1960 年 | 发明了激光器 |
| 20 世纪 60 年代 | 纠错编码理论和高速数字通信的自适应均衡理论的发展 |
| 1961 年 | 立体声 FM 广播在美国开播 |
| 1962 年 | 发射第一颗通信卫星(TelstarⅠ),用于电视转播 |

续表

| 时间 | 事件 |
|---|---|
| 1962 年 | 贝尔实验室研制出电话 modem, Dataphone 103A(300bps) |
| 1963 年 | AIEE 和 IRE 合并为电气与电子工程师协会(IEEE) |
| 1964 年 | 电话程控交换机 No.1 ESS 投入运营 |
| 1966 年 | 有线 TV 系统投入使用 |
| 1966 年 | 高锟(K. C. Kao)与霍克汉姆(Hockham)提出光纤 |
| 1969 年 | 美国国防部阿帕网络(ARPAnet)运行,首个包交换网络出现 |
| 1971 年 | 英特尔公司生产出第一块单片微处理器 4004 |
| 1972 年 | 摩托罗拉演示第一个蜂窝电话系统 |
| 1977 年 | 光纤通信系统正式开始商用 |
| 1978 年 | 贝尔实验室研制出先进移动通信系统(AMPS),建立首个蜂窝移动通信网(1G) |
| 1981 年 | IBM-PC 计算机出现 |
| 1989 年 | 全球卫星定位系统(GPS)完成部署 |
| 1992 年 | GSM 数字移动通信系统(2G)投入商用 |
| 1995 年 | 第一个商用 CDMA 移动通信系统在香港地区投入应用 |
| 1995 年 | 因特网(Internet)以及 WWW 浏览广泛流行 |
| 1995 年 | 欧洲数字音频广播(DAB)标准(Eureka 147)首先应用 OFDM 方案 |
| 1996 年 | 非对称数字用户线路(ADSL)标准建立 |
| 1997 年 | 无线局域网(WLAN)标准 802.11b 建立 |
| 1998 年 | 数字电视业务在美国开通 |
| 1998 年 | 3GPP 正式成立,推进第三代(3G)移动通系统 |
| 2005 年 | 移动通信长期演进(LTE)与 4G 移动通信系统 |
| 2010 年 | LTE-advanced(4G)系统开始商业部署,中国移动通信技术研发与市场应用进入领先 |
| 2019 年 | 中国开启 5G 商业部署 |
| 2019 年 | 中国工业与信息化部成立 IMT-2030(6G)工作组 |

  人类期望得到随时随地、无拘无束的通信自由。电磁波带来梦想,人们发明了无线电报、无线电广播、电视广播以及小规模的(专用)无线电话系统。直到 20 世纪 70 年代中后期,美国贝尔实验室提出"蜂窝"小区制组网理论,**蜂窝(cell)**也称为"小区",通过对地域分区来实现电波频率的反复利用,从而解决了有限频谱服务大规模公众的难题。随后,移动通信系统得到迅猛的发展,成为现代科技发展的热点,深刻地推动着人类社会的进步。

  移动通信的发展已经历了五个阶段,习惯上用"代"(英文 Generation,缩写为 G)来区分。图 1.2.1 列出了 1G~5G 移动通信系统的基本特点。

图 1.2.1　1G~5G 移动通信系统的基本特点

图 1.2.2 给出了移动通信技术的主要发展过程,下面给予简要说明。

图 1.2.2 移动通信技术的主要发展过程

(1) 第一代(1G)首先是 1978 年美国贝尔实验室研制出的 AMPS 系统,第一次实现了无线电话的大规模商用;而后有欧洲(英国)的 TACS 与(北欧)NMT-450。1G 系统采用模拟技术,虽然通话质量较差,但它使公众通信可以"随时随地"成为可能。

(2) 第二代(2G)以 1992 年欧洲的 GSM 与 1995 年美国的 IS-95 为代表,采用全数字技术,电话质量优良,并增加了短消息(短信)功能,使全球数十亿人真正用上了手机。

(3) 第三代(3G)以全球互通与移动多媒体数据为基本目标。1998 年正式成立了移动通信技术的国际化标准组织 3GPP(3rd Generation Partnership Project),而后提出了 WCDMA、TD-SCDMA 与 CDMA 2000 三个标准方案。其中,TD-SCDMA 为中国首次提出,这标志着中国的移动通信技术研究进入了国际前列。3G 系统从 2001 年逐步开始商用,并在应用中不断完善。2004 年年底 3GPP 启动了长期演进(LTE)计划,以克服 3G 系统的不足,改善移动通信性能。

(4) 第四代(4G)以 LTE-advanced 技术为标志,于 2010 年开始商用部署。4G 系统采用了大量先进技术与精细的设计,其性能优异,极大地促进了智能手机、移动视频、宽带互联网与物联网等业务的快速发展。中国 4G 网络的技术研发与市场应用全面达到世界先进水平。

(5) 2019 年被认为是中国 5G 元年,国家工业和信息化部正式发放了商用牌照,标志着中国领先的 5G 时代的开启。在全面提升现有性能的同时,不同于 2G、3G 与 4G,5G 系统是多种新型无线接入技术与现有 4G 演进技术融合集成的网络,它朝着更宽带、更及时与更广泛三个重要方向发展,代表性的技术指标是传输速率可高达 1Gbps,传输时延可低至毫秒级,接入密度可多到每平方千米内 100 万台设备。它将大幅度促进泛在感知与泛在智能的发展,推动社会进步与改善人们生活。

在稳定推进 5G 技术实施的同时,人们已开始规划与研发 6G,特别是三个主要方面,即移动超宽带、超级物联网(IoT)和人工智能(AI):移动超宽带可以提供每秒太比特的无线数据传输速度,超级物联网可以增强现有物联网的连接能力和覆盖范围,人工智能可以智能地配置与优化未来的无线网络。

## 应用案例(1)——人工智能与通信

伴随着人工智能(Artificial Intelligence, AI)三大驱动力——算力、算法和数据相关技术以及通信网络技术的不断发展, AI 技术正在人类社会中掀起新一轮的技术革命。作为 AI 技术的一个重要研究方向, 机器学习(Machine Learning, ML)利用了深度神经网络(Deep Neural Network, DNN)的非线性处理能力, 成功地解决了一系列从前难以处理的问题。特别地, 以 GPT-4 为代表的生成式 AI 技术的面世标志着人工智能已经进入新的发展阶段, 生成式 AI 正在引导人工智能从学习走向创造的阶段。生成式 AI 通过从数据中学习要素, 并通过适当的泛化能力生成相关内容的 AI 赋能技术, 既可以实现传统 AI 的分析、判断、决策功能, 还能实现传统 AI 力所不及的创造性功能。

AI 技术正深入无线通信理论与技术的研发中, 包括无线通信环境建模与感知, 信道估计、预测及反馈, 信道编译码技术, 调制与波形技术, 信源信道联合编码, 信号检测与估计, 干扰抑制与消除, 多天线收发技术, 资源分配与管理, 以及网络优化部署等许多方面。特别地, 在 6G 无线通信系统中引入内生智能能力以使能泛在的 AI 服务, 实现跨域的协同智慧融合以及高水平的网络自治演进, 已经成为业界的共识。可以预见, 生成式 AI 将成为 6G 智能通信系统的关键技术之一, 使它能够动态地根据环境自主生成/构建分布式的学习架构, 帮助设备和服务实现主动学习、自我优化和智能决策等能力, 增强通信系统的自适应性和可靠性。

总之, AI 与通信的深度结合, 必将促进未来通信范式的演变和网络架构的变革, 对通信系统向更大吞吐量、更低时延、更高可靠性、更大连接数、更高频谱利用率等方向演进发挥十分重要的作用。

## 应用案例(2)——6G 与太赫兹通信

6G 有望实现 1Tbps 的峰值数据速率、10Gbps 的用户体验数据速率、低于 0.1ms 的时延、99.999 99% 的可靠性、100b/(s·Hz) 的频谱效率、超过 10 个/平方米的设备连接密度。6G 和 5G 的关键指标对比如图 1.2.3 所示。

| 性能指标 | 峰值数据速率/Tbps | 用户体验数据速率/Gbps | 时延/ms | 可靠性 | 频谱效率/(bit·(s·Hz)$^{-1}$) | 每平方米连接数/个 |
|---|---|---|---|---|---|---|
| 5G | 0.01 | 0.1~0.5 | 1 | 99.999% | 30 | 1 |
| 6G | 1 | 10 | 0.1 | 99.999 99% | 100 | 10 |

图 1.2.3 6G 和 5G 的关键指标对比

太赫兹通信是实现6G超高数据率传输的重要方法。传统上，300～10 000GHz频段被定义为太赫兹(Terahertz, THz)频段，而26.5～300GHz频段被定义为毫米波(mmWave)频段。近年来，人们已普遍将0.1～10THz作为太赫兹频段。

太赫兹频段在整个电磁波谱中位于微波和红外波频段之间。由于在电磁波谱的特殊位置，太赫兹波既具有微波频段的穿透性和吸收性，又具有光谱分辨特性，因此能很好地弥补毫米波和光学频段之间的差距。同时，太赫兹频段能提供非常丰富的带宽资源，其范围内有大量可用频谱块，如表1.2.2所示。由此，太赫兹频段被认为是实现超高速通信的最有前途的频段之一，可用于缓解当前无线通信系统存在的频谱稀缺和容量限制等问题，引起了学术界和工业界的广泛关注。

表1.2.2  不同太赫兹载波频率范围的可用带宽

| 频率范围/THz | 连续带宽/GHz | 频率范围/THz | 连续带宽/GHz | 频率范围/THz | 连续带宽/GHz |
| --- | --- | --- | --- | --- | --- |
| 0.1～0.2 | 100 | 0.49～0.52 | 40 | 1.03～1.3 | 38 |
| 0.2～0.27 | 70 | 0.52～0.66 | 123 | 1.3～1.35 | 51 |
| 0.27～0.32 | 50 | 0.66～0.72 | 60 | 1.35～1.49 | 92 |
| 0.33～0.37 | 35 | 0.66～0.84 | 142 | 1.49～1.56 | 29 |
| 0.38～0.44 | 65 | 0.84～0.94 | 47 | 1.56～1.83 | 25 |
| 0.44～0.49 | 56 | 0.94～1.03 | 58 | 1.83～1.98 | 56 |

## 应用案例(3)——量子通信

量子通信是借助量子叠加态和纠缠效应进行信息传递的一种新型通信方式。它的基本技术有量子隐形传态和量子密钥分发等。

量子隐形传态(quantum teleportation)又称量子遥传，是一种传递量子状态的通信方式。通俗来讲，它能够让甲地的某一粒子的未知量子态在乙地的另一粒子上还原出来。在微观世界中，具有纠缠态的一对粒子中，一个发生变化会影响另一个。量子隐形传态的过程是：事先构建一对具有纠缠态的粒子，将两个粒子分别放在通信双方。发方将待传输量子态的粒子和自己拥有的纠缠粒子进行一种联合测量，然后将测量的结果通过经典信道传送给接收方，接收方根据这条信息对自己的纠缠粒子做相应幺正变换(相当于逆转操作)，即可还原出发送方原本的量子态。

量子密钥分发(quantum key distribution)又称量子密码，是利用量子力学特性来保证通信双方能够产生并分享一个随机的、安全的密钥，用于加密和解密消息。量子密钥分发的安全性基于量子力学中的不确定性、测量坍缩和不可复制原理：如果有第三方试图窃听密码，则会被通信双方察觉。以量子密钥分发为基础的量子保密通信是未来通信中保障信息安全的一种极具潜力的技术手段。

2022年4月，中国科学家成功实现100km的量子直接通信。2024年1月，中国的研究团队在国际上首次实现无串扰的量子网络节点，对未来量子通信和量子计算具有重要意义。

## 1.3 消息与信源

消息是通信系统传输的"内容",就似物流系统运输的货物。消息的类型多种多样,例如,人们用手机可以发送文字、语音、图片、音乐、小视频或任何数据文件。其中,文字与语音是最基本的两种,同时,它们又是消息的两种重要类别——数字与模拟的典型代表。

### 1.3.1 数字信源与模拟信源

借助电的特性传输消息首先要解决的是如何把它转化为电信号的形式。人们首先面对的是以下两种最基本的消息。

**1. 最基本的消息——文字与语音**

文字是人们日常生活中相互交流的一种常用消息形式。最早的电子通信系统莫尔斯电报传送的就是文字消息。在 Morse 系统中,文字消息的表示方法非常经典且颇具启发意义。消息的表示方法也称为编码方法,Morse 编码规则如表 1.3.1 所示。表中的点("·")与画("—")代表长短不同的两种电脉冲信号,也可以用标准的二进制符号 0 与 1 来表示,例如,Hello 的 Morse 编码为

$$\text{H E L L O} \quad \text{或} \quad \text{H E L L O}$$
$$\cdots\cdot\ \cdot\ \cdot-\cdot\cdot\ \cdot-\cdot\cdot\ --- \quad \quad 0000\ 0\ 0100\ 0100\ 111$$

**表 1.3.1 Morse 编码表**

| 字母 | 码 | 字母 | 码 | 数字 | 码 |
|---|---|---|---|---|---|
| A | ·— | N | —· | | |
| B | —··· | O | ——— | | |
| C | —·—· | P | ·——· | 1 | ·———— |
| D | —·· | Q | ——·— | 2 | ··——— |
| E | · | R | ·—· | 3 | ···—— |
| F | ··—· | S | ··· | 4 | ····— |
| G | ——· | T | — | 5 | ····· |
| H | ···· | U | ··— | 6 | —···· |
| I | ·· | V | ···— | 7 | ——··· |
| J | ·——— | W | ·—— | 8 | ———·· |
| K | —·— | X | —··— | 9 | ————· |
| L | ·—·· | Y | —·—— | 0 | ————— |
| M | —— | Z | ——·· | | |

(a) 字母　　　　　　　　　　(b) 数字

| 特殊标点 | 码 | 特殊字符 | 码 |
|---|---|---|---|
| 句点(。) | ·—·—·— | 等待符号(AS) | ·—··· |
| 逗号(,) | ——··—— | 双画线(破折号) | —···— |
| 问号(?) | ··——·· | 错误符号 | ········ |
| 引号(") | ·—··—· | 斜杠(/) | —··—· |
| 冒号(:) | ———··· | 消息结束(AR) | ·—·—· |
| 分号(;) | —·—·—· | 发送结束(SR) | ···—·— |
| 圆括号(()) | —·——·— | | |

(c) 特殊标点和特殊字符

Morse 电报成功的关键在于 Morse 编码的成功。其实 Morse 原本是一位画家,他并不是首先想到利用电的神奇特性来传送消息的人。Morse 编码是一个优秀的创新,它只用到两种简单信号。一方面,发报人很容易操控按键来产生电码;另一方面,收报人又很容易分辨与接收信号。

说话是人类最自然的交流方式。语音(或称话音)是人们更习惯的传递消息的形式。电话系统的发明首先在于拾音器(或麦克风)与扬声器的发明。人类语音原本以声波的形式在空气中传播,语音信源利用麦克风把声波转换为电压或电流波形,形成电形式的语音信号,它可以"逼真地模拟"物理声波的起伏,其典型波形如图 1.3.1 所示。

图 1.3.1 语音信号的典型波形

文字与语音是两种最为常见的消息,但又是两类不同本质的消息。前者一个个可分离,且取值总数有限;而后者连续不断,其取值虽然有一定的范围,但在其范围内可能为任意数值。它们分别是下面要说明的数字消息与模拟消息。

**2. 数字信源与模拟信源**

实际应用中信源的形式多种多样。依照它所提供消息的取值特征可以分为数字与模拟两个重要的类别,它们的定义如下:

(1) **数字信源**(digital information source)产生的消息只有有限种取值,这种消息称为数字消息。例如,文字是数字消息。又如,PC 键盘有约 100 个数字或字符,每次按键时产生的消息是这 100 余种之一。可见,PC 键盘是一个数字信源。

(2) **模拟信源**(analog information source)产生的消息是有无限多种取值的连续量,这种消息称为模拟消息。例如,语音是模拟消息,生成语音的拾音器是一个模拟信源,它输出的电压值随声音音量的大小取值,这种电压值可以是某个连续范围内的任何值,因而有无限多种可能。

数字消息的每一种取值称为一种**消息符号**(message symbol),数字消息的所有取值汇集在一起构成的集合称为消息符号集。例如,$N$ 种取值的消息符号集可记为 $\{a_1, a_2, \cdots, a_N\}$,也可简记为 $\{a_i\}_{i=1}^{N}$。由于各种取值是分离的,因此数字信源只能一次次地产生消息。数字信源通常按某个固定时间间隔 $T$ 不断地产生出消息,形成消息符号序列,形如 $\{x_1, x_2, x_3, \cdots\}$,如图 1.3.2(a) 和 (b) 所示。

(a)                    (b)

图 1.3.2 数字消息信号示例

序列形式的信号是时间离散的,在信号与系统的理论中,称为离散(时间)信号。当这种信号的取值种类有限时,又称为**数字信号**。

模拟消息的取值是连续量,模拟信源随时间推进持续地输出消息值,形成时间的连续函数,形如图 1.3.3 所示。这种信号形式在信号与系统的理论中称为连续时间信号。这种信号的取值连续且种类无限,又称为**模拟信号**。

图 1.3.3　模拟消息信号示例

### 3. 数字信源与模拟信源的基本指标

数字信源及其对应信号的基本指标是它产生消息符号的速率与种类的数目。符号速率常记为 $R_s$,单位为符号/秒(sym/s)。符号种类的数目也称为元数,记为 $M$。具有 $M$ 种种类的符号称为 $M$ 元符号($M$-ary symbol)。显然,不同符号率与元数的消息信号需不同传输能力的通信系统,例如,每秒传送 1 个 10 元的符号与每秒传送 8000 个 256 元的符号是很不相同的。数字消息的具体取值对于通信而言,其实并不重要,通信系统总是传送取值的编号或代号而不是取值本身。例如,对于二元符号,传送代号 1 或 0,而不论其具体消息值是"有"与"无",或"男性"与"女性",或"污染超标"与"污染没有超标",等等。接收方收到消息编号 1 或 0 后,可以按照与发送方固定的约定,还原其具体含义。

二元符号(即二进制符号)是最简单的数字符号,而多元符号都可以转换为二元符号。1个二元符号称为 1 个**比特**(bit),简记为 **b**,因此,二元符号的速率单位为 bps 或 b/s。由于二进制数据形式的广泛应用,多元符号常常表现为二进制串的形式。后面将看到,1 个多元符号可折合为约 $\log_2 M$ 个二元符号,因此各种消息信号常常统一采用 bps 作为其数据速率的单位。

模拟信息的基本特征是其变化的快慢,它反映在信号频谱的宽度(即带宽)上。因此,模拟信源及其对应信号的基本指标是其频谱的宽度,通常记为 $B$,单位为**赫兹**(**Hz**)或**赫**。模拟消息信号的频谱大多在零赫兹附近,这时其带宽就是其最高频率值。这种频带在零赫兹附近的信号又称为**基带信号**(baseband signal)。不同带宽的消息信号需要不同传输能力的通信系统。例如,模拟电视信号需要约 6MHz 的带宽,模拟语音信号只需要约 4kHz 的带宽,通信系统传输 1 路电视信号所占用的资源大致相当于传输 6MHz/4kHz=1500 路语音信号所占用的资源。

## 1.3.2　随机信号与确定信号

有意义的信息对于接收者而言必须是新的,即事先未知的且无法预知的。因而消息本质上是随机的。随机量是一类表现"令人捉摸不定",而又在大数量的统计下呈现出明确规律的量。人们通过随机量的统计规律来了解与分析其特性。

数字消息具有有限种可能的取值,对应于状态有限的离散型随机变量。其统计规律通常直接采用其各种取值的概率来描述,如 $N$ 元消息 $\{a_1,a_2,\cdots,a_N\}$ 的取值概率分别为 $\{p_1,p_2,\cdots,p_N\}$,即消息取第 $i$ 号符号的概率为

$$P(\text{消息}=a_i)=p_i$$

进而数字信源产生的消息符号序列是离散随机变量序列,称为随机序列,形如 $\{x_n\}$。在简单的情形中,消息符号在所有时刻的取值特性相同,而在不同时刻彼此独立,因此,$\{x_n\}$ 的特性可用任意第 $n$ 时刻的取值概率描述

$$P(x_n=a_i)=p_i$$

模拟消息在某区间上连续取值,对应于连续型随机变量。模拟信源产生的消息是沿 $t$ 推进的连续随机变量,即连续随机信号或随机过程,形如 $x(t)$。$x(t)$ 的统计规律通常用概率密度函数来描述,比如信号 $x(t)$ 的概率密度函数为 $f_{x(t)}(x)$,也记为 $f_x(x,t)$ 形式。

通信系统中还大量用到确定信号,即取值可以完全确定的时间函数或数列。例如,正弦波

$$w_1(t)=A\cos(2\pi f_c t+\theta)$$

其振幅为 $A$,频率为 $f_c$,初相为 $\theta$;矩形脉冲信号

$$w_2(t)=\begin{cases}1, & t\in[-T/2,T/2]\\ 0, & \text{其他}\end{cases}$$

其高度为 1,宽度为 $T$。正弦波与矩形脉冲如图 1.3.4 所示。

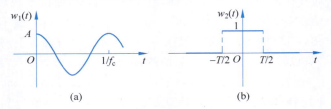

图 1.3.4 确定信号示例

确定信号本身是已知的,因而没有任何信息价值。但确定信号大量地用于协助传送消息信号,它们在通信中具有重要的作用。例如,很多消息信号 $x(t)$ 难以直接传输,但将它放到某个频率的正弦波的振幅上后就很容易传输了。于是通信系统常常通过发送

$$s(t)=Ax(t)\cos(2\pi f_c+\theta)$$

来传输消息 $x(t)$。当然,由于振幅的随机性,携带信息后的 $s(t)$ 已经变成了随机信号。

## 1.3.3 信息及其度量

信息是通信的核心概念,它又是一个含义丰富的哲学与社会词汇。在信息科学领域,人们认为它涉及"外在的形"与"内在的质"两个层面,一般的看法是:

(1) **消息**(message)或**消息信号**由信源产生,是通信系统要传送的具体内容,如一段语音、文字、数据和一幅图像等。

(2) **信息**(information)是消息中新的、有意义的且可被理解的东西,这种东西是内在的与基本的,因而是不可再压缩的。

简单地讲,消息是具体的与实在的,而信息是抽象的与内在的。信源产生消息,通过消息来提供信息。实际上,消息与信息既是不同的,又是密切关联的。当不必突出它们的概念

差异时,论述中并不刻意地进行区别。如何具体定义与度量信息,学术界有许多争议。我们定性地认为,一条消息的新奇与不可预知程度反映了信息的多少。目前广为接受的是香农(Shannon)在他的论文《通信的数学理论》中给出的基于概率模型的度量方法,他把信息定义为"不确定性的减少"。下面结合数字消息与信源来加以说明。

假定数字消息 $X$ 有 $M$ 种可能值 $\{a_1, a_2, \cdots, a_M\}$,相应的概率分别为 $\{p_1, p_2, \cdots, p_M\}$,那么第 $i$ 个可能值 $a_i$ 蕴含的信息量为

$$I_i = \log_2(1/p_i) = -\log_2(p_i), \quad 1 \leqslant i \leqslant M \tag{1.3.1}$$

由上式可见,$p_i$ 越小,则 $I_i$ 越大,因为 $a_i$ 的概率越小,它的出现带来的"惊奇"越大。显然,信息的定义只与消息出现的可能性(即概率值)有关,而与消息的具体内容以及内容是否有实际意义无关。

在式(1.3.1)中,对数的底为 2,这时信息量的单位为**比特**;如果对数的底为 e(自然对数的底),则信息量的单位为**奈特**(**nat**);如果对数的底为 10,则信息量的单位为**哈特莱**(**Hartley**)。1928 年,R. V. Hartley 首先建议用对数形式度量信息。实际应用中常用 bit 为单位,但以 10 为底的对数便于计算,需要时可以利用下面的公式

$$I_i = -\frac{1}{\log_{10} 2} \log_{10} p_i = -3.32 \log_{10} p_i \quad \text{(bit)}$$

应该注意,前面曾经使用比特代表一个二元符号,因此,比特具有两种含义:二元数据量的单位或信息量的单位。这两种含义是关联的,但也有着本质差别,应该结合上下文来正确理解。

假定数字信源的符号为 $X$,其取值为 $\{a_1, a_2, \cdots, a_M\}$,概率为 $\{p_1, p_2, \cdots, p_M\}$,则

$$H(X) = \sum_{i=1}^{M} I_i p_i = -\sum_{i=1}^{M} p_i \log_2 p_i \tag{1.3.2}$$

称为 $X$(或信源)的**熵**(**entropy**)。

$H(X)$ 是 $X$ 的各种可能值所蕴含的信息量的平均值。熵原是热力学的术语,指气体分子运动的不规则性。这里借用它指 $X$ 的内在"不确定性"。

假定数字信源每隔时间 $T$ 产生一个熵为 $H(X)$ 的符号,则该信源的**熵率**为

$$R = H(X)/T \tag{1.3.3}$$

从信息的角度看,熵与熵率是信源的基本指标。

**例 1.1** 三个二元消息符号 $X_1$、$X_2$ 与 $X_3$ 的取值概率分别为

| $X_1$ | $p$ | $X_2$ | $p$ | $X_3$ | $p$ |
| --- | --- | --- | --- | --- | --- |
| $a_1$ | 0.1 | $a_1$ | 0.4 | $a_1$ | 0.5 |
| $a_2$ | 0.9 | $a_2$ | 0.6 | $a_2$ | 0.5 |

求它们的熵。

**解** 由式(1.3.2)易见

$$H(X_1) = -0.1 \log_2 0.1 - 0.9 \log_2 0.9 \approx 0.469 \text{(bit)}$$
$$H(X_2) = -0.4 \log_2 0.4 - 0.6 \log_2 0.6 \approx 0.971 \text{(bit)}$$
$$H(X_3) = -0.5 \log_2 0.5 - 0.5 \log_2 0.5 = 1 \text{(bit)}$$

从直觉可知,$X_1$ 有很大的概率出现 $a_2$,因此,它的值较容易被猜中,其不确定性也就

小;$X_2$的值比较难猜中,其不确定性也就大;特别是$X_3$的两个值等概率,猜它的值最没把握,它的不确定性也最大。

**例 1.2** 数字信源 $X$ 的符号是 4 元的,取值等概率,而数字信源 $Y$ 的值是 2 元的,取值也等概率,求它们的熵。

**解** $X$ 的 4 个取值的概率同为 1/4;$Y$ 的 2 个取值的概率同为 1/2。由式(1.3.2)可得

$$H(X) = 4 \times \left(-\frac{1}{4}\log_2 \frac{1}{4}\right) = \log_2 4 = 2 \text{(bit)}$$

$$H(Y) = 2 \times \left(-\frac{1}{2}\log_2 \frac{1}{2}\right) = \log_2 2 = 1 \text{(bit)}$$

$X$ 与 $Y$ 都是等概率的,但 $X$ 有 4 种值而 $Y$ 只有 2 种值,因此 $X$ 比 $Y$ 难猜,其不确定性更高。

### 1.3.4 常见的消息类型

经常见到的消息形式包含文字、语音、音乐、图像与计算机数据等,下面分别给予简单的说明。

#### 1. 文字

文字是数字消息。手机短消息、电子邮件、电报报文、文本文件等都是文字消息的例子。产生文字消息的信源通常由键盘与编码单元组成,如图 1.3.5 所示。

图 1.3.5 文字信源

考虑 Morse 编码的例子,由表 1.3.1 可知,它包括了 26 个字母、10 个数字与 13 个符号,因此这种信源是 49 元的。根据人工按键的常识估计,信源的符号率一般在 10sym/s 以下。又从表 1.3.1 易见,经过编码后的数字信号其实就只有点、画(或 0 与 1)两种符号(严格地讲还有空闲),编码规则中每个文字符号平均转换为约 4 个点画码,于是,经编码产生的文字信号是二元数字信号,其速率估计在 40bps 以内。

由表 1.3.1 还注意到,Morse 编码中各种文字符号使用的点与画的数目不同,它是变长的编码方案。40 年后,Emile Baudot 发明了长度固定为 5 个二元符号的 Baudot 编码,这种定长编码方案方便易用,因此得到广泛应用。不过,Baudot 码的每个符号需要 5 比特,比 Morse 编码平均多用 1 比特,后来的信息理论解释了 Morse 变长码更为高效的巧妙之处。

今天在计算机中大量用到文字消息,最常用的编码方案是包含 128 种文字符号的 7 位 **ASCII 码**(American Standard Code for Information Interchange,**美国信息交换标准码**)。ASCII 码显然是针对西文的编码方案,而对于汉字(或其他语言文字)也有相应的编码方案。

#### 2. 语音(或话音)

语音(或话音)是人类与生俱有的极为有效的交流方式。电话系统与移动电话系统等都是传输语音消息的例子,它们也是迄今为止最为重要的通信系统。

语音信源利用麦克风把声波转换为电信号,它是典型的模拟信号,其主要频率成分在 300～3400Hz,因此,语音信号的带宽通常被视为 3000～4000Hz。

在近代电话系统中,模拟语音信号被进一步转换为数字形式,而后再传输。数字形式的语音信号称为数字语音信号。最典型的数字语音信号是**脉冲编码调制(PCM)**信号,它是只有高低两种电平的二进制(二元)数字信号,速率为 64kbps。另外,手机与其他数码设备还常用到数字压缩语音信号,其典型速率为 1～20kbps。

### 3. 音乐

音乐包含乐器的发声与人类的歌声等,是人们娱乐、休闲与文化生活中不可或缺的。音乐原本与语音一样,也以声波的形式在空气中传播,不过音乐一般需要更为宽广的频率范围,有时还需要多个声道来表现。立体声音乐信源通常采用两个高质量的麦克风把声波转换为两路模拟信号,每路信号的频率范围为 20Hz～15kHz(或 20kHz)。显然,音乐信号比语音信号拥有更宽的带宽。

音乐信号也常常转换为数字形式,然后再传输或存储。数字音乐信号比数字语音信号的数据量要多许多。典型的数字音乐信号如 CD 数码音频与 MP3 数码音频,数据速率分别为 1411.2kbps 和 128～256kbps。

### 4. 图像

图像是人类视觉系统对场景的感知,是另一种重要的消息类型。图像可以是动态的,也可以是静态的。电视广播是传输活动图像的例子,而数码相片是静止图片的例子。

利用模拟摄像机可以获得场景的动态图像信号,称为模拟电视(或视频)信号,其频带通常为 0～6MHz。电视信号的带宽比语音或音乐信号要宽得多,因为活动图像包含的内在信息要丰富得多。

利用数字摄像机可以获得场景的数字电视(或视频)信号。数字摄像机中通常包含图像压缩编码器,使摄像机输出的数字电视信号的速率尽量的低,以方便后续的传输与存储。典型的压缩编码方案有 MPEG1、MPEG2、MPEG4 或 H.264 等,输出电视信号的速率通常为每秒几十万比特至几兆比特,与场景内容和拍摄尺寸有关。

利用数码照相机可以获得场景的静止图片,典型的数码相机大都采用 JPEG 压缩编码方案,所获得的图片的数据量随图片的大小、分辨率的多少以及图片的具体内容而不同。

### 5. 数据

计算机、平板电脑与智能手机等是人们日常工作与生活的常用工具。人们借助它们处理、存储与共享信息,在这些设备中,各种信息大都呈现为以字节 B(1B=8b)为单位的数字形式,统称为数据。数据是各种信息的具体表现形式。收发电子邮件、交换软件与分享资料都是进行数据通信的例子。

数据通信常常具有突发性的特征,即需要传输的数据时有时无、时多时少。数据多时,通信系统必须以很高的速率传送数据;数据少时,通信系统可以零星、短促地传送数据;数据无时,通信系统完全空闲。与此相对照,在许多语音与视频通信中,音、视频信号通常以恒定的或小幅度波动的速度持续出现,通信系统必须及时地与"连绵不断"地进行传输,以保证接收到的语音与图像不发生间断与抖动。这类信息及其传输过程呈现出**"流"(stream)**的特征。

## 1.4 信道

信道是介于发信者与收信者之间供电信号经过的通道。它是某种传输电、电磁波或光信号的物理媒质。消息信号经发送器变换为相应的电信号,以便在媒质中传输。信道可分为有线与无线两大类,有线信道包括普通导线、电话线、电缆、波导、微带、带状线与光纤等;无线信道包括大气、真空与海水等。

### 1.4.1 信道的影响

信号在信道中传输时有两个最基本的问题。

第一,信号会衰减,传播的距离越远衰减越大。例如,导线都有一定的电阻,电信号经过时会消耗功率;无线电波在空中扩散开去,强度不断地减弱,遇到或穿过物体时会被吸收,减弱得更快;光信号在光纤中传播时同样会逐渐变弱。因此,对较远距离的传输,通信系统中必须包含信号放大单元。发送出去时一般会经过功率放大器,接收进来时会使用小信号放大器。

第二,信号上会叠加噪声。由于这种噪声是加上去的,故称为**加性噪声**(**additive noise**)。噪声主要源于信号"沿途"的电阻与固态元件等,这不只限于单纯的传输媒质部分,也包括发送器与接收器中的有关电路,诸如放大器、滤波器等。为了讨论方便,人们习惯上把这些电路也一并归入信道。特别是在接收机前端放大电路中,原本很小的噪声会随信号的放大而增大。噪声的产生机理是分子热运动引起的随机扰动效应,故此称这种噪声为热噪声。它们是电路与信道所固有的。

设信号为 $s(t)$,噪声为 $n(t)$,则经过信道的信号为

$$r(t) = s(t) + n(t)$$

噪声也是随机的,与携带有消息的传输信号一样,都是无法预知的未知量。当两个未知量混在一起后,接收机根本无法知道其中信号的准确值究竟是多少。因此,通信系统中有两个基本的因素:信号功率与噪声强度。信号强则通信容易,噪声强则通信困难。很多时候我们把两者综合起来,考虑信噪比(信号与噪声功率之比),由它可以测算出通信的基本情况。

除以上两个问题外,实际信道中还可能有其他一些问题。

首先,信道中可以有其他的"外来"干扰。在无线通信中,自由空间是开放的,接收天线可能接收到各种外来干扰,有自然界的干扰,如雷电,也有人为干扰。人为干扰可以是其他通信信号,也可以是附近汽车点火脉冲辐射出的电磁干扰,或其他强电设备释放的电磁干扰。在有线通信中,靠得很近的导线之间可以发生"串话"干扰,即一根导线中的通信信号通过电磁场感应到另一根导线中,造成干扰。对于较强的与特定的干扰,一般需要采用针对性的防护措施来进行抑制或避让。也有一些干扰可以视为额外的噪声来处理。其实,噪声或干扰都是混入传输信号的有害成分,它们有时难以区别,常常也无须区别,并统一称为噪声或干扰。它们可能源于自然界或人为因素,来自系统内部或外部,表现为脉冲型或周期性,频域上位于低频、高频、某个局部或全部频带。习惯上,人们通常把普遍存在的热噪声及与其类似的白噪声作为噪声的典型。

其次,信道的传输特性还可能引起信号的畸变,这种畸变不再是加性的,它使信号的形状发生某种形式的失真。例如,信道对信号中不同的频率成分产生不同的衰减与延迟,使信

号的构成发生变异。在无线通信中,信号经常通过开放空间的多条路径抵达接收天线,来自多条路径的信号因时延与衰减的不一致形成的混合信号就可能出现严重的畸变,这种现象称为多径效应。

要尽量避免信号发生较大的畸变。如果无法避免,需要针对性地加以校正,有时称为信道均衡。有的物理媒质本身的参数特性是时变的,甚至是随机变化的,这种信道称为**变参信道**。变参信道引起的信号畸变也是变化的,这将给信号矫正带来更多的困难。无线移动通信中常常遇到这种情形,因此,需要用到很复杂的技术。

最后,信道还有一个重要的问题是它跟随信号变化的能力。信道传输信号的过程,是物理媒质随馈入信号的变化而在另一端呈现变化的过程,作为良好的信道,物理媒质应该"自如地"响应信号各种速率的变化。信道能够响应信号变化速度的范围是其传输能力的重要指标,这反映在其频率响应的宽度上,称为**传输带宽**。带宽小的信道适应信号变化的能力低,只能传输带宽窄(变化少)的电信号;带宽大的信道,既能传输带宽宽(变化丰富)的电信号,也能传输带宽窄的电信号。信道的带宽是其极为重要的另一个基本因素。

信道对于通信有着重要的影响,为了有效地进行通信,工程师们必须在收发信者之间建立(或寻找到)合适的信道,并针对信道设计通信系统。

### 1.4.2 加性噪声信道模型

在通信系统的研究中,通常的做法是将具体的物理信道影响信号传输的主要特性找出来,描述为数学形式,建立有关信道的模型。基于这种模型可以方便地研究与设计相应的最佳通信系统,分析系统的性能。

考虑信道的衰减与噪声这两种最为基本的问题。设 $s(t)$ 是进入信道的传输信号,$r_1(t)$ 是信道直接输出的信号,$n_1(t)$ 是加性噪声,$A$ 为衰减因子。可以得到下面的关系

$$r_1(t) = As(t) + n_1(t) \tag{1.4.1}$$

为了简化分析,可以令 $r(t)=r_1(t)/A$ 与 $n(t)=n_1(t)/A$,其物理意义是:使接收信号放大到与 $s(t)$ 相同的电平,当然,噪声也同时被放大了。

于是,更简洁的形式为

$$r(t) = s(t) + n(t) \tag{1.4.2}$$

称为**加性噪声信道模型**。这里,$s(t)$ 仍然是传输信号;$r(t)$ 是(等效)接收信号;$n(t)$ 是接收到的(等效)加性噪声。

如前面解释,噪声 $n(t)$ 主要是热噪声。以后还将说明,它的特性采用一种称为高斯白噪声的随机过程来描述。这时的信道模型称为**加性高斯白噪声(Additive White Gaussian Noise,AWGN)信道**,如图 1.4.1 所示。AWGN 模型只需要一个反映噪声强度的参数:噪声的(双边)功率谱密度值,记为 $N_0/2$,其含义是频域中每 Hz 频带内噪声的功率。

**图 1.4.1 加性噪声信道模型**

AWGN 信道模型涉及信道两个最基本的因素:信号与噪声。人们发现,它能够合理地反映很多常用信道的主要特征,而且它的数学特性简单,易于分析。因此,AWGN 信道模型成为通信系统分析与设计中最为主要的一种模型。即使在更复杂的情形中,例如,必须涉及干扰与信号畸变时,常常是先分析

AWGN模型下的结果,而后在其基础上再考虑其他因素的影响。

### 1.4.3 常用信道

常用的有线信道是双绞线与同轴电缆,它们是不同材质与构造的导线。另外一种重要的有线信道是光纤,专门传导光信号。常见的无线信道就是自由空间,因利用方法与典型系统的不同通常分为:无线视距中继信道、卫星中继信道、无线电广播信道与移动通信信道。下面分别给予简单的说明。

#### 1. 双绞线

双绞线(twisted-pair)由两根互相绝缘的导线绞合而成,如图1.4.2(a)所示,特征阻抗为90~110Ω。常常把一对或多对双绞线合在一起,放在一个保护套内,制成双绞线电缆。双绞线可以分为**屏蔽**(**STP**)的与**非屏蔽**(**UTP**)的。图1.4.2(b)是非屏蔽双绞线用作局域网网线的例子。

(a) 双绞线结构　　　　(b) 局域网网线常见插头

图1.4.2　双绞线

双绞线传输距离较近。它本质上易受电磁干扰;但两条导线绞合可以减轻这种影响。双绞线有多种规格,传输带宽通常在几十千赫至上百兆赫。双绞线价格较低廉,常用于传输语音信号与近距离的数字信号。应用包括本地环路、局域网、用户分配系统以及综合布线工程。

#### 2. 同轴电缆

同轴电缆(coaxial cable)由同轴心的内层导线、绝缘层、外层导体与保护套组成,如图1.4.3所示。内层导线一般为实心铜线,外层导体为空心铜管或网状编织。特征阻抗通常为50Ω或75Ω。实用中常将多根同轴电缆放入同一保护套内,以增强传输能力。

同轴电缆的电磁场封闭在内外导体之间,故辐射损耗小,受外界干扰影响小。与双绞线相比,同轴电缆具有更宽的带宽、更快的传输速率与更好的抗干扰能力。同轴电缆的直接传输距离仍较近,而且成本较高。同轴电缆的常见应用例子有有线电视网络、连接天线的射频电缆等。

图1.4.3　同轴电缆

#### 3. 光纤

光纤(optical fiber)是光导纤维的简称,它是一种能传输光信号的玻璃或塑胶纤维。光纤的结构与同轴电缆类似,由内芯、包层和涂覆层构成。内芯由高度透明的材料制成;包层的折射率略小于内芯;由于内芯与包层的折射率不同,使光波在内外两层的边界处不断产生反射,从而束缚在内芯中传输。光纤的结构与光信号传输原理如图1.4.4(a)所示;涂覆层的作用是增强光纤的柔韧性。实际应用时,光纤还必须外加几层保护结构的包覆,以提高机械强度,防止环境腐蚀与损害。

光纤有以下的一些独特的优点:

(1) 频带宽,容量大:按照载波频率的10%估算,光纤信道的潜在带宽可达$2\times10^{13}$Hz。

图 1.4.4 光纤

（2）传输损耗低：可低至 0.1dB/km，因而直接（无中继）传输距离可达几百千米。

（3）光信号不受电磁干扰的影响，也不向外辐射电磁波，因此抗噪性好，保密性强。

（4）光纤直径与人的头发相当，因而体积小、质量轻，易于使用。

（5）光纤的材料主要为石英砂，而非稀有金属，因而材料丰富、价格低廉。

光纤作为一种优良的传输信道，已获得大量的应用，长途电话网与互联网干线，甚至进入家庭的接入线路中都常用光纤作为传输媒质。

4. 无线电视距中继信道

无线电视距中继通信通常工作在几百兆赫至几十吉赫，无线电传输信号利用定向天线实现视距直线传播，途中不能有阻挡物。由于沿地球表面的直线视距一般仅有 40～50km，因此，需要通过反复中继来实现长距离通信，如图 1.4.5 所示。无线电视距信道通信容量大，性能可靠稳定，部署容易。它在光纤出现前曾发挥重要作用。

图 1.4.5 微波中继通信信道

5. 卫星中继信道

卫星通信是利用人造地球卫星作为中继转发站实现的通信，如图 1.4.6 所示。只需要三颗同步卫星就可以构成对全球几乎所有区域的覆盖，使地面上任何两点的用户可以借助卫星转发实现通信。同步卫星离地面约 35 866km，上行/下行（地面至卫星/卫星至地面）链路上，电磁波采用直线传播，通常工作在几吉赫兹至几十吉赫兹频率上，例如分别为 6GHz 与 4GHz。

图 1.4.6 卫星通信

卫星中继信道的特点是覆盖地域广泛、不受地理条件限制、频带宽、性能稳定可靠；但线路长，传输时延大。它常用于多路长途电话、数据和电视节目的传输。

#### 6. 无线电广播信道

无线电广播信道通常处于几百千赫至几百兆赫,供电台、电视台广播语音、音乐与电视节目。发射台的天线通常安装在高塔上,这样无线电波可以无障碍地覆盖尽可能广阔的周边区域,把信号送到众多的收音机与电视接收机。电视塔曾是很多城市的地标建筑,如图 1.4.7 所示。

#### 7. 无线移动通信信道

无线移动通信信道通常处于几百兆赫至几吉赫,供个人用户(手机)进行无线语音与数据通信。无线移动通信的电波必须穿越基站与手机之间的地面环境,如图 1.4.8 所示。由于环境中通常存在大量的树木、建筑物与其他障碍物,电波常常需要通过反射、散射与衍射到达接收机,使得信号的特性复杂,当用户快速移动时,无线电波会出现多普勒频移,而且随用户的移动电波传播环境会不断变化,因而无线移动通信信道是复杂的时变信道。

图 1.4.7 广播电视塔

图 1.4.8 移动通信的电波传播

## 1.5 频带与电波传播

频带指某个频率范围。一方面,每个信道都有自己的频带,它指明了该信道所能传送的信号频率范围。另一方面,信号的频谱给出了它所处的频率与所占的带宽,不同频谱的信号需要选择合适的信道进行传输。

### 1.5.1 频带的名称

表 1.5.1 给出了大部分频带的位置、常用名称与典型的通信用途。

表 1.5.1 频带命名

| 频 率 | 波 长 | 频 带 名 称 | | 典 型 用 途 |
|---|---|---|---|---|
| | | 按频率命名 | 按波长命名 | |
| 30~300Hz | 10 000~1000km | 特低频 ELF | | 电力传输 |
| 300~3000Hz | 1000~100km | 音频 VF | | 语音信号 |
| 3~30kHz | 100~10km | 甚低频 VLF | | 远距离导航、海底通信 |
| 30~300kHz | 10~1km | 低频 LF | 长波 LW | 远距离导航、海底通信、无线信标 |

续表

| 频　率 | 波　长 | 频带名称 | | 典型用途 |
|---|---|---|---|---|
| | | 按频率命名 | 按波长命名 | |
| 300～3000kHz | 1km～100m | 中频 MF | 中波 MW | 海事通信、定向、调幅广播 |
| 3～30MHz | 100～10m | 高频 HF | 短波 | 业余无线电、国际广播、军事通信、商用 |
| 30～300MHz | 10～1m | 甚高频 VHF | 超短波 | VHF 电视广播、调频广播、车辆通信与航空管制 |
| 300～3000MHz | 1m～10cm | 极高频 UHF | 微波 | UHF 电视广播、GPS、个人通信系统、便携式电话、微波通信、卫星通信、雷达 |
| 3～30GHz | 10～1cm | 超高频 SHF | | |
| 30～300GHz | 1cm～1mm | 特高频 EHF | | |
| 300～$10^7$GHz | ≤1mm | 太赫兹<br>光频 | 太赫兹波<br>红外线、可见光、紫外线 | 太赫兹通信<br>光通信 |

频带由低到高按 10 倍频来划分与命名。早期应用于无线电通信的一块频带处于 300kHz～3MHz,称为**中频**(**MF**);位于其上、其下两个频带分别是**高频**(**HF**)与**低频**(**LF**);其他频带及其命名以此类推,如表 1.5.1 所示。

波长记为 $\lambda$,是频率的倒数,即

$$\lambda = c/f \tag{1.5.1}$$

其中,$c = 3 \times 10^8$ m/s,是光波的传输速度,$f$ 是频率值。频带也常用其对应的波长来命名。中频频带也称为**中波**(**MW**),而其上的频带称为**短波**(**SW**),更上面的称为**超短波**与**微波**(**micro wave**),而中波以下的称为**长波**(**LW**)。

在有线信道中,几百千赫以下的信号可以在各种普通导线中传输;几百千赫至 1 吉赫信号可以在合适的双绞线与同轴电缆中传输;而 1 吉赫及更高的信号可以在波导中传输;光波信号需要在光纤中传输。实际应用时,还与线路长度有很大的关系。

### 1.5.2　无线电波的传播

几千赫以上频率的信号都可能用于无线电通信,常用的无线电传输信号从几百千赫至上百吉赫。在以自由空间为传输媒质的无线电信道中,电波(电磁波)的传播特性主要由其频率值的大小决定。因此,无线通信系统必须选择合适的频率,其电波才能够准确传播到要求的区域。通信系统的电磁波信号通过天线耦合到空中,可形象地把天线比喻为"电波起飞与着陆的跑道"。要有效地辐射电磁能量,天线的物理尺寸通常至少是电磁波波长的 1/10。例如,10kHz 对应的波长为 30km,天线长度至少为 3km;1MHz 对应的波长为 300m,天线长度至少为 30m;1GHz 对应的波长为 30cm,天线长度只需 3cm。因此,手机通信一般采用几百兆赫至几吉赫的电波,其天线可以做得小巧,便于手机携带。

#### 1. 地波、天波与视线传播

在无线信道中,不同频率的电波以不同的方式传播。电波传播的主要模式有三种:**地波**(ground-wave)、**天波**(sky-wave)与**视线**(Line-Of-Sight,LOS)传播。

地波模式指电波沿地表面弯曲传播的方式,如图 1.5.1(a)所示,它是较低频率电波的主要传播方式。VLF 与 ELF 频带(几十千赫以下)的电波实际上沿地表面传播,这一频带

范围内的加性噪声主要为雷电干扰(尤其是热带地区)与频带内众多用户彼此间的干扰。这一频带主要用于为离岸的船舶提供导航。由于频率低、信号可用带宽很窄(通常仅几百赫),可传输的消息量很有限。MF(300kHz~3MHz)也以地波为主进行传播,频带中的加性噪声主要有大气噪声、人为干扰与电子器件产生的热噪声。这一频带主要用于**调幅(AM)**广播与海事无线电广播。

图 1.5.1　电波传播的三种模式

天波模式指电波经天空中的电离层反射而折回地面的传播方式,如图 1.5.1(b)所示。电波还可能由地面反射回天空,而后再由电离层反射回地面,如此继续,形成多次来回反射,从而传播到很远的地方。**电离层(ionosphere)**是大气层受太阳紫外线与宇宙射线照射后产生的一层环绕地球的离子层,含 D、E、$F_1$ 与 $F_2$ 等多个子层,位于地面上方 60~400km。电离层的特性在每天的不同时候、每年的不同季节,以及太阳的不同活动周期内都有所不同。其最基本的规律是每天白天与夜晚的变化。白天由于阳光充足,尤其是正午时分,内层(60~80km 处)的 D 层浓度高,D 层能够大量吸收 2MHz 以下的电波;夜晚 D 层浓度低,以至几乎消失,电波可直达外层的 F 层,F 层能够类似于镜子反射光线一样反射 30MHz 以下的电波。因此,HF(3~30MHz)电波主要以天波模式传播,而且,MF 夜晚也能够以天波模式有效地传播到远方。实际生活中可以发现,从收音机能够听到遥远的甚至在地球背面的短波电台,而且,夜晚的信号更为稳定。夜晚还常常可以收听到远处的中波电台。电离层随机多变,天波传播常常存在多径传播问题,因而,HF 信道特性复杂,其加性噪声主要为大气噪声、人为干扰与热噪声。

**多径(multipath)传播**是电波传播的常见问题,即发射出的电波可以经过多条不同的途径抵达同一个接收点。由各路径到达的电波具有不同的幅度与相位,其组合结果造成信号中有的频率加强、有的频率抵消,这一现象称为**频率选择性(frequency selectivity)**。

视线传播模式是指电波像光波那样直线传播的方式,如图 1.5.1(c)所示。它是 VHF 及更高的频率(30MHz 以上)电波的主要工作模式。这些频率的电波向上传播时会穿透电离层而不被反射回来,因此可用于卫星和外太空通信。在地面应用时,比如微波通信,收发天线之间应该直接可视,中间不应有遮挡。所以,工作于 VHF 与 UHF 的电视广播、微波中继通信等总是将天线架设在高层建筑物、高塔或山顶。这种传播方式中的加性噪声主要有热噪声与进入接收机天线的外来宇宙噪声等。

地球表面的弯曲会限制视线传播的距离(视距),如图 1.5.2 所示。所以,长距离的通信需要反复中继。

图 1.5.2 视距的计算

两天线之间的最大视距 $d$ 与天线高度 $h$ 有下面的关系

$$(d/2)^2 + r^2 = (h+r)^2$$

其中,$r \approx 6370 \text{km}$,为地球半径。由于 $h$ 相对很小,因此易得

$$d \approx \sqrt{8hr} \quad \text{或} \quad h \approx d^2/8r \tag{1.5.2}$$

例如,$h=50\text{m}$ 时,最大视距为 $d \approx 50\text{km}$。

30MHz 以上是无线频谱的主要范围,可见大量的无线通信系统中电波以视线模式传播,比如,常见的手机、WiFi、对讲机等。显然,不少场景中难以确保收发两端直视而无遮挡,这时,通信依靠电波的反射、绕射与散射等方式进行,因而信道条件差,通信设备需要复杂的技术。

电波还可以以散射的方式进行传播。例如,30～60MHz 的电波可以借助**电离层散射**进行远距离传播;40MHz～4GHz 的电波可能借助**对流层散射**进行远距离的传播。散射传播不同于反射传播,它是由物理媒质的不均匀性引起的折射传播,其折射方向主要朝向前方,所以也称为前向散射。散射传播中电波的能量损失大,因而信道特性很复杂。

## 2. 电磁波传播损耗

电磁波在空间中向四周扩散,其能量随距离的增大而散失。在不考虑其他损耗因素的情况下,电磁波在所谓"自由空间"传播时,如果发送的功率为 $P_t$,则接收端得到的信号功率为

$$P_r = \frac{P_t G_t G_r}{L_f} = P_t G_t G_r \left(\frac{4\pi d}{\lambda}\right)^{-2} \tag{1.5.3}$$

其中,$G_t$ 与 $G_r$ 分别是发送与接收天线的增益(效率),$L_f$ 称为电磁波的**自由空间传播路径损耗**,即

$$L_f = \left(\frac{4\pi d}{\lambda}\right)^2 = \frac{16\pi^2 d^2 f^2}{c^2} \tag{1.5.4}$$

其中,$d$ 为距离(单位 km),$\lambda$ 与 $f$ 分别是电磁波的波长与频率,$c$ 为光速。可见,距离越远、频率越高,则收到的信号越弱,而且呈现平方反比关系。

**例 1.3** 计算电磁波自由空间传输衰耗:
(1) 94MHz 的调频广播信号传输 20km;
(2) 2.4GHz 的 WiFi 信号传输 10m。

**解** (1) $L_f = (4\pi \times 20 \times 10^3 \times 94 \times 10^6 / 3 / 10^8)^2 = 6.2 \times 10^9$
(2) $L_f = (4\pi \times 1 \times 10 \times 2400 \times 10^6 / 3 / 10^8)^2 = 1.01 \times 10^6$

可见,无线通信中传输信号衰减严重,发射端需要高倍数的(功率)放大器与高增益的天线,接收端也需要高灵敏度天线与高倍数的(弱信号)发大器。许多现代无线通信系统采用多天线传输技术,它能够有效地提高天线的效率。

电波在实际大气层内传播时会受到大气影响。特别是,大气中的氧气、水蒸气会吸收和散射电磁波,使 1GHz 以上的电波有明显的衰减,而且,频率越高,衰减越严重。某些特定频率范围上的电波会因大气中的分子谐振而出现严重衰减,国际电联(ITU-R)建议书给出的 1~350GHz 无线电波衰减情况如图 1.5.3 所示,其中,起于左下的虚曲线为水汽影响,终于

图 1.5.3 无线电波的大气衰减基本特性(引自 ITU-RP.676-11)

右下的实曲线为干空气(氧气为主)的影响,上面的点画曲线是两者的总和。可见,水蒸气造成电波在 22GHz、180GHz 与 320GHz 附近有较大的衰耗,而氧气使得在 60GHz 与 120GHz 附近有较大的衰耗。此外,降雨也会引起电波衰减,对 10GHz 以上的电波有较大的影响。在设计无线通信系统时应该注意这些情况,并尽量避开那些高损耗的频率位置。

### 1.5.3 无线频谱及其管理

无线信道实际上是人类共有的自由空间,是开放给所有发送与接收用户的共享资源。随着社会的发展、技术的进步,越来越多的人需要并能够使用这种资源交换信息。今天,仅仅在移动电话通信系统(手机)上,全世界每天就有许多亿人在使用着无线信道。无线电信号可以传播到相当远的地方,有的频带的无线电波甚至可能传播到地球的另一面。容易发现,在每个频带的有效作用范围内,只应该存在一个相同频率的传输信号,因为多个同频的传输信号同时出现时将彼此造成干扰,使大家都无法正常工作。所以,无线电频谱早已成为极为稀缺与重要的通信资源。

为了维护电波传播的秩序,协调通信应用,减少干扰,各个国家都建立了有关政府部门进行管理,它们具体规定了本国无线频带的分配、用途与运用方法等。

在国际上,频率的指配及技术标准的制定由**国际电信联盟(ITU)**负责。ITU 简称国际电联或电联,其总部设在瑞士日内瓦。它是联合国机构中历史最长的一个组织,可以追溯到 1865 年的国际电报联盟。ITU 主管信息通信技术(ICT)事务,负责分配和管理全球无线电频谱与卫星轨道资源,制定全球电信标准,向发展中国家提供电信援助,促进全球电信发展。ITU 包括三个部门:**无线电通信部门(ITU-R)**的责任是对频谱和频率指配,以及卫星轨道位置和其他参数进行分配和登记,"以避免不同国家间的无线电电台出现有害干扰";**电信标准部门(ITU-T)**推动世界各地的行业、公共部门和研发实体的专家共同制定错综复杂的技术规范与标准,以实现世界范围内 ICT 网络及其业务的互操作;**电信发展部门(ITU-D)**的责任在于推动以公平、可持续和支付得起的方式获取信息通信技术,促进社会和经济发展。

### 1.5.4 频分复用

多个传输信号共同利用一个频谱区域的基本原则就是错开使用,这种错开频率位置共用频带的方法称为**频分复用(Frequency-Division Multiplexing,FDM)**。电视与无线电广播电台就是借助 FDM 同时提供多套节目,图 1.5.4 是我国多个电视频道、调频收音机广播以及其他无线电应用共用 48~213MHz 这段频带的例子。

图 1.5.4 48~213MHz 的 FDM

在图 1.5.4 中,数字 1,2,3,…,12 是电视频道编号,各频道占用 8MHz 传送各自的电视节目。87~108MHz 频段划分给调频广播电台,其中又进一步划分为更窄的调频收音机频道,供多个调频广播电台广播各自的音频节目。在 108~167MHz 部分还有一块频带供其他业务使用。

FDM 这种思想也大量用在有线信道内。许多电线与电缆的可用频带远宽于单个通信信号的带宽，因此，电线或电缆内实行 FDM 就可以让多个通信信号共享这条电线或电缆。例如，在电话系统中，大量从 A 城市到 B 城市的语音就通过共享 A 与 B 之间的一条电缆进行传输。

从 FDM 中看出，单纯从传输信号的角度讲，信道就是适合于信号通过的可用带宽，而其具体物理形态是无关紧要的。因而，带宽是信道本质上的资源。例如，传输模拟语音信号，需要的信道是某个约 4kHz 带宽的可用频带；传输模拟视频信号需要的信道是某个约 6MHz 带宽的可用频带。

## 1.6 数字与模拟通信系统

人们借助通信系统交流信息。同数字信源与模拟信源相对应，通信系统也分为数字通信系统与模拟通信系统。**数字通信系统**（digital communication system）是传输数字消息的通信系统；**模拟通信系统**（analog communication system）是传输模拟消息的通信系统。

### 1.6.1 模拟通信系统

模拟通信伴随电话与无线电广播等语音通信的发展而发展，曾经盛行于世。模拟通信系统的结构通常都不复杂，大多数系统的核心是调制与解调单元，如图 1.6.1 所示。其他常见的处理主要是幅度调整、滤波与放大等。

图 1.6.1 模拟通信系统结构

**1. 基带传输与频带传输**

消息信号通常是基带的，其频谱集中在低频率处，如果信道能够直接传输基带信号，那么模拟通信系统不需要调制与解调单元而变得简单、直接。比如，当用有线耳机倾听电脑音乐时，播放器形成的（基带）音频信号通过放大后，直接经电线送入耳机发出声波。这种传输就是基带传输。

然而大多数模拟通信需要实施频带传输。首先，无线通信都是频带传输的，比如，无线耳机的音频信号就无法通过基带传输，必须经频带传输。无线电波最基本的形式是正弦波，其实 1864 年 Maxwell 预言电磁波时给出的理论形式就是正弦波。大多数无线电信号是正弦波的"变体"，从频域上看它们是位于某频率处且有一定带宽的信号，这类信号称为**频带信号**，相应的传输方式就是**频带传输**。

其次，在有线通信中一条线路只有一个基带通路，而线路的传输带宽往往相当宽。在其较高频率处还可以传输很多路信号，这就必须采用频带传输。有的线路的基带部分存在干扰，例如工频干扰，即交流电源干扰，主频率为 50Hz 或 60Hz，这时可以使用较高频率处的通路。

通信系统的信道不应该简单理解为某个物理媒质,它可以只是媒质中的一部分。信道本质上是一个有足够宽度的频域通道,通俗地讲信道是带宽。

### 2. 调制与解调

位于某非零频率处的信道称为频带信道。频带信道只能在其可用频带内传输信号,因此,需要将基带信号调整为适合它的频带信号。例如,如果信道由光纤构成,那么传送消息的信号必须是光波信号,光波信号本质上是一种频带信号。传统上,将基带信号变换为适当的频带信号的过程称为**调制**(**modulation**)。调制通常是借助于正弦载波来完成,所形成的频带信号的形式为

$$s(t) = R(t)\cos[2\pi f_c t + \theta(t)] \tag{1.6.1}$$

中心频率位于 $f_c$ 处,在没有携带消息时,式中,$R(t)$ 为常数,并且 $\theta(t)=0$,这时的信号 $s(t)$ 是频率为 $f_c$ 的纯正弦波,带宽为零。为了使 $f_c$ 承载消息信号,调制时按照某种预定的映射关系,让 $R(t)$ 或 $\theta(t)$(或两者同时)随基带信号而变化。$R(t)$ 与 $\theta(t)$ 的变化使信号 $s(t)$ 成为具有一定带宽的频带信号。

人们形象地称频率为 $f_c$ 的纯正弦波为**载波**——承载消息的波。也称利用载波的频带通信为**载波通信**。依据基带信号对应于 $R(t)$ 与 $\theta(t)$ 的具体映射关系的不同,调制分为不同的制式,例如,幅度调制、角度调制。不同的调制制式形成的传输信号具有不同的带宽与抗噪声能力。

**解调**(**demodulation**)是调制的逆过程,接收端的解调单元从收到的频带信号中还原出基带的消息信号,解调过程中要尽量抑制信道引入的噪声与畸变。

图 1.6.1 中的发射机与接收机主要是指具体与信道相连的单元。在无线通信系统中,发射机通常包含频率上变换器、功率放大器与天线;接收机通常包含天线、低噪声放大器与频率下变换器等。

## 1.6.2 数字通信系统

数字通信系统是通信技术发展的主流,其基本原因是数字信号与数字系统的固有优点。

### 1. 系统结构

数字通信系统的结构要相对复杂一些。图 1.6.2 给出了一个功能较为完善的现代无线通信系统的结构和它的各种功能单元。一个具体的数字通信系统不一定包含该结构的所有单元。图 1.6.2 中虚线框的灰色(阴影)单元是可选的,但实线框的白色(无阴影)单元基本上是所有系统都必需的。

图 1.6.2 的上半部分为发送端,下半部分为接收端,中间是信道。沿着消息信号的传送过程,发送端包括的单元有格式转化、信源编码、加密、信道编码、调制、MIMO 预编码、资源调度映射、OFDM 与发射机/天线;接收端包括的单元有接收机/天线、OFDM、资源调度解映射、MIMO 检测、信道估计、解调、信道译码、解密、信源译码与格式转化;此外,收发两端还需要同步单元。容易看出,收发两端的结构基本对称,相应的单元彼此互逆。后续章节将逐一介绍这些单元及其相关技术,这里先简要解释它们的基本功能。

大多数数字通信系统中必需的单元有格式转化、信道编/译码、调制与解调、发射机与接收机以及同步单元。在发送端,格式转化单元的功能是将消息信号整理为"规范"的数字符

图 1.6.2 数字通信系统结构

号序列,其中的符号可以是二进制符号或按多位二进制为组构成的多元符号。例如,按 $L$ 比特一组可构成 $M=2^L$ 元的符号序列。当输入为模拟消息时,格式转化中还必须进行模数变换,将模拟消息表示为数字序列形式。而接收端的格式转化单元会还原出用户需要的消息信号,如果要求输出模拟消息,还将进行数模变换。

调制与解调是通信系统的核心单元。图 1.6.2 所示的无线通信系统需要频带调制,即由符号序列生成适合信道传输的频带信号。数字频带调制本质上与模拟通信的一样,主要采用正弦载波携带消息。在其他一些数字基带通信系统中,调制单元将符号序列变换为基带信号,以适合基带信道的频带特性,基带传输信号通常采用特定形状的脉冲来构成,因此,这一过程也常称为脉冲成形。反过来,解调单元的任务是从信道收到的信号还原出符号序列。

同步单元是数字通信系统所必需的重要单元,它为整个传输系统提供各种定时时钟,使所有单元能够正确、有序地工作。

信道编码单元通过在待传输的数字信号中有意识地加入特殊数据位(如奇偶校验位等),使符号间形成一些确定关系,接收端可以借助它们发现与纠正错误,从而增强传输的可靠性。在信道条件良好的情况下,有些基本的数字通信系统可以不包含信道编码与译码单元。

数字通信系统根据具体的功能需要,还可以选用图 1.6.2 虚线框中的灰色单元。信源编码单元一般对数字序列实现压缩编码,以降低消息中的冗余度,提高传输效率。加密单元为信息传输提供保密性,主要防止非授权用户获取信息或注入错误信息。现代无线通信借助多天线传输技术增强传输的可靠性与效率,发送端与接收端的 MIMO 预编码与检测单元配合来完成相关功能。资源调度映射单元把传输通道划分为很多细小的时间与频率资源块,以便按需分配,提供灵活的多址与复用功能。简单讲,多址指用户各自从不同的"地址"进入与共享通信系统,好似高铁交通中人们从不同的车站上车,对号入座;复用指不同的信息合在一起传输,就像客人找座位,箱包上行李架。在移动通信中,多个手机设备借助多址共享传输通道,同时,多种不同的信息混合在其中传输。OFDM 是正交频分复用的简称,指由多个细小的频带合并成宽带信道的技术,它是现代宽带无线通信的重要方法。最后,信道估计在复杂信道的通信可发挥重要作用。比如,发送端在传输信号(某些资源小块)中"嵌入"特殊信息,帮助接收端侦测当前信道情况的好坏,进而使通信系统可以灵活地选用合适模式或避开"坏点",实现可靠通信。所谓"知己知彼,百战不殆"。

### 2. 数字通信系统的优势

数字消息序列的符号取值有限,且时间上易于分断。这些特性使它具有:抗噪、简单与规整三个基本特点。首先,对比用 Morse 编码传输文字符号与用电话系统传输语音电平值的情况。显然,即使在相当大的噪声情况下,只有两个取值的电码仍然很容易正确分辨,但本身就可随意取值的语音电平上发生的任何变异根本无法识别。其次,数字电路只需面对有限的取值,很容易实现,且一致性好,易于批量制作,因而成本低廉。相比之下,模拟电路必须应对精准的连续取值,复杂度高且很难一致,因此制作困难。最后,数字序列可以统一为二进制流或字节流而整齐规范,这使得复杂多样的不同消息可以分装成标准化"集装箱"(数据包),进而容易统一调度和在复杂网络中传送。这种固有的"体制"优势促使通信系统数字化,也促进了更广泛的数码系统的迅速发展。

数字通信系统与模拟通信系统相对比,有许多突出的优点,归纳如下:

(1) 数字信号易于分辨,即使在强噪声下,仍可能实现低误码率的传输。

(2) 数字信号状态有限,容易再生。因而,利用反复转发可以避免噪声积累,保持高的完好度。在长距离传输中,借助中继再生使得信号质量不受距离的限制。

(3) 数字电路成本低,可大规模集成,而且稳定性好,易于调试。

(4) 数字信号易于进行差错控制,可以采用更多有助于传输可靠性的措施。

(5) 数字信号易于压缩与加密处理。

(6) 不同种类的信源数据,如语音、图片、文字、软件等,易于形成统一的传输序列,共用数字通信系统。

(7) 便于计算机与网络通信。

不过,数字通信也有下面的缺点:

(1) 数字通信系统需要更复杂的同步系统。

(2) 一般而言,数字信号可能比模拟信号占用更多的带宽,因此需要有效的压缩技术。

随着通信技术及其应用的发展,以及与之关联的微处理器技术、计算机软件技术、数字信号处理技术与大规模集成电路技术的快速进展,数字系统的优点更为突出,其缺点也正被逐步解决。因此,数字通信系统成为主要的通信系统。

## 1.6.3 通信系统的基本性能指标

通信的根本任务是传送信息,因此,传输信息的有效性与可靠性是通信系统的基本性能指标。有效性是指在给定的时间内能传输的信息的多少,而可靠性是指接收到的信息的准确程度。这两者既相互矛盾又相互联系,并可以相互转换。

数字通信系统的有效性通常用它提供的传输速率(单位为 bps)来衡量。一定速率的数字消息信号采用不同的传输方式时,所需要的信道带宽是不同的。因此,当信道带宽一定时,通信系统提供的速率越高,则有效性就越好。带宽是信道本质上的资源,于是,通信系统的有效性还可以进一步用频带利用率来衡量。**频带利用率**是平均每赫兹所能提供的传输速率,单位为 bps/Hz。

数字通信系统的可靠性用平均比特错误概率来衡量,该指标简称为**误比特率(BER)**。

由概率论的知识可知,当传输的总比特数目非常大时,误比特率也就是传输中的错误比特数目占总比特数目的比率,即

$$BER = \frac{错误比特数目}{传输的总比特数目} \tag{1.6.2}$$

显然,BER 越低,通信系统的可靠性越好。通信系统的可靠性应当满足具体消息信号的应用要求。例如,在数字电话通信中,语音信号通常需要 $10^{-6} \sim 10^{-3}$ 的误比特率;而在数字电视通信中,视频信号可能需要更低的误比特率。

模拟通信系统的有效性可用传输带宽来衡量,同样的模拟消息信号采用不同的传输方式所需要的信道带宽是不同的,因此,传输同样带宽的消息信号所占用的信道带宽越少,则通信系统的有效性越高。模拟通信系统的可靠性用接收端输出信号的**信噪比**(**SNR**)来衡量,SNR 是信号与噪声的功率比值,它反映了消息经传输后的"保真"程度。不同的传输方式在同样信道中可以达到不同的可靠性。例如,调频传输方式通常比调幅传输方式的输出信噪比高,但调频传输比调幅传输占用的信道带宽多。从本质上讲,可靠性与有效性总是彼此矛盾的,并可以相互转换。

### 1.6.4 信道的容量

信息通过信道来传递,通信的有效性与可靠性根本上由信道的特性制约。而实际信道总是带宽有限的,并存在噪声与干扰。于是,人们自然会关注一个问题:有没有可能设计出一种通信系统,在存在错误的信道上仍然可以完全可靠地进行通信,即收方接收到的消息全部正确,系统误码率为零。长期以来,这个问题一直是令人困惑的。

1948 年,**香农**(**Shannon**)发表论文《通信的数学理论》,回答了这个问题。香农指出,每个信道都有传输信息的"能力",称为**信道容量**(**channel capacity**),只要以不大于容量的速率传输信息,就可能以接近零的误码率实现可靠的通信,但如果以任何大于容量的速率传输信息,通信就必定存在差错。

香农计算出了加性高斯信道的容量公式

$$C = B\log_2\left(1 + \frac{S}{N}\right) \quad (\text{bps}) \tag{1.6.3}$$

其中,$B$ 为信道的带宽,$S/N$ 是信道中信号与噪声的功率比,$C$ 为该信道的容量。高斯信道容量公式是通信理论中最重要的结论之一,它高度概括了通信系统的容量与它的关键参数:带宽、信号功率和噪声功率(或信噪比)之间的关联。

香农的结论其实只从理论上肯定了可靠通信的可能性与存在条件,而没有给出具体的实现方法。因此,他给出的正是通信工程师力求实现的理论极限。进一步的研究发现,通信系统要接近香农的理论极限,必须要借助信道编码等技术。

**例 1.4** 假设数字电视卫星系统的通信信道可近似为 AWGN 信道,它的带宽为 24MHz,信噪比为 16dB,试计算该信道的容量,并说明数据率为 40Mbps 时是否可能进行可靠通信。

**解** 信噪比 16dB 相当于 $S/N = 10^{16/10} \approx 39.81$,于是

$$C = 24\log_2(1 + 39.81) = 128.42(\text{Mbps})$$

显然,当数据率为 40Mbps 时是可能进行可靠通信的。∎

## 1.7 通信网络

通信系统可以在两点之间建立链路,使信息从发信端传送到收信端。随着越来越多的人需要进行通信,当人数众多时,我们无法为任意两人铺设信道,建立专用的通信系统。解决公众通信的方案是建立**通信网络**(communication network)。

最早的通信网络是电话网络。电话网络是由许多电话通信链路连接构成的网状通信系统,它连接着所有的电话终端(简称话机),如图1.7.1所示。当某人需要与远端的另一人进行通话时,他拿起身边的话机 A,通过拨号呼叫对方的话机 B,网络内部会依据所拨号码形成一条连接这两个话机的通路,使语音可以从 A 传输到 B,从而实现通话。通话完成后,这条通路撤销,网络内部又回归原状,等待新的通话需求。

图 1.7.1 电话网络与通路

网络内部的链路相当多,能够同时建立起许多条通路,以保证很多人可以同时呼叫,进行通话。

可见,整个通信网络涉及大量的终端、链路与转接点。终端是信息的源点或终点,在研究通信网络时又常称为**端点**(terminal)或**站点**(station)。端点可以是各种形态的,例如,连接到计算机网络的端点通常是计算机。转接就是交换信息,转接点又称为**交换节点**(switching node),或简称为**节点**(node)。节点是一种能够识别信息去向并执行交换的智能设备。节点不同于端点,它并不关心信息的内容是什么,而只是提供一种交换功能,将信息从一个节点转送到另一节点,直至信息到达终点。每一段链路其实就是一个基本的点-点的通信系统。

所以,通信网络本身可定义为节点、链路以及信令与协议的集合。所谓**信令与协议** (signalling system and protocol),是指指导交换设备建立通路与交换信息的指令与约定。"信令"一词多用于电信网络,如公用电话交换网与移动通信网等,它们主要使用的信令是**7号共路信令系统**(SS7);而"协议"一词多用于计算机网络,如 Internet 等,常用的协议是 TCP/IP。

现代移动通信网络供全球几十亿人随时随地地共享通信,能够传输文字、语音、图片、视频等各种形式的消息。网络的构成既有以光纤为主的有线骨干网络,又有众多彼此覆盖的蜂窝小区制无线接入网络,还有各式各样新型、异构的子网络。网络中站点与节点多种多样,数量庞大,用户可以是人,还可以是形形色色的机器与装置。

下面以一个基本的移动电话通信过程为例,简单说明网络控制的一些新情况。如图1.7.2所示,考虑某用户在手机待机时来到一个新地区,而后接到来电,用户在行进中持续通话,中间可能跨入新的小区,还可能出现信号掉失而后恢复等情况。在这样一个简单而常见的通信过程中,移动通信网络需要由完成多种新型的网络控制过程,比如,通过"寻呼"找到非固定连接的用户,切换小区时要更新系统信息与切换通信频道,要持续监测与维护多变的无线通信连接,还要尽量减少电量消耗。显然,无线、移动、多媒体、宽带与万物互联等新特性给通信网络与消息传输带来了大量新的挑战。

通信网络是在通信系统的基础上发展起来的,点-点的通信系统解决了每段链路上信息传输的基本问题。通信原理着重关注作为网络基础的各种通信系统的理论、技术与设计方法。

图 1.7.2 基本的移动电话通信过程举例

## 本章关键词

通过下面的关键词,可以快速地回顾本章的主要知识点。

| | |
|---|---|
| 通信 | 无线中继信道、卫星信道 |
| 通信系统 | 频带、波长、天线长度 |
| 发送器、信道、接收器 | 长波、中波、短波、微波 |
| 信源、信宿 | 地波、天波、视线传播 |
| 莫尔斯电报系统 | 电离层 |
| 广播、点-点 | 多径传播、频率选择性 |
| 单工、半双工、双工、TDD 与 FDD | 自由空间传播路径损耗 |
| 蜂窝、小区 | ITU(国际电联)ITU-R/-T/-D |
| 1G、2G、3G、4G 与 5G | 频分复用(FDM) |
| 3GPP、LTE | 数字通信系统 |
| 文字、语音、音乐、图像、数据 | 模拟通信系统 |
| 数字信源、模拟信源 | 基带传输、频带传输 |
| 消息符号 | 调制、解调、载波 |
| $M$ 元符号、比特 | 频带利用率 |
| 基带信号 | 误比特率(BER) |
| 消息、信息 | 信噪比(SNR) |
| 熵 | 信道容量公式 |
| 信号衰减、加性噪声、传输带宽 | 通信网络 |
| 加性高斯白噪声(AWGN) | 端点、站点、交换节点 |
| 双绞线、同轴电缆、光纤 | 信令与协议 |

## 习题

1. 考虑手机短消息通信,以你自己或其他某人的经验,试估计:
(1) 按键速率与每个中文字符需要的平均按键次数;

(2) 假定每个中文字符转换为两字节表示,短消息的二元符号速率是多少?

2. 两个消息符号 $X_1$ 与 $X_2$ 的取值及概率分别为

| $X_1$ | $a_1$ | $a_2$ |
|---|---|---|
| $p$ | 0.3 | 0.7 |

| $X_2$ | $a_1$ | $a_2$ | $a_3$ | $a_4$ |
|---|---|---|---|---|
| $p$ | 0.3 | 0.2 | 0.3 | 0.2 |

求它们的熵。

3. 据统计,26 个英文字母中 E 的概率最大,约为 0.105,试求,该字母的自信息量。

4. 假定电话按键由 10 个数字、"＊"与♯组成,按压每个数字键的概率均为 0.099,按压"＊"或"♯"的概率各为 0.005,按键速率为 2 次/秒。试求:

(1) 每次按键产生的熵与连续按键的熵率。

(2) 如果每次按键采用 4 位二进制表示,按键产生的二进制数据率(二元符号率)。

5. 考虑仅用 26 个英文字母的电报通信,假定字母键入速度为 5 个字母/秒,采用 Morse 码或 Baudot 码将字母转换为二进制符号。试求:

(1) 如果所有字母出现的概率相等,两种转换方式的二元符号率分别是多少?

(2) 如果字母出现的概率为:E 的概率为 0.1,A、I、N、S 和 T 的概率均为 0.08,J、Q、X、Y、Z 的概率均为 0.01,其余 15 个字母的概率均为 0.03,那么两种转换方式的二元符号率又分别是多少?

6. 假定容量为 4.7GB 的 DVD 盘可存储 133min 的数字音视频资料,试计算该数字音视频信号的数据率(二元符号率)是多少。

7. 采用无线视距链路连接相距 70km 的两地,假定中间平坦,问收发天线应该架设多高?

8. 许多越洋电话借助卫星通信,假定同步通信卫星距离地面 35 866km,试估计语音传输的时延至少是多少。

9. 试估计下列无线通信设备的最小天线尺寸:

(1) 短波收音机;

(2) FM 收音机;

(3) 1800MHz 频段的手机;

(4) 2.4GHz 的 WiFi 无线网络单元。

10. 假定电传打字机的信道带宽为 300Hz,信噪比为 30dB(即 $S/N = 10^{30/10} = 1000$),试求该信道的容量。

11. 假定某用户采用拨号上网,已测得电话线可用频带为 300~3400Hz,信噪比为 25dB(即 $S/N = 10^{2.5}$),试计算该信道的容量;在选用调制解调器时,可选速率为 56kbps、28.8kbps 或 9.6kbps 的调制解调器哪个较合适?

12. 试计算电磁波自由空间传输衰耗:

(1) 900MHz 移动通信信号传输到距离 800m 的基站;

(2) 星链采用低轨通信卫星,高度大约 440km,上/下行链路分别采用大约 14.25GHz 与 11.7GHz 载频。

# 第 2 章

# 基 础 知 识

电子通信系统通过某种电子或电气物理量来传输信息,如电流、电压、电磁波等,它们随时间变化,其数学模型是时间的函数,统称为信号。传输过程中会混入噪声与干扰,这些也随时间变化,是时间的函数。大量的信号是不确定的,称为随机信号,它们具有统计规律;也有一些信号是确知的,它们只用明确的时间函数就可以完全表示。为了研究通信系统,需要掌握各种信号的基本知识。

"信号与系统"和"随机信号分析"是专门讨论确知信号和随机信号及其相关知识的课程,它们应作为本课程的先修课程。本章将复习与总结信号的基础知识,并着重关注它们在通信方面的内容。本章的内容要点包括:

(1) 信号的基本特征——直流、幅度、功率与能量等。

(2) 傅里叶变换与频域特性——频谱、功率谱与带宽。

(3) 随机信号的特性——均值与相关函数、平稳性与各态历经性、功率谱、高斯分布与高斯信号。

(4) 噪声及其特性——白噪声、低通白噪声、高斯白噪声、热噪声。

(5) 信号通过系统——系统的频率响应、信号无失真传输条件、随机信号经过系统后的功率谱。

(6) 带通信号——复包络与载波、正交与同相分量、频谱(或功率谱)搬移过程、带通高斯白噪声。

## 2.1 确知信号

本节以确知信号为基础,概要地说明信号的基本知识:几种基本参数、傅里叶变换与频谱密度、能量谱密度与功率谱密度、频带与带宽。

### 2.1.1 信号及其基本参数

在电子通信中,**信号**(**signal**)所代表的是某个随时间变化的电气物理量,最常见的是电压 $v(t)$ 或电流 $i(t)$。应用中,随时间变化的物理量也常常称为**波形**(**waveform**)。

实际的物理波形总是实的、连续的与峰值有限的,并呈现在一个有限的时间段内,它们的频谱主要集中在某个有限的频带之中。为了简化数学分析过程,理论上的信号或波形既基于实际物理量,又进行了必要的理想化。于是,理论体系中定义了一批并不满足可实现条件的基础信号,例如,时间范围为 $(-\infty, +\infty)$ 的理想正弦波 $\sin(\omega t)$、瞬间幅度为无穷大的冲激函数 $\delta(t)$、具有跳跃型间断的矩形脉冲。基于由此建立的理论体系,只要注意结合应用中问题的具体特点,就能够有效、深入地研究并解决实际问题。

信号或波形具有诸如周期、直流分量、功率与均方幅度等基本物理参数。下面主要以电压信号 $v(t)$ 为例予以说明。

1. **周期**

许多信号是周期函数，即 $v(t)=v(t+T)$，$T$ 称为信号的**周期**，而 $1/T$ 称为信号的基频。

2. **直流分量**

信号的**直流分量**(**dc**)是其时间平均值，记为

$$v_{\mathrm{dc}}=\overline{v(t)}=\lim_{T\to\infty}\frac{1}{2T}\int_{-T}^{T}v(t)\mathrm{d}t \tag{2.1.1}$$

其中，$\overline{[\cdot]}=\lim\limits_{T\to\infty}\dfrac{1}{2T}\int_{-T}^{T}[\cdot]\mathrm{d}t$ 称为时间平均。

有的实际电路允许直流分量通过，有的不允许。周期信号的直流分量等于它在一个周期上的平均。

3. **功率与能量**

功率定义为单位时间内所做的功。$R$(欧姆)的纯电阻负载上，电压信号 $v(t)$ 或电流信号 $i(t)$ 所产生的平均功率为

$$P=\frac{\overline{v^2(t)}}{R} \quad \text{或} \quad P=\overline{i^2(t)}R \tag{2.1.2}$$

为了单独讨论信号本身产生的作用，人们引入"归一化功率"的概念，即令 $R=1\Omega$(欧姆)。因此，任意信号 $x(t)$ 的(**平均**)**功率**定义为

$$P=\overline{x^2(t)}=\lim_{T\to\infty}\frac{1}{2T}\int_{-T}^{T}x^2(t)\mathrm{d}t \tag{2.1.3}$$

而信号所蕴含的(**总**)**能量**规定为

$$E=\lim_{T\to\infty}\int_{-T}^{T}x^2(t)\mathrm{d}t=\int_{-\infty}^{+\infty}x^2(t)\mathrm{d}t \tag{2.1.4}$$

信号的功率或能量可视为其"大小"的基本度量，它综合考虑了信号幅度与持续时间两方面的因素。容易发现，信号总是两种类型之一：

(1) 功率信号：$P$ 为有限值，而 $E$ 为无穷大。

(2) 能量信号：$P=0$，而 $E$ 为有限值。

4. **均方根值**

信号的**均方根值**(**rms**)定义为

$$v_{\mathrm{rms}}=\sqrt{\overline{v^2(t)}} \tag{2.1.5}$$

它是信号"大小"的另一种度量形式。它表示幅度且又很容易计算功率，因为 $P=v_{\mathrm{rms}}^2$。容易看出：

(1) 如果是直流信号，$v(t)=A$，则 $v_{\mathrm{rms}}=A$。

(2) 如果是正弦波信号，$v(t)=A\cos(2\pi ft+\theta)$，则 $v_{\mathrm{rms}}=0.707A$。

\*5. **功率单位与分贝**

功率与能量的标准单位是瓦特(W)与焦耳(J)。但在通信工程中，使用对数尺度表述功率更为便捷，工程师习惯采用分贝瓦(dBW)或分贝毫瓦(dBm)作为单位，它们与标准单位的换算关系为

$$P(\text{W}) = 10\log_{10} P(\text{dBW}) = (30 + 10\log_{10} P)(\text{dBm})$$

例如,0dBW=1W,3dBW=2W,0dBm=1mW,以及 23.01dBm=200mW。

比较两个信号时,它们 dBW(或 dBmW)的差值正好是功率比值的对数值,即

$$G = 10\log_{10} P_1 - 10\log_{10} P_2 = 10\log_{10} \frac{P_1}{P_2} (\text{dB}) \tag{2.1.6}$$

称为**功率增益**,单位记为**分贝**(**Decibel**)。功率的比值本身没有单位,但加上 dB 单位以表明其中使用了以 10 为底的对数方法。

分析中常常需要比较信号与噪声,这时可采用信噪比,即

$$\left(\frac{S}{N}\right)_{\text{dB}} = 10\log_{10}\frac{P_s}{P_n} = (10\log_{10} P_s) - (10\log_{10} P_n)(\text{dB}) \tag{2.1.7}$$

其中,$P_s$ 与 $P_n$ 是信号与噪声的功率。

借助信号的均方根值,功率增益与信噪比的计算公式可方便地表述为如下形式

$$G = 20\log_{10}\frac{x_{1\_\text{rms}}}{x_{2\_\text{rms}}}(\text{dB}) \quad \text{与} \quad \left(\frac{S}{N}\right)_{\text{dB}} = 20\log_{10}\frac{s_{\text{rms}}}{n_{\text{rms}}}(\text{dB}) \tag{2.1.8}$$

当然,在实际电路的计算中需要根据信号是电压或电流,并考虑具体的负载阻值,即

$$G = 10\log_{10}\left(\frac{v_{1\_\text{rms}}^2/R_1}{v_{2\_\text{rms}}^2/R_2}\right) = 10\log_{10}\left(\frac{i_{1\_\text{rms}}^2 R_1}{i_{2\_\text{rms}}^2 R_2}\right) \tag{2.1.9}$$

有时 $R_1 = R_2$,则负载的影响正好抵消。

### 2.1.2 傅里叶变换与信号的频谱密度

大量的信号都可以表示为各种频率的"单频"信号(正弦信号或复指数信号)的组合,这可以通过信号的傅里叶变换来实现。信号 $x(t)$ 的傅里叶变换与逆变换公式为

$$\begin{cases} X(f) = \mathcal{F}[x(t)] = \int_{-\infty}^{+\infty} x(t) e^{-j2\pi ft} dt \\ x(t) = \mathcal{F}^{-1}[X(f)] = \int_{-\infty}^{+\infty} X(f) e^{j2\pi ft} df \end{cases} \tag{2.1.10}$$

简记为 $x(t) \Leftrightarrow X(f)$。

$X(f)$ 称为 $x(t)$ 的**频谱密度**(**spectrum**),简称频谱。它通常是复数,因而可进一步表示为 $|X(f)|e^{j\theta(f)}$。$X(f)$ 的物理含义可粗略表述为:组成 $x(t)$ 的各种"单频"信号中,频率为 $f$ 的信号所占的密度为 $|X(f)|$,相位为 $\theta(f)$。

傅里叶变换的基本性质如表 2.1.1 所示。几种常见信号的傅里叶变换如表 2.1.2 所示。

表 2.1.1 傅里叶变换的基本性质

| $x(t)$ | $X(f)$ |
| --- | --- |
| $ax(t) + by(t)$ | $aX(f) + bY(f)$ |
| $x(t - t_0)$ | $X(f)e^{-j2\pi ft_0}$ |
| $x(t)e^{j2\pi f_0 t}$ | $X(f - f_0)$ |
| $x(at)$ | $\frac{1}{|a|}X\left(\frac{f}{a}\right)$ |

续表

| $x(t)$ | $X(f)$ |
|---|---|
| $x^*(t)$ | $X^*(-f)$ |
| $x(-t)$ | $X(-f)$ |
| $x(t)*y(t)$ | $X(f)Y(f)$ |
| $x(t)y(t)$ | $X(f)*Y(f)$ |
| $\dfrac{\mathrm{d}^n x(t)}{\mathrm{d}t^n}$ | $(\mathrm{j}2\pi f)^n X(f)$ |
| $\int_{-\infty}^{t} x(u)\mathrm{d}u$ | $\dfrac{X(f)}{\mathrm{j}2\pi f}+\dfrac{X(0)}{2}\delta(f)$ |

表 2.1.2　常见信号的傅里叶变换

| $x(t)$ | $X(f)$ |
|---|---|
| $\delta(t)$ | $1$ |
| $1$ | $\delta(f)$ |
| $\mathrm{e}^{\mathrm{j}2\pi f_0 t}$ | $\delta(f-f_0)$ |
| $\Pi\left(\dfrac{t}{\tau}\right)$ | $\tau\,\mathrm{sinc}(f\tau),\quad \tau>0$ |
| $B\,\mathrm{sinc}(Bt)$ | $\Pi\left(\dfrac{f}{B}\right),\quad B>0$ |
| $\cos(2\pi f_0 t)$ | $\dfrac{1}{2}[\delta(f-f_0)+\delta(f+f_0)]$ |
| $\sin(2\pi f_0 t)$ | $-\dfrac{\mathrm{j}}{2}[\delta(f-f_0)-\delta(f+f_0)]$ |
| $\mathrm{e}^{-at}u(t)\quad(a>0)$ | $\dfrac{1}{a+\mathrm{j}2\pi f}$ |

注：表中用到定义如下的几个函数：

① $u(t)=\begin{cases}1, & t\geqslant 0 \\ 0, & t<0\end{cases}$　② $\Pi(t)=\begin{cases}1, & |t|\leqslant 1/2 \\ 0, & |t|>1/2\end{cases}$　③ $\mathrm{sinc}(t)=\dfrac{\sin(\pi t)}{\pi t}$

## 2.1.3　能量谱密度与功率谱密度

频谱 $X(f)$ 给出了信号在频域上的构成，这种构成也可以通过能量谱或功率谱的形式表达出来。

### 1. 能量谱密度

对于能量信号 $x(t)$，能量谱密度定义为 $|X(f)|^2$。它反映了在信号的总能量中频率为 $f$ 的单频信号所占的密度。利用帕塞瓦尔公式可见

$$E=\int_{-\infty}^{+\infty}x^2(t)\mathrm{d}t=\int_{-\infty}^{+\infty}|X(f)|^2\mathrm{d}f \tag{2.1.11}$$

因此，所有频率分量的能量之和就是信号的总能量 $E$。

### 2. 功率谱密度

对于功率信号 $x(t)$，仿照功率的定义方法定义功率谱密度为

$$P(f)=\lim_{T\to\infty}\dfrac{1}{2T}|X_T(f)|^2 \tag{2.1.12}$$

其中，$X_T(f)$ 是 $x_T(t)$ 的傅里叶变换，而 $x_T(t)$ 称为截断信号，它是从 $x(t)$ 上截取的 $[-T,+T]$ 段（在 $[-T,+T]$ 区间外为零），如图 2.1.1 所示。

图 2.1.1 截断信号图示

功率谱密度反映了在信号的总功率中频率为 $f$ 的单频信号所占的密度。由于

$$\int_{-T}^{T} x^2(t) dt = \int_{-\infty}^{+\infty} x_T^2(t) dt = \int_{-\infty}^{+\infty} |X_T(f)|^2 df$$

于是

$$P = \lim_{T \to \infty} \frac{1}{2T} \int_{-T}^{T} x^2(t) dt = \lim_{T \to \infty} \frac{1}{2T} \int_{-\infty}^{+\infty} |X_T(f)|^2 df = \int_{-\infty}^{+\infty} P(f) df \quad (2.1.13)$$

因此，所有频率分量的功率之和就是信号的总功率。

定义功率信号的自相关函数

$$r_x(\tau) = \lim_{T \to \infty} \frac{1}{2T} \int_{-T}^{T} x(t) x(t+\tau) dt \quad (2.1.14)$$

其物理含义反映了功率信号时间上相距 $\tau$ 的信号值之间的关联性。易见，总平均功率 $P = r_x(0)$。还可以证明

$$r_x(\tau) \Leftrightarrow P(f) \quad (2.1.15)$$

**例 2.1** 求正弦信号 $x(t) = \cos(2\pi f_0 t + \theta)$ 的频谱与功率谱。

**解** 信号的频谱为

$$X(f) = \frac{1}{2}[\delta(f-f_0) e^{j\theta} + \delta(f+f_0) e^{-j\theta}]$$

由于 $x(t)$ 是周期信号，也是功率信号，为了计算功率谱，先求它的相关函数，即

$$x(t) x(t+\tau) = \cos(2\pi f_0 t + \theta) \cos(2\pi f_0 t + 2\pi f_0 \tau + \theta)$$

$$= \frac{1}{2}[\cos(2\pi f_0 \tau) + \cos(4\pi f_0 t + 2\pi f_0 \tau + 2\theta)]$$

因此

$$r_x(\tau) = \frac{1}{2} \cos(2\pi f_0 \tau) + \lim_{T \to \infty} \frac{1}{4T} \int_{-T}^{T} \cos[4\pi f_0 t + (2\pi f_0 \tau + 2\theta)] dt$$

$$= \frac{1}{2} \cos(2\pi f_0 \tau)$$

所以

$$P(f) = \mathcal{F}\left[\frac{1}{2} \cos(2\pi f_0 \tau)\right] = \frac{1}{4}[\delta(f-f_0) + \delta(f+f_0)]$$

可见，信号的频谱与功率谱同样反映出信号的成分集中在 $\pm f_0$ 处，而频谱中还含有相位信息。 ∎

### 2.1.4 信号的频带与带宽

若信号的主要能量或功率集中在零频率附近，则称这种信号为**基带信号**或**低通信号**（**baseband signal**）。表征信源的消息信号，最初大都是这类基带信号。若信号的主要能量或功率集中在某一非零频率附近，则称这种信号为**频带信号**、**带通信号**或**通带信号**（**bandpass** signal)。大量的传输信号是频带信号,比如长途与无线通信中的传输信号。

信号的带宽指信号的能量或功率的主要部分所占的频率范围,依据信号的类型的不同,分别在其能量谱或功率谱上进行度量。具体的度量方法有多种,下面以功率型信号与图 2.1.2 的功率谱 $P(f)$ 为例,说明几种常用的带宽。

(1) **绝对带宽**(absolute bandwidth):功率谱上所有非零频率所占的总频率范围。理论上,许多信号的绝对带宽为无穷大,比如,功率谱如图 2.1.2 所示的信号。

(2) **零点带宽**(null-to-null bandwidth,$B_0$):功率谱的主要部分的两侧经常具有零点,由左、右第一零点之间的距离对应的带宽称为零点带宽。

(3) **功率(或能量)带宽**(power or energy bandwidth,$B_{99}$):信号 99%(或其他指定百分比)的功率部分对应的带宽,即

图 2.1.2 各种信号带宽含义示意图

$$\int_0^{B_{99}} P(f) \mathrm{d}f = \left[\int_0^\infty P(f) \mathrm{d}f\right] \times 99\% \qquad (2.1.16)$$

一般而言,如果信号的频谱是绝对有限的,绝对带宽是其宽度的合理度量。但是,大量信号的频谱趋于无限,这时只好以其大部分信号占有的宽度作为度量。例如,$B_{99}$——信号 99%(或其他百分比)的功率部分对应的带宽。这类带宽度量有时也称为**基本带宽**(essential bandwidth)。为了分析的简便,另一种十分常用的度量是零点带宽 $B_0$,本书就大量使用这种带宽。

其他常见的带宽定义还有如下两种。

① **等效矩形带宽**(equivalent rectangular bandwidth,$B_{eq}$):定义为

$$B_{eq} = \frac{1}{P(f_0)} \int_0^\infty P(f) \mathrm{d}f \qquad (2.1.17)$$

其中,对于低通信号而言,$f_0 = 0$;对于带通信号而言,$f_0$ 取中心频率。利用此带宽值特别便于计算信号的总功率

$$P = 2 B_{eq} P(f_0) \qquad (2.1.18)$$

② **3dB 带宽**(3dB bandwidth,$B_{3dB}$):功率谱的主要部分的两侧下降到峰值的 1/2 处称为 3dB 点,由 3dB 点对应的带宽称为 3dB 带宽。

## 2.2 随机信号

通信中大多数的信号、干扰与噪声都是随机的。本节说明一般随机信号的基本概念、概率函数与数字特征,平稳随机信号的相关函数、各态历经性与功率谱密度,以及多个随机信号的联合特性、正交、无关与独立等关系。

### 2.2.1 概念与定义

实际应用中的物理量大都具有不确定性,因此,相应的信号是随机的。下面通过几个例子来考察这类信号。

**例 2.2** 噪声电压信号:电子设备中,电阻上的噪声电压是典型的随机信号。由于热电

子的扰动,引起电阻两端的电压不确定的起伏,对该电压进行一次观测可能记录到一段波形 $x_1(t)$,而进行第二次观测又记录到一段不同的波形 $x_2(t)$,以此类推,如图 2.2.1 所示。每次观测前都无法预知可能会记录到什么样的波形,该电压信号是无穷多种波形中的某一个,是一族随机的函数。

(a) 第一次记录的波形　　(b) 第二次记录的波形　　(c) 记录的其他波形

图 2.2.1　随机噪声电压信号

图 2.2.2　定义函数 $X(t)$(或 $X(t,\xi)$)

我们扩展概率论里随机变量的概念来描述这类信号。对于随机试验样本空间 $\Omega$ 上的每个样本点 $\xi$ 定义一个函数 $X(t)$,则确定了一个具有一定统计特性的随机函数,称为**随机信号**(**random signal**),形象化地表示为图 2.2.2。

随机信号也可以是离散的,常表示为 $X(n)$ 或 $X_n$,如下例所述。

**例 2.3**　二元数字信号:在计算机等数字设备上信息以二进制的形式存储,一长串的二进制比特序列可代表某个图像、语音或其他数据文件。各个比特事先无法预知,因而是二值的随机变量,记为 $X_n$,而整个序列 $\{X_1, X_2, X_3, \cdots\}$ 称为二元数字信号。它既是一列有序的随机变量,又可视为无穷多种二值数列中的某个未知的数列(如 011010011⋯)。

随机信号具有两层含义:①它的一次出现是一个 $t$ 的确定函数,称为**样本函数**,是随机试验的某次结果;②它在任何时刻 $t$ 的取值都是事先无法确定的,它是沿 $t$ "推进"的一组随机变量。在数学上更多地称随机信号为**随机过程**(**random process** 或 **stochastic process**)。

### 2.2.2　基本特性

随机信号虽然是不确定的,但也是有规律的,它的基本特性为概率分布与数字特征,通过带时间参数 $t$ 的随机变量 $X(t)$ 来描述。由于含有时间 $t$,其符号上稍有不同。

**1. 概率分布与密度函数**

**一阶(概率)分布函数**(**Cumulative Distribution Function, CDF**)定义为随机变量 $X(t)$ 的分布函数,记为

$$F_X(x;t) = F_{X(t)}(x) = P[X(t) \leqslant x] \tag{2.2.1}$$

它是 $t$ 时刻的随机变量直至 $x$ 处的累积概率值。**一阶(概率)密度函数**(**Probability Density Function, PDF**)为

$$f_X(x;t) = f_{X(t)}(x) = \frac{\mathrm{d}}{\mathrm{d}x} F_X(x;t) \tag{2.2.2}$$

随机信号因 $t$ 的不同而包含无穷多个随机变量,因此,深入地描述它需要**高阶(概率)分**

**布与密度函数**，它们基于信号上任意 $n$ 个时刻的随机变量定义如下

$$F(x_1,x_2,\cdots,x_n;t_1,t_2,\cdots,t_n)=P[X(t_1)\leqslant x_1,X(t_2)\leqslant x_2,\cdots,X(t_n)\leqslant x_n]$$
(2.2.3)

$$f(x_1,x_2,\cdots,x_n;t_1,t_2,\cdots,t_n)=\frac{\partial^n}{\partial x_1\partial x_2\cdots\partial x_n}F(x_1,x_2,\cdots,x_n;t_1,t_2,\cdots,t_n)$$
(2.2.4)

通过计算边缘分布，由高阶分布可以得出一阶分布的结果，因此，高阶分布包含了更多的信息，但也更为复杂。许多实际应用中，往往无法（也不必）获得较高阶的分布特性，而只需要一阶分布和二阶分布就可以解决大量问题，甚至仅需要几个基本的数字特征即可。

2. 基本数字特征

数字特征是随机变量的某些特定的统计平均（数学期望）值，它们刻画出随机变量的基本特性。随机信号最重要的数字特征是基于单个随机变量 $X(t)$ 或两个变量 $X(t_1)$ 与 $X(t_2)$ 来定义的。

(1) **均值**（mean）。

$$m_X(t)=m_{X(t)}=E[X(t)]=\int_{-\infty}^{+\infty}xf_X(x;t)\mathrm{d}x$$

(2) **方差**（variance）。

$$\sigma_X^2(t)=\sigma_{X(t)}^2=E\{[X(t)-m_X(t)]^2\}=\int_{-\infty}^{+\infty}[x-m_X(t)]^2f_X(x;t)\mathrm{d}x$$

(3) **自相关函数**（auto-correlation）。

$$R_X(t_1,t_2)=E[X(t_1)X(t_2)]=\int_{-\infty}^{+\infty}\int_{-\infty}^{+\infty}x_1x_2f_X(x_1,x_2;t_1,t_2)\mathrm{d}x_1\mathrm{d}x_2$$

均值与方差反映了其平均部分（直流）的幅度与摆动部分（交流）的功率；均方值 $E[X^2(t)]$ 反映了随机信号的总平均功率。

上面讨论中，各种符号的下标 $X$ 表示所针对的随机信号是 $X(t)$，在不引起混淆时，下标常常省略。

## 2.2.3 平稳随机过程

一般而言，随机过程的统计特性可能随时间参数变化，但有一类特殊的随机过程，它的统计特性关于时间保持"稳定不变"，称为**平稳**（stationary）随机过程。平稳随机过程具有突出的特性，并且在实际应用中十分常见，因而是一类重要的随机过程。

1. 严格平稳与广义平稳过程

平稳随机过程主要分为两类：

(1) **严格平稳**（或强平稳）（SSS）过程。该过程的全部统计特性对于时间具有移动不变性，即，任取 $u$，其任意 $n$ 维分布函数满足

$$F_X(x_1,x_2,\cdots,x_n;t_1,t_2,\cdots,t_n)=F_X(x_1,x_2,\cdots,x_n;t_1+u,t_2+u,\cdots,t_n+u)$$
(2.2.5)

(2) **广义平稳**（或弱、宽平稳）（WSS）过程。该过程的均值与相关函数对于时间具有移动不变性，即

① 均值为常数:
$$E[X(t)] = m_X = 常数$$
② 相关函数与时间的绝对数值无关,而只与时间间隔 $\tau = t_1 - t_2$ 有关,
$$R_X(t_1, t_2) = R_X(t_1 - t_2) = R_X(\tau), \quad \tau = t_1 - t_2 \tag{2.2.6}$$

广义平稳过程常常简称为平稳过程,它只关注一阶矩和二阶矩的"时移不变性",因而很容易得到满足。对于实际问题,如果产生与影响信号的主要物理条件不随时间而改变,那么可以认为此信号是平稳的。通常考虑的都是稳态中的信号,所以认为它们都是平稳过程。

2. 相关函数、协方差函数与相关系数

平稳过程的方差、标准差 $\sigma_X$ 与均方值 $E[X^2(t)]$ 都是常数。相关函数 $R_X(\tau)$ 具有以下性质。

(1) 是实偶函数: $R_X(\tau) = R_X(-\tau)$;
(2) 在原点处(均方值)非负并达到最大: $E[X^2(t)] = R_X(0) \geqslant |R_X(\tau)|$。
协方差函数与相关系数分别为
$$C_X(\tau) = E\{[X(t+\tau) - m_X][X(t) - m_X]\} = R_X(\tau) - m_X^2 \tag{2.2.7}$$
$$\rho_X(\tau) = C_X(\tau)/C_X(0) \tag{2.2.8}$$

相关函数、协方差函数与相关系数都反映着不同时刻的信号之间在统计意义上的关联程度,它们给出大量同类事件总的关联趋势。其中,相关系数是关联程度的归一化形式。在实际工程中,信号的相关性总是集中在较小的间隔范围内,当两时刻的间隔 $\tau$ 大于某值以后,$\rho(\tau)$ 就很小了。由此,我们定义**相关时间**(correlation time) $\tau_c$
$$\tau_c = \int_0^{+\infty} \rho(\tau) d\tau \tag{2.2.9}$$
作为相关性有无的大致间距度量。

3. 各态历经性

许多平稳信号具有**各态历经性**(ergodicity)(或称**遍历性**),即信号的任何一个样本函数的时间平均等于它的统计平均。设信号的样本函数为 $x(t)$,则其时间平均为
$$\overline{x(t)} = \lim_{T \to \infty} \frac{1}{2T} \int_{-T}^{T} x(t) dt \tag{2.2.10}$$

各态历经性的物理含义为:只要观测的时间足够长,这种信号的每个样本函数都仿佛遍历了信号的各个状态,因此,从它的任何一个样本函数中都可以计算出其统计平均值。

随机信号的各态历经性分为:
(1) **均值各态历经性**,指 $E[X(t)] = \overline{x(t)}$;
(2) **自相关函数各态历经性**,指 $R_X(\tau) = \overline{x(t+\tau)x(t)}$。

如果随机信号同时具有均值与自相关函数各态历经性,则称它具有(**广义**)**各态历经性**。

随机过程的各态历经性是对它进行实际测量与数值分析的理论基础。虽然验证一个平稳信号是否具有遍历性并不容易,但是,物理信号的各个样本函数大都出自于相同的随机因素,因此,通常认为它们将经历信号的各个状态,具有各态历经性。

## 2.2.4 两个信号的联合特性

研究多个随机信号及相互关系时,我们用到联合特性。两个信号 $X(t)$ 与 $Y(t)$ 的**联合**

(**joint**)概率分布函数由 $X(t_1)$ 与 $Y(t_2)$ 来定义

$$F_{XY}(x,y;t_1,t_2) = F_{X(t_1),Y(t_2)}(x,y) = P[X(t_1) \leqslant x, Y(t_2) \leqslant y] \quad (2.2.11)$$

相仿地可定义 $X(t)$ 与 $Y(t)$ 的高阶联合分布及其概率密度函数。

如果信号 $X(t)$ 与 $Y(t)$ 各自广义平稳,且它们的互相关函数对于时间具有移动不变性,即 $R_{XY}(t_1,t_2) = E[X(t_1)Y(t_2)] = R_{XY}(t_1 - t_2)$,则称它们**联合广义平稳**。

联合广义平稳信号 $X(t)$ 与 $Y(t)$ 的(联合)数字特征主要包括下面三种。

(1) 互相关函数。

$$R_{XY}(\tau) = E[X(t+\tau)Y(t)] = R_{YX}(-\tau)$$

(2) 互协方差函数。

$$C_{XY}(\tau) = E\{[X(t+\tau) - m_X][Y(t) - m_Y]\} = R_{XY}(\tau) - m_X m_Y$$

(3) 互相关系数。

$$\rho_{XY}(\tau) = \frac{C_{XY}(\tau)}{\sigma_X \sigma_Y}$$

至于两个随机信号 $X(t)$ 与 $Y(t)$ 的关系,我们常常考虑下面三种。

(1) **正交**(**orthogonal**): $R_{XY}(\tau) = 0$。

(2) **线性无关**,简称**无关**(**uncorrelated**): $C_{XY}(\tau) = 0$。

(3) **独立**(**independent**): 任取 $t_1, t_2, \cdots, t_n, s_1, s_2, \cdots, s_m \in T$,恒有

$$F_{XY}(x_1, x_2, \cdots, x_n; y_1, y_2, \cdots, y_m; t_1, t_2, \cdots, t_n; s_1, s_2, \cdots, s_m)$$
$$= F_X(x_1, x_2, \cdots, x_n; t_1, t_2, \cdots, t_n) F_Y(y_1, y_2, \cdots, y_m; s_1, s_2, \cdots, s_m)$$

正交与无关是基于二阶矩的概念,而独立性是基于概率特性的概念,独立性的概念更为苛刻,三者的关系如图 2.2.3 所示。

图 2.2.3 独立、无关与正交的关系图

**例 2.4** 联合平稳随机信号 $X(t)$ 与 $Y(t)$ 的合成信号为 $Z(t) = aX(t) + bY(t)$,其中 $a$ 与 $b$ 是确定量。求合成信号的均值与相关函数。

**解** 根据定义

$$m_Z = aE[X(t)] + bE[Y(t)] = am_X + bm_Y$$
$$R_Z(\tau) = E\{[aX(t+\tau) + bY(t+\tau)][aX(t) + bY(t)]\}$$
$$= a^2 R_X(\tau) + b^2 R_Y(\tau) + abR_{XY}(\tau) + baR_{YX}(\tau)$$

可见,$Z(t)$ 也是平稳的。如果 $X(t)$ 与 $Y(t)$ 正交,则交叉项为零,这时,$R_Z(\tau) = a^2 R_X(\tau) + b^2 R_Y(\tau)$。∎

## 2.2.5 功率谱密度

平稳信号在整个时间上稳定、持续,它本质上是功率信号,可以使用功率谱密度考察它们的频域构成。由于信号是随机的,我们在原功率与功率谱定义式(2.1.3)与式(2.1.12)的基础上引入统计平均,于是,随机信号的**功率**与**功率谱密度**(**Power Spectral Density,PSD**)为

$$P_X = \lim_{T \to \infty} \frac{1}{2T} \int_{-T}^{T} E[X^2(t)] dt \quad (2.2.12)$$

$$P_X(f) = \lim_{T \to \infty} \frac{1}{2T} E[|X_T(f)|^2] \quad (2.2.13)$$

其中,$X_T(f)$是随机信号 $X(t)$ 截取 $[-T,+T]$ 段的傅里叶变换,也是随机的。

> **维纳-辛钦(Wiener-Khintchine)定理**:平稳信号的功率谱与其自相关函数是一对傅里叶变换,即
> $$R_X(\tau) \Leftrightarrow P_X(f) = \int_{-\infty}^{+\infty} R_X(\tau) e^{-j2\pi f\tau} d\tau \tag{2.2.14}$$

该结论与确知信号的相应结论一致。由傅里叶逆变换还可见

$$P_X = E[X^2(t)] = R_X(0) = \int_{-\infty}^{+\infty} P_X(f) df \tag{2.2.15}$$

因此,$P_X(f)$ 沿 $f$ 轴的"总和"正是信号的平均功率。

**例 2.5** 正弦信号 $X(t) = A\cos(2\pi f_0 t + \Theta)$,其中,$A$ 是常量,$\Theta$ 满足均匀分布 $\Theta \sim U(0, 2\pi)$,求它的功率谱。

**解** 首先计算该信号的均值与相关函数

$$E[X(t)] = A\int_0^{2\pi} \cos(2\pi f_0 t + \theta) \frac{1}{2\pi} d\theta = 0$$

$$\begin{aligned}R_X(\tau) &= A^2 E\{\cos[2\pi f_0(t+\tau) + \Theta]\cos(2\pi f_0 t + \Theta)\} \\ &= \frac{A^2}{2} E[\cos(2\pi f_0 \tau) + \cos(4\pi f_0 t + 2\pi f_0 \tau + 2\Theta)] \\ &= \frac{A^2}{2} \cos(2\pi f_0 \tau)\end{aligned}$$

因此它是平稳的,于是由傅里叶变换有

$$P_X(f) = A^2[\delta(f-f_0) + \delta(f+f_0)]/4$$

它表明该信号的功率全部集中在频率 $f_0$ 处。

考察例中随机信号的频谱函数

$$X(f) = \mathcal{F}[x(t)] = A[\delta(f-f_0)e^{j\Theta} + \delta(f+f_0)e^{-j\Theta}]/2$$

它是随机的,由于相位可以取各种角度,该频谱函数的统计平均为零,因而无法描述信号的频谱特性。显然,功率谱没有这个问题,虽然损失了相位特性,但它是确知函数,可以明确有效地说明随机信号中各频率成分的含量。所以,随机信号的频域分析主要是考察信号的功率谱,而非频谱。

功率谱总是正的实函数,实信号的功率谱还必定是偶函数,即,$P_X(-f) = P_X(f) \geqslant 0$。

图 2.2.4 单边与双边功率谱

鉴于这种固有的偶函数特点,实信号经常只使用正频率部分,称它为**单边功率谱**。相对地,有时称原定义为双边功率谱。如果记单边功率谱为 $G_X(f)$,为了保持计算的功率一样,有

$$G_X(f) = \begin{cases} 2P_X(f), & f > 0 \\ 0, & f < 0 \end{cases} \tag{2.2.16}$$

如图 2.2.4 所示,即单边功率谱密度值是双边的两倍。

## 2.3 高斯信号与高斯白噪声

高斯分布(或称正态分布)是一种极为重要的分布。它在工程应用中经常遇到,且具有良好的数学性质。噪声是所有通信系统的普遍问题。最常见的噪声是一种具有高斯分布的

白噪声。本节简要说明高斯分布与高斯信号、白噪声及高斯白噪声。

### 2.3.1 高斯分布与高斯信号

客观现实中的许多随机信号都由大量相互独立的随机因素综合影响而形成,其中每一个别因素在总的影响中所起的作用是微小的,这类随机信号大都近似地服从高斯分布。

**高斯(Gaussian)分布**是指随机变量 $X$ 的概率密度函数为

$$f_X(x) = \frac{1}{\sqrt{2\pi}\sigma} \exp\left[-\frac{(x-\mu)^2}{2\sigma^2}\right] \tag{2.3.1}$$

其中,$\mu$ 和 $\sigma^2$ 是均值与方差。二维高斯分布是指两个随机变量 $X$、$Y$ 的联合概率密度函数为

$$f_{XY}(x,y) = \frac{1}{2\pi\sigma_1\sigma_2\sqrt{1-\rho^2}} e^{-\frac{1}{2(1-\rho^2)}\left[\frac{(x-\mu_1)^2}{\sigma_1^2} - 2\rho\frac{(x-\mu_1)(y-\mu_2)}{\sigma_1\sigma_2} + \frac{(y-\mu_2)^2}{\sigma_2^2}\right]} \tag{2.3.2}$$

其中,$\mu_1$、$\mu_2$ 和 $\sigma_1^2$、$\sigma_2^2$ 是各自的均值与方差,$\rho$ 是互相关系数。

一维、二维高斯分布简记为 $X \sim N(\mu, \sigma^2)$ 与 $(X,Y) \sim N(\mu_1, \sigma_1^2; \mu_2, \sigma_2^2; \rho)$,它们的密度函数如图 2.3.1 所示。

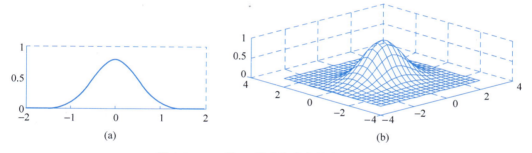

图 2.3.1 一维、二维高斯分布的密度函数

如果随机信号 $X(t)$ 的任意 $n$ 个随机变量是联合高斯分布的,则称该信号为**高斯信号(Gaussian signal)**。可以证明,高斯随机信号有下面的重要性质:

(1) 所有特性由其均值函数 $m(t)$ 和协方差函数 $C(t_1, t_2)$ 完全决定。
(2) 独立信号的充要条件是其协方差函数满足:$C(t_1, t_2) = 0$,$(t_1 \neq t_2)$。
(3) 通过任意线性系统后仍然是高斯信号。

对于平稳的高斯信号 $X(t)$,给定其均值 $m$ 与相关函数 $R(\tau)$ 后,信号的各种特性可方便地写出。例如,信号的一阶密度函数为

$$f(x,t) = \frac{1}{\sqrt{2\pi}\sigma} e^{-\frac{(x-m)^2}{2\sigma^2}} \tag{2.3.3}$$

其中,方差 $\sigma^2 = R(0) - m^2$。

### 2.3.2 白噪声

考虑一种理想与简单的零均值平稳过程,其功率谱为常数,即

$$P(f) = \frac{N_0}{2} \tag{2.3.4}$$

则称它是(平稳)**白噪声**(**white noise**),于是,$R(\tau)=C(\tau)=\dfrac{N_0}{2}\delta(\tau)$。

白噪声是一种具有无限带宽的理想随机信号,如图 2.3.2 所示,定义中采用常数 $N_0/2$,使得它的单边功率谱正好是 $N_0$。由于功率谱为常数,具有与光学中白色光相似的功率分布特点,因此被称为白色的。相对地,我们称任意非白色噪声为**有色噪声**(**colored noise**)。

白噪声信号的功率(即方差)为无穷大,而在不同时刻上信号彼此间完全正交与无关,有时也通俗地称这种信号是"纯随机的"。类似地,**白噪声序列**是功率谱为常数的序列,指

$$P(e^{j2\pi f})=\sum_{k=-\infty}^{+\infty}R_X[k]e^{-j2\pi fk}=\dfrac{N_0}{2}$$

即 $R[k]=\dfrac{N_0}{2}\delta[k]$。与连续信号不同,离散冲激函数 $\delta[k]$ 在 $k=0$ 是有限的,因此,白噪声序列的方差(或功率)是有限的,取值 $N_0/2$。

若零均值平稳随机过程 $n(t)$ 的功率谱为

$$P_n(f)=\dfrac{N_0}{2}\Pi\left(\dfrac{f}{2B}\right) \tag{2.3.5}$$

如图 2.3.3(a)所示,则称它为带宽 $B$ 的**低通**(或**带限**)**白噪声**。

图 2.3.2 白噪声的相关函数与功率谱

图 2.3.3 低通白噪声的功率谱与相关函数

抑制噪声的基本方法是运用滤波器。对于低频信号采用低通滤波器(LPF),在保证信号通过的情况下尽量清除噪声部分。低通白噪声常常是白噪声通过低通滤波器形成的。低通白噪声的 $P_n(f)$ 是矩形的,可以很方便地计算出其功率为 $P_n=\dfrac{N_0}{2}\times 2B=N_0B$。这也是它的方差。如果是高斯的,则在任何时刻都有 $n(t)\sim N(0,N_0B)$,即它的概率密度函数为

$$f_{n(t)}(x)=\dfrac{1}{\sqrt{2\pi N_0B}}\exp\left[-\dfrac{x^2}{2N_0B}\right] \tag{2.3.6}$$

还容易得出,$R_n(\tau)=C_n(\tau)=N_0B\,\text{sinc}(2B\tau)$,如图 2.3.3(b)所示。由此可见,不同时刻的 $n(t_1)$ 与 $n(t_2)$ 不再是始终无关的,只有在特定的 $\tau$(间距)上,$C_n(\tau)=0$。从趋势来看,相距较近时相关性很强,相距较远时相关性较弱。

### 2.3.3 高斯白噪声

若白噪声服从高斯分布,则称为**高斯白噪声**(**White Gaussian Noise**,**WGN**)。由于 $C(\tau)$ 为冲激函数,根据高斯信号的性质容易知道,它在不同时刻上彼此独立。可见,高斯白噪声

是极其理想的,它代表着信号"随机性"的一种极限。尽管知道该信号的概率特性,但由于其方差为无穷大,因此我们无法写出其概率分布函数或密度函数。

工程上的一些常见噪声非常接近高斯白噪声,其中最重要的一个是由电阻等固态器件产生的热噪声。实际电阻器中的自由电子呈现出随机扰动,在电阻的两端形成噪声电压,称为**热噪声**(thermal noise)。电子热扰动的物理特性使得这种噪声的统计特性具有平稳性并呈高斯分布。实验与理论分析发现,在1000GHz以内,电阻器 $R$ 上的等效噪声电压(或电流)的单边谱密度近似为常数

$$P_V(f) \approx 4kTR(\text{V}^2/\text{Hz}), \quad f \geqslant 0 \tag{2.3.7}$$

其中,$k=1.38\times10^{-23}$ J/K(玻尔兹曼常数),$T=(273+C)$ K(绝对温度,$C$ 为摄氏温度),$R$ 是电阻值。1000GHz包含了极宽的实用频率,因此,热噪声被视为理想的平稳高斯白噪声,它的(双边)功率谱值是

$$N_0/2 = 2kTR \tag{2.3.8}$$

通信信道中普遍存在的加性噪声主要是这种热噪声,因此称为加性高斯白噪声(AWGN),相应的信道称为 AWGN 信道。

**例 2.6** 在 27℃ 使用带宽为 1MHz 的电压表测量 $R=1\text{M}\Omega$ 电阻器两端的开路噪声电压,问:理论上测得的有效(均方根)电压值是多少?

**解** 实际的测量只能获得一定带宽的噪声成分,本例中电压表测到的噪声电压部分只有 $B=1\text{MHz}$,该电压的均方值为 $E[V_0^2]=N_0B=4kTRB(\text{V}^2)$,因此,测得的有效电压值为

$$V_{\text{rms}} = \sqrt{4kTRB} = \sqrt{4\times1.38\times10^{-23}\times(273+27)\times10^6\times10^6} \approx 1.29\times10^{-4}(\text{V})$$

虽然 $V_{\text{rms}}$ 只有 0.129mV,但当电路中具有高增益放大器时,例如,在高灵敏接收机的前端电路中,这种噪声是不可忽视的。∎

## 2.4 信号通过线性时不变系统

传输信号的过程中要运用到许多处理系统。本节说明确知与随机信号通过线性时不变系统的基本分析方法,以及信号无失真传输的条件。

### 2.4.1 确知信号通过系统

给定冲激响应为 $h(t)$ 的线性时不变系统,信号 $x(t)$ 通过该系统后的输出为

$$y(t) = x(t)*h(t) = \int_{-\infty}^{\infty} x(t-u)h(u)\text{d}u \tag{2.4.1}$$

从频谱上看,则

$$Y(f) = X(f)H(f) \tag{2.4.2}$$

其中,$H(f)=\mathcal{F}[h(t)]$ 称为系统的**频率响应函数**。若从功率谱看,有

$$P_y(f) = |H(f)|^2 P_x(f) \tag{2.4.3}$$

则称 $|H(f)|^2 = \mathcal{F}[r_h(\tau)]$ 为系统的功率传输函数,$r_h(\tau) = \int_{-\infty}^{+\infty} h(t+\tau)h(t)\text{d}t$。

### 2.4.2 无失真传输条件

信号在信道中传输的过程可以看成它通过某个系统的过程。如果将信道的影响表述为

频率响应 $H(f)$,则信号经过该信道传输后输出的频域形式为 $Y(f)=H(f)X(f)$,这表明信道的影响以乘法的形式作用到信号 $X(f)$ 上。

好的信道应该让信号无畸变地通过,使传输结果只产生时延与线性缩放,即

$$y(t)=kx(t-\tau)$$

其中,$k$ 与 $\tau$ 为常数,相应地

$$Y(f)=(ke^{-j2\pi\tau f})X(f)$$

因此,无失真传输条件是:信道的频率响应特性应为

$$H(f)=ke^{-j2\pi\tau f}, \quad 当 f\in\{x(t)\text{的带宽范围}\}时 \tag{2.4.4}$$

图 2.4.1 无失真传输系统的频率响应特性

如图 2.4.1 所示。对于信号频带之外的地方,$H(f)$ 的取值无所谓。或者说,信号无失真传输的条件是:在信号的频带内系统的频率响应满足如下两个条件。

(1) 幅度特性平坦:$|H(f)|=k$(实常数);
(2) 相位特性为线性:$\angle H(f)=-(2\pi\tau)f$。

其中,对相位特性的要求还经常用群时延来表述。定义**群时延**(group delay)为

$$T_g(f)=-\frac{1}{2\pi}\frac{d}{df}[\angle H(f)] \tag{2.4.5}$$

它是相位的导数形式,于是,无失真传输的相位要求:$T_g(f)=\tau$(常数)。

### 2.4.3 平稳随机信号通过系统

给定线性时不变系统 $h(t)$,当输入为平稳随机信号 $X(t)$ 时,系统的输出也是平稳随机信号,并可以表示为

$$Y(t)=X(t)*h(t)=\int_{-\infty}^{+\infty}X(t-u)h(u)du \tag{2.4.6}$$

而且,$X(t)$ 与 $Y(t)$ 是联合平稳的。上式在形式上与确知信号的结果式是一样的,但其被积函数中包含随机过程,因而积分运算要在均方意义下进行。

#### 1. 输出的概率特性

由式 (2.4.6) 要显式地解出 $Y(t)$ 与它的概率分布通常是很困难的。因此我们仅讨论下面几种特定的简单情形:

(1) 如果 $X(t)$ 是高斯过程,则 $Y(t)$ 也是高斯过程。
(2) 如果系统的带宽足够宽,使得 $Y(t)\approx kX(t)$,则 $Y(t)$ 与 $X(t)$ 具有相似的概率特性。
(3) 如果随机信号是宽带的,而系统带宽很窄,则系统从信号中过滤出一窄带信号,当 $X(t)$ 的带宽大于系统带宽约 7 倍以上时,$Y(t)$ 通常趋于高斯信号。

#### 2. 输出的均值、相关函数与功率谱

分析输出过程的均值、相关函数与功率谱是较容易的,而且它们也最为有用,因为由它们可以获得输出过程的主要平均特性、关联程度、功率与频谱特性等。

可以证明,平稳过程 $X(t)$ 通过系统 $h(t)$ 后,输出过程 $Y(t)$ 满足

(1) $$m_Y=m_X H(0) \tag{2.4.7}$$

(2) $$R_{YX}(\tau)=R_X(\tau)*h(\tau) \tag{2.4.8}$$

(3) $\quad R_{XY}(\tau)=R_X(\tau)*h(-\tau)$  (2.4.9)
(4) $\quad R_Y(\tau)=R_X(\tau)*h(\tau)*h(-\tau)$  (2.4.10)

其中,$H(0)=H(f)\big|_{f=0}=\int_{-\infty}^{+\infty}h(t)\mathrm{d}t$,是系统的直流增益。

输出过程的均值、自相关函数与互相关函数的计算公式如图 2.4.2 所示。其他参数,例如均方值、方差、自(互)协方差函数等都可由它们导出。

图 2.4.2 输出过程的均值与相关函数

若系统的频率响应函数为 $H(f)$,则由傅里叶变换可知,功率谱与互功率谱的关系如下
(1) $\quad P_{YX}(f)=P_X(f)H(f)$  (2.4.11)
(2) $\quad P_{XY}(f)=P_X(f)H^*(f)$  (2.4.12)
(3) $\quad P_Y(f)=P_X(f)|H(f)|^2$  (2.4.13)

**例 2.7** 某线性系统的冲激响应为 $h(t)=\mathrm{e}^{-bt}u(t),(b>0)$,输入 $X(t)$ 是零均值平稳信号,其自相关函数是 $R_X(\tau)=\sigma_X^2\mathrm{e}^{-a|\tau|}$,$(a>0,a\neq b)$。求输出信号 $Y(t)$ 的功率谱与自相关函数。

**解** 采用频域分析方法,首先

$$h(t)=\mathrm{e}^{-bt}u(t)\quad\Leftrightarrow\quad\frac{1}{b+\mathrm{j}2\pi f}$$

$$R_X(\tau)=\sigma_X^2\mathrm{e}^{-a|\tau|}\quad\Leftrightarrow\quad\frac{2a\sigma_X^2}{a^2+(2\pi f)^2}$$

由功率谱之间的关系有

$$P_Y(f)=P_X(f)|H(f)|^2=\frac{2a\sigma_X^2}{a^2+(2\pi f)^2}\times\frac{1}{b^2+(2\pi f)^2}$$

$$=\frac{2a\sigma_X^2}{b^2-a^2}\left[\frac{1}{a^2+(2\pi f)^2}-\frac{1}{b^2+(2\pi f)^2}\right]$$

因此

$$R_Y(\tau)=\frac{a\sigma_X^2}{b^2-a^2}\left(\frac{1}{a}\mathrm{e}^{-a|\tau|}-\frac{1}{b}\mathrm{e}^{-b|\tau|}\right)$$

## *2.4.4 系统的等效噪声带宽

给定系统 $H(f)$,由上面的结论可得,白噪声通过它的输出 $Y(t)$ 的功率谱与功率分别为

$$P_Y(f)=\frac{N_0}{2}|H(f)|^2 \quad (2.4.14)$$

$$P_Y=\frac{N_0}{2}\int_{-\infty}^{+\infty}|H(f)|^2\mathrm{d}f \quad (2.4.15)$$

为了简便快速地计算输出噪声功率,我们定义系统的**等效噪声带宽**(**equivalent noise bandwidth**)为 $B_N$,使得

$$P_Y = N_0 B_N G_0 \qquad (2.4.16)$$

其中,$G_0 = |H(f_0)|^2$ 为系统的中心功率增益,对于低通系统,$f_0 = 0$,$G_0$ 为直流功率增益;对于带通系统,$f_0$ 为其中心频率,$G_0$ 为该频率处的功率增益。由式(2.4.15)得

$$B_N = \frac{P_Y}{N_0 G_0} = \frac{1}{2|H(f_0)|^2} \int_{-\infty}^{+\infty} |H(f)|^2 df \qquad (2.4.17)$$

容易看出,$B_N$ 正是系统功率传递函数 $|H(f)|^2$ 的矩形等效宽度,如图 2.4.3 所示,$B_N$ 是系统自身的一种带宽参数,它度量白噪声"透过"该系统的程度。显然,$B_N$ 越窄,则系统对白噪声的抑制能力越强。

(a) 低通系统的等效噪声带宽

(b) 带通系统的等效噪声带宽

图 2.4.3 等效噪声带宽

**例 2.8** 试求图 2.4.4 中 $RC$ 积分电路的等效噪声带宽。

图 2.4.4 $RC$ 积分电路

**解** 根据电路分析、信号与系统的知识,容易求得

$$H(f) = \frac{1/j2\pi fC}{R + 1/j2\pi fC} = \frac{1}{1 + j2\pi fRC}$$

而由 $f_0 = 0$、$|H(0)|^2 = 1$ 与

$$|H(f)|^2 = \frac{1}{1+(2\pi fRC)^2} \Leftrightarrow r_h(t) = \frac{1}{2RC} e^{-|t|/RC}$$

得到 $\int_{-\infty}^{+\infty} |H(f)|^2 df = r_h(0) = 1/2RC$,于是 $B_N = 1/4RC$。 ∎

## 2.5 带通信号

很多信道是带通型的,相应的通信系统必须运用带通信号来传递消息。因此,带通信号是一种基本的信号形式。本节介绍带通信号的基础知识与分析方法,并说明带通随机信号、带通高斯信号与带通高斯白噪声的特性。

### 2.5.1 希尔伯特变换与解析信号

希尔伯特变换与解析信号是分析带通信号的重要工具。信号 $x(t)$ 的**希尔伯特(Hilbert)变换**记为 $\hat{x}(t)$ 或 $H[x(t)]$,它是下式规定的信号

$$\hat{x}(t) = H[x(t)] = x(t) * \frac{1}{\pi t} \qquad (2.5.1)$$

显然,$\hat{x}(t)$ 是 $x(t)$ 通过 LTI 系统 $h(t) = 1/(\pi t)$ 的输出,该系统的频率响应为

$$H(f) = -j \, \mathrm{sgn}(f) = \begin{cases} -j, & f > 0 \\ j, & f < 0 \end{cases} \qquad (2.5.2)$$

可见,希尔伯特变换的实质是对信号的正、负频率部分分别实施 $-\pi/2$ 与 $+\pi/2$ 的相移,而幅度保持不变。

由实信号 $x(t)$ 与其希尔伯特变换 $\hat{x}(t)$ 构造的复信号
$$z(t) = x(t) + \mathrm{j}\hat{x}(t) \tag{2.5.3}$$
称为 $x(t)$ 的**解析信号**或**信号预包络**(**analytic signal** 或 **pre-envelope**)。

可以看出
$$z(t) = \left[\delta(t) + \mathrm{j}\left(\frac{1}{\pi t}\right)\right] * x(t)$$

而
$$\delta(t) + \mathrm{j}\left(\frac{1}{\pi t}\right) \Leftrightarrow 1 + \mathrm{j}[-\mathrm{j}\mathrm{sgn}(f)] = 2u(f) \tag{2.5.4}$$

其中,$u(f)$ 是频域的单位阶跃函数,因此

(1) 解析信号的频谱为
$$Z(f) = 2X(f)u(f) \tag{2.5.5}$$

(2) 解析信号的功率谱为
$$P_Z(f) = P_x(f) |2u(f)|^2 = 4P_x(f)u(f) \tag{2.5.6}$$

它们如图 2.5.1 所示。

反过来,可如下由解析信号求出原信号
$$x(t) = \mathrm{Re}[z(t)] = \frac{z(t) + z^*(t)}{2} \tag{2.5.7}$$

图 2.5.1 频谱与功率谱示意图

显然,解析信号与原来的实信号一一对应。

## 2.5.2 带通信号及其复包络

所谓**带通信号**(**bandpass signal**),是指它的频谱 $X(f)$ 只在某个有限的区间 $(f_1, f_2)$ 上

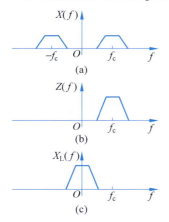

图 2.5.2 带通信号及有关信号的典型频谱

非零,其中,$f_2 > f_1 > 0$,而在该区间以外为零。带通信号的典型频谱如图 2.5.2(a)所示,带通信号的频域区间还经常表示为:中心频率 $f_c$ 与带宽 $\Delta f = f_2 - f_1$,这时,$f_1 = f_c - \Delta f/2, f_2 = f_c + \Delta f/2$。通信中,中心频率常常就是载波频率。下面只考虑实带通信号,它们的频谱是偶函数。

给定频谱如图 2.5.2(a)所示的带通信号 $x(t)$,其解析信号 $z(t)$ 的频谱如图 2.5.2(b)所示,将 $z(t)$ 的频谱搬移到零频率处得到信号 $x_L(t)$,相应的频谱为 $X_L(f)$,如图 2.5.2(c)所示。

称 $x_L(t)$ 为带通信号 $x(t)$ 的**复包络**(**complex envelop**),它很可能是复信号,记为
$$x_L(t) = x_c(t) + \mathrm{j}x_s(t) = a(t)\mathrm{e}^{\mathrm{j}\theta(t)} \tag{2.5.8}$$

其中,$x_c(t)$ 与 $x_s(t)$ 分别称为**同相**(**in-phase**)与**正交**(**quadrature**)分量,$a(t)$ 与 $\theta(t)$ 分别称为**包络**(**envelop**)与**相位**(**phase**)分量。它们之间的关系是:

$$\begin{cases} x_c(t) = a(t)\cos[\theta(t)] \\ x_s(t) = a(t)\sin[\theta(t)] \end{cases} \quad 与 \quad \begin{cases} a(t) = |x_L(t)| = \sqrt{x_c^2(t) + x_s^2(t)} \\ \theta(t) = \angle x_L(t) = \arctan\dfrac{x_s(t)}{x_c(t)} \end{cases} \quad (2.5.9)$$

由带通信号的带宽 $\Delta f$ 可知,$x_L(t)$ 带宽为 $B = \Delta f/2$,它是低频带限的。进而,$x_c(t)$、$x_s(t)$、$a(t)$ 与 $\theta(t)$ 也是相似的低频带限信号。由频谱位置关系可以得出

$$z(t) = x_L(t) e^{j2\pi f_c t} \quad (2.5.10)$$

由于 $x(t) = \mathrm{Re}[z(t)]$,结合式(2.5.8)与式(2.5.10),展开后可以得到两种形式

$$x(t) = x_c(t)\cos(2\pi f_c t) - x_s(t)\sin(2\pi f_c t) \quad (2.5.11)$$

与

$$x(t) = a(t)\cos[2\pi f_c t + \theta(t)] \quad (2.5.12)$$

其中,式(2.5.11)这种形式常称为信号 $x(t)$ 的**莱斯表示**。

通常 $f_c$ 远大于 $a(t)$ 与 $\theta(t)$ 的带宽,因此由式(2.5.12)可见:带通信号的波形大体上是正弦波,其包络按 $a(t)$ 缓慢波动,相位按 $\theta(t)$ 缓慢"抖动"。典型的波形如图 2.5.3 所示。

上述讨论方法同样适用于带通随机信号的情形,只不过解析信号 $z(t)$、复包络 $x_L(t)$、同相与正交分量 $x_c(t)$ 与 $x_s(t)$ 以及包络与相位分量 $a(t)$ 与 $\theta(t)$ 都是随机信号,这时借助功率谱来分析更为方便。

**图 2.5.3 带通信号的典型波形**

对于实的带通信号,其核心是它的复包络 $x_L(t)$(即 $x_c(t)$ 与 $x_s(t)$)。要了解带通信号的特性研究其复包络即可。参照图 2.5.2 可以很快得出几个基本结论:

(1) 带通信号的频谱(或功率谱)与其复包络的一样,只是位于 $f_c$ 且高度不同而已。
(2) 带通信号的带宽是复包络的 2 倍:$B_x = 2B_L$。
(3) 带通信号的功率是复包络的 1/2:$P_x = P_L/2$。

### *2.5.3 频谱搬移

很多情况中消息信号是基带的而传输信号是带通的,它们分别对应 $x_c(t)$、$x_s(t)$ 与 $x(t)$。这时通信系统的核心工作是完成如下的两个任务:

(1) 调制。将消息信号转换为带通信号以便传输,即由 $x_c(t)$ 与 $x_s(t)$ 构造 $x(t)$。
(2) 解调。从收到的带通信号中提取消息信号,即从 $x(t)$ 获得 $x_c(t)$ 与 $x_s(t)$。

调制与解调的本质就是频谱搬移,它们的原理框图如图 2.5.4 所示。其中,调制的方法依据式(2.5.11)。而解调的方法可借助 $x(t) = \mathrm{Re}[z(t)] = [z(t) + z^*(t)]/2$ 与 $z(t) = x_L(t)e^{j2\pi f_c t}$,作如下推导

$$2x(t)e^{-j2\pi f_c t} = [z(t) + z^*(t)]e^{-j2\pi f_c t} = x_L(t) + x_L^*(t)e^{-j4\pi f_c t}$$

由于 $x_L(t)$ 是低频带限的,其带宽为 $B = \Delta f/2 < f_c$,因此,上式右端的二次频项 $x_L^*(t)e^{-j4\pi f_c t}$ 可用截止频率为 $B = \Delta f/2$(或 $f_c$)的低通滤波器(LPF)完全清除。于是

$$x_L(t) = \mathrm{LPF}\{x(t) \times 2e^{-j2\pi f_c t}\} \quad (2.5.13)$$

即

$$x_c(t) + jx_s(t) = \text{LPF}\{x(t) \times 2\cos(2\pi f_c t)\} - j\text{LPF}\{x(t) \times 2\sin(2\pi f_c t)\} \quad (2.5.14)$$

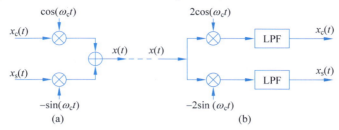

图 2.5.4　调制与解调框图（图中，$\omega_c = 2\pi f_c$，LPF 截止频率为 $f_c$）

可以看到，一路带通信号可以同时携带两路消息信号 $x_c(t)$ 与 $x_s(t)$。其原因是各自对应的载波 $\cos(2\pi f_c t)$ 与 $\sin(2\pi f_c t)$ 是彼此正交的，因此，这种系统也称为**正交调制与解调系统**。其中解调的关键是借助正弦振荡 $\cos(2\pi f_c t)$ 与 $\sin(2\pi f_c t)$，它们必须与传输信号的载波精确一致，这种一致称为**相干**，因此这类解调技术称为**相干解调**。接收端产生高质量的相干正弦振荡是不容易的，相干解调是一种有难度的技术。

如果只有一路消息信号，可以令 $x_s(t) = 0$，则调制与解调框图简化为单支路形式，如图 2.5.5 所示，这是频谱搬移的简单形式。

图 2.5.5　简单调制解调框图（图中，$\omega_c = 2\pi f_c$，LPF 截止频率为 $f_c$）

### *2.5.4　带通系统

带通系统是处理与传输带通信号的系统，因此，它频率响应的非零区间应该对准信号的非零区域，而在此区域外的频率响应可以为零。可见，这类系统的冲激响应也是带通的。讨论带通信号与系统相互作用时，总是考虑它们具有相同的频率区间，即有着相同的中心频率与相近的带宽。因为这样才有合适的物理意义。

假定 LTI 带通系统的冲激响应为 $h(t)$，输入信号 $x(t)$ 通过它后的输出为
$$y(t) = h(t) * x(t)$$

在频域上这一过程如图 2.5.6(a)所示。系统对信号的作用实质上发生在 $\pm f_0$ 附近，由于正负频域的对称性，只需考虑 $+f_0$ 附近即可。显然还可以理解为：这个作用等效地发生在它们的复包络信号上，如图 2.5.6(b)所示，即
$$y_L(t) = \left(\frac{1}{2}h_L(t)\right) * x_L(t) \quad (2.5.15)$$

请注意，复包络的频谱高度为带通信号的 2 倍，式中 1/2 因子是必需的。

式(2.5.15)说明分析与研究带通信号及其系统时，可以等效地在它们相应的低通信号与系统上进行。这种等效是很有用的，它在通信系统的计算机模拟分析中大量应用。比如，对于 1.8GHz 的无线通信系统，模拟仅几十千赫带宽的复包络信号的过程，显然比直接模拟 1.8GHz 射频信号的过程要有效得多。

带通信号通过信道后无失真的条件与一般信号的无失真条件原则上一样。不过，人们

(a) 带通信号频谱图　　　　(b) 等效低通信号频谱图

图 2.5.6　带通信号通过系统及其低通等效

关注的只是消息信号能够无失真传输,这样,**频带传输的无失真条件**可以通过 $H_L(f)$ 表述为

$$\begin{cases} |H_L(f)|=k(\text{实常数}) \\ \tau_g(f)=-\dfrac{1}{2\pi}\dfrac{\mathrm{d}}{\mathrm{d}f}\angle H_L(f)=\tau(\text{实常数}) \end{cases} \quad (2.5.16)$$

可以证明:带通信号 $x(t)=x_c(t)\cos(2\pi f_c t)-x_s(t)\sin(2\pi f_c t)$ 经过满足这种条件的信道传输后形如

$$y(t)=k'x_c(t-\tau)\cos[2\pi f_c(t-\tau_c)]-k'x_s(t-\tau)\sin[2\pi f_c(t-\tau_c)] \quad (2.5.17)$$

其中 $k'$ 与 $\tau_c$ 为常数。$\tau_c$ 是载波部分的时延,它可能不等于 $\tau$,这时 $y(t)$ 相对于 $x(t)$ 是有失真的,但其中的复包络部分却是无失真的。

## 2.5.5　带通高斯白噪声

分析通信系统时经常遇到带通型的高斯白噪声及其中的传输信号的情况。下面专门予以讨论。

若零均值平稳带通过程 $n(t)$ 具有如图 2.5.7(a)所示的平坦功率谱密度(双边功率谱值为 $N_0/2$),则称它是带宽为 $B$ 的**带通白噪声**。如果还服从高斯分布,则称它为**带通高斯白噪声**。带通高斯白噪声具有下述性质:

(1) 同相分量 $n_c(t)$ 与正交分量 $n_s(t)$ 是彼此独立的低通高斯白噪声,它们功率谱相同,如图 2.5.7(b)所示,带宽为 $B/2$,双边功率谱值为 $N_0$。

(a) 带通白噪声功率　　　　(b) 同相与正交分量的功率谱

图 2.5.7　带通白噪声及其同相与正交分量的功率谱

（2）包络 $a_n(t)$ 和相位 $\theta_n(t)$ 彼此独立，它们分别服从**瑞利（Rayleigh）**分布与均匀分布，即

$$f_{a_n(t)}(r) = \frac{r}{N_0 B} e^{-\frac{r^2}{2N_0 B}} \quad (r \geqslant 0), \qquad f_{\theta_n(t)}(\theta) = \begin{cases} \dfrac{1}{2\pi}, & \theta \in [0, 2\pi) \\ 0, & \theta \notin [0, 2\pi) \end{cases} \quad (2.5.18)$$

**证明** （1）首先直接应用平稳带通白噪声的一个基本结论：它的同相与正交分量是相同的低通白噪声，它们彼此正交且与带通噪声具有同样的功率。由此可以知道 $n_c(t)$ 与 $n_s(t)$ 的功率谱如图 2.5.7(b)所示。因为它们的带宽是带通信号的一半，其谱密度应该为两倍，这样保持与带通噪声功率相同。又由式(2.5.14)可知，它们是原噪声（高斯过程）乘以确知量后通过线性滤波器的结果，所以它们仍然是高斯的。作为高斯过程，它们正交则必定彼此独立。

（2）为了简化书写，不妨略去符号的时间参数，即分别记 $n(t)$ 的同相、正交、包络与相位为 $n_c$、$n_s$、$a_n$ 和 $\theta_n$。由于

$$a_n = \sqrt{n_c^2 + n_s^2} \quad \text{与} \quad \theta_n = \arctan \frac{n_s}{n_c}$$

它们是 $n_c$ 与 $n_s$ 的函数。根据随机变量函数的（联合）概率密度计算公式有

$$f_{a_n \theta_n}(a_n, \theta_n) = f_{n_c n_s}(n_c, n_s) |J|, \quad a_n \geqslant 0 \quad (2.5.19)$$

其中，$f_{n_c n_s}(\cdot)$ 是 $n_c$ 与 $n_s$ 的联合概率密度函数，由于它们是独立的高斯随机变量，易得

$$f_{n_c n_s}(n_c, n_s) = f_{n_c}(n_c) f_{n_s}(n_s) = \left(\frac{1}{\sqrt{2\pi N_0 B}}\right)^2 \exp\left(\frac{-n_c^2}{2N_0 B}\right) \exp\left(\frac{-n_s^2}{2N_0 B}\right)$$

$$= \frac{1}{2\pi N_0 B} \exp\left(\frac{-a_n^2}{2N_0 B}\right)$$

而 $J$ 是雅克比行列式

$$J = \begin{vmatrix} \dfrac{\partial n_c}{\partial a_n} & \dfrac{\partial n_c}{\partial \theta_n} \\ \dfrac{\partial n_s}{\partial a_n} & \dfrac{\partial n_s}{\partial a_n} \end{vmatrix} = \begin{vmatrix} \cos\theta_n & -a_n \sin\theta_n \\ \sin\theta_n & a_n \cos\theta_n \end{vmatrix} = a_n$$

所以

$$f_{a_n \theta_n}(a_n, \theta_n) = \frac{a_n}{2\pi N_0 B} \exp\left(\frac{-a_n^2}{2N_0 B}\right), \quad a_n \geqslant 0$$

于是，$a_n$ 和 $\theta_n$ 的概率密度函数是

$$f_{a_n}(r) = \int_0^{2\pi} f_{a_n \theta_n}(r, \theta) d\theta = \frac{r}{N_0 B} \exp\left(-\frac{r^2}{2N_0 B}\right), r \geqslant 0$$

$$f_{\theta_n}(\theta) = \int_0^{+\infty} f_{a_n \theta_n}(r, \theta) dr = \begin{cases} \dfrac{1}{2\pi}, & \theta \in [0, 2\pi) \\ 0, & \text{其他} \end{cases}$$

它们正是瑞利与均匀分布。易见，$f_{a_n \theta_n}(r, \theta) = f_{a_n}(r) f_{\theta_n}(\theta)$，可知 $a_n$ 和 $\theta_n$ 彼此独立。∎

**例 2.9** 零均值带通高斯白噪声：$n(t) = n_c(t) \cos(2\pi f_c t) - n_s(t) \sin(2\pi f_c t)$，其带宽为 $B$，双边功率谱值为 $N_0/2$。试求同相与正交分量的概率密度函数与联合密度函数。

**解** 计算功率得到，$P_n = N_0 B$。因此 $n_c(t)$ 与 $n_s(t)$ 的概率密度函数同为

$$f_{n_c}(x,t) = f_{n_s}(x,t) = \frac{1}{\sqrt{2\pi N_0 B}} e^{-\frac{x^2}{2N_0 B}}$$

又由独立性，所以它们的联合概率密度函数为

$$f_{n_c n_s}(x,y;t_1,t_2) = f_{n_c}(x,t_1)f_{n_s}(y,t_2) = \frac{1}{2\pi N_0 B} e^{-\frac{(x^2+y^2)}{2N_0 B}}$$

■

带通信号在高斯白噪声信道中的传输是一种典型情况。接收机前端设置带通滤波器抑制噪声，收到的信号是含有高斯白噪声的带通信号，形如

$$r(t) = s(t) + n(t) \tag{2.5.20}$$

其中，$s(t)$ 是传输的信号，$n(t)$ 是带通高斯白噪声。

假定白噪声（双边）功率谱值为 $N_0/2$，接收带通滤波器增益为 1，带宽为 $B_{BPF}$，在给定传输信号 $s(t)$ 的条件下，接收信号 $r(t)$ 具有下述性质：

（1）同相信号 $r_c(t)$ 与正交信号 $r_s(t)$ 是彼此独立的高斯信号，它们的均值分别是 $s(t)$ 的同相分量 $s_c(t)$ 与正交分量 $s_s(t)$，方差同为 $N_0 B_{BPF}$。

（2）包络 $a_r(t)$ 服从**莱斯（Rice）**分布，即

$$f_{a_r(t)}(r) = \frac{r}{N_0 B_{BPF}} \exp\left(-\frac{r^2 + a_s^2(t)}{2N_0 B_{BPF}}\right) J_0\left(\frac{r a_s(t)}{N_0 B_{BPF}}\right), \quad r \geq 0 \tag{2.5.21}$$

其中，$a_s(t)$ 为信号的幅度，$J_0(x)$ 为修正的零阶贝塞尔函数，定义为

$$J_0(x) = \frac{1}{2\pi} \int_0^{2\pi} e^{x\cos\theta} d\theta$$

图 2.5.8 瑞利分布与莱斯分布曲线

接收信号的相位特性比较复杂，这里不做仔细讨论。莱斯分布也称为**广义瑞利分布**，它在信号为零时退化为瑞利分布，其特性如图 2.5.8 所示。图中采用了归一化包络 $a_0 = a_r(t)/\sqrt{N_0 B}$ 与信号幅度参数 $\alpha = a_s(t)/\sqrt{N_0 B}$。$\alpha$ 其实指示着信噪比。

**证明** （1）由式(2.5.21)有

$$r(t) = [s_c(t)\cos(2\pi f_c t) - s_s(t)\sin(2\pi f_c t)] + [n_c(t)\cos(2\pi f_c t) - n_s(t)\sin(2\pi f_c t)]$$
$$= [s_c(t) + n_c(t)]\cos(2\pi f_c t) - [n_s(t) + s_s(t)]\sin(2\pi f_c t)$$

即 $r_c(t) = s_c(t) + n_c(t)$ 与 $r_s(t) = s_s(t) + n_s(t)$。由于 $n_c$ 与 $n_s$ 是同分布的零均值独立高斯变量，方差为 $N_0 B_{BPF}$，于是，在给定传输信号 $s(t)$ 的条件下，$r_c(t)$ 与 $r_s(t)$ 仍然彼此独立且是高斯的，它们的均值分别是 $s_c(t)$ 与 $s_s(t)$，方差同为 $N_0 B_{BPF}$。

（2）仿照前面关于 $n(t)$ 包络的分析方法，略去时间参数简化符号书写。这时

$$f_{r_c r_s}(r_c, r_s) = \frac{1}{2\pi N_0 B} \exp\left[-\frac{(r_c - s_c)^2 + (r_s - s_s)^2}{2N_0 B}\right]$$

在指数部分中有

$$(r_c - s_c)^2 + (r_s - s_s)^2 = r_c^2 + r_s^2 + s_c^2 + s_s^2 - 2(r_c s_c + r_s s_s)$$
$$= a_r^2 + a_s^2 - 2a_r a_s \cos(\theta_n - \theta_s)$$

代入随机变量函数的概率密度计算式(2.5.20),可得

$$f_{a_r\theta_r}(a_r,\theta_r)=\frac{a_r}{2\pi N_0 B_{BPF}}\exp\left(-\frac{a_r^2+a_s^2}{2N_0 B_{BPF}}+\frac{a_r a_s\cos(\theta_n-\theta_s)}{N_0 B_{BPF}}\right),\quad a_r\geqslant 0$$

于是

$$f_{a_r}(r)=\int_0^{2\pi}f_{a_r\theta_r}(r,\theta)\mathrm{d}\theta=\frac{r}{2\pi N_0 B_{BPF}}\mathrm{e}^{-\frac{r^2+a_s^2}{2N_0 B_{BPF}}}\int_0^{2\pi}\mathrm{e}^{\frac{r a_s\cos(\theta-\theta_s)}{N_0 B_{BPF}}}\mathrm{d}\theta$$

$$=\frac{r}{N_0 B_{BPF}}\exp\left(-\frac{r^2+a_s^2}{2N_0 B_{BPF}}\right)I_0\left(\frac{r a_s}{N_0 B_{BPF}}\right),\quad r\geqslant 0$$

## 本章关键词

通过下面的关键词,可以快速地回顾本章的主要知识点。

信号与波形　　　　　　　　　　　　平稳过程、联合平稳
周期　　　　　　　　　　　　　　　各态历经性
直流分量　　　　　　　　　　　　　互相关与互协方差函数
均方根值　　　　　　　　　　　　　正交、线性无关、独立
分贝　　　　　　　　　　　　　　　维纳-辛钦定理
功率与能量　　　　　　　　　　　　双边与单边功率谱
功率信号与能量信号　　　　　　　　高斯分布、高斯信号
傅里叶变换与逆变换　　　　　　　　白噪声、低通(带限)白噪声
频谱密度　　　　　　　　　　　　　高斯白噪声
能量谱密度　　　　　　　　　　　　热噪声
功率谱密度　　　　　　　　　　　　频率响应函数
截断信号　　　　　　　　　　　　　无失真传输的条件
基带信号或低通信号　　　　　　　　群时延
频带信号、带通信号　　　　　　　　等效噪声带宽
绝对带宽　　　　　　　　　　　　　希尔伯特变换、解析信号
零点带宽　　　　　　　　　　　　　带通信号
(基本)功率带宽　　　　　　　　　　复包络
等效矩形带宽　　　　　　　　　　　同相与正交信号
随机信号、随机过程　　　　　　　　包络与相位
样本函数　　　　　　　　　　　　　频带传输的无失真条件
概率分布与密度函数　　　　　　　　莱斯表示式
均值、方差、均方值　　　　　　　　带通高斯白噪声
自相关函数、协方差函数　　　　　　瑞利与莱斯分布

## 习题

1. 已知周期信号 $v(t) = \sum_{n=-\infty}^{\infty} p(t-n)$,其中

$$p(t) = \begin{cases} e^t, & 0 \leqslant t \leqslant 1 \\ 0, & \text{其他} \end{cases}$$

试求:(1) $v_{dc}$ 与 $v_{rms}$;(2)当 $v(t)$ 作用于 $600\Omega$ 负载上时,负载所消耗功率的瓦数与 dBm 数。

2. 求 $s(t) = \text{rect}\left(\dfrac{t-5}{10}\right) - 20\cos(20\pi t)$ 的频谱。

3. 试证明:(1) $x(t) * y(t) \leftrightarrow X(f)Y(f)$;(2) $(-j2\pi t)^n x(t) \leftrightarrow \dfrac{d^n X(f)}{df^n}$。

4. 设 $X(t) = x_1 \cos(2\pi t) + x_2 \sin(2\pi t)$ 是一个随机过程,其中 $x_1$ 和 $x_2$ 是互相统计独立的高斯随机变量,数学期望均为 0,方差均为 $\sigma^2$。试求:
(1) $E[X(t)]$ 与 $E[X^2(t)]$;
(2) $X(t)$ 的概率密度函数;
(3) $R_X(t_1, t_2)$。

5. 乘积信号 $Y(t) = X(t)\cos(\omega_0 t + \Theta)$,其中,相位 $\Theta$ 服从均匀分布 $U(-\pi, \pi)$,$X(t)$ 为实广义平稳随机信号,均值为零、功率谱 $S_X(\omega)$ 是带限的,$\Theta$ 与 $X(t)$ 统计独立。试求 $Y(t)$ 的均值、相关函数与功率谱。

6. 若功率谱为 $5 \times 10^{-8}$ W/Hz 的平稳白噪声作用到冲激响应为 $h(t) = e^{-at}u(t)$ 的系统上,求系统的均方值与功率谱密度。

图题 2.7

7. 设正弦过程为 $X(t) = a\cos(2\pi f_0 t + \Phi)$,其中,$a$ 为常量,$\Phi$ 在 $[0, 2\pi]$ 上均匀分布。当 $X(t)$ 作用到图题 2.7 所示的 RC 电路上时,求稳态时输出信号的功率谱与自相关函数。

8. 功率谱为 $N_0/2$ 的白噪声作用到 $|H(0)| = 2$ 的低通网络上,网络的等效噪声带宽为 2MHz。若噪声输出平均功率是 1mW,求 $N_0$ 的值。

9. 某电子系统中,中频放大器的频率特性具有高斯曲线形状,表示为

$$H(f) = K_0 \exp[-(f - f_0)^2 / 2\beta^2]$$

式中,$K_0$、$\beta$ 为正常数,$f_0$ 为中心频率。当输入信号是功率谱密度为 $N_0/2$ 的平稳随机信号时,试求:
(1) 输出功率谱密度;
(2) 输出自相关函数;
(3) 等效噪声带宽。

10. 已知 $a(t)$ 的频谱为实函数 $A(\omega)$,假定 $|\omega| > \Delta\omega$ 时,$A(\omega) = 0$,且满足 $\omega_0 \gg \Delta\omega$,试比较:
(1) $a(t)\cos(\omega_0 t)$ 和 $(1/2)a(t)\exp(j\omega_0 t)$ 的傅里叶变换;
(2) $a(t)\sin(\omega_0 t)$ 和 $(-j/2)a(t)\exp(j\omega_0 t)$ 的傅里叶变换;
(3) $a(t)\cos(\omega_0 t)$ 和 $a(t)\sin(\omega_0 t)$ 的傅里叶变换。

11. 已知某带通系统的冲激响应为
$$h(t)=\begin{cases}\cos(\omega_c t), & 0\leqslant t\leqslant T\\ 0, & \text{其他}\end{cases}$$
输入信号为窄带信号 $x(t)=x_L(t)\cos(\omega_c t)$,求输出信号 $y(t)$。

12. 假定 $z(t)=\dfrac{\mathrm{d}}{\mathrm{d}t}x(t)$,试证明:$\mathcal{F}[\hat{z}(t)]=2\pi|f|\mathcal{F}[x(t)]$(式中,$\mathcal{F}[\,\cdot\,]$ 表示傅里叶变换)。

13. 若零均值平稳窄带高斯随机信号 $X(t)$ 的功率谱密度如图题 2.13 所示。

图题 2.13

(1) 试写出此随机信号的一维概率密度函数;
(2) 写出 $X(t)$ 的两个正交分量的联合概率密度函数。

14. 相干解调器如图题 2.14 所示,输入 $X(t)$ 为窄带平稳噪声,它的自相关函数为
$$R_X(\tau)=\sigma_X^2\mathrm{e}^{-\beta|\tau|}\cos(\omega_0\tau),\quad \beta\ll\omega_0$$
若另一输入 $Y(t)=A\sin(\omega_0 t+\theta)$,其中,$A$ 为常数,$\theta$ 服从 $[0,2\pi)$ 上的均匀分布,且与 $X(t)$ 独立。求解调器输出 $Z(t)$ 的平均功率。

图题 2.14

# 第 3 章

# 模 拟 传 输

导学图

大量的消息信号是模拟的,它们可以直接以模拟形式传输,也可以先转换成数字形式再借助数字通信系统传输。虽然数字通信是发展的主流趋势,但是仍有许多重要的通信系统还是模拟的,而且,有的通信过程还将继续采用模拟方式。模拟传输的相关理论与技术是深入学习后续各种通信系统的重要理论基础。

模拟通信的基本任务是采用正弦波来携带基带消息信号,以便在频带信道中传输,这一技术称为**调制与解调**,它是各种通信系统的核心技术之一。调制中,正弦波又称为**载波**(**carrier**),消息信号称为**调制信号**(**modulating signal**);而输出信号称为**已调信号**(**modulated signal**)。调制信号大多是基带的,而已调信号是带通的。

典型的调制方式有许多种,它们又分为幅度调制与角度调制两大类,分别具有不同的带宽、抗噪声能力与复杂程度。调制技术主要用于三种基本目的:①把基带消息信号转换为要求的频带信号,才能在特定的频带信道中传输;②使多个消息信号可以基于不同的频带合并在一起传输,称为频分复用;③通过扩展带宽实现优良的抗噪声性能,例如,高保真的宽带调频传输。本章将介绍各种重要的模拟调制技术及其特性,内容要点包括:

(1) 幅度调制——常规 AM、DSB-SC、SSB 与 VSB 的概念与特点,信号产生与接收方法,功率谱与效率。

(2) 角度调制——FM 与 PM 的概念与特点,带宽估算公式、正弦调制信号频谱分析,信号产生与接收方法。

(3) 调幅系统性能——模拟调制系统噪声性能分析方法,常规 AM 包络检波性能,常规 AM、DSB-SC、SSB 的相干接收性能。

(4) 调角系统性能——FM 与 PM 系统的噪声性能,预加重与去加重技术,噪声性能的分析方法,门限效应与改善方法。

(5) 比较与应用——几种模拟系统的性能比较,频分复用技术,典型应用系统:无线 AM 广播、立体声 FM 广播、模拟电视广播。

## 3.1 幅度调制

模拟 AM
入门

**幅度调制**(**Amplitude Modulation**,**AM**)用消息信号去控制载波的瞬时幅度,使载波的幅度随调制信号而变化。幅度调制简称为调幅,它主要包括模拟常规调幅(AM)、抑制载波双边带调幅(DSB-SC)、单边带调幅(SSB)和残留边带调幅(VSB)。下面分别讨论这几种方法。

### 3.1.1 常规调幅

#### 1. AM 信号

**常规调幅**(**conventional AM**)信号(简称 **AM 信号**)的时域表达式为

$$s_{AM}(t) = A_c[1+m(t)]\cos(2\pi f_c t) \tag{3.1.1}$$

其中，$A_c$ 是载波幅度，$m(t)$ 是基带消息信号。它的产生方案如图 3.1.1 所示。

常规调幅信号的典型波形如图 3.1.2(a) 所示。由图 3.1.2(a) 的波形可见，$s_{AM}(t)$ 信号的包络直接对应着信号 $m(t)$ 的变化规律。这是通过适当控制 $m(t)$ 的幅度获得的。只要 $|m(t)| \leqslant 1$，使式(3.1.1) 中载波振幅恒为正值即可实现。如果不是这样，如图 3.1.2(b) 所示，此时 $|m(t)| > 1$，造成信号 $s_{AM}(t)$ 的包络与消息信号 $m(t)$ 变化规律不一样，这种现象是由于 $m(t)$ 幅度过大造成的，称为**过调幅**（**over modulation**）失真。通过包络直接反映消息信号的变化规律正是常规 AM 的核心。

图 3.1.1 AM 信号产生方案

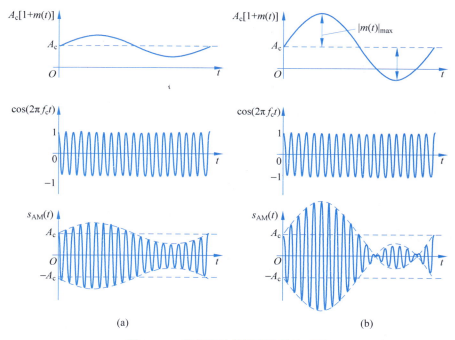

图 3.1.2 常规双边带调幅信号波形图

定义**调幅指数**（**modulation index**）为

$$\beta_{AM} = \frac{\max[s_{AM}(t)] - A_c}{A_c} = \max[m(t)] \tag{3.1.2}$$

它反映了信号在载波幅度上的"调制程度"。正常情况下，$\beta_{AM} \leqslant 1$。$\beta_{AM} = 1$ 时为临界调制，而 $\beta_{AM} > 1$ 时将发生过调幅。

2. AM 信号的频域分析

假定调制信号 $m(t)$ 的频谱为 $M(f)$，带宽为 $B$，由式(3.1.1) 易见，AM 信号的频谱 $S_{AM}(f)$ 可表示为

$$S_{AM}(f) = \frac{A_c}{2}[\delta(f-f_c) + M(f-f_c)] + \frac{A_c}{2}[\delta(f+f_c) + M(f+f_c)] \tag{3.1.3}$$

$m(t)$ 与 AM 信号的频谱如图 3.1.3 所示。

图 3.1.3 常规 AM 信号的幅度谱

由图 3.1.3 可得到以下结论：

(1) 幅度调制的过程是频谱搬移的过程，即将 $m(t)$ 的频谱 $M(f)$ 的中心位置搬到载频 $f_c$ 处，频谱的结构没有变化，未产生新的频率分量。

(2) 若基带信号的带宽为 $B$，AM 信号的带宽(也是系统的传输带宽)用 $B_T$ 表示，则

$$B_T = 2B$$

可见，调制后信号带宽是基带信号带宽的两倍。

(3) 常规调幅 AM 信号两倍宽的频谱中包括上、下两个边带。

频率高于载频 $f_c$ 的边带称为**上边带**(Upper SideBand, USB);

频率低于载频 $f_c$ 的边带称为**下边带**(Lower SideBand, LSB)。

(4) 在 $\pm f_c$ 处有两个冲激，由式(3.1.1)中 $[1+m(t)]$ 项的 1 产生，它与消息信号无关，因而不携带任何信息。

**例 3.1** 中波 AM 广播系统的频率范围为 540~1600kHz，其中每个电台可占用 10kHz 带宽，调制方式为常规 AM，试估算音频信号的带宽。

**解** 由题意，$B_T = 10$kHz，因此，音频信号的带宽大致为 $B = 5$kHz。 ■

### 3. AM 信号的功率与效率

AM 信号的功率用 $P_{AM}$ 表示，可以通过时间平均来计算

$$P_{AM} = \overline{s_{AM}^2(t)} = \overline{A_c^2[1+m(t)]^2\cos^2(2\pi f_c t)}$$

$$= \overline{\frac{A_c^2[1+m(t)]^2}{2}} + \overline{\left\{\frac{A_c^2[1+m(t)]^2}{2}\cos(4\pi f_c t)\right\}}$$

上式的第二项中，振幅部分相对于 $\cos(4\pi f_c t)$ 是缓慢变化的。因此，其时间平均类似于 $\overline{K\cos(4\pi f_c t)} = 0$（$K$ 近似为常数），即第二项可视为 0（还可以根据信号的时间平均等于其直流成分，由于 $B \ll f_c$，该项的傅里叶变换在零频处为 0）。

通常认为调制信号 $m(t)$ 没有直流分量，即 $\overline{m(t)} = 0$，于是，上式中的第一项为

$$\frac{A_c^2}{2}[1 + 2\overline{m(t)} + \overline{m^2(t)}] = \frac{A_c^2}{2} + \frac{A_c^2}{2}\overline{m^2(t)}$$

仔细观察可见，$A_c^2/2$ 实质上是 $s_{AM}(t)$ 中的纯载波功率，可记为 $P_c$；$A_c^2 \overline{m^2(t)}/2$ 实质上是 $s_{AM}(t)$ 中的消息信号部分的功率，可记为 $P_m$，因此

$$P_{AM} = P_c + P_m = \frac{A_c^2}{2} + \frac{A_c^2}{2}\overline{m^2(t)} \tag{3.1.4}$$

定义**调制效率**(modulation efficiency)为传输信号总功率中用于消息部分的功率所占的比例。AM 信号的调制效率用 $\eta_{AM}$ 表示，即

$$\eta_{AM} = \frac{P_m}{P_{AM}} = \frac{P_m}{P_m + P_c} = \frac{\overline{m^2(t)}}{1 + \overline{m^2(t)}} \quad (3.1.5)$$

为了不产生过调幅现象,应保证$|m(t)| \leqslant 1$,因此,$\overline{m^2(t)} \leqslant 1$,可得 $\eta_{AM} \leqslant 50\%$。例如,单频调制时,$m(t) = A_m \cos(2\pi f_m t + \theta_m)$,此时 $\overline{m^2(t)} = A_m^2/2$,$\beta_{AM} = A_m$,因此

$$\eta_{AM} = \frac{A_m^2/2}{1 + A_m^2/2} = \frac{\beta_{AM}^2}{2 + \beta_{AM}^2} \quad (3.1.6)$$

临界时,$\beta_{AM} = A_m = 1$,有 $\eta_{AM} = 1/3$。实用中常传输语音,此时,$\eta_{AM}$ 还会更低。可见,常规双边带调制是低效率调制,这对通信而言是不利的。

#### 4. AM 信号的接收

在实际应用中,接收 AM 信号的主要方法是包络检波器——直接提取 $s_{AM}(t)$ 的实包络来恢复消息信号。这种方法显然是基于常规 AM 调制的固有特点。常用的晶体二极管包络检波电路如图 3.1.4 所示,它实质上是一个整流器与一个低通滤波器的结合。

当检波器的输入信号为正半周的高电压时,二极管 D 导通,电流经二极管向电容器 C 充电,当电路的输入信号降低到一定程度(或处于负半周)时,二极管 D 截止,电容 C 上的电压经电阻 $R_L$ 放电,从而产生图 3.1.5 所示的输出电压波形。包络检波器的输出虽然会出现频率为 $f_c$ 的波纹,但当载波频率 $f_c \gg B$(调制信号带宽)时,这种波纹并不明显,并且还可用低通滤波器加以平滑。仔细分析可发现,要很好地提取 $s_{AM}(t)$ 信号的包络,必须使低通滤波器的截止频率远小于 $f_c$,且远大于 $B$,即

$$B \ll \frac{1}{2\pi R_L C} \ll f_c$$

式中,$R_L C$ 是滤波时间常数。由图 3.1.5 可见包络检波器的输出信号近似正比于调制信号。

图 3.1.4 包络检波电路图

图 3.1.5 包络检波波形

用包络检波器接收信号是一种非常简单的方法,接收机不需要产生与接收信号中的载波完全同频同相的本地载波,这种解调称为**非相干解调**(**non-coherent demodulation**)。因为可以用这种简单廉价的方法进行接收,从而使常规 AM 调制方法在需要大量接收机的情况下非常有优势。广泛应用的调幅广播系统就是用了常规 AM 调制,调幅收音机极其便宜。

### 3.1.2 抑制载波双边带调幅

由于常规 AM 调制的效率极低,为了提高调制效率,人们想到了能否在传输信号中不包含纯载波成分,于是便产生了"没有载波"的调幅方式,称为**抑制载波双边带**(**Double Side Band-Suppressed Carrier**,**DSB-SC**)调幅。

## 1. DSB-SC 信号

DSB-SC 信号的时域表达式为

$$s_{\text{DSB}}(t) = A_c m(t)\cos(2\pi f_c t) \quad (3.1.7)$$

其波形如图 3.1.6 所示。抑制载波双边带信号由乘法器产生，实际电路可为平衡调制器或环形调制器。

## 2. DSB-SC 信号的频域分析

易见，DSB-SC 信号的频谱为

$$S_{\text{DSB}}(f) = \frac{A_c}{2}[M(f+f_c) + M(f-f_c)] \quad (3.1.8)$$

其频谱与 AM 信号的频谱相似，但在载频 $\pm f_c$ 处没有冲激（一般假定 $m(t)$ 没有直流分量）。和 AM 一样，DSB 信号的频带比调制前的基带信号的频带扩宽了一倍，即 $B_T = 2B$。

图 3.1.6 DSB 调制波形

## 3. DSB-SC 信号的功率与效率

DSB-SC 信号的功率为

$$P_{\text{DSB}} = \overline{s_{\text{DSB}}^2(t)} = \overline{A_c^2 m^2(t)\cos^2(2\pi f_c t)} = \frac{A_c^2}{2}\overline{m^2(t)} + \frac{A_c^2}{2}\overline{m^2(t)\cos(4\pi f_c t)}$$

与 AM 信号的相关分析类似，上式的第二项为 0，于是，$P_{\text{DSB}} = A_c^2 \overline{m^2(t)}/2$。因为没有载波功率，所以调制效率 $\eta_{\text{DSB}} = 1$，调制效率得到了极大的提高。

## 4. DSB-SC 信号的接收

从 DSB-SC 信号的波形图可见，它的包络已不再与调制信号 $m(t)$ 的形状一致，所以 DSB-SC 信号不能用包络检波器解调，只能用相干解调。相干解调原理图如图 3.1.7 所示。

图 3.1.7 中的乘法器与低通滤波器级联构成相干解调器。其中 $\cos(2\pi f_o t + \theta_o)$ 是接收端产生的本地载波。当它与接收信号中的载波完全同频同相时，称为双方同步。这时 $f_o = f_c, \theta_o = 0$，于是乘法器的输出信号为

图 3.1.7 DSB-SC 信号的相干解调原理图

$$s_{\text{DSB}}(t)\cos(2\pi f_c t) = A_c m(t)\cos^2(2\pi f_c t) = \frac{1}{2}A_c m(t)[1 + 2\cos(4\pi f_c t)]$$

低通滤波器滤除 $2f_c$ 分量，输出 $A_c m(t)/2$，系统可无失真地恢复调制信号 $m(t)$。接收端需产生本地载波的解调方法称为**相干解调法**（coherent demodulation）。

若本地载波与发方载波不同步，设 $f_o = f_c + \Delta f$，$\Delta f$ 为频率误差，$\theta_o = \Delta\theta$ 为相位误差，此时

$$m(t)\cos(2\pi f_c t)\cos(2\pi f_o t + \theta_o) = \frac{1}{2}m(t)\{\cos(2\pi\Delta f t + \Delta\theta) + \cos[2\pi(f_c + f_o)t + \theta_o]\}$$

则低通滤波器输出为 $\frac{1}{2}m(t)\cos(2\pi\Delta f t + \Delta\theta)$。当 $\Delta f \neq 0$ 时，它是一载频为 $\Delta f$ 的调幅波，

即输出中 $m(t)$ 的幅度随余弦项周期性起伏,在传输语音时就会听到一种周期性强弱变化的声音,这就是由于频率误差所产生的差拍现象,是一种非线性失真。

有两种方法常用于接收端生成正确的正弦波振荡。一种方法是在发射信号中加入一小部分纯载波分量,该载波分量称为"导频单音"。在接收端,用一个调谐在载频上的窄带滤波器滤出导频信号分量作为本地振荡即可。另一种方法不需要发送端发送导频信号而是在接收端采用特殊的锁相环(PLL),它能从无载波的接收信号中产生出与其同频同相的振荡信号。无论何种方式,技术上要保持同步都是比较繁杂的,会增加成本。

显然,乘法相干解调器也可以用于接收 AM 信号。当 AM 信号作为输入时,相干解调器的输出为 $A_c[1+m(t)]/2$,从中可获得消息信号。当然,为了接收常规 AM 信号而采用复杂度较高的相干解调器通常是不经济的。

### 3.1.3 单边带调幅

#### 1. 单边带调幅信号及滤波法

抑制载波双边带与常规 AM 信号的频谱都包含上下两个边带,它们对应于原基带信号 $m(t)$ 的正、负频率部分。由于实信号 $m(t)$ 的正、负频率部分是共轭对称的,因此已调信号的频谱中两个边带以载波为轴彼此共轭对称。显然,同时传输两个边带是多余的,因为由任何一个边带可依照对称性复制出另外一个边带。于是,当频带资源紧张时,应该只传输一个边带来提高频带利用率,这样便出现了单边带调幅。单边带(Single-Side Band,SSB)调幅信号是只取 DSB-SC 信号中的上边带或下边带分量所得到的信号。产生 SSB 信号的一种基本方法是**滤波法**(filtering method),其框图与频域原理分

图 3.1.8 SSB 滤波法框图

别如图 3.1.8 与图 3.1.9 所示,图中 $H_{SSB}(f)$ 为单边带滤波器的传递函数,$S_{USB}(f)$ 或 $S_{LSB}(f)$ 分别表示上、下边带的单边带信号 $s_{USB}(t)$ 或 $s_{LSB}(t)$ 的频谱。

图 3.1.9 滤波法的频域原理

一般 $m(t)$ 具有非常丰富的低频成分,因此用滤波法产生 SSB 信号时,要求滤波器的截止特性极为陡峭才行,这种滤波器难于实现。实际应用中往往采用多级调制、多级滤波的办法来降低实现难度。

多级调制、多级滤波的框图如图 3.1.10 所示,频域过程如图 3.1.11 所示。可见第一级滤波器频率最低,截止特性的要求高,以后的滤波器频率逐渐升高,但截止特性的要求在下降。最后,$f_{c_n}$ 正好生成最终的 SSB 信号。

图 3.1.10 多级调制、多级滤波生成 SSB AM 信号的模型

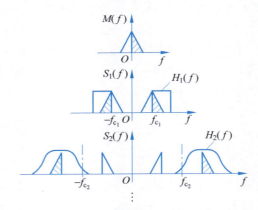

图 3.1.11 多级调制、多级滤波的频域过程

每一次处理(如虚线框)类似一次 SSB,其本质就是频谱再次搬移。这种处理也称为**混频(mixing)**,通信系统中常常需要向上或向下搬移,有时称为**向上或向下变频**。原理上,它由乘法器与 BPF 组成。

**2. SSB 信号的接收**

SSB 信号与 DSB-SC 一样只能用相干解调法接收,需要用到收发双方完全同步的本地振荡。可以证明 SSB 信号的数学表达式为

$$s_{SSB}(t) = \frac{1}{2}[A_c m(t)\cos(2\pi f_c t) \mp A_c \hat{m}(t)\sin(2\pi f_c t)] \qquad (3.1.9)$$

其中,$\hat{m}(t)$ 为基带信号 $m(t)$ 的希尔伯特变换。由此可得出 SSB 的解调原理为

$$\begin{aligned}
s_o(t) &= \text{LPF}[s_{SSB}(t)\cos(2\pi f_c t)] \\
&= \frac{1}{2}\text{LPF}[A_c m(t)\cos^2(2\pi f_c t) \mp A_c \hat{m}(t)\sin(2\pi f_c t)\cos(2\pi f_c t)] \\
&= \frac{1}{4}\text{LPF}\{A_c m(t)[1+\cos(4\pi f_c t)] \mp A_c \hat{m}(t)\sin(4\pi f_c t)\} = \frac{1}{4}A_c m(t)
\end{aligned}$$

(3.1.10)

其中,LPF[·]是以基带信号 $m(t)$ 的最高频率为截止频率的单位增益低通滤波器。

**\*3. SSB 信号的相移法**

记基带信号 $m(t)$ 的希尔伯特变换与解析信号分别为 $\hat{m}(t)$ 与 $m_Z(t)$,根据解析信号的定义有 $m_Z(t) = m(t) + j\hat{m}(t) = 2m_+(t)$,这里,$m_+(t)$ 指 $m(t)$ 频谱中正频率部分对应的信号,其频谱如图 3.1.12(a)所示。

以 $S_{USB}(f)$ 为例(见图 3.1.12(b)),观察 SSB 带通信号与基带信号的频谱关系,图中 $M_Z(f)$ 为基带信号的解析信号的频谱,$S_{USB\_Z}(f)$ 为上单边带(简记为 USSB)信号的解析信号的频谱。可以发现:$S_{USB\_Z}(f) = \frac{1}{2}A_c M_Z(f-f_c)$,其中,$A_c$ 为 SSB 信号的幅度。相应

图 3.1.12　SSB 信号与基带信号的频谱关系

的时域关系为 $s_{\text{USB\_Z}}(t) = \frac{1}{2}A_c m_Z(t) e^{j2\pi f_c t}$。

因此，由解析信号的有关公式

$$s_{\text{USB}}(t) = \text{Re}[s_{\text{USB\_Z}}(t)] = \text{Re}\left[\frac{1}{2}A_c m_Z(t) e^{j2\pi f_c t}\right] = \frac{1}{2}\text{Re}\{A_c[m(t) + j\hat{m}(t)]e^{j2\pi f_c t}\}$$

$$= \frac{1}{2}[A_c m(t)\cos(2\pi f_c t) - A_c \hat{m}(t)\sin(2\pi f_c t)]$$

类似地，针对下单边带（简记为 LSSB）信号，我们需要基带信号频谱中负频率部分 $M_-(f)$ 及其相应的 $m_-(t)$ 信号。易知，$m_z^*(t) = 2m_-(t) = m(t) - j\hat{m}(t)$。于是

$$s_{\text{LSB}}(t) = \frac{1}{2}[A_c m(t)\cos(2\pi f_c t) + A_c \hat{m}(t)\sin(2\pi f_c t)]$$

综上所述，SSB 信号的时域统一式为

$$s_{\text{SSB}}(t) = \frac{1}{2}[A_c m(t)\cos(2\pi f_c t) \mp A_c \hat{m}(t)\sin(2\pi f_c t)]$$

其中，"—"对应于 USB 信号，"+"对应于 LSB 信号，这便是式(3.1.9)。

基于式(3.1.9)可得相移法产生方案，框图如图 3.1.13 所示，其中 $1/(\pi t)$ 为希尔伯特滤波器的冲激响应。信号 $m(t)$ 通过希尔伯特滤波器后其各频率分量的幅度保持不变，正频率部分相移 $-\pi/2$，负频率部分相移 $+\pi/2$，使后面的双边带信号在载频 $f_c$ 的一边相互抵消，在另一边相互叠加，从而产生单边带信号。这种系统不需要边带滤波器，而利用移相网络，故称为移相法。系统的主要技术难点是希尔伯特滤波器的实现，必须对信号 $m(t)$ 的所有频率分量都进行准确的移相，如果信号低频成分丰富，这是很有难度的。

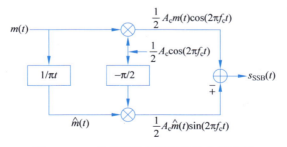

图 3.1.13　单边带信号的相移法产生模型

实际中也常用图 3.1.14 的**韦弗法（Weaver's method）**产生单边带信号，其中，$f_a$ 取 $m(t)$ 带宽的一半，$f_b = f_c \pm f_a$，+ 或 — 产生上或下边带信号。韦弗法采用正交调制来产生 SSB 信号，既避免采用宽带相移网络，又用一般的低通滤波器来代替边带滤波器，克服了滤波法与相移法的难点。对其工作原理这里不进行详细分析。

图 3.1.14 韦弗法产生单边带信号

### 3.1.4 残留边带调幅

**残留边带**（Vestigial Side Band，VSB）调幅类似于单边带，但残留了少部分的另一边带。这种方式既具有 SSB 节约带宽的优点，又可用较简单的滤波器来实现，是一种实用的工程技术。

#### 1. VSB 信号

VSB 信号采用滤波法产生，滤波器为残留边带滤波器 $H_{VSB}(f)$。$H_{VSB}(f)$ 具有一定的过渡带的滤波器，因而残留下少量的其他边带，如图 3.1.15 所示。$H_{VSB}(f)$ 的过渡带不太陡峭，它比 SSB 的滤波器容易实现。设计时，主要关注其在 $\pm f_c$ 处的过渡带形状，从后面的接收分析可知，它们必须保持互补对称。

图 3.1.15 VSB 滤波法的频域过程

#### *2. VSB 信号的接收

VSB 信号需要用相干解调接收。相干解调原理图如图 3.1.7 所示，令乘法器的输出为

$$s_p(t) = s_{VSB}(t)\cos(2\pi f_c t)$$

经傅里叶变换后得到

$$\begin{aligned}S_p(f) &= \frac{1}{2}S_{VSB}(f) * [\delta(f+f_c) + \delta(f-f_c)] \\ &= \frac{1}{2}[S_{DSB}(f)H_{VSB}(f)] * [\delta(f+f_c) + \delta(f-f_c)] \\ &= \frac{A_c}{4}[M(f)H_{VSB}(f+f_c) + M(f)H_{VSB}(f-f_c)] + \\ &\quad \frac{A_c}{4}[M(f-2f_c)H_{VSB}(f-f_c) + M(f+2f_c)H_{VSB}(f+f_c)]\end{aligned}$$

经过低通滤波器，输出信号的频谱用 $S_o(f)$ 表示为

$$S_o(f) = \frac{A_c}{4}M(f)[H_{VSB}(f-f_c) + H_{VSB}(f+f_c)]$$

只要满足

$$H_{VSB}(f-f_c) + H_{VSB}(f+f_c) = 常数, \quad -B \leqslant f \leqslant B \tag{3.1.11}$$

则相干解调的输出可为

$$s_o(t) = \frac{1}{4}m(t)$$

此时可无失真地重现调制信号 $m(t)$。

式(3.1.11)为 $H_{VSB}(f)$ 应满足的条件。其中，$B$ 为基带信号带宽，图 3.1.16 在频域示意了这个条件。由图 3.1.16 可见，$H_{VSB}(f+f_c) + H_{VSB}(f-f_c)$ 要在 $|f|<B$ 内保持常数，这要求 $H_{VSB}(f)$ 对于 $\pm f_c$ 是互补对称的。

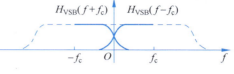

图 3.1.16　残留边带滤波器频谱要求

## 3.2　模拟角度调制

模拟角度调制是连续波调制的另一种方式，与幅度调制的区别在于已调波的幅度不随调制信号变化，而是相位或频率随着调制信号变化。下面详细讨论模拟角度调制系统。

### 3.2.1　角度调制的基本概念

**角度调制**（angle modulation）是已调波的总相角 $\phi(t)$ 随着基带信号 $m(t)$ 作某种变化的调制方式。它包括频率调制和相位调制。一般而言，角度调制信号的表达式为

$$s(t) = A_c \cos[\phi(t)]$$

其中，$\phi(t)$ 称为相角，它是随 $m(t)$ 变化的。

**1. 相位调制与频率调制的概念**

由于已调波是位于频率 $f_c$ 附近的频带信号，其相角 $\phi(t)$ 总是围绕 $2\pi f_c t$ 变化，它呈现为 $2\pi f_c t + \theta(t)$ 的形式。其中，$f_c$ 是常数，称为频带信号的**载波频率**，$\theta(t)$ 称为**相位**。而

$$f_i(t) = \frac{1}{2\pi}\frac{d}{dt}\phi(t) = f_c + \frac{1}{2\pi}\frac{d}{dt}\theta(t) \tag{3.2.1}$$

称为**瞬时频率**（instantaneous frequency）。

在角度调制中，$m(t) \sim \phi(t)$ 的映射有两类典型的规则，分别称为相位调制与频率调制。

（1）**相位调制**（Phase Modulation，**PM**，简称**调相**）

$$\theta(t) = k_{PM} m(t) \quad \text{或} \quad f_i(t) = f_c + \frac{k_{PM}}{2\pi}\frac{d}{dt}m(t) \tag{3.2.2}$$

其中，$k_{PM}$ 称为**相偏常数**，单位 rad/V。故调相信号的数学表达式为

$$s_{PM}(t) = A_c \cos[2\pi f_c t + k_{PM} m(t)] \tag{3.2.3}$$

（2）**频率调制**（Frequency Modulation，**FM**，简称**调频**）

$$\theta(t) = 2\pi k_{FM} \int m(t) dt \quad \text{或} \quad f_i(t) = f_c + k_{FM} m(t) \tag{3.2.4}$$

其中，$k_{FM}$ 称为**频偏常数**，单位 Hz/V。因此，调频信号的数学表达式为

$$s_{FM}(t) = A_c \cos\left[2\pi f_c t + 2\pi k_{FM} \int m(t) dt\right] \tag{3.2.5}$$

相位调制或频率调制的名称源于 $m(t)$ 与已调信号的相位或频率直接呈线性关系。无论哪种方式，已调信号需要借助相位来表示。因此，调频信号涉及积分公式。有些书籍习惯采用变上限积分代替这里的不定积分，即写作 $\int_{-\infty}^{t} m(t)dt$ 或 $\int_{0}^{t} m(t)dt$，本质上是一样的。理论上讲，只要它的微分为 $m(t)$ 即可，从数学角度看，它是 $m(t)$ 的原函数（即不定积分）。

**例 3.2**  试用图形表示方波与三角波信号的相位与频率调制信号。

**解**  方波与三角波信号的相位与频率调制信号如图 3.2.1 所示。从图中可明显地看到 $m(t)$ 信号与已调波的频率或相位的关系,以及调频波与调相波的区别。∎

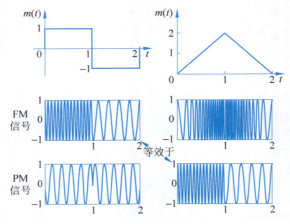

图 3.2.1  方波和三角波的 FM 和 PM 信号

对照 AM 与 DSB-SC 信号的波形可见,PM 与 FM 波形的突出特点是其包络是恒定的,但是过零点的疏密不均匀。恒包络信号在传输中有一个显著的优点,它可以承受非线性放大。实际系统中,实现非线性放大器比实现线性放大器容易许多。

### 2. PM 与 FM 的等效关系

调频与调相信号其实没有本质的差别,信号的相位与频率同时随时间变化,只是已调信号与调制信号之间的相对关系不同而已。式(3.2.1)表明相位上的变化可以等效为频率上的变化,而频率上的变化也可以等效为相位上的变化。显然 PM 与 FM 可相互等效,如图 3.2.2 所示。

图 3.2.2  PM 与 FM 的等效关系

### 3. 最大相偏、最大频偏与调制指数

在角度调制系统中,调制的程度可用最大相偏 $\Delta\theta_{\max}$ 和最大频偏 $\Delta f_{\max}$ 这两个重要参数来衡量。

(1) **最大相偏**(peak phase deviation)$\Delta\theta_{\max} = |\Delta\theta(t)|_{\max}$:指调角信号相位偏离零相位(未调载波相位)的最大值。它反映了调角信号的相角被调制的程度。对于调相信号而言,$\Delta\theta_{\max} = k_{PM}|m(t)|_{\max}$。

(2) **最大频偏**(peak frequency deviation)$\Delta f_{\max} = |\Delta f_i(t)|_{\max} = |f_i(t) - f_c|_{\max}$:指已调信号的瞬时频率与未调载波频率之差的最大值。它反映调角信号的瞬时频率被调制的程度。对于调频信号而言,$\Delta f_{\max} = k_{FM}|m(t)|_{\max}$。

可见，$\Delta\theta_{\max}$ 与 $\Delta f_{\max}$ 正比于常数 $k_{PM}$ 与 $k_{FM}$，同时还正比于信号的（最大）幅度。

**例 3.3** 若消息信号为

$$m(t) = a\cos(2\pi f_m t)$$

它既可对载波 $A_c\cos(2\pi f_c t)$ 进行频率调制，又可对载波进行相位调制。试确定调频信号和调相信号的表达式。

**解** 若按 PM 调制有 $\theta(t) = k_{PM} m(t) = k_{PM} a\cos(2\pi f_m t)$，因此

$$s_{PM}(t) = A_c \cos[2\pi f_c t + k_{PM} a\cos(2\pi f_m t)]$$

易见最大相偏为 $\Delta\theta_{\max} = k_{PM} a$。由于 $f_i(t) = f_c - f_m k_{PM} a \sin(2\pi f_m t)$，得最大频偏为 $\Delta f_{\max} = f_m k_{PM} a$。

若按 FM 调制有 $\theta(t) = 2\pi k_{FM} \int m(t)\mathrm{d}t = \dfrac{k_{FM} a}{f_m}\sin(2\pi f_m t)$，因此

$$s_{FM}(t) = A_c \cos\left[2\pi f_c t + \frac{k_{FM} a}{f_m}\sin(2\pi f_m t)\right]$$

易见最大相偏为 $\Delta\theta_{\max} = \dfrac{k_{FM} a}{f_m}$。又由于 $f_i(t) = f_c + k_{FM} m(t) = f_c + k_{FM} a\cos(2\pi f_m t)$，得最大频偏为 $\Delta f_{\max} = k_{FM} a$。可见，两种情况下都有 $\Delta\theta_{\max} = \Delta f_{\max}/f_m$。∎

对角度调制系统难以进行理论分析，研究中常常借助简单的正弦调制信号作为参考。角度调制系统在正弦信号调制下的最大相偏称为其调制指数。记正弦信号频率为 $f_m$，具体定义如下：

(1) PM 信号的**相位调制指数**或**调相指数**（phase modulation index）为

$$\beta_{PM} = \Delta\theta_{\max} \tag{3.2.6}$$

(2) FM 信号的**频率调制指数**或**调频指数**（frequency modulation index）为

$$\beta_{FM} = \frac{\Delta f_{\max}}{f_m} \tag{3.2.7}$$

调制指数有时也扩展到一般 $m(t)$ 信号的情形中，以推测其特性，但需要注意具体的条件。这时可令 $\beta = \Delta f_{\max}/B$，其中 $B$ 为调制信号的带宽，也就是其最高频率值。

### 3.2.2 角度调制信号的频谱特性

#### 1. 基本结论

角度调制信号是一种带通信号，为了分析它的频谱，可以将其写成

$$s(t) = A_c \cos[2\pi f_c t + \theta(t)] = \mathrm{Re}\left[A_c \mathrm{e}^{j\theta(t)} \mathrm{e}^{j2\pi f_c t}\right] = \mathrm{Re}\left[g(t)\mathrm{e}^{j2\pi f_c t}\right]$$

易见，其复包络为 $g(t) = A_c \mathrm{e}^{j\theta(t)}$。

由第 2 章相关知识，带通信号的频谱是其复包络频谱平移到 $\pm f_c$ 处的结果，即

$$S(f) = \frac{1}{2}[G(f - f_c) + G^*(-f - f_c)] \tag{3.2.8}$$

式中，$G(f) = \mathcal{F}[g(t)] = A_c \mathcal{F}[\mathrm{e}^{j\theta(t)}]$。

因此，分析 $g(t)$ 的傅里叶变换 $G(f)$ 就可以得到 $s(t)$ 的频谱特性。但是，由于 $m(t)$ 映射为 $\theta(t)$ 后位于指数部分，所以精确地推导 $\mathcal{F}[\mathrm{e}^{j\theta(t)}]$ 的数学表达式是十分困难的。研究角度调制信号频谱的实用方法是选用一些典型信号进行分析，再由这些典型结果推广出一般

结论。最常用的一种信号是正弦消息信号。

在分析角度调制信号的频谱特性时,最为重要的是了解它所占用的带宽。幸运的是,许多学者经过大量研究后得出了一个简单且极为有用的经验公式,称为**卡森(Carson)规则**

带宽与频谱

$$B_T = 2\Delta f_{max} + 2B = 2(D+1)B \quad (3.2.9)$$

其中,$B_T$ 为已调信号带宽,$B$ 是基带调制信号的带宽(这里 $B$ 应该取基带信号的最高频率,或包含绝大部分信号的带宽)。$D$ 称为**频偏比**,定义为

$$D = \frac{\Delta f_{max}}{B} \quad (3.2.10)$$

对于正弦调制信号,$B = f_m$,$D$ 正是调制指数 $\beta$(无论 $\beta_{PM}$ 或 $\beta_{FM}$)。对于一般信号,有的文献中将 $D$ 作为调制指数的扩展定义。

在卡森规则中,通常 $\Delta f_{max}$ 远大于 $B$,它对信号的带宽有主要影响。注意,PM 与 FM 信号的 $\Delta f_{max}$ 分别为 $\frac{1}{2\pi}k_{PM}|m'(t)|_{max}$ 与 $k_{FM}|m(t)|_{max}$,容易发现:PM 信号的带宽对消息信号的变化速度快慢与幅度都是敏感的;而 FM 信号的带宽对消息信号的变化速度快慢就不怎么敏感。显然,FM 信号在应用时更容易控制一些。

**例 3.4** 实际 FM 广播系统的频率范围为 88~108MHz,电台频率间隔为 200kHz。音频信号的最高频率设定为 $f_m = 15$kHz,调制方式为 FM,最大频偏 75kHz。试计算传输带宽与系统的调制指数。

**解** 由卡森规则,$B_T = 2\Delta f_{max} + 2B = 2 \times 75 + 2 \times 15 = 180$(kHz)。而调制指数可由消息信号的最高频率计算,即 $\beta_{FM} = \Delta f_{max}/f_m = 75/15 = 5$。 ∎

**例 3.5** 已知某单频调频波的振幅为 10V,瞬时频率为 $f_i(t) = 10^6 + 10^4 \cos 2\pi f_m t$,其中,$f_m = 10^3$Hz。试求:(1)信号的表达式与带宽 $B_T$;(2)若将频率 $f_m$ 提高到 $2 \times 10^3$Hz,再求带宽 $B_T$。

**解** 易见,基带信号带宽为 $B = f_m$。

(1) 该调频波的瞬时相位为

$$\phi(t) = \int 2\pi f_i(t) dt = \int [2\pi \times 10^6 + 2\pi \times 10^4 \cos(2\pi \times 10^3 t)] dt$$

$$= 2\pi \times 10^6 t + \frac{2\pi \times 10^4}{2\pi \times 10^3} \sin(2\pi \times 10^3 t) = 2\pi \times 10^6 t + 10\sin(2\pi \times 10^3 t)$$

$$s_{FM}(t) = 10\cos[2\pi \times 10^6 t + 10\sin(2\pi \times 10^3 t)]$$

$$\Delta f_{max} = |10^4 \cos(2\pi \times 10^3 t)|_{max} = 10^4 \text{(Hz)}$$

$$\beta_{FM} = \frac{\Delta f_{max}}{B} = \frac{10^4}{10^3} = 10$$

$$B_T = 2\Delta f_{max} + 2B = 2 \times 10^4 + 2 \times 10^3 = 22 \times 10^3 \text{(Hz)}$$

(2) 若 $f_m = 2 \times 10^3$(Hz),则

$$\Delta f_{max} = |10^4 \cos(2\pi \times 2 \times 10^3 t)|_{max} = 10^4 \text{(Hz)} \quad (\text{不变})$$

$$\beta_{FM} = \frac{\Delta f_{max}}{B} = \frac{10^4}{2 \times 10^3} = 5 \quad (\text{变为一半})$$

$$B_T = 2\Delta f_{\max} + 2B = 2\times 10^4 + 2\times 2\times 10^3 = 24\times 10^3 \text{(Hz)} \quad （变化不大）$$

可见，由于 $\Delta f_{\max}$ 不变，调频信号的带宽 $B_T$ 基本不变。

**例 3.6** 给定某调相信号 $s_{PM}(t) = 10\cos[2\pi\times 10^6 t + 10\sin(2\pi f_m t)]$，$f_m = 10^3$ Hz。试求：(1) 信号的带宽 $B_T$；(2) 若将调制信号的频率提高到 $2\times 10^3$ Hz，再求带宽 $B_T$。

**解** 易见基带信号带宽为 $B = f_m$。

(1) 该信号最大相偏为 $\Delta\theta_{\max} = 10$，于是，$\beta_{PM} = 10$

$$B_T = 2(\beta_{PM} + 1)B = 2\times(10+1)\times 10^3 = 22\times 10^3 \text{(Hz)}$$

(2) 最大相偏仍为 $\Delta\theta_{\max} = 10$，于是，$\beta_{PM} = 10$

$$B_T = 2(\beta_{PM} + 1)B = 2\times(10+1)\times 2\times 10^3 = 44\times 10^3 \text{(Hz)}$$

可见，由于基带信号带宽提高了一倍，调相信号带宽 $B_T$ 也提高了一倍。

**\*2. 正弦信号角度调制的分析**

当 $m(t)$ 是频率为 $f_m$ 的单频正弦信号时，考察角度调制信号的功率谱构成与特点具有很好的启发性。对于不同的调制指数 $\beta$，已调信号 $s(t) = A_c\cos[2\pi f_c t + \beta\sin(2\pi f_m t)]$ 的功率谱可以如下分析：

考虑 $s(t)$ 的复包络，$g(t) = A_c e^{j\theta(t)} = A_c e^{j\beta\sin(2\pi f_m t)}$。易见，它是周期为 $T_m = 1/f_m$ 的周期信号。所以，$g(t)$ 的频谱由一组冲激组成，各冲激的幅度正是 $g(t)$ 的傅里叶系数 $c_n$。由定义 $c_n$ 的计算公式如下

$$c_n = \frac{A_c}{T_m}\int_{-T_m/2}^{T_m/2}\left(e^{j\beta\sin(2\pi f_m t)}\right)e^{-jn2\pi f_m t}dt$$

简化后，$c_n = A_c J_n(\beta)$。其中，$J_n(\beta) = \frac{1}{2\pi}\int_{-\pi}^{\pi}e^{j(\beta\sin\theta - n\theta)}d\theta$，称为第一类 $n$ 阶贝塞尔函数。它没有解析解，因此，我们通过数值方法计算它，进而分析 $c_n$ 的特性。

图 3.2.3 以 $\beta = 0.2$、1.0、2.0 和 5.0 为例给出了理论分析获得的幅度谱图形。图中还标出了基于卡森规则估算的带宽，易见，该估计是准确的。

正弦角度调制的频谱由离散谱线构成，它们以载波 $f_c$ 为中心向两边展开。第 $n$ 谱线的高度为贝塞尔函数值 $J_n(\beta)$。分析这些频谱可得以下几点具有普遍意义的结论：

(1) 影响角度调制信号频谱特性的核心参数是调制指数 $\beta$。$\beta$ 很小时频带很集中，当 $\beta \ll 1$ 时为窄带角度调制；$\beta$ 变大时频带变宽且结构（形状）发生变化，此时为宽带角度调制。

(2) 图中的有效带宽 $B_T$ 是基于卡森规则估算的结果，显然它准确地反映了信号的带宽。实际上，$B_T$ 对应的部分包括 98%～99% 的信号功率。由于谱线的间隔为 $f_m$，容易发现，$B_T$ 正好取到 $\beta+1$ 根

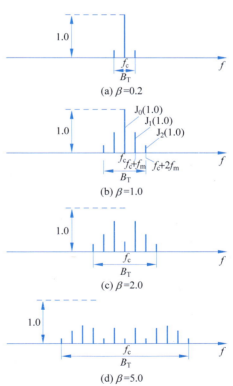

图 3.2.3 不同 $\beta$ 下采用正弦调制的 FM 或 PM 的幅度频谱

谱线。

（3）载波的强度由 $J_0(\beta)$ 决定，选择合适的 $\beta$，可使载波功率减小为零，从而使已调信号的功率充分应用在信号传输上。

（4）虽然调制信号 $m(t)$ 为单一频率，但由它产生的 FM 或 PM 信号却包含了除载波分量以外的无穷多个边频分量，即产生了许多新的频率分量，这样的调制显然是非线性的。

### *3.2.3　窄带角度调制

通常，调制指数远小于 1 弧度的角度调制被称为窄带角度调制。其实，如果 PM 与 FM 系统中，$k_{PM}$ 与 $k_{FM}$ 的值以及基带信号 $m(t)$ 的值很小，使 $\theta(t) \ll 1$，则 $\cos[\theta(t)] \approx 1$，$\sin[\theta(t)] \approx \theta(t)$。于是，已调信号可以近似如下

$$\begin{aligned}s(t) &= A_c \cos[2\pi f_c t + \theta(t)] \\ &= A_c \cos[\theta(t)]\cos(2\pi f_c t) - A_c \sin[\theta(t)]\sin(2\pi f_c t) \\ &\approx A_c \cos(2\pi f_c t) - A_c \theta(t)\sin(2\pi f_c t)\end{aligned} \quad (3.2.11)$$

注意到消息信号 $m(t)$ 反映在 $\theta(t)$ 中，对照常规 AM 调制

$$s_{AM}(t) = A_c \cos(2\pi f_c t) + A_c m(t)\cos(2\pi f_c t)$$

可见，这时的角度已调信号非常类似于 AM 信号。只不过消息信号先映射成 $\theta(t)$，而后调制在正弦波（sin）上。

窄带角度调制信号与 AM 信号可以通过相关图形进行直观的比较，如图 3.2.4 所示。

(a) AM 信号　　　　　(b) 角度调制信号

图 3.2.4　AM 与角度调制信号的相量图

显然，在 AM 调制中，$m(t)$ 作用在余弦波的幅度上，使信号相量的长度波动；而在角度调制中，$m(t)$（通过 $\theta(t)$）作用在余弦波的角度上，使信号相量在圆周上"晃动"。

窄带角度调制的带宽与抗噪性能与常规 AM 的基本一样，不具有宽带时的抗噪优势，其实际应用较少。但它的近似公式引出了一种重要的角度调制信号的产生方法，具体将在后面讨论。

### 3.2.4　调角信号的产生

角度调制信号可以按相关公式来产生，主要是直接法和间接法两种。由图 3.2.2 可以看到，PM 与 FM 是可以相互等效的，因此按一种方法可以等效地产生另一种信号。在实际应用中，调频信号与调频系统更为常见。因为由 FM 方式产生角度调制信号时更易于控制。

**1. 直接调频法**

用调制信号直接改变载波振荡器频率的方法称为**直接调频法**。这种方法通过控制振荡器中决定振荡频率的元件参数，使其随调制信号变化来完成调频的任务。直接调频法常用

的核心器件是压控振荡器(VCO),它是一种频率随输入电压变化的晶体振荡器。直接调频法的具体原理框图如图3.2.5所示。

图 3.2.5　直接调频原理图

VCO 的输出频率正比于所加的控制电压 $m(t)$,使用倍频器允许 VCO 按较低的调制指数产生 FM 信号。该方法的缺点是载频的稳定性不太好,实用中通常需要附加稳频电路。

#### *2. 间接调频法

先按式(3.2.11)的近似公式产生窄带调频信号,再经倍频产生宽带 FM 信号的方法称为**间接调频法**,该方法也称为**阿姆斯特朗(Armstrong)法**,其原理如图3.2.6所示。

图 3.2.6　间接调频原理图

首先将调制指数 $\beta$ 除以 $K$,通常使 $\beta/K<0.2$ 满足窄带角度调制的近似条件要求,而后按式(3.2.11)产生 $s_{NBFM}(t)$,随后限幅器削除信号包络上因近似引入的小幅波动,然后,$K$ 倍频使信号相角扩大 $K$ 倍,将调制指数扩大到 $\beta$。实用中可能通过很大倍频来完成,比如,一种典型的 FM 广播发射机方案用到总计约 3000 的倍频数。最后用 BPF 滤去不需要的频率分量,从而得到宽带 FM 信号。间接调频法推动了早期 FM 技术的发展,它的好处是避免使用复杂的 VCO,而且所产生的信号具有较好的频率稳定度。

### 3.2.5　调角信号的接收

调频信号通常采用非相干解调方式来接收。这种方式的本质是首先产生一个振幅正比于 FM 信号瞬时频率的 AM 信号,而后再利用 AM 解调器恢复消息信号,其原理框图如图3.2.7所示。FM 到 AM 的转换规律为:频率增大则信号幅度增大,频率减小则信号幅度减小。其频率特性形如:$|H(f)|=2\pi f$,这实质上是微分器所具有的频率响应特性。其实,FM 信号微分后得到

$$s_d(t) = \frac{d}{dt} A_c \cos\left[2\pi f_c t + 2\pi k_{FM} \int m(t) dt\right]$$
$$= -A_c [2\pi f_c + 2\pi k_{FM} m(t)] \sin\left[2\pi f_c t + 2\pi k_{FM} \int m(t) dt\right]$$

由于 $f_c$ 很大,使 $2\pi f_c + 2\pi k_{FM} m(t) > 0$,因此它类似于 AM 信号,利用包络检波器就可以提取其中的消息信号 $m(t)$。因此,FM 的非相干接收机框图为图3.2.8的形式,其中,微分器和包络检波器级联的核心单元称为**鉴频器(frequency discriminator)**或**频率检波器(frequency** detector)。FM 信号是等幅信号，限幅器及带通滤波器的作用是尽量抑制噪声。

图 3.2.7　角度调制信号的接收原理图

图 3.2.8　调频信号的非相干接收框图

许多电路都可用于实现 FM 到 AM 的转换。一种方案是采用调谐回路频率响应曲线的斜坡，如图 3.2.9(a)所示。在斜边上选一段线性度较好的区域，使频率 $f_c$ 对准其中心位置，这样，FM 信号频率的起伏将导致谐振回路输出信号幅度的起伏，从而实现 FM 到 AM 的转换。调谐回路容易实现，但其线性区域一般较窄，为此，可以用两个互补的调谐回路组合成如图 3.2.9(c)所示的平衡鉴频器。它可以提供如图 3.2.9(b)所示的频率响应曲线。

另一种方案还可采用简单 RC 高通滤波器频率响应的斜坡过渡段。

图 3.2.9　平衡鉴频器及对应的频率响应

## 3.3　幅度调制系统的抗噪声性能

分析噪声对传输信号的影响是研究通信系统可靠性的基本内容。在模拟通信中，调制系统的抗噪声性能由它最终的输出信噪比给出。本节将说明模拟传输系统的噪声问题及其研究方法，分析噪声对各种调幅系统的影响，并具体计算各个系统的抗噪性能。

### 3.3.1 模拟传输中的噪声问题

噪声是信道的基本问题,经过传输的信号总会混入噪声而使消息信号受到污染,我们关注的是最终消息信号的质量。

1. 基带传输系统

首先考虑直接传输模拟消息信号的情形,如图 3.3.1 所示。

图 3.3.1 基带传输系统

由于消息信号 $m(t)$ 与直通信道都是基带的,该系统为**模拟基带系统**。考虑基本的加性高斯白噪声(AWGN)信道,令噪声功率谱密度为 $N_0/2$。

假定 $m(t)$ 的带宽为 $B$,为了抑制噪声,接收时采用同样带宽的低通滤波器,这样在不损伤 $m(t)$ 的条件下,最大限度地滤除了噪声。输出中残留的噪声 $n_1(t)$ 是带宽为 $B$ 的低通白噪声,功率为 $N_0 B$。

作为模拟信号,$r_o(t)$ 的噪声性能通过信噪比来衡量,记为 $(S/N)_o$。显然

$$\left(\frac{S}{N}\right)_o = \frac{P_m}{P_{n_1}} = \frac{\overline{m^2(t)}}{N_0 B} \qquad (3.3.1)$$

为了分析简便,考虑 LPF 的增益为 1。

2. 频带传输系统

为了在带通信道上进行传输,模拟通信系统采用本章前面讨论的各种调制解调技术。这时,传输过程如图 3.3.2 上边通路所示。

图 3.3.2 频带传输系统

传输中,已调信号 $s(t)$ 经过 AWGN 信道。接收时先由带通滤波器尽量滤除带外噪声,该滤波器对准 $f_c$ 且带宽刚好为信号 $s(t)$ 的带宽。记解调器的输入信号为 $r_i(t) = s(t) + n_i(t)$,其中,$n_i(t)$ 是带宽为 $B_T$ 功率谱密度为 $N_0/2$ 的带通白噪声。

于是,解调器的输入信噪比为

$$\left(\frac{S}{N}\right)_i = \frac{P_s}{P_{n_i}} = \frac{P_s}{N_0 B_T} \qquad (3.3.2)$$

其中,$P_s$ 是接收到的频带信号的功率,$P_{n_i}$ 为带通白噪声的功率。

$r_i(t)$ 通过解调器处理后,最终输出基带信号 $r_o(t)$,其中除消息信号部分 $km(t)$ 外,还含有噪声 $n_o(t)$。常数 $k$ 反映具体的解调方法可能引入的固有增益。为了衡量输出信号的

噪声性能,定义解调器输出信噪比为

$$\left(\frac{S}{N}\right)_o = \frac{k^2 \overline{m^2(t)}}{P_{n_o}} \tag{3.3.3}$$

其中,$P_{n_o}$ 为 $n_o(t)$ 的功率。$n_o(t)$ 是由 $n_i(t)$ 导致的,并因解调方法的不同而不同,如果 $n_o(t)$ 不是白噪声,则 $P_{n_o}$ 不能简单求出。

$(S/N)_o$ 与 $(S/N)_i$ 的差异反映了某种解调器对信噪比的改善能力,称为**解调增益**(demodulation gain),定义为

$$G_{DEM} = \frac{(S/N)_o}{(S/N)_i} \tag{3.3.4}$$

噪声分析

为了衡量各种频带传输系统的总体性能,我们以直接传输消息信号的虚拟基带系统作为参照系统,如图 3.3.2 中虚线所示。作为比较基础,假定:

(1) 实际系统与虚拟系统接收到的信号功率相同,记为 $P_r$;

(2) 实际系统与虚拟系统的噪声功率谱密度值相同,记为 $N_0/2$。

这样虚拟的基带传输系统中 $P_r = P_m$,因此,输出信噪比为 $\left(\frac{S}{N}\right)_{baseband} = \frac{P_r}{N_0 B}$。实际系统中 $P_r = P_s$,输出信噪比可表示为 $\left(\frac{S}{N}\right)_o = G_{DEM}\left(\frac{S}{N}\right)_i = G_{DEM} \times \frac{P_r}{N_0 B_T}$。定义**系统增益**(system gain)为

$$G_{SYS} = \frac{(S/N)_o}{(S/N)_{baseband}} = G_{DEM} \times \left(\frac{B}{B_T}\right) \tag{3.3.5}$$

它反映了某种调制解调系统相对于统一参照系统的总体增益。

从定义可见,对比 $G_{DEM}$ 可以了解某频带传输系统的解调器对信噪比的影响;对比 $G_{SYS}$ 可以了解不同频带传输系统之间在信噪比上的整体优劣。

### 3.3.2 常规 AM 系统(非相干解调)

对于常规 AM 系统,接收信号带宽 $B_T = 2B$,功率为 $P_{AM} = A_c^2[1 + \overline{m^2(t)}]/2$,于是

$$\left(\frac{S}{N}\right)_i = \frac{A_c^2[1 + \overline{m^2(t)}]/2}{2N_0 B}$$

包络检波器是非线性器件,分析其输出信号的信噪比较为复杂,这里先给出有关结论:

(1) 当信号很强时,输入信噪比 $(S/N)_i \gg 1$,则 $\left(\frac{S}{N}\right)_o = \frac{A_c^2 \overline{m^2(t)}}{2N_0 B}$。

(2) 当信号很弱时,输入信噪比 $(S/N)_i < 1$,则 $(S/N)_o$ 很小,通信无法正常进行。

这种现象称为"门限效应":仿佛存在某个门限,当 $(S/N)_i$ 高于门限时通信正常;低于门限时通信几乎中断。实际上,常规 AM 系统正常工作时总是要达到 $(S/N)_i \gg 1$ 的条件,通常要求 $(S/N)_i$ 在 10dB 以上。例如,在 AM 收音机应用中,收听者只会收听信噪比足够高(常常高于 25dB)的电台广播。

于是,当正常通信(即输入信号很强)时,

$$G_{\text{DEM\_AM}} = \frac{(S/N)_o}{(S/N)_i} = \frac{\overline{2m^2(t)}}{1+\overline{m^2(t)}} = 2\eta_{\text{AM}} \qquad (3.3.6)$$

其中，$\eta_{\text{AM}}$ 是调制效率，如式(3.1.5)，并且

$$G_{\text{SYS\_AM}} = G_{\text{DEM\_AM}} \frac{B}{2B} = \frac{\overline{m^2(t)}}{1+\overline{m^2(t)}} = \eta_{\text{AM}} \qquad (3.3.7)$$

以 100% 调制的正弦消息信号（$\eta_{\text{AM}} = 1/3$）为例，考察常规 AM 调制的性能。首先，$G_{\text{DEM\_AM}} = 2/3$，即常规 AM 解调器使信号的信噪比有所下降；又 $G_{\text{SYS\_AM}} = 1/3$，即常规调幅系统比基带系统要差 4.77dB。常规调幅系统的抗噪声能力较差。信噪比差的原因是发送功率的很大一部分用来发送已调信号的载波分量而不是其中的消息信号分量。

下面详细说明 $(S/N)_o$ 的推导过程：由第 2 章的介绍可知，窄带噪声可写为同相分量与正交分量 $n_c(t)$ 与 $n_s(t)$ 的组合，接收信号可表示为

$$r_i(t) = s_{\text{AM}}(t) + n_i(t) = A_c[1+m(t)]\cos(2\pi f_c t) + n_c(t)\cos(2\pi f_c t) - n_s(t)\sin(2\pi f_c t)$$
$$= \{A_c[1+m(t)] + n_c(t)\}\cos(2\pi f_c t) - n_s(t)\sin(2\pi f_c t)$$

包络检波器的输出是 $r_i(t)$ 的包络，记为 $a_i(t)$，则

$$a_i(t) = \sqrt{\{A_c[1+m(t)] + n_c(t)\}^2 + n_s^2(t)} \qquad (3.3.8)$$

上式表明，由于噪声的影响，包络与消息信号 $m(t)$ 的关系变得较为复杂。要研究输出信号的信噪比，需要分两种情形来讨论：

(1) 信号很强，即解调器输入信噪比 $(S/N)_i \gg 1$。

式(3.3.8)开方中的第一项远大于第二项，则该式可化简如下

$$a_i(t) = \{A_c[1+m(t)] + n_c(t)\} \cdot \sqrt{1+x^2}$$

其中，$x = \dfrac{n_s(t)}{A_c[1+m(t)] + n_c(t)} \ll 1$，这时

$$\sqrt{1+x^2} \approx 1 + \frac{1}{2}x^2 \approx 1 \qquad (3.3.9)$$

于是

$$a_i(t) \approx A_c[1+m(t)] + n_c(t)$$

由此易知，隔除直流与低通滤波后，输出信号为

$$s_o(t) = A_c m(t) + n_c(t)$$

其中，$n_c(t)$ 是（双边）功率谱密度为 $N_0$，带宽为 $B$ 的低通白噪声，于是

$$\left(\frac{S}{N}\right)_o = \frac{A_c^2 \overline{m^2(t)}}{P_{n_c}} = \frac{A_c^2 \overline{m^2(t)}}{2N_0 B}$$

(2) 信号很弱，即输入信噪比 $(S/N)_i < 1$。

式(3.3.8)的被开方项可写为

$$\{A_c[1+m(t)]\}^2 + 2A_c[1+m(t)]n_c(t) + n_c^2(t) + n_s^2(t)$$
$$\approx 2A_c[1+m(t)]a_n(t)\cos(\theta_n(t)) + a_n^2(t)$$

其中，因 $A_c[1+m(t)]$ 相对很小，其平方项可忽略；$a_n(t)$ 与 $\theta_n(t)$ 是带通噪声 $n_i(t)$ 的包络与相位分量，它们满足

$$a_n^2(t) = n_c^2(t) + n_s^2(t), a_n(t)\cos[\theta_n(t)] = n_c(t)$$

代回式(3.3.8),并注意到 $a_n(t)$ 很大,利用式(3.3.9)得

$$a_i(t) \approx a_n(t)\sqrt{1 + \frac{2A_c[1+m(t)]\cos[\theta_n(t)]}{a_n(t)}}$$

$$\approx a_n(t) + A_c[1+m(t)]\cos[\theta_n(t)]$$

可见,在小信噪比情况下,检波器输出的分量中没有直接与信号 $m(t)$ 保持正比关系的成分,$\theta_n(t)$ 是噪声的相位,$m(t)$ 受其影响很大,结果是小信号"淹没"在大噪声中,此时称 $(S/N)_o$ 不再按比例随 $(S/N)_i$ 下降,而是急剧恶化,这时称此系统工作于门限之下,这种现象称为**门限效应**。出现门限效应的输入信噪比称为**门限值**,记为 $(S/N)_{ith}$,门限值 $(S/N)_{ith}$ 通常约在 0dB 附近。门限效应是由包络检波器的非线性解调作用引起的,是包络检波器固有的特性,它本身无法克服。而在后面讨论的相干解调中,由于解调过程可视为信号和噪声分别解调,因而解调器输出端总是单独存在有用信号项,所以相干解调不存在门限效应。但常规实用 AM 系统中几乎总是采用非相干解调方式,并使之工作在门限值之上。

### 3.3.3 DSB-SC 与 AM(相干解调)系统

对于 DSB-SC 系统,接收信号带宽 $B_T = 2B$,功率为 $P_s = P_{DSB} = \frac{1}{2}A_c^2\overline{m^2(t)}$,于是

$$\left(\frac{S}{N}\right)_{i\_DSB} = \frac{\frac{1}{2}A_c^2\overline{m^2(t)}}{2N_0B}$$

图 3.3.3 相干解调器

DSB-SC 采用相干解调器(即乘法检测器),结构如图 3.3.3 所示。不妨考虑 LPF 是单位增益的,并令本地载波前因子为 2,这样可使输出结果简洁,以方便分析。输入信号为

$$r_i(t) = A_cm(t)\cos(2\pi f_c t) + n_i(t)$$

其中,$n_i(t)$ 为平稳带通白噪声,由第 2 章知识可写为同相与正交分量 $n_c(t)$ 与 $n_s(t)$ 的组合,使上式变为

$$r_i(t) = [A_cm(t) + n_c(t)]\cos(2\pi f_c t) - n_s(t)\sin(2\pi f_c t)$$

于是,图中乘法器输出为

$$r_i(t) \times 2\cos(2\pi f_c t) = [A_cm(t) + n_c(t)] \times [1 + \cos(4\pi f_c t)] - n_s(t)\sin(4\pi f_c t)$$

这里载波前面的因子 2 不影响结果,但有助于简化推导。经过 LPF 后

$$r_o(t) = A_cm(t) + n_c(t)$$

又由于带通噪声与它的同相或正交分量的功率一样,可得,$P_{n_o} = P_{n_c} = N_0B_T = 2N_0B$。于是,输出信噪比为

$$\left(\frac{S}{N}\right)_{o\_DSB} = \frac{A_c^2\overline{m^2(t)}}{2N_0B} \tag{3.3.10}$$

最后,计算系统的 $G_{DEM}$ 与 $G_{SYS}$,可得

$$G_{DEM\_DSB} = 2 \quad 与 \quad G_{SYS\_DSB} = 2 \times \frac{B}{2B} = 1 \tag{3.3.11}$$

相干解调器实际上也能够解调常规 AM 信号。对于常规 AM 信号

$$r_i(t) = A_c[1+m(t)]\cos(2\pi f_c t) + n_i(t)$$

同理得到,$r_o(t) = A_c[1+m(t)] + n_c(t)$ 与 $P_{n_o} = P_{n_c} = N_0 B_T = 2N_0 B$。于是,输出信噪比为

$$\left(\frac{S}{N}\right)_{o\_AM} = \frac{A_c^2 \overline{m^2(t)}}{2N_0 B} \tag{3.3.12}$$

$$G_{DEM\_AM} = \frac{2\overline{m^2(t)}}{1+\overline{m^2(t)}} \tag{3.3.13}$$

与

$$G_{SYS\_AM} = \frac{2\overline{m^2(t)}}{1+\overline{m^2(t)}} \times \frac{B}{2B} = \frac{\overline{m^2(t)}}{1+\overline{m^2(t)}} \tag{3.3.14}$$

特别注意到,常规 AM 信号在相干解调下的有关结论,与它在大信噪比情况中用包络检波器时的结论相同。这表明,当输入信噪比很高时,廉价的包络检波可以达到与相干解调同样的性能,而随着信噪比下降,相干解调的性能会逐渐下降,但包络检波器的性能可能急剧下降甚至无法工作。

### *3.3.4 SSB 系统

对于 SSB 系统,发送信号如式(3.1.9),接收的有用信号为

$$s_{SSB}(t) = \frac{1}{2}[A_c m(t)\cos(2\pi f_c t) \mp A_c \hat{m}(t)\sin(2\pi f_c t)]$$

由于 SSB 信号的频谱只有 DSB 的一半,可知 $P_s = \frac{P_{DSB}}{2} = \frac{1}{4}A_c^2 \overline{m^2(t)}$;而且输入的噪声功率减半为 $N_0 B$。因此,系统输入信噪比为

$$\left(\frac{S}{N}\right)_{i\_SSB} = \frac{A_c^2 \overline{m^2(t)}}{4N_0 B}$$

SSB 信号采用相干解调器(即乘法检测器)来接收,类似于 DSB-SC 的分析可得

$$r_{o\_SSB}(t) = \frac{1}{2}A_c m(t) + n_{c\_SSB}(t)$$

其中,消息信号部分为 $A_c m(t)/2$。由于 SSB 信号的带宽只是 DSB-SC 信号的一半,相应的带通噪声的带宽也减半,因此输出信号中低通白噪声的功率也减半为 $P_{n_o} = N_0 B$。于是,SSB 系统的输出信噪比为

$$\left(\frac{S}{N}\right)_{o\_SSB} = \frac{A_c^2 \overline{m^2(t)}/4}{N_0 B} \tag{3.3.15}$$

最后得到

$$G_{DEM\_SSB} = 1 \quad \text{与} \quad G_{SYS\_SSB} = 1 \times \frac{B}{B} = 1 \tag{3.3.16}$$

注意到,SSB 系统总体增益与 DSC-SC 系统是一样的,虽然其解调增益只是 DSC-SC 的一半。但是,SSB 信号占用的带宽要窄一半,信道的利用更为充分。

## 3.4 角度调制系统的抗噪声性能

本节将讨论模拟角度调制系统的噪声问题。首先给出调频与调相系统抗噪声性能的基本结论,介绍预加重/去加重技术;而后,详细分析角度调制系统的门限效应,并具体计算 PM 与 FM 系统的噪声性能;最后,说明改善门限效应的主要方法。

### 3.4.1 FM 与 PM 系统的抗噪声性能

角度调制系统的噪声分析方法与前面幅度调制系统的基本相同。系统的抗噪声性能通过与基带参照系统的对比来衡量,即由系统增益 $G_{SYS}$ 来表示。

通过分析发现,角度调制系统也存在门限效应:当输入信噪比较高时,系统可以很好地工作;但当输入信噪比较低时,系统工作困难,甚至根本无法通信。角度调制系统的门限效应比常规 AM 系统的更为严重,因为其信号带宽大,接收机前端的 BPF 通过的噪声多,因此,其正常工作需要的信号功率更高。

正常运用角度调制系统时,应该保证它具有足够的输入信噪比,通常需要 10dB 以上。这时,可以分别计算出 FM 与 PM 的抗噪性能如下:

$$G_{SYS\_FM} = 3\left(\frac{\Delta f_{max}}{B}\right)^2 \frac{\overline{m^2(t)}}{|m(t)|_{max}^2} \tag{3.4.1}$$

与

$$G_{SYS\_PM} = (\Delta\theta_{max})^2 \frac{\overline{m^2(t)}}{|m(t)|_{max}^2} = (2\pi\Delta f_{max})^2 \frac{\overline{m^2(t)}}{|m'(t)|_{max}^2} \tag{3.4.2}$$

其中,$\Delta f_{max}$ 与 $\Delta\theta_{max}$ 为调制时的最大频偏与最大相偏,$B$、$\overline{m^2(t)}$、$|m(t)|_{max}$ 与 $|m'(t)|_{max}$ 分别为消息信号的带宽、功率、峰值与导函数的峰值。

显然,FM 与 PM 的抗噪性能与消息信号的特性有关。为了简便,可以考虑正弦单音信号,记幅度为 $A_m$,易知 $\overline{m^2(t)}/|m(t)|_{max}^2 = 0.5$。因此

(1) FM 信号:$\beta = \Delta f_{max}/B$,则 $G_{SYS\_FM} = 1.5\beta^2$。

(2) PM 信号:$\beta = \Delta\theta_{max}$,则 $G_{SYS\_PM} = 0.5\beta^2$。

从公式可见,$\Delta f_{max}$(或 $\beta$)越高,则 $G_{SYS\_FM}$ 与 $G_{SYS\_PM}$ 的值越好。但 $\Delta f_{max}$(或 $\beta$)的增加有一个上限,因为,它们的增加对应于信号与接收 BPF 带宽的增加,进而造成输入噪声的加大。如果增加过度,就会破坏信号明显高于噪声的前提条件,导致系统无法正常工作,使上面 $G_{SYS\_FM}$ 与 $G_{SYS\_PM}$ 的计算值没有意义。

**例 3.7** 标准 FM 广播与模拟 TV 伴音系统是两个典型的调频系统。两个系统的基带信号带宽同为 15kHz,最大频偏分别为 75kHz 与 25kHz。试分别计算它们的调制指数与抗噪性能。

**解** (1) 标准 FM 广播系统:$\beta = \dfrac{\Delta f_{max}}{B} = \dfrac{75\text{kHz}}{15\text{kHz}} = 5$。考虑正弦调制信号

$$G_{SYS\_FM} = 1.5 \times 25 = 37.5 = 15.74(\text{dB})$$

（2）模拟 TV 伴音系统：$\beta = \dfrac{\Delta f_{\max}}{B} = \dfrac{25}{15} \approx 1.67$。考虑正弦调制信号

$$G_{\text{SYS\_FM}} = 1.5 \times 25/9 \approx 4.17 = 6.2(\text{dB})$$

对比 DSB-SC 与 SSB 的 $G_{\text{SYS}}$ 为 0dB、常规 AM 的为 −4.77dB，显然，例 3.7 中两种实际 FM 系统的噪声性能是优越的。

图 3.4.1 示意了几种典型的 $\beta$ 值条件下，FM 系统（相对于基带系统）的输出信噪比情况。由于调幅 DSB-SC 与 SSB 的系统增益为 1，它们与基带系统相当，因此该图可以视为 FM 系统相对于这两个系统的输出信噪比增益。显然，正常工作的角度调制系统比幅度调制系统的抗噪性能要优越得多。

图 3.4.1　FM 系统（相对于基带系统）的输出信噪比（以正弦调制为例）

比较 FM 与 PM 的抗噪性能可知，在正弦调制时，FM 优于 PM 三倍。但这只是一种特殊情况。实际上，绝大多数消息信号具有一定的带宽，且低频成分更为丰富，这时，PM 的性能并不差于 FM 的性能。

### 3.4.2　预加重/去加重技术

**预加重/去加重**（preemphasis-deemphasis）技术是通过调节信号和（或）噪声的频谱形状以提高抗噪声性能的方法。应用预加重/去加重技术的一般系统框图如图 3.4.2 所示。其中，$H_p(f)$ 与 $H_d(f)$ 分别是预加重与去加重单元（或网络）的频率响应特性。两者彼此互逆，因此，消息信号通过它们后保持不变。而噪声只会经过去加重单元，因此其功率谱将被改变。设计预加重与去加重特性的原则是在保持传输信号的功率与带宽等主要特性基本不变的条件下，力求输出信噪比最大。

图 3.4.2　预加重/去加重技术系统框图

理论上讲，各种调制系统都可以运用预加重/去加重技术。但实际上，这一技术在角度调制系统中应用较为普遍。因为其效果特别明显。

FM 系统的预加重/去加重方案最为典型。研究发现，FM 系统中包含微分单元，因而噪声的影响随频率的增加而快速增强。因此，抑制高端噪声是提高其性能的有效手段。传输声音信号时 FM 系统常常采用图 3.4.3 的预加重与去加重特性，这样，噪声通过 $H_d(f)$ 后 $f_1$ 以上的噪声被大大地压缩了。图 3.4.4 给出了标准 FM 广播与模拟 TV 伴音系统中运用预加重/去加重的效果（要求接收机工作在噪声门限以上），两种典型系统的性能改善为 12.3dB。可见效果是显著的。

图 3.4.3 FM 系统中预加重/去加重网络的幅频特性

图 3.4.4 两种典型系统预加重/去加重技术的效果

图 3.4.3 的频率响应特性中，通常令 $f_1=2.1\text{kHz}$ 与 $f_2=30\text{kHz}$，它们是根据声音信号的特性通过反复实验获得的。这两种特性可以通过简单电路网络来实现，分别如图 3.4.5 和图 3.4.6 所示。由电路可以计算出

$$H_p(f)=\frac{R_2}{R_2+\dfrac{R_1/\text{j}2\pi fC}{R_1+1/\text{j}2\pi fC}}=\frac{1+\text{j}2\pi fR_1C}{1+\text{j}2\pi fR_1C+R_1/R_2}=K\frac{1+\text{j}(f/f_1)}{1+\text{j}(f/f_2)}$$

其中，$f_1=\dfrac{1}{2\pi R_1C}$，$f_2=\dfrac{R_1+R_2}{2\pi R_1R_2C}$，$K$ 为常数。以及

$$H_d(f)=\frac{1/\text{j}2\pi fC}{R_1+1/\text{j}2\pi fC}=\frac{1}{1+\text{j}2\pi fR_1C}=\frac{1}{1+\text{j}(f/f_1)}$$

其中，$f_1=1/2\pi R_1C$。

图 3.4.5　预加重网络电路图　　　图 3.4.6　去加重网络电路图

## *3.4.3　角度调制系统的噪声性能分析

与幅度调制系统的噪声分析基本相同，我们从接收信号入手，首先分析解调器的输入输出信噪比，而后计算解调器增益 $G_{\text{DEM}}$，最后获得系统增益 $G_{\text{SYS}}$。

角度调制系统中，接收到的信号首先通过 BPF，再送入解调器。记解调器的输入信号为

$$r_i(t) = A_c \cos[2\pi f_c t + \theta(t)] + n_i(t)$$

其中，$\theta(t)$ 为角度调制信号的相位，$n_i(t)$ 为通过 BPF 后的带通白噪声。假定消息信号的带宽为 $B$，依据卡森规则选择 BPF 的带宽为 $B_T = 2(D+1)B$。于是，解调器的输入信噪比为

$$\left(\frac{S}{N}\right)_i = \frac{A_c^2/2}{N_0 \times B_T} = \frac{A_c^2}{4(D+1)BN_0} \tag{3.4.3}$$

**1. 解调器的门限效应**

角度调制信号解调时关注信号的相位。为此，可将输入信号表示为

$$\begin{aligned} r_i(t) &= A_c \cos[2\pi f_c t + \theta(t)] + a_n(t)\cos[2\pi f_c t + \theta_n(t)] \\ &= A_i(t)\cos[2\pi f_c t + \theta_i(t)] \end{aligned} \tag{3.4.4}$$

其中，$a_n(t)$ 与 $\theta_n(t)$ 为带通白噪声的幅度与相位分量，$\theta_i(t)$ 为输入信号的相位，而 $A_i(t)$ 为信号幅度。一般情况下，$\theta_i(t)$ 不容易直接计算。有效的分析方法是分别讨论大信噪比与小信噪比两种典型情形。

1) 大信噪比情形

图 3.4.7 采用向量图示法给出了信号与噪声的叠加情况。图中信号向量的幅度为 $A_c$，角度为 $\theta(t)$，噪声向量的幅度为 $a_n(t)$，角度为 $\theta_n(t)$。由于输入信噪比 $(S/N)_i$ 较大，使得 $A_c \gg a_n(t)$，合向量近似于信号向量，其角度只是比信号角度 $\theta(t)$ 有少量变化。具体的变化量可以从 $\triangle OAB$ 上计算

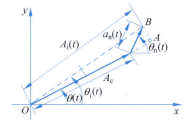

图 3.4.7　大信噪比时的信号与噪声的叠加向量图

$$\sin[\theta_i(t) - \theta(t)] = \frac{|\overline{AB}|}{|\overline{OA}|} = \frac{a_n(t)\sin[\theta_n(t) - \theta(t)]}{A_i(t)}$$

由于 $\theta_i(t) - \theta(t)$ 很小，且 $A_i(t) \approx A_c$，因此有

$$\theta_i(t) \approx \theta(t) + A_c^{-1} a_n(t) \sin[\theta_n(t) - \theta(t)] \tag{3.4.5}$$

消息信号包含在上式右端的 $\theta(t)$ 中。

2) 小信噪比情形

如果输入信噪比 $(S/N)_i$ 很小，使得 $A_c \ll a_n(t)$，则与上面的情况正好相反，合向量近似于噪声向量，类似地

$$\theta_i(t) \approx \theta_n(t) + a_n^{-1}(t) A_c \sin[\theta(t) - \theta_n(t)]$$

上式右端第二项虽然含有 $\theta(t)$，该项数值很小，无法有效地提取到消息信号。

显然，角度调制系统具有门限效应。在大信噪比时，可以通过 $\theta(t)$ 还原消息信号；但在小信噪比时，系统无法正常通信。

### 2. PM 与 FM 的抗噪性能

下面进一步分析大信噪比的情形下 PM 与 FM 的具体抗噪性能。首先考察式(3.4.5)中的噪声项，记 $n_s(t) = a_n(t)\sin[\theta_n(t) - \theta(t)]$。令
$$n_{i_1}(t) = a_n(t)\cos[2\pi f_c t + \theta_n(t) - \theta(t)]$$
它的正交分量正是 $n_s(t)$。注意到 $\theta(t)$ 的带宽大致为 $B$，它相对于 $n_i(t)$ 缓慢变化，因此可以认为 $n_{i_1}(t)$ 是 $n_i(t)$ 相移的结果，两者具有相同功率谱，是同样特性的带通白噪声。由第 2 章的知识可知，作为正交分量的 $n_s(t)$ 为带宽 $B_T/2$ 的低通白噪声，其功率仍然为 $N_0 B_T$。$n_s(t)$ 的功率谱密度如图 3.4.8 所示。

图 3.4.8 噪声 $n_s(t) = a_n(t)\sin[\theta_n(t) - \theta(t)]$ 的功率谱

现在，$\theta_i(t) \approx \theta(t) + A_c^{-1} n_s(t)$，针对 PM 与 FM 信号的不同特点，可以具体分析各自解调器的输出信噪比。

1) PM 信号情形

对于 PM 信号，$\theta(t) = k_{PM} m(t)$，因此，解调器的输出信号如下
$$s_o(t) = \text{LPF}[\theta_i(t)] = k_{PM} m(t) + A_c^{-1} \text{LPF}[n_s(t)]$$
其中，LPF 的截止频率取 $B$，用于输出消息信号 $m(t)$。于是，输出噪声功率为 $A_c^{-2} \times N_0 \times 2B$，输出信噪比为
$$\left(\frac{S}{N}\right)_{o\_PM} = \frac{k_{PM}^2 \overline{m^2(t)}}{2A_c^{-2} N_0 B} = \frac{A_c^2 k_{PM}^2 \overline{m^2(t)}}{2N_0 B}$$

再结合式(3.4.3)得 PM 的解调增益为
$$G_{DEM\_PM} = \frac{(S/N)_{o\_PM}}{(S/N)_i} = 2(D+1) k_{PM}^2 \overline{m^2(t)} \tag{3.4.6}$$

系统增益为
$$G_{SYS\_PM} = G_{DEM\_PM} \times \left(\frac{B}{B_T}\right) = k_{PM}^2 \overline{m^2(t)}$$

因为 $\Delta\theta_{max} = k_{PM} |m(t)|_{max}$ 与 $\Delta f_{max} = \frac{1}{2\pi} k_{PM} |m'(t)|_{max}$，所以，上式可表示为
$$G_{SYS\_PM} = (\Delta\theta_{max})^2 \frac{\overline{m^2(t)}}{|m(t)|_{max}^2} = (2\pi\Delta f_{max})^2 \frac{\overline{m^2(t)}}{|m'(t)|_{max}^2} \tag{3.4.7}$$

2) FM 信号情形

对于 FM 信号，$\theta(t) = 2\pi k_{FM} \int m(t) dt$，因此，解调器的输出信号如下

$$s_o(t) = \text{LPF}\left[\frac{1}{2\pi}\frac{\text{d}}{\text{d}t}\theta_i(t)\right] = k_{\text{PM}}m(t) + A_c^{-1}\text{LPF}\left[\frac{1}{2\pi}\frac{\text{d}}{\text{d}t}n_s(t)\right]$$

其中，LPF 的截止频率取 $B$，用于输出消息信号 $m(t)$。注意到微分处理的频率响应为 $2\pi f$，易知，输出噪声的功率可以如下求出

$$P_{n_o} = \int_{-B}^{B} N_0 \times |2\pi f|^2 \left(\frac{A_c^{-1}}{2\pi}\right)^2 \text{d}f = \frac{N_0}{3A_c^2}f^3\bigg|_{-B}^{B} = \frac{2N_0 B^3}{3A_c^2} \qquad (3.4.8)$$

于是，输出信噪比为

$$\left(\frac{S}{N}\right)_{o\_\text{FM}} = \frac{3A_c^2 k_{\text{FM}}^2 \overline{m^2(t)}}{2N_0 B^3}$$

再结合式(3.4.3)得 FM 的解调增益为

$$G_{\text{DEM\_FM}} = \frac{(S/N)_{o\_\text{FM}}}{(S/N)_i} = \frac{6(D+1)k_{\text{FM}}^2}{B^2}\overline{m^2(t)} \qquad (3.4.9)$$

系统增益为

$$G_{\text{SYS\_PM}} = G_{\text{DEM\_FM}} \times \left(\frac{B}{B_T}\right) = \frac{3k_{\text{FM}}^2}{B^2}\overline{m^2(t)}$$

因为 $\Delta f_{\max} = k_{\text{FM}}|m(t)|_{\max}$，所以，上式可表示为

$$G_{\text{SYS\_FM}} = 3\left(\frac{\Delta f_{\max}}{B}\right)^2 \frac{\overline{m^2(t)}}{|m(t)|_{\max}^2} \qquad (3.4.10)$$

最后，我们比较 PM 与 FM 的性能。对比式(3.4.7)和式(3.4.10)可得

$$\frac{G_{\text{SYS\_PM}}}{G_{\text{SYS\_FM}}} = \frac{(2\pi B)^2 |m(t)|_{\max}^2}{3|m'(t)|_{\max}^2}$$

可见，在带宽与峰值相同的时候，消息信号的最大变化率决定了哪种模式具有优势。而信号的变化率主要取决于其高频成分的丰富程度。深入分析可得出如下结论：
(1) 若消息信号的高低频率成分比较均衡，则 PM 与 FM 的抗噪性能接近。
(2) 若消息信号以高频率成分为主，则 FM 优于 PM。
(3) 若消息信号以低频率成分为主，则 PM 优于 FM。

正弦单音调制时，消息信号集中于最高频率处，是上面第(2)种情况。而实际应用中，PM 通常都优于 FM，因为绝大多数的消息信号属于上面第(3)种情况。

### *3.4.4 改善门限效应的解调方法

调频系统的门限效应比常规 AM 系统更为明显，压低门限使系统在较弱的信号时也能正常工作是很有必要的。方法主要有两个：采用反馈解调器(FMFB)或锁相环解调器。这两种方法都是通过减小系统的等效带宽，从而降低输入噪声的功率，提高输入信噪比，使系统工作在门限以上。

#### 1. 反馈解调器(FMFB)

所谓**反馈解调器**是将输出信号通过 VCO 再次调频后又送回到输入端的解调器，其原理图如图 3.4.9 所示。其中，VCO 以 $s_o(t)$ 产生 FM 信号 $s_v(t)$，中心频率为 $f_o$，压控灵敏度为 $k_{\text{vco}}$。记 $f_{\text{if}} = f_c - f_o$（$f_c$ 为输入信号的载频），带通滤波器以它为中心频率。由

图 3.4.9 有

$$s_i(t) = A_c \cos\left[2\pi f_c t + 2\pi k_{FM}\int m(t)dt\right]$$

$$s_v(t) = A_o \cos\left[2\pi f_o t + 2\pi k_{vco}\int s_o(t)dt\right]$$

$$s_p(t) = s_i(t)s_v(t)$$

$$= \frac{1}{2}A_c A_o \left\{\cos\left[2\pi(f_c-f_o)t + 2\pi\int(k_{FM}m(t)-k_{vco}s_o(t))dt\right] + \cos\left[2\pi f_c t + 2\pi f_o t + 2\pi\int(k_{FM}m(t)+k_{vco}s_o(t))dt\right]\right\}$$

图 3.4.9 反馈解调器原理图

经过带通滤波器后输出差频分量

$$s_{i0}(t) = \frac{1}{2}A_c A_o \cos\left[2\pi f_{if} t + 2\pi\int(k_{FM}m(t)-k_{vco}s_o(t))dt\right] \quad (3.4.11)$$

令 $K$ 为通路总的增益,于是鉴频后的输出为

$$s_o(t) = K\frac{d}{dt}\left\{\int(k_{FM}m(t)-k_{vco}s_o(t))dt\right\} = K[k_{FM}m(t)-k_{vco}s_o(t)]$$

所以

$$s_o(t) = \left(\frac{Kk_{FM}}{1+Kk_{vco}}\right)m(t)$$

可见,反馈解调器的输出信号 $s_o(t)$ 与 $m(t)$ 呈线性关系,故它能够恢复调制信号。再将 $s_o(t)$ 表达式代入式(3.4.11)中,得到

$$s_{i0}(t) = \frac{1}{2}A_c A_o \cos\left[2\pi f_{if} t + \frac{2\pi k_{FM}}{1+Kk_{vco}}\int m(t)dt\right]$$

可以看出 $s_{i0}(t)$ 的调频指数恰好是 $s_i(t)$ 的 $1/(1+Kk_{vco})$ 倍,调频信号带宽变窄,所以鉴频器 BPF 的带宽只需原 $s_i(t)$ 信号带宽的 $1/(1+Kk_{vco})$ 倍,故叠加的噪声功率减小了,输入信噪比提高了 $1/(1+Kk_{vco})$ 倍,从而改善了门限效应。FMFB 接收机能提供的门限扩展大约为 5dB,这对于工作于门限值附近的系统非常重要。如在卫星通信系统中,应用门限扩展设备代替传统接收机的系统比应用双天线(3dB 增益)的系统要便宜得多。

图 3.4.10 锁相环解调器

**2. 锁相环解调器**

FM 信号还可以采用锁相环(PLL)进行解调。锁相环解调器结构如图 3.4.10 所示,其中压控振荡器 VCO 的中心频率为 $f_c$。简单地讲,当 PLL 稳定后 VCO 的输出信号会

与 $s_i(t)$ 同步，而驱动 VCO 的信号是 $s_o(t)$，为此，它必须是 $s_i(t)$ 的瞬时频率。于是，$s_o(t)$ 可以还原 FM 信号中的消息信号。

由于环路滤波器的输出即为基带信号，所以其宽度只需要与 $m(t)$ 的带宽相同即可，从而减小了白噪声，使得 PLL 解调器工作在门限以上。与常规 FM 鉴频器相比，PLL 对信噪比的改善量约为 3dB。

## 3.5 各类通信系统的比较与应用

比较各类通信系统的性能是一件有意义的事情。有效性和可靠性是通信系统的最主要的性能指标。系统的**有效性**是指在给定的信道中单位时间内传输的信息内容的多少。模拟通信系统的有效性用有效传输带宽来度量。系统的**可靠性**是指接收信息的准确程度。模拟通信系统的可靠性用接收机输出信噪比来衡量。输出信噪比越高，信号的质量越好，表示系统的抗噪声能力越强。因此本节也主要从传输带宽和抗噪声能力两方面来比较各种调制系统的性能。

### 3.5.1 各类通信系统的比较

几种模拟调制系统的基本性能参数如表 3.5.1 所示。

表 3.5.1 模拟调制系统的带宽与噪声性能

| | 调制 | 传输带宽 | $G_{SYS}=\left(\dfrac{S}{N}\right)_o \Big/ \left(\dfrac{S}{N}\right)_{baseband}$ | 实现的难易 | 典型应用 |
|---|---|---|---|---|---|
| 线性调制 | AM | $2B$ | $\dfrac{\overline{m^2(t)}}{1+\overline{m^2(t)}}=\eta_{AM}$ | 简单 | AM 无线广播 |
| | DSB-SC | $2B$ | 1 | 复杂 | FM 立体声 |
| | SSB | $B$ | 1 | 最复杂 | 短波通信、电话 FDM 与载波通信 |
| | VSB | $\approx B$ | 1 | 复杂 | 电视广播、数据传输 |
| 非线性调制 | FM | $2(\beta_{FM}+1)B$ | $1.5\beta_{FM}^2$ | 中等 | FM 广播、FM 立体声、电视伴音、对讲机、超短波电台 |
| | PM | $2(\beta_{PM}+1)B$ | $0.5\beta_{PM}^2$ | 稍复杂 | 实用较少 |

注意：①AM 信号的 $m(t)$ 幅度要保证系统不发生过调幅；②FM 与 PM 系统的典型 $\beta$ 大于 1；③AM、FM 与 PM 系统工作在门限以上；④AM、FM 与 PM 系统中考虑正弦单音调制。

通过比较可粗略地得出以下结论（在常规情况下）：
(1) 带宽上具有下述特点
$$B_{FM}(\text{或}\ B_{PM}) > B_{DSB\_SC}(\text{或}\ B_{AM}) > B_{SSB}(\text{或}\ B_{VSB})$$
(2) 抗噪声性能方面
$$FM(\text{或 PM}) \overset{\text{优于}}{>} DSC-SC(\text{或 SSB，或 VSB}) \overset{\text{优于}}{>} AM$$

值得注意的是：
(1) 幅度调制和角度调制系统各有优缺点，角度调制在抗噪声性能方面的长处是以增加传输带宽为代价的。换而言之，以牺牲系统的有效性来换取系统的可靠性。

(2) 常规 AM、FM 与 PM 具有门限效应,应该使系统工作在各自的门限以上(即高信噪比状态)。

(3) 角度调制信号的幅度恒定,它不怕非线性失真。在很多应用中这是一个非常重要的优势。例如,在一些微波接力系统与第一代蜂窝电话系统中就利用了这一优势应对非线性问题与无线信号的快衰落问题。

调制技术还常常分为线性与非线性。**线性调制**是满足线性关系的调制,即

$$\text{Modulation}[\alpha m_1(t) + \beta m_2(t)] = \alpha \times \text{Modulation}[m_1(t)] + \beta \times \text{Modulation}[m_2(t)]$$

其中,Modulation[·]表示某种幅度调制过程,$m_1(t)$ 与 $m_2(t)$ 是任意的基带信号,$\alpha$ 与 $\beta$ 是任意常数。**非线性调制**是不满足线性关系的调制。

可以发现,上述各种幅度调制方式均为线性调制,而角度调制方式为非线性调制。正是由于非线性的原因,FM 与 PM 信号难于进行理论分析,我们只好借助简单信号获得一些基本结论。

**例 3.8** 假定调频系统和常规调幅系统的输出信噪比均为 40dB,即 $(S/N)_{o\_FM}=(S/N)_{o\_AM}=40\text{dB}$,基带信号是频率 $f_m$ 为 4kHz、振幅为 $A_m$ 的正弦波。噪声单边功率谱密度 $N_0 = 0.5 \times 10^{-8}$ W/Hz,幅度调制效率 $\eta_{AM} = 1/3$,调频指数 $\beta_{FM} = 5$,信道传输损耗为 $L_t = 40\text{dB}$。求:两种调制系统的发送信号功率和带宽。

**解** 考虑基带信号带宽 $B = f_m$,由表 3.5.1 可知,两种系统的传输带宽为

$$B_{FM} = 2(\beta_{FM} + 1)B = 2 \times (5+1) \times 4 = 48(\text{kHz})$$

$$B_{AM} = 2B = 2 \times 4 = 8(\text{kHz})$$

又由于 $G_{SYS} = G_{DEM}\left(\dfrac{B}{B_T}\right) = \dfrac{(S/N)_o}{(S/N)_i}\left(\dfrac{B}{B_T}\right)$,可知 $(S/N)_i = \dfrac{(S/N)_o}{G_{SYS}}\left(\dfrac{B}{B_T}\right)$。

两种系统各自的 $G_{SYS}$ 参数分别为 1/3 与 37.5,两者相差约 112.5 倍,即 20.5dB。代入后分别得到

$$(S/N)_{i\_AM} = \dfrac{10^4}{\eta_{AM}}\left(\dfrac{B}{2B}\right) = \dfrac{10^4}{1/3}\left(\dfrac{1}{2}\right) = 15000$$

$$(S/N)_{i\_FM} = \dfrac{10^4}{1.5\beta_{FM}^2}\left(\dfrac{B}{2(\beta_{FM}+1)B}\right) = \dfrac{10^4}{1.5 \times 25}\left(\dfrac{1}{12}\right) \approx 22.22$$

由于输入信噪比大于 10,保证两系统都工作在门限以上。

进而,发送功率为

$$P_t = L_t P_r = L_t (S/N)_i \times N_0 B_T$$

代入两种系统各自的参数,得到发送功率分别是

$$P_{t\_AM} = L_r \times 15000 \times 2N_0 B = 10^4 \times 15000 \times 0.5 \times 10^{-8} \times 8000 = 6000(\text{W})$$

$$P_{t\_FM} = L_r \times 22.22 \times N_0 B_{FM} = 10^4 \times 22.22 \times 0.5 \times 10^{-8} \times 48 \times 10^3 = 53.3(\text{W})$$

可见,当 $(S/N)_o$ 相同时,AM 系统的信号发射功率远远高于 FM 系统的信号发射功率,但 FM 系统所占的传输带宽远远大于 AM 系统的带宽。∎

### 3.5.2 频分多路复用

将多路消息信号按某种方法合并为一个复合信号,共同在一条信道上进行传输的技术称为**多路复用**或**复用**(**multiplexing**)。基本的多路复用方法有 3 种:**频分复用**(**FDM**)、时分

复用(**TDM**)和**码分复用**(**CDM**)。FDM 复用方式是最基本的一种,它大量地用于模拟与数字通信系统中。而 TDM 与 CDM 仅用于数字通信系统,将在后面的相关章节中介绍。

FDM 通过调制技术与带通滤波来完成。发端用不同频率的载波调制各个信号,使它们的频谱搬移到彼此相邻但又互不重叠的频带上,叠加后便形成了复合信号。收端用不同频率位置的带通滤波器获取各个信号频谱,而后解调还原相应的消息。合并信号的过程称为**复用**或**复接**;分离信号的过程称为**解复用**或**分接**。下面举例说明 FDM 的原理。

### 应用案例(4)——模拟电话系统中的 FDM

图 3.5.1 示例了三路模拟语音(300~3400Hz)进行 FDM 的情形。其要点是:①各路语音通过 SSB 调制搬移到以 4kHz 的整倍数为边界的频带上。这种 SSB 调制的方法具有最高的频带效率。②为了方便 SSB 解调,复合信号中还插入了导频单音,由于各路 SSB 的载波为 4kHz 的整倍数,这里只需一路 64kHz 的导频即可。③各频带间有约 900Hz 的保护间隔,因为 $4000-(3400-300)=900$(Hz)。保护间隔便于滤波器实现,在国际电联建议的标准中,间隔为 900Hz 时要求邻道干扰电平低于 $-40$dB。

(a) 发送端原理框图

(b) 接收端原理框图

图 3.5.1 模拟电话中的 FDM

在实际的系统中，FDM 模拟电话系统采用的就是本例的方法。只不过，FDM 体制以 12 路语音为最小基本单位，形成的复合信号称为**基群**，占 48kHz 带宽（60～108kHz 范围）；5 个基群信号又可以复用成 60 路的**超群**，占 240kHz；以此类推，10 个超群复合成**主群**……

FDM 的概念直观清楚，而且技术成熟。但当信号路数很多时，需要大量的并行设备，整个系统显得复杂庞大。同时当需要高的信道利用率时，各信号频带应该尽量靠近，这要求陡峭的滤波器，且频率准确性和元件的稳定性要求很高，否则会产生干扰，影响通信质量。

频分复用系统的另一个主要问题是各种信号之间的相互干扰，这一现象称为**串扰**。主要是由于系统的非线性造成合成信号变异，使各路信号的频谱交叉重叠。因此 FDM 系统的线性性要求较高，必须小心处理。例如，在早期的长途电话系统中，为了在微波中继信道上有效地传输，需要用到非线性的 C 类放大器，为此，电信公司对 FDM 信号再进行一次 FM 调制，利用 FM 信号的恒幅特性应对非线性问题。这时，不需要过多的抗噪性能，因此采用了窄带的 FM 技术。

### *3.5.3 模拟调制应用举例

无线电音频和电视广播是人们最为熟知的采用模拟信号传送的通信形式。下面介绍三种类型的广播，即调幅（AM）广播、调频（FM）广播和电视广播。

### 应用案例（5）——无线电 AM 广播中的超外差接收机

典型的无线电 AM 广播系统利用中波频段广播音频信号，电台的频率范围为 540～1600kHz，其中每个电台可占用 10kHz 带宽，调制方式为常规 AM，音频信号的带宽接近 5kHz。在 AM 广播系统中，接收机（收音机）为数众多，而发射机相对就少得多。从经济的角度考虑，无线电广播电台采用常规 AM 进行信号传输是相当合理的，因为在接收端可用廉价的包络检波器解调，避免了复杂的相干解调。这样做大幅降低了接收机的成本，促进了 AM 收音机的普及。

目前，无线电广播系统和一般的无线电通信系统中的接收机大都采用所谓的**超外差**（**superheterodyne**）式接收，结构如图 3.5.2 所示。接收过程分两步：第一步的任务是将需要的无线电信号准确地搬移到某固定的中频上，这由天线、射频调谐放大器、混频器、本地振荡与中频放大器来完成；第二步的任务是在固定的频率上解调出信号，在 AM 收音机中，这由包络检测器、音频放大器和扬声器（喇叭）来完成。

图 3.5.2　超外差式 AM 接收机

为了说明超外差式接收机的原理,图 3.5.3 示意了其中 RF 信号、混频输出信号与中频信号的频谱情况。首先,天线收集所有无线电台的信号,送入射频(RF)放大器。若要接收频率为 $f_c$ 的电台,就将 RF 放大器调谐在频率 $f_c$ 上,使其输出信号包含该射频信号。同时,本地振荡的频率设置为 $f_{LO}=f_c+f_{IF}$,其中,$f_{IF}$ 为固定常数,称为**中频频率**(**IF**)。接下来的混频器本质上进行乘法运算,其输出信号为 RF 信号与本地振荡的合频与差频信号,中心频率分别为 $f_{LO}+f_c=2f_c+f_{IF}$ 与 $f_{LO}-f_c=f_{IF}$。其后面的 IF 放大器正好对准差频信号,只提取它供后续处理。

图 3.5.3　RF 信号、混频输出信号与中频信号的频谱

这一部分的处理中,RF 放大器同时要进行适当的滤波。因为如果没有 RF 滤波,载频为 $f_{IM}=f_{LO}+f_{IF}$ 的电台信号与 $f_{LO}$ 混频后也会落在 $f_{IF}$ 处,从而被误认为有用信号。$f_{IM}$ 常被称为 $f_c$ 的**镜像**(**image**)**频率**,相应的信号称为镜像信号。假定已调信号带宽为 $B_T$,由图 3.5.3 可见,只要 $B_T < B_{RF} < 2f_{IF}$ 即可。这个要求相当宽松,使得 RF 滤波容易实现。中频放大器必须完成准确的滤波,以清除邻近信号,选取需要的电台信号。由于 IF 固定且频率不高,因此可以通过定制来降低成本。实际 AM 收音机的典型参数为:中频 $f_{IF}=455\text{kHz}$,带宽为 10kHz,射频带宽只要满足 $10\text{kHz} < B_{RF} < 910\text{kHz}$,而本振范围 $f_{LO}$ 为 995~2055kHz。

在 AM 接收机的第二部分中,IF 放大器的输出通过包络检测器产生所需要的消息信号 $m(t)$,再经放大后驱动扩音器。自动音量控制(AVC)由反馈控制环提供,它根据包络检测器的输出功率来调整 IF 放大器增益,以保持信号电平稳定。

通常,无线电接收机要对多种频率的信号进行选择性接收,它必须完成几种基本的处理。

(1) 调谐:其目的是对准与选出所需要的无线电信号。
(2) 放大:将微弱的信号放大到足够的电平。
(3) 带通滤波:仅让需要的信号通过,滤除邻近信道的信号。
(4) 解调:针对具体调制制式,提取消息信号。

超外差接收机的方案是先将需要的无线电信号搬移到统一的中频上,而后在固定的中频上进行特定的解调。其巧妙之处在于:首先,RF 放大器的滤波特性要求比较宽松,容易实现。其次,IF 放大器的滤波器特性虽较为严格,但由于频率不高且固定,因此也不难实

现。最后，在固定中频上进行解调较容易完成与获得高性能。

最早的无线电接收机打算在 RF 上一次完成准确的选频任务，其制作难度极高，因而只能要求各电台的载频相距足够远，这样会浪费不少的频带资源。超外差接收机对于充分利用频率资源有着重要的贡献。

## 应用案例(6)——立体声 FM 无线电广播中的 FDM 与兼容性设计

FM 广播系统的频率范围为 $88\sim108$MHz，电台频率间隔为 200kHz。为了传输悦耳的音乐，音频信号的最高频率设定为 $f_m=15$kHz。调制方式为 FM，最大频偏 75kHz，系统采用预加重技术，增强抗噪性能。仿 AM 收音机，FM 收音机通常也采用超外差接收机，$f_{IF}=10.7$MHz，中频以后采用限幅器与鉴频器进行 FM 解调。

最初的 FM 广播是单声道的，后来随着人们对音乐质量的追求，出现了大量的立体声 FM 广播。立体声 FM 广播中的双声道复用是频分复用与技术兼容的一个典型实例。

立体声系统利用两个传声器置于演播厅的两侧，获取左、右声道音频信号，记为 $m_L(t)$ 和 $m_R(t)$。为了传输两路消息信号，立体声 FM 广播采用图 3.5.4 的复用方案，该方法并不直接传输 $m_L(t)$ 与 $m_R(t)$ 信号，而是传输相加信号 $m_L(t)+m_R(t)$ 与相减信号 $m_L(t)-m_R(t)$。这样做的原因是为了与早期已有的单声道 FM 系统兼容。合成信号的频谱图如图 3.5.5 所示，它包括相加信号的频带、相减信号的频带(借助 DSB-SC 调制频移到 38kHz 处)、与 19kHz 的导频。该合成信号最后经过 FM 调制传送出去。

图 3.5.4 立体声 FM 发射机框图

图 3.5.5 合成信号的频谱

立体声 FM 收音机采用超外差接收机，但解调输出的是合成信号 $x(t)$。后面需要如图 3.5.6 所示的解复用处理。合成信号一边通过 $0\sim15$kHz 的低通滤波器及去加重电路得到 $m_L(t)+m_R(t)$，另一边由窄带滤波器和带通滤波器分别滤出导频和 DSB-SC 信号。导频信号倍频后用于 DSB-SC 信号的相干解调，得到 $m_L(t)-m_R(t)$。再将 $m_L(t)+m_R(t)$ 信号和 $m_L(t)-m_R(t)$ 信号分别相加及相减，恢复出 $m_L(t)$ 及 $m_R(t)$，最后经音频放大后驱动扬声器。

早期的单声道 FM 收音机只工作在 $0\sim15$kHz 部分。它遇到新的立体声 FM 广播信号时，仍然可以收到合成信号的 $0\sim15$kHz 部分。这部分信号设计成 $m_L(t)+m_R(t)$，正好可供单声道收听。

还容易算出，单声道 FM 信号的带宽为 $B_T=2\Delta f_{max}+2B=180$kHz；而立体声 FM 信号的带宽为 $B_T=2\times75+2\times53=256$(kHz)。立体声 FM 信号的带宽稍微超出了频道间隔 200kHz 的规定。实际上，立体声复合信号中高频部分的幅度通常很小，因为是两声道的差值信号，所以，传输信号带宽的问题并不严重。但是立体声系统的预加重效果会明显降低，总的信噪比损失可达约 22dB。

图 3.5.6　立体声调频广播接收机框图

## *应用案例(7)——模拟电视广播中的 VSB

电视广播所分配的频率范围位于 VHF 和 UHF 频段内。我国分配给电视信号传送的信道带宽是 8MHz。由于图像信号的频带很宽,因此采用 DSB-SC 传输是很浪费的。又因为视频信号中含有丰富的低频分量,使得 SSB 滤波器难以实现,因此 VSB 传输就成为较好的选择。实际系统还在已调信号中加入大载波,这样接收端可采用包络检波,使得电视接收机的解调很简单。

我国黑白电视信号的发射频谱如图 3.5.7 所示,这里伴音信号与图像信号是复合在一起传输的,也是借助频分复用技术。伴音位于高端,载频为 6.5MHz,采用 FM 调制,最大频偏为 25kHz。图中复合信号总频带为 8MHz,包括信号的上边带和下边带残留部分(1.25MHz)。但注意到,该信号频谱并非是标准的残留边带滤波特性。其原因是发射功率很大,若严格地控制边带滤波特性,其发射滤波器价格昂贵。完整的残留边带滤波是由收发端共同实现的,接收机的中频滤波器的频率特性示于图 3.5.8 中,符合 VSB 调幅的边带特性要求。

图 3.5.7　黑白电视信号发射频谱

图 3.5.8　接收中频残留边带滤波器频率特性

黑白电视广播发射机框图如图 3.5.9 所示。其中,图像信号采用残留边带调幅,伴音信号则采用调频。复合的信号经频谱搬移变成 VHF 或 UHF 频段的信号供发送。电视机通常采用超外差接收机结构,框图如图 3.5.10 所示。若是 UHF 频段的射频信号,先通过 UHF 混频器搬到 VHF 频段。这样,各种信号都经过 VHF 频段的 RF 放大器,再混频至 38MHz 的中频段。随后,通过包络检波还原成基带信号。接下来,伴音部分经中心频率为 6.5MHz 的中频滤波,放大后送往鉴频器解调,然后经去加重、音频放大后驱动扬声器;图像部分则严格以"斜坡"式互补对称滤波特性重建图像频谱,生成基带视频信号,最后经直流恢复等处理后馈送到显像管。

图 3.5.9　黑白电视发射机

图 3.5.10　黑白电视超外差接收机框图

## 本章关键词

通过下面的关键词,可以快速地回顾本章的主要知识点。

| | |
|---|---|
| 调制信号 | 上边带、下边带 |
| 基带信号 | 调制效率 |
| 载波 | 非相干解调 |
| 已调信号 | 抑制载波双边带调幅 |
| 信道噪声 | 单边带调幅 |
| 幅度调制 | 滤波法 |
| 常规调幅信号(AM) | 残留边带调幅 |
| 过调幅 | 角度调制 |
| 调幅指数 | 载波频率、相位、瞬时频率 |

相位调制(PM)  模拟基带系统
频率调制(FM)  解调增益、系统增益
相偏常数、频偏常数  预加重、去加重
最大相偏、最大频偏  反馈解调器
调相指数、调频指数  频分多路复用
卡森规则  超外差接收机
频偏比  中频
直接与间接调频法  镜像频率
阿姆斯特朗法  立体声 FM 广播
鉴频器

## 习题

1. 已知已调信号表达式如下：
(1) $s(t)=\cos(2\pi f_m t)\cdot\cos(2\pi f_c t)$
(2) $s(t)=[1+\sin(2\pi f_m t)]\cos(2\pi f_c t)$
式中，$f_c=4f_m$。试分别画出它们的波形图和频谱图。

2. 一个 AM 信号具有如下形式
$$s(t)=[20+2\cos(3000\pi t)+10\cos(6000\pi t)]\cos(2\pi f_c t)$$
其中，$f_c=10^5$ Hz。
(1) 试确定每个频率分量的功率；
(2) 确定调制指数；
(3) 确定边带功率、全部功率，以及边带功率与全部功率之比。

3. 用调制信号 $m(t)=A_m\cos(2\pi f_m t)$ 对载波 $A_c\cos(2\pi f_c t)$ 进行调制后得到的已调信号为 $s(t)=A_c[1+m(t)]\cos(2\pi f_c t)$。为了能够无失真地通过包络检波器解调出 $m(t)$，问 $A_m$ 的取值应满足什么条件。

4. 已知调制信号 $m(t)=\cos(2000\pi t)+\cos(4000\pi t)$，载波为 $\cos(10^4\pi t)$，进行单边带调制，试确定该单边带信号的表达式，并画出频谱图。

5. 一单边带调幅信号，其载波幅度 $A_c=100$，载频 $f_c$ 为 800 kHz，模拟基带信号 $m(t)=\cos(2000\pi t)+2\sin(2000\pi t)$。
(1) 写出 $\hat{m}(t)$ 表达式；
(2) 写出单边带信号的下边带时域表达式；
(3) 画出单边带信号的下边带频谱。

6. 某调制方框图如图题 3.6(a) 所示。已知 $m(t)$ 的频谱如图题 3.6(b) 所示，载频 $f_1\ll f_2$，$f_1>f_H$，且理想低通滤波器的截止频率为 $f_1$，试求输出信号 $s(t)$，并说明 $s(t)$ 为何种已调信号。

7. 将调幅波通过残留边带滤波器可得残留边带信号。若此滤波器的传输函数 $H(f)$ 如图题 3.7 所示。当调制信号为 $m(t)=A[\sin(100\pi t)+\sin(6000\pi t)]$ 时，试确定所得残留边带信号的时域表达式。

图题 3.6

图题 3.7

8. 已知调制信号频谱如图题 3.8(a)所示,采用相移法产生 SSB 信号,试根据相移法的原理框图画出各点频谱图。

图题 3.8

9. 考虑图 3.1.12 的 SSB 韦弗产生法,假定信号 $m(t)$ 频谱如图题 3.9 所示,试用频谱图解释韦弗法产生 USSB 或 LSSB 信号的过程。

10. SSB 信号由韦弗法产生,如图题 3.10 所示,令 $B$ 为信号的带宽。

(1) 确定图中各点波形的数学表达式;

图题 3.9

(2) 证明输出是一个 SSB 信号。

11. 已知调制信号 $m(t)=\cos[(2\pi\times 10^4)t]$,载波幅度 $A_c=10\text{V}$,现分别采用 AM、DSB 及 SSB 传输,已知信道衰减 40dB,噪声双边功率谱密度为 $N_0/2=5\times 10^{-11}\text{W/Hz}$。试求:

(1) 各种调制方式时的已调信号功率;

(2) 均采用相干解调时,各系统的输出信噪比;

(3) 当输入信号功率 $S_i$ 相同时,各系统的输出信噪比。

12. 图题 3.12 是一种 SSB 的解调器,其中载频 $f_c=455\text{kHz}$。

(1) 若图中 $A$ 点的输入信号是上边带信号,请写出图中各点表达式;

图题 3.10

图题 3.12

(2) 若图中 $A$ 点的输入信号是下边带信号,请写出图中各点表达式,并回答图中解调器应做何修改方能正确解调出调制信号。

13. 若对某一信号用 DSB 进行传输,设加至发射机的调制信号 $m(t)$ 之功率谱密度为

$$P_m(f)=\begin{cases}\dfrac{N_0}{2}\dfrac{|f|}{f_m}, & |f|\leqslant f_m \\ 0, & |f|>f_m\end{cases}$$

试求:

(1) 接收机的输入信号功率;

(2) 接收机的输出信号功率;

(3) 若叠加于 DSB 信号的白噪声具有双边功率谱密度为 $N_0/2$,设解调器的输出端接有截止频率为 $f_m$ 的理想低通滤波器,求输出信噪比。

14. 某线性调制系统的输出信噪比为 20dB,输出噪声功率为 $10^{-9}$W,由发射机输出端到解调器输入之间总的传输损耗为 100dB,试求:

(1) DSB 时的发射机输出功率;

(2) SSB 时的发射机输出功率。

15. 已知调制信号 $m(t)=\cos[(30\pi\times 10^3)t]$,分别采用 AM、FM 传输,若载波频率为 30MHz,信道噪声为高斯白噪声,其双边功率谱密度为 $N_0/2=10^{-12}$W/Hz,信道使信号衰减 50dB,试求:

(1) 采用 AM 接收时,若用 100% 调制,在保证接收机输出信噪比为 50dB 时,发射机最低发射功率应为多少?

(2) 采用 FM 传输时,若最大频偏为 75kHz,其发射功率与 AM 相同,则此接收机的输出信噪比为多少?

16. 已知某模拟基带系统中调制信号 $m(t)$ 的带宽是 $W=5$kHz。发送端发送的已调信号功率是 $P_t$,接收功率比发送功率低 60dB。信道中加性白高斯噪声的单边功率谱密度为 $N_0=10^{-13}$ W/Hz。

(1) 如果采用 DSB,请推导出输出信噪比 $\left(\dfrac{S}{N}\right)_o$ 和输入信噪比 $\left(\dfrac{S}{N}\right)_i$ 的关系;若要求输出信噪比不低于 30dB,发送功率至少应该是多少?

(2) 如果采用 SSB,重做(1)题。

17. 有一个 FM 发射机,它的最大调频频偏为 10kHz,已知调频的调制信号最高频率为 3kHz,求此调频信号的带宽。

18. 已知信号由下式描述
$$s(t) = 10\cos[(2\pi \times 10^8)t + 10\cos(2\pi \times 10^3 t)]$$
试确定以下各值:

(1) 已调信号的归一化功率;

(2) 最大相位偏移;

(3) 最大频率偏移。

19. 已知信号 $m(t)=5\cos(2\pi \times 10^3 t)$,对载波 $c(t)=\cos(2\pi \times 10^6 t)$ 进行 FM 调制,调制常数为 $K_{FM}=1$kHz/V,此系统所占信道带宽为多少?

20. 已知调频信号 $s_{FM}(t)=10\cos[10^6\pi t+8\cos(10^3\pi t)]$,设调制器的比例常数 $k_{FM}=2$Hz/V,求其载频、调制信号、调频指数和最大频偏。

21. 某调频信号 $s(t)=10\cos[2\pi \times 10^6 t+4\cos(200\pi t)]$,求其平均功率、调制指数、最大频偏以及近似带宽。

22. 单音调制时,幅度 $A_m$ 不变,改变调制频率 $f_m$,试确定:

(1) 在 PM 中,其最大相移 $\Delta\theta_{PM}$ 与 $f_m$ 的关系,其最大频偏 $\Delta f_{PM}$ 与 $f_m$ 的关系;

(2) 在 FM 中,$\Delta\theta_{FM}$ 与 $f_m$ 的关系,$\Delta f_{FM}$ 与 $f_m$ 的关系。

23. 调角信号 $s(t)=100\cos[2\pi f_c t+4\sin(2\pi f_m t)]$,其中载频 $f_c=10$MHz,调制信号的频率 $f_m=1000$Hz。

(1) 假设 $s(t)$ 是 FM 调制,求其调制指数及发送信号带宽;

(2) 若调频器的调频灵敏度不变,调制信号的幅度不变,但频率 $f_m$ 加倍,重复(1)题;

(3) 假设 $s(t)$ 是 PM 调制,求其调制指数及发送信号带宽;

(4) 若调相器的调相灵敏度不变,调制信号的幅度不变,但频率 $f_m$ 加倍,重复(3)题。

24. 幅度为 3V 的 1MHz 载波受幅度为 1V、频率为 500Hz 的正弦信号调制,最大频偏为 1kHz,当调制信号幅度增加 5V 且频率增至 2kHz 时,写出新调频波的表达式。

25. 已知某调频系统中,调频指数是 $\beta_f$,到达接收端的 FM 信号功率是 $P_R$,信道噪声的单边功率谱密度是 $N_0$,基带调制信号 $m(t)$ 的带宽是 $W$,解调输出的信噪比和输入信噪比之比为 $3\beta_f^2(\beta_f+1)$。

(1) 求解调输出信噪比；

(2) 如果发送端将基带调制信号 $m(t)$ 变成 $2m(t)$，接收端按照此条件设计解调器，请问输出信噪比将大约增大多少分贝。

26. 设一宽带频率调制系统，载波振幅为 100V，频率为 100MHz，调制信号 $m(t)$ 的频带限制于 5kHz，$k_f=1500\text{Hz/V}$，最大频偏 $\Delta f=75\text{kHz}$，并设信道中噪声功率谱密度是均匀的，其 $P_n(f)=10^{-3}\text{W/Hz}$（单边谱），试求：

(1) 接收机输入端理想带通滤波器的传输特性 $H(f)$；

(2) 解调器输入端的信噪功率比；

(3) 解调器输出端的信噪功率比；

(4) 若 $m(t)$ 以振幅调制方法传输，并以包络检波器检波，试比较在输出信噪比和所需带宽方面与频率调制系统有何不同。

27. 某模拟广播系统中基带信号 $m(t)$ 的带宽 $W=10\text{kHz}$，峰均功率比（定义为 $|m(t)|^2_{\max}/P_M$，其中 $P_M$ 是 $m(t)$ 的平均功率）是 5。此广播系统的平均发射功率为 40kW，发射信号经过 80dB 信道衰减后到达接收端，并在接收端叠加了双边功率谱密度为 $N_0/2=10^{-10}\text{W/Hz}$ 的白高斯噪声。

(1) 若此系统采用 SSB 调制，求接收机可达到的输出信噪比；

(2) 若此系统采用调幅指数为 0.85 的常规幅度调制（AM），求接收机可达到的输出信噪比。

28. 某语音 $m(t)$（最大值为 1V，带宽为 4kHz）FM 发射机先采用阿姆斯特朗间接调频方法产生 NBFM 信号 $s_{\text{NBFM}}(t)$，载频为 320kHz，最大频偏为 80Hz。而后采用 USSB 作二次频谱搬移（载频为 440kHz），经带通滤波后得到 $s_{\text{SSB}}(t)$；经 128 倍倍频与带通滤波后输出最后的调频信号 $s_{\text{FM}}(t)$。试问：

(1) 发射机总体框图；

(2) $s_{\text{NBFM}}(t)$ 的信号公式与带宽；

(3) $s_{\text{SSB}}(t)$ 的信号公式与带宽；

(4) $s_{\text{FM}}(t)$ 的信号公式与带宽。

提示：128 倍倍频器使输入正弦波的角度乘以 128。

# 第 4 章

# 数字基带传输

导学图

在第 1 章中已指出,数字信息表现为离散序列的形式。例如某个计算机文件以字节序列的形式呈现,某段数字音频以声音波形的采样序列的形式呈现。数字通信系统的基本任务就是传输各种信息序列。实际上,所有的电子通信系统最终总是通过某种电气物理量来传递信息,例如电流与电压波形。这些物理量本质上都是时间连续的,因此,表征数字信息的离散序列必须变换为某种(时间)连续信号来传输。广义地讲,这个将数字序列变换为一种(时间)连续信号的过程就是数字调制。

数字脉冲幅度调制(PAM)是一种最基本与常用的数字调制方法,它利用脉冲幅度承载数字序列,从而构成连续的传输信号。这类信号的功率谱密度通常从直流和低频开始,主要成分集中在零频率附近,因此是一种基带信号。PAM 信号可以直接在合适的基带(低通型)信道中传输。运用各种基带信号传输数字序列的方法统称为**数字基带传输**(digital baseband transmission)技术,相应的传输信号与通信系统分别称为**数字基带信号**与**数字基带传输系统**。

总的来讲,数字通信系统分为基带传输系统与频带传输系统两大类。其中,数字基带传输系统是最基本的,它涉及各种基础概念与技术。本章将集中讨论数字基带传输系统的相关内容,这些内容的要点包括:

(1) 二元与多元基带信号——脉冲波形、基带信号形成、传输速率、功率谱的计算,以及信号带宽。

(2) AWGN 中的基带接收系统——接收系统的构成、误比特率公式与曲线、$E_b/N_0$ 的含义。

(3) 传输误码的分析——噪声引起误码的过程、误码率公式的推导、匹配滤波器与最佳接收机。

(4) 码间干扰(ISI)问题——奈奎斯特准则、带限信道的奈奎斯特速率、升余弦滚降滤波器、兼顾 ISI 与噪声的系统设计方法、眼图。

(5) 信道均衡器——迫零算法与均方误差算法、预置模式与自适应模式。

(6) 部分响应系统——第 I 类与第 IV 类系统、相关编码器与预编码器。

(7) 符号定时与同步——外同步法与自同步法、非线性滤波同步法、早迟门同步法、Gardner 符号同步器。

(8) 线路码型——码型的设计原则、几种重要的码型(包括 AMI 码、数字双相码、密勒码、CMI 码、HDB3 码等)。

PAM 入门

## 4.1 二元与多元数字基带信号

本节阐述如何构造 PAM 数字基带信号来传输信息序列的方法,说明二元与多元传输信号的概念与传输速率的定义。

### 4.1.1 数据传输的基本概念

数字基带传输应用广泛,随着数字与数码技术的发展,各种电路芯片之间需要传输数据,其中大量采用二元 PAM 信号进行通信。例 4.1 的通信方法是一个典型的示例。

**例 4.1** 典型的数据通信方法。

数字芯片 A 向芯片 B 传送数据序列$\{\cdots,0xF1,0x73,0xFF,\cdots\}$,电路中经常采用图 4.1.1(a)的连线方法,其中一根数据线用于传输数据,两根同步线用于指明数据出现的时刻,比如,I2C(Inter-integrated Circuit)与 SPI(Serial Peripheral Interface)总线等。各条连线上的基本信号波形如图 4.1.1(b)所示。

(a) 数据通信中的电路连线

(b) 各条连线上的信号波形

图 4.1.1 数据传输的例子

数据通信的过程是这样进行的:

(1) 序列中的每个数据原本是 8 位二进制表示的字节,为了便于观察二进制位,不妨采用十六进制表示,例如,$0xF1=-15, 0x73=115, 0xFF=-1$。

(2) 芯片 A 发送时依次传输数据的 8 个位。传输每个位时,采用方波脉冲幅度的高低表示 0 或 1,构成波形 $s(t)$,在数据线上传输。

(3) 芯片 B 接收时,依据脉冲幅度的高低还原 1 或 0,采样数据的时刻由同步时钟 $c_b(t)$ 的上升沿指明。

(4) 再由 8 个 0 或 1 还原数据值,这时还需借助字节同步信号 $c_B(t)$,指明哪 8 位是同一个数据的。■

例 4.1 给出了数据传输中的几个基础概念。

(1) **二进制序列**(**binary sequence**):数据序列经常转换成二进制位序列来传输,由于每位只有两种取值,因此称这种序列为二进制(或二值、二元)数据序列。数据的取值记为0与1,有时也使用+1与-1。

(2) **二元 PAM 信号**(binary PAM signal):二元序列的每一位可用不同高度的脉冲来传输,这样构成的信号称为二元脉冲幅度调制信号,简称二元 PAM(Pulse Amplitude Modulation)信号,它只用两种电平。这类信号时间连续而取值离散。

(3) **定时**(timing)**与同步**(synchronization):接收信号时必须对准相应的脉冲来检测它的幅度,因此需要定时信号(或称同步信号)。这种时间与节奏上的对齐称为同步。

(4) **时隙**(slot):用于传输单个数据(例如二进制值0或1)的基本时间单元称为时隙,整个序列的传输是通过"一个时隙一个数据位"逐个完成的。

我们看到,产生传输信号的过程是在每个时隙上用某种电流或电压信号来表示0或1,这种时隙局部上的电信号可以(广义地)看作脉冲信号。它们依次衔接构成时间连续的传输信号,或称传输波形。基本的脉冲信号是矩形(方形)的,并有几种典型形状。图4.1.2示意了用它们产生的各种传输波形,图的右边是相应的脉冲形状。

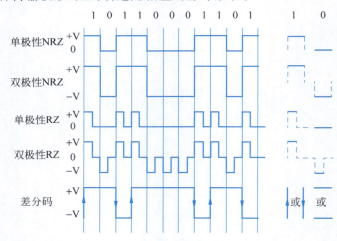

图 4.1.2 基本脉冲波形及相应的传输信号

图4.1.2中的脉冲波形包含下面几个基础概念。

(1) **单极性**(unipolar)**与双极性**(polar)。

单极性脉冲采用正电平(或负电平)与零电平,因而只有一种极性。讨论这种脉冲时,考虑二值数据取值为1与0较为方便。单极性信号的优点是可以使用单电源电路(例如,对于TTL电路,只需+5V电源);它的缺点是波形中具有直流分量,因而只能在直流耦合的线路中使用。单极性信号常用在导线连接的近距离传输中,例如在印制电路内和机箱内大量使用。

双极性脉冲采用正、负电平,因而有两种极性。讨论这种脉冲时,考虑二值数据取值为+1与-1较为方便。通常,两种数据值近似等概率出现,因而,双极性波形中基本没有直流分量,传输线路无须具有直流耦合能力。然而,产生双极性信号的电路比较麻烦,既需要正电源,也需要负电源。双极性信号的抗噪能力要强一些,信号的传输距离也可以远一些。著名的RS232C的接口标准中采用了双极性信号。

(2) **不归零**(Non-Return-to-Zero,NRZ)**与归零**(Return-to-Zero,RZ)。

所谓"不归零",是指每个脉冲的电平在整个时隙内保持不变("中途"不回归零电平);

相反,所谓"归零",是指每个脉冲的电平在一个时隙的"中途"回归零电平,脉冲宽度通常是时隙的 1/2。一般而言,不归零脉冲的信号能量饱满,抗噪能力较强;而归零脉冲的跳变边沿丰富,便于接收端定时。

(3) **差分码或相对码**(**differential encoding**)。

差分码也称为差分波形,其特征是:不用电平的绝对值而用电平的相对变化来表示符号 0 与 1。以图中波形为例,表示符号 1 时,电平发生相对翻转,表示符号 0 时,波形保持不变,简称为"1 变 0 不变"。此规则也可以相反,即"0 变 1 不变"。由于差分码通过波形边沿"携带"信息,其信号是否反相不影响信息的理解。这一点在实际应用中很重要,因为信号经过反复传输后,有时很难知道到底反相了几次。

电报通信采用"传号"(mark)与"空号"(space)术语,分别指 1 与 0。借用这种术语,"1 变 0 不变"的差分码称为**传号差分码**,"0 变 1 不变"的差分码称为**空号差分码**。电平码用字母"L"标示,例如,双极性 NRZ(L)是双极性不归零的电平码;差分码用"主变"的符号标示,例如,双极性 NRZ(M)是双极性不归零的传号差分码,双极性 NRZ(S)是双极性不归零的空号差分码。

除了上述特征外,后面还将看到,不同的脉冲波形具有不同的频谱特性,而这些特性使得它们分别适用于不同的场合。

在本章(甚至本书)的大部分内容中,我们不过多地关注多个(8 个)二进制位如何组成字节的问题。在数字系统中,所有的数据序列本质上都可以等效为二进制形式,所以二元序列是最基础与通用的信息序列形式,讨论二元序列的传输问题是数字通信的基本问题。

另外,例 4.1 说明的传输过程采用了三个信号(一根数据信号与两根同步信号),显然,信号越多,物理连线也越多,使用就越不方便。其实,数据信号本身(或适当处理后)含有丰富的定时信息,因此,当距离较远时实际传输系统中几乎总是只保留数据信号,而在接收端采用某种称为"同步"的方法从该信号中提取出需要的定时信号。所以,本章主要讨论的是在一条线路上如何传输数据信号的问题。

### 4.1.2 二元与多元 PAM 信号

二元 PAM 信号的数据只有两种取值。我们很容易想到:可否直接用 8 位数据 −128～+127 构造 PAM 信号?答案是可以的,如图 4.1.3(a)所示。这种 PAM 有 256 种可能的电平,因此称为 256 元 PAM 信号。图 4.1.3(b)给出了相应的二元 PAM 信号,与图 4.1.1 不

图 4.1.3　256PAM、2PAM 与 4PAM

同的是,这里改用了+1与-1的二元符号,使信号有正有负,直流为零。

进一步地,我们还可以把二进制序列的两个比特结合成四进制序列,而后构造四元 PAM 信号,如图 4.1.3(c)所示。仿此,我们不难发现还可以构造出其他各种进制的 PAM 信号。

比较图 4.1.3 中的三种 PAM,可以注意到下面几个问题:

(1) 2PAM 信号只有单纯的两种电平,4PAM 信号有四种电平,而 256PAM 有多达 256 种电平。电平太多会给接收时分辨脉冲的幅度带来麻烦。接收 2PAM 最为简单,接收器只需要使用一个参考电平 $V_T$,比如 $V_T=0V$,正脉冲判为+1,负脉冲判为-1 即可。而对于 256PAM,接收器就要麻烦一些。

(2) 实际应用中,信号的幅度总是有限的,因为大幅度的信号需要更多的功率,而且物理系统都是功率有限的。若限定信号的峰峰值,多电平就意味着接收器必须有精细的幅度分辨率。如果传输中混入噪声与干扰,多进制 PAM 信号显然比 2PAM 更容易出错。

(3) 传送同样长度的数据序列时,如果采用同样宽度的脉冲,2PAM 方式显然要用更长的时间;反之,如果要求同样的时间内传送完毕,2PAM 方式必须采用更窄的脉冲。窄的脉冲要求同步定时更准,而且后面将说明,窄脉冲的 PAM 信号占用更大的带宽。

可见,2PAM 与多元 PAM 各有优劣,究竟是采用 2PAM 还是多元 PAM,以及 $M$ 的具体值是多少,是一个需要折中考虑的问题,要结合具体应用来定。实际上,简便的 2PAM 应用得很多。

一般而言,$M$ 进制序列的数据具有 $M$ 种可能值,每个数据又称为一个**符号**或**码元**(**symbol**),由它形成的 PAM 信号称为 $M$ 进制 PAM 或 $M$ 元 PAM(M-ary PAM signal),记为 MPAM。假定数据序列为 $\{a_n\}$,考虑用某个脉冲 $g_T(t)$ 传输各个符号,那么,在第 $n$ 个时隙上的信号为 $a_n\delta(t-nT_s)$,将全部时隙的"信号段"依次连接起来便是整个传输信号,即

$$s(t) = \sum_{n=-\infty}^{+\infty} a_n g_T(t-nT_s) = \left[\sum_{n=-\infty}^{+\infty} a_n \delta_T(t-nT_s)\right] * g_T(t) \tag{4.1.1}$$

其中,$T_s$ 为传输时的符号间隔(即时隙宽度)。注意,上式中第二个等号右端的冲激串 $\sum_{n=-\infty}^{+\infty} a_n \delta_T(t-nT_s)$ 是离散序列 $\{a_n\}$ 的时间连续信号形式,而 $g_T(t)$ 可视为一个滤波器(的冲激响应),称为**发送滤波器**。发送滤波器使传输信号具有特定的脉冲形状,因此,生成 MPAM 传输信号的过程也称为**成形滤波**或**脉冲成形**(**shaping**),如图 4.1.4 所示。

图 4.1.4 产生 MPAM 信号的原理框图

这里采用 $g_T(t)$ 使我们可以考虑更为一般的传输脉冲,例如,圆顶的、三角形的或其他的。显然,矩形 NRZ 脉冲是最直观与简单的,因此,我们常常以它为代表来讨论 MPAM 信号。不过,在实际系统中它并不总是最好用的,后面还将指出,在带宽有限的信道上,需要采用某些特殊的传输脉冲(例如,升余弦谱脉冲)。

在实际应用中,消息序列通常先通过格式转换处理。考虑原始消息序列为 $\{x_k\}$,首先将它的每个符号表示为二进制串,它们彼此连接起来使消息序列转变为"标准"形式的二进制序列 $\{b_m\}$。而后,基于 $K=\log_2 M$($M$ 通常是 2 的整数幂),将 $K$ 个比特合并为一个(新的)符号,于是得到 $M$ 元(传输)符号序列 $\{a_n\}$。当 $K=1$ 时,$M=2$,相应的信号就是二元 PAM 信号,它是 MPAM 中最基本与最常见的一种。注意,在不需要特别区分时,(原始)消息序列、二进制序列与传输序列常常通称为消息序列或数据序列,而且,在不引起混淆的情

况下，它们的下标也常常采用同一个标号，比如 $n$。

最后，用一种信号传输数据序列时，我们关心两个基本问题：①传输速率是多少？②功率谱是什么和占用多少带宽？下面首先讨论数字 PAM 信号的传输速率，4.2 节将进一步说明它的功率谱与带宽。

### 4.1.3 数字传输信号的速率

衡量某种数字传输信号（或相应的通信系统）传送数据的速率时常常使用下面两个术语。

（1）**符号速率**或**码元速率**（**symbol rate**）：$R_s$。

单位时间传送符号的数目，单位为**符号/秒**（**symbol/s**）或**波特**（**Baud**）。当符号间隔为 $T_s$ 时，显然

$$R_s = 1/T_s \quad (\text{symbol/s 或 Baud}) \tag{4.1.2}$$

（注意，单位不要写成 Baud/s，因为 Baud 已经包含了"每秒"的含义）。码元速率也常称为**波特率**。

（2）**比特率**（**bit rate**）：$R_b$。

每秒传送的比特数目，单位为**比特/秒**（**bps** 或 **b/s**）。由于 MPAM 信号每个 $T_s$ 期间传送 $K(=\log_2 M)$ 个比特，因此

$$R_b = KR_s = R_s \log_2 M \quad (\text{bps}) \tag{4.1.3}$$

即，$T_s = KT_b$。反过来，我们有 $R_s = R_b/K$ 与比特间隔 $T_b = 1/R_b = T_s/K$。

有时我们也直接称比特率为信息速率，实际上指的是此时的最大信息传输速率，因为一位二进制包含的信息量最多为一比特，于是，比特率为 $R_b$(bps)时，系统每秒可以传输的最大信息量正好是 $R_b$(比特)。

显然，符号速率 $R_s$ 考虑的是数字基带信号以符号为基本传输单位；而比特率 $R_b$ 考虑的是消息序列以比特为通用单位。比特率是数字通信更为统一的速率单位。

**例 4.2** 给定一段二元序列{101101000111101011}，假定传输时间为 1ms。试求：(1)相应的四元与八元序列；(2)相应的 $R_b$、$R_s$ 与 $T_s$。

**解** （1）按两两位、三三位组成符号，可得到

四元符号序列：{10 11 01 00 01 11 10 10 11} = {2 3 1 0 1 3 2 2 3}；

八元符号序列：{101 101 000 111 101 011} = {5 5 0 7 5 3}。

（2）由传输时间为 1ms 可见，相应的 $R_b$、$R_s$ 与 $T_s$ 如表 4.1.1 所示。

表 4.1.1 相应的 $R_b$、$R_s$ 与 $T_s$

| $M$ 元 | 序列长度 | $R_b$(bps) | $R_s$(Baud) | $T_s$(ms) |
|---|---|---|---|---|
| 2 | 18 | 18 000 | 18 000 | 1/18 |
| 4 | 9 | 18 000 | 9000 | 1/9 |
| 8 | 6 | 18 000 | 6000 | 1/6 |

## 4.2 数字基带信号的功率谱与带宽

数字传输信号的功率谱给出了该信号在频域上的位置、形状与带宽，是判断它是否能够顺利通过所用信道的基本依据。

## 4.2.1 信号的功率谱

考虑一般的 MPAM 传输信号,如式(4.1.1),其中消息序列 $\{a_n\}$ 的特性通常可视为平稳无关序列,即各个不同的符号之间是互不相关的。这时,数字 PAM 信号的功率谱如下所述(其详细推导参见本节末尾)。

PAM 功率谱

$$P_s(f) = \sigma_a^2 R_s \mid G_T(f) \mid^2 + m_a^2 R_s^2 \sum_{k=-\infty}^{\infty} \mid G_T(kR_s) \mid^2 \delta(f - kR_s) \quad (4.2.1)$$

其中,$R_s$ 为码元传输速率,$G_T(f)$ 为脉冲 $g_T(t)$ 的频谱,而 $m_a$ 与 $\sigma_a^2$ 分别为消息序列 $\{a_n\}$ 的均值与方差。

研究式(4.2.1)的右边可以发现:①第一项为功率谱的主要部分,它主要由脉冲 $g_T(t)$ 的能量谱决定。②第二项为一组位于 $kR_s$ 的离散线谱($k$ 为整数,$R_s = 1/T_s$),各线谱的功率正比于脉冲的能量谱在该处的值。但如果数字序列具有零均值,则离散线谱完全消失。③PAM 信号的功率谱与它的元数 $M$ 无关,即 2PAM 与多元 PAM 信号具有同样的功率谱。

因此,合理地设计 $G_T(f)$ 与调节 $m_a$ 可以有效地控制 PAM 传输信号的频谱位置、形状与带宽等特性。对应常见的 NRZ 与 RZ 基带信号,它们的功率谱如下面的例题所述。

**例 4.3** **NRZ 信号的功率谱密度**:已知 $M$ 元数字序列各符号无关,其均值与方差分别为 $m_a$ 与 $\sigma_a^2$。发送脉冲 $g_T(t)$ 为矩形 NRZ 脉冲,幅度为 $A$,如图 4.2.1(a)所示。求 MPAM 信号的功率谱密度。

(a) 矩形不归零脉冲       (b) NRZ型PAM信号功率谱

图 4.2.1  矩形不归零脉冲与 PAM 信号功率谱

**解** 首先,脉冲 $g_T(t) = A\Pi\left(\dfrac{t - T_s/2}{T_s}\right)$,其傅里叶变换为

$$G_T(f) = AT_s \text{sinc}(fT_s) e^{-j\pi fT_s} \quad (4.2.2)$$

其中,$\text{sinc}(x) = \dfrac{\sin(\pi x)}{\pi x}$(参见表 2.1.2 注释)。由于 $k$ 取非零整数时 $\text{sinc}(k) = 0$,根据式(4.2.1)可得

$$P_s(f) = A^2 \sigma_a^2 T_s \text{sinc}^2(fT_s) + A^2 m_a^2 \delta(f) \quad (4.2.3)$$

可见,功率谱中只含有离散的直流谱线,如图 4.2.1(b)所示。 ∎

**例 4.4** **二元单极性 RZ 信号的功率谱密度**:已知二元数字序列各符号取值 1 与 0,等概率出现且各不相关,相应的 2PAM 信号幅度取值为 $+A$ 与 0,发送脉冲 $g_T(t)$ 为矩形 RZ 脉冲(只占半个时隙),求该 2PAM 信号的功率谱密度。

**解** 首先,记二元码元间隔为 $T_b$,RZ 脉冲 $g_T(t) = A\Pi\left(\dfrac{t - T_b/4}{T_b/2}\right)$,其傅里叶变换为

$$G_T(f) = \dfrac{AT_b}{2} \text{sinc}\left(\dfrac{fT_b}{2}\right) e^{-j\pi fT_b/2} \quad (4.2.4)$$

易知,序列的 $m_a=1/2, \sigma_a^2=1/4$,根据式(4.2.1),其功率谱为

$$P_s(f) = \frac{\sigma_a^2}{T_b} |G_T(f)|^2 \left[1 + \frac{m_a^2}{\sigma_a^2 T_b} \sum_{k=-\infty}^{\infty} \delta(f-kR_b)\right]$$

$$= \frac{A^2 T_b}{16} \text{sinc}^2\left(\frac{fT_b}{2}\right) \left[1 + R_b \sum_{k=-\infty}^{\infty} \delta(f-kR_b)\right] \qquad (4.2.5)$$

其中,$R_b=1/T_b$。$P_s(f)$ 如图 4.2.2 所示。可见,单极性使功率谱中含有离散的直流谱线;而归零使信号的总功率降低,带宽加倍,并在 $R_b$ 的奇数倍频处出现离散谱线。

图 4.2.2 单极性 RZ 信号功率谱

归纳二元 NRZ 与 RZ 传输信号的特性如下。①双极性信号:符号等概率且取值为 $+1$ 与 $-1$,可得 $m_a=0, \sigma_a^2=1$;②单极性信号:符号等概率且取值 $+1$ 与 $0$,可得 $m_a=1/2$, $\sigma_a^2=1/4$。于是,几种典型功率谱分别为

① 双极性 NRZ:

$$P_s(f) = A^2 T_b \text{sinc}^2(fT_b)$$

② 单极性 NRZ:

$$P_s(f) = \frac{A^2 T_b}{4} \text{sinc}^2(fT_b) + \frac{A^2}{4}\delta(f)$$

③ 双极性 RZ:

$$P_s(f) = \frac{A^2 T_b}{4} \text{sinc}^2\left(\frac{fT_b}{2}\right)$$

④ 单极性 RZ:

$$P_s(f) = \frac{A^2 T_b}{16} \text{sinc}^2\left(\frac{fT_b}{2}\right) \left[1 + R_b \sum_{k=-\infty}^{\infty} \delta(f-kR_b)\right]$$

可见,双极性与单极性的核心差别在于是否有直流成分;而 NRZ 与 RZ 的核心差别是,RZ 信号带宽加倍,而且其单极性信号在 $R_b$ 的奇次频处出现离散谱线。

### 4.2.2 基带信号的带宽

从上面功率谱的分析容易看出,矩形 MPAM 信号的绝对带宽是无穷大,但是,它们的主要功率仍然集中在零频率附近的主瓣上。为了简便,我们经常采用第一零点带宽来度量其带宽。于是,认为 NRZ 矩形 MPAM 信号的带宽为

$$B_T = 1/T_s = R_s = R_b/K \qquad (4.2.6)$$

可见,时隙越窄,信号的带宽越大。显然,符号速率 $R_s$ 与信号的带宽直接对应,而比特率

$R_b$ 与带宽只是间接关系。

我们注意到,在同样的信息传输速率 $R_b$ 的情况下,二元与 $M$ 元 NRZ 信号($K=\log_2 M \geqslant 1$)的速率与带宽特点如表 4.2.1 所示。

表 4.2.1 二元与 $M$ 元 NRZ 信号的速率与带宽

|  | 速率 | 带宽 | 评注 |
| --- | --- | --- | --- |
| 2PAM | $R_b$ | $B_T = R_b$ | $M$ 越高,越节约带宽;但抗噪性能弱 |
| MPAM | $R_b/K$ | $B_T = R_b/K$ |  |

一般而言,数字基带信号的带宽与所用的 $g_T(t)$ 密切相关。后面的深入分析可知,速率为 $R_s$(Baud)时基带信号(绝对)带宽的理论最小值为 $R_s/2$(Hz)。比较之下,矩形 NRZ 信号是相当耗费带宽的。但这种信号简单直观,易于理解。因此在基本分析中,它通常是我们主要的讨论对象。

**例 4.5** 例 4.2 中分别采用二元、四元与八元 PAM 按 18kbps 传输信息序列,如果脉冲为双极性 NRZ 码,试求相应信号的带宽。

**解** 由于三种方式的符号位数分别是 1、2 与 3,按式(4.2.6)可求出信号的第一零点带宽为 18kHz、9kHz 与 6kHz。

### 4.2.3 一般 PAM 信号功率谱公式及推导

**定理**:给定平稳序列 $\{a_n\}$,其均值为 $m_a$,自相关函数为 $R_a[k]$,以脉冲信号 $g(t)$ 按间隔 $T_s$ 构造 PAM 信号 $s(t)$,形如

$$s(t) = \sum_{n=-\infty}^{+\infty} a_n g(t - nT_s) \qquad (4.2.7)$$

那么,$s(t)$ 是广义循环平稳信号,并且

(1) 均值
$$E[s(t)] = m_a \sum_{n=-\infty}^{+\infty} g(t - nT) \qquad (4.2.8)$$

(2) 平均自相关函数
$$\overline{R_s}(\tau) = \overline{R_s(t+\tau, t)} = \frac{1}{T} \sum_{k=-\infty}^{+\infty} R_a[k] r_g(\tau - kT) \qquad (4.2.9)$$

(3) 功率谱
$$P_s(f) = \frac{1}{T} |G(f)|^2 \sum_{k=-\infty}^{+\infty} R_a[k] e^{-j2\pi f kT} \qquad (4.2.10)$$

其中,$G(f)$ 是 $g(t)$ 的傅里叶变换,并且

$$r_g(\tau) = \int_{-\infty}^{+\infty} g(t+\tau) g^*(t) dt = g(\tau) * g^*(-\tau)$$

**证明** 通过下面三部分来证明。

(1) 计算均值并证明信号 $s(t)$ 是循环平稳信号。

首先,$E[s(t)] = \sum_{n=-\infty}^{+\infty} E(a_n) g(t - nT) = m_a \sum_{n=-\infty}^{+\infty} g(t - nT)$,它是周期为 $T$ 的函数。进而

$$R_s(t+\tau, t) = E[s(t+\tau) s^*(t)] = E\left[\sum_{n=-\infty}^{+\infty} a_n g(t+\tau - nT) \sum_{m=-\infty}^{+\infty} a_m^* g^*(t - mT)\right]$$

$$= \sum_{n=-\infty}^{+\infty} \sum_{m=-\infty}^{+\infty} E[a_n a_m^*] g(t+\tau-nT) g^*(t-mT)$$

$$= \sum_{k=-\infty}^{+\infty} \left\{ R_a[k] \sum_{m=-\infty}^{+\infty} g(t+\tau-mT-kT) g^*(t-mT) \right\} \quad (4.2.11)$$

其中,令 $k=n-m$,并更换了求和变量。显然,$R(t+\tau,t)$ 与两个时刻都有关,因此 $s(t)$ 不是广义平稳的。容易看出,对于任何整数 $l$,有

$$R_s(t+\tau+lT, t+lT) = \sum_{k=-\infty}^{+\infty} \left\{ R_a[k] \sum_{m=-\infty}^{+\infty} g(t+\tau-(m-l)T-kT) g^*(t-(m-l)T) \right\}$$

只要令 $m_1 = m-l$,它与式(4.2.11)相同。

这种均值与相关函数都是周期函数的随机信号称为(广义的)循环平稳随机信号。

(2) 计算 PAM 信号 $s(t)$ 的平均相关函数。

对于循环平稳过程,为了计算功率谱,先要计算其相关函数的时间平均,由于是周期函数,只需在它的一个周期上计算,于是

$$\overline{R}_s(\tau) = \overline{R_s(t+\tau,t)} = \frac{1}{T} \int_{-T/2}^{T/2} R(t+\tau,t) dt$$

$$= \frac{1}{T} \sum_{k=-\infty}^{+\infty} \left\{ R_a[k] \sum_{m=-\infty}^{+\infty} \left[ \int_{-T/2}^{T/2} g(t+\tau-mT-kT) g^*(t-mT) dt \right] \right\}$$

对于式中的第二个和式部分,令 $u=t-mT$,有

$$\sum_{m=-\infty}^{+\infty} \int_{-T/2-mT}^{T/2-mT} g(u+\tau-kT) g^*(u) du = \int_{-\infty}^{+\infty} g(u+\tau-kT) g^*(u) du = r_g(\tau-kT)$$

于是

$$\overline{R}_s(\tau) = \overline{R_s(t+\tau,t)} = \frac{1}{T} \sum_{k=-\infty}^{+\infty} R_a[k] r_g(\tau-kT)$$

(3) 计算 PAM 信号 $s(t)$ 的功率谱。

循环平稳过程的功率谱是其平均相关函数的傅里叶变换。容易看出

$$\overline{R}_s(\tau) = \frac{1}{T} \left\{ \sum_{k=-\infty}^{+\infty} R_a[k] \delta(\tau-kT) \right\} * r_g(\tau)$$

其中,卷积的前一项是冲激串形式,而 $r_g(\tau) \leftrightarrow |G(f)|^2$,于是,根据傅里叶变换的基本性质易知

$$P_s(f) = \mathcal{F}[\overline{R}_s(\tau)] = \frac{1}{T} |G(f)|^2 \sum_{k=-\infty}^{+\infty} R_a[k] e^{-j2\pi fkT} \quad \blacksquare$$

**定理**:假定信息序列 $\{a_n\}$ 是平稳无关序列,其均值与方差分别为 $m_a$ 与 $\sigma_a^2$,那么其 PAM 信号的功率谱密度为

$$P_s(f) = \frac{\sigma_a^2}{T_s} |G_T(f)|^2 + \frac{m_a^2}{T_s^2} \sum_{k=-\infty}^{\infty} |G_T(kR_s)|^2 \delta(f-kR_s)$$

其中,$T_s$ 为码元间隔。

**证明** 由符号间的无关性,可知

$$R_a(k) = E[a_n a_{n+k}] = \begin{cases} \sigma_a^2 + m_a^2, & k=0 \\ m_a^2, & k \neq 0 \end{cases}$$

于是,由式(4.2.10)有

$$P_s(f) = \frac{1}{T_s} |G(f)|^2 \left( \sigma_a^2 + m_a^2 \sum_{k=-\infty}^{\infty} e^{j2\pi f k T_s} \right) \quad (4.2.12)$$

式中 $\sum_{k=-\infty}^{\infty} e^{j2\pi f k T_s}$ 可以看成是自变量为 $f$ 的某个周期函数 $D(f)$ 的傅里叶级数形式,即

$$D(f) = \sum_{k=-\infty}^{+\infty} e^{jk(2\pi T_s)f}$$

$D(f)$ 的周期为 $T_s^{-1}$,而傅里叶系数全部为 1。其实 $D(f) = \frac{1}{T_s} \sum_{k=-\infty}^{\infty} \delta\left(f - \frac{k}{T_s}\right)$,因为按傅里叶系数的计算方法

$$\frac{1}{T_s^{-1}} \int_{-T_s^{-1}/2}^{T_s^{-1}/2} D(f) e^{-jk(2\pi/T_s)f} df = T_s \int_{-1/2T_s}^{1/2T_s} \frac{\delta(f)}{T_s} df = 1$$

由此可见, $\sum_{k=-\infty}^{+\infty} e^{jk(2\pi T_s)f} = \frac{1}{T_s} \sum_{k=-\infty}^{\infty} \delta\left(f - \frac{k}{T_s}\right)$ ,代入式(4.2.12)整理后得到结论。∎

## 4.3 二元信号的接收方法与误码分析

数字传输过程中的信道可能是简单的电缆,也可能包含复杂的电路系统,信道中总是存在噪声与干扰,使传输信号的电平发生改变,从而造成接收错误。

大多数信道中的基本问题是加性噪声,它主要是通信系统的收发电路与传输电路中产生的热噪声。这类信道的数学模型为加性白高斯噪声(AWGN)信道。

本节围绕二元基带信号,主要探讨:在 AWGN 信道中如何有效地接收信号,接收的误码性能具体是什么,什么是匹配滤波器,以及 AWGN 到底是怎样造成误码、影响接收的。

### 4.3.1 噪声中二元信号的接收方法

考虑如图 4.3.1 所示的 AWGN 信道,可知

$$r(t) = s(t) + n(t) \quad (4.3.1)$$

其中,$s(t)$ 是送入信道的传输信号,$n(t)$ 是功率谱密度为 $N_0/2$ 的零均值高斯型白噪声,$r(t)$ 是接收到的信号。

在噪声中接收信号的关键在于要尽量地抑制噪声,以二元双极性传输为例,接收系统框图及其主要信号波形分别如图 4.3.2 与图 4.3.3 所示。可以看到,接收系统由滤波、抽样与判决三个基本部分构成。

图 4.3.1 AWGN 信道模型　　　图 4.3.2 数字基带的匹配滤波器接收系统

(1) 接收滤波:要尽量滤除噪声,同时全力保留信号,这样才能最好地恢复发送的码元,避免出错。由于基带传输信号集中在低频端,最简单与直观的方法是采用低通滤波器(LPF)。

针对 NRZ 矩形传输信号，LPF 的截止带宽可取 $B=R_s$。由于只取到第一零点，矩形信号的输出波形可能不够好，但如果加大 LPF 的带宽，噪声也会大量通过，反而得不偿失。

其实，最好的接收滤波并不是 LPF，而是所谓的"匹配滤波器"。它的冲激响应是 $h(t)=kg_T(T_s-t)$，其中，$k$ 为任意常数，$g_T(t)$ 正是传输所用的脉冲信号。由于这种滤波器与（传输）信号的脉冲形状关联（匹配），因此得名。我们在本节稍后将详细说明其原理。

（2）抽样：在每个时隙上接收系统必须"对准脉冲"抽取信号样值，以便确定该时隙传输的是什么消息符号。直观地看，抽样通常在时隙的中心处，但匹配滤波器后面的抽样要求在时隙的末端。抽样时刻非常重要，一般由所谓的"符号同步时钟"控制，本章后面将专门对它进行详细说明。

（3）判决：由抽样值判断该时隙传输的是什么消息符号。判决的基本做法是设置门限，通过样值与门限的比较

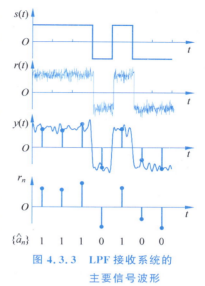

图 4.3.3  LPF 接收系统的主要信号波形

来完成。在二元传输中，最佳门限 $V_T$ 通常设在两种消息符号相应样值的中间，然后通过比较样值高于或低于 $V_T$ 来判断发送的是 0 或 1。对于双极性传输，显然取 $V_T=0$；而对于单极性，取 $V_T=A/2$（假定样值信号的幅度为 $A$）。

最后，我们常常把接收系统看作两个功能部分：第一部分称为解调器，它包含接收滤波与抽样，基于接收信号生成第 $n$ 时隙的观测值（样值）$r_n$；第二部为检测器，它基于观测值进一步估计出当前发送的符号 $\hat{a}_n$。

### 4.3.2 接收系统的误码性能

数字传输的抗噪声性能采用误码率或误比特率衡量。

（1）**误码率**或**误符号率**（symbol error rate）：$P_e$。

通信系统传输各个码元或符号发生错误的概率，在物理意义上，它近似于传输大量码元中，错误码元数目占总码元数目的比例，即

$$P_e \approx \frac{错误码元数目}{总传输的码元数目} \tag{4.3.2}$$

（2）**误比特率**（Bit Error Rate，BER）：$P_b$。

通信系统传输各个比特发生错误的概率，同样

$$P_b \approx \frac{错误比特数目}{总传输的比特数目} \tag{4.3.3}$$

显然，$P_e$ 与 $P_b$ 相关联，对于二元通信系统，$P_b=P_e$；对于多元通信系统，要在 $P_e$ 的基础上再考虑每个错误码元的 $K$ 比特中究竟几个发生了错误，通常不会全部都错，因此，$P_b \leq P_e$。另外，与 $R_s$ 与 $R_b$ 的概念相仿，$P_e$ 与数字通信系统内部以符号为单位传输数据的特征相对应；而 $P_b$ 是数字通信系统通用的差错指标。

在一般性理论分析中，我们重点考察构造良好的通信系统的性能指标。对于 2PAM 数字基带传输系统，采用匹配滤波器的接收系统是最佳接收系统，相应的误比特率列于表 4.3.1 中。作为对比，表中也列出了采用 LPF 方案的接收系统相应的误比特率。这些结论的具体推导将在后面给出。

表 4.3.1  主要 2PAM 数字基带传输系统的 $P_b$（$E_b$ 为平均比特能量）

| | 最佳接收系统<br>（匹配滤波器接收系统） | LPF 接收系统（考虑<br>矩形 NRZ 脉冲信号，取 $B=1/T_s$） |
|---|---|---|
| 双极性 2PAM | $Q\left(\sqrt{\dfrac{2E_b}{N_0}}\right)$ | $Q\left(\sqrt{\dfrac{A^2}{N_0 B}}\right)=Q\left(\sqrt{\dfrac{E_b}{N_0}}\right)$ |
| 单极性 2PAM | $Q\left(\sqrt{\dfrac{E_b}{N_0}}\right)$ | $Q\left(\sqrt{\dfrac{A^2}{4N_0 B}}\right)=Q\left(\sqrt{\dfrac{E_b}{2N_0}}\right)$ |

表中 $E_b$ 为传送每个比特所用能量的平均值，对于双极性信号，$E_b=A^2 T_b$；对于单极性信号 $E_b=A^2 T_b/2$。$N_0$ 为 AWGN 信道的噪声参数（具体来说双边功率谱密度值为 $N_0/2$）。

由表看到，$P_b$ 由参数 $E_b/N_0$ 决定。该参数定义为每比特的平均信号能量 $E_b$ 与噪声功率谱密度值 $N_0$ 的比值。虽然，$E_b$ 与 $N_0$ 的物理含义不同，但它们的比值是无量纲的，因为

$$\dfrac{E_b \text{ 单位}}{N_0 \text{ 单位}}=\dfrac{\text{焦耳}}{\text{瓦特每赫兹}}=\dfrac{\text{瓦特}\times\text{秒}}{\text{瓦特}\times\text{秒}} \tag{4.3.4}$$

$E_b/N_0$ 本质上反映着信号与噪声大小的比值。我们后面将讨论更多的数字通信系统，会发现决定它们误码性能的基本因素都是 $E_b/N_0$。

表 4.3.1 中用到 $Q(x)$ 函数，其定义如下

$$Q(x)=\dfrac{1}{\sqrt{2\pi}}\int_x^\infty e^{-\frac{z^2}{2}}dz \tag{4.3.5}$$

后面我们将大量用到它。$Q(x)$ 函数无法简单计算，本书附录 C 给出了它的数据表，以方便应用。下面是 $Q(x)$ 函数的一个很好的近似公式

$$Q(x)\approx \dfrac{1}{x\sqrt{2\pi}}\left(1-\dfrac{0.7}{x^2}\right)e^{-\frac{x^2}{2}},\quad x>2 \tag{4.3.6}$$

当 $x>2.15$，近似误差小于 1%，且随 $x$ 的增加而趋于 0。一些文献中习惯采用互补误差函数 $\mathrm{erfc}(x)=\dfrac{2}{\sqrt{\pi}}\int_x^\infty e^{-t^2}dt(x\geqslant 0)$。两者的换算关系为 $Q(x)=\dfrac{1}{2}\mathrm{erfc}\left(\dfrac{\sqrt{2}}{2}x\right)$。

为了直观地了解通信系统在 AWGN 中的差错性能，工程师经常将表 4.3.1 中的公式绘制成图 4.3.4 的曲线形式。图中横坐标是 $E_b/N_0$ 的分贝值，即 $10\log_{10}(E_b/N_0)$，纵坐标是以对数尺度标示的 $P_b$。由图可见，$P_b$ 随 $E_b/N_0$ 的增加呈抛物线或指数规律下降，这正是 $Q$ 函数的特征。

由误比特率曲线可以方便地对几种传输方案进行性能比较：

(1) 纵向比较：给定某个 $E_b/N_0$，如 10dB，做一条垂线，可见单极性信号（上边曲线）可达 $P_b\approx 10^{-3}$，而双极性信号（下边曲线）可达 $P_b\approx 4\times 10^{-6}$，因此，下边曲线的性能较好。

(2) 横向比较：给定某个 $P_b$，如 $10^{-5}$，做一条水平线，可见单极性信号（右边曲线）要求 $E_b/N_0\approx 12.5$dB，而双极性信号（左边曲线）只要求 $E_b/N_0\approx 9.5$dB，因此，左边曲线的性能较好。这时，我们常简称双极性信号比单极性信号性能好 3dB(12.5dB 减 9.5dB)。

一般而言，靠下、靠左的曲线对应性能较好的方案。实际上，横向比较的结论也容易从公式中直接得到。容易看出，基本的结论是：

(1) 双极性信号比单极性信号抗噪性能好 3dB。

(2) 匹配滤波器接收系统比 LPF 接收系统的抗噪性能至少好 3dB。这里 LPF 带宽取 $R_b$。

图 4.3.4 误比特率曲线图

如果带宽更宽,则性能差距会更大。

因此,最佳基带传输系统应该采用双极性信号结合匹配滤波器的接收系统。

$P_b$ 曲线的指数下降特征还具有一定的门限效应:当 $E_b/N_0$ 低于门限时,接收机的误码是明显的;当 $E_b/N_0$ 高于门限时,接收机的误码可以忽略不计。粗略地看,只要 $E_b/N_0$ 高于门限,信道几乎没有误码。

**例 4.6** 计算 $E_b/N_0$ 对误比特率 $P_b$ 的影响。分别考虑单极性与双极性信号的匹配滤波器系统,给出 $P_b$ 达到 $10^{-2}$,$10^{-4}$,…,$10^{-12}$ 所要求的 $E_b/N_0$,并估计按 $R_b=1$Mbps 进行二元传输时的平均错误间隔。

**解** 根据表 4.3.1 的公式或图 4.3.4 的曲线,可以得到表 4.3.2 的数据。

表 4.3.2  $E_b/N_0$ 对误比特率 $P_b$ 的影响示例

| $P_b$ | $(E_b/N_0)$/dB | | 平均错误间隔 |
|---|---|---|---|
| | 单 极 性 | 双 极 性 | |
| $10^{-2}$ | 7.3 | 4.3 | 0.1ms |
| $10^{-4}$ | 11.4 | 8.4 | 10ms |
| $10^{-6}$ | 13.5 | 10.5 | 1s |
| $10^{-8}$ | 15.0 | 12.0 | 100s |
| $10^{-10}$ | 16.1 | 13.1 | 约 3 小时 |
| $10^{-12}$ | 16.9 | 13.9 | 约 11 天半 |

### 4.3.3 匹配滤波器

数字通信接收中的一个基本问题是:在含有加性噪声的接收信号 $x(t)$ 中,准确地判断出是否收到某个已知信号 $s(t)$。这一问题及其处理过程如图 4.3.5 所示:考虑某个信号 $s(t)$ 经过 AWGN 信道后到达接收端,接收系统首先运用 LTI 滤波器 $h(t)$ 抑制噪声,使其在某个在 $t=t_0$ 时刻提供最佳判断依据。

当 $s(t)$ 存在时,接收信号为 $x(t)=s(t)+n(t)$,其中 $n(t)$ 是白噪声。滤波后的输出信号为

图 4.3.5 匹配滤波处理

$$y(t) = x(t) * h(t) = s(t) * h(t) + n(t) * h(t)$$

现在并不在乎 $h(t)$ 是否会造成信号变形，而只关心在某 $t_0$ 时可以由它的输出有效地"认出"$s(t)$。为此将目标设定为：使 $y(t_0)$ 中的信号与噪声之比最大化，这样 $y(t_0)$ 就可以作为信号的"征兆"，当它大于某个合适的门限时，可以最有把握地认定 $s(t)$ 确实存在。

> **定理**：在加性白噪声 $n(t)$ 环境中，有限时间信号 $s(t)$ 的**匹配滤波器**（**matched filter**）为
> $$h(t) = cs(t_0 - t) \tag{4.3.7}$$
> 式中，$c$ 与 $t_0$ 为任意非零实常数。在 $x(t) = s(t) + n(t)$ 输入下，$h(t)$ 是使输出信噪比在 $t_0$ 时刻最大的滤波器。

**证明** 记 $y_s(t) = s(t) * h(t)$ 与 $y_n(t) = n(t) * h(t)$，前者是确定量，而后者是随机量，我们采用式

$$\left(\frac{S}{N}\right)_{\text{out}} = \frac{y_s^2(t_0)}{E[y_n^2(t_0)]} \tag{4.3.8}$$

来衡量 $y(t_0)$ 的信噪比。首先，$y_s(t_0) = \int_{-\infty}^{+\infty} h(\tau) s(t_0 - \tau) d\tau$，而输出噪声 $y_n(t)$ 是平稳的，有

$$E[y_n^2(t_0)] = R_{y_n(t)}(0) = \left. \frac{N_0}{2} \delta(\tau) * h(\tau) * h(-\tau) \right|_{\tau=0} = \left. \frac{N_0}{2} h(\tau) * h(-\tau) \right|_{\tau=0}$$

$$= \frac{N_0}{2} \int_{-\infty}^{+\infty} h^2(\tau) d\tau$$

记 $G_E = \int_{-\infty}^{+\infty} h^2(\tau) d\tau$，它实际上是滤波器的能量增益。因此

$$\left(\frac{S}{N}\right)_{\text{out}} = \frac{2\left[\int_{-\infty}^{+\infty} h(\tau) s(t_0 - \tau) d\tau\right]^2}{N_0 G_E} \tag{4.3.9}$$

滤波器的增益会同时影响信号与噪声部分，对于输出信噪比没有作用。因此可以考虑在固定增益的情况下，使上式的分子达到最大。利用施瓦茨不等式的相关结论：不等式

$$\left|\int u(t) v(t) dt\right|^2 \leqslant \int |u(t)|^2 dt \times \int |v(t)|^2 dt \tag{4.3.10}$$

在 $u(t) = cv^*(t)$ 时取等号（其中，$c$ 为任意非零实常数）。依据该结论

$$\left[\int_{-\infty}^{+\infty} h(\tau) s(t_0 - \tau) d\tau\right]^2 \leqslant \int_{-\infty}^{+\infty} h^2(\tau) d\tau \int_{-\infty}^{+\infty} s^2(t_0 - \tau) d\tau = G_E E_s$$

其中，$E_s = \int_{-\infty}^{+\infty} s^2(t) dt$ 正是信号的能量。可见令 $h(t) = cs(t_0 - t)$ 时，可使等号成立，上面不等式的左端达到最大值。于是

$$\left(\frac{S}{N}\right)_{\max} = \frac{2G_E E_s}{N_0 G_E} = \frac{2E_s}{N_0}$$

不妨考虑取 $c$ 使匹配滤波器的能量增益为 1(即 $G_E=1$),此时抽样值中的噪声功率为 $N_0/2$,而信号成分的能量为 $E_s$,信噪比正如上式结果。

容易看出匹配滤波器的冲激响应实际上是信号的反转平移形式。$c$ 与 $t_0$ 的取值以方便实际应用为准。实际的 $s(t)$ 总是有限时间信号,如果 $s(t)$ 的时间持续期为 0 到 $T$,则通常取 $t_0=T$,这样 $h(t)$ 的持续期间也为 0 到 $T$,它是物理可实现的。注意到这种滤波器根据信号而定,也因信号而异,所以说它与信号匹配。图 4.3.6 示意了匹配滤波器的工作过程,可见,它能将所匹配信号的能量累积起来,使 $t=t_0$ 时输出中的信号成分达到最强。

(a) 已知信号  (b) 匹配滤波器  (c) 输出信号

图 4.3.6 匹配滤波器及其滤波过程

最后,我们从证明中看到:匹配滤波器在 $t_0$ 时刻的(最大)输出信噪比为

$$\left(\frac{S}{N}\right)_{\max} = \frac{2E_s}{N_0} \tag{4.3.11}$$

有趣的是该结论只取决于信号能量与噪声的功率谱密度的比值,而与信号的具体形状没有任何关系。

### *4.3.4 误码分析与最佳接收机

下面具体分析数字传输的误码过程与噪声的影响。为了获得一般性结论,我们考虑广泛的二元传输情况:假定 0 与 1 比特分别借助信号 $s_0(t)$ 与 $s_1(t)$ 传输,它们可以是任意两个信号。比如,$s_0(t)=A_0 g_T(t)$ 与 $s_1(t)=A_1 g_T(t)$,通过 $A_0$ 与 $A_1$ 的设置可以兼顾单极性与双极性 PAM 的情况。甚至 $s_0(t)$ 与 $s_1(t)$ 还可以是频带信号,这样我们的结论也适用于后面章节的数字频带传输,等等。

应注意,数字传输是分时隙进行的,各个码元独立地形成传输信号,通过 AWGN 信道,再被接收。因此,分析任一时隙上单个码元的过程就可以计算出系统的误码率。具体分析如下。

#### 1. 噪声造成抽样值的随机性

由于是二元信号,下面按 0 或 1 两种取值来分别考察传输过程中的各个主要信号。
1) 码元为 0 的情形
在相应时隙上,几个主要信号为
传输信号

$$s(t) = s_0(t) \tag{4.3.12}$$

接收信号

$$r(t) = s(t) + n(t) = s_0(t) + n(t) \tag{4.3.13}$$

接收滤波器输出

$$y(t) = r(t) * h(t) = s_0(t) * h(t) + n(t) * h(t) = y_{s0}(t) + y_n(t) \quad (4.3.14)$$

其中,$y_{s0}(t) = s_0(t) * h(t)$,$y_n(t) = n(t) * h(t)$。假定本时隙抽样定时为 $t_0$,则抽样值为

$$r = y_{s0}(t_0) + y_n(t_0) = y_{s0} + y_n \quad (4.3.15)$$

其中,简记 $y_{s0} = y_{s0}(t_0)$,$y_n = y_n(t_0)$。

容易看出,在抽样值 $r$ 中 $y_{s0}$ 是可以求出的确知常量,而 $y_n$ 是零均值高斯随机变量,因为它是零均值高斯白噪声通过线性系统后的抽样值。不妨先假定 $y_n$ 的方差为 $\sigma_n^2$(以后再具体计算),于是,抽样值 $r$ 是以 $y_{s0}$ 为中心的高斯随机变量,即 $r \sim N(y_{s0}, \sigma_n^2)$,这个概率特性实质上是在码元 $a_n = 0$ 时的条件分布,因此可记为

$$f(r \mid 0) = \frac{1}{\sqrt{2\pi}\sigma_n} e^{-\frac{(r-y_{s0})^2}{2\sigma_n^2}} \quad (4.3.16)$$

2) 码元为 1 的情形

同理,传输信号为 $s(t) = s_1(t)$。该信号在传输中经历与上面相同的过程,只是信号不同而已,仿照上面的分析易知,抽样值 $r$ 为以 $y_{s1}$ 为中心的高斯随机变量,$r \sim N(y_{s1}, \sigma_n^2)$,这里 $y_{s1}$ 为 $s_1(t) * h(t)$ 在 $t = t_0$ 处的抽样值,而 $\sigma_n^2$ 与前面讨论的一致(因为是源自同一个白噪声 $n(t)$)。因此 $r$(在码元 $a_n = 1$ 时)的条件概率密度是

$$f(r \mid 1) = \frac{1}{\sqrt{2\pi}\sigma_n} e^{-\frac{(r-y_{s1})^2}{2\sigma_n^2}} \quad (4.3.17)$$

综上所述,因为噪声的影响,抽样值 $r$ 是高斯随机变量,其均值因发送码元不同而不同,但方差都一样。

**2. 判决规则与误判概率**

接收系统最终由抽样值 $r$ 来判断当前时隙发送的码元是 0 或 1,恢复出的码元记为 $\hat{a}_n$。

假定判决门限为 $V_T$,则判决规则为:如果 $r \geq V_T$,则 $\hat{a}_n = 1$;如果 $r < V_T$,则 $\hat{a}_n = 0$。简记为

$$r \gtreqless_0^1 V_T \quad (4.3.18)$$

其中,符号"$\gtreqless$"上下给出两种相应的判决输出值。由于 $r$ 是随机的,判决有可能出现错误。

为了说明判决 $r$ 时的情况,图 4.3.7(a) 与 (b) 分别绘出了 $f(r \mid 0)$ 与 $f(r \mid 1)$,它们反映了发送码元为 0 或 1 时抽样值 $r$ 的概率分布。图中还在水平轴上突出标示了发送 0 或 1 码元时 $r$ 的取值中心(均值)与随机散布情况。图 4.3.7(c) 是将 $f(r \mid 1)$ 与 $f(r \mid 0)$ 合并,绘于同一幅图中情形,并标示了判决门限 $V_T$ 的位置。图 4.3.7(c) 与图 4.3.7(a) 和图 4.3.7(b) 等效,且更简明,后面我们主要使用这种示意方式。

(a) 码元为0时抽样值的概率分布图

(b) 码元为1时抽样值的概率分布图

(c) 将 $f(r \mid 1)$ 与 $f(r \mid 0)$ 合并

图 4.3.7 抽样值 $r$ 的分布与判决门限 $V_T$

结合图 4.3.7 易见,误判的情况有两种:

(1) 发送的码元 $a_n=0$ 时,抽样值 $r$ 在数轴上虽然以较大的概率落在 $V_T$ 的左边($y_{s0}$ 附近),但仍有落在 $V_T$ 右边的可能性。落在 $V_T$ 右边时,按照规则判 $\hat{a}_n$ 为 1,造成误码。显然

$$P(\text{err} \mid a_n=0) = P(r \geqslant V_T \mid a_n=0) = \int_{V_T}^{\infty} f(r \mid 0) \mathrm{d}r \quad (4.3.19)$$

在图 4.3.7(c) 中,$P(\text{err}|a_n=0)$ 为图中门限 $V_T$ 右侧的阴影区域的面积。

(2) 同理,发送的码元 $a_n=1$ 时

$$P(\text{err} \mid a_n=1) = P(r < V_T \mid a_n=1) = \int_{-\infty}^{V_T} f(r \mid 1) \mathrm{d}r \quad (4.3.20)$$

在图 4.3.7(c) 中,$P(\text{err}|a_n=1)$ 为图中门限 $V_T$ 左侧的阴影区域的面积。

把发送 1 的概率记为 $P(a_n=1)$,发送 0 的概率记为 $P(a_n=0)$,则二元基带系统的总平均误码率为

$$\begin{aligned}P_e &= P(a_n=1)P(\text{err} \mid a_n=1) + P(a_n=0)P(\text{err} \mid a_n=0) \\ &= P(a_n=1)\int_{-\infty}^{V_T} f(r \mid 1) \mathrm{d}r + P(a_n=0)\int_{V_T}^{\infty} f(r \mid 0) \mathrm{d}r\end{aligned} \quad (4.3.21)$$

把先验概率与条件概率合并,记 $p(r|1)=P(a_n=1)f(r|1)$ 与 $p(r|0)=P(a_n=0)f(r|0)$。重绘图 4.3.7(c) 为图 4.3.8,于是,平均误码率为 $P_e = \int_{-\infty}^{V_T} p(r \mid 1) \mathrm{d}r + \int_{V_T}^{\infty} p(r \mid 0) \mathrm{d}r =$ 图中阴影面积,其中两个曲线的高度分别对应相应先验概率的大小,当先验等概率时,两个曲线的高度一样。

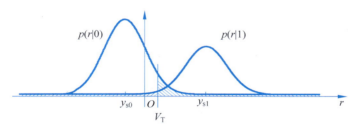

图 4.3.8 误码率几何图示

为了获得最佳接收机,应该优化 $V_T$ 与滤波器 $h(t)$(它影响着 $y_{s0}$、$y_{s1}$ 与 $\sigma_n^2$)。下面我们先优化 $V_T$,再优化 $h(t)$,进而获得最佳 $P_e$。

**3. 最佳门限与相应的平均误码率**

对于某种给定的接收系统,适当选择门限 $V_T$ 的值,可使平均误码率达到最小。为了确定最佳判决门限 $V_T$,基于 $\dfrac{\partial P_e}{\partial V_T}=0$ 处理式(4.3.21),并利用定积分的性质

$$\frac{\partial}{\partial V_T}\int_{-\infty}^{V_T} f(r \mid 1) \mathrm{d}r = f(V_T \mid 1) \quad \text{与} \quad \frac{\partial}{\partial V_T}\int_{V_T}^{\infty} f(r \mid 0) \mathrm{d}r = -f(V_T \mid 0)$$

可得

$$P(a_n=1)f(V_T \mid 1) - P(a_n=0)f(V_T \mid 0) = 0$$

代入式(4.3.16)与式(4.3.17)有

$$P(a_n=1)\frac{1}{\sqrt{2\pi}\sigma_n}e^{-\frac{(V_T-y_{s1})^2}{2\sigma_n^2}} - P(a_n=0)\frac{1}{\sqrt{2\pi}\sigma_n}e^{-\frac{(V_T-y_{s0})^2}{2\sigma_n^2}} = 0$$

经过化简,求得系统的最佳判决门限 $V_T$ 为

$$V_T = \frac{y_{s1}+y_{s0}}{2} + \frac{\sigma_n^2}{y_{s1}-y_{s0}}\ln\frac{P(a_n=0)}{P(a_n=1)} \tag{4.3.22}$$

由图 4.3.8 可见,最佳 $V_T$ 位于两条概率分布曲线的交点处,它使两块阴影面积之和为最小,其物理意义是明显的。许多时候,可以简单地认为数据 1 和 0 是等概率的,这时,$P(a_n=1)=P(a_n=0)=1/2$,于是,上式简化为 $V_T = \frac{y_{s1}+y_{s0}}{2}$。

再将该 $V_T$ 代入式(4.3.21),求得相应的平均误码率为

$$P_e = \frac{1}{2}\int_{-\infty}^{\frac{y_{s1}+y_{s0}}{2}}\frac{1}{\sqrt{2\pi}\sigma_n}e^{-\frac{(r-y_{s1})^2}{2\sigma_n^2}}dr + \frac{1}{2}\int_{\frac{y_{s1}+y_{s0}}{2}}^{\infty}\frac{1}{\sqrt{2\pi}\sigma_n}e^{-\frac{(r-y_{s0})^2}{2\sigma_n^2}}dr$$

在第一个积分式中令 $z=-(r-y_{s1})/\sigma_n$,在第二个积分中令 $z=(r-y_{s0})/\sigma_n$,得到

$$P_e = \frac{1}{2}\int_{\frac{y_{s1}-y_{s0}}{2\sigma_n}}^{\infty}\frac{1}{\sqrt{2\pi}}e^{-\frac{z^2}{2}}dz + \frac{1}{2}\int_{\frac{y_{s1}-y_{s0}}{2\sigma_n}}^{\infty}\frac{1}{\sqrt{2\pi}}e^{-\frac{z^2}{2}}dz = \int_{\frac{y_{s1}-y_{s0}}{2\sigma_n}}^{\infty}\frac{1}{\sqrt{2\pi}}e^{-\frac{z^2}{2}}dz = Q\left(\frac{y_{s1}-y_{s0}}{2\sigma_n}\right)$$

综上所述,对于等概率取值的二进制序列,基带接收系统的最佳判决门限是

$$V_T = \frac{y_{s1}+y_{s0}}{2} \tag{4.3.23}$$

最佳接收

系统相应的平均误码率为

$$P_e = Q\left(\frac{y_{s1}-y_{s0}}{2\sigma_n}\right) = Q\left(\sqrt{\frac{(y_{s1}-y_{s0})^2}{4\sigma_n^2}}\right) \tag{4.3.24}$$

从本节开始处的讨论我们知道,上面的结论具有一般性。结论中包含了三个参数 $y_{s0}$、$y_{s1}$ 与 $\sigma_n$,它们反映了不同信号模式与不同接收滤波器的影响。其中,$y_{s0}$ 与 $y_{s1}$ 对应信号的强度,由具体的信号与接收滤波器共同决定;而 $\sigma_n$ 取决于过滤后的噪声,由接收滤波器决定。

**4. 最佳接收机及最小误码率**

现在我们看如何优化滤波器 $h(t)$。有趣的是式(4.3.24)中的 $\frac{(y_{s1}-y_{s0})^2}{\sigma_n^2} = \frac{[y_{s1}(t_0)-y_{s0}(t_0)]^2}{E[y_n^2(t)]}$ 是类似于信噪比的一种度量。记 $s_d(t)=s_1(t)-s_0(t)$ 与 $y_d(t)=s_d(t)*h(t)$,则 $\frac{(y_{s1}-y_{s0})^2}{\sigma_n^2} = \frac{y_d^2(t_0)}{E[y_n^2(t)]}$。依照匹配滤波器可知,若取 $h(t)$ 为 $s_d(t)$ 的匹配滤波器,能够使 $\frac{y_d^2(t_0)}{E[y_n^2(t)]}$ 达到最大,由于 $Q(x)$ 函数是单调递减的,则 $P_e$ 最小。因此,最佳接收机应该采用如下的匹配滤波器

$$h(t) = ks_d(t_0-t) = k[s_1(t_0-t) - s_0(t_0-t)] \tag{4.3.25}$$

其中,$k$ 为任意常数。

又由式(4.3.11)，匹配滤波器输出信噪比，$\frac{(y_{s1}-y_{s0})^2}{\sigma_n^2} = \frac{2E_d}{N_0}$。其中，$E_d$ 是 $s_d(t) = s_1(t) - s_0(t)$ 的能量。所以，代入式(4.3.24)，最佳接收机的误码率为

$$P_e = Q\left(\sqrt{\frac{E_d}{2N_0}}\right) \tag{4.3.26}$$

综上所述，对于采用一般信号 $s_0(t)$ 与 $s_1(t)$ 分别进行 0 与 1 的（任意）二元传输，最佳接收机如下：

(1) 最佳接收滤波器为两信号差的匹配滤波器，冲激响应如式(4.3.25)所示；
(2) 最佳门限为信号 $s_0(t)$ 与 $s_1(t)$ 经过滤波器后的中值，如式(4.3.23)所示；
(3) 传输系统的最佳误码率性能如式(4.3.26)所示。

值得注意的是，由于信号 $s_0(t)$ 与 $s_1(t)$ 的任意性，这一结论具有广泛的通用性，特别是它不仅适用于基带传输，也适用于后面将会讨论的频带传输的情形。

下面将所得结论具体应用到基带传输中双极性与单极性信号的特定情形：

(1) 双极性信号：脉冲幅度为 $\pm A$，则 $s_d(t) = Ag_T(t) - [-Ag_T(t)] = 2Ag_T(t)$。码元的平均能量 $E_b$ 为 $Ag_T(t)$ 的能量，因此，$E_d = 4E_b$。
(2) 单极性信号：脉冲幅度为 $A$ 与 0，则 $s_d(t) = Ag_T(t) - 0$。码元的平均能量为 $Ag_T(t)$ 的能量的一半，因此，$E_d = 2E_b$。

综上所述可得：① $h(t)$ 应采用 $g_T(t)$ 的匹配滤波器；② 双极性与单极性信号的最佳误码率分别是：

$$P_e = Q(\sqrt{2E_b/N_0}) \quad 与 \quad P_e = Q(\sqrt{E_b/N_0})$$

这便是表 4.3.1 的结果。

注意到其中的 $g_T(t)$ 可以是任意脉冲，例如，NRZ、RZ、矩形或非矩形等，只要平均能量 $E_b$ 一样，则 $P_e$ 的结论一样。这是匹配滤波器所具有的有趣且重要的结论。

### *4.3.5 一般接收系统的误码率计算

4.3.4 节分析了二元传输的误码过程，得出了最佳接收系统及其最小平均误码率结论。对于一般的系统，如 LPF 系统，可以结合分析中的参数 $y_{s0}$、$y_{s1}$ 与 $\sigma_n$ 进行具体分析。下面我们结合 LPF 与匹配滤波器接收系统举例说明。

**例 4.7** 采用 LPF 接收的单极性 2PAM 传输系统：假定单极性 NRZ 信号的幅度分别为 0 与 $+A$，信道加性高斯白噪声的双边功率谱为 $N_0/2$，接收滤波器采用带宽为 $B$ 的 LPF，并认为 $B$ 足够大使 $s_0(t)$ 或 $s_1(t)$ 能够几乎无失真地通过（这里 $g_T(t)$ 为单位幅度的脉冲）。计算接收系统的 $y_{s0}$、$y_{s1}$ 与 $\sigma_n^2$；并给出抽样值 $r$ 的条件概率密度。

**解** 由于信号几乎无失真通过 LPF

$$\begin{cases} y_{s0}(t) \approx s_0(t) = 0 \\ y_{s1}(t) \approx s_1(t) = Ag_T(t) \end{cases} \tag{4.3.27}$$

所以，抽样后的值为

$$y_{s0} \approx 0 \quad 与 \quad y_{s1} \approx +A \tag{4.3.28}$$

而 $y_n(t)$ 是 $N_0/2$ 的高斯白噪声通过 LPF 的输出，易知，其方差（也就是其功率）为

$$\sigma_n^2 = N_0 B \tag{4.3.29}$$

因此，接收系统的抽样值 $r$ 具有下述的条件概率密度

$$\begin{cases} f(r\mid 0) = \dfrac{1}{\sqrt{2\pi N_0 B}} e^{-\frac{r^2}{2N_0 B}} \\ f(r\mid 1) = \dfrac{1}{\sqrt{2\pi N_0 B}} e^{-\frac{(r-A)^2}{2N_0 B}} \end{cases} \tag{4.3.30}$$

类似地，对于双极性 NRZ 信号的 LPF 接收系统，容易得

$$\begin{cases} y_{s0} \approx -A \\ y_{s1} \approx +A \end{cases} \quad \text{与} \quad \sigma_n^2 = N_0 B \tag{4.3.31}$$

将上述参数代入式(4.3.24)，可得出单极性、双极性信号在接收系统采用 LPF 时，$P_e$ 结论分别是：

$$P_e = Q\left(\sqrt{A^2/(4N_0 B)}\right) \quad \text{与} \quad P_e = Q\left(\sqrt{A^2/(N_0 B)}\right)$$

**例 4.8** 采用匹配滤波器接收的双极性 2PAM 传输系统：假定双极性 NRZ 信号的幅度分别为 $-A$ 与 $+A$，AWGN 信道的双边功率谱为 $N_0/2$。计算匹配滤波器接收系统的 $y_{s0}$、$y_{s1}$ 与 $\sigma_n^2$。

**解** 记单位幅度的发送脉冲为 $g_T(t)$，则 $s_1(t) = A g_T(t)$ 与 $s_0(t) = -A g_T(t) = -s_1(t)$。又滤波器为 $h(t) = k g_T(T_s - t)$，不妨考虑 $k = A$，即 $h(t) = s_1(T_s - t)$，可见

$$\begin{cases} y_{s0}(t) = s_0(t) * h(t) = -s_1(t) * s_1(T_s - t) \\ y_{s1}(t) = s_1(t) * h(t) = +s_1(t) * s_1(T_s - t) \end{cases}$$

采样时刻为 $t = t_0 = T_s$，这时

$$[s_1(t) * s_1(T_s - t)]\big|_{t=T_s} = \left\{\int_{-\infty}^{+\infty} s_1(\tau) s_1[t-(T_s-\tau)]d\tau\right\}\bigg|_{t=T_s} = \int_{-\infty}^{+\infty} s_1^2(\tau)d\tau$$

这其实正是信号 $s_1(t)$ 或 $s_0(t)$ 的能量，不妨记为 $E_1$，于是

$$y_{s0} = -E_1 \quad \text{与} \quad y_{s1} = +E_1 \tag{4.3.32}$$

至于 $y_n(t)$，它是白噪声通过 $h(t)$ 的输出，首先计算其相关函数

$$R_{y_n}(\tau) = \frac{N_0}{2} h(\tau) * h(-\tau) = \frac{N_0}{2} \int_{-\infty}^{+\infty} h(\alpha) h(\alpha - \tau) d\alpha$$

于是

$$\sigma_n^2 = R_{y_n}(0) = \frac{N_0}{2}\int_{-\infty}^{\infty} h^2(\alpha)d\alpha = \frac{N_0}{2}\int_{-\infty}^{\infty} s_1^2(T_s - \alpha)d\alpha = \frac{N_0}{2} E_1 \tag{4.3.33}$$

利用上述类似的方法可以得出匹配滤波器接收单极性信号的相应结论。再结合式(4.3.24)，进而可得出单极性、双极性最佳接收系统的 $P_e$ 结果，它们正如表 4.3.1 所示。

最后，结合式(4.3.23)还应该注意，对于单极性 2PAM 信号，接收系统的判决门限 $V_T$ 实际上随系统接收滤波器的增益变化，而对于双极性 2PAM 信号，$V_T$ 恒为 0。因此，双极性

系统不仅性能更好，而且门限很容易确定。

## 4.4 多元信号的接收方法与误码分析

4.3节以简单的2PAM信号为例，说明了数字基带传输的主要接收方法，本节将进一步扩展说明多元基带传输的相关情况。由于MPAM信号与2PAM信号相比只是脉冲电平多样化而已，因此，扩展中的许多讨论主要是围绕这一点来展开的。

### 4.4.1 接收方法与误码性能

根据4.3节2PAM的相关讨论，容易想到，在AWGN信道中，$M$元PAM信号的接收方法是相仿的，接收系统的框图如图4.4.1所示。

图4.4.1 $M$元信号的接收系统框图

与2PAM同理，最佳接收系统采用匹配滤波器：$h(t)=kg_T(T_s-t)$，系统定时于每个码元的末端($nT_s$处)抽样可获得最佳的抗噪性能。为了得出$M$元符号，判决器有$M-1$个门限：$V_{T1}<V_{T2}<\cdots<V_{T(M-1)}$，规则为

$$\hat{a}_n = \begin{cases} 0, & r_n < V_{T1} \\ 1, & V_{T1} \leqslant r_n < V_{T2} \\ 2, & V_{T2} \leqslant r_n < V_{T3} \\ \vdots & \vdots \\ M-1, & r_n > V_{T(M-1)} \end{cases} \quad (4.4.1)$$

通常$M$种传输电平采用$\{\pm A, \pm 3A, \pm 5A, \cdots\}$，这时接收系统的$M-1$个判决门限应设置为：$\{0, \pm 2y_A, \pm 4y_A, \cdots\}$，以保证误码率达到最小，其中，$y_A$是$\{Ag_T(t) * h(t)\}$在抽样时刻的取值。最佳接收系统的误码率为（详细推导见4.4.4节）

$$P_e = \frac{2(M-1)}{M} Q\left(\sqrt{\frac{6}{M^2-1} \times \frac{E_s}{N_0}}\right) \quad (4.4.2)$$

其中，$E_s = \frac{M^2-1}{3} E_A$，为平均每符号的信号能量；而$E_A = \int_{-\infty}^{+\infty} [Ag_T(t)]^2 dt$。

当然，也可以采用简单的LPF进行接收，系统的抗噪性能将降低3dB(带宽$B$取为$1/T_s$，$T_s$是传输多元符号的间隔；如果带宽更宽，则性能下降得更多)。

### 4.4.2 误比特率

由于是多元系统，每个$M$元符号对应于$K=\log_2 M$比特，因而，单个错误可能造成不止1比特出错。为了便于统一比较，需要将误码率换算成误比特率。多元数字通信系统经常采用格雷编码，这种编码可以保证每个符号出错时几乎总是只造成1比特错误，因而其误比

特性能最好。可以算出,采用格雷编码的 MPAM 基带系统的误比特率为

$$P_b = \frac{P_e}{K} = \frac{2(M-1)}{M\log_2 M} Q\left(\sqrt{\frac{6\log_2 M}{M^2-1} \frac{E_b}{N_0}}\right) \quad (4.4.3)$$

其中,$E_b = E_s/\log_2 M$ 是平均每比特的信号能量。

图 4.4.2 给出了 $M=2,4,8,16$ 时多元传输系统的误比特率曲线,其中 $M=2$ 是二元传输系统的情形。从图中可以看到,随着 $M$ 的增大,传输系统的抗噪性能将会下降。为了保证同样的 $P_b$,$M$ 每增大 1 倍,$E_b/N_0$ 的增量开始为 4dB,并逐渐趋于 6dB。

图 4.4.2 MPAM 基带系统误比特率曲线

### 4.4.3 格雷编码

在 $M$ 元符号系统中,每个 $M$ 符号对应于一组 $K=\log_2 M$ 位的二进制比特串,它们两者之间的映射规则称为 $M$ 元符号的**编码规则**,表 4.4.1 给出了 $M=4,8,16$ 元符号的**格雷(Gray)编码规则**。

表 4.4.1 格雷编码规则

| 符 号 值 | 格雷编码 | 自然编码 |
|---|---|---|
| 0 | 0 0 0 0 | 0 0 0 0 |
| 1 | 0 0 0 1 | 0 0 0 1 |
| 2 | 0 0 1 1 | 0 0 1 0 |
| 3 | 0 0 1 0 | 0 0 1 1 |
| 4 | 0 1 1 0 | 0 1 0 0 |
| 5 | 0 1 1 1 | 0 1 0 1 |
| 6 | 0 1 0 1 | 0 1 1 0 |
| 7 | 0 1 0 0 | 0 1 1 1 |
| 8 | 1 1 0 0 | 1 0 0 0 |
| 9 | 1 1 0 1 | 1 0 0 1 |

续表

| 符 号 值 | 格 雷 编 码 | 自 然 编 码 |
|---|---|---|
| 10 | 1 1 1 1 | 1 0 1 0 |
| 11 | 1 1 1 0 | 1 0 1 1 |
| 12 | 1 0 1 0 | 1 1 0 0 |
| 13 | 1 0 1 1 | 1 1 0 1 |
| 14 | 1 0 0 1 | 1 1 1 0 |
| 15 | 1 0 0 0 | 1 1 1 1 |

表中的黑体部分是四元(2位)格雷编码规则。在它的基础上,如果需要产生八元(3位)格雷编码,只要做如下处理:

(1) 将2位格雷编码前面补0成为3位,作为3位码的0~3符号值的编码。

(2) 再将2位格雷编码按相反顺序(即成镜像)排列,前面补1,作为3位码的4~7符号值的编码。

仿照这种方法可构造更高位的格雷编码。由于格雷编码的这种镜像对称规律,因而又称为**反射码**。

表4.4.1中还给出了相应的自然编码规则,仔细观察可发现,格雷编码的任何两相邻符号值对应的二进制比特串只有1位不同。例如,符号值7与8,其格雷编码只是最高1位不同,形如"x100";而其自然码有4位全部不同,形如"xxxx"。

格雷编码的这种特点与多电平传输的误码特性可以很好地结合,因为传输中任何电平出错时总是最容易错成相邻的电平,当采用格雷编码规则时,就只会造成1比特的错误。所以,格雷编码因容错性好而大量地应用在各种$M$元系统中。

**例4.9** 采用MPAM信号传输一段二元序列{101101000111101011},试求符合格雷编码规则的四元与八元符号序列。

**解** 按两位、三位组成符号,并按格雷编码规则可得到

四元符号序列:{10 11 01 00 01 11 10 10 11} 编码为{3 2 1 0 1 2 3 3 2};

八元符号序列:{101 101 000 111 101 011} 编码为{6 6 0 5 6 2}。 ■

**例4.10** 已知MPAM系统的传输误码率为$P_e$,系统不采用格雷编码,每错误符号等概地造成$1 \sim K = \log_2 M$个比特错误。试求误比特率$P_b$。

**解** 设每错误符号平均造成$K_e$比特出错,由题意,$K_e = \frac{1}{K}\sum_{i=1}^{K} i = \frac{K+1}{2}$。于是,在每个码元中,比特错误的平均比例为$\frac{K_e}{K} = \frac{K+1}{2K} = \frac{1}{2} + \frac{1}{2K}$,所以

$$P_b = \left(\frac{1}{2} + \frac{1}{2K}\right)P_e > \frac{1}{2}P_e \quad (4.4.4)$$

当$K$较大时,$P_b \approx P_e/2$。 ■

### 4.4.4 误码分析

与二元传输过程相同,信道噪声使得抽样值$r_n$具有随机性,因而判决输出可能出现误码。从单个符号的传输过程来看,MPAM与2PAM是完全一样的,只是具体的电平种类与

取值不同而已。假定发送码元 $a_n=i$（取值 $i$，$0 \leqslant i \leqslant M-1$）时，信号电平为 $A_i$，则接收信号
$$s_i(t) = A_i g_T(t)$$
抽样值为
$$r_n \sim N(y_{si}, \sigma_n^2)$$
其中，
$$y_{si} = \{A_i g_T(t) * h(t)\} \text{ 在抽样时刻的取值}$$
$$\sigma_n^2 = \text{功率谱为 } N_0/2 \text{ 的白噪声通过 } h(t) \text{ 后的功率}$$
即 $r_n$ 是同方差的高斯随机变量，其均值因符号的不同而不同。

$M$ 元信号最常用的电平取值为 $\{\pm A, \pm 3A, \pm 5A, \cdots, \pm(M-1)A\}$，它们共 $M$ 种，围绕原点正负对称，并以间隔 $2A$ 等距排列。相应的 $y_{si}$ 为 $\{\pm y_A, \pm 3y_A, \pm 5y_A, \cdots, \pm(M-1)y_A\}$，其中令
$$y_A = \{A g_T(t) * h(t)\} \text{ 在抽样时刻的取值}$$
易见，$y_{si}$ 与电平 $A_i$ 一一对应。

以 $M=4$ 为例，
$$\{A_i\} = \{-3A, -A, +A, +3A\}$$
$$\{y_{si}\} = \{-3y_A, -y_A, +y_A, +3y_A\}$$
于是，抽样值 $r_n$ 的条件概率密度示意图如图 4.4.3 所示。

图 4.4.3 抽样值 $r_n$ 的（条件）概率密度示意图

图 4.4.3 示意了 $r_n$ 的分布特性与门限 $V_{Ti}$，由该图可以看出，传输过程的平均误码率为
$$P_e = P(a_n=0)P[r_n > V_{T1} \mid a_n=0] +$$
$$P(a_n=1)P[(r_n \leqslant V_{T1}) \cup (r_n > V_{T2}) \mid a_n=1] + \cdots +$$
$$P(a_n=M-1)P[(r_n \leqslant V_{T(M-1)}) \mid a_n=M-1] \qquad (4.4.5)$$

在没有更多先验知识的条件下，不妨考虑 $a_n$ 的各种取值等概率的情况，即 $P(a_n=i)=1/M$。这时由图形可直接看出，使 $P_e$ 最小的门限应位于图中相邻曲线的交点处，由于图中各高斯曲线形状完全一样，易见

$$\begin{cases} V_{T1} = (y_{s1} + y_{s0})/2 \\ V_{T2} = (y_{s2} + y_{s1})/2 \\ \quad \vdots \\ V_{T(M-1)} = (y_{s(M-1)} + y_{s(M-2)})/2 \end{cases} \qquad (4.4.6)$$

如果电平取值为 $\{\pm A, \pm 3A, \pm 5A, \cdots, \pm(M-1)A\}$，则门限取值为
$$\{0, \pm 2y_A, \pm 4y_A, \cdots, \pm(M-2)y_A\} \qquad (4.4.7)$$
它们位于各个 $y_{si}$ 之间，距相邻 $y_{si}$ 的距离为 $y_A$。以 $M=4$ 为例，它们是 $\{-2A, 0, +2A\}$。

这时，由式(4.4.5)可得平均误码率为

$$P_\mathrm{e} = \frac{1}{M} P[r_n > V_{\mathrm{T}1} \mid a_n = 0] + \frac{1}{M} P[(r_n \leqslant V_{\mathrm{T}1}) \bigcup (r_n > V_{\mathrm{T}2}) \mid a_n = 1] + \cdots +$$
$$\frac{1}{M} P[r_n \leqslant V_{\mathrm{T}(M-1)} \mid a_n = M-1] \tag{4.4.8}$$

由于 $M$ 种条件概率密度 $f(r_n \mid i)$ 是同方差的高斯分布，容易看出：

（1）两个外层电平对应的概率相同，并满足

$$P[r_n > V_{\mathrm{T}1} \mid a_n = 0] = P[r_n \leqslant V_{\mathrm{T}(M-1)} \mid a_n = M-1] = \int_{-(M-2)y_A}^{\infty} \frac{1}{\sqrt{2\pi}\sigma_n} \mathrm{e}^{-\frac{[r_n + (M-1)y_A]^2}{2\sigma_n^2}} \mathrm{d}r_n$$

$$= \int_{y_A}^{\infty} \frac{1}{\sqrt{2\pi}\sigma_n} \mathrm{e}^{-\frac{r_n^2}{2\sigma_n^2}} \mathrm{d}r_n = Q(y_A/\sigma_n) \tag{4.4.9}$$

（2）$(M-2)$ 个中间电平对应的概率也相同，并满足

$$P[(r_n \leqslant V_{\mathrm{T}1}) \bigcup (r_n > V_{\mathrm{T}2}) \mid a_n = 1] = P[(r_n \leqslant V_{\mathrm{T}2}) \bigcup (r_n > V_{\mathrm{T}3}) \mid a_n = 2] \cdots$$

$$= 2 \int_{y_A}^{\infty} \frac{1}{\sqrt{2\pi}\sigma_n} \mathrm{e}^{-\frac{r_n^2}{2\sigma_n^2}} \mathrm{d}r_n = 2Q(y_A/\sigma_n) \tag{4.4.10}$$

于是

$$P_\mathrm{e} = \frac{1}{M}[(M-2) \times 2Q(y_A/\sigma_n) + 2Q(y_A/\sigma_n)] = \frac{2(M-1)}{M} Q(y_A/\sigma_n) \tag{4.4.11}$$

最后，针对匹配滤波器方案，借助前节的相关结论容易求出 $y_A = E_A$ 与 $\sigma_n^2 = \frac{N_0 E_A}{2}$，其中，$E_A = \int_{-\infty}^{+\infty} [A g_\mathrm{T}(t)]^2 \mathrm{d}t$。通常，我们需要统一采用平均符号能量 $E_\mathrm{s}$ 参数。对于电平取值为 $\{\pm A, \pm 3A, \pm 5A, \cdots, \pm(M-1)A\}$ 的等概率 MPAM 信号，有

$$E_\mathrm{s} = \frac{2}{M} \sum_{i=1}^{M/2} (2i-1)^2 E_A = \frac{M^2-1}{3} E_A \tag{4.4.12}$$

于是，$M$ 元最佳传输系统的误码率为

$$P_\mathrm{e} = \frac{2(M-1)}{M} Q\left(\sqrt{\frac{6}{M^2-1} \times \frac{E_\mathrm{s}}{N_0}}\right)$$

## 4.5 码间串扰与带限信道上的传输方法

本章前几节简单说明了传输数字消息序列的基本过程，包括从产生基带 PAM 信号到噪声中的最佳接收方法。分析中我们采用了 AWGN 信道，但忽略了一个重要的问题——信道的传输带宽。我们认为除了加性噪声以外信道是理想的，其带宽无限宽，任何数字 PAM 信号都可以顺利通过。事实上，所有信道的带宽都是有限的。因此需要考察信号在带限信道上会受到什么影响？用什么方法才能够很好地传输数字消息。

本节首先说明不理想的信道将造成码间串扰的问题，以及怎样设计系统才能消除它；而后讨论如何应用升余弦滚降滤波器解决带限信道上的码间串扰问题；最后介绍带限信道

上兼顾加性噪声与码间串扰的最佳基带传输系统。

### 4.5.1 码间串扰问题

实际信道总是带宽有限的,好的信道也只是在某个给定的带宽内保持平坦,其(归一化)频率响应 $C(f)$ 不是像绝对理想信道那样对所有频率 $f$ 都恒为 1。为了深入分析一般信道的情况,我们不妨广泛地考虑任何形式的非理想信道,包括(良好的)带限信道与具有各种畸变的信道,它们的频率响应都表现为 $C(f) \neq 1$,相应的时域冲激响应记为 $c(t) \neq \delta(t)$。

数字传输系统的整体框图如图 4.5.1 所示,这里侧重从频域上考察信道的影响。其中,发送滤波器的传递函数为 $G_T(f)$,冲激响应为 $g_T(t)$;接收滤波器的传递函数为 $G_R(f)$,冲激响应为 $g_R(t)$(这里,接收滤波器不再使用 4.4 节的 $h(t)$,而改用 $g_R(t)$)。

**图 4.5.1 数字 PAM 传输系统的整体框图**

我们发现从 $\{a_n\}$ 到 $\{\hat{a}_n\}$ 的传输过程中,各个脉冲信号经过信道与接收滤波器后可能发生不期望的变形,从而影响接收。下面仔细分析这个问题。

容易看到,信道 $C(f)$ 的影响完全反映在 $y(t)$ 的抽样值 $r_n$ 中,而经过接收滤波器后的输出信号为

$$y(t) = \left\{ \left[\sum_{k=-\infty}^{\infty} a_k \delta(t-kT_s)\right] * g_T(t) * c(t) + n(t) \right\} * g_R(t)$$

令 $y_n(t) = n(t) * g_R(t)$,并令数字基带传输系统总的冲激响应为

$$h(t) = g_T(t) * c(t) * g_R(t) \tag{4.5.1}$$

相应地,总的频率响应函数为

$$H(f) = G_T(f) C(f) G_R(f) \tag{4.5.2}$$

于是

$$y(t) = \sum_{k=-\infty}^{\infty} a_k \delta(t-kT_s) * h(t) + y_n(t) = \sum_{k=-\infty}^{\infty} a_k h(t-kT_s) + y_n(t) \tag{4.5.3}$$

记抽样定时为 $t = nT_s + t_0$,得到抽样值 $r_n = y(nT_s + t_0)$。其中,$t_0$ 是相对每个时隙开始处的某个固定的时延,为了叙述简明,下面的讨论中不妨将其省略。于是

$$r_n = y(nT_s) = \sum_{k=-\infty}^{\infty} a_k h(nT_s - kT_s) + y_n(nT_s)$$

$$= a_n h(0) + \sum_{\substack{m=-\infty \\ m \neq 0}}^{\infty} a_{n-m} h(mT_s) + y_n(nT_s) \qquad (4.5.4)$$

式中,令 $m=n-k$。式中的第一项对应所期望接收的 $a_n$ 符号(不妨认为 $h(t)$ 是归一化的,即 $h(0)=1$);第二项由 $a_n$ 符号以外的其他符号构成,是其他符号对当前符号 $a_n$ 的干扰,称为**码间串扰**或**码间干扰**(Inter-Symbol Interference,ISI);第三项为噪声的影响。

码间干扰反映的是基带系统传递函数的不良,其中包括信道的部分,也包括接收与发送滤波器等部分。展开式(4.5.4)中的 ISI 对应项有

$$\sum_{\substack{m=-\infty \\ m \neq 0}}^{\infty} a_{n-m} h(mT_s) = \cdots + a_{n-2} h(2T_s) + a_{n-1} h(T_s) +$$

$$a_{n+1} h(-T_s) + a_{n+2} h(-2T_s) + \cdots \qquad (4.5.5)$$

可见,由于 $m \neq 0$ 时的 $h(mT_s) \neq 0$,前后的码元对第 $n$ 个码元的接收造成干扰。或者从传输各个码元时引起的脉冲 $a_n h(t-nT_s)$ 的角度观察,如图 4.5.2 所示,由于传输后的脉冲存在前导与拖尾,它在完成传递 $a_n$ 的同时也不同程度地干扰了前后码元的接收,图 4.5.2 清楚地反映出 ISI 的物理意义是"码元彼此间的串扰"。

图 4.5.2 码元彼此间串扰的示意图

因为前后码元是随机的,所产生的码间串扰也是随机的,如果它足够大就可能直接引起误码,即使它本身不太大,也会增加噪声产生误码的机会。而且,码间串扰的影响无法通过增加信号功率等方法来减弱。

依据前两节与上面的分析,基带传输系统总的不良因素,集中体现在码间串扰与噪声影响两点上。解决噪声影响的方法已在前两节中进行了讨论,主要是运用 LPF 与匹配滤波器来抑制;解决 ISI 的方法是本节下面将要重点讨论的。

### 4.5.2 无码间串扰传输与奈奎斯特准则

为了最好地传输数字信号,应该保证接收时没有码间串扰,这就要求传输系统总的冲激响应 $h(t)$ 满足

$$h(nT_s) = \delta[n] = \begin{cases} 1, & n=0 \\ 0, & n \neq 0 \end{cases} \qquad (4.5.6)$$

即,$h(t)$ 的抽样序列是数字冲激序列 $\delta[n]$(这里不妨考虑归一化后的 $h(t)$)。

式(4.5.6)这一条件是数字基带传输系统无码间串扰的充要条件,它也可以用传输系统总的频率响应 $H(f)$(从频域上)来表述,被称为奈奎斯特(Nyquist)准则。

**定理（奈奎斯特准则）** 数字基带传输系统无码间干扰的充要条件是式(4.5.6)。其频域形式为

$$\sum_{k=-\infty}^{+\infty} H\left(f - \frac{k}{T_s}\right) = 常数 \qquad (4.5.7)$$

**证明** 根据前面 ISI 的分析，这一结论的时域部分是明显的，而频域部分可以说明如下。式(4.5.6)等价于

$$h(t)\sum_{k=-\infty}^{+\infty}\delta(t-kT_s) = \sum_{k=-\infty}^{+\infty} h(kT_s)\delta(t-kT_s) = h(0)\delta(t)$$

两边进行傅里叶变换，注意到

$$\mathcal{F}\left[\sum_{k=-\infty}^{+\infty}\delta(t-kT_s)\right] = \frac{1}{T_s}\sum_{k=-\infty}^{+\infty}\delta\left(f-\frac{k}{T_s}\right) \quad 与 \quad \mathcal{F}[\delta(t)]=1$$

于是

$$H(f) * \left[\frac{1}{T_s}\sum_{k=-\infty}^{+\infty}\delta\left(f-\frac{k}{T_s}\right)\right] = \frac{1}{T_s}\sum_{k=-\infty}^{+\infty} H\left(f-\frac{k}{T_s}\right) = h(0)(常数)$$

于是定理得证。∎

奈奎斯特准则的含义是：判断任何信道是否含有 ISI 的有效方法是计算并观察 $\sum_{k=-\infty}^{+\infty} H(f-k/T_s)$ 是否为常数。由于它是 $H(f)$ 按 $R_s=1/T_s$ 周期重复的结果，一定是周期为 $R_s$ 的函数，因此，只需观察它在 $(-R_s/2, R_s/2)$ 上是否为常数就可以做出判断。

**例 4.11** 给定图 4.5.3(a)的几种信道传输特性 $H(f)$，如果按 $R_s$ 码率进行数字传输，试分析传输中是否存在 ISI。

(a) 几种信道传输特性($H(f)$)

(b) 几种信道的 $\sum_{k=-\infty}^{+\infty} H(f-k/T_s)$

图 4.5.3 例 4.11 图

**解** 按 $R_s$ 将图中的各个 $H(f)$ 重复后得到相应的 $\sum_{k=-\infty}^{+\infty} H(f-k/T_s)$ 在 $(-R_s/2, +R_s/2)$ 部分如图 4.5.3(b)所示。显然，第 1、3 幅图是平坦的，而第 2 幅图不是。因此，在

第 1、3 信道上的传输中无 ISI，而在第 2 信道上的传输中有 ISI。

应该特别注意的是：在这里与后面讨论 ISI 问题时，总是说传输系统总的 $h(t)$ 或 $H(f)$ 需要具有某种特性，其实，为了实现这种特性，设计者最终是通过控制发送滤波器与接收滤波器来完成。由于 $h(t)=g_T(t)*c(t)*g_R(t)$，其中，信道特性通常不是人为可控的，因此，该要求主要通过控制发送滤波器 $g_T(t)$ 与接收滤波器 $g_R(t)$ 来实现。

### 4.5.3 带限信道上的无码间串扰传输

现在我们回到实际基带信道的基本情形。基带信道大都是带限信道，通常在给定的带宽上它们基本上是平坦的，相应的 $C(f)$ 可以视为理想低通滤波器。下面讨论这类"良好"信道上的无码间干扰传输问题。

由于基带信道是带限的，于是，传输系统总的频率响应函数也是带限的。假定 $H(f)$ 的带宽为 $W$，传输系统欲以 $R_s=1/T_s$ 的码率传输数字序列，依据奈奎斯特准则，会出现下面三种情况。

(1) 带宽不足，$W<R_s/2$：如图 4.5.4(a)所示，将 $H(f)$ 按 $R_s$ 周期重复后根本无法形成常数频谱，因此，该系统根本无法满足奈奎斯特准则，接收中一定存在码间串扰；

图 4.5.4 带限信道 $\sum_{k=-\infty}^{+\infty} H(f-k/T_s)$ 的三种情况

(2) 带宽临界，$W=R_s/2$：如图 4.5.4(b)所示，当且仅当 $H(f)$ 正好为 $R_s/2$ 的 LPF 时，它按 $R_s$ 周期重复后恰好可构成常数频谱。因此，无码间串扰接收的充要条件为 $H(f)$ 是如下的理想 LPF

$$H(f)=\begin{cases}常数, & |f|\leqslant R_s/2 \\ 0, & |f|>R_s/2\end{cases} \quad (4.5.8)$$

(3) 带宽足够,$W > R_s/2$:如图 4.5.4(c)所示,这时,有可能找出某些合适的 $H(f)$,周期重复时满足奈奎斯特准则,从而保证接收时无码间串扰。

由上面的讨论可以立即得到一个简明的关系式,在无码间串扰的条件下必有:$W \geqslant R_s/2$ 或 $R_s \leqslant 2W$。进而引出如下的重要结论。

(1) $W$(Hz)宽的基带信道每秒最多可能传输 $2W$ 个符号。$2W$ 波特被称为基带传输系统的**奈奎斯特速率**。

(2) $R_s$ 码率的基带信号最少需要占用 $R_s/2$ 的带宽。$R_s/2$ 被视为基带信号的理论最小带宽。

定义传输系统的**频带利用率**(**spectral efficiency**)为单位带宽的传输速率,即

$$\eta = \frac{\text{传输速率}}{\text{占用频带宽度}} = \frac{R_s}{B_T}(\text{Baud/Hz}) = \frac{R_b}{B_T} \quad (\text{bps/Hz}) \quad (4.5.9)$$

于是,无码间串扰传输中

$$\eta \leqslant 2 \quad (\text{Baud/Hz}) \quad \text{或} \quad \eta \leqslant 2\log_2 M \quad (\text{bps/Hz}) \quad (4.5.10)$$

显然,二元传输方式的频带利用率的上限为 $2\text{bps/Hz}$,$M$ 元为 $2\log_2 M\text{bps/Hz}$。保持高的频带利用率是非常有意义的,因为同样的信道上可以传输更多的数据,进而可以服务更多的用户。而提高频带利用率(bps/Hz 数值)的基本途径就是增加码元的元数 $M$。

### 4.5.4 升余弦滚降滤波器

为了在 $W$ 宽的信道上最大限度地传输信息,理论上讲,可令 $R_s = 2W$,这要求传输系统总的频率响应 $H(f)$ 为理想低通滤波器特性,如式(4.5.8)。但是理想的低通特性具有绝对陡峭的频谱变化,它实际上是无法实现的。为了解决上述问题,工程上适当降低 $R_s$,并广泛采用升余弦滚降特性的 $H(f)$,因为,它的频谱宽度与边沿特性都很容易控制,又能够较好地近似实现。

**升余弦滚降**(**Raised Cosine-rolloff,RC**)**滤波器**的传输函数定义为

$$H_{RC}(f) = \begin{cases} \dfrac{1}{2f_0}, & 0 \leqslant |f| \leqslant (1-\alpha)f_0 \\ \dfrac{1}{4f_0}\left\{1 + \cos\dfrac{\pi[|f|-(1-\alpha)f_0]}{2\alpha f_0}\right\}, & (1-\alpha)f_0 < |f| \leqslant (1+\alpha)f_0 \\ 0, & |f| > (1+\alpha)f_0 \end{cases}$$

(4.5.11)

它包含两个参数,$\alpha$ 与 $f_0$。$\alpha$ 称为**滚降因子**(**rolloff factor**),取值为 $0 \leqslant \alpha \leqslant 1$;$f_0$ 是它的 6dB 带宽。相应的冲激响应为

$$h_{RC}(t) = \frac{\sin(2\pi f_0 t)}{2\pi f_0 t} \frac{\cos(2\pi \alpha f_0 t)}{1-(4\alpha f_0 t)^2} \quad (4.5.12)$$

$H_{RC}(f)$ 与 $h_{RC}(t)$ 如图 4.5.5 所示。$H_{RC}(f)$ 的最大(绝对)带宽为 $W=(1+\alpha)f_0$;而 $h_{RC}(t)$ 是归一化的,即 $h_{RC}(0)=1$。容易看出,$H_{RC}(f)$ 的过渡边沿是一段"提升起来的"余弦波形,$H(f)$ 因此取名为升余弦滤波器。

显然,使 $f_0 = R_s/2$ 时,升余弦滤波器满足奈奎斯特准则。因此,应用升余弦滤波器时

图 4.5.5 升余弦滤波器的 $H_{RC}(f)$ 与 $h_{RC}(t)$

总是按 $R_s = 2f_0$ 的码率传输数据。

$\alpha$ 控制着 $H_{RC}(f)$ 边沿的陡峭程度，或称为"滚降"特性。较大的 $\alpha$ 使频谱边沿平坦，但频带利用率也被降低了，一般而言，

$$\eta = \frac{2}{1+\alpha}(\text{baud/Hz}) = \frac{2\log_2 M}{1+\alpha} \quad (\text{bps/Hz}) \tag{4.5.13}$$

例如，

(1) $\alpha = 0.0$：$H_{RC}(f)$ 正是理想低通滤波器，$\eta = 2(\text{baud/Hz})$；

(2) $\alpha = 0.5$：$H_{RC}(f)$ 边沿已相当平缓，$\eta = 1.333(\text{baud/Hz})$；

(3) $\alpha = 1.0$：$H_{RC}(f)$ 边沿已非常平坦，$\eta = 1(\text{baud/Hz})$。

实际应用中，总是在频带利用率与实现难度之间进行平衡。需要较高的频带利用率时，通常将 $\alpha$ 控制在 0.3 以内。观察时域的 $h_{RC}(t)$ 还注意到，$\alpha$ 的加大使其拖尾加快衰减，而拖尾正是干扰其他码元接收的原因。当拖尾比较低时，即使定时偏差一点，由于拖尾在 $kT_s$ 周围的值已经很小，也不会造成明显的码间干扰。因此较大的 $\alpha$ 还增加了对定时偏差的容许度，这在应用中是很有用的。

严格地讲，升余弦滤波器的 $H_{RC}(f)$ 具有无穷长的 $h_{RC}(t)$，也不是物理可实现的，但只要 $\alpha$ 适度大，采用比较长的有限冲激响应可以很好地近似它，比理想低通滤波器特性要容易实现得多。

**例 4.12** 某基带传输系统信道的频率响应特性在 5MHz 内是平坦的。试求：(1) 无 ISI 的最大传输码率；(2) 采用 $\alpha = 0.3$ 的升余弦滤波器时的最大传输码率；(3) 采用 $\alpha = 0.3$ 的升余弦滤波器实现 10Mbps 传输时如何利用信道？

**解** (1) 根据奈奎斯特准则，由于 $W = 5\text{MHz}$，因此，$R_s(\max) = 2W = 10(\text{Mbaud})$。

(2) 应用 $\alpha = 0.3$ 的升余弦滤波器时，由于 $W = (1+\alpha)f_0$，最大传输码率为 $R_s = 2f_0$。于是

$$R_s(\max) = \frac{2W}{1+\alpha} = \frac{10}{1+0.3} = 7.69(\text{Mbaud})$$

(3) 对于 10Mbps，如果采用二元传输，由于 $R_s = 10(\text{Mbaud}) > 7.69(\text{Mbaud})$，因此，无法进行无 ISI 传输。如果改用四元传输，$R_s = 5(\text{Mbaud})$。利用升余弦滤波器时，令 $f_0 = R_s/2 = 2.5(\text{MHz})$，可得，$\alpha = (W - f_0)/f_0 = (5 - 2.5)/2.5 = 1$。

当然，$\alpha$ 也可以小于 1，比如 0.3，则传输信号最高频率为

$$(1+\alpha)f_0 = 1.3 \times 2.5 = 3.25(\text{MHz})$$

即，它实际上只需要部分信道。

## *4.5.5 带限 AWGN 信道上的最佳传输系统

考虑带宽 $W$ 的基带信道，以如下的低通滤波器表征它的频率响应函数

$$C(f) = \begin{cases} 1, & |f| \leqslant W \\ 0, & |f| > W \end{cases} \tag{4.5.14}$$

另外，信道还存在加性高斯白噪声，其功率谱密度在所关注的频带内平坦，即

$$P_n(f) = \begin{cases} N_0/2, & |f| \leqslant W \\ 0, & |f| > W \end{cases} \tag{4.5.15}$$

这种信道模型称为**带限型 AWGN 信道**。

在这种信道中进行数字传输需要兼顾加性白噪声与码间干扰的影响。理想的数字传输系统应该既是无码间干扰的，又使噪声下的误码率达到最低。应用中广泛采用的系统框图仍然如图 4.5.1 所示，其中，发送与接收滤波器具体设计为

$$\begin{cases} |G_T(f)|^2 = H_{RC}(f) \\ G_R(f) = G_T^*(f) e^{-j2\pi f\tau} \end{cases} \tag{4.5.16}$$

其中的升余弦滤波器 $H_{RC}(f)$ 按参数 $f_0 = R_s/2$ 与某个滚降系数 $\alpha$ 来设计，选 $\alpha$ 时应保证 $H_{RC}(f)$ 完全落在信道通带的 $[-W, +W]$ 之内；$\tau$ 为某个时延常数。

容易看出，式(4.5.16)使得总的传递函数为

$$H(f) = G_T(f) C(f) G_R(f) = |G_T(f)|^2 e^{-j2\pi f\tau} = H_{RC}(f) e^{-j2\pi f\tau}$$

式中，$e^{-j2\pi f\tau}$ 只引起固定的时延，因而 $H(f)$ 满足奈奎斯特准则，保证传输系统中无码间干扰。另一方面，式(4.5.16)的第二式的时域形式为 $g_R(t) = g_T^*(\tau - t)$，即接收滤波器正好为发送脉冲的匹配滤波器，因此传输系统兼有最佳的抗噪声性能。由于无 ISI，系统的误码率仅由加性噪声引起，具体的误码率可在求出每码元的平均信号能量 $E_s$ 后，代入前面匹配滤波器系统的相关公式直接计算。因为，前面推导中已经指出，匹配滤波器接收系统是最佳的，且它的有关结论适用于各种发送脉冲情形(包括升余弦谱脉冲)。

这种设计中的发送与接收滤波器的幅频特性都是升余弦幅频特性的平方根，即

$$|G_T(f)| = |G_R(f)| = \sqrt{H_{RC}(f)} \tag{4.5.17}$$

而相位特性采用线性函数，线性相位特性只引入时延，时延的具体值视应用需要确定。这种滤波器被称为**平方根升余弦**(Squared Raised-Cosine，SRC)**滤波器**。

**例 4.13** 假定基带信道带宽为 1400Hz，系统传输码率为 2400Baud，码元为四元。试设计相应的平方根升余弦滤波器并计算系统的频带利用率。

**解** 令 $f_0 = R_s/2 = 1200(\text{Hz})$，于是，$\alpha = (W - f_0)/f_0 = (1400 - 1200)/1200 = 1/6$。由式(4.5.11)得

$$H_{RC}(f) = \begin{cases} \dfrac{1}{2400}, & 0 \leqslant |f| \leqslant 1000\text{Hz} \\ \dfrac{1}{4800}\left\{1 + \cos\dfrac{\pi[|f| - 1000]}{400}\right\}, & 1000\text{Hz} < |f| \leqslant 1400\text{Hz} \\ 0, & |f| > 1400\text{Hz} \end{cases}$$

确定某常数 $\tau_d$，并取 $G_T(f) = \sqrt{H_{RC}(f)} e^{-j2\pi f \tau_d}$ 与 $G_R(f) = G_T^*(f) e^{-j2\pi f \times 2\tau_d} = \sqrt{H_{RC}(f)} e^{-j2\pi f \tau_d}$。显然，它们满足上述设计要求。

系统的频带利用率为

$$\eta = \frac{2\log_2 M}{1+\alpha} = \frac{2\log_2 4}{1+1/6} = 3\frac{3}{7} (\text{bps/Hz})$$

选择 $\tau_d$ 时应注意：为了较好地近似平方根升余弦频谱特性，并保持滤波器的因果性，$\tau_d$ 需要适当大一点。但也要考虑系统时延，由 $H(f) = H_{RC}(f) e^{-j2\pi f \times 2\tau_d}$ 可知，系统总时延为 $2\tau_d$。本例中 $\alpha$ 较小，$g_T(t)$ 与 $g_R(t)$ 的旁瓣衰减较慢，故 $\tau_d$ 可取大一点，如 $\tau_d = 5T_s$，这样我们用 $[-5T_s, +5T_s]$ 上的部分近似实现整个冲激响应，如图 4.5.6 所示。∎

图 4.5.6　发送与接收滤波器的冲激响应

### 4.5.6　眼图

实际应用中，评价基带传输系统性能的一种定性而方便的实验方法是观察接收端的基带信号波形。在示波器上，基带信号波形会呈现为类似人眼的图案，称为**眼图（eye pattern）**。观察眼图是一种非常重要的实验手段，因为，这种显示形式包含了传输系统大量的有用信息。

眼图的形成机理很简单。示波器显示波形时实质上是周期性地重叠显示，在显示基带信号时，通过示波器面板的水平扫描旋钮可以调节重叠显示的周期，使重叠的各段基带波形的时隙彼此对齐。该过程如图 4.5.7 所示，图 4.5.7(a) 的波形是被观察的基带信号，图 4.5.7(b) 中间的图形是重复显示的结果。由于各段波形所表示的符号是随机的，当许多段波形重叠在一起时，每个时隙上就形成了一个眼状图案。

图 4.5.7　眼图的形成机理

显然，眼图是基带波形的大量不同时隙段重叠的效果，是波形质量的宏观表现：

（1）如果基带波形质量优良，既没有码间干扰又没有噪声（见图 4.5.7(b) 右图），那么，所有时隙上的波形在图中的 A、B 处将准确地重合为两点，形成轮廓清晰的图案。

(2) 如果基带波形中存在码间干扰(见图 4.5.7(b)左图),那么,各时隙上的波形就会变形,在图中的 A、B 处彼此错开;如果包含噪声,线条就会模糊。因此,不良信号将形成轮廓粗、边缘模糊、中空小的图案;严重时,中空会完全消失,称为"眼睛"闭合。

图 4.5.8 重新绘制了眼图,并标出了眼图中的有用信息。图中的 A、B 处位于眼图中央"眼睛"张开最大处,是抽样的最佳时刻。"上眼线"对应符号 1,"下眼线"对应符号 0,判决电平为"眼睛"中间水平横线。由图 4.5.8 可见:

(1) "眼睛"张得愈开,信号质量愈好;
(2) "眼睛"张开的高度决定了系统可以提供的噪声容限;
(3) "眼睛"张开的宽度决定了接收波形可以抽样的时间范围;
(4) "眼线"顶部的斜率决定了接收波形对抽样定时的敏感程度,斜率愈大则对定时误差愈敏感。

图 4.5.8 眼图中的信息

图 4.5.9 示意了两种质量的基带信号对应的眼图,相应的误码率分别是 $10^{-2}$ 与 $10^{-4}$。图 4.5.10 给出了多电平($M=4$)信号的眼图,它是二元基带信号眼图的扩展。

图 4.5.9 两种质量的基带信号对应的眼图

图 4.5.10 多电平($M=4$)信号的眼图

## *4.6 信道均衡

4.5节说明了ISI的问题并集中讨论了在"局部"平坦的带限信道上如何有效传输数字消息序列的方法。但如果实际信道不只是带限的而且是明显非平坦的,那么应该对其进行补偿以消除或至少减小ISI问题,这种处理称为信道均衡。

许多时候,信道的特性是随环境与时间变化的,无法预先精确知道,例如,在电话线上传送数据的应用里,信道是拨号后临时建立的,每次建立的信道通常具有不同的$C(f)$;另外,信道的特性还常常是时变的,移动通信是一个明显的例子,无线信道的特性一般都是时变的,并随通信双方的移动而发生变化。这时,预先按照奈奎斯特准则进行补偿的策略无能为力。

实际上,消除或减低码间串扰的实用方法是:在尽量按照奈奎斯特准则进行"事前"设计的基础上,再在传输系统中插入专门的滤波器,"现场"补偿信道的不完善。这种滤波器被称为**信道均衡器**(channel equalizer),本节讨论它的基本原理与方法。

### 4.6.1 均衡原理

具有均衡器的数字基带传输系统的原理框图如图4.6.1所示,其中,均衡器的频率响应为$G_E(f)$,冲激响应为$g_E(t)$。该系统原有的频率响应为
$$H(f) = G_T(f)C(f)G_R(f)$$
它可能不完全符合奈奎斯特准则。均衡器的作用就是对其进行补偿。使总的系统频率响应
$$H_E(f) = G_T(f)C(f)G_E(f)G_R(f) \tag{4.6.1}$$
符合奈奎斯特准则。

图 4.6.1 具有均衡器的数字基带传输系统

信道均衡技术可以分为频域均衡和时域均衡。频域均衡的基本思想是从频域上用滤波器补偿基带系统,使之满足奈奎斯特准则的频域条件;时域均衡是从时域波形上进行处理,使系统总的冲激响应$h_E(t)$满足奈奎斯特准则的时域条件。

均衡技术是现代数字通信,尤其是高速数字传输中的重要技术之一。从广义上讲,"均衡"指所有消除或减低码间串扰影响的信号处理或滤波技术,包括一些综合与复杂的技术。本节仅讨论均衡器的基本原理与方法。

### 4.6.2 数字均衡器

大量的均衡器安置在抽样器之后、判决器之前,采用数字技术来实现。考察式(4.5.4)给出的抽样值
$$r_n = \sum_{k=-\infty}^{\infty} a_k h(nT_s - kT_s) + y_n(nT_s) = \sum_{k=-\infty}^{\infty} a_k h_{n-k} + z_n = a_n * h_n + z_n \tag{4.6.2}$$

其中,记 $h_n = h(nT_s)$ 与 $z_n = y_n(nT_s)$。$\{h_n\}$ 是传输系统前部分(包括发送滤波器、基带信道与接收滤波器)的等效数字冲激响应序列,$z_n$ 是加性噪声序列。记均衡器的冲激响应序列为 $\{g_{En}\}$,则,经过均衡器补偿后总的冲激响应序列为

$$h_{En} = h_n * g_{En} \qquad (4.6.3)$$

均衡器的目的就是:设计合理的 $\{g_{En}\}$,使得 $i \neq 0$ 时的 $h_{Ei}$(相当于 $h_E(iT_s)$)全部为零,从而消除码间串扰。

数字均衡器是实现特定要求的数字处理系统。按照均衡器所采用的具体结构特点,它常分为线性均衡器与非线性均衡器(如,判决反馈均衡器,decision feedback equalizer);或按照抽样分辨率与更新速率分为码元间隔(symbol spaced)与部分码元间隔(fractional spaced)模式;或按照调节模式分为预置式与自适应式。

一种广为应用的均衡器是时域的线性均衡器,它采用基本的数字 FIR 滤波器来实现。假定它具有 $2N+1$ 个抽头,即

$$g_{Ei} = \begin{cases} c_i, & -N \leqslant i \leqslant N \\ 0, & |i| > N \end{cases} \qquad (4.6.4)$$

于是,$h_{En} = h_n * g_{En} = \sum_{k=-N}^{N} c_k h_{n-k}$。其典型结构如图 4.6.2 所示。这种结构的滤波器也称为**横向滤波器**(transversal filter),它简单且易于调节。由于 $N$ 有限,实际上只能使码间串扰充分地减小。

图 4.6.2 数字 FIR 均衡器(用 $T_s$ 表示时延)

### 4.6.3 基本均衡算法

确定 FIR 均衡器的抽头系数有两种基本算法:一种是确定性方法,称为迫零算法;另一种是统计方法,称均方误差算法。

**1. 迫零算法**

**迫零**(zero forcing)算法由 Lucky 于 1965 年提出,其基本思想是:迫使 $h_{Ei}$ 中的"畸变"为零,即迫使 $i \neq 0$ 时的 $h_{Ei} = 0$。

为了度量 $h_{Ei}$ 中的"畸变",本算法中定义

$$D = \frac{1}{h_{E0}} \sum_{i \neq 0} |h_{Ei}| \qquad (4.6.5)$$

为**峰值畸变**。它表示了抽样时刻上(相对于当前码元值而言)码间干扰的最大可能值,即(码间干扰的)峰值。容易看出,$D = 0$ 与 $h_{Ei} = 0 (i \neq 0)$ 是密切关联的。

当实际均衡器是具有 $2N+1$ 个抽头的横向滤波器时,由于 $N$ 有限,均衡器无法使所有的 $h_{Ei} = 0 (i \neq 0)$,因而不可能完全消除码间串扰,只能尽量降低峰值畸变 $D$。有效的方法是设定抽头系数,使得

$$h_{Ei} = \begin{cases} 1, & i=0 \\ 0, & |i| \leqslant N \end{cases} \quad (4.6.6)$$

即迫使 $i=0$ 的前后各 $N$ 个 $h_{Ei}$ 为零。事实上，它们通常就是最严重的干扰部分。由式(4.6.6)可以建立求解抽头系数 $c_i$ 的联立方程，从而解出 $c_i$。下面的例题说明了这种方法。

**例 4.14** 三抽头的迫零均衡器。

某传输系统存在码间干扰，测得其冲激响应的抽样值为 $h_{-1}=0.2$，$h_0=0.9$，$h_1=-0.3$，$h_2=0.1$，其他 $h_i=0$。试求：均衡器的抽头系数并计算均衡前后的峰值畸变值。

**解** 由 $h_{Ei} = \sum_{k=-1}^{1} c_k h_{i-k} = c_{-1} h_{i+1} + c_0 h_i + c_1 h_{i-1}$ 并按式(4.6.6)得到

$$\begin{bmatrix} h_{E-1} \\ h_{E0} \\ h_{E1} \end{bmatrix} = \begin{bmatrix} h_0 & h_{-1} & h_{-2} \\ h_1 & h_0 & h_{-1} \\ h_2 & h_1 & h_0 \end{bmatrix} \begin{bmatrix} c_{-1} \\ c_0 \\ c_1 \end{bmatrix} = \begin{bmatrix} 0 \\ 1 \\ 0 \end{bmatrix}$$

代入具体数据得到

$$\begin{bmatrix} 0.9 & 0.2 & 0 \\ -0.3 & 0.9 & 0.2 \\ 0.1 & -0.3 & 0.9 \end{bmatrix} \begin{bmatrix} c_{-1} \\ c_0 \\ c_1 \end{bmatrix} = \begin{bmatrix} 0 \\ 1 \\ 0 \end{bmatrix}$$

可解得 $[c_{-1} \quad c_0 \quad c_1] = [-0.2140 \quad 0.9631 \quad 0.3448]$。

利用 $h_{Ei}=c_{-1}h_{i+1}+c_0 h_i+c_1 h_{i-1}$，考虑 $i=-2 \sim +3$，计算出均衡后的非零冲激响应值为 $\{h_{Ei}, i=-2,\cdots,+3\} = \{-0.0428, 0, 1, 0, -0.0071, 0.0345\}$。根据峰值畸变的定义得

$$均衡器前，D = (0.2+0.3+0.1)/0.9 = 0.667$$
$$均衡器后，D = (0.0428+0.0071+0.0345)/1 = 0.0844$$

易见均衡后码间干扰与峰值畸变都有显著降低。

迫零算法的目标是尽量降低码间串扰，它是一种最小峰值畸变准则算法。实现迫零算法的步骤通常是：传输系统先估计出原来的数字冲激响应序列 $h_i = h(iT_s)$，而后解联立方程确定均衡器的抽头系数 $c_i$，最后再进行实际的数据传输。为了估计 $h_i$，一般在实际传输前，系统要发送窄脉冲或其他特定的训练信号，供测量传输特性。这种在通信前训练并建立均衡器系数，而后保持系数进行通信的均衡器，称为**预置式均衡器**。

迫零算法的缺点是：它只关注 ISI 而忽略了噪声的影响，因而，系统难以获得好的最终误码性能。例如，当原传输系统的频率响应特性在某频率处有很大衰减时，均衡器将提供高增益进行补偿，由于信号中总是伴随有噪声，因而，高增益可能放大噪声使总的信噪比明显下降。这时，最小的 ISI 并不能带来最低的误码率。下面介绍的均方误差算法转而追求最低误码率而非单纯的 ISI。

**\*2. 均方误差算法**

**均方误差**（Mean Square Error，MSE）算法以最小均方误差为准则来计算横向滤波器的抽头系数。它不着眼于补偿 $h_i$，而是直接处理传输中的抽样值 $r_n$，使之尽量接近原码元 $a_n$，从而降低误码率。

假设传输码元 $a_n$ 时，接收系统中的抽样值为 $r_n$，均衡器以它作为输入信号，并输出

$r_{En}$。均方误差算法关注的误差为

$$e_n = a_n - r_{En} = a_n - \sum_{k=-N}^{N} c_k r_{n-k} \qquad (4.6.7)$$

由于$e_n$中既含有码间串扰又含有噪声,因此,它是随机变量。所以,算法的目标函数规定为误差的均方值,即$J = E(e_n^2)$。进一步的分析可证明,该目标函数具有最小值,可用求极值的方法解出,于是

$$\frac{\partial J}{\partial c_k} = 2E\left(e_n \frac{\partial e_n}{\partial c_k}\right) = -2E[e_n r_{n-k}] = 0, \quad -N \geqslant k \geqslant N$$

所以,获得最小均方误差的条件是:$E[e_n r_{n-k}] = 0$。该式表明,选择横向滤波器的$2N+1$个抽头系数,使得误差与均衡器的输入抽样值相互正交时,均方误差达到最小。这个结论也称为**正交原理**。进一步地,

$$E[e_n r_{n-k}] = E\left[\left(a_n - \sum_{i=-N}^{N} c_i r_{n-i}\right) r_{n-k}\right] = E[a_n r_{n-k}] - \sum_{i=-N}^{N} c_i E[r_{n-i} r_{n-k}] = 0$$

令$R_{rr}(k-i) = E[r_{n-i} r_{n-k}]$与$R_{ar}(k) = E[a_n r_{n-k}]$,由上式可得到$2N+1$个联立方程

$$\sum_{i=-N}^{N} c_i R_{rr}(k-i) = R_{ar}(k), \quad -N \geqslant k \geqslant N \qquad (4.6.8)$$

易见,$R_{rr}(m)$是抽样值序列$\{r_n\}$的自相关序列,$R_{ar}(m)$是码元序列$\{a_n\}$与抽样值序列$\{r_n\}$的互相关序列。

实现均方误差算法的步骤是先估计出$R_{rr}(m)$与$R_{ar}(m)$,而后解联立方程确定均衡器的抽头系数$c_i$,最后再进行实际的数据传输。一般在实际传输前,系统要先发送伪随机序列,以便估计$R_{rr}(m)$与$R_{ar}(m)$。

均方误差算法不像迫零算法那样只考虑码间串扰,而是综合地降低码间串扰与噪声等各种不良因素。因此,它适应性强,而具有更好的效果。

### 4.6.4 自适应均衡算法

大量的实际信道是时变的或缓慢时变的,针对这种信道,均衡器必须不断地更新系数$c_i$以适应信道的变化,这种均衡器称为**自适应均衡器**(adaptive equalizer)。自适应均衡器又分为周期调节与连续调节两种方式。周期调节通过周期性地发送收方已知的报头或训练序列来实现;而连续调节通过直接使用输出序列充当训练序列来实现。直接使用输出序列来充当训练序列的方法在误码率较小时是可行的,这种方法称为"**判决指导**"(decision directed),它在实际应用中十分有效,因而大量使用。

自适应均衡器采用的准则可以是前面讨论过的峰值畸变(迫零)准则或均方误差最小准则,但具体算法采用迭代求解法。这种算法使均衡器系数逐渐收敛于最佳值,并可以动态地跟踪信道的变化。一种简单而常用的自适应均衡算法是LMS(Least Mean-Square)算法,其基本公式如下

$$\begin{cases} c_i(n+1) = c_i(n) + \alpha e_n r_{n-i}, & -N \geqslant i \geqslant N \\ e_n = \hat{a}_n - r_{En} = \hat{a}_n - \sum_{k=-N}^{N} c_k(n) r_{n-k} \end{cases} \qquad (4.6.9)$$

其中，$c_i(n+1)$ 与 $c_i(n)$ 是 $n+1$ 与 $n$ 时刻均衡器的第 $i$ 个系数，$\alpha$ 是步长常数，$e_n$ 是 $n$ 时刻的误差，$r_n$ 是 $n$ 时刻的抽样值，$\hat{a}_n$ 是由 $r_n$ 判决出的符号值。式(4.6.9)的思想是：均衡器是不断变化的，每个时刻的系数值是其上一个时刻的值，在"吸取差错教训"的基础上更新而来。

## *4.7 部分响应系统

码间干扰问题是每个数字基带传输系统都必须重点考虑的问题。本节继 4.6 节后，再次讨论带限信道上无 ISI 传输的问题，介绍一种称为部分响应或相关电平编码的技术。相应的传输系统称为部分响应或相关编码系统。不同于升余弦滚降滤波器，部分响应系统能够在带宽 $W$ 的带限信道上以 $2W$ 波特的最高码率进行无 ISI 的传输，同时，又不必像 4.5 节中所讨论的那样，要求系统的频率响应特性为具有陡峭边沿的理想低通滤波器特性。相关电平编码技术是 $W$ 带限信道达到奈奎斯特码率的一种实用方法。

部分响应技术解决频谱边沿陡峭问题的基本思想在于：通过编码在前后符号间引入相关性，有意使发送信号中存在 ISI，让系统的频率响应特性不必具有陡峭的边沿，而引入的 ISI 是预知的，可以在接收端加以消除。这种想法是 Adam Lender 于 1963 年提出的。

依据具体方法的不同，部分响应系统可分为多种类别，其中最典型的是第 I 与第 IV 类部分响应系统。

### 4.7.1 第 I 类部分响应系统（又名双二进制系统）

#### 1. 基本原理

第 I 类部分响应系统也称为双二进制系统，其构成如图 4.7.1 所示，它是一个带限信道的基带传输系统。其中，符号序列 $\{a_n\}$ 是取值 $\pm 1$ 的二元无关序列，带限信道的频率响应特性 $H_c(f)$ 简化为截止频率为 $W$ 的理想低通滤波器(LPF)。系统按奈奎斯特码率 $R_s = 2W$（或 $R_b = 2W$）进行传输，码元宽度为 $T_b = 1/2W$。为了实现无 ISI，发送与接收滤波器都是截止频率为 $W$ 的理想 LPF。

图 4.7.1 第 I 类部分响应系统

该系统的特别之处主要在于发送前安置了一个相关编码器，使得实际传输的码元为

$$c_n = a_n + a_{n-1} \tag{4.7.1}$$

虽然 $a_n$ 是彼此无关的，$c_n$ 的前后码元间已引入了相关性，举例说明如下。

**例 4.15** 相关编码示例。

$\{a_n\}$  +1  +1  +1  −1  −1  +1  −1  +1  +1  +1  −1  −1  +1  −1

$\{c_n\}$      +2  +2   0  −2   0   0   0  +2  +2   0  −2   0   0

从例中可见,由于 $a_n$ 是±1 的二元符号,$c_n$ 必定为取值 $-2,0$ 与 $+2$ 的三元符号。而且易知,当 $a_n$ 为二元等概率时,$c_n$ 的取值概率为 $P(c_n=0)=0.5$,$P(c_n=-2)=P(c_n=+2)=0.25$。

接收系统首先得到 $\{\hat{c}_n\}$,它是 $\{c_n\}$ 的传输结果。为了获得原始数据的传输结果 $\{\hat{a}_n\}$,必须对 $\{\hat{c}_n\}$ 解相关,其实质是从 $\hat{c}_n$ 中消除前一码元 $a_{n-1}$ 的影响,即 $\hat{a}_n=\hat{c}_n-a_{n-1}$。由于是在接收端,只能利用前一个判决结果 $\hat{a}_{n-1}$ 充当 $a_{n-1}$,只要传输的误码率较低,系统就可以正常工作。因此,具体方法如下

$$\hat{a}_n = \hat{c}_n - \hat{a}_{n-1} \tag{4.7.2}$$

实际系统中判决安排在解相关之后,$\hat{c}_n$ 是直接的抽样值。最后我们注意到,整个传输过程中,$\{c_n\}$ 是无 ISI 的,也可认为 $\{a_n\}$ 是间接无 ISI 的。

现在,从传输 $\{a_n\}$ 的角度来考察总的传输系统,如图 4.7.1 中整个虚线框部分。由于 $g_T(t)$、信道与 $g_R(t)$ 是理想 LPF,易见,虚线框部分的冲激响应等效于

$$\begin{aligned}
h_I(t) &= g_T(t) + g_T(t-T_b) = \frac{\sin(\pi t/T_b)}{\pi t/T_b} + \frac{\sin(\pi(t-T_b)/T_b)}{\pi(t-T_b)/T_b} \\
&= \frac{T_b}{\pi}\left[\frac{\sin(\pi t/T_b)}{t} + \frac{\sin(\pi t/T_b - \pi)}{(t-T_b)}\right] \\
&= \frac{T_b \sin(\pi t/T_b)}{\pi}\left(\frac{1}{t} + \frac{-1}{t-T_b}\right) = \frac{T_b^2 \sin(\pi t/T_b)}{\pi t(T_b-t)}
\end{aligned} \tag{4.7.3}$$

而且,传输系统总的频率响应是

$$\begin{aligned}
H_I(f) &= G_T(f)H_C(f)G_R(f)(1+e^{-j2\pi fT_b}) = G_T(f)(1+e^{-j2\pi fT_b}) \\
&= G_T(f)\frac{(e^{-j\pi fT_b}+e^{j\pi fT_b})}{2} \times 2e^{-j\pi fT_b} \\
&= \begin{cases} \cos(\pi fT_b)e^{-j\pi fT_b}, & |f| \leqslant W = \dfrac{1}{2T_b} \\ 0, & |f| > W \end{cases}
\end{aligned} \tag{4.7.4}$$

$h_I(t)$、$|H_I(f)|$ 与 $\angle H_I(f)$ 如图 4.7.2 所示。

图 4.7.2 $h_I(t)$、$|H_I(f)|$ 与 $\angle H_I(f)$

注意到一个有趣的特点:这种部分响应系统传输系统能够以奈奎斯特码率传送 $\{a_n\}$,而系统的等效传输特性 $H_I(f)$ 不是理想低通滤波器。那么,这一点与奈奎斯特准则相矛

盾吗? 其实,$h_\mathrm{I}(t)$ 覆盖范围超出了 1 个码元的宽度 $T_\mathrm{b}$,使 $h_\mathrm{I}(T_\mathrm{b})\neq 0$,因此传输 $a_n$ 的过程中本质上存在 ISI,这正是由相关编码引入的,但这个 ISI 是确知的,最终被解相关消除了。

分析 $h_\mathrm{I}(t)$ 与 $H_\mathrm{I}(f)$ 可以注意到,部分响应传输系统的好处是:

(1) $h_\mathrm{I}(t)$ 的拖尾按 $1/|t|^2$ 衰减,比 sinc 函数的 $1/|t|$ 更快,这一特性有利于实际应用。

(2) $H_\mathrm{I}(f)$ 的边沿是平缓的,实现起来比理想低通特性容易。

**2. 具有预编码器的部分响应系统**

上面式(4.7.2)中,这类借助于已有判决结果的方法可称为**判决反馈**(decision feedback),显然,① 如果 $\hat{a}_{n-1}$ 的接收正确,则 $\hat{a}_n$ 可望正确接收;② 如果 $\hat{a}_{n-1}$ 的接收出错,则 $\hat{a}_n$ 将受其错误的影响,并很可能随后产生一连串的误码,这种现象称为**误码传播**。

为了避免"误码传播"现象,可以将解相关处理转移到发送端,而改由预编码来实现,这时传输系统的结构如图 4.7.3 所示。

图 4.7.3 (带预编码的)第 Ⅰ 类部分响应系统

图中,预编码处理定义为

$$d_n = b_n \oplus d_{n-1} \quad (4.7.5)$$

其中,$\oplus$ 表示模二加,即

$$0 \oplus 0 = 0, \quad 0 \oplus 1 = 1, \quad 1 \oplus 0 = 1, \quad 1 \oplus 1 = 0 \quad (4.7.6)$$

由于没有采用普通的线性相加,预编码器是非线性的,并容易用简单的二进制数字电路实现。预编码器的输入 $\{b_n\}$ 与输出 $\{d_n\}$ 都是取值为 0 与 1 的二进制序列,为此,在输入时,取值为 $\pm 1$ 的 $\{a_n\}$ 需要先进行符号变换;而在输出处,$\{d_n\}$ 又需要经过符号变换还原为 $\pm 1$ 的序列,供相关编码处理。由 $a_n$ 的符号变换可见

$$a_n = 2b_n - 1 = 2(d_n \oplus d_{n-1}) - 1 \quad (4.7.7)$$

又由相关编码可见

$$c_n = d'_n + d'_{n-1} \quad (4.7.8)$$

而 $d'_n = 2d_n - 1$。通过 $d_n \oplus d_{n-1}$ 与 $d'_n + d'_{n-1}$ 可以将 $a_n$ 与 $c_n$ 联系在一起,如表 4.7.1 所示。

表 4.7.1  $a_n$ 与 $c_n$ 的关系

| $(d_n, d_{n-1})$ | $d_n \oplus d_{n-1}$ | $a_n = 2(d_n \oplus d_{n-1}) - 1$ | $(d'_n, d'_{n-1})$ | $c_n = d'_n + d'_{n-1}$ |
|---|---|---|---|---|
| 0  0 | 0 | $-1$ | $-1$  $-1$ | $-2$ |
| 0  1 | 1 | $+1$ | $-1$  $+1$ | 0 |
| 1  0 | 1 | $+1$ | $+1$  $-1$ | 0 |
| 1  1 | 0 | $-1$ | $+1$  $+1$ | $+2$ |

从表 4.7.1 中可以看出

$$a_n = \begin{cases} +1, & c_n = 0 \\ -1, & c_n = +2 \text{ 或 } -2 \end{cases} \quad (4.7.9)$$

于是,接收系统中的判决可由抽样值 $r_n$ 整流(取绝对值)后得到

$$\hat{a}_n = \begin{cases} +1, & |r_n| < 1 \\ -1, & |r_n| \geqslant 1 \end{cases} \tag{4.7.10}$$

显然,这一过程不会发生误码传播现象。

**例 4.16** 带预编码的第 I 类部分响应系统。

**发送端:**

| 输入数据 $\{a_n\}$ | +1 | +1 | +1 | −1 | −1 | +1 | −1 | +1 | +1 | −1 | −1 |
|---|---|---|---|---|---|---|---|---|---|---|---|
| 0、1 序列 $\{b_n\}$ | 1 | 1 | 1 | 0 | 0 | 1 | 0 | 1 | 1 | 0 | 0 |
| 预编码输出 $\{d_n\}$ | 0 | 1 | 0 | 1 | 1 | 0 | 1 | 0 | 1 | 1 | 1 |
| ±1 电平序列 $\{d'_n\}$ | −1 | +1 | −1 | +1 | +1 | −1 | +1 | −1 | +1 | +1 | +1 |
| 发送序列 $\{c_n\}$ | 0 | 0 | 0 | +2 | +2 | 0 | −2 | 0 | 0 | +2 | +2 |

**接收端:**

| 抽样序列 $\{r_n\}$ | 0 | 0 | 0 | +2 | +2 | 0 | −2 | 0 | 0 | +2 | +2 |
|---|---|---|---|---|---|---|---|---|---|---|---|
| 绝对值序列 $\{|r_n|\}$ | 0 | 0 | 0 | 2 | 2 | 0 | 2 | 0 | 0 | 2 | 2 |
| 判决输出 $\{\hat{a}_n\}$ | +1 | +1 | +1 | −1 | −1 | +1 | −1 | +1 | +1 | −1 | −1 |

最后需要指出的是,要获得部分响应系统的好处是需要付出代价的。系统相关器的输出是三电平符号,电平的增多意味着抗噪性能的下降。可以证明,双二进制信号比普通二进制信号的 $E_b/N_0$ 需要多出 2.5dB 左右。其他部分响应系统的抗噪性能也会有相应的下降。

### 4.7.2 第 IV 类部分响应系统(又名改进双二进制系统)

实际应用中的许多带限基带信号是不"完善"的,这种信道中包含"隔直"元件,因而零频率附近的信号无法通过它们。由图 4.7.2 可以看出,第 I 类部分响应信号含有丰富的直流分量,将它应用在这类具有"隔直"特性的带限信道上具有明显的缺陷。

第 IV 类部分响应系统可以解决这个问题,其构成如图 4.7.4 所示。

图 4.7.4 第 IV 类部分响应系统

与图 4.7.3 第 I 类部分响应系统对比后可发现,该系统只有少量的差别,预编码与相关编码中都改用了 $2T_b$ 的时延,并在相关编码中采用了负的关联形式,即

$$\begin{cases} d_n = b_n \oplus d_{n-2} \\ c_n = d'_n - d'_{n-2} \end{cases} \tag{4.7.11}$$

因此,这种系统也被称为改进的双二进制系统。

可以证明,这里的接收判决方法应为

$$\hat{a}_n = \begin{cases} -1, & |r_n| < 1 \\ +1, & |r_n| \geq 1 \end{cases} \quad (4.7.12)$$

进而还容易证明，改进的双二进制滤波器的冲激响应为

$$h_{\mathrm{IV}}(t) = \frac{\sin(\pi t/T_b)}{\pi t/T_b} - \frac{\sin[\pi(t-2T_b)/T_b]}{\pi(t-2T_b)/T_b} = \frac{2T_b^2 \sin(\pi t/T_b)}{\pi t(2T_b - t)} \quad (4.7.13)$$

相应的频率响应为

$$H_{\mathrm{IV}}(f) = G_T(f)\left(1 - e^{-j4\pi f T_b}\right)$$

$$= \begin{cases} 2j\sin(\pi f T_b) e^{-j\pi f T_b}, & |f| \leq W = \dfrac{1}{2T_b} \\ 0, & |f| > W \end{cases} \quad (4.7.14)$$

$H_{\mathrm{IV}}(t)$、$|H_{\mathrm{IV}}(f)|$ 与 $\angle H_{\mathrm{IV}}(f)$ 如图 4.7.5 所示。

图 4.7.5　$H_{\mathrm{IV}}(t)$、$|H_{\mathrm{IV}}(f)|$ 与 $\angle H_{\mathrm{IV}}(f)$

观察 $h_{\mathrm{IV}}(t)$ 与 $H_{\mathrm{IV}}(f)$ 可见，它们的各种特性与 $h_{\mathrm{I}}(t)$ 和 $H_{\mathrm{I}}(f)$ 的特性是相似的，同时，$H_{\mathrm{IV}}(f)$ 不包含零频率成分，因此，可以应用于具有"隔直"特性的带限信道上。

### 4.7.3　部分响应系统的一般形式

由上面两类部分响应信号的原理可以推广出产生其他一般部分响应信号的方法，如图 4.7.6 所示。

图中的相关编码器由一个通用的横向滤波器实现，相应的冲激响应为

$$h(t) = \sum_{k=0}^{N-1} w_k g_T(t - kT_b)$$

$$= \sum_{k=0}^{N-1} w_k \frac{\sin(\pi(t-kT_b)/T_b)}{\pi(t-kT_b)/T_b} \quad (4.7.15)$$

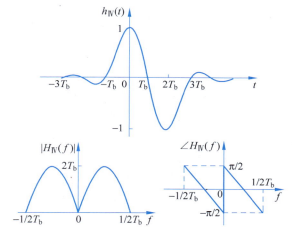

图 4.7.6　一般相关编码器

从式 (4.7.15) 可见，$h(t)$ 的覆盖范围加宽至 $NT_b$ 的宽度，使得在一个码元间隔 $T_b$ 内，$h(t)$ 只有部分响应呈现，因此这类系统被统称为**部分**

响应系统（partial response system）。由于 $h(t)$ 覆盖范围的加宽,这种系统在达到奈奎斯特码率($2W$)的同时频率响应不必具有陡峭的边沿,因而具有可实现性。

适当地配置 $N$ 个抽头系数 $w_k$ 就可以产生适合于不同应用的频谱形式,从而构成不同类型的部分响应系统。五类常用的部分响应信号的抽头系数如表 4.7.2 所示。

表 4.7.2　五类常用的部分响应信号的抽头系数

| 类型 | N | 加权系数 | | | | | 注释 |
|---|---|---|---|---|---|---|---|
| | | $w_0$ | $w_1$ | $w_2$ | $w_3$ | $w_4$ | |
| Ⅰ | 2 | 1 | 1 | — | — | — | 双二进制编码 |
| Ⅱ | 3 | 1 | 2 | 1 | — | — | |
| Ⅲ | 3 | 2 | 1 | −1 | — | — | |
| Ⅳ | 3 | 1 | 0 | −1 | — | — | 改进双二进制编码 |
| Ⅴ | 5 | −1 | 0 | 2 | 0 | −1 | |

由表可见,第Ⅰ、Ⅳ类部分响应系统是其中的两个特例。

## 4.8　符号同步

数字通信的基本过程是逐时隙地传输符号,接收系统在每个时隙上进行抽样,而后依据抽样值识别发送的是哪个符号。因此,基带 PAM 系统传输符号时本质上利用了两点:某个时隙与某个幅度值。前面几节着重从信号的幅度上说明了符号是如何发送的、噪声与码间干扰是如何影响接收的,讨论中总是假设接收系统已经得到了理想的符号定时信号。

符号定时信号又称为符号同步信号,是实施抽样所必需的控制信号。它显然是进行数字通信的关键信号之一。本节主要说明符号同步相关的基本概念,并简单讨论几种典型的定时同步产生方法。

### 4.8.1　基本概念

**符号**(或**码元**)**同步信号**(symbol synchronization signal),也称为**符号**(或**码元**)**定时信号**(symbol timing signal),是一种**时钟**(clock)信号,用于指出在接收信号中的哪些时刻上进行抽样可以有效地恢复码元。例如,例 4.1 中的 $c_b(t)$ 通过上升沿来指明抽样时刻。这些时刻通常位于各个码元的中央(例如,在 LPF 接收系统中),或者位于各个码元的末端(例如,在匹配滤波器接收系统中)。显然,同步信号必须"与传输信号的内在节奏合拍",所以,它要与发送端的定时时钟保持一致,并存在一定的时延,这是由于信号通过信道与收发滤波器时经历了传输与处理时延。

**1. 符号同步的方法**

系统通常可以通过两大类方法获取符号同步信号。第一大类方法利用单独的信道(或额外信息)传输时钟信号,称为**外同步法**或**辅助信息同步法**(data-aided synchronization),具体的方法有多种。在某些数字通信系统中,由同一主时钟系统为收发双方提供精确的定时信号,在此情况下,接收系统只需估计和补偿收发送端之间的相对时延。应该注意,直接使用接收端的本地时钟经过时延校准来作为定时信号是不行的,由于本地时钟与发送端的时钟独立,二者之间一定存在频率与相位差别,即使最初时延已经校准了,随着时间的进展,频率的差别还会使两个时钟逐渐错位。

外同步法提供时钟信号的另一种常用方法是在发送信息序列的同时,发送时钟信号或时钟信号的倍频信号,接收机可以使用对准该信号的窄带滤波器简单地提取时钟。该方案的优点是实现简单;而缺点是发射机必须分配部分信道带宽与信号功率来传输时钟信号,因而是不经济的。在有些系统中,这并不是问题。比如,多路电话传输系统在传送多个用户的语音数据时,还额外发送一路时钟信号,接收端多个接收系统共享该时钟信号,分摊它所造成的额外开销。又如例 4.1 的芯片间的数据通信中,通过额外的线路提供符号时钟 $c_b(t)$,这种方法在近距离的应用中是很常见的。

第二大类方法是直接由信息序列的传输信号提取(或生成)同步信号,称为**自同步法**或**非辅助信息同步法**。自同步法要充分借助传输信号中的某些特性,其主要的方法又可以分为两类:①开环同步法,这类方法从接收信号中直接恢复出发送时钟的副本;②闭环同步法,这类方法自己产生本地时钟,并比较本地时钟与接收信号,利用反馈控制使本地时钟锁定到接收信号的"内在节拍"上。相比之下,闭环法更复杂,它生成的时钟信号也更精确。本节后面两小节将着重讨论两类自同步法。

其实,同步方法是灵活多样的。下面的例子介绍两个经典串行通信协议,有助于理解符号同步的基本内在含义。

**例 4.17** **异步串行通信**中的符号/位同步方法。

**解** 异步串行通信是一种每次传输 1 字节的二元通信方法。通信前收发双方约定了传输速率,因而可以各自计算出时隙宽度 $T_b$。字节传输按图 4.8.1 所示,其规定是:

图 4.8.1 异步串行通信传输格式

(1) 线路空闲时保持高电平,开始传输时电平下跳,并保持一个时隙的低电平。该时隙称为**起始位**;

(2) 而后,逐时隙采用高电平或低电平传输 $b_0, b_1, \cdots, b_7$,称为**数据位**;

(3) 结束时返回高电平,并保持至少一个时隙以便再次传输。该时隙称为**停止位**。

每次接收都由起始位的下跳沿触发,接收方以自行计算的 $T_b$ 定时接收 $b_0, b_1, \cdots, b_7$。即使接收方的 $T_b$ 与发送方的时隙宽度稍有差异,由于对齐起始位的下跳沿后只接收 8 个比特,定时位置是足够准确的。∎

**例 4.18** **IIC 或 I2C(同步)串行通信总线**的符号/位同步方法。

**解** IIC 总线是**集成电路间(Inter-Integrated Circuit,IIC 或 I2C)**总线的缩写,由荷兰飞利浦公司于 20 世纪 80 年代提出,大量用于微处理器及其外围低速设备的连接。IIC 总线由串行时钟线 SCL 和串行数据线 SDA 组成,其传输时序如图 4.8.2 所示。IIC 总线协议的基本规定有:

(1) 起始位——当时钟线 SCL 保持高电平时,数据线 SDA 从高到低的转换被视为传输开始;

(2) 数据改变段——当 SCL 为低电平时，SDA 信号为可改变时期，接收端不应读取数据；

(3) 数据有效段——当 SCL 为高电平时，SDA 信号为数据有效时期，发送端应保持数据稳定，供接收端接收；

(4) 停止位——当 SCL 保持高电平时，SDA 从低到高的转换被视为传输结束。

图 4.8.2 IIC 总线传输时序

与异步串行通信相比，IIC 使用 SCL 与 SDA 两条线路来指示数据的开始、有效、转换与停止阶段，因而更为可靠与复杂。另外，这类模式借助专门的时钟线来进行同步，也常被称为**同步串行通信**。

### 2. 符号同步质量对于传输性能的影响

符号同步信号给出的抽样时刻可能有偏差，这种偏差将使得接收系统不能在最佳时刻抽样，因而增大传输系统的误码率。图 4.8.3 给出了二元传输信号的两个典型波形与眼图，其中，上、下图分别是无噪声与有噪声的情况。波形上的圆点为最佳抽样点位置，也就是符号同步需要给出的抽样时刻，它对应眼图张开幅度最大的位置。显然，如果抽样时刻有偏差，获得的样值会明显变化，从而增加通信的差错率。

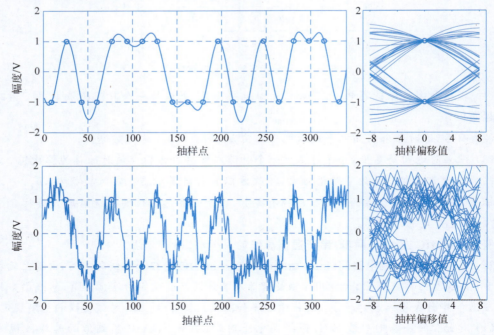

图 4.8.3 无噪声与有噪声时，二元传输信号的典型波形与眼图

同步信号的偏差是随机的,通常用它的均值 $\varepsilon$ 与标准差 $\sigma_e$ 相对于码元宽度的比例值来度量,即用 $\varepsilon/T_s$ 与 $\sigma_e/T_s$ 来度量。而 $\sigma_e/T_s$ 反映了抽样时刻的"晃动"程度,形象地称为**定时抖动**。高质量的符号同步信号应该是 $\varepsilon/T_s$ 为零和 $\sigma_e/T_s$ 非常小。

图 4.8.4 给出了 2PAM 信号在 AWGN 情况下,符号定时抖动对误码率的影响(假定 $\varepsilon/T_s=0$)。由图 4.8.4 可见,当定时抖动 $\sigma_e/T_s<5\%$ 时,误码率不会明显恶化,而当 $\sigma_e/T_s>10\%$ 时,误码率将严重恶化。

图 4.8.4 符号定时抖动 $\sigma_e/T_s$ 对误码率的影响($\varepsilon/T_s=0$)

**例 4.19** 定时抖动的影响。由图 4.8.4,确定 10% 的定时抖动对于 2PAM 基带系统的影响(误码率要求为 $10^{-3}$)。

**解** 由图可见,当 $\sigma_e/T_s=0$ 时,误码率 $10^{-3}$ 要求接收信号的 $E_b/N_0 \approx 6.7\text{dB}$;当 $\sigma_e/T_s=0.1$ 时,误码率 $10^{-3}$ 要求接收信号的 $E_b/N_0 \approx 12.9\text{dB}$。因此,10% 的定时抖动导致 $E_b/N_0$ 的要求增加 6.2dB,即在同样的 AWGN 信道中,发送功率要提高 4 倍以上。

这个代价是很高的,实际应用中,应该尽量将定时抖动控制到更小的程度,使发送功率不必大幅度增高。

### 4.8.2 非线性滤波同步法——开环自同步法

自同步法利用传输信号的某些特征提取符号定时信号,方法的复杂度取决于码元脉冲的具体特性。例如,如果传输信号采用单极性或双极性 RZ 码,其同步电路可以很简单,因为传输信号的 PSD 在 $f=R_s$ 处有一个冲激函数,只要利用一个中心位于 $R_s$ 的窄带滤波器就可以直接获得符号同步信号,最后再通过放大限幅,形成矩形时钟信号。有的实现中还采用锁相环(PLL)代替窄带滤波器提取信号,PLL 电路要复杂许多,但它抗噪性好,提取的信号更加稳定。

对于利用双极性 NRZ 码(或类似发送脉冲)的传输信号,同步电路要稍微复杂一些,如图 4.8.5(a)所示。这里首先使接收信号通过平方律或全波整流器(即绝对值运算),使之转换成图 4.8.5(c)的信号,该信号具有单极性 RZ 码信号的类似特征,可采用窄带滤波器提取符号同步信号,如图 4.8.5(d)和(e)所示。

这种方法的实质是先对信号进行非线性处理,使它的 PSD 在 $f=R_s$ 处形成冲激函数,再从

图 4.8.5 非线性滤波同步方法

中提取符号同步信号。同步器的非线性处理单元还可以采用其他形式实现,如图 4.8.6 所示。

图 4.8.6 非线性滤波的另外两种常见形式

图 4.8.6(a)采用延迟乘积方法,其最佳延时为 $T_s/2$,这时相乘的两个码元之间有半个码元必定相同,而另外半个码元随传输数据随机变化,乘积后的信号在时隙 $T_s/2$ 处引入许多翻转(呈现出类似于 RZ 码的特征),在 $f=R_s$ 处形成离散谱线。

图 4.8.6(b)实际上是一个边缘检测器,通过微分与整流在信号的过零点处形成正、负窄脉冲,新的信号在 $f=R_s$ 处具有离散谱线。这种电路的潜在问题是微分运算对于宽度噪声很敏感,因此,必须前置 LPF 抑制输入信号中的高频噪声。

开环同步法的主要问题是,它的定时误差的均值无法为零,即 $\varepsilon/T_s \neq 0$。即使信噪比很高,误差的均值仍无法减少至零,因为同步信号的波形直接源于含噪声的接收信号。闭环同步法没有这个问题。

### 4.8.3 早迟门同步法——闭环自同步法

**早迟门**(early-late gate)同步法是一种常用的自同步法,它利用传输信号边缘自身的对称性和反馈控制环来实现同步。参考双极性 NRZ 码的眼图可见,从宏观角度讲,传输信号上、下边缘的个数相同,趋向对称。根据这种特性,符号抽样时刻应该定位于眼图中央(张开的最大处)。借助信号边缘对称的特点,可以用三个时刻共同确定最佳抽样时刻。如图 4.8.7 所示,三个时刻依次间隔 $\Delta$(这里 $0<\Delta<T_s/2$),中间一个为符号抽样时刻,前后两个称为早、迟时刻,或超前、滞后时刻。图 4.8.7(b)是抽样时刻正确时的情形,而图 4.8.7(a)与(c)是抽样时刻过前或过后的情形。

(a) 抽样时刻过前　　(b) 抽样时刻正确　　(c) 抽样时刻过后

图 4.8.7　早、迟时刻与抽样时刻的几种情形

记接收滤波后的信号为 $y(t)$,抽样时刻为 $nT_s+\tau$,那么,早、迟时刻分别为 $nT_s+\tau-\Delta$ 与 $nT_s+\tau+\Delta$。当抽样时刻位于最佳位置时,早、迟时刻处的信号幅度值相同,即

$$E[|y(nT_s+\tau-\Delta)|]=E[|y(nT_s+\tau+\Delta)|] \qquad (4.8.1)$$

其中,$E[\cdot]$ 是求平均运算。该运算是必须的,因为,早、迟时刻的信号幅度值只是在足够数量的宏观意义下保持相等。

图 4.8.8 是早迟门同步器的原理框图。其中,上下支路分别获取信号的超前与滞后样本的幅度值,而后比较两支路结果的差值,经 LPF 后(相当于平均运算)得到误差信号

$$err=E[|y(nT_s+\tau-\Delta)|-|y(nT_s+\tau+\Delta)|] \qquad (4.8.2)$$

图 4.8.8　早迟门同步器原理框图

用 err 通过压控振荡器(VCO)控制本地时钟,进而调整抽样时刻:

(1) 如果 err>0,如图 4.8.7(c)情形,抽样时刻应该向前调整;

(2) 如果 err<0,如图 4.8.7(a)情形,抽样时刻应该向后调整;

(3) 如果 err≈0,如图 4.8.7(b)情形,抽样时刻应该保持。

显然,早迟门同步器是一个反馈控制环,通过调整后,本地时钟将锁定在正确的抽样时刻上。

早迟门同步器也可以用图 4.8.9(a)的实现形式,其中积分器相当于一个"门"。两积分器因此称为"早门"与"迟门",分别提取信号的"前沿"与"后沿",如图 4.8.9(b)所示,这里(抽样时刻)前、后信号幅度值替换为前、后沿的积分幅值,其本质与前面讨论的一样。

图 4.8.9 用积分器实现的早迟门同步器

细致考察会发现,由于消息符号的随机性,传输信号的边缘对称性并不总是理想的。如图 4.8.10 所示,当二元符号序列出现各种不同样式的连 0 与连 1 时,边缘会发生变化,抽样时刻前后并不总是对称的,因此环路滤波器的平均作用是非常重要的。但实际系统的环路滤波器只能基于一段较长的信号进行处理,因此,即使早迟门同步误差为 0,抽样时刻也可能因当前波形段的"非平衡"性存在少量偏差,这种误差被称为同步器的**自噪声**。可以发现,加强环路滤波器使其处理的信号时段更长可以进一步降低自噪声,但这也会使得系统跟踪信号变化的能力变差。因此,在设计同步器时需要十分仔细。

图 4.8.10 早迟门同步器中的边缘非对称与自噪声

还需注意的是,对于一般的单、双极性的 NRZ 信号,只有当数据序列中存在足够频繁的 0、1 交替时同步电路才能很好地工作,长连 0 或长连 1 串容易造成同步丢失。解决该问题的主要方法是:预先对数据序列进行处理,使它不出现长连 0 与长连 1 串,一种常用的方法称为**扰码**,它是一种随机化处理方法,将在后面的章节中介绍。

4.9 节将讨论传输信号的各种线路码型。采用合适的线路码型可以传输长连 0 或长连 1 串,保持同步器工作正常,但这时用到的带宽通常要多一些。RZ 码其实就是这类码型中的一个。

### *4.8.4 Gardner 符号同步器

Gardner 符号同步方法是一种闭环自同步方法,它在连续数据传输中广泛使用,例如,用于数字视频广播(Digital Video Broadcasting,DVB)系统的接收设备中。该方法具有结构简洁可靠、通用性与适应性强、对频偏不敏感等重要优点。

Gardner 符号同步方法采用了一种基于固定抽样与内插的闭环反馈控制结构,其组成如图 4.8.11 所示。

图 4.8.11　Gardner 符号同步器的组成

它的主要功能模块包括内插器、时间误差提取器、环路滤波器和控制器,各模块的基本工作原理如下:

(1) 内插器在控制器的控制下,产生适当的内插输出值,用于误差判决;

(2) 时间误差提取器采用 Gardner 误差提取算法,从内插输出值中提取时间误差信息;

(3) 环路滤波器对误差信息进行低通平滑滤波,产生本地控制字;

(4) 控制器根据控制字确定内插器的内插基点下标,以及内插的分数间隔,反馈给内插器用于产生新的"最佳"内插输出值;

(5) 重复上述过程,直到环路锁定。

**1. 内插器的工作原理**

内插原理可通过如图 4.8.12 所示的重抽样过程来说明。

图 4.8.12　采用模拟滤波器的数据率转换结构

在图 4.8.12 中,DAC 为数模转换单元,它将数字抽样序列还原为模拟信号。模拟滤波器的输出信号为

$$y(t) = \sum_m x(m) h_1(t - mT_s) \tag{4.8.3}$$

需要说明的是,$y(t) \neq x(t)$。因为只关心抽样判决点抽样值的正确性,因此没有必要完整地恢复原始信号的波形。重抽样后的内插信号为

$$y(kT_i) = \sum_m x(mT_s) h_1(tT_i - mT_s) \tag{4.8.4}$$

由式(4.8.4)可以看出,所需的内插值可以直接采用数字计算的方法得到。计算时需要的信息包括:原抽样信号序列$\{x(m)\}$、内插滤波器的脉冲响应$h_1(t)$,以及时间点$mT_s$和$kT_i$。

通过调整下标表示方法,可以将重抽样后的内插信号表示为

$$y(kT_i) = y[(m_k + \mu_k)T_s] = \sum_{i=I_1}^{I_2} x[(m_k - i)T_s] h_I[(\mu_k + i)T_s] \quad (4.8.5)$$

其中,$i = \text{int}[kT_i/T_s] - m$ 为滤波器下标,$\text{int}[]$为取整运算;$m_k = \text{int}[kT_i/T_s]$为基点下标,确定最佳抽样点的内插基准位置;$\mu_k = kT_i/T_s - m_k$ 为分数间隔,确定最佳抽样点对基准位置以抽样间隔为基本单位的偏移量,取值区间为$[0,1]$。它们之间的关系如图 4.8.13 所示。

图 4.8.13 内插原理示意图

由于仅需保证判决时刻的取样值的正确性,内插滤波器完成后并不需要完整地恢复原始信号的波形,因此内插滤波器只需要保留绝大部分的低频分量即可。这就降低了对内插滤波器的要求。实现中采用基于多项式的滤波器就能够获得较优异的内插性能。

为了实现可靠的抽样值内插和定时误差提取,Gardner 同步器至少需要 4 倍符号速率的抽样数据输入。

2. 时间误差提取器的工作原理

Gardner 算法的本质也是利用相邻符号的对称特性来提取误差信息,它和早迟门的工作原理相似,如图 4.8.14 所示。图中,向下箭头所对应的小圆圈指示了正确抽样位置,向下虚线的方框端头指示抽样位置间的半符号位置,虚线框内包含两个相邻最佳抽样位置和它们间的半符号抽样位置,形成**定时误差计算组**。

图 4.8.14 Gardner 时间误差提取原理(二元信号波形例)

从图 4.8.14 可以发现两种情况:

(1) 相邻符号存在变化。如图 4.8.14 中的计算组(1)、(3)和(4),由于相邻符号极性跳变,因此两个相邻最佳抽样点的幅值接近但极性相反,而半符号抽样点的取值接近于 0。

(2) 相邻符号无变化。如图 4.8.14 中的计算组(2)和(5),由于相邻符号极性相同,因此两个相邻最佳抽样点的幅值接近且极性相同,而半符号抽样点的取值不为 0 且接近最佳抽样点的取值。

基于上述的波形特征,Gardner 提出了如下的时间误差提取公式

$$\text{time\_error}(k) = y[(k-1/2)T] \times \{y(kT) - y[(k-1)T]\} \quad (4.8.6)$$

式中,$y(kT)$和$y[(k-1)T]$分别是 $k$ 和 $k-1$ 时刻的最佳抽样值,而$y[(k-1/2)T]$是 $k$ 和 $k-1$ 间的半符号位置抽样值。由该公式可见:

(1) 当符号同步信号对齐最佳抽样位置且相邻符号变化时,半符号抽样点取值接近于0,误差信号接近于0;

(2) 当符号同步信号对齐最佳抽样位置且相邻符号相同时,两个相邻最佳抽样点的取值相同,它们的差值为0,误差信号为0;

(3) 当符号同步信号与最佳抽样位置不一致时,最佳抽样信号发生偏移,图4.8.14中所示波形的对称性就会遭到破坏,产生非零的误差信号,引导反馈控制校正。

3. 控制器的工作原理

控制器确定内插的基点下标与分数间隔。它可以有多种方式来实现,其中**数控振荡器**(Number Controlled Oscillator,NCO)方法被广泛采用。

在这种方法中,控制器包含两个主要部分:NCO 模块和分数间隔计算模块。NCO 模块提供内插器所需的内插基点下标 $m_k$,而分数间隔计算模块则提供分数间隔 $\mu_k$。NCO 控制器的工作频率为抽样频率 $1/T_s$,其平均输出周期为内插符号周期 $T_i$。

NCO 的工作机理如图 4.8.15 所示。

图 4.8.15 NCO 的工作原理

记第 $m$ 个抽样时刻 NCO 的输入控制字为 $w(m)$,即前端环路滤波器输出的误差控制字,则 NCO 寄存器值 $\eta(m)$ 满足如下差分方程:

$$\eta(m) = [\eta(m-1) - w(m-1)] \bmod 1 \tag{4.8.7}$$

式中,mod 1 为"模 1 运算",表示取结果的正小数部分,即,如果结果小于 0,则加 1 使其为正数,再取其小数部分。此时,$\eta(m)$ 每隔 $T_s$ 下降 $w(m)$,NCO 每隔 $1/w(m)$ 个周期后溢出,因此 NCO 的平均周期

$$T_i \approx T_s/w(m) \Rightarrow w(m) \approx T_s/T_i \tag{4.8.8}$$

可认为 $w(m)$ 是同步器对平均内插频率 $1/T_i$ 的估计值,以抽样周期 $T_s$ 为单位给出。

分数间隔的计算原理如图 4.8.16 所示。利用图中两个直角三角形的相似性,可以得到

$$\frac{\mu_k T_s}{\eta(m_k)} = \frac{(1-\mu_k)T_s}{1-\eta(m_k+1)} \tag{4.8.9}$$

整理后得到

$$\mu_k = \frac{\eta(m_k)}{1-\eta(m_k+1)+\eta(m_k)} = \frac{\eta(m_k)}{w(m_k)} \approx \frac{\eta(m_k)}{w(m)} \quad (4.8.10)$$

图 4.8.16　分数间隔的计算原理

NCO 的工作原理是通过提取的时间误差信息,改变 NCO 输入控制字的大小,进而改变 NCO 寄存器值的下降斜率,从而实现内插基点位置和分数间隔的调整。该方法简单高效,模块中所需的除法运算在实现中也可以进行很好的近似,不会带来大量的运算开销。

## 4.9　线路码型

4.1 节中指出,产生基带传输信号的过程,实际上就是采用某些恰当的脉冲信号逐时隙地表示数据的过程,更广义地讲,这些脉冲信号指一些适合于线路传输的"波形格式",称为**线路码型**(line code),或**线路传输码型**。本节将阐述线路码型的有关问题,介绍几种重要的线路码及其特点。

### 4.9.1　基本线路码型

4.1 节曾经说明了几种基本的脉冲波形及其特点,它们是最简单的线路码。图 4.9.1 给出了另一些简单而常用的线路码。

或许有人会问,有必要用这么多种波形来表示数据吗？设计大量码型的原因在于各自的特性不同,适用于不同的具体应用。线路码型是用来表现数据、方便传输的,它必须设计成能够正确与透明地传递任何数据符号。在选择与设计码型时,需要综合地考虑如下因素:

(1) 功率谱形状：功率谱形状要适合传输信道的特性。例如,有无直流分量影响到信号可否在许多交流耦合的电路中传输,如磁带记录系统和采用变压器耦合的系统。有时后面还需要进行频带调制,也希望信号无直流分量。

(2) 传输带宽：传输带宽通常要尽量小,要窄于信道的带宽,并有利于提高频带利用率。

(3) 定时信息：有的码型中包含足够的定时信息,使同步电路容易建立码元定时信号,而不必担心长连 0 或长连 1 串的影响。

(4) 差分编码：不必担心传输中究竟发生过多少次反相的问题,对于某些通信系统是

图 4.9.1 几种常用的线路码

非常重要的。

(5) 抗噪性能：不同的波形，可能抗噪能力不同，比如，双极性信号一般优于单极性信号，NRZ 信号一般优于 RZ 信号。

(6) 检错能力：有的码型自身已经具有规律性的特征，在不额外增加错误检测位的情况下，已经具备基本的检错能力。

最后，还必须考虑的因素是：尽量简单。

下面结合图中的波形，进一步介绍这些线路码型。

### *1. 交替传号反转(Alternative Mark Inversion，AMI)码

AMI 码的编码规则是：用交替的正电平(+1)与负电平(-1)表示符号 1(传号)；用零电平(0)表示符号 0(空号)，例如，

信息序列：　　1　0　1　1　0　0　0　1　1　0
AMI 码：　+1　0　-1　+1　0　0　0　-1　+1　0

当使用电压信号时，±1 实际上代表幅度为 ±A 的电压波形。

由于 AMI 码中的"+1"与"-1"交替出现，所以它没有直流分量，它的功率集中于 $f=R_b/2$ 处。AMI(RZ)码的接收(译码)电路很简单，通过一个全波整流电路，信号就变成了单极性的 RZ 信号，便于从中提取定时信号。此外，AMI 码易于检测错误，因为接收码中如果发现连续的"+1"或"-1"，就说明其中发生了错误。但是，AMI 码有一个严重的缺点，当信息序列出现长连"0"串时，会使信号波形长时间处于零电平，因而，接收系统无法提取时钟。实际应用中的主要解决方法是对信息序列进行扰码(随机化处理)，缩短其中的连"0"串。AMI(RZ)码(结合随机化处理技术)得到应用广泛，它是北美电话系统中的接口标准之一。

AMI 码实际上是一种 3 电平信号，其编码过程可以理解为：将 1 位二进制符号转换成了 1 位三进制码元，常简记为"1B1T"码。推而广之，"nBmT"码是将 n 位二进制符号转换成 m 位三进制码元的编码方法。

另外，英文文献中也常称 AMI 码为 bipolar 码，阅读时不要与中文书籍中通常指的双极

性码相混淆。

**\*2. 数字双相(biphase)码**

  数字双相码也称为曼彻斯特(Manchester)码或分相(split-phase)码,它的编码规则是:用"下跳脉冲"(半个正电平+半个负电平)表示符号1;用"上跳脉冲"(半个负电平+半个正电平)表示符号0。不妨认为符号间隔"分裂"成两半:"半个正电平+半个负电平"可记为10,而"半个负电平+半个正电平"可记为01,例如,

    信息序列:  1 0 1 1 0 0 0 1 1 0
    数字双相码: 10 01 10 10 01 01 01 10 10 01

10与01中的1与0分别代表"半个正电平"与"半个负电平"。而"下跳脉冲"与"上跳脉冲"的相位分别是0与$\pi$,因此,称为双相码。

  数字双相码没有直流分量,而且包含丰富的定时信息,其编码规则也很简单。缺点是占用的带宽加大了,另外,提取定时信号时存在相位模糊性。数字双相码常常结合差分码使用,即在编码前先对比特流做差分编码。数字双相码应用也很广泛,10Mbps的以太网中,采用它作为电缆中的传输码型。

  数字双相码的编码过程可以理解为:将一位二进制符号转换成了两位二进制码元,简记为"1B2B"码(后面的密勒码与CMI码也属于这种情况)。推而广之,"nBmB"码是将$n$位二进制符号转换成$m$位二进制码元的编码方法。

**\*3. 密勒(Miller)码**

  密勒码也称为延迟调制码(Delayed Modulation,DM),它编码规则是:用"下跳脉冲"或"上跳脉冲"表示符号1;用负或正电平表示符号0。"下跳脉冲"指"半个正电平+半个负电平",可记为10,而"上跳脉冲"指"半个负电平+半个正电平",可记为01。表示符号0的方法:①对于单个0,采用与前面一致的电平;②对于多个连0,第一个采用与前面一致的电平,而后采用交替相反的电平,例如,

    信息序列:  1 0 1 1 0 0 0 1 1 0
    密勒码:  10 00 01 10 00 11 00 01 10 00

  观察波形可以发现,密勒码是数字双相码经过一级触发器后的结果,因此,它是数字双相码的差分码形式,它能够克服数字双相码的定时相位不确定性。

**\*4. 传号反转码(Coded Mark Inversion,CMI)**

  CMI码的编码规则是:交替的正电平与负电平表示符号1(传号);用"上跳脉冲"(半个负电平+半个正电平)表示符号0(空号)。"上跳脉冲"可记为01;而常规的电平可记为11与00,例如,

    信息序列:  1 0 1 1 0 0 0 1 1 0
    CMI码:  11 01 00 11 01 01 01 00 11 01

  比较CMI码与AMI码发现,CMI码改变了符号0的表示方法,而且它采用正、负两电平的NRZ码(AMI采用正、负与零三电平的RZ码)。CMI码规律清楚,因而易于检测错误。它也没有直流分量,并含有丰富的跳变,容易接收。从波形可见,从它的下跳沿就可直接提取定时信号,不会产生相位不确定性。CMI码应用广泛,它是ITU-T建议的一种接口标准。

  **例 4.20** AMI信号的功率谱密度:已知二元数字序列$\{b_n\}$各符号取值1与0、等概率

出现且各不相关,相应的 AMI 信号幅度取值为 $\pm A$ 与 0,发送滤波器的冲激响应 $g_T(t)$ 为矩形 RZ 脉冲,求该 AMI 信号的功率谱密度。

**解** AMI 信号是 3 电平的,电平值 $a_n$ 可能为 $\pm A$ 与 0,易见

$$P(a_n=0)=P(b_n=0)=1/2$$
$$P(a_n=+A)=P(b_n=1)/2=1/4$$
$$P(a_n=-A)=P(b_n=1)/2=1/4$$

因此,均值 $m_a=E[a_n]=0$。为了计算相关函数,我们考察 $a_n a_{n+k}$ 乘积的取值,如表 4.9.1 所示。

表 4.9.1 $a_n a_{n+k}$ 乘积的取值

| 符号$(b_n, b_{n+k})$ | 0,0 | 0,1 | 1,0 | 1,1 |
|---|---|---|---|---|
| 电平$(a_n, a_{n+k})$ | 0,0 | 0,X | X,0 | X,Y |
| 乘积$(a_n a_{n+k})$ | 0 | 0 | 0 | XY |

表 4.9.1 中 X 与 Y 代表由数字 1 对应的 $+A$ 或 $-A$,于是相关函数为

$$R(k)=E[a_n a_{n+k}]=XY \cdot P(b_n=1, b_{n+k}=1)$$

显然,① $k=0$ 时,同一码元的电平相同,则 $XY=A^2$,并且 $b_n$ 为 1 的概率为 $1/2$;② $|k|=1$ 时,两个 1 对应的码元电平反号,则 $XY=-A^2$,并且 $b_n$ 与 $b_{n+k}$ 同为 1 的概率为 $1/4$;③ $|k|>1$ 时,两个 1 之间可能有奇数个 1 或偶数个 1,概率相等,则 $XY=A^2$ 或 $-A^2$,且等概率。综上所述,

$$R(k)=E(a_n a_{n+k})=\begin{cases} A^2/2, & k=0 \\ -A^2/4, & |k|=1 \\ 0, & |k|>1 \end{cases}$$

AMI 信号采用 RZ 脉冲 $g_T(t)$(此处幅度为 1),由式(4.2.4)得 $|G_T(f)|^2=\dfrac{T_b^2}{4}\mathrm{sinc}^2\left(\dfrac{fT_b}{2}\right)$。借助式(4.2.10)计算功率谱为

$$P_s(f)=\frac{1}{T_b}|G_T(f)|^2\left[\frac{A^2}{2}-\frac{A^2}{4}(\mathrm{e}^{-\mathrm{j}2\pi fT_b}+\mathrm{e}^{\mathrm{j}2\pi fT_b})\right]$$

$$=\frac{A^2 T_b}{8}\mathrm{sinc}^2\left(\frac{fT_b}{2}\right)[1-\cos(2\pi fT_b)]$$

$$=\frac{A^2 T_b}{4}\mathrm{sinc}^2\left(\frac{fT_b}{2}\right)\sin^2(\pi fT_b) \qquad ■$$

## *4.9.2 HDB3 码及其他

### 1. 3 阶高密度双极性码(3rd order High Density Bipolar,HDB3)

HDB3 是前述 AMI 码的一种改进码型,它有效地克服了 AMI 码在连"0"时无法提供定时时钟的缺点,因而得到了广泛的应用,它是 ITU-T 推荐使用的码型之一。

HDB3 的编码规则是:首先对二进制序列进行 AMI 编码,而后检查 AMI 码中连 0 的情况。如果没有发现 4 个及其以上(包括 4 个)的连 0 串,则不做调整,这时的 AMI 码就是 HDB3 码。如果发现 4 个以上的连 0 串,那么将第 4 个 0 调整为特殊的 1(称为"破坏码元"),通过它既可以切断连 0 串,又不会被误解为 1。"破坏码元"的特殊性在于:①它采用正或负电平表示;②它与前面的非零电平同极性,因而破坏了"极性交替反转"的规则,

例如，

信息序列： 1　0 1 1　0 0 0 0　0 0 0 1　1　0 0 0 0　0 0 1
AMI 码： $B_+$　0 $B_-$ $B_+$　0 0 0 0　0 0 0 $B_-$　$B_+$　0 0 0 0　0 0 $B_-$
调整码： $B_+$　0 $B_-$ $B_+$　0 0 0 $V_+$　0 0 0 $B_-$　$B_+$　0 0 0 $V_-$　0 0 $B_-$

为了书写方便，其中采用 B 表示由 1 产生的非零电平，V 表示由"破坏码元"产生的非零电平，并通过下标给出正或负极性。从例中我们看到，这种改进增加了两个正电平，损害了码型无直流分量的特性。由于 $B_+$ 与 $B_-$ 是交替反转的，因此，规定 $V_+$ 与 $V_-$ 也交替反转地排列。于是，上例的正确结果是：

信息序列： 1　0 1 1　0 0 0 0　0 0 0 1　1　0 0 0 0　0 0 1
调整码： $B_+$　0 $B_-$ $B_+$　0 0 0 $V_+$　0 0 0 $B_-$　$B_+$　0 0 0 $V_+$　0 0 $B_-$
HDB3 码： $B_+$　0 $B_-$ $B_+$　$\boxed{0\ 0\ 0\ V_+}$　0 0 0 $B_-$　$\boxed{B_-\ 0\ 0\ V_-}$　0 0 $\underline{\underline{B_+}}$

其中，后一个 $V_-$ 反转了，但为了保持"破坏性"，它的前面又需要增加一个 $B_-$，这又使得后面的 $B_-$ 必须反转为 $B_+$（如双下划线所示）。所以，HDB3 码的调整规则是：将"0000"替换为"000V"或"B00V"，选择的原则是使任意相邻 V 之间具有奇数个 B。这样可保证 B 的极性交替反转，V 的极性也交替反转，而相邻的 B 与 V 同极性。

HDB3 码的波形不是唯一的。例如，HDB3 码的波形也可以为

信息序列： 1　0 1 1　0 0 0 0　0 0 0 1　1　0 0 0 0　0 0 1
调整码： $B_+$　0 $B_-$ $B_+$　0 0 0 $V_+$　0 0 0 $B_-$　$B_+$　0 0 0 $V_-$　0 0 $B_-$
HDB3 码： $B_+$　0 $B_-$ $B_+$　$\boxed{B_-\ 0\ 0\ V_-}$　0 0 0 $\underline{B_+}$ $\underline{B_-}$　$\boxed{B_+\ 0\ 0\ V_+}$　0 0 $\underline{B_-}$

虽然 HDB3 码的编码比较复杂，但它的译码却很简单。首先，从波形中检测出极性相同的"破坏码元"V，将该 V 及其前面 3 个码元一并变为 4 个符号"0000"。再将所有非零电平变为 1，就完成了接收。HDB3 码具有 AMI 码的优点，而且，无论信息序列是什么样的，信号连续零电平长度不会超过 3 个码元，因此，容易提取定时时钟。

推而广之，只需简单地将调整连 0 的长度由 4 个改为 $n+1$ 个，便可得到一般的 HDBn 码，即 $n$ 阶高密度双极性码，这种码的连续零电平长度小于 $n$。

### 2. nBmB 码、nBmT 码与 nBmQ 码

前面的数字双相码讨论中，提到 nBmB 码的概念，这是一类分组码，即将二进制序列中的 $n$ 位二元码元编为一组，整体转换为另外 $m$ 位二元码元，其中，$m \geq n$。由于变换前的 $n$ 位码元共有 $2^n$ 种组合，变换后的 $m$ 位码元共有 $2^m$（$>2^n$）种组合，编码规则可以规定这 $2^m$ 种组合中某些特定的部分为可用码组，其余部分为禁用码，以获得好的编码特性。

上述的数字双相码、密勒码与 CMI 码都可以看作 1B2B 码。光纤通信系统中还常常使用 5B6B 码等 $m=n+1$ 的 nBmB 码。

前面的 AMI 码讨论中，还提到 nBmT 码的概念，它们也是分组码，但字母"T"表示 3 元码元。例如，4B3T 码，由于变换后是 3 元码，$m$ 可以小于 $n$，但一定满足 $3^m \geq 2^n$。推而广之，还有 nBmQ 码的概念，字母"Q"表示 4 元码元，如 2B1Q 码。

## 本章关键词

通过下面的关键词,可以快速地回顾本章的主要知识点。

数字基带传输  
二进制序列  
二元 PAM 信号  
时隙、定时与同步  
单极性与双极性  
不归零(NRZ)与归零(RZ)  
差分码  
符号或码元  
$M$ 元 PAM 信号  
发送滤波器  
符号(或码元)速率、波特  
比特率  
基带信号的 PSD 与带宽  
LPF 接收系统  
匹配滤波形及其接收系统  
判决门限、最佳判决门限  
误码率或误符号率  
误比特率及其曲线图  
$E_b/N_0$  
基带传输系统总的冲激响应、总的频响函数  
码间串扰或码间干扰(ISI)  
奈奎斯特准则  
奈奎斯特速率  

升余弦滚降滤波器、滚降因子  
带限型 AWGN 信道  
平方根升余弦滤波器  
眼图  
信道均衡器  
横向滤波器  
迫零算法  
预置式均衡器  
均方误差算法  
自适应均衡器  
第 Ⅰ 类部分响应系统(双二进制系统)  
相关编码器、误码传播、预编码  
第 Ⅳ 类部分响应系统(改进双二进制系统)  
符号(或码元)同步信号或定时信号  
外同步法、自同步法  
定时抖动  
开环与闭环同步法  
非线性滤波同步法  
早迟门同步法  
Gardner 符号同步器  
线路码型  
AMI 码、数字双相码、密勒码、CMI 码、HDB3 码、nBmB 码、nBmT 码、nBmQ 码  

## 习题

1. 给定二进制比特序列{1101001},试给出相应的单极性 NRZ 信号、双极性 RZ 信号与传号差分码信号的波形。

2. 某数字基带系统速率为 2400Baud,试问以四进制或八进制码元传输时系统的比特速率为多少?采用双极性 NRZ 矩形脉冲时,信号的带宽估计是多少?

3. 某数字基带系统速率为 9600bps,试问以四进制或十六进制码元传输时系统的符号率为多少?采用单极性 RZ 矩形脉冲时,信号的带宽估计是多少?

4. 某二元数字基带信号的基本脉冲如图题 4.4 所示,图中 $T_s$ 为码元间隔。数字信息 1 和 0 出现的概率相等,它们分别用脉冲的

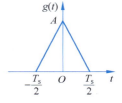

图题 4.4

有、无表示。试求该数字基带信号的功率谱密度与带宽,并画出功率谱密度图。

5. 已知随机二进制序列 1 和 0 出现的概率为 $p$ 和 $(1-p)$,基带信号中分别用 $g(t)$ 和 $-g(t)$ 表示 1 和 0。试问:

(1) 基带信号的功率谱密度及功率;

(2) 若 $g(t)$ 为图题 4.5(a)所示波形,$T_s$ 为码元宽度,该信号是否含有离散分量 $f_s = 1/T_s$;

(3) 若 $g(t)$ 改为图题 4.5(b),重新回答问题(2)。

图题 4.5

6. 采用低通滤波技术接收二元双极性 NRZ 信号。假设二进制符号 0 和 1 是等概率的,问接收机的平均差错概率 $P_e$ 计算公式是什么?$P_e = 10^{-6}$ 需要的 $E_b/N_0$ 是多少?(提示:借鉴例 4.6 数值)

7. 某计算机系统以二元单极性 NRZ 信号和速率 $R_b = 2400 \text{bps}$ 传输数据,信道带宽为 $B = 3000 \text{Hz}$,高斯白噪声(单边带)功率谱密度为 $N_0 = 4 \times 10^{-8} \text{W/Hz}$。试问:

(1) 若每秒错传的比特数不大于 1,平均每比特信号的能量是多少?整个信号的功率是多少?

(2) 当接收端的信噪比为 10 时,求误比特率。(提示:$S/N = (R_b E_b)/(N_0 B)$)

8. 在功率谱密度为 $N_0/2$ 的加性高斯白噪声下,设计一个与图题 4.8 所示波形 $g(t)$ 匹配的滤波器。试确定:

(1) 最大输出信噪比的时刻;

(2) 匹配滤波器的冲激响应和输出波形,并绘出相应图形;

(3) 最大输出信噪比值。

图题 4.8

9. 对于图题 4.9 所示的几种确定信号:

(1) 绘出相应的匹配滤波器的冲激响应,并给出 $t_0$ 时刻;

(2) 如果白噪声功率谱密度为 $N_0/2$,求 $t_0$ 时刻匹配滤波器的输出信噪比。

10. 给定如下的矩形脉冲

$$g(t) = \begin{cases} A, & 0 \leqslant t \leqslant T \\ 0, & 其他 \end{cases}$$

假设用一个带宽为 $B$ 的理想低通滤波器来近似 $g(t)$ 对应的匹配滤波器 $h(t)$。

(1) 确定 $B$ 的最优值,使理想低通滤波器达到对 $h(t)$ 的最佳近似;

(2) 就峰值信噪比而言,理想低通滤波器与 $h(t)$ 相差多少分贝。

11. 使用双极性 2PAM 基带信号在长为 1000km 的有线信道上传输数据。线路具有 1dB/km 的衰减,每隔 50km 插入一个再生中继器。每段线路在 $0 \leqslant f \leqslant 1200\text{Hz}$ 频段上具

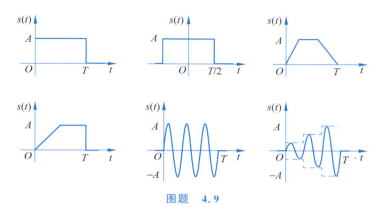

图题 4.9

有理想(恒定)的频率响应,可近似为带限 AWGN 信道($N_0 = 5 \times 10^{-10}$ W/Hz)。试问:

(1) 无 ISI 传输的最高比特速率是多少;

(2) 在最高比特速率下,每次中继达到 $P_b = 10^{-10}$ 时所需的 $E_b/N_0$ 与相应的发送功率是多少;

(3) 每次中继达到 $P_b = 10^{-10}$ 时,整个线路的传输误码率。

12. 假定二元单极性 NRZ 信号幅度为 $A$,经过噪声功率谱 $N_0/2$ 的 AWGN 信道传输。接收端采用 LPF。

(1) 画出接收系统框图;

(2) 在发送 0 的条件下,给出滤波器输出表达式、抽样值的条件均值及条件方差、条件概率密度函数表达式;

(3) 在发送 1 的条件下,重新回答问题(2)。

13. 双极性矩形不归零 2PAM 信号通过噪声功率谱密度为 $N_0/2$ 的 AWGN 信道传输,假定码元 0 与 1 的概率分别是 1/3 与 2/3,接收机采用低通滤波器。试问:

(1) 平均误比特率计算公式;

(2) 接收系统的最佳判决门限;

(3) 最小误比特率。

14. 在功率谱密度为 $N_0/2$ 的 AWGN 信道中进行二元基带传输,假定码元等概率且发射信号分别为

$$m_1(t) = \begin{cases} \dfrac{At}{T}, & 0 \leqslant t \leqslant T \\ 0, & \text{其他} \end{cases}, \quad m_2(t) = \begin{cases} A\left(1 - \dfrac{t}{T}\right), & 0 \leqslant t \leqslant T \\ 0, & \text{其他} \end{cases}$$

(1) 确定最佳接收机的结构(确定滤波器特性);

(2) 给出最佳差错概率。

15. 由误码曲线图或公式估计四元与八元双极性 NRZ 基带信号在 $E_b/N_0 = 14$ dB 时的接收误码率是多少。如果采用格雷编码,相应的误比特率是多少?

16. 设 4 种基带传输系统的发送滤波器、信道及接收滤波器组成的 $H(f)$ 如图题 4.16 所示,若要求以 $1/T_s$ 波特的速率进行数字传输,问它们是否会造成码间干扰。

17. 设基带传输系统的发送滤波器、信道和接收滤波器的总传输特性如图题 4.17 所示。

图题 4.16

其中，$f_1=1\text{MHz}$，$f_2=3\text{MHz}$。试确定该系统无码间干扰传输时的码元速率和频带利用率。

图题 4.17

18. 设无码间干扰基带传输系统的传输特性为 $\alpha=0.3$ 的升余弦滚降滤波器，基带码元为十六进制，速率是 1200Baud。试求：

(1) 该系统的比特速率；

(2) 传输系统的截止频率值；

(3) 该系统的频带利用率。

19. 计算机以 56kbps 的速率传输二进制数据，试求升余弦滚降因子分别为 0.25、0.3、0.5、0.75 和 1 时，下面两种方式所要求的传输带宽。

(1) 采用 2PAM 基带信号；

(2) 采用 8 电平 PAM 基带信号。

20. 在某理想带限信道 $0 \leqslant f \leqslant 3000\text{Hz}$ 上传送 PAM 信号。

(1) 要求按 9600bps 的速率传输，试选择 PAM 的电平数 $M$；

(2) 如果发送与接收系统采用平方根升余弦频谱，试求滚降因子 $\alpha$；

(3) 保证 $P_b=10^{-5}$ 所需要的 $E_b/N_0$ 是多少？

21. 试给出下列情形中基带信号的眼图示意图：

(1) 二元单极性 NRZ 矩形基带信号，信道带宽无限；

(2) 二元基带信号，线路传输特性为 $\alpha=1$ 的升余弦谱；

(3) 四元基带信号，线路传输特性为 $\alpha=0.3$ 的升余弦谱。

22. 某信道的码间干扰长度为 3，信道脉冲响应采样值为 $h(-T)=0.3$，$h(0)=1$，$h(T)=0.2$，求 3 抽头迫零均衡器的抽头系数以及均衡前后的峰值畸变值。

23. 对于带预编码的第 IV 类部分响应系统，给定输入数据 $\{a_n\}=\{+1,+1,+1,-1,-1,+1,-1,+1,+1,+1,-1,-1\}$。试给出：

(1) 实际发送序列；

(2) 判决输出过程与输出序列。

24. 已知基带传输系统的速率为 10kbps，若要求误比特率为 $10^{-6}$，试问下列信号需要的 $E_b/N_0$ 与带宽是多少？

(1) 二元单极性 NRZ 信号；

(2) 二元双极性 NRZ 信号；

(3) 采用格雷编码的八元双极性 NRZ 信号；

(4) 双二进制信号。

25. 由图 4.8.4 估计 2PAM 基带系统在定时抖动为 5% 时，达到 $10^{-5}$ 误比特率所需的 $E_b/N_0$，并与理想定时的结果做比较。

26. 考虑第 4 题中采用三角形脉冲的二元基带信号，试问：能否采用滤波法从信号中提取码元同步时钟。

27. 给定二进制比特序列 {1101001}，试给出相应的传号差分码、CMI 码、数字双相码与密勒码的波形。

28. 给定二进制比特序列 {1010000011000011}，试给出相应的 AMI 码以及 HDB3 码序列。

29. 试求曼彻斯特码信号的功率谱密度。

# 第 5 章

# 数字频带传输

导学图

许多重要的通信信道是带通型的,这些信道的传输频带位于某非零频率附近。比如,所有的无线电信道(如,微波与卫星信道)和很多的有线信道都是带通的。在带通信道上传输数字消息的方法统称为**数字频带传输技术**,也称为**数字调制技术**。从广义上讲,调制包括基带调制与带通调制,但在很多场合中,调制特别指带通调制。

带通调制的基本思想在第 3 章的模拟频带传输中已经讨论过了,它利用正弦载波的振幅、频率和相位把基带消息"送入"带通信道内。具体的方法有三种:调幅(AM)、调频(FM)与调相(PM)。在数字调制中,它们又分别称为幅移键控(ASK)、频移键控(FSK)与相移键控(PSK)。图 5.0.1 给出了二元序列的这三种已调信号的波形,从中可以清楚地看到三种调制制式分别借助于载波的振幅、频率与相位承载二元符号的基本特点。

图 5.0.1 二元 ASK、PSK 与 FSK 的信号波形

从另外一个角度看,数字传输的基本特征是逐时隙地传输消息符号。无论是基带通信还是频带通信,发送时都用特定的信号表征某种消息符号,经过信道后再根据信号的特征判断出原来的符号。如果把信号抽象为点,进而从几何空间上直观地观察符号转换为点,传输后点再还原回符号的过程,就能够更好地探讨数字通信的核心,这一分析方法称为信号空间分析。

本章系统地讨论数字带通调制技术,内容要点包括:

(1) 信号空间分析方法——信号点与信号空间的概念、传输过程的几何解释、信号星座图、频带信号的 2D 空间、频带调制与解调的基本原理。

(2) 二元模式——BPSK 与 BASK(OOK)、星座图与信号波形、最佳传输系统框图、误码性能分析、等效基带信号、无 ISI 传输、功率谱与典型带宽。

(3) QPSK 模式——星座图与波形特点、最佳传输系统、差错性能分析。

(4) 一般多元模式——MPSK、QAM 与 MASK、典型星座图及其对比、最佳传输系统、最小距离判决准则、误码性能比较、传输信号带宽。

（5）差分 PSK 与非相干解调——二元 DPSK 与差分检测方法、DQPSK 与 π/4 DQPSK、包络起伏与 OQPSK、OOK 的非相干解调方法。

（6）FSK 模式——BFSK 星座图、频率正交条件与误码性能、MFSK 与高维星座图、功率谱与带宽、非相干解调方法。

（7）最小频移键控（MSK）——连续相位 FSK 原理、MSK 信号及其频谱特点、发送与接收方法、高斯 MSK 的基本原理与特点。

（8）载波同步——相干解调中载波偏差的影响、平方环法与四次方环法、科斯塔斯环法、（非数据辅助的）导频法。

（9）系统比较与讨论——单频点与多频点形式、功率谱与典型带宽，二元与 QPSK 系统的误码性能比较，一般多元系统的性能比较、各自特点与应用方向。

## 5.1 信号空间分析基础

数字消息符号借助信号进行传输。如果把信号抽象为点，可以在几何空间中直观地考察数字传输的本质过程，进而更好地分析各个核心要素。这种方法称为信号空间分析，它可以统一地研究基带或频带传输，也可以直观地透析简单的二元模式或复杂的多元模式，因此，它是一种有效的分析方法。

### 5.1.1 信号空间的概念

#### 1. 概念引入

回顾二元基带传输系统，其框图与传输过程如图 5.1.1 所示。图 5.1.1 下部展示了两种符号各自的传输过程：不同的消息符号借助不同幅度的脉冲信号传输，接收端滤波处理后得到相应的抽样值（观察值），正因为抽样值的不同，最终可以还原出不同的符号。

传输过程中最核心的三个要素分别是消息符号、传输信号与观察值，不妨将这几个要素简明地表示成图 5.1.2 的形式。注意，图 5.1.2 中信号的表示有些独特，它们被表示为数轴上的点。构思一根 $g_T(t)$ 的"信号轴"，$s(t)=kg_T(t)$ 就可以表示为该轴上 $k$ 处的一个点，$k$ 可称为该信号的"坐标值"。另外，观察值受噪声的影响，其取值不确定，图 5.1.2 中采用阴影表示它的大体范围。

图 5.1.1 数字基带传输系统及其信号传输过程

图 5.1.2 数字传输中的消息符号、传输信号与观察值

用点来表示信号（或波形）的做法很奇妙，但其实不难理解。从线性代数的角度看，数轴是一维空间的几何表示，其上的点代表的是向量。然而，向量不仅能表征普通实数，也可以代表高度抽象的某类复杂对象，包括信号或波形。

将信号抽象为点或向量,称为**信号点**或**信号向量**,所有信号点的全体构成**信号空间**。在此基础上,运用线性代数的基本理论与直观的几何方法来分析信号及其传输过程,称为(数字传输的)**信号空间分析**。

2. 理论基础

回顾向量及其坐标的两个基本公式,以二维向量为例,

$$\boldsymbol{v} = x\boldsymbol{i} + y\boldsymbol{j} \quad 与 \quad \begin{cases} x = \boldsymbol{v} \cdot \boldsymbol{i} \\ y = \boldsymbol{v} \cdot \boldsymbol{j} \end{cases} \tag{5.1.1}$$

其中,$\boldsymbol{i}$ 与 $\boldsymbol{j}$ 分别表示两个方向的基向量,"·"表示向量的内积运算。第一个公式说明向量

图 5.1.3 信号向量示例

由其坐标 $(x, y)$ 唯一确定,如图 5.1.3 所示。第二个公式是计算向量坐标的基本方法,其几何含义为投影。可以这样简单证明:$\boldsymbol{v} \cdot \boldsymbol{i} = x\boldsymbol{i} \cdot \boldsymbol{i} + y\boldsymbol{j} \cdot \boldsymbol{i} = x \times 1 + y \times 0 = x$,因为 $\boldsymbol{i}$ 与 $\boldsymbol{j}$ 是正交的且各自归一化的,即 $\boldsymbol{i} \cdot \boldsymbol{j} = 0, \boldsymbol{i} \cdot \boldsymbol{i} = 1$ 与 $\boldsymbol{j} \cdot \boldsymbol{j} = 1$。

考虑 $\boldsymbol{i}$ 与 $\boldsymbol{j}$ 分别是两个矩形信号,如图 5.1.3 中的信号波形所示,那么 $\boldsymbol{v}$ 是由它们构成的一类信号,$x$ 与 $y$ 是 $\boldsymbol{v}$ 的坐标,所有这样的 $\boldsymbol{v}$ 构成一个二维信号空间。

同理,对于更为一般的 $N$ 维信号(列)向量 $\boldsymbol{v} = [v_1, v_2, \cdots, v_N]^T$,有

$$\boldsymbol{v} = \sum_{j=1}^{N} v_j \boldsymbol{e}_j \quad 与 \quad v_j = \boldsymbol{v} \cdot \boldsymbol{e}_j \quad (i = 1, 2, \cdots, N) \tag{5.1.2}$$

其中,$\boldsymbol{e}_1, \boldsymbol{e}_2, \cdots, \boldsymbol{e}_N$ 为 $N$ 维信号空间的(正交且归一化)基(信号)向量,$v_1, v_2, \cdots, v_N$ 是 $\boldsymbol{v}$ 的坐标值。显然,维数 $N$ 加大,表示的信号可以更为复杂。

信号(向量)的内积具体是什么呢?我们规定:两信号 $\boldsymbol{s}_1$ 与 $\boldsymbol{s}_2$(对应于 $s_1(t)$ 与 $s_2(t)$)的内积为

$$\boldsymbol{s}_1 \cdot \boldsymbol{s}_2 = \int_{-\infty}^{+\infty} s_1(t) s_2(t) dt \tag{5.1.3}$$

显然,从信号处理的角度看,内积正是相关运算。细想一下,信号相关与向量投影的含义非常吻合。基于(信号的)内积,容易进一步得出,

① 信号能量

$$E_s = \boldsymbol{s} \cdot \boldsymbol{s} = \int_{-\infty}^{\infty} s^2(t) dt$$

② 信号模长(rms 值)

$$\|\boldsymbol{s}\| = \sqrt{E_s}$$

③ 信号(点)距离

$$d = \|\boldsymbol{s}_1 - \boldsymbol{s}_2\| = \sqrt{\int_{-\infty}^{\infty} |s_1(t) - s_2(t)|^2 dt}$$

3. 传输过程的几何解释

运用信号向量与空间的思想,我们重新审视上述的数字基带传输系统。由于基于单个基本信号 $g_T(t)$,其传输过程可在一维信号空间中讨论。考虑某个基向量 $\boldsymbol{f}$,相应的信号表示为

$$f(t) = \alpha g_T(t) \tag{5.1.4}$$

其中，$a=1/\sqrt{E_g}$，而 $E_g$ 为基本信号的能量。显然，$f(t)$ 本质上就是 $g_T(t)$，系数 $a$ 使其能量归一化。下面考察 $M$ 元基带传输系统：

首先，为了传输 $M$ 元符号需要 $M$ 个不同的信号。全体信号的集合，其几何形式为 $M$ 点的图案，形象地称它为**信号星座图**。以二元系统为例，其星座图为两个点的图案。

而后，建立数字传输系统，如图 5.1.4 所示。图 5.1.4 左下方给出了信号星座图，以二元双极性为例，星座图中两个信号点（的坐标值）分别为 $x_1=+A\sqrt{E_g}$ 与 $x_2=-A\sqrt{E_g}$，对应于幅度为 $\pm A$ 的两个信号。以第 $n$ 时隙详细说明如下（沿图 5.1.4 中虚线箭头）：

(1) 在发送方，按星座图生成传输信号，
$$由\ a_n \to 信号点坐标值 \to s(t)=x_1 f(t)\ 或\ x_2 f(t)$$

(2) 经过 AWGN 信道传输后，
$$s(t) \to r(t)=s(t)+n(t)$$

(3) 接收方通过两个环节进行接收。

- **解调**：由 $r(t) \to$ 观察值 $r_n=\int_{-\infty}^{\infty} r(t)f(t)\mathrm{d}t$（运用内积运算求出坐标）。

- **判决**：由 $r_n \to$ 估计出本时隙的符号 $\hat{a}_n$（通过对照预置的门限来完成）。

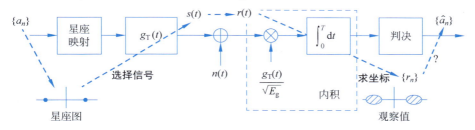

图 5.1.4 基带传输系统与过程

注意观察值 $r_n$：如果没有噪声，$r_n$ 就是被发送信号的坐标值；如果有噪声，它会随机偏离原坐标值一点。采用信号的坐标值作为其观察值，供后续判断发送符号是哪一个，直观上讲应该是合理的。其实，内积运算等价于匹配滤波，而匹配滤波提供"最佳信噪比"的观察值。

下面来说明这一点：考虑 $h(t)$ 为 $f(t)$ 的匹配滤波器，记为 $h(t)=cf(T-t)$，$T$ 为抽样时刻。可以发现，

$$[s(t)*h(t)]\big|_{t=T}=\left\{c\int_{-\infty}^{+\infty}s(u)f[T-(t-u)]\mathrm{d}u\right\}\bigg|_{t=T}=c\int_{-\infty}^{+\infty}s(u)f(u)\mathrm{d}u$$
(5.1.5)

当 $c=1$ 时，信号通过匹配滤波的结果与它通过相关处理（即内积运算）的结果完全一样。即使 $c$ 不等于 1，输出的结果将成比例地改变，但其信噪比是不变的，只要后续的判决门限作相应调整，判决结果就是完全一样的。因此，在数字接收中，内积运算等价于匹配滤波。

如果将图 5.1.4 中的内积单元（虚线框）替换为匹配滤波器，那么该框图正是常见的最佳接收系统形式。所以，这种基于信号空间思想与内积运算的接收机就是最佳接收机。

**例 5.1** 某四元 PAM 传输系统的数据速率为 10kbps，传输信号采用 RZ 矩形脉冲，四种幅度分别为 $\pm 1$V 与 $\pm 2$V。试给出该系统信号空间的基信号波形与信号星座图。

**解** 首先，PAM 传输采用单一的脉冲信号，对应于一维信号空间，其基函数为归一化的 RZ 矩形脉冲，如图 5.1.5(a)所示。由于码率为 5000Baud，$T=1/5000$(s)，再由归一化要

求，$A^2T/2=1$，因此，幅度为 $A=\sqrt{2/T}=100(\mathrm{V})$。

其次，由于 1V 与 2V 信号的能量分别是

$$E_1=1^2\times T/2=10^{-4} \quad 与 \quad E_2=2^2\times T/2=4\times 10^{-4}$$

相应的信号模长分别为 $\sqrt{E_1}=10^{-2}$ 与 $\sqrt{E_2}=2\times 10^{-2}$，可得，信号星座图如图 5.1.5(b) 所示。

(a) 基信号波形　　　　(b) 信号星座图

图 5.1.5　四元 PAM 传输的基信号与信号星座图（RZ 矩形脉冲）

## 5.1.2　频带传输与二维信号空间

### 1. 频带信号的二维特性

**频带信号**（或**带通信号**）是频谱集中于某个频域局部的信号。由信号的基础知识可知，任何频带信号都可以写成如下的规范形式：

$$s(t)=x(t)\cos(2\pi f_c t)-y(t)\sin(2\pi f_c t)$$

其中，$x(t)$ 与 $y(t)$ 分别是其同相与正交的分量，$f_c$ 是它的中心频率，也称为载波频率。上式中，cos 与 sin 信号彼此正交，因此频带信号天生具有二维特性。

为了用于数字消息符号的传输，需要考虑时隙局部形状特性。为此，构造以基带信号 $g_T(t)$ 为（时隙）包络的频带传输信号，如下：

$$s(t)=a_c g_T(t)\cos(2\pi f_c t)-a_s g_T(t)\sin(2\pi f_c t) \tag{5.1.6}$$

其中，$a_c$ 与 $a_s$ 为同相与正交分量的幅度，$g_T(t)$ 反映了信号的包络。如图 5.1.6 所示，从频域上看，频带信号是基带信号搬移的结果。显然，频带信号的带宽 $B_T$ 为基带 $g_T(t)$ 带宽的 2 倍，即 $B_T=2B$；而且，中心频率 $f_c$ 应该大于基带带宽 $B$，实际上 $f_c$ 总是远大于 $B$。

图 5.1.6　基带包络信号与频带传输信号及其频谱（以矩形 NRZ 为例）

考察下式，

$$\int_{-T/2}^{T/2}[g_T(t)\cos(2\pi f_c t)][g_T(t)\sin(2\pi f_c t)]\mathrm{d}t$$

$$=\frac{1}{2}\int_{-T/2}^{T/2}g_T^2(t)\sin(4\pi f_c t)\mathrm{d}t=\frac{1}{2}g_T^2(t)\sin(4\pi f_c t)$$

的直流分量，由信号的基础知识可知，$g_T^2(t)$ 的带宽不大于其自身带宽的两倍，即 $2B$；而乘

以 $\sin(4\pi f_c t)$ 使其频谱搬移到 $2f_c$ 处，由 $f_c > B$ 可知，搬移后信号的直流分量为零。即使面对 $g_T(t)$ 的绝对带宽无穷的情况，比如矩形脉冲，只要 $f_c \gg B$，或令 $f_c$ 为 $B$ 的整数倍（这时搬移后信号的频谱零点正好落到 $f=0$ 处，也可以使上式的直流分量为零。因此，上面积分式中的两个部分是正交的。基于这两个部分，不妨令

$$\begin{cases} f_{\cos}(t) = \sqrt{\dfrac{2}{E_g}} g_T(t) \cos(2\pi f_c t) \\ f_{\sin}(t) = -\sqrt{\dfrac{2}{E_g}} g_T(t) \sin(2\pi f_c t) \end{cases} \tag{5.1.7}$$

其中，$E_g$ 为 $g_T(t)$ 的能量。显然，它们既是正交的，也是归一化的。

于是，$f_{\cos}(t)$ 与 $f_{\sin}(t)$ 可以作为两个基信号（向量），使式(5.1.6)的频带信号表示为

$$s(t) = a_c f_{\cos}(t) + a_s f_{\sin}(t) \quad \text{或} \quad \boldsymbol{s} = a_c \boldsymbol{f}_{\cos} + a_s \boldsymbol{f}_{\sin} \tag{5.1.8}$$

其中，$(a_c, a_s)$ 为信号的坐标值。注意，上式中原本应该包含 $\sqrt{E_g/2}$ 因子，为了简化书写不妨把它纳入坐标值中，此处则忽略掉。

### 2. 频带传输过程

基于信号向量与空间的思想，频带传输在二维信号空间中进行，它的两个基信号就是 $f_{\cos}(t)$ 与 $f_{\sin}(t)$。类似于前面对基带系统与图 5.1.4 的讨论，我们看到：

(1) 信号星座图——对于 $M$ 元符号，需构造 $M$ 点的二维星座图。各信号点的坐标标明了各自的具体构成，同时，也给出了它的能量。另外，信号点的布局与彼此距离，直观地讲，会影响它们在噪声中的可辨识程度（即系统的误码性能）。

(2) 发送——由消息符号选择信号点，再由点的坐标形成发送信号。

(3) 接收——包含两个环节。

- 解调：由 $r(t)$ 求出观察向量 $\boldsymbol{r}_n = (r_{cn}, r_{sn})$。由于是二维的，因此两个坐标需要两个内积运算。
- 判决——由二维的 $(r_{cn}, r_{sn})$ 估计出本时隙的消息符号 $\hat{a}_n$。

请注意，上述过程中信号的具体特性几乎"不见"，诸如频带位置、频域形状与带宽等，它们由 $g_T(t)$ 与 $f_c$ 控制着，被"收纳"在基信号 $f_{\cos}(t)$ 与 $f_{\sin}(t)$ 中。上面的分析方法让我们可以避开这些细节差异，而专注于解决传输中共性的核心问题。

## 5.1.3 频带传输的调制与解调方法

调制与解调是频带传输系统的两个重要的环节，下面予以详细说明。

**调制**——基本功能是由符号生成频带传输信号，其公式表述如式(5.1.8)所示，相应的框图如图 5.1.7(a)所示。每个发送符号 $a_n$ 按照星座图映射为相应的信号点 $(a_{cn}, a_{sn})$，而后插入成形滤波，再由正交调制把频谱搬移到载波位置，两个支路合并后可以适当调节信号的幅度，最后送入信道。

**解调**——基本功能是把收到的连续频带信号"转换"为二维观察向量，本质上就是计算信号点的坐标值，其框图如图 5.1.7(b)所示。它包括上、下两个计算内积的支路，分别基于 $f_{\cos}(t)$ 与 $f_{\sin}(t)$ 进行，具体内容是：$r(t)$ 先乘以 $2\cos$（或 $2\sin$），再乘以 $g_T(t)/\sqrt{E_g}$，最后做积分运算。图 5.1.7 中先将 cos 与 sin 的乘法放在前面，可突出解调过程中频谱搬移的物

图 5.1.7 频带调制与解调框图

理本质。值得注意的是,解调过程中的频谱搬移必须借助同频同相的本地载波,因此,这种解调本质上是相干解调。

进一步地,在图 5.1.7(b)中部虚线框部分中,将 $g_T(t)$ 乘法器与后面的积分器结合在一起,可构成关于 $g_T(t)$ 的(基带)相关器。如果再借助式(5.1.5)的结论,$g_T(t)$ 的相关器等价于它的匹配滤波器,因此,图 5.1.7(b)中部的两个虚线框单元还可以用右边的(基带)匹配滤波器替代(其中,$c$ 是任意常数)。

综上所述,解调单元可以有下面几种等价的形式:

$$f_{\cos}(t) \text{ 或 } f_{\sin}(t) \text{ 的相关器} = f_{\cos}(t) \text{ 或 } f_{\sin}(t) \text{ 的匹配滤波器}$$
$$= 乘以 \cos \text{ 或 } \sin + g_T(t) \text{ 的基带相关器}$$
$$= 乘以 \cos \text{ 或 } \sin + g_T(t) \text{ 的基带匹配滤波器} \quad (5.1.9)$$

理论与应用中,可以根据需要采用上面任何一种形式,基于所采用形式的特点,相应的接收机常常被称为**相关型**或**匹配滤波型**接收机。

一般来讲,频带传输的调制与解调包含同相与正交两个支路,它们也被称为**正交调制/解调**。

最后,信号空间分析方法运用数学抽象,它借助基向量"封存"具体的信号细节,聚焦于数字传输的核心要素。后面我们将看到,它所讨论的问题既可以是频带的,也可以是基带的;既可以是二元的,也可以是多元的;既可以是简单的一维与二维传输信号,也可以是更复杂的多维传输信号。因此,它具有广泛的适用性。

## 5.2 二元频带传输

二元(或二进制)数字传输系统是最基本的,它所传输的符号只有 0 与 1 两种取值,因此只需要两个信号点。本节介绍最基本的两种二元频带传输方式(BPSK 与 BASK,它们分别借助载波的相位与幅度来构建信号点);说明它们的星座图与波形特点、最佳接收系统与误码性能、无 ISI 传输、信号频谱与带宽。

### 5.2.1 基本概念

最典型的二元频带传输方式分别是**二进制相移键控**(Binary Phase Shift Keying, BPSK 或 2PSK)与**二进制幅移键控**(Binary Amplitude Shift Keying, BASK 或 2ASK),它们的星座图分别如图 5.2.1(a)与(b)所示,由于只有两个信号点,它们只需要一个基信号 $f_{\cos}(t)$,因此退化为一维信号空间。

图 5.2.1 二进制相移键控(BPSK)与二进制幅移键控(BASK)星座图

以 NRZ 矩形包络为例,BPSK 与 BASK 的传输信号波形如图 5.2.2 所示,为了便于查看,图中对应 0 码元的波形部分采用了细线条。

图 5.2.2 BPSK 与 BASK 的传输信号波形示例

在单个时隙上,两种信号也可以分别用公式表示如下,

$$s_{BPSK}(t) = \begin{cases} +A\cos(2\pi f_c t), & a_n = 1 \\ -A\cos(2\pi f_c t), & a_n = 0 \end{cases} \quad \text{与} \quad s_{BASK}(t) = \begin{cases} A\cos(2\pi f_c t), & a_n = 1 \\ 0, & a_n = 0 \end{cases}$$

(5.2.1)

容易看出,对于矩形 NRZ 的简单情况,BPSK 与 BASK 信号可以通过开关"键控"的方法来生成,如图 5.2.3 所示。从信号的特点看,BPSK 借助载波的正负极性,即 0 或 π 相位;而 BASK 信号借助载波的幅度变化,由此可见它们名称的由来。另外,BASK 信号特点也可以看作载波的"有"与"无",即"启"与"闭",因此这种方式又常常被称为**二进制启闭键控**(On-Off Keying, OOK)。

图 5.2.3 BPSK 与 OOK 的键控生成方法

**例 5.2** 某 OOK 传输系统的数据速率为 1000bps，幅度为 2V。试求其星座图中信号点的距离 $d$。

**解** 不妨考虑 NRZ 矩形脉冲成形的简单情况，由于 $T$ 长的 2V 载波信号的能量是
$$E = A^2 T/2 = 2^2/1000/2 = 2 \times 10^{-3}$$
由 OOK 星座图可知，$d = \sqrt{E} = \sqrt{20} \times 10^{-2} \approx 0.0447$。 ∎

### 5.2.2 最佳传输系统与误码率

根据 5.2.1 节介绍的频带传输的调制与解调方法，可以得出 BPSK 与 OOK 传输系统的框图如图 5.2.4 所示。由于它们的星座图只涉及一个 cos"轴向"，因此图中仅有一条同相支路。接收机采用匹配滤波(MF)型，滤波器为 $h(t) = cg_T(T-t)$，判决器的门限 $V_T$ 稍后加以说明。

图 5.2.4 二元频带传输系统框图（以 BPSK 为例）

观察任意第 $n$ 时隙上的传输过程：首先，依据符号值 0 或 1，对照二元星座图得到相应的信号点坐标值 $x_n = x_0$ 或 $x_1$，而后，按照系统框图依次有

$$m(t) = x_n g_T(t - nT)$$
$$s(t) = Am(t)\cos(2\pi f_c t) \tag{5.2.2}$$

其中，如果令 $A = \sqrt{2/E_g}$，则可使相应的两个传输信号分别为

$$s_0(t) = x_0 f_{\cos}(t) \quad \text{与} \quad s_1(t) = x_1 f_{\cos}(t) \tag{5.2.3}$$

这样它们正好对应星座图中的"标准"信号点。

经过 AWGN 信道后的接收信号为 $r(t) = s(t) + n(t)$。在接收机中，解调器输出的观察值(抽样值)为 $r = y_s + y_n$，$y_s$ 与 $y_n$ 分别对应其中的信号与噪声成分。由于解调器计算信号的坐标，因此

$$r = \begin{cases} x_0 + y_n, & s(t) = s_0(t) \\ x_1 + y_n, & s(t) = s_1(t) \end{cases} \tag{5.2.4}$$

参照 4.3.4 节二元基带传输的误码分析，考虑消息符号等概率的情况，最佳门限应该取在两种 $r$ 的中间，即

$$V_T = (x_1 + x_0)/2 \tag{5.2.5}$$

进而，借助式(4.3.27)，可得出最佳误码率为

$$P_{e\_opt} = Q\left(\sqrt{\frac{E_d}{2N_0}}\right) \tag{5.2.6}$$

其中，$E_d$ 为差信号的能量。从信号空间看，$E_d = d^2$，而 $d$ 为信号点间的距离。

总之，图 5.2.4 是 BPSK 与 OOK 的最佳传输系统，具体结论有，

① **BPSK**：$V_T = 0$ 与 $P_e = Q(\sqrt{2E_b/N_0})$。

其中，平均比特能量 $E_b = (d/2)^2$，因此，$d^2 = 4E_b$。

② OOK：$V_T = d/2$ 与 $P_e = Q(\sqrt{E_b/N_0})$。

其中，平均比特能量 $E_b = (0 + d^2)/2$，因此，$d^2 = 2E_b$。

容易看出，频带传输的 BPSK/OOK 结果竟然分别与基带传输的双极性/单极性的结果完全一样。其实，BPSK 与基带双极性（或 OOK 与基带单极性）具有同样的星座图，因而拥有一样的结果就不难理解了。

**例 5.3** 假定 BPSK 系统的传输速率为 5Mbps，接收带通滤波器的输出信号的幅度为 223.6mV，高斯噪声的功率谱密度为 $N_0 = 5 \times 10^{-10}$。求星座图中的信号距离，以及最佳接收的误码率。

**解** 由于 $E_b = A^2 T_b / 2$，由 BPSK 星座图可知，信号距离

$$d = 2\sqrt{E_b} = 2A\sqrt{T_b/2} = 2 \times 0.2236 \times \sqrt{\frac{1}{2 \times 5 \times 10^6}} = 1.414 \times 10^{-4}$$

进而，$\dfrac{E_b}{N_0} = \dfrac{A^2 T_b}{2 N_0} = \dfrac{A^2}{2 R_b N_0} = \dfrac{0.2236^2}{2 \times 5 \times 10^6 \times 5 \times 10^{-10}} = 10$，于是

$$P_b = Q\left(\sqrt{\frac{2E_b}{N_0}}\right) = Q(\sqrt{20}) = 3.87 \times 10^{-6}$$

∎

**例 5.4** 在例 5.3 中，如果改用 OOK 传输，求保持相同误码性能时需要的信号幅度。

**解** 为了保持同样误码率，星座图应该保持同样的距离 $d$，于是

$$d = 2\sqrt{E_{b\_BPSK}} = \sqrt{2 E_{b\_OOK}}$$

即 $E_{b\_OOK} = 2 E_{b\_BPSK}$，因此信号幅度需要提高 $\sqrt{2}$ 倍，即 OOK 信号幅度为 316.2mV。 ∎

在前面的分析中，利用了数字基带传输 4.3.4 节的结论，下面对此给出更加严谨的说明。注意到，二元频带传输的基本情况是：0 或 1 比特分别采用两种不同的（频带）信号，经过 AWGN 信道进行传输。这与 4.3.4 节误码分析的背景情况要素完全一样，因此，其结论可直接应用过来。首先，关注"信号差"如下：

$$s_d(t) = s_1(t) - s_0(t) = (x_1 - x_0) f_{\cos}(t)$$

由于星座图是确定的，即 $(x_1 - x_0)$ 是某个常数，因此，$s_d(t)$ 与 $f_{\cos}(t)$ 具有同样的匹配滤波器。由式(5.1.9)可知，图 5.2.4 的解调单元等价于 $f_{\cos}(t)$ 的匹配滤波器，也就是 $s_d(t)$ 的匹配滤波器，因此，它是最佳接收滤波器。其次，在符号等概率的情况下，按照式(4.3.24)得到最佳门限公式(5.2.5)，进而得出最佳接收系统的结论与最佳误码率公式(5.2.6)。

最后，再来看看传输系统中两个"可变"因子的影响：发送增益 $A$ 与接收匹配滤波器的增益 $c$，它们对最佳接收机及其结论的基本形式没有任何影响。首先，发送方的 $A$ 可控制信号的发送能量，它的不同对应于信号点坐标值的不同，因此，判决门限值随之变化，且误码率公式中的 $E_b$ 也会变化。其次，接收方的 $c$ 会导致观察值按 $c$ 缩放，这时门限也需要按 $c$ 缩放，由于它不影响观察值的信噪比，因此对误码率结论没有影响。

### 5.2.3 频带信道与等效基带信道

实际信道都是带宽有限的。不妨考虑一般频带信道带宽 $W$ 与冲激响应 $c(t)$，将框图 5.2.4 虚线框中的内容重画于图 5.2.5。图 5.2.5 右端新增了一个带宽为 $B$ 的理想低通滤波器(LPF)，这里 $B$ 是 $g_T(t)$ 的带宽。注意到，匹配滤波器 $h(t)$ 的频率响应是 $g_T(t)$ 频

谱的共轭,所以,$h(t)$ 与 $g_T(t)$ 具有相同的带宽 $B$,因此新增的 LPF 与后面的 $h(t)$ 合并后等同于原来单一的 $h(t)$,即增加 LPF 不影响接收系统的结果。

图 5.2.5　频带传输中的等效信道框图

频带信道的冲激响应本质上作用于频带传输信号的非零频域局部,如图 5.2.6 所示,从频域上看,发生在频点 $f_c$ 局部的处理,等同于其低频形式在零频率局部的相应处理。因此,对于信号部分有

$$s(t) * c(t) \quad \Leftrightarrow \quad Am(t) * c_L(t) \tag{5.2.7}$$

其中,$c_L(t)$ 是 $c(t)$ 对应的等效基带冲激响应。

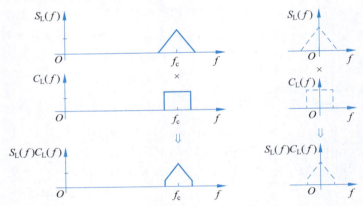

图 5.2.6　频带信道及其等效基带信道的频域过程

对于噪声部分,$n_L(t) = \text{LPF}\{2n(t)\cos(2\pi f_c t)\}$,依据随机过程的知识可以证明,它是双边功率谱密度为 $N_0$、带宽为 $B$ 的低通高斯白噪声。因此,总的输出可记为

$$r_L(t) = Am(t) * c_L(t) + n_L(t) \tag{5.2.8}$$

也就是说,频带传输系统中的虚线框部分可等效为一个带宽 $B$ 的基带加性高斯噪声信道。

## 5.2.4　无 ISI 传输与传输信号带宽

频带传输过程包含着等效基带传输过程,因此,频带传输系统中同样必须关注码间干扰(ISI)问题。基于发送滤波器 $g_T(t)$、基带等效信道 $c_L(t)$ 与接收滤波器 $h(t)$,可以得到系统总的等效响应为

$$h_L(t) = g_T(t) * c_L(t) * h(t)$$

相应的总频域响应记为 $H_L(f)$。可以据此考察系统是否满足无 ISI 条件。由于 $s(t)$ 的带宽是相应基带信号 $m(t)$ 带宽的两倍,容易看出,若频带信道带宽为 $W$(Hz),其等效基带信道的带宽为 $W/2$,因此,频带传输最高波特率为 $W$(Baud)。

进而,若信道平坦,可参照基带系统的升余弦滚降滤波器(RC)方法,将 $g_T(t)$ 与 $h(t)$ 设计为根升余弦滤波器,以实现无 ISI 传输。设计时,需要注意基带与频带之间带宽的 2 倍

关系特点,图 5.2.7 给出了频带传输系统的 RC 频谱特性与它的等效基带特性。

(a) 频带信道特性　　　　(b) 等效基带特性

图 5.2.7　频带传输系统及其等效基带信道的升余弦谱特性

若数据传输速率为 $R_s$(Baud),频带传输信号的几个基本带宽结论如下:
① **最小带宽**　　$B_T = R_s$。
② **升余弦滚降滤波器**　　$B_T = (1+\alpha)R_s$,其中 $\alpha \in [0,1]$ 为滚降因子。
③ **NRZ 矩形脉冲**　　$B_T = 2R_s$(按第一零点计)。

另外,$s(t)$ 是 $m(t)$ 搬移到载波频率 $f_c$ 处的带通信号,其功率谱的形状与其他特点由 $m(t)$ 确定。例如,OOK 信号的 $m(t)$ 实际上是单极性的基带信号,它包含有直流分量,因此,相应 OOK 信号的频带中将包含载波分量,在它的功率谱中可以看到"离散载波谱线"。

最后,若信道带内不平坦,则还需借助均衡器以消除与抑制码间干扰。

**例 5.5**　某 OOK 系统的传输速率为 1Mbps,试给出:(1)采用矩形 NRZ 成形时,传输信号的功率谱图示与信号带宽;(2)采用系数为 0.4 的平方根升余弦(SRC)成形时,传输系统的功率谱图示与带宽。

**解**　(1)对于矩形 NRZ 成形,第一零点带宽位置为 1MHz,传输信号功率谱是相应基带功率谱搬移到载波处的结果,如图 5.2.8(a)所示,由于 OOK 信号对应的基带信号是单极性的,其功率谱包含"离散载波谱线"。第一零点带宽为 $B_T = 2$MHz。

(2)采用 SRC 时,传输系统总的功率谱为 RC 形状,相应 6dB 点为 $R_s/2 = 0.5$MHz,该功率谱如图 5.2.8(b)所示,绝对带宽为

$$B_T = 2 \times [(1+\alpha)R_s/2] = 2 \times 1.4 \times 0.5 \text{MHz} = 1.4 \text{MHz}$$

(a) 矩形NRZ的功率谱特性　　　　(b) RC的功率谱特性

图 5.2.8　两种情况的功率谱特性

## 5.3　多元频带传输

二元传输过程中每个时隙只携带 1 比特,要提高数据速率,需要多元传输方式。本节首先介绍最基本的多元模式 QPSK,其次讨论它的扩展 MPSK,最后说明更为一般的

QAM 与简单的 MASK 模式,比较它们的星座图特点,讨论发送与接收系统、误码性能与信号带宽。

### 5.3.1 四相移键控

**QPSK 是四相移键控**(Quadrature Phase Shift Keying)的简称。它采用了四种相位来传输 2 比特,即四元符号。

1. 信号星座图

QPSK 的一种典型的星座图,如图 5.3.1 所示,每个信号点旁边标注了它所对应的比特对。它的信号可以采用公式表达为(第 $n$ 时隙)

$$s_{QPSK}(t) = A\cos(2\pi f_c t + \theta_n), \quad (n-1)T_s \leqslant t \leqslant nT_s \tag{5.3.1}$$

其中,$A$ 是信号的振幅,$\theta_n$ 为四种可能的相位。$\theta_n$ 的取值由该时隙所传送的符号值决定,可以从星座图获得,或者通过表 5.3.1 得到。

图 5.3.1 QPSK 典型星座图

表 5.3.1 QPSK 的典型相位值安排

| 比特对<br>(格雷编码) | 四 元 符 号 | 弧 度 |
|---|---|---|
| 00 | 0 | $5\pi/4$ |
| 01 | 1 | $7\pi/4$ |
| 11 | 2 | $\pi/4$ |
| 10 | 3 | $3\pi/4$ |

值得注意的是,相位值(或四元符号)与比特对的对应方法不是一般的自然编码规律,而是特殊的格雷编码规律。可以发现,格雷编码的主要特点是相邻相位(或四元符号)对应的比特中只有 1 位不同。这种特点带来的好处是:当噪声与干扰影响相位值时,即使造成错误,多数情况下只是错成相邻的相位值(比如,$\pi/4$ 错成 $-\pi/4$ 或 $3\pi/4$),故采用格雷编码方法可保证这时只有 1 个比特的错误。

2. 最佳传输系统与误比特率

根据频带传输的一般正交调制与解调方法,容易得出 QPSK 最佳传输系统如图 5.3.2 所示。它具有同相与正交两个完整支路,每个支路的内容与二元系统的基本一样。对比之下,主要有两个不同之处:

(1) 由于星座图是二维的,信号点包含两个坐标值,分别对应两个传输支路;

(2) 观察向量是二维的,因此判决方法会有所不同。

QPSK 星座图具有一个特点,如果将它的"比特对"与信号点坐标对应关系用表 5.3.2 列出,那么容易发现,"比特对"与信号点坐标是一一对应的:0 对应 $-1$;1 对应 $+1$。因此,星座映射过程可以简单地通过比特对的高、低位拆分来完成,如图 5.3.3 所示,其中低位比特送到同相支路,高位比特送到正交支路。将单路比特(对)流拆分为两路比特流的处理也称为**串并变换**。

图 5.3.2 QPSK 传输系统框图

表 5.3.2 比特对于信号坐标的对应关系

| 比特对 $(b_{1n}, b_{0n})$ | 二维坐标值 $(a_{sn}, a_{cn})$ |
|---|---|
| 00 | −1  −1 |
| 01 | −1  +1 |
| 11 | +1  +1 |
| 10 | +1  −1 |

$$\{a_n\}\ 1\ 0\ 0\ 1\ 1\ 1\ 0\ 1\ 0\ 1\ \cdots \begin{cases} 0\ 1\ 1\ 1\ 1\ \cdots\ \{b_{0n}\} \\ 1\ 0\ 1\ 0\ 0\ \cdots\ \{b_{1n}\} \end{cases}$$

图 5.3.3 高低位拆分(或串并变换)过程

重新考察传输过程可以发现,通过串并变换,低位比特流进入同相支路,以 cos 载波进行 BPSK 传输;高位比特流进入正交支路,以 sin 载波进行 BPSK 传输。由于 cos 与 sin 的正交性,两个支路虽然汇合在一起传输,但它们互不干扰。

具体讲,QPSK 信号可以写为

$$s_{\text{QPSK}}(t) = a_{0n}\cos(2\pi f_c t) - a_{1n}\sin(2\pi f_c t) = s_{\text{I\_PSK}}(t) - s_{\text{Q\_PSK}}(t) \quad (5.3.2)$$

式中,$a_{1n}$ 与 $a_{0n}$ 分别是(第 $n$ 时隙)±1 形式的高、低位,它与信号坐标 $(a_{sn}, a_{cn})$ 完全一致;$s_{\text{I\_PSK}}(t)$ 与 $s_{\text{Q\_PSK}}(t)$ 分别为同相与正交支路的 BPSK 信号。

在接收端的同相支路上,

$$s(t)\cos(2\pi f_c t) = [s_{\text{I\_PSK}}(t) - s_{\text{Q\_PSK}}(t)] \times 2\cos(2\pi f_c t)$$
$$= a_{0n} \times 2\cos^2(2\pi f_c t) - a_{1n} \times 2\sin(2\pi f_c t)\cos(2\pi f_c t)$$

可以看出,式中后一项是 $f_c$ 的二次频率项,将被后续接收滤波器的低通特性完全滤出。因而,只有 $s_{\text{I\_PSK}}(t)$ 部分起作用。本质上,由于 $\cos(2\pi f_c t)$ 与 $\sin(2\pi f_c t)$ 正交,两者的内积结果为零。同理,在正交支路中,只有 $s_{\text{Q\_PSK}}(t)$ 部分起作用。

因此,判决器实际上可以一分为二:两支路各自独立进行二元判决,依据抽样值是否大于 0,分别还原符号的低、高比特位。

总之,QPSK 等价于两路正交的 BPSK 的合成,它们平行传输,彼此互不干扰。QPSK 的传输系统本质上就是两个并行的 BPSK 最佳传输系统,各自的传输误比特率均为 $P_{\text{b\_2PSK}}$(BPSK 的最佳误比特率)。因为互不干扰,所以 QPSK 总的误比特率为

$$P_{\text{b\_QPSK}} = P_{\text{b\_2PSK}} = Q(\sqrt{2E_b/N_0}) \quad (5.3.3)$$

有趣的是,尽管每时隙传输 2 比特(效率高出 1 倍),但 QPSK 系统与 BPSK 系统具有

完全相同的误比特性能，其根本原因在于 QPSK 充分利用了频带信号的二维平面空间。当然，在获得相同 $P_b$ 情况下，每时隙上 QPSK 发送的符号能量 $E_s$ 是 BPSK 的两倍，这时，QPSK 的信号功率是 BPSK 的两倍。可见，BPSK 虽然比特率低一些，但在同样发送功率的情况下更为可靠。

**例 5.6** 假定 QPSK 系统的输入二进制消息序列为 10001101001010。试说明：(1) 在格雷编码时相应的四元符号序列；(2) 相应的载波相位；(3) 同相与正交支路的比特流与信号点（坐标）序列；(4) 给出基带信号、两支路的调制信号与合成信号的波形（考虑矩形 NRZ 信号）。

**解** (1) 首先将输入序列表示为"比特对"序列：10 00 11 01 00 10 10，而后按表 5.3.1 可得格雷编码时系统对应的四元符号序列：3021033。

(2) 基于比特对，由星座图或表 5.3.1 可以直接得出载波相位序列：$\frac{3\pi}{4}, \frac{5\pi}{4}, \frac{\pi}{4}, \frac{7\pi}{4}, \frac{5\pi}{4}, \frac{3\pi}{4}, \frac{3\pi}{4}$（注意，星座图与表格的映射规则中已经应用了格雷编码）。

(3) 由比特对进行高、低比特分流，

同相支路 $\{b_{0n}\}$：0 0 1 1 0 0 0　——低比特

正交支路 $\{b_{1n}\}$：1 0 1 0 0 1 1　——高比特

将 0 与 1 改为 +1 与 -1 形式，得到相应的信号点（坐标）序列为

同相支路 $\{a_{0n}\}$：-1 -1 +1 +1 -1 -1 -1

正交支路 $\{a_{1n}\}$：+1 -1 +1 -1 -1 +1 +1

(4) 各信号波形如图 5.3.4 所示。

QPSK 系统的核心在于利用四种相位来完成传输，其星座图也可能采用其他形式，比如图 5.3.5 的另一个典型方案。其实，该方案本质上与前面的方案是等价的，只是整体旋转了 $\pi/4$ 相位。不难想到，其设计要点与最佳性能结论是完全一致的，只是实现的细节可能有所差别，比如，判决方法等，这里不做赘述。

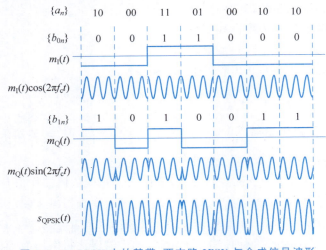

图 5.3.4　QPSK 中的基带、两支路 2PSK 与合成信号波形

图 5.3.5　QPSK 的其他星座图

**3. 云图**

从信号空间角度再次考察接收情况。解调器给出观察向量 $r$，其几何意义是当前信号

在空间中的"落点"。显然，$r$ 原本应该正好落在星座图的相应发送信号 $s_i$ 处，但由于噪声的存在，它将偏离 $s_i$ 点，随机地落在其附近。$r$ 点的各种可能位置围绕 $s_i$ 点形成云状图形，称为**云图**(**Cloud**)。云图中点的疏密程度对应于 $r$ 落在相应位置的概率特性。由于噪声是零均值高斯的，因此可以想到云团在其中心处密度最高，而随偏离中心密度下降，密度变化的规律与高斯特性相对应。

图 5.3.6(a) 是 QPSK 的云图示意图，其四个信号点处各有一个云团；图 5.3.6(b) 是与之对应的四个二维高斯概率密度曲面，它们呈现为四个"山峰"形状，给出了云图的（概率）密度特性。

(a) 云图　　　　　　(b) 二维高斯概率密度曲面图

图 5.3.6　QPSK 的信号云图

与基带波形的眼图类似，接收点的云图是展示传输信号宏观质量的一种定性与直观的实验图案。通信测试设备持续接收一段时间的信号，在解调器输出处可以收集到大量的接收点（观察向量），将它们重叠描绘在同一幅几何图形中就得到了云图。显然，云团收缩得越小，则信号的质量越好；相反，云团越发散，则信号中的噪声与畸变就越大。当各信号点的云团扩散到彼此明显混叠时，传输系统的错码会很严重。其实，除加性噪声外，信号传输过程中的其他畸变，包括码间干扰、同步偏差等各种因素都会综合地影响接收点的位置，从而反映到云图中。很多时候，观察云图的特点就能发现传输系统中哪个单元存在问题。

### 5.3.2　多元相移键控

MPSK 是**多元相移键控**(***M*-ary Phase Shift Keying**)的缩写，它是 BPSK 与 QPSK 的推广。MPSK 的一般信号形式可以表示为

$$s_{\text{MPSK}}(t) = A g_T(t) \cos(2\pi f_c t + \theta_n), \quad (n-1)T_s \leqslant t \leqslant nT_s \tag{5.3.4}$$

其中，$g_T(t)$ 为发送脉冲；$\theta_n$ 为第 $n$ 时隙上的相位，它具有 $M$ 种取值。通常规定如下

$$\theta_n = 2\pi i / M, \quad i = 0, 1, \cdots, (M-1) \tag{5.3.5}$$

$\theta_n$ 的值与该时隙 $M$ 元符号 $a_n$ 的取值相对应。

以 $M=8$ 为例，MPSK 的典型星座图如图 5.3.7 所示。所有的信号点均匀分布在圆周上，各个信号的幅度一样但相位不同。MPSK 符号值（或比特组）与信号的映射关系也可以用表格描述，例如，8PSK 的比特组映射关系如表 5.3.3 所示。容易看出，该映射中采用了格雷编码规则。

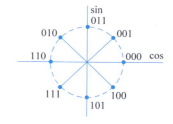

图 5.3.7　MPSK 的星座图(8PSK)

表 5.3.3 8PSK 的一种星座映射关系

| 八元符号值 | $b_2 b_1 b_0$ | $(a_{cn}, a_{sn})$ |
|---|---|---|
| 0 | 0 0 0 | (1, 0) |
| 1 | 0 0 1 | (0.707, 0.707) |
| 2 | 0 1 1 | (0, 1) |
| 3 | 0 1 0 | (−0.707, 0.707) |
| 4 | 1 1 0 | (−1, 0) |
| 5 | 1 1 1 | (−0.707, −0.707) |
| 6 | 1 0 1 | (0, −1) |
| 7 | 1 0 0 | (0.707, −0.707) |

MPSK 的最佳传输系统与 QPSK 的完全相同，采用框图 5.3.2 的正交调制/解调器。只是信号点数更多，参数组 $(a_{cn}, a_{sn})$ 的取值更为丰富，这使得 MPSK 的接收系统中不能简单地在两分支上独立完成判决。稍加研究可以发现，计算二维观察向量的相角值 $\theta_{rn} = \arctan(r_{sn}/r_{cn})$，而后由此相角可以方便地判断出符号值，因为，信号的关键信息为 $M$ 种相位值。

PSK 的突出优点是传输信号的关键信息在其相位上，因而容忍幅度畸变的能力较强。在实际应用中，功率放大器通常难免具有非线性失真，它可能造成信号幅度的显著畸变，但这种畸变对 PSK 信号的影响很小。另外，PSK 信号能量恒定的特性又是一种局限性，从星座图上看，信号点被约束在圆周上，而不能自由地利用二维平面空间。下面讨论的 QAM 是更一般的频带传输方案。

### *5.3.3 正交幅度调制

QAM 是**正交幅度调制**（Quadrature Amplitude Modulation）的缩写，它利用两路正交载波的多种幅度来携带信息符号。

#### 1. 信号星座图

QAM 的信号的形式为

$$s_{QAM}(t) = a_{cn} g_T(t) \cos 2\pi f_c t - a_{sn} g_T(t) \sin(2\pi f_c t) \tag{5.3.6}$$

其中，$g_T(t)$ 为发送脉冲，参数组 $(a_{cn}, a_{sn})$ 对应某个信号点。

显然，它就是一般形式的数字频带传输方法。$M$ 元 QAM 具有 $M$ 个信号点，为了突出这一点，有时也记为 MQAM。图 5.3.8 给出了 QAM 的两种典型星座图例子，一般来讲，其图案形状可以是圆形、矩形或其他。QAM 也可以视为通过振幅与相位的多种组合来联合携带信息，因此它有时也被看作**幅度/相位混合调制**。

QAM 的最佳传输系统框图仍然如图 5.3.2 所示，它的发送与接收系统采用正交调制与解调方案。只是信号点的安排不同，使得具体的映射关系与判决规则不同。

**例 5.7** 某 16QAM 传输系统采用图 5.3.8(a) 的圆形星座图，假设四种半径分别是 $r$、$2r$、$3r$ 与 $4r$。求它的平均符号能量 $E_{av}$、最大符号能量与最小信号距离 $d_{min}$。

**解** 由图可见，$E_{av} = \dfrac{1}{4}[r^2 + (2r)^2 + (3r)^2 + (4r)^2] = \dfrac{1+4+9+16}{4} r^2 = 7.5 r^2$

最大符号能量为

(a) 圆形($M$=4,8,16)　　(b) 矩形($M$=4,8,16,32,64)

图 5.3.8　QAM 信号星座图例子

$$E_{s\_max}=(4r)^2=16r^2$$

观察星座图。首先,计算内环信号点间距离,$d_{11}=\sqrt{2}r$;再计算最内环与次内环信号点间距离,$d_{12}=\sqrt{(\sqrt{2}r-r)^2+(\sqrt{2}r)^2}=\sqrt{(\sqrt{2}-1)^2+2}\,r>\sqrt{2}r$。可见,$d_{min}=\sqrt{2}r$。∎

### *2. 最小距离判决准则

一般来讲,数字传输系统的最佳判决应该使误码率达到最小。从信号空间的观点来看,解调器给出的观察向量,提供了接收信号在星座图上的"落点"。于是,在"各自平等的情况"下,最佳判决应当依据距离的远近进行,即"落点"距离星座图的哪个信号点最近,就应该判给那个信号点。假定观察向量为 $r$,信号点为 $s_i$,其下标 $i$ 表示 $M$ 种符号取值(或 $M$ 种"比特组")之一,那么第 $n$ 时隙的最佳判决可以写为

$$\hat{a}_n=i=\arg\{\min_i|\mathbf{r}-\mathbf{s}_i|\} \tag{5.3.7}$$

其中,$\arg\{\min_x f(x)\}$ 表示使函数 $f(x)$ 达到最小值的(最佳)自变量 $x$。注意,上式是基于 $\mathbf{r}$ 寻找最佳的符号值(即"比特组")。理论上讲,最佳判决需要比较观察向量与星座图中所有信号点的距离。

再来看看上面所谓的"各自平等的情况"的含义,它对应于各个消息符号概率分布的对称性,即要求消息符号是等概率出现的。显然,只有在等概率的"公平"前提下,上面基于距离的判决才是最佳的。好在"消息符号等概率"确实是实际应用中最常见的情况,所以,理论研究中以此作为重点讨论的基本情况。

上述基于观察向量距离进行判决的规则,称为**最小距离准则**。第 7 章将详细论证它是一种基本的最佳判决准则。不难发现,前面讨论的各种系统,包括二元传输、QPSK 与 MPSK,它们的判决规则本质上都是按照这一原理进行设计的。

同样,QAM 接收系统的判决器也按照最小距离准则,即

$$\hat{a}_n = \text{与 } \mathbf{r} \text{ 最邻近的信号点所对应的符号} a_n \tag{5.3.8}$$

图 5.3.9 以 16QAM 为例,直观地示意了这种判决规则:若信号落入阴影区,则判决结果为该区中心点所对应的符

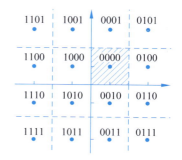

图 5.3.9　16QAM 的星座图与最小距离判决规则示意

号（或比特组），例如0000。具体实现时，可以基于星座图的几何特点，比如对称性，尽量构建简单高效的判决规则。

顺便指出，从图5.3.9的16QAM星座图还可以发现，该QAM也采用了二维的格雷编码，使四周最邻近的信号点之间只相差1比特，以减轻由误码造成的比特损失。

最后，QAM的核心是充分利用整个二维平面来安排它的信号点。直观地看，信号点越密集，则系统越容易误码。基于这一原理，QAM的星座图总是在给定的范围内尽量均匀地配置信号点，使所有点的相邻距离都能够最大。

**例5.8** 某16QAM传输系统采用图5.3.9的矩形星座图与比特映射规则，假设信号点间最小距离为2。试说明：传输比特流1000110100101011…的信号点（坐标）序列，以及同相与正交支路的取值序列。

**解** 首先，按4比特分组，输入比特流为1000-1101-0010-1011-…。而后，按星座图映射可得到相应的信号点（坐标）序列为

$(-1,+1)$-$(-3,+3)$-$(+1,-1)$-$(-1,-3)$-…

相应地有

同相支路 $\{a_{cn}\}$：$-1$  $-3$  $+1$  $-1$  …

正交支路 $\{a_{sn}\}$：$+1$  $+3$  $-1$  $-3$  …

### 5.3.4 MASK与星座图比较

为了理解各种星座图的特点，可以观察图5.3.10，前面两个星座图分别对应16PSK与16QAM，第三个是一种局限于直线上的特殊星座图，称为**多元幅移键控**（**M-ary Amplitude Shift Keying，MASK**），它是OOK（或BASK）的扩展，其典型波形如图5.3.11所示。MASK的核心是"单纯"借助信号幅度来传输信息。

图5.3.10 MPSK、QAM与MASK星座图特点

图5.3.11 MASK信号的典型波形（$M=4$）

通常来讲，MASK误码性能相当差，它只不过是一种简单的技术手段。MASK本质上退化为一维信号形式，只需要一个基信号。因此，它的发送与接收系统都只需要一个分支（不妨用cos分支）。容易看出，MASK的最佳传输系统类似于二元情况，框图如图5.2.4所

示,只是信号电平多几种,具体的映射与判决门限稍有不同。

比较各种星座图发现,QAM 对于二维信号空间的利用最充分,MPSK 次之,而 MASK 最差。直观观察与理论分析发现,影响数字传输误码率的关键因素是其星座图中最邻近信号点之间的距离。形象地讲,点的密集状况对应于它们的可辨识程度。信号点距离越大,则系统的误码率越低。所以,在给定信号功率的前提下,最低误码率的设计原则是:在给定的范围内尽量均匀地配置信号点,使所有点彼此相距最远。

### 5.3.5 误码率与传输信号带宽

**1. 误码率**

由星座图的特点可知,QAM 模式具有最好的误码性能,MPSK 次之,而 MASK 性能最差。除 QPSK 以外,要准确计算出各种多元频带传输方式的差错性能是困难的。这里,我们直接引用第 7 章的推导结果,几种 $M$ 元传输系统的最佳误码率分别为

(1) MPSK:

$$P_e \approx 2Q\left(\sqrt{2\frac{E_{av}}{N_0}}\sin\frac{\pi}{M}\right) \tag{5.3.9}$$

(2) QAM(矩形星座图情况):

$$P_e \leqslant 4Q\left(\sqrt{\frac{3}{(M-1)}\times\frac{E_{av}}{N_0}}\right) \tag{5.3.10}$$

(3) MASK:

$$P_e = \frac{2(M-1)}{M}Q\left(\sqrt{\frac{6}{M^2-1}\times\frac{E_{av}}{N_0}}\right) \tag{5.3.11}$$

其中,$E_{av}$ 为平均符号能量。多元传输尽量采用格雷编码,这时,系统的误比特率为 $P_b \approx P_e/K$,而 $K=\log_2 M$。

一般而言,QAM 虽然失去了 MPSK 只使用相位而抗非线性的优点,但它可以在二维平面中有效地布置信号点,因而具有最好的误码性能。MASK 完全失去了二维信号的优势,性能最差,尤其是当 $M$ 较大时,三种模式的误码率差距会显著加大。

**例 5.9** 基于 16QAM、16PSK 与 16ASK 误码率公式,试比较在 $E_{av}/N_0$ 较大与误码率近似相同的情况下,三种系统的 $E_{av}/N_0$ 差异。

**解** 由 $Q$ 函数的特点可知,在 $E_{av}/N_0$ 较大的情况下,16QAM、16PSK 与 16ASK 误码率主要由 $Q$ 函数的自变量部分决定。不妨记 $Q(\sqrt{x})$ 函数的自变量部分为 $x$,误码率近似相同对应于 $x$ 相同。对于 $M=16$,由三个误码率公式分别有

$$x = \frac{1}{5}\left(\frac{E_{av}}{N_0}\right)_{16QAM}, \quad x = \left(2\sin^2\frac{\pi}{16}\right)\left(\frac{E_{av}}{N_0}\right)_{16PSK}, \quad x = \frac{6}{255}\left(\frac{E_{av}}{N_0}\right)_{16ASK}$$

可见,在同样的 $x$ 情况下,

$$\left(\frac{E_{av}}{N_0}\right)_{16QAM} = \left(10\sin^2\frac{\pi}{16}\right)\left(\frac{E_{av}}{N_0}\right)_{16PSK} = 0.381\left(\frac{E_{av}}{N_0}\right)_{16PSK}$$

$$\left(\frac{E_{av}}{N_0}\right)_{16QAM} = \frac{6}{51}\left(\frac{E_{av}}{N_0}\right)_{16ASK} = 0.1176\left(\frac{E_{av}}{N_0}\right)_{16ASK}$$

所以,在近似相同的误码率情况下,16QAM 需要的 $E_{av}/N_0$ 最少,16ASK 需要的最多。具体可得,16QAM 比 16PSK 好 4.2dB,而比 16ASK 好 9.3dB;16PSK 比 16ASK 好 5.1dB。∎

进一步分析它们的误码率特性,并结合例 5.9 的结论,可以发现:

(1) 三种模式之间,大致有

$$\text{MQAM} \overset{\text{好约4dB}}{>} \text{MPSK} \overset{\text{好约5dB}}{>} \text{MASK} \quad (\text{当} M \text{较大时}) \tag{5.3.12}$$

(2) $M$ 每增加 1 倍,MQAM 的误码率性能下降 2~3dB,MPSK 与 MASK 的误码率性能下降 5~6dB。

### 2. 传输信号带宽

多元频带传输信号的频带与带宽与二元的情况类似。一般而言,数字频带传输信号可写成如下形式:

$$\begin{aligned} s(t) &= \sum_{n=-\infty}^{+\infty} a_{cn} g_T(t-nT)\cos(2\pi f_c t) - \sum_{n=-\infty}^{+\infty} a_{sn} g_T(t-nT)\sin(2\pi f_c t) \\ &= m_c(t)\cos(2\pi f_c t) - m_s(t)\sin(2\pi f_c t) \end{aligned} \tag{5.3.13}$$

其中,$m_c(t)$ 与 $m_s(t)$ 都是以 $g_T(t)$ 为成形脉冲的基带 PAM 信号,只是 $a_{cn}$ 与 $a_{sn}$ 的值各式各样。

注意到,无论是二元还是多元情况,$m_c(t)$ 与 $m_s(t)$ 的功率谱主要由 $g_T(t)$ 确定。假定基带 $g_T(t)$ 的带宽为 $B$,那么,一般频带传输信号 $s(t)$ 由两个 $2B$ 带宽的频带信号的合成,合成后的带宽仍然为 $B_T = 2B$。

另外,多元频带传输中也包含基带传输过程与基带等效信道,传输系统应该进行无码间干扰设计,并根据情况采用均衡措施。其方法也与二元传输系统的完全一样。

总之,多元频带传输的最小传输带宽、升余弦滚降滤波器带宽与矩形 NRZ 成形信号带宽等结论,都与前面二元传输系统的一样,即

① **最小带宽** $B_T = R_s$。

② **升余弦滚降滤波器** $B_T = (1+\alpha)R_s$,其中 $\alpha \in [0,1]$ 为滚降因子。

③ **NRZ 矩形脉冲** $B_T = 2R_s$(按第一零点计)。

**例 5.10** 某通信系统工作在频带范围为 600~3600Hz 的信道上,要求数据传输速率不低于 9600bps,试设计一个数字频带通信系统,给出它的载波频率、符号率、调制方式、无 ISI 的升余弦参数与频带利用率。

**解** 首先,基于信道的频带范围为 600~3600Hz,取载波频率为

$$f_c = \frac{600+3600}{2} = 2100(\text{Hz})$$

其次,信道带宽为 $W = 3600 - 600 = 3000\text{Hz}$。因此,频带传输符号率应该满足 $R_s \leqslant 3000\text{Baud}$。再设每个码元传输 $k$ 比特,则 $R_s = 9600/k \leqslant 3000$,由此可得 $k \geqslant 3.2$。于是,取 $k = 4$,使得 $M = 16$ 与 $R_s = 9600/k = 2400\text{Baud}$。

进而,建议采用 16QAM 调制,可获得最好的误码性能。其星座图可采用正方形星座图,如图 5.3.9 所示。

传输系统采用平方根升余弦(SRC)成形滤波器与接收匹配滤波器,可实现无 ISI 传输与最佳接收。设 SRC 滚降系数为 $\alpha$,它应满足 $(1+\alpha)R_s \leqslant W = 3000$,即

$$\alpha \leqslant W/R_s - 1 = 3000/2400 - 1 = 0.25$$

最后，该系统的频带利用率为 $\eta = R_b/W = 9600/3000 = 3.2 \,(\text{bps/Hz})$。

## 应用案例(8)—— 4G 与 5G 移动通信系统中的调制方案

第四代(4G)与第五代(5G)移动通信是当前最先进的无线通信的代表。中国的 4G 与 5G 移动通信无论在市场应用与技术研发上都处于国际先进水平。2010 年，第四代(4G)以 LTE-advanced 技术的成熟为标志，开始商用部署；2019 年被认为是中国 5G 元年，开启了中国领先的 5G 时代。

在移动通信中，手机与基站之间进行双向的无线通信。从手机到基站的通路称为上行信道，从基站到手机的通路称为下行信道。为了应对复杂多变的无线移动信道，4G 与 5G 采用了自适应调制与编码(AMC)方案，设定了多种调制模式，视信道条件可灵活选择使用，如表 5.3.4 所示。

表 5.3.4  4G 与 5G 移动通信的调制方案

| 信 道 | | 4G | 5G |
| --- | --- | --- | --- |
| 上行 | 数据 | QPSK、16QAM、64QAM、256QAM | 同 4G |
|  | 控制 | BPSK、QPSK | 增加 π/2 BPSK |
| 下行 | 数据 | QPSK、16QAM、64QAM、256QAM | 增加 1024QAM |
|  | 控制 | QPSK | 同 4G |

可以看到，控制信道采用低速与可靠的模式，保证正确的控制与参数传输；数据信道采用 QPSK 与高阶的 QAM，提供尽量宽的数据传输带宽。另外，下行传输从基站出发，系统借助 MIMO 与功率等优势，支持更强的传输能力。

各种模式的信号点(采用复数表示)分别定义如下(其中比特取值为 0 或 1，$i$ 为符号序号)：

(1) BPSK 与 π/2 BPSK：每比特 $b(i)$ 对应信号点为

$$d_{\text{BPSK}}(i) = \frac{1}{\sqrt{2}}\left[(1-2b(i)) + j(1-2b(i))\right]$$

$$d_{\pi/2\text{-BPSK}}(i) = \frac{e^{j\frac{\pi}{2}(i \bmod 2)}}{\sqrt{2}}\left[(1-2b(i)) + j(1-2b(i))\right]$$

(2) QPSK 每符号 2 比特：$b(2i)$ 和 $b(2i+1)$，对应的第 $i$ 个信号点为

$$d_{\text{QPSK}}(i) = \frac{1}{\sqrt{2}}\left[(1-2b(2i)) + j(1-2b(2i+1))\right]$$

(3) 16QAM 每符号 4 比特：$b(4i)$，$b(4i+1)$，$b(4i+2)$ 和 $b(4i+3)$，对应的信号点为

$$d_{16\text{QAM}}(i) = \frac{1}{\sqrt{10}}\{(1-2b(4i))[2-(1-2b(4i+2))] + j(1-2b(4i+1))[2-(1-2b(4i+3))]\}$$

(4) 64QAM 每符号 6 比特：$b(6i)$，$b(6i+1)$，$\cdots$，$b(6i+5)$，对应的信号点为

$$d_{64\text{QAM}}(i) = \frac{1}{\sqrt{42}}\{(1-2b(6i))[4-(1-2b(6i+2))[2-(1-2b(6i+4))]] + j(1-2b(6i+1))[4-(1-2b(6i+3))[2-(1-2b(6i+5))]]\}$$

(5) 256QAM 每符号 8 比特：$b(8i),b(8i+1),\cdots,b(8i+7)$，对应的信号点为

$$d_{256\text{QAM}}(i) = \frac{1}{\sqrt{170}}\{(1-2b(8i))[8-(1-2b(8i+2))[4-(1-2b(8i+4))\times$$
$$[2-(1-2b(8i+6))]]]+j(1-2b(8i+1))[8-(1-2b(8i+3))\times$$
$$[4-(1-2b(8i+5))[2-(1-2b(8i+7))]]]\}$$

按照上面的公式，可以算出 QPSK、16QAM、64QAM 与 256QAM 的星座图如图 5.3.12 所示。

图 5.3.12　4G 与 5G 中不同调制方案星座图

## 5.4　差分 PSK 与 OOK 非相干解调

差分编码与 PSK 相结合形成一种特殊的传输方式，其中，最典型的是二元的 DPSK 与四元的 DQPSK。本节首先介绍 DPSK、DQPSK 与相关的 π/4 DQPSK，说明这类方式的主要特点与非相干接收方法；其次说明偏置 QPSK 的基本概念；最后，本节还将进一步说明 OOK 采用包络检波的非相干接收方法。

### 5.4.1　二元差分 PSK

**DPSK** 是**差分相移键控**(Differential Phase Shift Keying)的简称，最基本的方式是将差分编码与 BPSK 相结合，它没有"不确定性反相"的问题，并且可以采用非相干解调进行接收。

1. 基本原理

DPSK 传输系统的原理框图如图 5.4.1 所示。在 BPSK 的基础上，该系统只是在发送

端与接收端分别增加了差分编码器与解码器。

图 5.4.1　DPSK 传输系统

差分编码器、解码器的工作原理是

$$d_n = b_n \oplus d_{n-1} \quad \text{与} \quad \hat{b}_n = \hat{d}_n \oplus \hat{d}_{n-1} \tag{5.4.1}$$

通常,其中的 $b_n$ 与 $\hat{b}_n$ 称为**绝对码**,$d_n$ 与 $\hat{d}_n$ 称为**相对码**或**差分码**。它们是取值 0 与 1 的二进制码元。

**例 5.11**　举例说明 DPSK 信号产生过程中各码元以及载波相位的变化(设 $d_n$ 的初值为 1,示为①)。

| | | | | | | | | | |
|---|---|---|---|---|---|---|---|---|---|
| 绝对码 $\{b_n\}$ | | 1 | 0 | 0 | 1 | 0 | 0 | 1 | 1 |
| 相对码 $\{d_n\}$ | ① | 0 | 0 | 0 | 1 | 1 | 1 | 0 | 1 |
| 电平变换 $\{a_n\}$ | | +1 | −1 | −1 | −1 | +1 | +1 | +1 | −1 | +1 |
| 载波相位 $\{\theta_n\}$ | | 0 | π | π | π | 0 | 0 | 0 | π | 0 |
| 相邻载波相位变化 $(\theta_n - \theta_{n-1})$ | | π | 0 | 0 | −π | 0 | 0 | π | −π |

其实,上面的差分编码就是单极性的 NRZ 传号差分码。比较例中的第一行与最后一行,可以看出,DPSK 信号载波的相位与信息比特 $b_n$ 的对应关系是:"1 变 0 不变"。显然,DPSK 信号通过相邻时隙载波相位的变化与否来"携带"信息,它不受传输过程中反相与否的影响。在实际 PSK 相干解调中,载波同步提供的本振经常存在相位模糊问题,即本地载波的初始相位可能随机取 0 或 π,这将造成解调后发生所谓的"不确定性反相",差分 PSK 完全不受此问题的困扰。

**例 5.12**　说明 DPSK 信号的接收过程。

(1) 假定 BPSK 传输后结果正确,则差分解码的过程为(设 $d_n$ 的初值为 1,示为①):

| | | | | | | | | | |
|---|---|---|---|---|---|---|---|---|---|
| BPSK 解调结果 $\{\hat{a}_n\}$ | | +1 | −1 | −1 | −1 | +1 | +1 | +1 | −1 | +1 |
| 相对码 $\{\hat{d}_n\}$ | ① | 0 | 0 | 0 | 1 | 1 | 1 | 0 | 1 |
| 绝对码 $\{\hat{b}_n\}$ | | 1 | 0 | 0 | 1 | 0 | 0 | 1 | 1 |

(2) 假定 BPSK 传输后结果反相,则差分解码的过程为(设 $d_n$ 的初值为 1,示为①):

| | | | | | | | | | |
|---|---|---|---|---|---|---|---|---|---|
| BPSK 解调结果 $\{\hat{a}_n\}$ | | −1 | +1 | +1 | +1 | −1 | −1 | −1 | +1 | −1 |
| 相对码 $\{\hat{d}_n\}$ | ① | 1 | 1 | 1 | 0 | 0 | 0 | 1 | 0 |
| 绝对码 $\{\hat{b}_n\}$ | | 1 | 0 | 0 | 1 | 0 | 0 | 1 | 1 |

可见,不论 PSK 传输过程中是否发生反相,DPSK 都能正确收到信息。另外,初值的选取可能影响第一位的接收结果,而不影响后面的。

**2. 相干解调及其误码性能**

由基本原理可知,DPSK 的接收系统由 BPSK 的相干解调器与差分解码器组成。如果传输中发生错误,那么差分解码可能导致更多的码元错误。可以证明,DPSK 的误码率要大一些,接近 BPSK 的 2 倍,即

$$P_{ed} \approx 2P_{e\_2PSK} \tag{5.4.2}$$

其中,$P_{e\_2PSK}$ 为 BPSK 传输误码率。

对上述结论解释如下:由于 DPSK 最终的输出符号为 $\hat{b}_n = \hat{d}_n \oplus \hat{d}_{n-1}$,经过分析可以发现,$\hat{b}_n$ 的误码情况如表 5.4.1 所示。

表 5.4.1  $\hat{b}_n$ 的误码情况

| $\hat{d}_{n-1}$ | $\hat{d}_n$ | $\hat{b}_n = \hat{d}_n \oplus \hat{d}_{n-1}$ |
| --- | --- | --- |
| 正确 | 正确 | 正确 |
| 错误 | 正确 | 错误 |
| 正确 | 错误 | 错误 |
| 错误 | 错误 | 正确 |

相对码序列 $\{d_n\}$ 经 BPSK 传输后是否错误彼此独立,于是,DPSK 的误码率为

$$\begin{aligned} P_{ed} &= P(\hat{b}_n \text{ 错误}) \\ &= P[(\hat{d}_{n-1} \text{ 错误}) \cap (\hat{d}_n \text{ 正确})] + P[(\hat{d}_{n-1} \text{ 正确}) \cap (\hat{d}_n \text{ 错误})] \\ &= P_{e\_2PSK}(1 - P_{e\_2PSK}) + (1 - P_{e\_2PSK})P_{e\_2PSK} \\ &= 2P_{e\_2PSK}(1 - P_{e\_2PSK}) \end{aligned}$$

实际通信系统中一般满足 $P_e \ll 1$,使得 $P_{ed} = 2P_{e\_2PSK} - 2P_{e\_2PSK}^2 \approx 2P_{e\_2PSK}$。

**3. 差分检测**

DPSK 系统的另一种很重要的接收方法称为**差分检测**,有时也称为**差分相干解调**,其基本方案如图 5.4.2 所示。其中,输入处的带通滤波器(BPF)带宽记为 $B_{BPF}$,乘积后的低通滤波器(LPF)带宽为信号带宽,判决准则为 $y_n \underset{1}{\overset{0}{\gtrless}} 0$(门限为 0)。

图 5.4.2  DPSK 的差分检测

容易看出,该方法的核心思想是比较两个相邻时隙上正弦信号的相位(计算相位差),从而直接还原出绝对码(信息比特)$\hat{b}_n$。这种接收方法充分利用了 DPSK 信号的独特之处,而不需要本地振荡,它本质上是一种非相干解调方法。

下面具体分析其接收过程。暂不考虑噪声,记接收信号为 $r(t) = A\cos[2\pi f_c t + \theta(t)]$,其中,$\theta(t)$ 为 DPSK 信号的相位。因此,乘法器输出信号为

$$r(t)r(t-T_b) = A^2\cos[2\pi f_c t + \theta(t)]\cos[2\pi f_c(t-T_b) + \theta(t-T_b)]$$

经过 LPF 后输出为

$$y(t) = \frac{1}{2}A^2\cos[2\pi f_c T_b + \theta(t) - \theta(t-T_b)]$$

记 $n$ 时隙(末端)$y(t)$的抽样值为 $y_n$,有

$$y_n = \frac{1}{2}A^2\cos[2\pi f_c T_b + (\theta_n - \theta_{n-1})]$$

其中,$\theta_n$ 与 $\theta_{n-1}$ 分别为 $n$ 与 $n-1$ 时隙的载波相位。$y_n$ 的核心是获得载波相位差。由于 $f_c T_b$ 为已知常数,不妨控制 $f_c T_b$,使 $y_n \approx \frac{1}{2}A^2\cos(\theta_n - \theta_{n-1})$。由此可总结出如表 5.4.2 所示的信号关系与判决方法 $y_n \underset{1}{\overset{0}{\gtrless}} 0$(表中考虑"1 变 0 不变"的规律)。

表 5.4.2 差分检测的信号关系与判决方法

| 信 息 比 特 $b_n$ | 载波相位差 $\theta_n - \theta_{n-1}$ | $y_n$ | 判 决 结 果 $\hat{b}_n$ |
|---|---|---|---|
| 0 | 0 | $A^2/2$ | 0 |
| 1 | $\pi$ 或 $-\pi$ | $-A^2/2$ | 1 |

实际过程中,噪声总是存在的,噪声大时就引起误差。仔细分析可以得出这种接收系统的误码性能,这里省去烦琐的推导过程,直接给出结论,

$$P_e = \frac{1}{2}\exp\left(-\frac{A^2}{2\sigma_n^2}\right) = \frac{1}{2}e^{-\gamma} \tag{5.4.3}$$

其中,$\gamma = A^2/(2\sigma_n^2) = A^2/(2N_0 B_{BPF})$ 是 BPF 的输出信噪比。

将 $\gamma$ 折算为 $E_b/N_0$ 时,根据带通高斯白噪声的方差为 $\sigma_n^2 = N_0 B_{BPF}$,DPSK 的平均能量为 $E_b = A^2 T_b/2$,并取 $B_{BPF}$ 为最小理论值 $R_b$,于是

$$\gamma = \frac{A^2}{2N_0 B_{BPF}} = \frac{E_b}{N_0} \times \frac{R_b}{B_{BPF}} = \frac{E_b}{N_0}$$

所以,$\gamma = E_b/N_0$,$P_e \approx \frac{1}{2}e^{-E_b/N_0}$。

对比式(5.4.2)与 $\frac{1}{2}e^{-E_b/N_0}$ 可得,差分检测的性能不如相干解调的性能。从物理意义上讲,这是因为差分检测方法中相乘器的两个支路都含有噪声,使乘积结果中的噪声增大了。

**例 5.13** 假定 DPSK 系统的传输速率为 5Mbps,接收带通滤波器的输出信号的幅度为 223.6mV,高斯噪声的功率谱密度为 $N_0 = 5 \times 10^{-10}$。求相干接收与差分检测的误码率。

**解** 由 $\dfrac{E_b}{N_0} = \dfrac{A^2 T_b}{2N_0} = \dfrac{A^2}{2R_b N_0} = \dfrac{0.2236^2}{2 \times 5 \times 10^6 \times 5 \times 10^{-10}} = 10$ 和式(5.4.2),得到相干接收时误码率为

$$P_b = 2Q\left(\sqrt{\frac{2E_b}{N_0}}\right) = 2Q(\sqrt{20}) = 7.74 \times 10^{-6}$$

差分检测接收时误码率为

$$P_e \approx \frac{1}{2}e^{-E_b/N_0} = \frac{1}{2}e^{-10} = 2.3 \times 10^{-5}$$

### *5.4.2 差分 QPSK 与 OQPSK

#### 1. DQPSK

**DQPSK** 是**差分四相移键控**（**Differential QPSK**）的简称,是结合差分编码的 QPSK。DQPSK 传输系统在 QPSK 基础上增加差分编码与解码单元,如图 5.4.3 所示。

差分 QPSK

图 5.4.3　DQPSK 系统的差分编解码单元

DQPSK 的本质是利用两个相邻时隙的四种相位变化（0、π/2、π 与 3π/2）来承载四元符号（0、1、2、3）。四元差分编码与解码的公式如下:

$$D_n = D_{n-1} + B_n \quad （模\ 4） \tag{5.4.4}$$

$$\hat{B}_n = \hat{D}_n - \hat{D}_{n-1} \quad （模\ 4） \tag{5.4.5}$$

其中,$B_n$ 与 $D_n$ 分别是比特对$(b_{1n},b_{0n})$与$(d_{1n},d_{0n})$对应的四元符号,$\hat{B}_n$ 与 $\hat{D}_n$ 是接收端相应的四元符号。$B_n$ 与 $\hat{B}_n$ 使用格雷编码,$D_n$ 与 $\hat{D}_n$ 使用自然编码。式(5.4.4)和式(5.4.5)采用模 4 加、减法。可见,原符号 B 是新符号 D 的变化量,因此用相位值传送 D 就相当于用相位差传送 B。常规 QPSK 的本地振荡也常常存在"相位模糊"问题,类似于 DPSK,借助差分编码 DQPSK 不受该问题的困扰。

从相位差上看,DQPSK 系统的映射规则其实非常简单,如表 5.4.3 所示。产生 DQPSK 信号也可以直接借助相位差来完成。

表 5.4.3　DQPSK 方案映射规则

| 比　特　对 $(b_{1n},b_{0n})$ | 四元符号 $B_n$ | 相　位　差 $\Delta\theta = \theta_n - \theta_{n-1}$ |
|---|---|---|
| 00 | 0 | 0 |
| 01 | 1 | $-\frac{3\pi}{2}$ 或 $+\frac{\pi}{2}$ |
| 11 | 2 | $-\pi$ 或 $+\pi$ |
| 10 | 3 | $-\frac{\pi}{2}$ 或 $+\frac{3\pi}{2}$ |

**例 5.14**　假定 DQPSK 系统的输入为二进制序列 010000001110,试说明:(1)相应的载波相位差;(2)相应的绝对载波相位(令初相位为 π/4)。

**解**　(1)首先将输入序列表示为"比特对"序列:01 00 00 00 11 10。

由表 5.4.3 可以直接得出的载波相位差为 $\frac{\pi}{2}, 0, 0, 0, \pi, -\frac{\pi}{2}$。

(2) 相应的绝对载波相位为 $\frac{3\pi}{4},\frac{3\pi}{4},\frac{3\pi}{4},\frac{3\pi}{4},\frac{7\pi}{4},\frac{5\pi}{4}$。

与二元 DPSK 类似，DQPSK 常常用非相干的差分检测方法来接收。其原理框图如图 5.4.4 所示。$\varphi_n = \arctan(Q_n/I_n)$ 对应于载波相位差，由它可以判断当前时隙传输的符号。

图 5.4.4 DQPSK 差分检测框图

### 2. π/4 DQPSK

**π/4 DQPSK** 是一种改进型的 DQPSK，其主要特点是每个时隙总有相位变化，且变化的峰值较小。π/4 DQPSK 调制方式的具体规则如表 5.4.4 所示。它也还可解释为交替地使用两套彼此偏转 π/4 的 QPSK 星座图，如图 5.4.5 中的"实心组"与"空心组"所示。具体来讲，假定当前位于"实心组"中某个信号点，它下一时隙的相位必定转至"空心组"中某点，再下一时隙它又必定回到"实心组"中的某点，等等。转移规则如图 5.4.5 中箭头实线所示，线上标示的是该转移对应的比特对。

表 5.4.4 π/4 DQPSK 符号映射规则

| 比 特 对 | 相 位 差 |
| --- | --- |
| 00 | $\pi/4$ |
| 01 | $3\pi/4$ |
| 11 | $-3\pi/4$ |
| 10 | $-\pi/4$ |

从 π/4 DQPSK 的交替规则可以看到，它每个时隙都会变化，而常规 DQPSK 在传输 00 时相位保持不变，这样接收机更容易提取符号同步；另外，它的最大相位变化为 $3\pi/4$，比常规 DQPSK 的 π 小一些，这对于减少传输信号包络的波动非常有效。π/4 DQPSK 的调制解调方法与 DQPSK 基本一样，应用中常常采用差分检测方法来接收。因为多方面的优点，π/4 DQPSK 获得了非常成功的应用。例如，结合 $\alpha = 0.35$ 的平方根升余弦滤波器，它实际应用于北美第二代数字蜂窝网络（IS-136）中。另外，它还成功应用于日本 JDC 数字蜂窝系统与 PHS 无绳电话、欧洲中继无线 TETRA 以及数字音频广播 DAB 系统中。再有，π/4 DQPSK 的交替规则也出现在 5G 移动通信中，5G 采用了 π/2 BPSK，它交替地使用两套彼此偏转 π/2 的 BPSK 星座图。

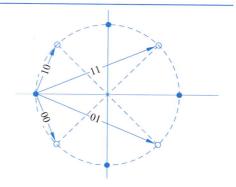

图 5.4.5 π/4 DQPSK 的星座图与转移规则

**例 5.15** 假定 π/4 DQPSK 系统的输入二进制序列为 010000001110，试说明：(1) 相应

的载波相位差；(2)相应的绝对载波相位(令初相位为 $\pi/4$)。

**解** (1)首先将输入序列表示为"比特对"序列：01 00 00 00 11 10。由表 5.4.4 可以得出载波相位差为 $\frac{3\pi}{4}, \frac{\pi}{4}, \frac{\pi}{4}, \frac{\pi}{4}, -\frac{3\pi}{4}, -\frac{\pi}{4}$。

(2)相应的绝对载波相位为 $\pi, \frac{5\pi}{4}, \frac{3\pi}{2}, \frac{7\pi}{4}, \pi, \frac{3\pi}{4}$。∎

对比例 5.14,可以注意到,这里虽然出现长 0 段信息,但传输信号相位逐符号变化,因此接收端容易进行同步。

一般而言,PSK 与差分 PSK 的包络应该是恒定的,那么,为什么还需要"减少传输信号包络的波动"呢？下一部分将详细说明。

### 3. OQPSK

理论上讲,PSK 仅用相位传输信息,采用矩形 NRZ 时它的波形包络确实是恒定的。但这种波形的时隙边界处具有间断,因而需要很多带宽。为了在有限带宽的实际信道上传输,需要选用合适的基带包络信号,如采用升余弦滚降脉冲等,由此产生的 PSK 信号不再保持恒定的包络,而在时隙边界出现显著的起伏,图 5.4.6 给出了一个升余弦型带限 QPSK 波形的例子。

QPSK 同相与正交两个支路彼此无关,改善其波形包络起伏的一个简单措施是让它们相互错开。标准 QPSK 信号相邻码元的最大相位变化可达 $\pm\pi$,大幅度的相位变化造成包络的起伏也比较大。如果让两个正交支路的 BPSK 信号相互错开 $T/2$ 的时间,使相位改变不同时发生,其合成信号的相位变化通过两次完成,每次变化的幅度缩小为 $\pm\pi/2$,如图 5.4.7 所示。这种 QPSK 方案称为**偏移**（或**偏置**）**四相移键控**（**Offset QPSK**），缩写为 **OQPSK**。通过计算机仿真发现,在带限条件下"额定"幅度为 1 的 QPSK 信号的包络起伏为 0~1.25；而 OQPSK 信号的包络起伏通常为 0.7~1.15。显然,OQPSK 的包络起伏有了显著的改善。

图 5.4.6  带限 QPSK 信号的包络情况

图 5.4.7  OQPSK 信号的时隙错位与包络改善

OQPSK 的调制解调框图只需在 QPSK 的上面略加修改,其相关解调的抗噪性能也与 QPSK 完全一样。

总之,恒包络信号的优点是允许非线性放大,这种放大器的效率高、容易实现。人们借助 OQPSK 与 $\pi/4$ DQPSK 技术获得了较好的改进效果。其实,后面将讨论的 FSK(特别是 MSK)可以提供真正恒包络的频带传输信号。

### 5.4.3 OOK 的非相干解调

在实际应用中，OOK(BASK) 信号最常用的解调方法是包络检波法，其原理与模拟常规 AM 的包络检波相同。

**1. 基本原理**

从信号波形上看，如图 5.4.8 所示，OOK 传输的 0 或 1 信息直接表现在其包络上。再从公式上看，OOK 信号可改写为

$$s_{\text{OOK}}(t) = Am(t)\cos(2\pi f_c t) = A_2[1+m_2(t)]\cos(2\pi f_c t) \tag{5.4.6}$$

其中，$m(t)$ 是幅度为 1 的单极性基带 PAM 信号，$m_2(t)$ 是相应的双极性形式，$A$ 为信号的幅度，而 $A_2 = A/2$。显然，OOK 信号可以视为一种常规 AM 调制信号。

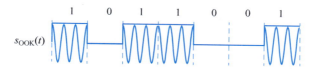

图 5.4.8 OOK 信号波形的包络示意图

OOK 的包络检波接收机如图 5.4.9 所示。首先，带通滤波器(BPF)：对准 OOK 信号的频带(中心频率为 $f_c$)，让信号通过的同时尽量抑制带外噪声；其次，包络检波器通常是简单的整流滤波电路(同 3.1 节)，其输出 $y(t) \approx Am(t)$，只是还含有噪声成分；最后，因为是单极性，抽样判决门限设为 $V_T = A/2$。记抽样值为 $y$，则判决准则为

$$y \overset{1}{\underset{0}{\gtrless}} A/2 \text{ 即 }, \quad \hat{a}_n = \begin{cases} 1, & y > A/2 \\ 0, & y < A/2 \end{cases} \tag{5.4.7}$$

图 5.4.9 OOK 包络检波解调框图

假定 AWGN 信道中噪声双边功率谱密度为 $N_0/2$，后面将证明，OOK 包络检波接收系统正常工作时的误码率为

$$P_e \approx \frac{1}{2} e^{-(E_b/N_0)/2} \tag{5.4.8}$$

其中，$E_b = \dfrac{A^2 T_b}{4}$，是信号的平均比特能量。另外，包络检波接收系统具有门限效应，通常要求信噪比达到 10 以上才能正常工作。对比前面相干解调的最佳误码性能，上式的结果只低大约 1dB。但包络检波方法简单且便宜，因此它是 OOK 传输最为实用的接收方法。

**例 5.16** 假定 OOK 系统的传输速率为 5Mbps，接收带通滤波器的输出信号幅度为 223.6mV，高斯噪声的功率谱密度分别为 $N_0 = 1 \times 10^{-10}$ 和 $N_0 = 3 \times 10^{-9}$。求两种情况中包络检波器接收的误码率。

**解** 首先，

$$\frac{E_b}{N_0} = \frac{A^2 T_b}{4N_0} = \frac{A^2}{4N_0 R_b} = \frac{0.2236^2}{4N_0 \times 5 \times 10^6} = \frac{2.5 \times 10^{-9}}{N_0}$$

(1) 当 $N_0 = 1 \times 10^{-10}$, $E_b/N_0 = 25$ 时，由式(5.4.8)，$P_e \approx \frac{1}{2} e^{-\frac{25}{2}} = 1.86 \times 10^{-6}$。

(2) 当 $N_0 = 3 \times 10^{-9}$, $E_b/N_0 = 0.83$ 时，由于该值很小，包络检波器具有门限效应，系统误码率不再用式(5.4.8)计算。可以估计到这时系统的误码性能很差，基本无法工作。■

**2. 包络检波的误码性能分析**

下面具体分析 OOK(2ASK) 系统的非相干接收误码性能。码元的接收过程如下：

1) 发送码元 1 的情形：$s_{2ASK}(t) = A\cos(2\pi f_c t)$

这时，$r(t) \approx A\cos(2\pi f_c t) + n(t)$，是含有高斯白噪声的带通信号，由 2.5 节可知，其包络 $y(t)$ 服从莱斯分布，于是，包络的抽样 $y$ 有下面的条件密度函数：

$$f(y|1) = \frac{y}{\sigma_n^2} \exp\left(-\frac{y^2 + A^2}{2\sigma_n^2}\right) I_0\left(\frac{yA}{\sigma_n^2}\right), \quad y \geq 0 \tag{5.4.9}$$

其中，$\sigma_n^2 = N_0 B_{BPF}$，是带通高斯白噪声 $n(t)$ 的功率。

2) 发送码元 0 的情形：$s_{2ASK}(t) = 0$

这时，$r(t) \approx n(t)$，是单纯的带通高斯白噪声，由 2.5 节可知，其包络 $y(t)$ 服从瑞利分布，于是，包络的抽样 $y$ 有下面的条件密度函数：

$$f(y|0) = \frac{y}{\sigma_n^2} \exp\left(-\frac{y^2}{2\sigma_n^2}\right), \quad y \geq 0 \tag{5.4.10}$$

其中，$\sigma_n^2 = N_0 B_{BPF}$。

图 5.4.10 将上述两个条件密度函数绘于同一幅图中，便于比较抽样值 $y$ 的统计特性。假定发端的符号序列是等概率的二元无关序列，容易发现，误码率就是图中阴影部分的面积。为了使误码率最小，接收系统的判决门限 $V_T$ 应该选在两条曲线的交点处。进而，当发送码元 1 时，错误接收为 0 的概率是包络 $y$ 值小于或等于 $V_T$ 的概率，即有

**图 5.4.10** OOK 包络检波输出信号的条件密度函数

$$P_{e1} = P(y \leq V_T | \text{发 1}) = \int_0^{V_T} f(y|1) dy = 1 - \int_{V_T}^{\infty} \frac{y}{\sigma_n^2} \exp\left(-\frac{y^2 + A^2}{2\sigma_n^2}\right) I_0\left(\frac{yA}{\sigma_n^2}\right) dy$$

类似地，当发送码元 0 时，错误接收为 1 的概率是包络 $y$ 值大于 $V_T$ 的概率，即有

$$P_{e0} = P(y > V_T | \text{发 0}) = \int_{V_T}^{\infty} f(y|0) dy = \int_{V_T}^{\infty} \frac{y}{\sigma_n^2} \exp\left(-\frac{y^2}{2\sigma_n^2}\right) dy = \exp\left(-\frac{V_T^2}{2\sigma_n^2}\right)$$

所以，总的平均误码率为 $P_e = \frac{1}{2} P_{e1} + \frac{1}{2} P_{e0}$。

要准确求解最佳门限 $V_T$ 的值通常很困难。然而，OOK 系统的抗噪性能不强，实际应用中要求信号足够强，使 $\gamma = A^2/(2\sigma_n^2) \gg 1$。深入分析可知，此时可以近似得出结论：最佳门限为 $V_T \approx A/2$，以及 $P_{e1} \approx 0$。于是，

$$P_e \approx \frac{1}{2} P_{e0} = \frac{1}{2} \exp\left(-\frac{A^2}{8\sigma_n^2}\right) = \frac{1}{2} e^{-\frac{\gamma}{4}} \tag{5.4.11}$$

其中，$\gamma$ 称为**解调器的输入信噪比**。

为了方便比较不同系统的 $P_e$，常常需要将它折算为 $E_b/N_0$。根据 $\sigma_n^2 = N_0 B_{BPF}$，易见，

$$\gamma = \frac{A^2}{2N_0 B_{BPF}} = \frac{E_b}{N_0} \times \frac{2R_b}{B_{BPF}}$$

在上式中，令 $E_b = \left[\int_0^{T_b}[A\cos(2\pi f_c t)]^2 dt + 0\right]/2 = A^2 T_b/4$，它是 OOK 信号的平均比特能量。显然，$B_{BPF}$ 越小 $P_e$ 也越小。为简单起见，在理论分析中取 $B_{BPF} = R_b$，它是 OOK 信号的理论最小带宽。这时，$\gamma = 2(E_b/N_0)$，$P_e \approx \frac{1}{2} e^{-(E_b/N_0)/2}$。

**例 5.17**  考虑矩形 NRZ 基带信号，试利用式(5.4.11)重新计算例 5.16。

**解**  对于矩形 NRZ 基带信号，带宽 $B = R_b$，则 $B_{BPF} = 2B = 2R_b$，于是，

$$\gamma = \frac{A^2}{2\sigma_n^2} = \frac{A^2}{2N_0 B_{BPF}} = \frac{0.2236^2}{4N_0 \times 5 \times 10^6} = \frac{2.5 \times 10^{-9}}{N_0}$$

(1) 当 $N_0 = 1 \times 10^{-10}$，$\gamma = 25$，由式(5.4.11)，$P_e \approx \frac{1}{2} e^{-\frac{25}{4}} = 9.65 \times 10^{-4}$。

(2) 当 $N_0 = 3 \times 10^{-9}$，$\gamma = 0.83$，由于 $\gamma$ 很小，因此系统无法正常工作。

对比例 5.16 可见，两次计算的结果有所不同。仔细分析发现，其根本原因在于 $B_{BPF}$ 选取的值不同。实际上，数字通信系统的误码性能常常是在某些典型情况下得出的，其数值可能因条件的不同而不同。在大量的一般性比较中，通常采用理想情况的最佳性能指标以提供宏观指导。而在具体条件十分明确时，又可以尽量准确地进行计算。

## 5.5 频移键控

前面讨论了 MPSK、MASK 与 QAM，它们是数字相位调制、幅度调制与幅度/相位混合调制方式。本节将说明数字频率调制方式，即 FSK。下面首先介绍二元的 BFSK，而后扩展到多元 MFSK，最后说明 FSK 常用的非相干解调方法。

### 5.5.1 二元频移键控

**BFSK(或 2FSK)**是**二进制频移键控**(Binary Frequency Shift Keying)的简称，这种制式通过键控正弦载波的频率来传输二元符号。

**1. 星座图与正交频率信号**

BFSK 的信号星座图如图 5.5.1 所示，$f_1$ 和 $f_0$ 表示它的两个正交基信号。其传输信号可以表述为

$$s_{2FSK}(t) = \begin{cases} A\cos(2\pi f_1 t), & a_n = 1 \\ A\cos(2\pi f_0 t), & a_n = 0 \end{cases}, \quad (n-1)T \leq t \leq nT \quad (5.5.1)$$

其中，$f_1$ 和 $f_0$ 分别是传输 0 或 1 的两个频率。BFSK 的典型波形如图 5.5.2 所示。

图 5.5.1　BFSK 信号星座图　　图 5.5.2　BFSK 信号波形示意

为了达到正交,这两个频点需要适当选择。计算它们的内积,有

$$\int_0^T \cos(2\pi f_0 t)\cos(2\pi f_1 t)\mathrm{d}t = \frac{1}{2}\int_0^T \{\cos[2\pi(f_0+f_1)t] + \cos[2\pi(f_0-f_1)t]\}\mathrm{d}t = 0$$

通常取 $(f_0+f_1)T_0$ 为整数,使上式中的第一项为 0,再记 $\Delta f = |f_0 - f_1|$。于是,

$$\int_0^T \cos(2\pi f_0 t)\cos(2\pi f_1 t)\mathrm{d}t = \frac{\sin(2\pi\Delta fT)}{4\pi\Delta f} \tag{5.5.2}$$

由 $\sin x/x$ 的特点可知,当 $x = k\pi$($k$ 为非零整数)时,上式为 0,即

$$\Delta f = k/(2T) = k(R_s/2), \quad k \text{ 为非零整数} \tag{5.5.3}$$

因此,只要频率差为传输速率一半的整数倍,则 $f_1$ 和 $f_0$ 是两个正交频点。

**2. 最佳传输系统与误比特率**

基于 BFSK 的信号特点与信号空间方法可以构建如图 5.5.3 所示的发送与接收系统。其中,发送采用开关键控方法,接收机的解调器由两个内积构成,而最佳判决基于最小距离准则,即按星座图中的 45°线划分各自的归属区域。最佳判决公式为

$$r_1 \underset{0}{\overset{1}{\gtrless}} r_0 \quad \text{或} \quad (r_1 - r_0) \underset{0}{\overset{1}{\gtrless}} 0 \tag{5.5.4}$$

(a) FSK 发送系统　　　　(b) FSK 接收系统

图 5.5.3　BFSK 发送与接收系统

按照式(5.2.6),可以得出最佳误比特率,

$$P_b = Q\left(\sqrt{\frac{d^2}{2N_0}}\right) = Q\left(\sqrt{\frac{E_b}{N_0}}\right) \tag{5.5.5}$$

因为,由星座图可知,$d^2 = E_b + E_b$,即 $E_b = d^2/2$。该结论与 OOK 或基带单极性 NRZ 的相同。

**3. 信号带宽与连续相位**

容易想到,BFSK 信号的功率谱是两个频点信号功率谱的组合,如图 5.5.4 所示。为了保持恒定包络的特点,FSK 采用矩形 NRZ 包络,相应基带信号的第一零点在 $R_s$ 处,可得 BFSK 传输信号的带宽为

$$B_{\text{BFSK}} = |f_1 - f_0| + 2R_s \qquad (5.5.6)$$

如果取最小间隔 $\Delta f = 0.5R_s$,并结合下面的"连续相位"方法,BFSK 的最小带宽为 $B_{\text{MSK}} = 1.5R_s$(这里,MFSK 是 BFSK 的一种重要形式,将在 5.5.2 节详细讨论)。

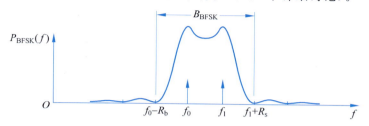

图 5.5.4　BFSK 信号功率谱示意图

采用键控方法直接产生 FSK 时,其信号在 1 与 0 的转换处很可能不连续。由常识可知不连续的信号占据很多的频带,因此应该尽量避免。产生"**连续相位**"的 FSK 信号的一种方法是合理地选择 $T$、$f_1$ 和 $f_0$ 的取值,使码元连接处总是连续衔接,如图 5.5.5(b)所示。一种称为桑德(Sunde's)FSK 信号的参数为

$$f_1 = (k+1)R_s \quad \text{与} \quad f_0 = kR_s \qquad (5.5.7)$$

其中,$k$ 为某固定正整数。由它产生的 FSK 具有连续性。

图 5.5.5　不连续与连续的 BFSK 信号

另一种方法是按照模拟 FM 的方法,通过压控振荡器(VCO)来产生,如图 5.5.6 所示。这时,信号可以表示为

$$s_{2\text{FSK}}(t) = A\cos\left[2\pi f_c t + 2\pi k_{\text{FM}} \int_{-\infty}^{t} m(\tau) \mathrm{d}\tau\right] \qquad (5.5.8)$$

图 5.5.6　利用 VCO 产生连续相位 BFSK 信号

其中,$f_c = (f_1 + f_0)/2$,$k_{\text{FM}}$ 是调频器的频偏常数,$m(t)$ 是符号序列 $\{a_k\}$ 的双极性 NRZ 基带信号。虽然 $m(t)$ 间断,但积分器必定给出连续相位。由此产生的 FSK 信号(正弦函数)是连续的。

**例 5.18**　Bell 103 型 FSK 调制解调器(Modem)是一种早期流行的电话线调制解调器。它通过频带为 300~3300Hz 的电话线进行全双工数字通信。两个通信方分别称为主叫与应答方,每个方向上采用 300Baud 的 2FSK 调制,频率参数如表 5.5.1 所示。求:(1)两路通信的带宽与频带位置;(2)采用相关型最佳接收时,该系统的接收误码率。

表 5.5.1　Bell 103 型 FSK 调制解调器频率参数

| 传 输 方 向 | 传号频率($f_1$) | 空号频率($f_0$) |
| --- | --- | --- |
| 主叫方→应答方 | 1270Hz | 1070Hz |
| 应答方→主叫方 | 2225Hz | 2025Hz |

**解** （1）显然，两路通信均有 $|f_1-f_0|=200\text{Hz}$ 与 $R_b=300\text{bps}$，考虑矩形 NRZ 基带信号，取 $B=R_b$，由式(5.5.6)可见，

$$B_{2\text{FSK}}=|f_1-f_0|+2R_b=200+2\times 300=800(\text{Hz})$$

可见，两频带分别是 770～1570Hz 与 1725～2525Hz。两个频带都落在 300～3300Hz 范围内，它们频分复用、互不重叠。

（2）首先考虑没有噪声的情况，显然

$$r(t)=\begin{cases} A\cos(2\pi f_1 t), & a_n=1 \\ A\cos(2\pi f_0 t), & a_n=0 \end{cases}$$

由接收系统框图 5.5.3(b)，计算发送 $a_n$ 时的两个接收样值 $r_j$（$j=0$ 或 1），参照式(5.5.2)可知，

$$r_j(a_n)=\int_0^T A\cos(2\pi f_{a_n}t)\cos(2\pi f_j t)\mathrm{d}t=\frac{AT}{2}\times\frac{\sin(2\pi\Delta fT)}{2\pi\Delta fT}=\begin{cases} AT/2, & a_n=j \\ -0.207\times AT/2, & a_n\neq j \end{cases}$$

图 5.5.7 接收观察向量情况

其中，$a_n=j$ 时，$\Delta fT=0$；而 $a_n\neq j$ 时，$\Delta fT=200/300=0.667$。由于 $\Delta fT$ 不是整数倍的 0.5，两个频率其实不满足正交条件。

不妨简记 $a=AT/2$，无噪声时的两个观察向量分别是 $(a,-0.207a)$ 与 $(-0.207a,a)$，如图 5.5.7 所示。由图 5.5.7 可见它们的距离为 $d_{eq}=a\sqrt{1.207^2+1.207^2}=1.707a$，它比常规的 $d$ 扩展了 1.207 倍。距离增大则误码下降，结合式(5.2.6)与式(5.5.5)可知，误码率为

$$P_b=Q\left(\sqrt{\frac{1.207^2 E_b}{N_0}}\right)=Q\left(\sqrt{\frac{1.457 E_b}{N_0}}\right)$$

误码性能提高约 1.63dB。∎

## 5.5.2 多元频移键控

**MFSK** 是**多元频移键控**（*M-ary Frequency Shift Keying*）的简称，它是二元 FSK 的推广。MFSK 信号可以表示为

$$s_{\text{MFSK}}(t)=A\cos(2\pi f_n t), \quad (n-1)T\leqslant t\leqslant nT \tag{5.5.9}$$

其中，$f_n$ 为第 $n$ 时隙上的频率，它共有 $M$ 种取值，与 $M$ 元符号 $a_n$ 相对应。通常规定 $f_n$ 等间距，形如

$$f_n=f_c+i\times\Delta f, \quad i=0,1,\cdots,(M-1) \tag{5.5.10}$$

这里，$f_0$ 为第一个频点频率，$\Delta f>0$ 为频率间隔。MFSK（总）的载波频率为频率组的中心，即 $f_c=f_0+(M-1)\Delta f/2$。取 $\Delta f=0.5kR_s$，$k$ 为正整数，可使各频点彼此正交。

MFSK 的典型波形如图 5.5.8 所示。注意到它的 $M$ 个信号点"全部"正交，MFSK 工作在 $M$ 维空间上，而在每个维度上它只取用了一个信号点！显然，四元及其以上的 MFSK 星座图无法画出来，图 5.5.9 以三维形式给出了 MFSK 的一个立体示意图。

图 5.5.8　MFSK 信号的典型波形（M=4）

图 5.5.9　MFSK 信号星座图（三维示意图）

一般 MFSK 的最佳传输系统与二元 FSK 的本质上一样，只是多元导致图 5.5.3 中发送方选择的频点增多，接收方的"并行"分支也增多，以及判决规则为多个分量上选择最大者。注意，接收方案是相干解调方法，$M$ 个分支需要 $M$ 个不同的相干本地振荡，显然，多元接收系统的复杂度很高。其实，FSK 传输最为实用的接收方法是简便的非相干解调，对此，我们将在后面详细说明。

MFSK 的传输带宽类似于二元 FSK，只是频点增多。可以认为，

$$B_{\text{MFSK}} = |f_{M-1} - f_0| + R_s = (M-1)\Delta f + R_s \tag{5.5.11}$$

这里考虑连续相位的情况，认为频带的两个边缘只需要一个 $R_s$。取最小正交间隔 $\Delta f = 0.5 R_s$，可认为 MFSK 的最小带宽为

$$B_{\text{MFSK\_min}} = 0.5 \times (M+1) R_s \tag{5.5.12}$$

对于多元 FSK 的误码性能，准确计算是困难的，我们将在第 7 章中详细讨论。一般而言，MFSK 的误码性能随 $M$ 的增加而降低，在本章最后我们将借助曲线给予简单说明，这里不做详述。

最后，对比前面讨论的 MPSK、MQAM 与 MASK，显然，MFSK 的信号空间非常不同。前三者始终"约束"在二维空间中；而后者在更高维的空间中（BFSK 除外），维数随 $M$ 增加而不断扩展。从这里我们也能直观的理解，随 $M$ 的增加，前三者带宽不变，而 FSK 带宽增加；前三者空间受限使误码劣化，而 FSK 空间开阔使误码改善。

### 5.5.3　非相干解调

#### 1. 包络检波法

BFSK 常用的解调方法为包络检波法，它不需要任何载波信息，因而，是非相干解调法。考虑频点为 $f_1$ 和 $f_0$ 的 BFSK 传输系统，其具体接收框图如图 5.5.10 所示，它实际上是工作在 $f_1$ 和 $f_0$ 上的两个互补 OOK 接收系统的组合。在图 5.5.10 中，上支路接收的频点 $f_1$，而下支路接收的是频点 $f_0$。上、下支路包络检波器的输出 $y_1(t)$ 和 $y_0(t)$ 如图 5.5.11 所示，它们是互补对称的，其实，BFSK 信号就是两路不同频点且互补的 OOK 信号的叠加。最后，基于抽样值 $y_1$ 和 $y_0$ 的判决准则同前面一样，即

$$y_1 \underset{0}{\overset{1}{\gtreqless}} y_0 \quad \text{或} \quad (y_1 - y_0) \underset{0}{\overset{1}{\gtreqless}} 0 \tag{5.5.13}$$

显然，多元 FSK 也很容易按照包络检波方法进行接收，其框图结构参照二元的可直接得到。另外，为了便于带通滤波器分离开各个频点的信号，非相干接收时频点之间的差距应该足够大，通常会远远超过正交频点的基本要求，典型情况是 $\Delta f \geqslant R_s$。

假定 AWGN 信道中噪声双边功率谱密度为 $N_0/2$，后面将证明，该接收系统的误码率为

图 5.5.10　BFSK 信号的包络检波接收框图

图 5.5.11　包络检波器的输出

$$P_e \approx \frac{1}{2} e^{-(E_b/N_0)/2} \qquad (5.5.14)$$

其中，$E_b = \dfrac{A^2 T_b}{2}$，是 BFSK 信号的平均比特能量。

*2. 鉴频解调（过零检测）方法

另一种常用的解调方法是过零点检测，它本质上是一种鉴频方法。典型的过零点检测法将信号频率的变化转化为幅度的变化，它的基本框图及其主要波形如图 5.5.12 与图 5.5.13 所示。主要过程如下：

(1) 规范过零点，由放大限幅来实现；
(2) 在过零点处生成窄脉冲，由微分与整流实现；
(3) 将脉冲的疏密变换为电平高低，由脉冲展宽、分段积分（每时隙归零）实现；
(4) 电平抽样与符号判决。

图 5.5.12　过零检测器

过零检测方法的大部分可由数字电路技术来完成，简便实用，易于集成。一些实用的方案中也常常通过从波形 b 上检测方波的宽度或统计零点频度来识别发送的符号是 0 或 1。

*3. 包络检波的误码性能分析

与 OOK 的有关分析相似，通过观察单个码元的接收过程，就可以得出 BFSK 包络检波法的误码性能。

图 5.5.13　过零检测器中的主要信号波形

1) 发送码元 1 的情形

这时，$s_{BFSK}(t) = A\cos(2\pi f_1 t)$，可以认为图 5.5.10 上、下支路 BPF 的输出是

$$\begin{cases} r_1(t) = A\cos(2\pi f_1 t) + n_1(t) \\ r_0(t) = n_0(t) \end{cases} \tag{5.5.15}$$

其中，$n_1(t)$ 与 $n_0(t)$ 都是零均值、方差为 $\sigma_n^2 = N_0 B_{BPF}$ 的带通高斯白噪声。由 2.5 节的知识，信号 $r_1(t)$ 与 $r_0(t)$ 的包络抽样值 $y_1$ 与 $y_0$ 的条件概率密度函数 $f(y_1|1)$ 与 $f(y_0|1)$ 分别是莱斯分布与瑞利分布。又由于上、下支路 BPF 的频带不重叠，因此 $n_1(t)$ 与 $n_0(t)$ 彼此独立。于是，$y_1$ 与 $y_0$ 彼此独立。

2) 发送码元 0 的情形

这时，$s_{BFSK}(t) = A\cos(2\pi f_0 t)$，可以认为上、下支路 BPF 的输出是

$$\begin{cases} r_1(t) = n_1(t) \\ r_0(t) = A\cos(2\pi f_0 t) + n_0(t) \end{cases} \tag{5.5.16}$$

显然，该情形与发送码元 1 的情形正好相反，这样，包络抽样值 $y_1$ 与 $y_0$ 的条件概率密度函数 $f(y_1|0)$ 与 $f(y_0|0)$ 分别服从瑞利分布与莱斯分布，且彼此独立。

考虑发端的符号序列是等概率的二元无关序列，由上述两种情形的对称性可知，最佳判决准则是：$y_1 \underset{0}{\overset{1}{\gtrless}} y_0$，即，上支路大则判为 1，下支路大则判为 0。而平均误码率为

$$P_e = P(\text{发送码元 1}) P(\text{err} | 1) + P(\text{发送码元 0}) P(\text{err} | 0)$$
$$= \frac{1}{2} P(y_1 < y_0 | 1) + \frac{1}{2} P(y_1 > y_0 | 0)$$

两种情形的 $y_1$ 与 $y_0$ 的概率特性是对称的，这使得，$P(y_1 < y_0 | 1) = P(y_1 > y_0 | 0)$。于是，

$$P_e = P(y_1 < y_0 | 1) = \int_0^\infty \int_{y_1}^\infty f(y_0, y_1 | 1) dy_0 dy_1$$

前面的分析已经指出 $y_1$ 与 $y_0$ 是独立的，因此它们的联合概率密度等于各自概率密度的乘积，又利用 $f(y_1|1)$ 与 $f(y_0|1)$ 服从莱斯分布与瑞利分布，于是得到，

$$P_e = \int_0^\infty f(y_1 | 1) \left[ \int_{y_1}^\infty f(y_0 | 1) dy_0 \right] dy_1$$

$$= \int_0^\infty \frac{y_1}{\sigma_n^2} \exp\left(-\frac{y_1^2 + A^2}{2\sigma_n^2}\right) I_0\left(\frac{y_1 A}{\sigma_n^2}\right) \left[\int_{y_1}^\infty \frac{y_0}{\sigma_n^2} \exp\left(-\frac{y_0^2}{2\sigma_n^2}\right) \mathrm{d}y_0\right] \mathrm{d}y_1$$

$$= \int_0^\infty \frac{y_1}{\sigma_n^2} \exp\left(-\frac{2y_1^2 + A^2}{2\sigma_n^2}\right) I_0\left(\frac{y_1 A}{\sigma_n^2}\right) \mathrm{d}y_1$$

其中利用到 $\int_{y_1}^\infty \frac{y_0}{\sigma_n^2} \exp\left(-\frac{y_0^2}{2\sigma_n^2}\right) \mathrm{d}y_0 = \exp\left(-\frac{y_1^2}{2\sigma_n^2}\right)$。再令 $t = \sqrt{2}\,y_1, a = A/\sqrt{2}$，则上式可改写为

$$P_e = \frac{1}{2} \exp\left(-\frac{a^2}{2\sigma_n^2}\right) \int_0^\infty \frac{t}{\sigma_n^2} \exp\left(-\frac{t^2 + a^2}{2\sigma_n^2}\right) I_0\left(\frac{ta}{\sigma_n^2}\right) \mathrm{d}t$$

可以看出，上式中的被积函数正好是莱斯分布形式，故其积分值为 1。记解调器的输入信噪比为，$\gamma = A^2/(2\sigma_n^2)$，于是，

$$P_e = \frac{1}{2} \exp\left(-\frac{a^2}{2\sigma_n^2}\right) = \frac{1}{2} \exp\left(-\frac{A^2}{4\sigma_n^2}\right) = \frac{1}{2} e^{-\gamma/2} \tag{5.5.17}$$

将 $\gamma$ 折算为 $E_b/N_0$ 时，根据 $\sigma_n^2 = N_0 B_{BPF}$，并注意到 BFSK 信号的平均比特能量为

$$E_b = \left\{\int_0^{T_b} [A\cos(2\pi f_1 t)]^2 \mathrm{d}t + \int_0^{T_b} [A\cos(2\pi f_0 t)]^2 \mathrm{d}t\right\}/2 = \frac{A^2 T_b}{2}$$

它是 OOK 平均比特能量的 2 倍（因为 BFSK 在符号 0 时也有正弦信号传输），于是，

$$\gamma = \frac{A^2}{2N_0 B_{BPF}} = \frac{E_b}{N_0} \times \frac{R_b}{B_{BPF}}$$

同样取 $B_{BPF}$ 为理论最小值 $R_b$，可得，$\gamma = E_b/N_0, P_e \approx \frac{1}{2} e^{-(E_b/N_0)/2}$。

## 5.6  MSK 与 GMSK

最小频移键控(MSK)调制是一类连续相位的 FSK 调制，高斯最小频移键控(GMSK)是它的一种重要形式。MSK 信号最大的优点是它的包络恒定且频带非常集中，因此既容易放大发送，又节约信道资源。MSK 调制误码性能优良，它具有多种成熟方便的接收方法，是一种应用性很好的传输方案。现代无线通信系统中常常运用 MSK，例如著名的数字蜂窝移动通信 GSM 系统采用了 GMSK。

### 5.6.1  连续相位 FSK

按照模拟调频的方法可以产生相位连续的 FSK 信号，其数学表示为

$$s(t) = A\cos\left[2\pi f_c t + 2\pi k_{FM} \int_0^t m(\tau) \mathrm{d}\tau\right] \tag{5.6.1}$$

这里，$k_{FM}$ 为频偏常数，$m(t)$ 为数字序列 $\{a_n, n=0,1,2,\cdots\}$ 对应的基带信号。虽然 $m(t)$ 常常是间断的，但它积分后形成的相位必定是连续的。这种具有连续相位的 FSK 信号称为**连续相位频移键控(Continuous-Phase FSK，CPFSK)** 信号。

假定基带发送脉冲为 $g_T(t)$，时隙宽度为 $T$，那么 $m(t) = \sum_{n=-\infty}^{+\infty} a_n g_T(t - nT)$。最基本

的 $g_T(t)$ 为矩形 NRZ 脉冲,其高度通常取为 $0.5T$。它的积分记为 $q(t) = \int_0^t g_T(\tau)d\tau$,它们如图 5.6.1 所示。

记 $f_d$ 为矩形脉冲 $g_T(t)$ 引起的峰值频偏,并定义调制指数为 $h = 2f_d T$。

图 5.6.1  $g_T(t)$ 及其积分

由 $f_d = k_{FM} \max|g_T(t)| = \dfrac{k_{FM}}{2T}$,于是 $h$ 恰为 $k_{FM}$。对于二元信号,$a_n = \pm 1$,则 $f_d$ 就是最大频偏 $\Delta f_{max} = k_{FM} \max|m(t)|$。其实,$h$ 与常规 FM 信号调制指数的基本定义是类似的。因为 $\dfrac{\Delta f_{max}}{B} = \dfrac{f_d}{0.5/T} = h$,其中,基带信号 $m(t)$ 的带宽 $B$ 取其理论最小值 $0.5T$。

显然,CPFSK 信号由其相位决定。下面我们研究该相位

$$\theta(t) = 2\pi k_{FM} \int_0^t m(\tau)d\tau = 2\pi h \sum_{n=0}^{+\infty} a_n \int_0^t g_T(\tau - nT)d\tau = 2\pi h \sum_{n=0}^{+\infty} a_n q(t - nT) \tag{5.6.2}$$

考虑任意第 $n$ 时隙上的情况,即 $t \in [nT, (n+1)T)$,

$$\theta(t) = 2\pi h \sum_{k=0}^{n-1} a_k q(t - kT) + 2\pi h a_n q(t - nT)$$

令上式右边第一项为 $\theta_n$,在该项中恒有 $t - kT \geqslant nT - kT \geqslant T$,此时 $q(t - kT) = 1/2$。

于是

$$\theta(t) = \theta_n + 2\pi h a_n q(t - nT), \text{其中 } \theta_n = \pi h \sum_{k=0}^{n-1} a_k \tag{5.6.3}$$

式中,第一项 $\theta_n$ 是本时隙的相位初始值,第二项是传送 $a_n$ 的过程中相位的变化。如果从 $t = 0$ 出发(取相位初值为零),按照数据序列逐时隙地推进相位路线,则得到一条特定的**相位轨迹**(phase trajectory),它就是发送该序列的信号过程。所有可能的相位路线构成的图形称为**相位树**(phase tree)。

**例 5.19**  假定二进制数据序列为 $\{101101\}$,试绘出 CPFSK 信号的相位轨迹。

**解**  数据序列双极性形式为 $\{+1-1+1+1-1+1\}$,相应的相位轨迹如图 5.6.2 所示。∎

不难发现,CPFSK 信号的过程是一个带记忆的演进过程。它当前的取值既与新的 $a_n$ 有关,又依赖于以前的状态。以前的状态是传送前面数据 $\{a_0, a_1, \cdots, a_{n-1}\}$ 的相位积累结果,是 $n$ 时隙的初始相位。这种记忆性可使信号的波形前后连续且平缓,因而节约频带。

另一方面,若视 $q(t)$ 为发送脉冲,记 $m_p(t) = \sum_{n=0}^{\infty} a_n q(t - nT)$ 作为基带信号,由式(5.6.2)可得 $\theta(t) = 2\pi h m_p(t)$,于是

$$s(t) = A\cos[2\pi f_c t + 2\pi h m_p(t)] \tag{5.6.4}$$

它是一种调相信号。由于 $q(t)$ 连续,其相位是连续的,因此,该信号又称为**连续调相**(Continuous PM 或 CPM)信号。改变 $q(t)$ 可以得到各种特性的 CPM 信号。可以预见,若某种 $q(t)$ 导致相位的发展更平滑,则信号的频带就更集中,带宽更窄。

图 5.6.2 二进制 CPFSK 信号的相位轨迹举例

### 5.6.2 最小频移键控

**1. MSK 信号定义**

MSK 是**最小频移键控**（**Minimum-Shift Keying**）的简称，它是一种 $h=0.5$ 的二进制 CPFSK 信号。

由式(5.6.3)与 $q(t)$ 为斜线的特点，在 $t \in [nT, (n+1)T]$ 上 MSK 信号可以表示为

$$s_{\text{MSK}}(t) = A\cos[2\pi f_c t + \theta_n + \pi a_n q(t-nT)] = A\cos\left[2\pi f_c t + \theta_n + \frac{\pi a_n}{2T}(t-nT)\right]$$

$$= A\cos\left[2\pi\left(f_c + \frac{a_n}{4T}\right)t + \varphi_n\right] \tag{5.6.5}$$

上式中令 $\varphi_n = \theta_n - \frac{n\pi}{2}a_n$。由于 $a_n = \pm 1$，可见 MSK 信号确实是二元 FSK 信号，它的两个频率值分别为

$$f_1 = f_c + R_b/4 \quad \text{与} \quad f_0 = f_c - R_b/4 \tag{5.6.6}$$

其中，$R_b = 1/T$，为数据比特率。信号的频率间隔为 $\Delta f = 0.5 R_b$，这正好是两个频率保持正交所需要的最小频率间距，MSK 由此得名。

**2. 带预编码的 MSK 及其 OQPSK 形式**

带预编码的 MSK 调制如图 5.6.3 所示。后面将证明，它等效于一种 OQPSK 调制，如图 5.6.4 所示。这种 OQPSK 调制的具体过程如下：

（1）将信息序列 $\{b_n\}$ 拆分为奇偶序列，各自生成矩形 NRZ 基带信号（时隙宽 $2T$）：

$$m_I(t) = \sum_{k=0}^{\infty} b_{2k+1} g_T(t - k \times 2T) \quad \text{与} \quad m_Q(t) = \sum_{k=0}^{\infty} b_{2k} g_T(t - k \times 2T)$$

（2）用 $\sin\left(\dfrac{\pi t}{2T}\right)$ 成形后实施偏移正交调制，最后得到信号，

MSK 及其 OQPSK 等效

$$s_{\text{MSK1}}(t) = A\left[m_I(t-T)\cos\left(\frac{\pi t}{2T}\right)\cos(2\pi f_c t) - m_Q(t)\sin\left(\frac{\pi t}{2T}\right)\sin(2\pi f_c t)\right] \quad (5.6.7)$$

图 5.6.3　带预编码的 MSK 调制　　　　图 5.6.4　MSK 信号的 OQPSK 生成框图

**例 5.20**　给定序列 $\{b_n\} = \{-1, -1, +1, +1, -1, +1, -1, -1, -1, -1, -1, -1, +1, +1, -1, -1\}$，说明 MSK 信号的正交合成过程。

**解**　拆分序列，而后产生各信号波形如图 5.6.5 所示。还可计算 $\{b_n\}$ 预编码后的输出为 $\{a_n\} = \{-1, +1, -1, +1, -1, -1, -1, +1, +1, +1, +1, +1, -1, +1, -1, +1\}$，它与图中 MSK 波形的两种频率正好一一对应。

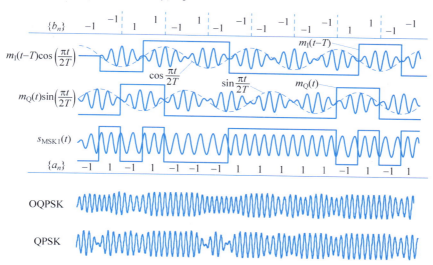

图 5.6.5　MSK 信号的正交合成示例、OQPSK 与 QPSK 波形

图 5.6.5 最下面还给出了常规 QPSK 与 OQPSK 在带限情况下的波形，可以比较这三种信号的包络波动特点：

(1) QPSK 在每个符号边界有四种可能的跳变，这导致包络的波动较大。

(2) OQPSK 两支路错开 $T_s/2$，在每个符号边界与中心各有两种可能的跳变，其包络的波动较小。

(3) 采用正弦成形后可使 OQPSK 恰好合成恒定的包络，这便是 MSK 信号。

上述讨论的是带预编码的 MSK 信号。用 OQPSK 调制也很容易产生无预编码的"原型"MSK 信号。这时只需在发送前先对数据作差分编码，接收后再实施差分解码即可。因为差分解码与预编码是一对逆过程。具体的差分编/解码公式如下：

$$a_n = b_{n-1} \times b_n \quad \text{与} \quad b_n = b_{n-1} \times a_n \quad (5.6.8)$$

该处理与 DPSK 的差分编/解码本质上一样，只不过是双极性信号的形式。

### 3. 发送与接收方法

MSK 信号的发送可以采用 $k_{FM} = 0.5$ 的 VCO 电路，也可以采用 OQPSK 方案。其接收方法有多种。首先，它是一种 FSK 信号，因此可以采用非相干或相干的 FSK 接收方案。其次，它又是一种 OQPSK 信号，可以采用 OQPSK 的正交相干解调方案。相干解调方案可以获得低的 $P_e$。对于带预编码的 MSK 信号，采用 OQPSK 解调方案时，

$$P_{e\text{-MSK1}} = P_{e\text{-QPSK}} = Q(\sqrt{2E_s/N_0})$$

而对于无预编码的 MSK 信号还需要差分译码，这时 $P_{e\text{-MSK}} \approx 2P_{e\text{-QPSK}}$。

MSK 信号还常常按照 DPSK 差分检测的框图进行非相干解调。因为，由式(5.6.3)，有

$$\theta(nT) - \theta((n-1)T) = \pi h a_n = \frac{\pi}{2} a_n$$

显然，借助差分检测技术求出相邻(时隙末端)的相位差，能够正确地判决出传送的符号。形象地讲，由相位差可以判定相位轨迹在当前时隙的走向是增加还是减少，从而可知相应的符号是 +1 或 −1。该方法的误码性能也与 DPSK 的类似。更详细的讨论可参考有关文献。

### 4. 功率谱与带宽

根据 MSK 信号是一种形式的 OQPSK 信号的特点，它的功率谱是相应基带信号功率谱平移至载频处的结果。分析时常常以 $f_c$ 为基准点，只需直接计算其基带信号的功率谱即可。首先计算正弦脉冲 $g_s(t)$ 的傅里叶变换 $G_s(f)$，有

$$G_s(f) = \frac{4T}{\pi} \times \frac{\cos(2\pi T f)}{1 - 16T^2 f^2}$$

考虑 $\{a_n\}$ 为平稳无关的双极性序列，由第 4 章的结论可知 MSK 信号的功率谱形如

$$P(f) = K \mid G_s(f) \mid^2 = \left( \frac{\cos(2\pi T f)}{1 - 16T^2 f^2} \right)^2 \tag{5.6.9}$$

其中，$K$ 为某幅度因子。

图 5.6.6 是 MSK 信号功率谱的示意图。为了便于比较，图中还给出了 QPSK 与 BPSK 的功率谱。从图可见：

(1) MSK 信号功率谱的主瓣宽为 $0.75R_b$，它是 QPSK 的 1.5 倍，但只有 BPSK 的 0.75 倍。

(2) 更重要的是，MSK 信号功率谱的旁瓣比 QPSK 或 BPSK 的衰落快得多。

很多实际应用中特别关注传输信号对邻近频道的干扰，这可以借助基本带宽来考察。基本带宽指主要功率(例如 99%)所占的带宽，可以计算出 $B_{99\text{-MSK}} = 1.2R_b$，而 $B_{99\text{-QPSK}} = 7R_b$。即，MSK 信号 99% 的功率集中在 $1.2R_b$ 的频带内，比 QPSK "紧凑" 得多。因此，它对邻近频道的干扰少得多。

### *5. OQPSK 等效形式的证明

下面证明 MSK 信号是一种 OQPSK 信号形式。首先，我们分析式(5.6.5)中的 $\varphi_n$。

$$\varphi_n - \varphi_{n-1} = (\theta_n - \theta_{n-1}) - \frac{n\pi}{2} a_n + \frac{(n-1)\pi}{2} a_{n-1}$$

利用式(5.6.3)可知，$\theta_n - \theta_{n-1} = \frac{\pi}{2} a_{n-1}$。于是

图 5.6.6 MSK 信号功率谱示意图

$$\varphi_n = \varphi_{n-1} + \frac{n\pi}{2}(a_{n-1} - a_n) = \begin{cases} \varphi_{n-1}, & a_n = a_{n-1} \\ \varphi_{n-1} \pm n\pi, & a_n \neq a_{n-1} \end{cases} \quad (5.6.10)$$

不妨取初值 $\varphi_0 = 0$，使 $\varphi_n$ 在模 $2\pi$ 条件下为 $0$ 或 $n\pi$，这样，$\sin\varphi_n = 0$。

其次，将 MSK 信号公式(5.6.5)展开为载波 $f_c$ 的正交形式

$$s_{\text{MSK}}(t) = A\left[\cos\left(\varphi_n + \frac{\pi t}{2T}a_n\right)\cos(2\pi f_c t) - \sin\left(\varphi_n + \frac{\pi t}{2T}a_n\right)\sin(2\pi f_c t)\right]$$
$$= A[x(t)\cos(2\pi f_c t) - y(t)\sin(2\pi f_c t)]$$

上式中 $x(t)$ 与 $y(t)$ 如下，并可继续展开，

$$x(t) = \cos\left(\varphi_n + \frac{\pi t}{2T}a_n\right) = \cos\varphi_n \cos\left(\frac{\pi t}{2T}a_n\right) = (\cos\varphi_n)\cos\left(\frac{\pi t}{2T}\right)$$

$$y(t) = \sin\left(\varphi_n + \frac{\pi t}{2T}a_n\right) = \cos\varphi_n \sin\left(\frac{\pi t}{2T}a_n\right) = (a_n\cos\varphi_n)\sin\left(\frac{\pi t}{2T}\right)$$

展开时利用了 $\sin\varphi_n = 0$，并基于 $a_n = \pm 1$ 化简了 cos 与 sin 项。

记 $I_n = \cos\varphi_n$ 与 $Q_n = a_n\cos\varphi_n$。因此，MSK 信号可表示为

$$s_{\text{MSK}}(t) = A\left[I_n\cos\left(\frac{\pi t}{2T}\right)\cos(2\pi f_c t) - Q_n\sin\left(\frac{\pi t}{2T}\right)\sin(2\pi f_c t)\right] \quad (5.6.11)$$

再由式(5.6.10) $\varphi_n$ 的特性可以知道：

(1) 若 $n$ 为偶数：总有 $\varphi_n = \varphi_{n-1}(\text{mod}2\pi)$。于是

$$\begin{cases} I_n = I_{n-1} \\ Q_n = a_n I_n = a_n I_{n-1} = (a_{n-1}a_n)(a_{n-1}I_{n-1}) = (a_{n-1}a_n)Q_{n-1} \end{cases}$$

(2) 若 $n$ 为奇数，改写式(5.6.10)为

$$\varphi_n = \begin{cases} \varphi_{n-1}, & a_{n-1}a_n = 1 \\ \varphi_{n-1} \pm n\pi, & a_{n-1}a_n = -1 \end{cases}$$

于是

$$\begin{cases} I_n = (a_n a_{n-1})I_{n-1} \\ Q_n = a_n I_n = a_n(a_n a_{n-1})I_{n-1} = a_{n-1}I_{n-1} = Q_{n-1} \end{cases}$$

$I_n$ 与 $Q_n$ 的上述特性可直观地表示如图 5.6.7(a) 所示, 并可发现:

$$\begin{cases} I_{2k+1} = (a_{2k+1}a_{2k})(a_{2k-1}a_{2k-2})\cdots(a_1 a_0)I_0 \\ Q_{2k} = (a_{2k}a_{2k-1})(a_{2k-2}a_{2k-3})\cdots(a_0 a_{-1})Q_{-1} \end{cases}$$

(a)

(b)

图 5.6.7 $I_n$ 与 $Q_n$ 的特性示意图

最后,考虑带预编码的 MSK 情形,有 $b_{n-1}b_n = a_n$, 易见:

$$I_{2k+1} = b_{2k+1}\left(\prod_{i=0}^{2k} b_i^2\right)b_{-1}I_0 = b_{2k+1}b_{-1}I_0 = b_{2k+1} \quad (\text{不妨设 } b_{-1}=I_0=1)$$

$$Q_{2k} = b_{2k}\left(\prod_{i=-1}^{2k} b_i^2\right)b_{-2}Q_{-1} = b_{2k}b_{-2}Q_{-1} = b_{2k} \quad (\text{不妨设 } b_{-2}=Q_{-1}=1)$$

如图 5.6.7(b) 所示,图中还给出了 $\cos\left(\dfrac{\pi t}{2T}\right)$ 与 $\sin\left(\dfrac{\pi t}{2T}\right)$。将此图应用于式(5.6.11)中可得到式(5.6.7)。

例 5.20 与图 5.6.5 可以帮助理解 MSK 的 OQPSK 合成原理。仔细观察可发现这里的 OQPSK 有些特殊。其正交调制前的基带信号分别为

$$m_{IS}(t) = m_I(t-T)\sin\left[\frac{\pi(t-T)}{2T}\right] \quad \text{与} \quad m_{QS}(t) = m_Q(t)\sin\left(\frac{\pi t}{2T}\right)$$

由于 $\sin\left(\dfrac{\pi t}{2T}\right)$ 的半周期为 $2T$, 它与原矩形 NRZ 信号的时隙正好对齐, 因此, $m_{IS}(t)$ 与 $m_{QS}(t)$ 其实是采用半正弦脉冲的基带信号, 不过脉冲是正负交替使用的(注意 sin 信号前后半周期的差别)。其实可以直接使用半正弦脉冲(记它为 $g_s(t)$), 这时基带信号就是

$$m_I(t) = \sum_{k=0}^{\infty} b_{2k+1}g_s(t-k\times 2T) \quad \text{与} \quad m_Q(t) = \sum_{k=0}^{\infty} b_{2k}g_s(t-k\times 2T)$$

这样生成的仍然是 MSK 信号。文献中有时称前一种(交替的)为第 I 类 MSK, 后一种(不交替的)为第 II 类 MSK。显然, 只要对奇/偶数据序列先交替调整符号, 就能用第 II 类 MSK 调制器产生出第 I 类 MSK 信号, 反之亦然。

## 5.6.3 高斯滤波的 MSK

若在常规 MSK 调制之前,先让矩形 NRZ 基带信号通过一个高斯型低通滤波器,如图 5.6.8 所示,这样的调制方式称为**高斯滤波的 MSK**(Gaussian filtered MSK),简称为 GMSK。

图 5.6.8 GMSK 信号产生框图

高斯型低通滤波器实施预滤波作用,其频率响应与时域冲激响应呈高斯函数形状,具体为

$$H_G(f) = e^{-\alpha^2 f^2}, \quad h_G(t) = \sqrt{\pi}\alpha^{-1} e^{-\pi^2 t^2/\alpha^2} \quad (5.6.12)$$

其中,$\alpha = B^{-1}\sqrt{\ln 2/2}$,而 $B$ 为 3dB 带宽。滤波后的基带信号为

$$m_G(t) = \left[\sum_{n=0}^{\infty} a_n g_T(t-nT)\right] * h_G(t) = \sum_{n=0}^{\infty} a_n g_G(t-nT) \quad (5.6.13)$$

而

$$g_G(t) = g_T(t) * h_G(t) = \frac{1}{2T}\int_0^T h_G(t-\tau)d\tau$$

$$= \frac{\sqrt{\pi}}{2T\alpha}\left[\int_0^{\infty} e^{-\pi^2(t-\tau)/\alpha^2}d\tau - \int_T^{\infty} e^{-\pi^2(t-\tau)^2/\alpha^2}d\tau\right] \quad (5.6.14)$$

$$= \frac{1}{2T}\left\{Q\left[\frac{2\pi B(t-T)}{\sqrt{\ln 2}}\right] - Q\left(\frac{2\pi Bt}{\sqrt{\ln 2}}\right)\right\}$$

几种 $g_G(t)$ 与 $q_G(t) = \int_{-\infty}^{t} g_G(\tau)d\tau$ 如图 5.6.9 所示。参数 $B$ 控制着滤波器的特性,通常将它表示为码率的 $k$ 倍,即 $B = k/T$ 或 $BT = k$。实际上,我们习惯使用 $BT$ 的取值来控制滤波特性。$BT$ 小则频带集中,但误码性能可能下降。最为典型的选择为 $BT = 0.3$;而 $BT = \infty$ 对应于常规 MSK。理论上讲,$g_G(t)$ 是无限宽的,但实际应用中只需截取其中央部分来制作预滤波器。例如,$BT = 0.3$ 时,取中央 $5T$ 部分已经可实现足够的精度。

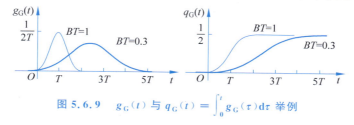

图 5.6.9 $g_G(t)$ 与 $q_G(t) = \int_0^t g_G(\tau)d\tau$ 举例

对比 $q_G(t)$ 与 $q(t)$ 的图形可见,GMSK 信号不只是相位连续,而且其相位的转变是非常平滑的,并占用几个时隙来"缓慢"完成。试设想一下相位轨迹线的伸展过程,不难推测出 GMSK 信号波形的光滑性与记忆性更强,信号的频谱会更加集中。另一方面我们发现,预滤波处理使脉冲的宽度大大展宽,它本质上是一种相关编码技术,引入了码间串扰。

GMSK 的功率谱很难计算,通常需要计算机仿真,图 5.6.10 给出了仿真的结果。由图可见 GMSK 的带宽随 $BT$ 的减小而减小,其主瓣与 MSK 的一样,而其旁瓣的衰减非常快,其基本带宽比 MSK 更窄。考虑距主峰 $1.5R_b$ 处有另一频道,常规 MSK 信号对其干扰达

到主峰的-30dB,而 GMSK($BT=0.3$)的干扰低达-70dB。在许多无线通信的应用中这一点就十分重要。为了服务众多用户,需要安排很多的信道,因此信道间距常常很近。GMSK 卓越的谱带效率与恒包络特点使它在无线通信中获得了广泛应用。著名的数字移动电话系统 GSM 采用的调制制式就是 $BT=0.3$ 的 GMSK。

图 5.6.10　GMSK 信号的功率谱

　　GMSK 的接收方法与常规 MSK 的基本一样。但由于存在较明显的码间串扰,若按常规的逐符号独立接收,其性能会有所下降。以 $BT=0.3$ 为例,GMSK 相干接收的 SNR 损失约为 0.46dB。实际应用中,GMSK 常常采用非相干的差分检测方案。由 $q_G(t)$ 图形可直观看到,它不仅可以按照 1 个时隙($T_b$)实施差分检测,还可以按照 2 个时隙($2T_b$)实施差分检测,而且后者的性能更好一些。详细的方法可以参考有关文献。

　　GMSK 信号具有记忆性,而预滤波又引入了特定的码间干扰。针对这种有记忆、有关联的信号,理论上讲如果能在基本检测数据的基础上利用信号内部前后转移的特定规律,可以获得更好的接收性能。这类方法基于一段序列而非单个符号实施检测,称为**序列估计法**。最常用的一种基于最大似然准则,称为 MLSE(Maximum Likelihood Sequence Estimation),这里不做更多讨论。

## 5.7　载波同步

　　为了进行相干解调,接收方需要提供与传输信号的载波相干的(即同频同相的)本地振荡信号,这一工作由载波同步单元完成,所采用的技术被称为**载波同步技术**。它可以分为两类:**非数据辅助**(non-data aided)和**数据辅助**(data aided)的方法。顾名思义,非数据辅助的方法不借助任何额外的数据支持,直接从接收的传输信号中提取特征来产生相干的本地载波;相反,数据辅助的方法依靠在传输信号中插入额外的特定数据来辅助实现载波同步。

　　本节首先从相干接收过程分析载波同步与否对接收结果的影响,接着说明两种重要的非数据辅助载波同步技术:平方环/四次方环法与科斯塔斯环法,最后说明数据辅助的导频法的基本原理。

## 5.7.1 相干接收中载波偏差的分析

考虑数字频带传输信号的一般形式，借助式(5.3.14)，有

$$s(t) = \sum_{n=-\infty}^{+\infty} a_{cn} g_T(t-nT)\cos(2\pi f_c t) - \sum_{n=-\infty}^{+\infty} a_{sn} g_T(t-nT)\sin(2\pi f_c t)$$
$$= m_c(t)\cos(2\pi f_c t) - m_s(t)\sin(2\pi f_c t)$$

其中，$(a_{cn}, a_{sn})$ 为传输信号点坐标，$g_T(t)$ 为发送脉冲，$m_c(t)$ 与 $m_s(t)$ 是相应的基带 PAM 信号。上式是 MPSK、MQAM 和 MASK 的通用信号公式。

在接收时，如果本地振荡与发送载波存在偏差，记频率与相位的偏差分别为 $\Delta f$ 与 $\Delta\theta$，不妨考虑噪声为 0，则接收机(参见图 5.3.2)同相支路的抽样值可以表示为

$$\begin{aligned}
r_{cn} &= \text{MF}\{s(t) \times 2\cos[2\pi(f_c+\Delta f)t + \Delta\theta]\}|_{t=nT_s} \\
&= \text{MF}\{2m_c(t)\cos(2\pi f_c t)\cos[2\pi(f_c+\Delta f)t+\Delta\theta]\}|_{t=nT_s} - \\
&\quad \text{MF}\{2m_s(t)\sin(2\pi f_c t)\cos[2\pi(f_c+\Delta f)t+\Delta\theta]\}|_{t=nT_s} \\
&= m_c(t)\cos(2\pi\Delta f t+\Delta\theta)|_{t=nT_s} - m_s(t)\sin(2\pi\Delta f t+\Delta\theta)|_{t=nT_s} \\
&= a_{cn}\cos(2\pi\Delta f T_s n + \Delta\theta) - a_{sn}\sin(2\pi\Delta f T_s n + \Delta\theta)
\end{aligned} \quad (5.7.1)$$

其中，MF 为匹配滤波，不妨考虑其抽样处增益为 1。同理，容易得到正交支路的抽样值为

$$r_{sn} = -a_{cn}\sin(2\pi\Delta f T_s n + \Delta\theta) + a_{sn}\cos(2\pi\Delta f T_s n + \Delta\theta) \quad (5.7.2)$$

合并后可得到

$$\begin{pmatrix} r_{cn} \\ r_{sn} \end{pmatrix} = \begin{pmatrix} \cos(2\pi\Delta f T_s n + \Delta\theta) & -\sin(2\pi\Delta f T_s n + \Delta\theta) \\ -\sin(2\pi\Delta f T_s n + \Delta\theta) & \cos(2\pi\Delta f T_s n + \Delta\theta) \end{pmatrix} \begin{pmatrix} a_{cn} \\ a_{sn} \end{pmatrix} \quad (5.7.3)$$

容易看出，上式右端的二阶方阵是一个旋转矩阵，即，载波偏差将会导致接收观察向量发生旋转，旋转角度为 $2\pi\Delta f T_s n + \Delta\theta$。

以 QPSK 为例，结合其星座图，可以看出载波偏差的影响如下：

(1) 如果仅有相位偏差 $\Delta\theta$，那么接收向量相对原星座图固定偏转 $\Delta\theta$，如图 5.7.1(a)所示。如果要正确接收，则需要把接收向量旋转回来，或把判决规则"旋转"过去对齐。通常，相偏虽然固定但是随机的，因此，需要自动测量。

(2) 如果还有频率偏差 $\Delta f \neq 0$，由于对应不同时隙 $n$ 它是变化的，旋转角度会线性增加，那么接收向量相对原星座图会发生均速转动，转速正比于频偏 $\Delta f$，如图 5.7.1(b)所示。如果要正确接收，则必须持续地"追着"接收向量进行判断。"追着"的本质是校正 $\Delta f$，这种处理有时称为**载波补偿**。

再从接收机抽样前的信号波形上看，由式(5.7.1)可见，同相与正交支路的信号不再"纯正"，而且频偏 $\Delta f$ 使得信号随时间 $t$ 起伏。以 BPSK 为例，这时没有正交支路而变得相对简单。可以发现，

(1) 如果仅有相偏 $\Delta\theta$，则接收样值 $r_{cn} = a_{cn}\cos(\Delta\theta)$，因子的模值 $|\cos(\Delta\theta)|$ 恒小于 1，因此，有效信号的幅值将减小，导致信噪比下降。容易推出，这时的误码率为

$$P_e = Q(\sqrt{2E_b\cos(\Delta\theta)/N_0}) \quad (5.7.4)$$

这时的 $P_e$ 变差，如果 $\Delta\theta$ 接近 $90°$，则 $P_e$ 会严重恶化。

图 5.7.1　载波频偏对 QPSK 接收向量的影响

(2) 如果还有频偏 $\Delta f \neq 0$,则信号波形会出现正弦起伏,如图 5.7.2 所示。显然,信号接收整体变差,时而可以正确接收,时而出现严重差错。

图 5.7.2　无/有载波频偏时 BPSK 接收信号时域波形对比

最后,观察同相与正交支路接收信号的功率谱情况。图 5.7.3 给出了 QPSK 基带接收信号的功率谱,其中左图无载波频偏,右图存在载波频偏。可以发现,有载波频偏情况下基带接收信号的功率谱宽度要大于无频偏的情况,结合式(5.7.1)与式(5.7.2)可以看出,频偏 $\Delta f$ 造成"残留"的载波调制,使得原基带信号向零频率两侧做频谱搬移再叠加,一般 $\Delta f$ 不大(小于基带信号的带宽),其结果导致频谱变宽,这是一种典型的谱失真现象。为了避免基带滤波抑制掉有用的频谱部分,此时需要增加滤波器的宽度,这将导致接收信号中噪声信号功率增加,使得接收信噪比恶化。

综合上述情况可以看到,接收向量星座图、基带接收信号波形与功率谱都能够从不同侧面反映载波偏差的情况,它们可以帮助我们判断载波同步的情况,发现偏差的特征与严重程度。

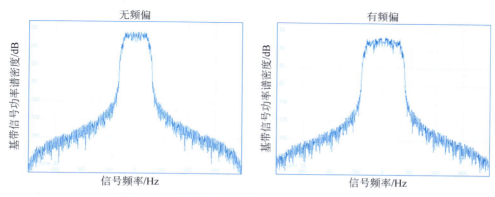

图 5.7.3 载波频偏对基带接收信号功率谱的影响

## 5.7.2 平方环与四次方环法

**平方环法**也称为平方变换法,主要用于 BPSK 的载波同步,其框图如图 5.7.4 所示。

图 5.7.4 平方环法的框图

平方环法通过非线性变换方法来产生与载波关联的信号成分,其工作原理是:接收到的 BPSK(或 DPSK)信号的平方为

$$[s_{\text{BPSK}}(t)]^2 = [Am(t)\cos(2\pi f_c t)]^2 = \frac{1}{2}A^2 m^2(t)[1+\cos(4\pi f_c t)] \quad (5.7.5)$$

其中,$m(t)$ 为双极性二元基带信号,它的平方含有直流成分,因而上式中包含非零的 $2f_c$ 频率分量,它可由一窄带滤波器提取出来。在实际情况中,输入信号还包含有噪声与干扰,因此,后面再用锁相环(图 5.7.4 中虚线框部分)进一步滤除噪声与扰动,获得稳定的本地振荡;最后经二分频、移相后,送出可用的本地相干载波。

以 NRZ 脉冲成形的 $s_{\text{BPSK}}(t)$ 为例,该信号及其平方的波形如图 5.7.5 所示,对比两个波形发现,平方运算消除了原信号中符号正负取值的随机性,从而可以提供确定的载波成分。图 5.7.6 给出了平方信号的双边功率谱,其中,零频率处的谱线为直流分量,而 $\pm 2f_c$ 频率处的谱线就是二倍载波频率分量。注意,BPSK 传输信号的功率谱原本没有任何载波频率的谱线,平方后的结果是非线性变换带来的变化。

需要指出的是,二分频器输出的正弦波存在 0 与 π 相位的不确定性,既可能是正确的 $\cos(2\pi f_c t)$,也可能是其负信号 $-\cos(2\pi f_c t)$,这被称为**相位模糊**,它将造成 BPSK 相干解调输出的二元符号存在"不确定性反相"问题,为此可以使用差分编码,即 DPSK。

QPSK 的载波同步需要四次方环。其结构与平方环同步器基本一样,只需把图 5.7.4 中的平方器与二分频器分别更换为四次方器与四分频器,并使窄带滤波器等单元工作在四次

图 5.7.5 BPSK 信号及其平方信号的时域波形示意图($A=1$)

图 5.7.6 BPSK 平方信号的双边功率谱示意图

载频上。下面的例题说明了四次方器的作用。

**例 5.21** 针对 QPSK 信号的载波同步,采用四次方环法,考虑 QPSK 信号一般形式,
$$s_{\text{QPSK}}(t) = Ag_T(t)\cos(2\pi f_c t + \theta_n), \quad \theta_n = \varphi_0 + m\pi/2$$
其中,$\theta_n$ 为第 $n$ 时隙的相位,$\varphi_0$ 为初相位,$m$ 为符号值,取值 $0\sim3$。请分析其四次方信号。

**解** 四次方信号为

$$s_{\text{QPSK}}^4(t) = A^4 g_T^4(t)\cos^4(2\pi f_c t + \theta_n) = A^4 g_T^4(t)\left[\frac{1+\cos(4\pi f_c t + 2\theta_n)}{2}\right]^2$$

$$= \frac{1}{4}A^4 g_T^4(t)[1 + 2\cos(4\pi f_c t + 2\theta_n) + \cos^2(4\pi f_c t + 2\theta_n)]$$

$$= \frac{1}{4}A^4 g_T^4(t)\left[1 + 2\cos(4\pi f_c t + 2\theta_n) + \frac{1+\cos(8\pi f_c t + 4\theta_n)}{2}\right]$$

$$= \frac{1}{8}A^4 g_T^4(t)[3 + 4\cos(4\pi f_c t + 2\varphi_0 + m\pi) + \cos(8\pi f_c t + 4\varphi_0)]$$

(5.7.6)

注意,上面 $4\theta_n = 4\varphi_0 + 2m\pi$,$2m\pi$ 可以去除。在上式的方括号中,第一项为直流分量,第二项为包含随机符号 $m$ 的二倍载波频率,第三项为单纯的四倍载波频率。后续的窄带滤波

器、锁相环可以稳定地提取到这个 4 次载频成分,而后经四分频输出为本地载波信号。

可见,四次方运算消除了符号的随机影响,从而提供了确定的四次载波信号。但它也带来四重相位模糊问题,即所产生的本地载波具有 $n\pi/2$ 的随机相位。这可以借助差分编码,即 DQPSK 来解决。

平方环或四次方环同步器工作在 2 或 4 倍载频上,当载波 $f_c$ 较高时,高次载波频率更高,这使电路的实现与调测变得很困难。下面给出的科斯塔斯环避免了这个弱点。

### 5.7.3 科斯塔斯环

**科斯塔斯(Costas)环**也称为**同相正交环**,它的结构如图 5.7.7 所示。

图 5.7.7 科斯塔斯环的框图

由图 5.7.7 可见,科斯塔斯环用到了两个正交(相差 90°)的本地振荡,由同相与正交两个支路构成。假定本地振荡与接收信号的载波相位差为 $\theta(t)=2\pi\Delta ft+\Delta\theta$,不妨记本地振荡为

$$u_{oc}=\cos[2\pi f_c t+\theta(t)], \quad u_{os}=\sin[2\pi f_c t+\theta(t)] \quad (5.7.7)$$

下面以 BPSK(或 DPSK)为例,说明其工作原理。首先,乘法器输出分别为

$$\begin{cases} u_c=Am(t)\cos(2\pi f_c t)\times u_{oc}=\dfrac{A}{2}m(t)\{\cos\theta(t)+\cos[4\pi f_c t+\theta(t)]\} \\ u_s=Am(t)\cos(2\pi f_c t)\times u_{dc}=\dfrac{A}{2}m(t)\{\sin\theta(t)+\sin[4\pi f_c t+\theta(t)]\} \end{cases} \quad (5.7.8)$$

经过 LPF 滤波后为

$$\begin{cases} u_{dc}=\dfrac{A}{2}m(t)\cos[\theta(t)] \\ u_{ds}=\dfrac{A}{2}m(t)\sin[\theta(t)] \end{cases} \quad (5.7.9)$$

进而,合并后得到相位误差信号

$$u_d=u_{dc}\times u_{ds}=\dfrac{A^2}{8}m^2(t)\sin[2\theta(t)] \quad (5.7.10)$$

$u_d$ 提供了相位误差信息(当 $\theta(t)$ 较小时,$u_d\approx A^2 m^2(t)\theta(t)/4$),该信号经过环路滤波后控制 VCO,使 VCO 输出的本地振荡向 $\theta(t)$ 变小的方向调节,从而达到同步。同步后的稳态误差 $\theta(t)$ 十分小,这样,$u_{oc}$ 与 $u_{os}$ 就是所需要的相干本振。

进一步借助图示来说明。考虑 NRZ 成形的 BPSK 情况,不妨取 $f_c=3R_s$ 与 $A=1$,假定载波偏差为 $\Delta f=0.75R_s$ 与 $\Delta\theta=0$,即 $\theta(t)=1.5\pi t/T_s$。科斯塔斯环的主要信号如图 5.7.8 所示,为了便于观察,这里采用**开环**情况,即,断开 VCO 的输入,暂停调节,让各个

信号保持不变。

图 5.7.8　（开环）科斯塔斯环各点信号波形示意图

图 5.7.8 中最下面是合并后的误差信号,可见,$u_d = \frac{1}{8}\sin(3\pi t/T_s)$,它与上面公式推导结果吻合。观察各个波形,可以发现,乘法器及其 LPF 的输出信号虽然都含有 $\theta(t)$,但由于消息信号 $m(t)$ 的随机性而无法直接使用。只有合并后的信号消除了随机性,才能稳定可靠的提供载波偏差 $\theta(t)$。

可以证明,科斯塔斯环输出的本地振荡也存在相位模糊（0 与 $\pi$）的问题。这可用 DPSK 来解决。科斯塔斯环虽多用一个支路,但工作在载频 $f_c$ 上,比平方环的工作频率低,因而在卫星及微波通信等载波较高的系统中应用很广泛。

**例 5.22**　考虑 NRZ 成形的 BPSK 情况,$f_c = 3R_s$ 与 $A=1$,以及发送消息为 $\{1,0,0,1\}$。假定载波偏差为 $\Delta f = 0$ 与 $\Delta\theta = \pi/3$。试分析（开环）科斯塔斯环的主要信号并给出其波形。

**解**　首先,$m(t) = \{+1,-1,-1,+1\}$ 与 $\theta(t) = \pi/3$。于是,本地振荡为
$$u_{oc}(t) = \cos(2\pi f_c t + \pi/3), \quad u_{os}(t) = \sin(2\pi f_c t + \pi/3)$$
进而,乘法器输出信号为
$$u_c(t) = \frac{m(t)}{2}\left\{\cos\left(\frac{\pi}{3}\right) + \cos\left(4\pi f_c t + \frac{\pi}{3}\right)\right\}$$
$$u_s(t) = \frac{m(t)}{2}\left\{\sin\left(\frac{\pi}{3}\right) + \sin\left(4\pi f_c t + \frac{\pi}{3}\right)\right\}$$

经过低通滤波后,
$$u_{dc}(t) = \frac{1}{2}m(t)\cos\left(\frac{\pi}{3}\right), \quad u_{ds}(t) = \frac{1}{2}m(t)\sin\left(\frac{\pi}{3}\right)$$

最终获得误差信号为

$$u_d(t) = \frac{m^2(t)}{8}\sin\left(\frac{2\pi}{3}\right) = \frac{1}{8}\sin\left(\frac{2\pi}{3}\right) \approx 0.1083$$

对于 NRZ 的简单情况，有 $m^2(t)=1$。各信号的波形如图 5.7.9 所示。

图 5.7.9 （开环）科斯塔斯环中各点信号波形（仅有非零的 $\Delta\theta$）

### *5.7.4 导频法

前面讨论的载波同步方法不需要任何额外支持，它们是非数据辅助的载波同步方法。这类方法对噪声较为敏感，为了保持足够高的精度和稳定度，需要增强环路滤波，这通常会造成较长的同步时间，因而，这类同步技术主要适用于信道状态稳定与长时间持续通信的情况。

另有一类通信应用需要快速同步，比如突发（burst）通信，其整个消息序列非常短；或者信道状态变化快，同步时间长难以应对信道变化。这时，可以通过在传输信号中插入短段收发双方已知的特殊信号来辅助实现快速载波同步，这种已知的信号称为**导频**（pilot）信号，相应的同步方法称为**导频法**，它是一种数据辅助的同步方法。

导频信号可以在时间域和频率域上连续或者分散插入，取决于通信系统的应用场景。这里主要讨论基本通信系统中导频连续插入的情况。一种很常见的做法是：在通信过程的起始段连续插入一段特殊的符号序列来形成导频信号，该短符号序列也被称为**前导符**（preamble）。

前导符通常使用具有优良自相关和互相关性能的伪随机序列，可以同时实现定时同步和载波同步。常用的前导符序列包括最长线性移位寄存器序列（m 序列）、Gold 序列和恒包络零自相关序列（CAZAC）。伪随机序列及其特性将在后面章节进行详细说明。

基于前导符的载波同步一般与其定时同步相结合，只有在准确找到前导符序列的情况下，这时符号同步基本完成，载波同步才能进行。下面说明其基本工作原理。

考虑长度为 $N$ 的前导序列表示为
$$S(k) = \{S_0, S_1, \cdots, S_{N-1}\} \tag{5.7.11}$$
其中,每个元素均为双极性复数信号,复数的实部和虚部分别对应同相与正交支路的同步数据。当两个或多个前导符序列串联使用时,接收端可以基于相邻序列中相同位置的元素来计算载波偏差,其概念如图 5.7.10 所示。

**图 5.7.10　基于双伪随机序列载波误差相位计算方法**

当定时同步完成以后,接收系统获得两段接收抽样序列,不妨表示为 $\{r_k, \cdots, r_{k+2N-1}\}$,$k$ 为接收抽样信号的下标。假设载波偏差为固定频偏 $\Delta f$,它对应的单个时隙的载波相位差为 $\Delta\theta = 2\pi\Delta f T_s$。于是,接收抽样信号可表示为
$$r_{k+i} = S_{(i\%N)} \cdot \exp[j\Delta\theta(k+i)], \quad i=0,1,\cdots,2N-1 \tag{5.7.12}$$
其中,% 表示模运算,· 为乘号,指数部分反映了"残留载波"引起的相位变化。两段接收抽样信号共轭相乘并累加后得到
$$\begin{aligned} Z &= \sum_{i=0}^{N-1} r_{k+i} r_{k+N+i}^* \\ &= \sum_{i=0}^{N-1} \{S_{(i\%N)} \cdot \exp[j\Delta\theta(k+i)]\} \cdot \{S_{(N+i\%N)} \cdot \exp[j\Delta\theta(k+N+i)]\}^* \\ &= \sum_{i=0}^{N-1} (S_i S_i^*) \cdot \{\exp[j\Delta\theta(k+i)] \cdot \exp[-j\Delta\theta(k+N+i)]\} \\ &= \sum_{i=0}^{N-1} (S_i S_i^*) \cdot \{\exp(-jN\Delta\theta)\} \end{aligned} \tag{5.7.13}$$
通常,设计前导符序列,使其满足 $S_i S_i^* = C$,这里 $C$ 为常实数,则上式简化为
$$Z = \sum_{i=0}^{N-1} C \cdot \{\exp(-jN\Delta\theta)\} = NC \cdot \{\exp(-jN\Delta\theta)\} \tag{5.7.14}$$
最后,由此可计算出相位差 $\Delta\theta$ 的(负)估计值,
$$\hat{\theta} = \frac{\arg(Z)}{N} = \frac{-N\Delta\theta}{N} = -\Delta\theta \tag{5.7.15}$$
上式中,$\arg(Z)$ 为复信号相位计算函数。

通过上面的推导可知,利用固定间隔的抽样信号间具有相同相位差的特征,可以提取序

列中固有的相位差信息,从而确定存在的载波频率误差,由此可进行补偿以达到载波同步的目的。

最后,如果仅使用单个前导符序列 $S(k)$,则需要将该序列拆分成长度为 $N/2$ 的两段,接收端在正确接收前导符序列并准确确定出序列位置后,基于间隔位置为 $N/2$ 的抽样信号进行相位差计算,进而获得当前符号内蕴含的载波频偏信息。

## 5.8 频带传输的讨论

前面各节说明了数字频带传输的各种方法,包括 PSK、QAM、ASK 与 FSK,以及它们的多种形式,讨论了它们的星座图特点。本节将进一步总结它们的频带与误码性能特点,比较它们的传输有效性与可靠性,并简要说明它们各自的应用适应性。

### 5.8.1 信号频带与带宽

为了在频带信道上进行传输,MPSK、MASK、QAM 与 MFSK 利用各种方式"携带"数字信息,形成频带信号。各种信号的功率谱有两种基本形式,如图 5.8.1 所示。

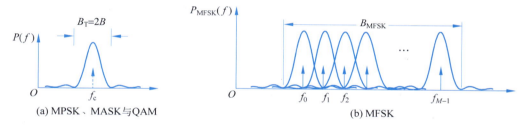

图 5.8.1  两种基本的功率谱形式

首先,可以发现它们的频带呈现为两个类型:

(1) 单频点形式。MPSK、MASK 与 QAM 使用单个载波,功率谱集中在一个频点处;这类信号借助载波相位的正交性,建立同相与正交两个通道并行传输信号。它们以 cos 与 sin 型信号为基信号,星座图是 2D 平面空间。

(2) 多频点形式。MFSK 信号利用了多个载波,功率谱由多个频点合成。当采用非相干解调时,频率间隔 $\Delta f$ 应适当大以便 BPF 分离频点;当采用相关型解调时,各个频点彼此正交,构成基信号组,相应的星座图是 $M$ 维空间。

其次,观察它们频带特点与带宽,可知,

(1) MPSK、MASK 与 QAM 这类单频点:信号频带是相应基带频带搬移到载频 $f_c$ 处的结果,它的形状与宽度可由基带成形脉冲 $g_T(t)$ 来控制,而与多元数目 $M$ 没有关系。简单信号为矩形 NRZ 脉冲,有限带宽的常用升余弦谱脉冲。传输带宽为基带带宽的 2 倍,即,$B_T = 2B$。信号带宽有如下基本结论:

$$B_T = \begin{cases} R_s, & \text{理论最小带宽} \\ (1+\alpha)R_s, & \text{升余弦谱} \\ 2R_s, & \text{矩形 NRZ(第一零点)} \end{cases} \quad (5.8.1)$$

(2) FSK 这类多频点:信号波形具有优良的恒包络特性,它可借助相位连续与平滑过

渡来"收紧"带宽,传输带宽为

$$B_T = |f_{M-1} - f_0| + R_s = (M-1)\Delta f + R_s \quad (5.8.2)$$

对于正交 FSK,要求频率间隔满足 $\Delta f = kR_s/2$,相应的最小带宽为

$$B_T = (M+1)R_s/2 \quad (5.8.3)$$

以 MSK($M=2$)为例,它的带宽 $B_T = 1.5R_s$,若高斯平滑处理后,带宽进一步"紧缩"。

有趣的是,MPSK、MASK 与 QAM 的带宽不随 $M$ 变化,但 MFSK 的带宽却与 $M$ 几乎成正比。考察两类信号的频带利用率可知,

$$\eta_{\text{QAM/MPSK/MASK}} = \frac{R_s \log_2 M}{B_T} \leqslant \log_2 M \quad \text{(bps/Hz)} \quad (5.8.4)$$

与

$$\eta_{\text{MFSK}} = \frac{R_s \log_2 M}{B_{T\_\text{MFSK}}} \leqslant \frac{2\log_2 M}{M+1} \quad \text{(bps/Hz)} \quad (5.8.5)$$

由此可发现,MPSK、MASK 与 QAM 可以通过加大 $M$ 提高频带利用率,从而增加信息速率;但 MFSK 在加大 $M$ 时反而会降低频带利用率,即使其信息速率有所增加,但利用信道的效率将显著下降。

最后,有的传输信号可能存在载波分量(功率谱中存在"离散载波谱线"),比如,OOK 与 FSK,这些信号中有一部分能量在相应的载波上。

### 5.8.2 差错性能的比较

#### 1. 二元与 QPSK 情况

图 5.8.2 总结了在 AWGN 信道中二元与 QPSK 频带调制的误比特率。图 5.8.2 中横坐标是 $E_b/N_0$ 的分贝值,纵坐标是以对数尺度标示的 $P_b$ 值。图中的粗线是相干解调的误比特率,它们也正是基带双/单极性传输的相应结果。所有 $P_b \sim E_b/N_0$ 曲线都呈抛物线下降趋势,靠左下方的曲线对应优良的传输系统。

图 5.8.2 二元与 QPSK 的误比特率曲线

表 5.8.1 是二元与 QPSK 频带调制的误比特率公式。表的最右列还给出了各自的带宽(其中 $B$ 为相应基带带宽,比如矩形 NRZ 为 $R_s$,升余弦谱为 $(1+\alpha)R_s/2$)。

表 5.8.1 二元与 QPSK 频带调制信号的误比特率公式

| 频带调制制式 | 相干解调 $P_b$ | 非相干解调 $P_b$ | 带宽 |
|---|---|---|---|
| OOK | $Q(\sqrt{E_b/N_0})$ | $\frac{1}{2}e^{-(E_b/N_0)/2} = \frac{1}{2}e^{-\gamma/4}$ | $2B$ |
| BFSK | | $\frac{1}{2}e^{-(E_b/N_0)/2} = \frac{1}{2}e^{-\gamma/2}$ | $\Delta f + R_b$ |
| MSK | $Q(\sqrt{2E_b/N_0})$ | — | $1.5R_b$ |
| BPSK/QPSK | | — | $2B$ |
| DPSK | $2Q(\sqrt{2E_b/N_0})$ | $\frac{1}{2}e^{-(E_b/N_0)} = \frac{1}{2}e^{-\gamma}$ | $2B$ |

总体而言,几种系统依误比特性能可以大致排序为

$$\text{QPSK/PSK} \overset{\text{好3dB}}{>} \text{相干 FSK(或 ASK)} \overset{\text{好1dB}}{>} \text{非相干 FSK(或 ASK)} \qquad (5.8.6)$$

$$\text{QPSK/PSK} \approx \text{相干 DPSK} \overset{\text{好1dB}}{>} \text{非相干 DPSK} \qquad (5.8.7)$$

(1) BPSK 与 QPSK 是几种方式中性能最优秀的,适用于要求高的应用。两者中,QPSK 占用的频带最少,而 BPSK 功率低更可靠。

(2) 相干 DPSK/DQPSK 与相干 BPSK/QPSK 性能几乎相同。当信道质量好时,差分检测的性能接近最佳(差别小于 1dB)。

(3) MSK 同样具有优秀的性能,特别是它的包络完全恒定,带宽较小(GMSK 的带宽更为紧致),适用于需要高效功放与带宽严格的应用。

(4) FSK 是一种性能一般的传输方式,当信道质量好时,它的非相干接收性能接近最佳(差别小于 1dB)。因而,非相干接收方法更为实用。其实,FSK 占用两个频点形成一定的重复,这个特点使它在更恶劣信道上,比如在衰落或有干扰的信道上,比其他几种传输方式更为"顽强"。

(5) 非相干 ASK(或 OOK)误码性能较差,主要适用于信道质量好、要求传输设备尽量简单的应用。

**例 5.23** 假定 BFSK 信号通过某带通 AWGN 信道后采用非相干解调的误码率为 $10^{-5}$。问:(1)改用相干解调的误码率是多少?(2)改用码率、载频与幅度相同的 OOK 信号通过该信道时相干与非相干解调的 $P_b$ 是多少?(3)改用 OOK 信号后,如何调整幅度,可使 $P_b$ 不变?

**解** (1) 由非相干解调误码率公式,$P_e \approx \frac{1}{2}e^{-\frac{E_b/N_0}{2}} = 10^{-5}$,于是,

$$\frac{E_b}{N_0} = -2\ln(2 \times 10^{-5}) = 21.64 = 13.35 \text{(dB)}$$

查曲线图 5.8.2 可大致得出相干解调误码率为 $1 \times 10^{-6}$,或由相干解调误码率公式得

$$P_b = Q\left(\sqrt{\frac{E_b}{N_0}}\right) = Q(\sqrt{21.64}) = 1.64 \times 10^{-6}$$

(2) 码率与载频相同的 OOK 信号的带宽比 BFSK 的窄,可以顺利通过该信道。OOK 与 BFSK 的相干与非相干解调误码率公式一样,但同样幅度下,由于 OOK 在比特 0 时信号为零,$E_{b\_2FSK} = 2E_{b\_2ASK}$,因此,OOK 信号的误码率比 BFSK 差 3dB。

根据曲线图可大致得出相干与相非干解调的误码率为 $2 \times 10^{-3}$ 与 $5 \times 10^{-4}$,或由误码率公式得

$$P_e \approx \frac{1}{2} e^{-\frac{21.64/2}{2}} = 2.2 \times 10^{-3} \quad \text{与} \quad P_b = Q(\sqrt{21.64/2}) = 5.02 \times 10^{-4}$$

(3) 显然,改用 OOK 信号后,将幅度提高为原来的 $\sqrt{2}$ 倍可以保持同样的误码率。∎

### *2. 一般多元情况

图 5.8.3 以 $M = 16$ 为例,给出了各种调制方式的部分典型误码率结果,$p_e \sim E_{bav}/N_0$ 曲线。其中,$E_{bav}$ 为相应信号的平均比特能量。多元调制中每个符号包含 $K = \log_2 M$ 位比特,为了降低误码造成的比特损失,MASK、MPSK 与 QAM 系统普遍采用格雷编码,使每次误码基本上只引起一位比特错误,这样,相应的误比特率为 $p_b \approx p_e/K$。但 MFSK 系统无法利用这种特性,其平均误比特率为 $p_b \approx p_e/2$(当 $M$ 较大时)。

图 5.8.3  各种多元频带调制方式的典型 $p_e \sim E_{bav}/N_0$ 曲线($M = 16$)

通过误码率曲线的对比,可以得出两方面的重要结论:

第一,在 QAM、MPSK 与 MASK 三种方式之间,QAM 的误码性能最好,MPSK 次之,MASK 最差。因此,在实际应用中,当 $M$ 较高时,应该首先选择 QAM;当 $M$ 中等时,比如 $M = 8$ 或 16,也常常见到 MPSK,因为可以利用其包络平稳的优点;只有在少数特殊的情况中才使用 MASK,它简单直观,在理论分析上具有一定的意义。

第二,QAM、MPSK 与 MASK 的误码性能都随 $M$ 的增加而下降,这是它们获得更高频带利用率的代价;与此正好相反,MFSK 的误码性能随 $M$ 的增加而提高,这是它牺牲频带利用率的结果。可见,它们确实是两类不同特性的传输方式。

从理论层面讲,通信系统的信道带宽、噪声程度与信号功率是三个最基本的因素,可以发现:

(1) 在频带资源受限、信号功率充分的情况下,可以尽量运用 QAM 与 MPSK,借助它们实现高的频带利用率,并通过加大发送功率保障误码性能;

（2）在频带资源丰富、信号功率受限的情况下，可以尽量运用 MFSK，通过充分利用带宽实现可靠通信。

最后，实际应用中必须平衡考虑各种因素，包括恒包络特性、实现复杂度、系统成本与开发时间等。比如，常常希望信号包络平稳以便利用非线性功放的效率，这时 FSK、PSK、OQPSK、π/4 DQPSK 都是不错的方案，尤其是具有连续相位的 MSK、CPFSK、CPM，甚至经高斯预滤波的 GFSK 与 GMSK。有时还希望使用非相干解调以降低接收机难度，那么，FSK、DPSK、DQPSK、π/4 DQPSK，以及 MSK 与 GMSK 等方案可选。

## 应用案例(9)——数字视频广播 DVB-C 系统中的调制与符号同步方案

数字视频广播(Digital Video Broadcasting，DVB)标准包括四大系列：卫星数字视频广播(DVB-S)、有线数字视频广播(DVB-C)、地面(无线)数字视频广播(DVB-T)和手持(无线)数字视频广播(DVB-H)。

1997 年，欧洲电信标准化组织(ETSI)发布 DVB-C 标准用于地面有线电视(Cable TV，CATV)系统，它使用 VHF 频段的 47~230MHz 和 UHF 频段的 470~862MHz 两个频带，每个数字电视频道的带宽为 8MHz。家庭电视应用曾主要采用这种技术，后来演变为借助光纤与 IP 网络技术的形式。

DVB-C 标准中，发送端物理层的处理流程如图 5.8.4 所示，主要的处理包括扰码、RS 编码、卷积交织、差分编码与 QAM 编码调制等。其中，扰码改善数据序列的统计特性，有助于符号同步；RS 编码与卷积交织是信道编码方法，用于保障传输可靠性，差分编码使星座对 π/2 相位旋转不变，以对抗接收端的相位模糊问题。

图 5.8.4 DVB-C 标准发送端处理流程

为了满足数字视频的高速数据要求，DVB-C 采用同轴电缆传输，该信道具有良好的传输特性，其接收端可以获得较高的信噪比与低的畸变。调制方案采用高阶的 QAM，阶数 $M$ 包括 16、32、64、128 和 256，可根据不同的信道情况来选用。在 8MHz 的传输带宽内，DVB-C 协议使用滚降系数为 0.15 的根升余弦成形滤波，码元速率为 6.96MBaud。不同 $M$ 下的比特率如表 5.8.2 所示。

表 5.8.2 DVB-C 最大传输速率表

| 调制阶数 $M$ | 16 | 32 | 64 | 128 | 256 |
| --- | --- | --- | --- | --- | --- |
| 传输带宽/MHz | 8 | | | | |
| 符号速率/MBaud | 6.96 | | | | |
| 编码后速率/Mbps | 27.84 | 34.80 | 41.76 | 48.72 | 55.68 |
| 净数据速率/Mbps | 25.66 | 32.07 | 38.48 | 44.90 | 51.31 |

DVB-C 的接收端可以采用多种处理架构,最典型的如图 5.8.5 所示。

**图 5.8.5　DVB-C 接收端通用处理流程**

在 DVB-C 接收系统中,符号同步是可靠通信的关键单元之一。主流的 DVB-C 接收芯片几乎都采用了 Gardner 同步算法。基于 QAM 接收机的同相与正交支路结构,Gardner 的时间误差提取公式为

$$\text{time\_error}(k) = y_I[(k-1/2)T] \times \{y_I(kT) - y_I[(k-1)T]\} + \\ y_Q[(k-1/2)T] \times \{y_Q(kT) - y_Q[(k-1)T]\} \quad (5.3.10)$$

其中,$y_I(kT)$ 和 $y_Q(kT)$、$y_I[(k-1)T]$ 和 $y_Q[(k-1)T]$ 分别是 $k$ 时刻和 $k-1$ 时刻同相和正交支路上的最佳抽样值,而 $y_I[(k-1/2)T]$ 和 $y_Q[(k-1/2)T]$ 则是 $k$ 和 $k-1$ 时刻间的半符号位置抽样值。

其实,Gardner 同步器最初主要应用于 MPSK 这类恒包络调制,它基于同相与正交接收机结构。后期的研究结果表明,该 Gardner 符号同步方案也能够很好地应用于高阶 QAM 等非恒包络的情况,只是信号幅度的变化会导致误差提取时的自噪声有所增加。∎

## 本章关键词

通过下面的关键词,可以快速地回顾本章的主要知识点。

数字调制与数字频带传输　　　　　升余弦谱信号带宽
信号点、信号向量、信号空间　　　　四相移键控(QPSK)
基信号、信号内积　　　　　　　　　格雷编码
信号星座图　　　　　　　　　　　　正交调制/解调器
调制、解调与判决　　　　　　　　　多元相移键控(MPSK)
相关型与匹配滤波型接收机　　　　　正交幅度调制(QAM)
二进制相移键控(BPSK)　　　　　　 多元幅移键控(MASK)
二进制幅移键控(BASK)　　　　　　 幅度/相位混合调制
二进制启闭键控(OOK)　　　　　　  最小距离判决准则
频带信道与等效基带信道　　　　　　二进制差分相移键控(DPSK)
无 ISI 频带传输方法　　　　　　　　差分四相移键控(DQPSK)
理论最小传输带宽　　　　　　　　　π/4 差分四相移键控(π/4 DQPSK)
矩形 NRZ 信号带宽　　　　　　　　 绝对码与相对码、差分检测

偏移四相移键控(OQPSK)　　　　　带预编码的 MSK
二进制/多元频移键控(BFSK/MFSK)　　等效 OQPSK
正交频率信号条件　　　　　　　　　第Ⅰ、Ⅱ类 MSK
连续相位 FSK　　　　　　　　　　　高斯滤波的 MSK(GMSK)
过零点检测　　　　　　　　　　　　$BT=0.3$ 的 GMSK
OOK/FSK 包络检波技术　　　　　　　非数据辅助和数据辅助的载波同步
相干与非相干解调　　　　　　　　　星座图旋转与载波补偿
连续相位 FSK(CPFSK)　　　　　　　平方环法与四次方环法
相位轨迹、相位树　　　　　　　　　科斯塔斯环法
连续调相(CPM)　　　　　　　　　　导频法、前导符
最小频移键控(MSK)　　　　　　　　单频点与多频点频带传输

## 习题

1. 二元消息序列采用 AMI 进行基带传输，试说明该传输系统的信号星座图。

2. 已知某 BASK 系统的码元速率为 1000Baud，所用载波信号为 $A\cos(4\pi\times10^6 t)$。
(1) 假定比特序列为{0110010}，试画出相应的 BASK 信号波形示意图；
(2) 求 BASK 信号第一零点带宽，并给出其功率谱示意图。

3. 某 BPSK 系统的速率为 $R_b=2$Mbps，接收机输入信号的振幅 $A=40\mu$V，AWGN 信道的单边功率谱密度为 $N_0=5\times10^{-18}$W/Hz，试求：
(1) 符号能量与星座图中信号点距离；
(2) 传输信号的带宽；
(3) 系统的接收误码率。

4. 对于速率为 $R_b=1200$bps 或 $R_b=2400$bps 的 OOK 调制，假定 $N_0=10^{-10}$W/Hz，为了达到误比特率 $P_b=10^{-5}$，请问信号功率应为多大。

5. 已知 BPSK 信号在功率谱密度为 $N_0/2=10^{-10}$W/Hz 的 AWGN 信道传输的平均误比特率为 $P_b=10^{-5}$，在速率 $R_b$ 分别为 10kbps、100kbps 或 1Mbps 时，试求：
(1) BPSK 信号的幅度值与功率；
(2) 改用 QPSK 传输后传输信号的幅度与功率。

6. BPSK 系统，采用 $\alpha=0.25$ 的平方根升余弦基带信号，信道带宽为 20MHz，求无码间串扰传输的最大速率。

7. 假定在 BPSK 相干解调系统中，本地恢复载波和发送载波相位差为固定的 $\theta$，接收滤波器采用 LPF，带宽为信号带宽 $B$。试证明该系统的平均误比特率计算公式为

$$P_b=Q\left(\sqrt{\frac{A^2\cos^2\theta}{2N_0 B}}\right)$$

8. 考虑图 5.2.4 的 BPSK 传输系统，在其接收信号 $r(t)$ 前插入带通滤波器 BPF。假设基带信号带宽为 $B(B\ll f_c)$，AWGN 信道双边功率谱密度为 $N_0/2$，BPF 与 LPF(增益为1) 带宽分别为 $W_B$ 与 $W_L$，输出噪声分别为 $n_B(t)$ 与 $n_L(t)$。试问下列情况下，$n_B(t)$ 与 $n_L(t)$

的功率分别是多少？滤波器输出信号是否完整？

(1) $W_B=2B, W_L=B$；

(2) $W_B=4B, W_L=B$；

(3) $W_B=4B, W_L=2B$；

(4) $W_B=B, W_L=B$。

9. 假定 QPSK 系统采用图 5.3.5 的星座图与滚降系数为 0.2 的根升余弦成形，其输入二进制序列为 00100111010010，试问：

(1) 载波相位序列；

(2) 同相与正交支路的比特序列；

(3) 传输速率为 4Mbps 时需要的带宽与频带利用率。

10. 在星座图为图 5.3.1 的 QPSK 调制系统中，如果交换 I，Q 路的比特序列，试给出：

(1) 传输信号的表达式；

(2) 相应的星座图。

11. 考虑正方形 16QAM 星座图，试计算 16-QAM 信号的最大与平均功率之比。

12. 某 16QAM 传输系统采用图 5.3.8(b) 的矩形星座图，其最小信号距离为 $2a$。试求：

(1) 它的平均符号能量 $E_{av}$；

(2) 在同样的 $E_{av}$ 下，比较它与图 5.3.8(a) 的圆形星座图的误码性能。

13. 某 16QAM 传输系统采用图 5.3.9 的矩形星座图与比特映射规则。试给出：它的最佳接收系统框图，具体说明其判决准则。

14. 某无线通信系统工作在频带范围为 330～330.2MHz 的信道上，要求数据传输速率不低于 500kbps，试设计它的载波频率、符号率、调制方式、无 ISI 的升余弦参数与频带利用率。

15. 假定 DPSK 数字通信系统的输入比特序列为 110100010110…

(1) 写出相对码（考虑相对码的初始比特为 1）；

(2) 画出 DPSK 发送与相干接收框图。

16. DPSK 系统采用相位偏移 $\Delta\theta=0°$ 代表 0，$\Delta\theta=180°$ 代表 1。假设信息序列为 011010，码元速率为 1200Baud，试按下面两种方式画出信号的波形（第一个码元初相为 0）。

(1) 载频为 1800Hz；

(2) 载频为 2400Hz。

17. 假设在某 DPSK 系统中，载波频率为 2400Hz，码元速率为 1200Baud，已知相对码序列为 1100010111。

(1) 试画出 DPSK 信号波形；

(2) 若采用差分相干解调法接收该信号，试画出解调系统的各点波形；

(3) 若发送符号 0 和 1 的概率相同，试给出 DPSK 信号的功率谱示意图。

18. 给定取值 +1 与 -1 的二元码，试给出采用乘法运算实现差分编解码的方法[提示：对于 0 与 1 的二元码，差分编解码采用异或（模 2 加）运算]。

19. 假定 DQPSK 系统的输入为二进制序列 010000001110，试给出：

(1) $B_n$ 与 $D_n$（假定初值 $D_{-1}=2$）；

(2) 载波绝对相位与相位差(并与例 5.14 的结果比较)。

20. $\pi/4$ DQPSK 调制器的输入数据为 1110010010…,试给出各时刻的载波相位(假定初相为 0)。

21. 根据 DQPSK 差分编解码公式与格雷编码规则。
(1) 写出由比特对 $(b_{1n}, b_{0n})$ 产生 $(d_{1n}, d_{0n})$ 的映射表;
(2) 设计编码电路(给出该电路的布尔式)。

22. DQPSK 系统中 $n$ 时刻相位与差分相位关系为 $\Delta\theta_n = \theta_n - \theta_{n-1}$,记 $I_n = \cos\theta_n$ 与 $Q_n = \sin\theta_n$。
(1) 试证明:
$$I_n = I_{n-1}\cos(\Delta\theta_n) - Q_{n-1}\sin(\Delta\theta_n), Q_n = I_{n-1}\sin(\Delta\theta_n) + Q_{n-1}\cos(\Delta\theta_n)$$
(2) 利用(1)的公式给出 DQPSK 系统的递推生成方案。

23. 已知 OQPSK 调制器速率为 $R_b = 2\text{Mbps}$,载波为 2MHz。若输入数据为 1110010010…,请画出:OQPSK 调制器中的同相及正交支路的基带信号、两路 2PSK 信号与合成的 OQPSK 信号的波形图。

24. 对 OOK 信号进行非相干接收,已知发送信号的峰值为 5V,带通滤波器输出端的正态噪声功率为 $3 \times 10^{-6}$ W。试问:
(1) 若 $P_e = 10^{-4}$,则发送信号传输到解调器输入端共衰减多少分贝(dB)?假设解调过程中增益为 1,这时最佳门限为多少?
(2) 若改用相干接收,$P_e$ 大约是多少?

25. 某无线通信系统数据传输速率为 20kbps,采用 4FSK 正交调制与相干解调模式,中心载波频率为 450MHz。
(1) 设计它的载波频率、接收机框图与判决准则;
(2) 给出它的符号率、传输带宽与频带利用率。

26. 某无线通信系统数据传输速率为 20kbps,采用 4FSK 非相干解调模式,中心载波频率为 350MHz。
(1) 设计它的载波频率、接收机框图与判决准则;
(2) 给出它的符号率、传输带宽与频带利用率。

27. 某 BFSK 发送码 1 时,信号为 $s_1(t) = A\sin(\omega_1 t), 0 \leq t \leq T_s$;发送码 0 时,信号为 $s_0(t) = A\sin(\omega_0 t), 0 \leq t \leq T_s$。式中 $\omega_0 = 2\omega_1 = 8\pi/T_s$,码 1 与 0 等概率出现。
(1) 画出包络检波形式的接收机框图;
(2) 设码元序列为 11010,画出接收机中的主要波形(不考虑噪声);
(3) 若接收机输入高斯噪声功率谱密度为 $N_0/2$,试给出系统的误码率公式。

28. 某 BFSK 系统的速率为 $R_b = 2\text{Mbps}$,两个传输信号频率为 $f_1 = 10\text{MHz}$ 与 $f_0 = 12\text{MHz}$,非相干接收机输入信号的振幅 $A = 40\mu\text{V}$,AWGN 信道的单边功率谱密度为 $N_0 = 5 \times 10^{-18}$ W/Hz,试求传输信号的(第一零点)带宽、工作频带与系统的接收误码率。

29. 一个二进制数字序列的码元速率为 10kbps,采用 MSK 传输,如果载波频率为 5MHz,请给出 MSK 系统的参数:
(1) 传输码元 1 和 0 的频率;
(2) 系统的峰值频率偏移;

(3) 系统传输带宽；

(4) 给出传输信号表达式。

30. 如果 MSK 系统传输的二进制序列为 $\{a_n\}=11001000010$，请给出：

(1) 相位路径轨迹图。

(2) 正交支路和同相支路的基带波形；

(3) 正交支路和同相支路的调制波形和叠加后的 MSK 信号波形；

31. 试根据 MSK 信号的功率谱密度公式说明，MSK 传输信号的第一过零点带宽为输入基带信号速率的 1.5 倍。

32. 考虑 NRZ 成形的 BPSK 情况，$f_c=3R_s$，$A=1$，以及发送消息为 $\{1,0,0,1\}$。假定载波偏差为 $\Delta f=0.125R_s$，$\Delta\theta=\pi/3$。试分析（开环）科斯塔斯环的主要信号并给出其波形。

33. 电话线频带为 300～3300Hz，试给出下面调制方式下的最大符号率与比特率：

(1) OOK、BPSK、DPSK（采用 $\alpha=0.25$ 的升余弦滚降特性）；

(2) 8FSK（非相干解调）；

(3) QPSK、DQPSK（采用 $\alpha=0.25$ 的升余弦滚降特性）；

(4) QPSK、OQPSK（采用矩形 NRZ 信号）；

(5) QPSK、OQPSK（采用最小理论带宽估算）；

(6) 16QAM（采用 $\alpha=0.25$ 的升余弦滚降特性）。

34. 电话线频带为 300～3300Hz，噪声的双边功率谱密度为 $N_0=10^{-8}$W/Hz，假定数字频带传输的符号率为 2400Baud，要求误码率为 $P_e=10^{-6}$。试估计下面调制方式下的比特平均能量与信号幅度：

(1) 相干与非相干 OOK；

(2) BPSK；

(3) 相干与非相干 DPSK；

(4) QPSK。

35. 设通信系统的频率特性为 $\alpha=0.25$ 的余弦滚降特性，传输的信息速率为 160kbps，要求无码间串扰。

(1) 采用 16PSK 调制，$E_b/N_0=14$dB，求占用信道带宽、频带利用率与最佳接收的误比特率；

(2) 采用 16QAM 调制，$E_b/N_0=14$dB，求占用信道带宽、频带利用率与最佳接收的误比特率。

36. 针对 5G 移动通信，试给出下列模式的星座图，并标出比特映射规则：

(1) BPSK；

(2) $\pi/2$ BPSK；

(3) QPSK。

37. 针对 4G 移动通信上行控制信道，试估算：当误码率达到 0.001 要求时，各种调制模式所需要的最小 $E_{av}/N_0$ 分贝值。

38. 针对 5G 移动通信下行数据信道，试估算：当误码率达到 0.001 要求时，各种调制模式所需要的最小 $E_{av}/N_0$ 分贝值。

# 第 6 章

# 模拟信号数字化与PCM

导学图

模拟信号的数字化是通信与信息处理的基础技术。常见的语音、图像等许多消息信号必须转换为数字形式才能有效地进行存储、传输与处理。

从信息论角度看,数字化的本质是对模拟消息信号的有效表示,它属于信源编码技术,是数字通信系统的一个重要组成部分。脉冲编码调制(PCM)是一种经典的语音信号数字化与传输技术,是最早的模拟/数字转换(ADC)方法之一。它实现模拟电话向数字电话的转型,进而极大地促进了数字通信的发展。

从原理上讲,数字化过程由抽样、量化与编码三个基本环节组成,它们分别完成模拟信号的时间的离散化、取值的离散化,以及将离散的信号值表示成二进制码字的工作。数字化过程中抽样、量化与编码的作用如图 6.0.1 所示。

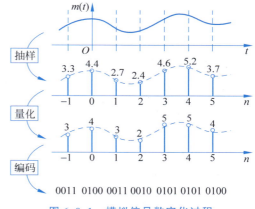

图 6.0.1 模拟信号数字化过程

本章着重介绍模拟信号的数字化、脉冲编码调制技术与时分复用体系等相关基础知识,内容要点包括:

(1) 时间抽样——带限抽样定理、自然与平顶抽样、脉冲幅度、宽度与位置调制、带通抽样。

(2) 量化原理——量化器的结构、误差与噪声、均匀量化器、最佳量化器。

(3) 对数量化——量化的信噪比、6dB 规则、动态范围、对数压缩-扩张、A 律与 $\mu$ 律、折线近似法。

(4) PCM 技术——脉冲编码调制(PCM)原理、FBC 编码、PCM 传输系统的信噪比。

(5) DPCM 与 DM——波形编码、差分脉冲编码调制、增量调制。

(6) 时分复用——时分复用(TDM)原理、帧与帧同步、E1 与 T1、数字体系、复接与码率调整。

## 6.1 模拟信号的抽样

数字化与抽样

把时间连续信号转换为时间离散序列通过抽样来完成。抽样过程应该完整、高效地保留原信号的信息,因此,要求得到的抽样序列能够完全还原出原来的模拟信号,并要求抽样序列的速率尽量的低。抽样定理是抽样的理论基础。

本节讨论带限信号的抽样定理、实际抽样中的自然与平顶抽样、模拟信号的脉冲调制以及带通信号的抽样定理。

## 6.1.1 带限信号的抽样

**抽样**或**采样**(**sampling**)就是在某些时刻上抽取信号值,形成反映原信号的样值序列。基本的抽样定理是针对带限或低通信号的,因此也称为**带限**(或**低通**)**抽样定理**,该定理可叙述如下:

> 给定最高非零频率为 $f_H$ 的带限信号 $m(t)$,如果取抽样间隔 $T_s < 1/(2f_H)$(或抽样率 $f_s > 2f_H$),则 $m(t)$ 由其样值序列 $\{m_n = m(nT_s), n\ 为整数\}$ 唯一决定,即
> $$m(t) \underset{\text{只要} f_s > 2f_H}{\longleftrightarrow} \{m_n, n = 0, \pm 1, \pm 2, \cdots\} \quad (6.1.1)$$

在抽样定理中,抽样速率必须大于 $2f_H$,该频率 $2f_H$ 通常称为**奈奎斯特频率**(**Nyquist frequency**)。对于低通或基带信号, $f_H$ 正是信号的带宽 $B$,因此其奈奎斯特频率为 $2B$,而抽样率必须满足 $f_s > 2B$。

式(6.1.1)左边是时间连续信号,右边是时间离散信号,如图 6.1.1(a)和(b)所示。分析中常常借助图 6.1.1(c)的冲激抽样信号 $m_s(t)$ 将两种信号联系在一起。因为 $m_s(t)$ 既可以称为时间连续的,又与序列 $\{m_n\}$ 直接对应,也就是说, $m_s(t)$ 就是序列 $\{m_n\}$ 的"替身"。 $m_s(t)$ 可以表示为 $m(t)$ 与周期冲激串的乘积,即

$$m_s(t) = m(t) \times \sum_n \delta(t - nT_s) = \sum_n m_n \delta(t - nT_s) \quad (6.1.2)$$

其中利用冲激函数的性质

$$m(t)\delta(t - nT_s) = m(nT_s)\delta(t - nT_s) = m_n \delta(t - nT_s)$$

式(6.1.2)实际上给出了抽样框图,如图 6.1.2 所示。

图 6.1.1 抽样的时域与频域过程

为了了解抽样的频域过程,可以对式(6.1.2)两边作傅里叶变换,由于时域冲激串的傅里叶变换为频域的冲激串,因此有

图 6.1.2 抽样、还原与内插

$$M_s(f) = M(f) * \left[\frac{1}{T_s}\sum_n \delta(f-nf_s)\right] = \frac{1}{T_s}\sum_n M(f-nf_s) \qquad (6.1.3)$$

该式中的 $M(f)$ 与 $M_s(f)$ 如图 6.1.1(d) 与 (e) 所示。由图可见，抽样的频域过程是频谱按 $f_s$ 进行周期重复，而条件 $f_s > 2f_H$ 保证了重复过程中频谱彼此不重叠。当 $f_s$ 低于该条件时，抽样过程是"**欠抽样**"(undersampling)的，这时，频谱中必然会出现交叠，称为**混叠**(aliasing)现象。

从图 6.1.1(e) 可见，由 $M_s(f)$ 还原 $M(f)$ 的方法是实施低通滤波(LPF)，即

$$m(t) = T_s \times \text{LPF}[m_s(t)] \qquad (6.1.4)$$

其中，LPF 高度为 1，截止频率控制在重复频谱的间隙内，理想情况下，简单地取带宽 $B_{\text{LPF}} = f_s/2$ 即可，因此，LPF 的冲激响应为 $h(t) = f_s \text{sinc}(f_s t)$，于是

$$m(t) = T_s \times [m_s(t) * h(t)] = T_s \times \left[\sum_n m_n \delta(t-nT_s) * h(t)\right]$$
$$= T_s \sum_n m_n h(t-nT_s) = \sum_n m_n \text{sinc}[f_s(t-n/f_s)] \qquad (6.1.5)$$

可见，从时域上看，低通滤波过程就是用 $\text{sinc}(x) = \dfrac{\sin(\pi x)}{\pi x}$ 函数在样值点之间进行内插，如图 6.1.2(b) 与 (c) 所示。

### 6.1.2 实际抽样

实际抽样中不可能采用理想的 $\delta$ 函数，而只能是某种物理可实现的窄脉冲，常用的为矩形窄脉冲。这时有下面两种典型的抽样方法。

#### 1. 自然抽样

如图 6.1.3(a)~(c) 所示，抽样函数改用矩形脉冲串，抽样仍然为乘法过程，可以通过门控电路实现，抽样结果信号如图 6.1.3(c) 所示。易见，各个脉冲有一定的宽度，脉冲顶部随 $m(t)$ 相应时段的值"自然波动"，因此称为**自然抽样**(natural sampling)。由于自然抽样的各脉冲的顶部是变化的，它没有确切地给出固定的样点值。

#### 2. 平顶抽样

平顶抽样信号如图 6.1.3(d) 所示，该信号的各个脉冲的顶部是平坦的，其高度是该脉冲前沿处 $m(t)$ 的值。平顶抽样器由瞬时抽样与保持电路构成，其原理与框图如图 6.1.4(a) 与(b)所示。

图 6.1.3 自然抽样与平顶抽样

图 6.1.4 平顶抽样及其框图

记宽度为 $\tau$、高度为 1 的矩形脉冲为 $h(t)$，由图 6.1.3(d)可见

$$m_s(t) = \sum_n m_n h(t - nT_s) = \left[\sum_n m_n \delta(t - nT_s)\right] * h(t) \qquad (6.1.6)$$

相应的频域形式为

$$M_s(f) = \left[\frac{1}{T_s} \sum_n M(f - nf_s)\right] H(f) \qquad (6.1.7)$$

如图 6.1.5 所示。

图 6.1.5 平顶抽样信号频谱

与理想抽样的频谱公式(6.1.3)与图 6.1.1(e)比较可见，平顶抽样的频谱上多了一个乘性因子 $H(f)$，它引起的变化是一种失真，称为**孔径失真**。因为该失真是由于抽样脉冲存在一定的宽度造成，它与光学成像中由光圈孔径引起的失真有着相似之处。显然，脉冲宽度 $\tau$ 越小，则 $H(f)$ 越平坦，失真也越小。在实际应用中，当抽样脉冲的占空比 $(\tau/T_s)$ 小于 10% 时，孔径失真通常可以忽略。

## *6.1.3 模拟脉冲调制

自然抽样与平顶抽样其实是用周期脉冲串的幅度来表示模拟信号 $m(t)$，它们是脉冲幅度调制过程。

一般而言，以周期脉冲信号作为载波，承载模拟信号的过程称为**模拟脉冲调制**（**analog pulse modulation**）。与正弦载波的频带调制类似，调制可以借用脉冲的幅度、宽度与位置来实现，分别称为**脉冲幅度调制**（**PAM**）、**脉冲宽度调制**（**PDM**）与**脉冲位置调制**（**PPM**），如图 6.1.6 所示。

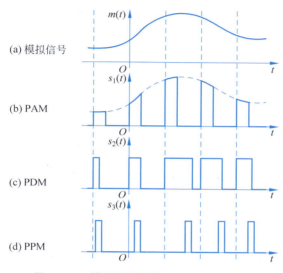

图 6.1.6 模拟信号及其 PAM、PDM、PPM

这三种已调信号在时间上由离散的脉冲组成，但脉冲相应参数的取值是模拟，因此都是模拟调制。

## *6.1.4 带通信号的抽样

一般而言，消息信号是基带信号，也就是带限信号，对它的抽样运用前述的带限抽样定理。然而，随着数字化的广泛普及，如果需要对带通信号进行抽样，又该如何做呢？本节探讨这个问题。

给定带通信号 $s(t)$，其频谱 $S(f)$ 位于 $f_L \leq |f| < f_H$ 上，带宽为 $B = f_H - f_L$。如果以抽样间隔 $T_s$（或速率 $f_s$）进行抽样，要求从抽样序列 $\{s_n = s(nT_s), n = 0, \pm 1, \pm 2, \cdots\}$ 中能够完全还原 $s(t)$，那么 $T_s$（或 $f_s$）应该如何选取呢？

显然，按照带限信号抽样定理，使 $f_s > 2f_H$，上述要求是可以满足的。然而，下面将说明，使 $f_s$ 为 $[2B, 4B)$ 区间的某些值也是可行的。由于很多时候 $f_H \gg B$，使后面一个结论给出的 $f_s$ 比前一个给出的低很多，因而，这一结论是很有用的。

从前面的分析可见，抽样过程使频谱按 $f_s$ 重复，而正确抽样的条件是频谱重复过程中不能相互交叠。依据这一想法，下面分两种情形来讨论。

### 1. $f_H$ 是 $B$ 的整数倍的情形

这时，$f_H = nB$，$n$ 为某正整数。图 6.1.7 以 $n = 3$ 为例示意了这种情形，图中分别示出了带通信号的正负频率部分按 $f_s=2B$ 的重复过程,易见它们彼此恰巧错开,所有的重复频谱部分不会发生交叠,于是,只要取 $f_s=2B$,可以正确抽样。

(a) 正、负频率部分的重复过程

(b) 抽样信号的频谱

图 6.1.7 $f_H=nB$ 情形

### 2. $f_H$ 不是 $B$ 的整数倍的情形

不妨记 $f_H=nB+kB$,其中 $0<k<1$。这时可适当下移 $f_L$,将带宽扩展为 $B'$,使 $f_H$ 是 $B'$ 的整数倍,即

$$f_H = nB' = n\left[B\left(1+\frac{k}{n}\right)\right]$$

可见 $B'=B(1+k/n)$。而后可按情形 1,取抽样率 $f_s=2B'$ 就可以正确抽样。

另一方面,也可以适当加大 $f_H$ 来达到整数倍条件,$f'_H=f_L+B'_1=nB'_1$。这时,

$$B'_1 = \frac{f_L}{n-1} = \frac{f_H-B}{n-1} = \frac{nB+kB-B}{n-1} = B\left(1+\frac{k}{n-1}\right)$$

显然,取抽样率 $f_s=2B'_1$ 也可以正确抽样,而且 $B'_1>B'$。稍加分析不难发现,取 $2B' \leq f_s \leq 2B'_1$ 都可以实现正确抽样。

综上所述,得出带通信号的抽样原则:对于一般带通信号,不妨设 $f_H=nB+kB$(其中,$n=[f_H/B]$,$n$ 是至少为 1 的正整数,而 $0 \leq k<1$),$f_s$ 的选取原则为

$$\frac{2f_H}{n} = 2B\left(1+\frac{k}{n}\right) \leq f_s \leq \frac{2f_L}{n-1} = 2B\left(1+\frac{k}{n-1}\right) \tag{6.1.8}$$

可见,$2B \leq f_s<4B$。通常,$f_H \gg B$,于是 $n$ 很大,这时 $f_s$ 非常接近但稍大于 $2B$。

又由图 6.1.7(b) 易见,由 $M_s(f)$ 还原 $M(f)$ 的方法是使用带通滤波器(BPF),即

$$m(t) = \text{BPF}[m_s(t)] \tag{6.1.9}$$

其中,BPF 应该对准频率范围:$f_L \leq |f|<f_H$。

最后注意到,带限抽样的条件为范围 $f_s > 2B$,而带通抽样的条件为稍大于 $2B$ 的一个狭小范围。

**例 6.1** 假定带通信号的中心频率为 4MHz、带宽为 2MHz。(1)试求带通抽样的频率并绘出抽样信号的频谱示意图;(2)将抽样率提高 0.5MHz 是否还能够正确抽样,绘出新的抽样信号的频谱示意图。

**解** 易见 $f_H = 4 + 1 = 5 \text{(MHz)}, B = 2\text{MHz}$。

(1) $n = \left[\dfrac{5}{2}\right] = 2$,于是最低抽样率为 $f_s = \dfrac{2f_H}{n} = \dfrac{2 \times 5}{2} = 5 \text{(MHz)}$。抽样信号频谱如图 6.1.8(a)所示。

(2) 按 $f_s = 5.5\text{MHz}$ 可得新抽样信号频谱如图 6.1.8(b)所示。其实,$f_L = 3\text{MHz}$,所以,$5\text{MHz} \leqslant f_s \leqslant 6\text{MHz}$。

图 6.1.8　例 6.1 图

显然,按 $f_s = 5.5\text{MHz}$ 抽样使重复的频谱左右有 0.5MHz 或 1MHz 的间隙,有利于使用 BPF 进行还原。∎

## 6.2　均匀量化与最佳量化

模拟信号经过抽样后得到抽样序列,这种序列是时间离散的,但其取值仍然是连续的,即模拟的,它还需要经过量化处理。本节讨论量化的基本原理、均匀量化器与最佳量化器。

### 6.2.1　量化原理

**量化**(quantization)是一个近似过程,它以适度的误差为代价,使无限精度(或较高精度)的数值可以用较少的数位来表示。较少的数位本质上只能区分较少的取值种类。人们熟知的"四舍五入"是量化的例子。

**例 6.2** 几个"四舍五入"的例子如表 6.2.1 所示。记原数为 $x$,其范围为 $(0,1)$;新数是原数只保留 1 位小数的结果,记为 $y$。∎

表 6.2.1　"四舍五入"量化举例(只保留 1 位小数)

| 数 值 | | 需要的小数位数 | | 位数对应的取值种类 | | 误　差 |
|---|---|---|---|---|---|---|
| 原数 $x$ | 新数 $y$ | 原　数 | 新　数 | 原　数 | 新　数 | $e = x - y$ |
| 2/3 | 0.7 | ∞ | 1 | ∞ | 10 | −0.0333⋯ |
| $\sqrt{2}/2$ | 0.7 | ∞ | 1 | ∞ | 10 | +0.0071⋯ |
| 0.48 | 0.5 | 2 | 1 | 100 | 10 | −0.02 |

图 6.2.1 量化过程示意

实施量化处理的单元称为**量化器**（**quantizer**）。例 6.2 中量化的具体过程如图 6.2.1 所示，其中包括下面几个要点：

(1) 量化器把整个输入区域划分成多个区间；对落入每个区间的输入，以同一个 $y_i$ 值作为输出，$y_i$ 被称为**输出电平**；

(2) 各区间之间的分界记为 $x_i$，称为**分层**或**阈值电平**；

(3) 所分区间的个数记为 $M$，称为**量化电平数**；实际上 $M$ 常常取为 2 的幂次，不妨记为 $M=2^n$，$n$ 称为**量化器的位数**（或比特数）。

对于 $[0,1)$ 区间的数值，保留 1 位小数的"四舍五入"量化器，可以认为：

(1) 量化电平数为：$M=10$；
(2) 输出电平 $M$ 个为：$\{y_i\}=\{0.0,0.1,0.2,\cdots,0.9\}$；
(3) 分层电平 $M+1$ 个为：$\{x_i\}=\{0.00,0.05,0.15,\cdots,0.85,1.00\}$。

一般而言，量化器的框图可表示为图 6.2.2(a)。量化器的输入范围是某个连续区间 $[a,b]$；输出只是 $M$ 种取值之一，取自 $\{y_1,y_2,\cdots,y_M\}$；量化规则由 $Q(x)$ 给出，它由具体的区间划分与输出电平映射关系等决定。$Q(x)$ 的特性指它的输入与输出的关系，可用阶梯状曲线表示，如图 6.2.2(b)所示。显然，量化处理是非线性的。

(a) 量化器的框图　　　　　　　(b) 量化器特性

图 6.2.2　量化器的框图与特性

量化器产生的误差称为**量化误差**，记为 $e_q = x - y = x - Q(x)$。量化器的输入一般源于语音、图像等信息信号，它们是随机的，因而 $e_q$ 也是随机的。通常又把量化误差称为**量化噪声**，采用均方误差（即噪声功率）来度量，即

$$\sigma_q^2 = E\{[x-Q(x)]^2\} = \int_{-\infty}^{+\infty} [x-Q(x)]^2 f(x) dx \quad (6.2.1)$$

其中，$f(x)$ 为输入值的概率密度函数。

显然，好的量化器应该具有小的 $\sigma_q^2$。容易看出，$M$ 越多，区间划分越细，则 $\sigma_q^2$ 越小；另一方面，良好的量化规则，例如区间的划分方法、输出电平的选取与映射关系等也有助于降低 $\sigma_q^2$。

## 6.2.2 均匀量化器

均匀量化器是一种最基本的量化器。假定输入范围为 $[-V,+V]$，$M$ 电平的均匀量化器的结构如下：

(1) 均匀地划分出 $M$ 个区间，各量化间隔(区间长度)相等，记为 $\Delta$，则

$$\Delta = \frac{2V}{M} \tag{6.2.2}$$

(2) $M+1$ 个分层电平等间距排列，取值为

$$x_i = -V + i\Delta, \quad i = 0,1,2,\cdots,M \tag{6.2.3}$$

(3) $M$ 个输出电平位于各区间中心，取值为

$$y_i = \frac{x_{i-1}+x_i}{2} = x_{i-1} + \frac{\Delta}{2}, \quad i=1,2,\cdots,M \tag{6.2.4}$$

关于均匀量化器的量化误差，考虑输入 $x$ 服从 $[-V,+V]$ 的均匀分布的情形，由式(6.2.1)可得

$$\sigma_q^2 = \int_{-V}^{+V} [x-Q(x)]^2 \frac{1}{2V} dx = \frac{1}{2V} \sum_{i=1}^{M} \int_{x_{i-1}}^{x_i} [x-Q(x)]^2 dx$$

注意到第 $i$ 区间上 $Q(x)=y_i$，$x_{i-1}=y_i-\Delta/2$，$x_i=y_i+\Delta/2$，而且，通过变量代换可使各区间上的积分形式完全相同，即

$$\sigma_q^2 = \frac{1}{2V} \sum_{i=1}^{M} \int_{y_i-\Delta/2}^{y_i+\Delta/2} (x-y_i)^2 dx = \frac{1}{2V} \sum_{i=1}^{M} \int_{-\Delta/2}^{+\Delta/2} x^2 dx = \frac{M}{2V} \times \frac{1}{3} x^3 \Big|_{-\Delta/2}^{+\Delta/2} = \frac{\Delta^2}{12} \tag{6.2.5}$$

其实，即使输入不是均匀分布的，后面可以证明：当 $M \gg 1$ 时，均匀量化器的均方误差仍然是 $\sigma_q^2 \approx \Delta^2/12$。

一般而言，量化器的结构参数为：电平数目 $M$、分层电平 $\{x_i\}$ 与输出电平 $\{y_i\}$，则式(6.2.1)可写成

$$\sigma_q^2 = \sum_{i=1}^{M} \int_{x_{i-1}}^{x_i} (x-y_i)^2 f(x) dx \tag{6.2.6}$$

其中，$f(x)$ 为输入信号的概率密度函数。当 $M \gg 1$ 时，可如下近似计算：由于区间比较小，在各区间上的 $f(x)$ 近似相等，记区间长为 $\Delta_i$，区间面积为 $P_i$，则

$$P_i = P\{x \in [x_{i-1}, x_i]\} \approx f(x)\Delta_i$$

因此，$f(x) \approx P_i/\Delta_i$，代入式(6.2.6)得

$$\sigma_q^2 \approx \sum_{i=1}^{M} \int_{x_{i-1}}^{x_i} (x-y_i)^2 \frac{P_i}{\Delta_i} dx = \sum_{i=1}^{M} \frac{P_i}{\Delta_i} \left[ \int_{x_{i-1}}^{x_i} (x-y_i)^2 dx \right] = \sum_{i=1}^{M} \frac{P_i}{\Delta_i} \left[ \frac{1}{3}(x-y_i)^3 \Big|_{x_{i-1}}^{x_i} \right]$$

由于区间较小，$y_i$ 大致位于各区间的中心，因此

$$\sigma_q^2 \approx \sum_{i=1}^{M} \frac{P_i}{\Delta_i} \times \frac{\Delta_i^3}{12} = \frac{1}{12} \sum_{i=0}^{M} P_i \Delta_i^2 \tag{6.2.7}$$

如果将上面的结果运用于均匀量化器，易见

$$\sigma_q^2 \approx \frac{1}{12} \left( \sum_{i=1}^{M} P_i \right) \Delta^2 = \frac{\Delta^2}{12} \tag{6.2.8}$$

因此，即使对于任意分布的输入信号，只要 $M \gg 1$，均匀量化器的均方误差都可由式(6.2.5)

来计算。

### *6.2.3 最佳量化器

均匀量化器简单常用,但不一定保证误差最小。使 $\sigma_q^2$ 达到最小的量化器称为**最佳量化器**(optimal quantizer)。由式(6.2.6)可知,$\sigma_q^2$ 与输入信号特性及量化器的具体结构参数密切相关。因此,最佳量化器必须针对输入来设计,它因输入特性的不同而不同。

**Lloyd-Max 规则**:给定输入信号特性 $f(x)$ 与量化电平数目 $M$ 时,最佳量化器的结构参数满足

(1)
$$\begin{cases} x_0 = -\infty, x_M = +\infty \\ x_i = \frac{1}{2}(y_i + y_{i+1}), \quad i=1,2,\cdots,M-1 \end{cases} \tag{6.2.9}$$

(2)
$$y_i = \frac{\int_{x_{i-1}}^{x_i} x f(x) \mathrm{d}x}{\int_{x_{i-1}}^{x_i} f(x) \mathrm{d}x}, \quad i=1,2,\cdots,M \tag{6.2.10}$$

即 $y_i$ 是各区间的质心,而 $x_i$ 位于相邻 $y_i$ 的中点。这一规则是 Lloyd-Max 于1960年提出的。

**证明** 根据求解极值的方法,最佳参数的必要条件是

$$\begin{cases} \frac{\partial}{\partial x_i} \sigma_q^2 = 0, \quad i=0,1,2,\cdots,M \\ \frac{\partial}{\partial y_i} \sigma_q^2 = 0, \quad i=1,2,\cdots,M \end{cases}$$

由式(6.2.6)可得

$$\frac{\partial}{\partial x_i} \left[ \int_{x_{i-1}}^{x_i} (x-y_i)^2 f(x) \mathrm{d}x + \int_{x_i}^{x_{i+1}} (x-y_{i+1})^2 f(x) \mathrm{d}x \right] = 0$$

即
$$(x_i - y_i)^2 f(x_i) - (x_i - y_{i+1})^2 f(x_i) = 0$$

则可得到式(6.2.9)。由式(6.2.6)又可得

$$\frac{\partial}{\partial y_i} \int_{x_{i-1}}^{x_i} (x-y_i)^2 f(x) \mathrm{d}x = 0$$

即
$$\int_{x_{i-1}}^{x_i} 2(x-y_i) f(x) \mathrm{d}x = 0$$

则得到式(6.2.10)。 ∎

一般情况下,当 $M>2$ 时,Lloyd-Max 规则无法给出显式解,而只能通过迭代求解。具体迭代步骤如下:

(1) 给定初值 $y_1$,由 $y_1$ 与已知条件 $x_0 = -\infty$,按式(6.2.10)求 $x_1$(使 $y_1$ 为第一区间的质心)。

(2) 由 $y_1$ 与 $x_1$ 按式(6.2.9)求出 $y_2$(使 $x_1$ 位于 $y_1$ 与 $y_2$ 的中心)。

(3) 又由 $y_2$ 与 $x_1$ 仿步骤(1)求 $x_2$。

如此反复,直至求出全部 $x_1, x_2, \cdots, x_{M-1}$ 与 $y_1, y_2, \cdots, y_M$,最后验证 $y_M$ 的合理性,即它是否位于 $x_{M-1}$ 与 $x_M = +\infty$ 的质心。如果不是,则调整初值 $y_1$,重复上述步骤,直至满足容差要求。

表 6.2.2 给出了几种特定分布下的最佳量化器参数。表中的分布都是正负对称的,其均值为零,方差为 1,因此表中只列出了 $\{x_i\}$ 与 $\{y_i\}$ 的正值部分,其负值部分可利用对称性得到。另外,如果方差不为 1,则表中的 $\{x_i\}$ 与 $\{y_i\}$ 的值应该乘以标准差 $\sigma_x$。

表 6.2.2 几种特定分布(方差为 1)的最佳量化器参数

| $f(x)$ | $i$ | $M=2$ | | $M=4$ | | $M=8$ | | $M=16$ | |
|---|---|---|---|---|---|---|---|---|---|
| | | $x_i$ | $y_i$ | $x_i$ | $y_i$ | $x_i$ | $y_i$ | $x_i$ | $y_i$ |
| 均匀分布 | 1 | 0.000 | 0.866 | 0.000 | 0.433 | 0.000 | 0.217 | 0.000 | 0.109 |
| | 2 | | | 0.866 | 1.299 | 0.433 | 0.650 | 0.217 | 0.326 |
| | 3 | | | | | 0.866 | 1.083 | 0.433 | 0.542 |
| | 4 | | | | | 1.299 | 1.516 | 0.650 | 0.759 |
| | 5 | | | | | | | 0.866 | 0.975 |
| | 6 | | | | | | | 1.083 | 1.192 |
| | 7 | | | | | | | 1.299 | 1.408 |
| | 8 | | | | | | | 1.516 | 1.624 |
| 高斯分布 | 1 | 0.000 | 0.798 | 0.000 | 0.453 | 0.000 | 0.245 | 0.000 | 0.128 |
| | 2 | | | 0.982 | 1.510 | 0.501 | 0.756 | 0.258 | 0.388 |
| | 3 | | | | | 1.050 | 1.344 | 0.522 | 0.657 |
| | 4 | | | | | 1.748 | 2.152 | 0.800 | 0.942 |
| | 5 | | | | | | | 1.099 | 1.256 |
| | 6 | | | | | | | 1.437 | 1.618 |
| | 7 | | | | | | | 1.844 | 2.069 |
| | 8 | | | | | | | 2.401 | 2.733 |
| 拉普拉斯分布 | 1 | 0.000 | 0.707 | 0.000 | 0.420 | 0.000 | 0.233 | 0.000 | 0.124 |
| | 2 | | | 1.127 | 1.834 | 0.533 | 0.833 | 0.264 | 0.405 |
| | 3 | | | | | 1.253 | 1.673 | 0.567 | 0.729 |
| | 4 | | | | | 2.380 | 3.087 | 0.920 | 1.111 |
| | 5 | | | | | | | 1.345 | 1.578 |
| | 6 | | | | | | | 1.878 | 2.178 |
| | 7 | | | | | | | 2.597 | 3.017 |
| | 8 | | | | | | | 3.725 | 4.432 |

图 6.2.3 示出了八电平的高斯最佳量化器(正半部分)的 $\{x_i\}$ 与 $\{y_i\}$。从中可以看到 Lloyd-Max 规则的特点:量化区间的疏、密不等,随 $f(x)$ 的高、低分布;取值概率大的地方区间划分细,取值概率较小的地方区间划分粗,这样可使总的平均误差较低。而各个区间以其质心作为该区间的"代表值"——输出电平。显然,对于均匀分布而言,均匀量化器满足 Lloyd-Max 规则,它是最佳量化器。

图 6.2.3 高斯最佳量化器($M=8$)

## 6.3 量化信噪比与对数量化

量化器采用近似方法将模拟信号值转换为数字信号值,量化后信号的噪声性能由量化信噪比衡量。本节介绍量化信噪比及其与信号幅度的密切关系;解释实际电话通信系统中为了获得良好的信噪比需要采用对数量化的原因；着重说明 $A$ 律与 $\mu$ 律的对数量化方案及其相应的折线近似法。

### 6.3.1 量化信噪比

量化信噪比

量化误差的实际影响取决于它与信号的相对大小，因此，度量量化器性能的指标是**量化信噪比**，记为

$$\left(\frac{S}{N}\right)_q = \frac{P_s}{\sigma_q^2} \tag{6.3.1}$$

其中，$P_s$ 为信号的功率。

对于给定的量化器，信号的幅度越大，则信噪比应该越高。然而，任何实际的量化器总有一个允许的输入范围，称为**量化范围**，记为 $[-V, +V]$。超过该范围的信号值只能用最大或最小输出电平表示，这时称为量化器**过载**（**overloaded**）。过载时产生的误差通常是显著的，因此，量化器正确的使用方法是使之工作在不过载的条件下，并保持信号的幅度尽量大。

用信号幅度的有效值 $x_{\text{rms}}$ 来反映信号的大小，则信号的功率可表示为 $P_s = x_{\text{rms}}^2$，因此，量化信噪比为

$$\left(\frac{S}{N}\right)_q = \frac{x_{\text{rms}}^2}{\sigma_q^2} = \frac{V^2}{\sigma_q^2} \times \left(\frac{x_{\text{rms}}}{V}\right)^2 = \frac{V^2}{\sigma_q^2} \times D^2 \tag{6.3.2}$$

其中，$D = x_{\text{rms}}/V$ 称为信号相对于量化范围的**归一化有效值**。

下面讨论均匀量化器的信噪比。实际应用中量化电平数 $M$ 几乎总是取为 2 的幂次，记 $n$ 为量化器的位数（或比特数），即 $M = 2^n$。在信号不过载时，量化噪声由式(6.2.5)有

$$\sigma_q^2 = \frac{\Delta^2}{12} = \frac{1}{12}\left(\frac{2V}{2^n}\right)^2 = \frac{1}{3} \times 2^{-2n} V^2$$

于是

$$\left(\frac{S}{N}\right)_q = 3 \times 2^{2n} D^2$$

通常采用分贝形式，即（不过载条件下）均匀量化器的信噪比的分贝数为

$$\left(\frac{S}{N}\right)_{q\_\text{dB}} = 6.02n + 4.77 + 20\log_{10} D \quad (\text{dB}) \tag{6.3.3}$$

**例 6.3** 分析输入信号为均匀分布与正弦信号时，量化器不过载时允许的最大信号幅度与相应的均匀量化信噪比。

**解** (1) 输入为均匀分布时，信号分布占满范围 $[-V, +V]$ 时，信号达到最大幅度，这时信号功率为

$$P_s = \sigma_x^2 = \frac{(2V)^2}{12} = \frac{V^2}{3}$$

相应的 $x_{\text{rms}} = \sqrt{P_s}$，$D_{\max} = \sqrt{P_s}/V = \sqrt{3}/3$，于是

$$\left(\frac{S}{N}\right)_{q\text{Avr\_dB}} = 6.02n + 4.77 - 4.77 = 6.02n \quad (\text{dB}) \tag{6.3.4}$$

该信噪比通常称为均匀量化器的**平均信噪比**。

(2) 当输入为正弦信号时，信号不过载的最大幅度为 $x_{\text{rms}} = \sqrt{2}V/2$，即 $D_{\max} = \sqrt{2}/2$，于是

$$\left(\frac{S}{N}\right)_{\text{q\_dB}} = 6.02n + 4.77 - 3.01$$
$$= 6.02n + 1.76 \text{(dB)} \quad (6.3.5)$$

图 6.3.1　均匀量化器信噪比曲线

式(6.3.3)是均匀量化器的重要的基本公式,常常形象地表示为图 6.3.1。图中还示出了信号过载时的情况,显然信号过大时,$(S/N)_q$ 会快速衰减。在不过载的情况下,均匀量化器的 $(S/N)_q$ 由 $n$ 与 $D$ 两者决定,其特点如下:

(1) **6dB 规则**(**6dB rule**):(在不过载时)量化信噪比与位数 $n$ 成正比,$n$ 每增或减 1 位,信噪比会变化约 6dB;

(2) 受信号类型与幅度影响:信号的幅度应尽量大,但不同类型的信号允许的 $D_{\max}$ 不一样,因而可能达到的信噪比是不相同的。信号的 $D_{\max}$ 实际上反映了该信号的峰平(峰值与平均)功率比,理论上 $D$ 的最大值不超过 1,因而 $D=1$ 时的信噪比称为**峰值信噪比**,记为

$$\left(\frac{S}{N}\right)_{\text{qPk\_dB}} = 6.02n + 4.77 \text{(dB)} \quad (6.3.6)$$

(3) 平均信噪比是典型实际信号(以平均分布为例)在均匀量化时所能达到的最大信噪比。

**例 6.4**　为了高保真地保存 20~20kHz 的音乐信号,CD 数字音响系统采用 44.1kHz 的抽样率与 16 位的均匀量化器,试求:(1)该系统的峰值信噪比与平均信噪比是多少?(2)立体声 CD 信号的数据速率是多少?

**解**　(1) 由式(6.3.6)与式(6.3.4)易知

$$\left(\frac{S}{N}\right)_{\text{qPk\_dB}} = 101.09 \text{(dB)} \quad 与 \quad \left(\frac{S}{N}\right)_{\text{qAvr\_dB}} = 96.32 \text{(dB)}$$

(2) 立体声包括左、右两个声道的信号,因此,总数据率为

$$R_b = 44.1 \times 16 \times 2 = 1411.2 \text{(kbps)}$$

### 6.3.2　对数量化

**1. 语音信号量化的问题**

模拟语音信号的量化是电话通信系统中的重要问题。语音是一种峰平功率差异很大的信号,它的峰值很高,但较少,而大部分成分分布在零值附近。在保持无明显过载噪声的情况下,语音信号的有效幅度通常只有最大量化范围的 20% 左右,因此其均匀量化信噪比比峰值信噪比至少低十几个分贝。

语音信号大致服从拉普拉斯分布,改用最佳量化器可望获得更低的量化误差。但实用电话系统中,更突出的问题是语音信号的幅度无法调整到"理想"的大小。一方面,不同的发话人的不同情绪状态使语音的平均功率的变动范围可达 30dB;另一方面,实际用户的话机与通信系统的数字化单元之间的距离千差万别,不同的线路之间的衰耗差别为 20~30dB。综上所述,实际的电话系统必须面对 40~50dB 的动态范围,并在这一范围内为用户提供高质量的通话感受。实验发现,高质量电话(长途电话)的量化信噪比至少应大于 25dB。

**例 6.5**　假定信号平均功率为 -40dB(相对于量化范围),试计算:(1)8 比特均匀量化

器的信噪比；(2)12 比特均匀量化器的信噪比。

**解** 信号平均功率比量化范围 $V$ 低 40dB，即 $20\log_{10}x_{\text{rms}}-20\log_{10}V=20\log_{10}D=-40$，由式(6.3.3)有：

(1) 如果 $n=8$，$\left(\dfrac{S}{N}\right)_{\text{dB}}=6.02\times 8+4.77-40=12.93(\text{dB})$；

(2) 如果 $n=12$，$\left(\dfrac{S}{N}\right)_{\text{dB}}=6.02\times 12+4.77-40=37.01(\text{dB})$。

考虑到语音信号的峰平功率差异还需要扣去大约十余分贝，可见，经 8 比特均匀量器后无法恢复出高质量的语音；只有经 12 比特以上的均匀量器后才有可能。

所以，采用较少的量化比特(通常为 8)，在宽的输入动态范围上达到良好的量化信噪比，是电话系统中语音量化所面对的重要问题。解决这一问题的工程方案是使用对数型非均匀量化，简称对数量化。

**2. 对数量化**

对数量化及其还原系统的框图如图 6.3.2 所示。量化过程中先对输入值 $x$ 进行对数型非线性变换，而后再做均匀量化，还原时进行指数型非线性逆变换。两个非线性变换互逆，使整个过程没有额外的失真。量化中的对数变换称为**压缩**(compression)，它使大幅度的语音信号值缩小到量化范围内；而还原中的指数变换称为**扩张**(expansion)，它把相应的量化值扩张回去。两个处理单元合在一起称为**压缩-扩张器**(compandor)，简称为**压扩器**。

图 6.3.2 对数量化及还原系统

实用中对数变换与均匀量化器结合在一起形成对数型的非均匀量化器，其量化特性如图 6.3.3 所示。其特点是：各输出电平间距 $\Delta y_i$ 均匀，而各量化间距 $\Delta x_i$ 不均匀。

图 6.3.3 对数量化特性

为了应付宽的动态范围，期望对不同的信号幅度保持恒定的信噪比，为此，量化间隔 $\Delta x$ 在 $x$ 值较大时应取大，在 $x$ 值较小时应取小，并保持 $\Delta x \propto x$，由于 $\Delta y$ 固定，于是

$$\frac{\Delta x}{\Delta y}\propto x \quad \text{或} \quad \frac{\Delta y}{\Delta x}\propto \frac{1}{x}$$

写成微分形式便是 $\dfrac{\mathrm{d}y}{\mathrm{d}x} \propto \dfrac{1}{x}$。易知对数函数 $\ln x$ 的导数为 $\dfrac{1}{x}$，所以 $y$ 与 $x$ 的关系应该是对数型关系。

### 6.3.3　A 律与 μ 律及其折线近似

#### 1. A 律与 μ 律

国际电信联盟（ITU）关于电话系统的语音量化制定了两种对数压缩建议，分别称为 **A 律**（**A-law**）与 **μ 律**（**μ-law**）。A 律为我国大陆、欧洲各国等国家与地区采用的标准；μ 律为北美、日本等国家与地区采用的标准。在工程技术的发展过程中，各种方案彼此竞争或共存的情况时有发生，A 律与 μ 律技术是一个经典的例子。

下面说明它们的相关规定，为了叙述简便，说明中使用归一化量化范围，即取 $V=1$。

(1) A 律：对数压缩规律为

$$y = \begin{cases} \dfrac{A}{1+\ln A}|x|, & 0 \leqslant |x| \leqslant 1/A \\ \dfrac{1+\ln(A|x|)}{1+\ln A}, & 1/A \leqslant |x| \leqslant 1 \end{cases} \tag{6.3.7}$$

其中 $A$ 为正常数，典型值为 87.6。A 律特性曲线如图 6.3.4(a)所示。

(2) μ 律：对数压缩规律为

$$y = \dfrac{\ln(1+\mu|x|)}{\ln(1+\mu)}, \quad 0 \leqslant |x| \leqslant 1 \tag{6.3.8}$$

其中 $\mu$ 为正常数，典型值为 255。μ 律特性曲线如图 6.3.4(b)所示。

(a) A 律　　　　　(b) μ 律

图 6.3.4　A 律与 μ 律的特性曲线

容易发现，A 律与 μ 律都是对 $\ln x$ 进行一定修正的结果。由于在 $x \to 0$ 时，$\ln x \to -\infty$，A 律在 $[0, 1/A]$ 段改用一段直线代替；而 μ 律进行平移，利用 $\ln(1+x)$ 形式来解决。两种修正方案中的控制参数 $A$ 与 $\mu$ 及其典型取值是综合考虑保持 $(S/N)_q$ 优良与便于折线化近似等需要的结果。

A 律与 μ 律的对数量化信噪比在相当宽的范围基本恒定，可以证明：在输入信号适当大以后，其量化信噪比可分别用下式近似

$$\left(\dfrac{S}{N}\right)_{\text{q\_dB}} \approx 6.02n + 4.77 - 20\log_{10}[1+\ln A] \tag{6.3.9}$$

与

$$\left(\frac{S}{N}\right)_{q\_dB} \approx 6.02n + 4.77 - 20\log_{10}[\ln(1+\mu)] \qquad (6.3.10)$$

可见,它们仍遵循 6dB 规则,且对输入电平不敏感。取典型值的 A 律与 $\mu$ 律量化器的信噪比曲线示意图如图 6.3.5 所示。由图可见,两种方案在 40~50dB 的动态范围中的信噪比性能是优良的。

图 6.3.5　A 律与 $\mu$ 律对数量化的信噪比

### *2. A 律与 $\mu$ 律的折线近似

A 律与 $\mu$ 律特性早期由模拟二极管实现,要保证模拟器件特性的一致性与稳定性及压扩匹配的准确性是很困难的。随着数字化技术的发展,逐步形成了使用折线分段近似压扩特性的方法,这类方法简便且准确,因而获得了广泛应用,并被采纳为相应的国际建议。

基于对数规律,折线近似法将 0~1 的归一化输入范围大致等比例地划为 8 段,每段用折线近似,共 8 条折线,如图 6.3.6 所示。各段采用 16 个电平的均匀量化,因此 8×16=

图 6.3.6　8 段折线的划分

128 个电平,正负两部分结合在一起共 256 个电平,对应于 $n=8$ 个量化比特,其中,$A$ 律与 $\mu$ 律的近似方法有少量的差异。折线近似法使原本复杂的对数运算变得简单容易,完美地解决了电话语音数字化的大规模应用难题,是一个优秀的工程案例。

(1) $A$ 律近似——13 折线法

在 $A$ 律的近似中,第 0、1 段合并在一起只做一条折线,其余各段每段做一条折线,这样正负两部分共形成 14 条折线,其中央(原点)处相连的两条折线斜率相同,因而重合为一条,使总的折线数目为 13 条,故称为 13 折线法。13 折线法的分段与量化的主要参数如表 6.3.1 所示。其中,第 0 段的量化间隔最小,该间隔长度记为 $\Delta=(1/128)/16=1/2048$。

表 6.3.1 13 折线法($A$ 律)的主要参数

| 段序号 | 输入分段 | | 输出分段 | | 折线 | 段内均匀量化参数 | |
|---|---|---|---|---|---|---|---|
| | 段区间 | 段长 | 段区间 | 段长 | | 电平数 | 量化间隔 |
| 0 | [0,1/128) | 1/128 | [0,1/8) | 1/8 | 1 | 32 | $\Delta$ |
| 1 | [1/128,1/64) | 1/128 | [1/8,2/8) | | | | |
| 2 | [1/64,1/32) | 1/64 | [2/8,3/8) | | 2 | 16 | $2\Delta$ |
| 3 | [1/32,1/16) | 1/32 | [3/8,4/8) | | 3 | 16 | $4\Delta$ |
| 4 | [1/16,1/8) | 1/16 | [4/8,5/8) | | 4 | 16 | $8\Delta$ |
| 5 | [1/8,1/4) | 1/8 | [5/8,6/8) | | 5 | 16 | $16\Delta$ |
| 6 | [1/4,1/2) | 1/4 | [6/8,7/8) | | 6 | 16 | $32\Delta$ |
| 7 | [1/2,1) | 1/2 | [7/8,1) | | 7 | 16 | $64\Delta$ |

(2) $\mu$ 律近似——15 折线法

$\mu$ 律的第 0、1 段不作合并,但正负两部分在原点处相连的两条折线斜率相同,也重合为一条,因而共 15 条折线,故称为 15 折线法。15 折线法的分段与量化的主要参数如表 6.3.2 所示。其中,第 0 段的量化间隔最小,该间隔长度记为 $\Delta=(1/255)/16=1/4080$,它约为 $A$ 律的一半。

表 6.3.2 15 折线法($\mu$ 律)的主要参数

| 段序号 | 输入分段 | | 输出分段 | | 折线 | 段内均匀量化参数 | |
|---|---|---|---|---|---|---|---|
| | 段区间 | 段长 | 段区间 | 段长 | | 电平数 | 量化间隔 |
| 0 | [0,1/255) | 1/255 | [0,1/8) | 1/8 | 1 | 16 | $\Delta$ |
| 1 | [1/255,3/255) | 2/255 | [1/8,2/8) | | 2 | | $2\Delta$ |
| 2 | [3/255,7/255) | 4/255 | [2/8,3/8) | | 3 | | $4\Delta$ |
| 3 | [7/255,15/255) | 8/255 | [3/8,4/8) | | 4 | | $8\Delta$ |
| 4 | [15/255,31/255) | 16/255 | [4/8,5/8) | | 5 | | $16\Delta$ |
| 5 | [31/255,63/255) | 32/255 | [5/8,6/8) | | 6 | | $32\Delta$ |
| 6 | [63/255,127/255) | 64/255 | [6/8,7/8) | | 7 | | $64\Delta$ |
| 7 | [127/255,1) | 128/255 | [7/8,1) | | 8 | | $128\Delta$ |

最后,上面主要讨论的是 $A$ 律与 $\mu$ 律的压缩特性与相应的折线近似法,至于还原信号时的扩张特性及实现方法,完全与压缩过程相反,这里不再赘述。

## 6.4 脉冲编码调制

### 6.4.1 PCM 的基本原理

把模拟信号表示成串行二进制码流的方法称为**脉冲编码调制**(**Pulse Code Modulation**，**PCM**)，简称**脉码调制**。PCM 是 20 世纪 40 年代提出的，它当时主要是用于以数字脉冲形式传输电话信号。PCM 实际上也是一种基本与常用的模拟/数字转换方法，有时直接称其为 **A/D 转换**(**Analog-to-Digital Conversion**)。

电话系统中的 PCM 传输框图如图 6.4.1 所示。其中 PCM 过程由抽样、量化与编码三个基本单元完成。它们的要点如下：

图 6.4.1 PCM 系统传输框图

(1) 电话信号带宽通常为 300～3400Hz，根据抽样定理，最低抽样率为 $f_s=2\times 3400=6800$(Hz)。实际系统中的抽样率为 8000Hz，这样允许前置的防混叠低通滤波器有足够宽的过渡带，便于其低成本实现。

(2) 量化单元采用 8 比特 $A$ 律或 $\mu$ 律的对数量化，在 40～50dB 的输入动态范围上可以保持良好的量化信噪比。

(3) **编码**(**encoding**)是将量化输出电平表示为串行二进制格式的码字的过程，其逆过程称为**解码**或**译码**(**decoding**)。电话 PCM 中采用折叠码。

传输系统的发送端通过 PCM 把模拟电话信号变换成二进制数字信号，而后表示为基带脉冲形式；接收端由收到的基带信号检测出二进制数字信号，再通过解码形成量化电平，最后由还原滤波器恢复出语音信号。

PCM 电话系统是一个数字通信系统，它传输的是数据速率为 64kbps 的二进制数字信号，因而可以充分发挥数字通信的各种优势。下面几点是其中最主要的：

(1) 数字中继——长途电话通信中借助中继，可以及时再生出"干净"的数字信号，使总的传输错误非常低，保持了长距离通话的质量。

(2) 时分复用——数字化的语音信号格式规范统一，便于多个用户的信号通过"时隙交错"组合在一起，共用公共的高速数字通信系统。

(3) 数字化技术方便可靠，器件成本低，利于广泛应用。

（4）数字通信系统可充分利用多种纠错技术与保密技术。

**例 6.6** 试计算标准 PCM 电话系统的数据率与基带信号的带宽（考虑矩形 NRZ 脉冲）；如果改用 12 比特线性（均匀）量化，重新计算。

**解** （1）由于标准 PCM 系统的抽样率为 8kHz，量化电平为 8 比特，易知，数据速率为
$$R_b = 8000 \times 8 = 64000 \text{(bps)}$$
采用矩形 NRZ 脉冲时，基带信号的第一零点带宽为 $B = 64\text{kHz}$。

（2）改用 12 位均匀量化时，数据速率为 $R_b = 8000 \times 12 = 96\text{(kbps)}$，带宽为 $B = 96\text{kHz}$。可见数据速率与带宽都增加了 50%。

## 6.4.2 编码规则

8 位 PCM 的编码结合折线法进行，具体的规则定义如表 6.4.1 所示。

表 6.4.1 PCM 编码规则

| $b_7$ | $b_6 b_5 b_4$ | $b_3 b_2 b_1 b_0$ |
|---|---|---|
| 1 位极性码<br>1=正，0=负 | 3 位段落码<br>（对应 8 段） | 4 位段内码<br>（对应 16 电平） |

PCM 实质上采用了折叠二进制编码，简称**折叠码**（**Folded Binary Code，FBC**）。它是一种与自然码稍有不同的简明编码方法。表 6.4.2 给出了 3 位折叠码与自然码的比较。易见，自然码从最负到最正，按电平自然顺序进行编号；而折叠码对电平的绝对值进行自然编码，而用 1 与 0 表示电平极性的正与负。

表 6.4.2 折叠码与自然码规则

| 量化电平序号 | 量化电平极性 | 自 然 码 | 折 叠 码 |
|---|---|---|---|
| 7 | （最正） | 111 | 111 |
| 6 |  | 110 | 110 |
| 5 | 正 | 101 | 101 |
| 4 |  | 100 | 100 |
| 3 |  | 011 | 000 |
| 2 | 负 | 010 | 001 |
| 1 |  | 001 | 010 |
| 0 | （最负） | 000 | 011 |

折叠码的一个特点是在绝对值小的电平附近，1 位传输错误造成的信号误差比自然码的小。比如，在最高位发生错位，100 变成 000 时，折叠码中将使"序号 4"错成"序号 3"，而自然码中将使"序号 4"错成"序号 0"。折叠码的特点与语音信号的小信号比例大的特点相结合，可在平均意义下使传输误码造成的破坏小一些。

**例 6.7** 试求 0.72 与 $-0.003$ 在 A 律 PCM 系统中的编码值（采用归一化量化范围）。

**解** （1）$0.72 \in [0.5, 1]$，因此按第 7 段编码，由表 6.3.1 可得 $\Delta_7 = \frac{64}{2048} = \frac{1}{32}$，又 $\frac{0.72 - 0.5}{\Delta_7} = 7.04$。根据编码规则，码字为 "1 111 0111"，即 0xF7。

（2）以 $-0.003$ 的绝对值计算，有 $0.003 \in \left[0, \frac{1}{128}\right)$，因此按第 0 段编码，$\Delta_0 = \frac{1}{2048}$，又

$\frac{0.003-0}{\Delta_0}=6.14$。根据编码规则,码字为"0 000 0110",即 0x06。

### 6.4.3 PCM 传输系统的信噪比

PCM 总信噪比

在 PCM 通信系统中,还原的语音信号与原始信号相比,误差主要由量化与传输误码引起。这些误差都是随机的,又常称为噪声。分别记总噪声、量化噪声与误码导致的噪声为 $e_n$、$e_q$ 与 $e_t$,则

$$e_n = e_q + e_t$$

由于量化过程与传输过程彼此独立,相应的噪声功率满足

$$\sigma_n^2 = \sigma_q^2 + \sigma_t^2 \tag{6.4.1}$$

因此,系统总的信噪比为

$$\left(\frac{S}{N}\right)_{PCM} = \frac{P_s}{\sigma_q^2 + \sigma_t^2} \tag{6.4.2}$$

为了简化分析,考虑 $n$ 位($M=2^n$ 电平)的均匀量化器与自然编码规则的 PCM 系统,其传输码字是 $n$ 位的。对于均匀量化器,已有结论 $\sigma_q^2 = \Delta^2/12$。下面讨论 $\sigma_t^2$:不妨假定传输误比特率为 $P_b$,且错误彼此独立,那么

$$P(\text{码字出错}) = 1 - P(n \text{ 位全正确}) = 1 - (1-P_b)^n \approx nP_b$$

$P_b$ 通常很小,可以认为每个码字中最多只会有 1 位出错,该位错误造成的误差因错误位置的不同而不同,依次可为 $2^0\Delta, 2^1\Delta, \cdots, 2^{n-1}\Delta$,因此码字错误的均方误差为

$$\sigma_t^2 = \frac{1}{n}\sum_{i=0}^{n-1}(2^i\Delta)^2 \times nP_b = \frac{(1-2^{2n})\Delta^2 P_b}{1-2^2} = \frac{1}{3}(M^2-1)\Delta^2 P_b$$

利用 $\sigma_q^2 = \Delta^2/12$ 得 $\sigma_t^2 = 4(M^2-1)P_b\sigma_q^2$。

于是,PCM 总的信噪比为

$$\left(\frac{S}{N}\right)_{PCM} = \frac{P_s}{\sigma_q^2 + 4(M^2-1)P_b\sigma_q^2} = \frac{(S/N)_q}{1+4(M^2-1)P_b} \tag{6.4.3}$$

又由于 $(S/N)_{qPk} = 3M^2$ 与 $(S/N)_{qAvr} = M^2$,得到 PCM 的峰值与平均信噪比为

$$\left(\frac{S}{N}\right)_{PCM\_pk} = \frac{3M^2}{1+4(M^2-1)P_b} \tag{6.4.4}$$

$$\left(\frac{S}{N}\right)_{PCM\_Avr} = \frac{M^2}{1+4(M^2-1)P_b} \tag{6.4.5}$$

显然,如果 $P_b$ 很小,有 $4(M^2-1)P_b \ll 1$,则 $(S/N)_{PCM} \approx (S/N)_q$,量化噪声起主导作用;如果 $P_b$ 使 $4(M^2-1)P_b \gg 1$,有 $(S/N)_{PCM\_Avr} \approx 1/(4P_b)$,则误码起主导作用。$P_b = \frac{1}{4(M^2-1)}$ 处是双方的临界点,这时误码噪声与量化噪声相当,可作为评判哪一个起主导作用的参考值。以 $n=8$($M=256$)为例,其值约为 $3.8\times 10^{-6}$。PCM 传输系统的信噪比是传输全过程"端到端"的信噪比,它因涉及多个因素而变得比较复杂。面对多因素的复杂工程问题,抓准主要矛盾是解决问题的关键。各个因素之间的临界点是判断矛盾转化的基本依据,上述分析方法是一个很好工程案例。

上述结论是在均匀量化器与自然编码规则的前提下得出的,在采用对数量与折叠编码

的标准 PCM 系统中,推导过程要复杂得多。而这些结论及其趋势仍然成立,而且对于语音信号采用折叠码时,可使小信号的信噪比有明显改善。

## 6.5 差分脉冲编码调制与增量调制

标准 PCM 系统的一路数字语音为 64kbps,易知,相应二进制基带信号带宽的理论最小值为 32kHz,这比原来仅有 4kHz 的模拟语音信号占用的带宽要宽很多倍。因此,多年来人们一直努力寻求更低速率的数字化方法,以便更有效地传输与存储语音信号。

本节介绍差分脉冲编码调制与增量调制的基本概念,它们是两种重要的语音压缩编码方法。

### 6.5.1 语音压缩编码

习惯上,人们把 64kbps 的 PCM 作为标准的语音数字化技术,而把低于 64kbps 的称为语音压缩编码技术。几十年来,人们成功地提出了许多方案,表 6.5.1 给出了几种典型与常见的语音压缩技术的名称与特点。其中一类称为**波形编码**(waveform coding),它关注的是尽可能准确地表征信号的波形;另一类称为**分析-合成**(Analysis-By-Synthesis,ABS)技术,它关注人类语音的产生原理与听觉上尽可能相似;此外还有一些其他技术。相比之下,分析-合成技术在保证听觉效果的条件下可以达到比波形编码低得多的数据率;而波形编码可以高保真地还原信号波形,因此,适用于更广泛的信源。

表 6.5.1 常见语音压缩技术

| 编码方法 | 典型数据率/kbps | 语音质量 | 典型应用 |
| --- | --- | --- | --- |
| PCM | 64 | 优良 | 电话通信 |
| ADPCM | 32 | 良好 | 电话通信 |
| DM | 32 | 中等 | 卫星通信、军事通信等 |
| CS-ACELP | 8 | 良好 | IP 电话 |
| RPE-LTP | 13 | 良好 | 移动电话 |
| MBE | 2.4~4.8 | 中等 | 卫星通信等 |
| LPC-VQ | 1.2~4.8 | 较差和一般 | 军事通信 |

下面两部分只介绍差分脉冲编码调制与增量调制的基本概念,它们是两种重要的波形编码方法。

### 6.5.2 差分脉冲编码调制

语音信号的相邻抽样值之间存在很强的关联性(也称记忆性),而 PCM 编码中的每个样值是单独量化与编码的,它完全没有用到这种特点所提供的信息。针对有记忆的信号,由前面的样值预测后面的样值,而后对预测的误差信号进行量化与编码的方法称为**差分脉冲编码调制**(Differential PCM,DPCM)。由于记忆性,预测应该较为准确,因而差信号的幅度范围可能远小于原信号的幅度范围,对它的量化与编码应该更为有效。

DPCM 的原理框图如图 6.5.1 所示。其中,$x_n$ 为当前的样值,$\hat{x}_n$ 是对 $x_n$ 的预测值,预测的误差为

$$d_n = x_n - \hat{x}_n \tag{6.5.1}$$

差信号的量化输出为 $\hat{d}_n$,再经编码后进行传输。接收端收到后解出 $\hat{d}_n$,而后加上本地预测

值 $\hat{x}_n$，还原出样值 $\tilde{x}_n$，即 $\tilde{x}_n = \hat{d}_n + \hat{x}_n$。

图 6.5.1 DPCM 原理框图

DPCM 系统中的关键量是预测值 $\hat{x}_n$，它由预测器利用过去时刻的样值 $x_{n-1}$ 来估计。记 $\text{Pred}\{\cdot\}$ 为所用的预测估计算法，得到 $\hat{x}_n = \text{Pred}\{x_{n-1}\}$。收发双方都需要预测值，但接收端没有真正的 $x_{n-1}$，只有还原值 $\tilde{x}_{n-1}$。为了统一，双方都采用 $\tilde{x}_{n-1}$ 来估计，即

$$\hat{x}_n = \text{Pred}\{\tilde{x}_{n-1}\} \tag{6.5.2}$$

由于量化误差通常很小，$\tilde{x}_{n-1}$ 接近 $x_{n-1}$，所以改用 $\tilde{x}_{n-1}$ 来估计是可行的。

在 DPCM 系统中，保证收发双方的每个环节完全一致是非常重要的。设想发送端与接收端分别采用 $x_{n-1}$ 与 $\tilde{x}_{n-1}$ 计算预测值，由于这两个数值略有不同，使双方出现差异，这种差异会随时间积累成很大的差别，造成接收端还原出的信号与发送端的很不相同。

DPCM 系统把样值 $x_n$ 最终还原成 $\tilde{x}_n$。因此，量化误差为 $e_q = \tilde{x}_n - x_n$。因此

$$e_q = (\hat{d}_n + \hat{x}_n) - x_n = \hat{d}_n + (\hat{x}_n - x_n) = \hat{d}_n - d_n \tag{6.5.3}$$

可见，它是差信号的量化误差。由于差信号的幅度范围总体上小于原信号，因而其量化误差会变小；或者，用较少的量化比特可以达到相同的量化误差。

预测器通常采用多阶（$p$ 阶）线性预测公式，形如

$$\hat{x}_n = c_1 \tilde{x}_{k-1} + c_2 \tilde{x}_{k-2} + \cdots + c_p \tilde{x}_{k-p} = \sum_{i=1}^{p} c_i \tilde{x}_{k-i} \tag{6.5.4}$$

它通过前面 $p$ 个样值来估计当前的样值。最简单的情形是 $p=1$。为了达到好的效果，还可利用自适应算法，即随时自动调整系数 $\{c_i\}$，保持预测值在均方意义下达到最佳。其原理实质上与 4.6 节中的自适应均衡器相仿。常用的算法包括 LMS 算法，这里不再作更多的讨论。

采用自适应技术的 DPCM 又称为 **ADPCM**（Adaptive DPCM）。国际标准化组织于 20 世纪 80 年代中提出的 G.721 建议就是一种 ADPCM 方案，其中采用了自适应估计与量化的技术，差信号的量化比特减少至 4 比特，仍能够保持与原 PCM 方案几乎相同的语音效果，这样，一路数字语音的数据速率为 32kbps，是原 PCM 的 50%。将 PCM 信号转换为 ADPCM 信号，可以使电话系统增加 1 倍的通话容量，G.761 建议就给出了在原 30 路 PCM 通道上传输 60 路 ADPCM 数字语音的建议。

差分编码技术广泛应用到各种信息编码应用中。例如，目前最先进的各种视频编码技术都运用差分编码。在视频图像序列中，相邻图片（称为帧）之间的内容通常变化并不大，通过帧间差分可以明显减少图片的数据量，如图 6.5.2 所示，差分图像中大面积数值小

图 6.5.2 在视频编码中使用差分编码

（暗）。视频编码充分利用这一原理，实现了很高的压缩比。

### 6.5.3 增量调制

**增量调制**（Delta Modulation，DM）简称为 DM 或 ΔM，是 20 世纪 40 年代继 PCM 后提出的，它是一种简单的模拟信号数字化方法。这种方法在低比特率时的质量优于 PCM，而且抗误码性优良，能够在 $P_b$ 为 $10^{-2} \sim 10^{-3}$ 的信道上工作；而 PCM 信号必须在 $P_b$ 好于 $10^{-4}$ 的信道上工作。因此，DM 适合于一些要求低码率与顽存性的应用，如军事通信等。

#### 1. DM 的基本原理

可以将 DM 看作一种最简单的 DPCM，它的预测器只是一个简单的延时器，而量化器只有 1 比特。其差信号是当前的信号增量，而量化器输出反映的只是增量的极性。DM 的原理框图如图 6.5.3 所示，其中 Δ 为增量的量化步长。

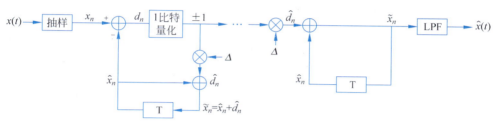

图 6.5.3　DM 原理框图

由于

$$\hat{x}_n = \tilde{x}_{n-1} = \hat{x}_{n-1} + \hat{d}_{n-1} = \hat{x}_{n-2} + \hat{d}_{n-2} + \hat{d}_{n-1} = \cdots = \hat{x}_0 + \sum_{i=1}^{n} d_{n-i}$$

不妨令初值 $\hat{x}_0 = 0$，于是，$\hat{x}_n$ 是直至 $n$ 时所有 $\hat{d}_n$ 的累加，可以用积分器来实现。这样，框图可改成图 6.5.4 的简明形式。

图 6.5.4　用积分器实现的 DM

DM 实质上通过反复增减 1 个 Δ 高度的阶梯来近似信号的波形，其基本过程如图 6.5.5 所示。

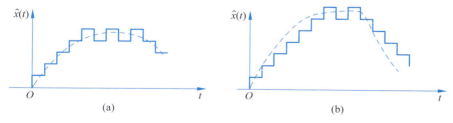

图 6.5.5　DM 的量化噪声与斜率过载

DM 的量化误差有两种情况:

(1) 当信号相对平缓时,阶梯将围绕信号的波形"上下抖动",引起的误差称为**颗粒噪声**(**granular noise**)。

(2) 当信号变化太快、斜率过大时,阶梯波形不能跟上其变化,出现较大失真,称为**斜率过载失真**(**slope-overload distortion**)。

图 6.5.6 自适应增量调制

直观观察可见,由于只有 1 个比特,DM 的抽样间隔必须远小于 PCM 与 DPCM 的间隔。因此,DM 的抽样率通常高达几十千赫。另外,Δ 过大,则颗粒噪声会增大;Δ 过小,则容易造成过载;因此,Δ 应取得适中。更好的方法是使 Δ 跟随信号自适应变化,如图 6.5.6 所示,采用自适应 Δ 的增量调制又称为**自适应增量调制**(**ADM**)。

图 6.5.4 的 DM 系统有一个严重问题,传输中的误差会因为接收端的积分器累积。为此可以稍作改动:将积分器移到发端并巧妙地与发端原来的积分器合并,变成图 6.5.7 的结构,这种改进系统称为 **Σ-Δ**(**sigma-delta**)调制系统。虽然只改动了一小点,但却带来几个显著的好处:

(1) 传输噪声不会累积。

(2) 积分器能够强化低频成分,有利于消息信号的量化。

(3) 积分器还能平滑信号,增加相关性与降低变化速率,减少量化噪声。

(4) 接收机变得很简单。

一些高速 ADC 芯片电路就利用了 Σ-Δ 的原理与结构。

图 6.5.7 Σ-Δ 调制系统

### *2. 不过载条件与量化信噪比

应用 DM 时要避免过载,这要求信号满足

$$\left|\frac{\mathrm{d}x(t)}{\mathrm{d}t}\right| \leqslant \frac{\Delta}{T_s} = \Delta f_s$$

以正弦信号 $x(t)=A\sin(2\pi f_0 t)$ 为例,由于其斜率的最大绝对值为 $|x'(0)|=2\pi f_0 A$,于是,不过载要求为 $2\pi f_0 A \leqslant \Delta f_s$,即

$$A \leqslant \frac{\Delta f_s}{2\pi f_0} \text{ 或 } \Delta \geqslant \frac{2\pi f_0 A}{f_s} \tag{6.5.5}$$

可见,要避免过载需要较大的步长 Δ 或较小的信号幅度 A,但 Δ 不宜过大,A 也不宜过小,因为会增加颗粒噪声。

关于不过载时的量化噪声,可以认为它是白色的,并服从 $[-\Delta, +\Delta]$ 上的均匀分布。易知,该噪声的功率(即均匀分布的方差)为

$$\sigma_q^2 = \frac{(2\Delta)^2}{12} = \frac{\Delta^2}{3}$$

又由于抽样率为 $f_s$，因此，量化噪声的功率谱在 $[0, f_s)$ 上平坦。假定还原信号时的低通滤波器带宽为 $B$，则量化噪声中只有部分会通过滤波器，进入最终信号，该部分噪声的功率大致为

$$\sigma_{q0}^2 = \frac{B}{f_s}\sigma_q^2 = \frac{\Delta^2 B}{3f_s} \tag{6.5.6}$$

考虑不过载的正弦信号 $x(t) = A\sin(2\pi f_0 t)$，$f_0 < B$，由式(6.5.5)可知，其不过载时的最大功率应满足

$$P_{s\_max} = \frac{A^2}{2} \leqslant \frac{\Delta^2 f_s^2}{8\pi^2 f_0^2}$$

所以，不过载时正弦信号的最大量化信噪比为

$$\left(\frac{S}{N}\right)_{q\_DM} = \frac{P_{s\_max}}{\sigma_{q0}^2} = \frac{3}{8\pi^2}\left(\frac{f_s^3}{f_0^2 B}\right) \tag{6.5.7}$$

可见，DM 的量化信噪比正比于 $f_s$ 的三次方，因此，提高抽样率 $f_s$ 对于改善 DM 信号的信噪比是十分重要的。

## 6.6 时分复用

### 6.6.1 TDM 的基本原理

**时分复用**（Time-Division-Multiplexing，TDM）是使多个信源的数据分别占用不同的时隙位置，共用一条信道进行串行数字传输的技术。TDM 的原理框图如图 6.6.1(a)所示。图中，合路器对 $N=3$ 路模拟语音信号轮流进行抽样，合成器轮转频率为 $f_s = 8000\text{Hz}$。这样，在 $T_s = 1/8000\text{s}$ 时间内，每路信号被抽样一次，即信号的抽样率为 $f_s = 8000\text{Hz}$。合成器输出的复合信号的样值速率为 $Nf_s$，每个样值经 8 比特量化编码后形成复合数据流，如图 6.6.1(b)所示，总数据率为 $N \times 64\text{kbps}$。接收端采用分路器分离各路信号，分路器与发送端的合路器必须严格同步，协调动作，以实现正确的分解。

TDM 技术包含几个基本要点：

（1）各信号的数据轮流占用不同时隙，在传输中互不影响。

（2）各信号的时隙组成一个确定的结构，称为**帧结构**，简称**帧**（frame）。帧是 TDM 信号的最小组成单元。帧中各个时隙与信号间的对应关系通常是固定的。

（3）收发双方必须同步工作。这种同步称为**帧同步**（frame synchronization），其目的是要准确地定位各帧的起始位置，以便正确地放置与取出各路信号的数据。帧同步通常借助在帧结构中插入供识别的特定码组来实现，这种特定的标志性码组称为**帧同步码**（frame synchronization word）。图 6.6.1(c)是添加了同步码的帧结构例子。

**例 6.8** 某 TDM 系统如图 6.6.2 所示。图中三路模拟信号带宽分别为 2kHz、4kHz 与 2kHz，合路器 1 按 4kHz 轮流对它们抽样，而后进行 4 比特量化与编码，生成 TDM 信号 $s_1(n)$。合路器 2 按 4kHz 的频率再将 $s_1(n)$ 与另一路 28kbps（填充为 32kbps）的数字信号进行复用，并插入同步字节 11100100，形成 TDM 信号 $s_2(n)$。（1）说明 $s_1(n)$ 的帧结构与数

图 6.6.1 TDM 原理与帧结构示意

据速率;(2)设计 $s_2(n)$ 的帧结构与数据速率。

图 6.6.2 TDM 系统举例

**解** （1）由图 6.6.2 可见，合路器 1 以 4kHz 对 $x_1(t)$ 与 $x_3(t)$ 各抽样 1 次，对 $x_2(t)$ 抽样 2 次，因而 3 个信号的抽样率分别为 4kHz、8kHz 与 4kHz，都满足抽样定理的要求。易见 $s_1(t)$ 的帧由 4 个样值共 16 位组成，结构如下：

| 4b $x_1(t)$ | 4b $x_2(t)$ | 4b $x_3(t)$ | 4b $x_2(t)$ |
|---|---|---|---|

每帧共 16b，帧率为 4k 帧/秒，因此数据速率为 $16 \times 4 = 64$(kbps)。

（2）合路器 2 的频率为 4kHz，因此 $s_2(n)$ 的帧结构可设计如下：

| 11100100 | 4b $x_1(t)$ | 4b $x_2(t)$ | 4b $x_3(t)$ | 4b $x_2(t)$ | 7b $x_4(t)$ |
|---|---|---|---|---|---|

1比特填充

每帧共 32b，帧率为 4k 帧/秒，因此数据速率为 $32 \times 4 = 128$(kbps)。 ■

由例可见，TDM 技术通过不同的时隙分配，可以实现不同信源与不同速率的复用。

TDM 的优点在于它采用全数字电路技术,可以充分发挥数字通信的各种优势。与 FDM (频分复用)相比,它借助单个数字通信系统传输多路信号,不需要大量的并行设备,也不会因为系统的非线性引起各路信号之间的串扰。当然,为了传输多路信号,TDM 需要更高速率的数字传输技术与更为严格的同步定时技术。

TDM 本质上是一种同步传输模式,每个数据都被分配在一个特定的时隙上,有着固定的速率。这种模式应用于突发(或异步)特性的数据时有其局限性。突发性数据业务中,信源的数据率有时很高,有时很低,甚至为零。个人计算机上网应用就常常是这样,运用 TDM 系统时,如果信源没有数据需要发送,同步传输系统仍然必须插入填充位以维持系统正常运转,这些插入的填充位实际上是对通信资源的浪费。随着数字通信与网络技术的发展,在基本的 TDM 基础上逐级产生了许多更为灵活的复用方法,**分组传输模式(packet transmission mode)** 就是其中之一,这些方法可以更好地适应大量用户与多样的数据速率。

### 6.6.2 帧同步方法

接收端定位各帧位置是依靠帧结构中的特定同步码来进行。同步单元常常采用"匹配检测器"的结构,如图 6.6.3 所示。其中,以同步码 11100100 为例,同步输出设计为

$$C = b_1 b_2 b_3 \overline{b_4} \overline{b_5} b_6 \overline{b_7} \overline{b_8}$$

式中"取非"运算与同步码中的 0 对应。每当移位寄存器中出现 11100100 时,输出 C 形成脉冲峰值。如果数据流的每帧都含有同步码,则输出信号将呈脉冲串形式。帧同步单元的输出信号就是同步信号,它的脉冲指出了数据流中各帧的起始位置。

图 6.6.3 帧同步器框图

在同步码以外的位置上,如果连续 $k$ 个数据位碰巧与帧同步码相同,则将出现**虚假同步脉冲**。假设数据流中 0 与 1 等概率且独立,易知,发生虚假同步的概率为

$$P_{\text{false}} = P(k \text{ 比特与同步码一样}) = 0.5^k = 2^{-k}$$

于是加大 $k$ 可以降低虚假同步的概率,使之符合系统的要求。实际应用中,可采用多种技术防止虚假同步的发生,例如,要求连续检测多个相距正好为帧长的同步脉冲。有时还对信息部分进行特殊的预处理,使之不出现与同步码相同的比特串。

上述同步检测单元实质上以同步码为模板在接收数据流中进行滑动相关,而输出同步信号正是两者的相关函数。为了便于准确地识别同步位置,还希望所选的同步码的自相关函数 $R_s(\tau)$ 具有类似冲激的形状,即 $R_s(0)=1$,而当 $\tau \neq 0$, $R_s(\tau) \approx 0$。其物理含义是:在对准与未对准同步码之间,检测单元的输出有着很大的差别。例如,伪随机序列就具有这种特点。

### 6.6.3 E1 与 T1

国际电信联盟(ITU)对采用 TDM 的数字通信系统提出了两类重要的标准：E 体系与 T 体系。它们的基础层都是先将一定路数的数字信号(64kbps)复用成一个标准的数据流，**称为基群或一次群**，而后再根据需要把多个基群数据流复合成更高速率的数据信号。E 体系为我国大陆、欧洲各国等国家与地区采用的标准；T 体系为北美、日本等国家与地区采用的标准。

E 体系与 T 体系的基群分别称为 E1 与 T1。其最早的应用背景为多路电话传输，因此其规定中以 64kbps 的 PCM 信号为基础。下面分别说明这两种基群。

**1. E1**

E1 将 30 个 64kbps 的 PCM(A 律)信号复用在一起，它的帧率设计为 8000 帧/秒，正好与 PCM 的抽样率相配合，其每帧中包含各路 PCM 信号的一个编码字节。E1 的帧长为 $1/8000=125(\mu s)$，结构如图 6.6.4 所示。E1 的每帧含 32 个时隙，依次标记为 TS0~TS31；连续 16 帧形成一个更大的结构，称为**复帧**，复帧中的各帧依次记为 F0~F15。

图 6.6.4 E1 的帧结构

每帧除 TS0 与 TS16 外，30 个时隙正好对应于 30 路 PCM 信号的各个编码字节(8b)。TS0 与 TS16 用于同步码、信令等其他一些特殊用途。具体规定如下：

(1) TS0。第 1 位供国际通信使用；后 7 位(第 2~8 位)在奇偶帧的功用不同。偶帧时，这七位是"0011011"，作为同步码；奇帧时，这 7 位是"1A11111"，其中第 2 位(七位中的首位)为固定的 1，使之有别于偶帧的同步码，第 3 位的 A 用于远端告警等用途：0=正常，1=告警，后几位保留为其他待定用途，通常为全 1。

(2) TS16。用于传输信令。信令是辅助电话通信的各种控制指令与业务信息，例如，用户所拨的电话号码或链路状态信息等。信令数据量通常很少,可以随路传输或集中起来共路传输。E1 中的一种安排是:每个 TS16 服务于两个话路,每个复帧中的 16 个帧的 TS16 可服务于全部 30 个话路,具体分配方案如表 6.6.1 所示。表中,F0 的 TS16 为其他用途,其前 4 位为"0000",用于复帧定位;而后面的 $x$ 为备用,$y$ 用于远端告警:0=正常,1=告警。

表 6.6.1 E1 中的信令 (TS16)

| 帧 | 字 节 |||||||| 
|---|---|---|---|---|---|---|---|---|
| | 前 4 比特 |||| 后 4 比特 ||||
| F0 | 0 | 0 | 0 | 0 | $x$ | $y$ | $x$ | $x$ |
| F1 | CH1 |||| CH16 ||||
| F2 | CH2 |||| CH17 ||||
| F3 | CH3 |||| CH18 ||||
| ⋮ | ⋮ |||| ⋮ ||||
| F15 | CH15 |||| CH30 ||||

易见,E1 的总数据速率为

$$8000 \text{ 帧/秒} \times (30+2) \text{时隙/帧} \times 8 \text{ 比特/时隙} = 2048 \text{kbps}$$

E1 每帧的 32 个时隙中有 30 个用于实际的语音通信,因此,有时也称为 30/32 路基群。

**\*2. T1**

T1 将 24 个 64kbps 的 PCM($\mu$ 律)信号复用在一起,它的帧率也设计为 8000 帧/秒,每帧长为 125$\mu$s,由 193 位构成,连续 12 帧构成一个复帧。每帧中的前 192 位正好对应于 24 路 PCM 信号的各个编码字节(8b),即 24×8=192。而第 193 位用于同步码。T1 的同步码与信令的具体规定如下:

(1) 同步码:复帧中 12 个帧的第 193 位共同提供码字"010001101110",作为同步码。如果按奇、偶帧分开,可见,6 个偶帧提供"000111";6 个奇帧提供"101010"。这样,帧同步的同时,也实现了复帧的同步定位。

(2) 信令:由第 6 帧的第 8 位来传递随路信令。即第 6 帧的每路信号中前 7 位仍是 PCM 数据,第 8 位改用于该路通信的信令。由于只占用了最低位,这对 PCM 信号的质量不会构成多少影响。

易见,T1 总的数据率为

$$8000 \text{ 帧/秒} \times (192+1) \text{比特/帧} = 1544 \text{kbps}$$

显然,T1 用于同步码的开销低于 E1,但由于完整的同步码需由复帧提供,其同步时间要长一些,同步检测器也要复杂一些。

## 6.6.4 准同步与同步数字体系

时分复用发展的初期主要是为了在一条长途数字通信链路上传输多路电话信号。那时,复用与去复用设备分别安置于链路的两端,如图 6.6.1(a)所示。在发送端,多路模拟语音汇入复用设备,在同一个时钟下轮流抽样、量化与编码;在接收端,去复用设备在同步时钟控制下完成相反的过程。随着通信业务的扩大与更高速的数字通信系统的发展,越来越多的数字信号需要复合在一起共用骨干通信系统,结果逐渐形成了在已经复用过的数字信号基础上再次反复复用的多层次的 TDM 数字体系。

TDM 数字体系可分为**准同步体系**(Plesiochronous Digital Hierarchy,PDH)与**同步体系**(Synchronous Digital Hierarchy,SDH)两大类别。在准同步体系中,参与合并的数字信号各自独立地按标称值设定自己的时钟频率,由于精度等原因,彼此之间实际上存在一定的误差,复用设备在合并信号时必须容忍这些误差。在同步体系中,所有参与合并的数字信号与复用设备的主时钟严格同步,这样,复用与去复用很容易完成,但是,系统中必须解决精确的同步问题。

E 体系与 T 体系实际上是两种准同步数字体系。E 体系与 A 律 PCM 方案结合,主要应用与我国大陆与欧洲各国等国家与地区。其复用信号的基础层为一次群 E1,它由 30 路 PCM 电话信号复用而成,速率为 2.048Mbps,4 个 E1 再经过二次复用得到二次群信号,速率为 8.448Mbps,仿此按 4 倍关系再次复用上去,可得三次、四次、五次群信号。各次群之间的层次关系如图 6.6.5 所示,参数如表 6.6.2 所示。

图 6.6.5  E 体系层次结构图

表 6.6.2  E 体系的各层次参数

| 层 次 | 速率/Mbps | 路 数 |
| --- | --- | --- |
| E-1 | 2.048 | 30 |
| E-2 | 8.448 | 120 |
| E-3 | 34.368 | 480 |
| E-4 | 139.264 | 1920 |
| E-5 | 565.148 | 7680 |

从表 6.6.2 中可见,每次复用后的高次群都又加入了一些额外开销,其数据速率比输入信号的 4 倍还要高一些。这些额外的开销用于复合时的同步与速率配合等需要。

T 体系与 $\mu$ 律 PCM 方案结合,主要应用于北美与日本等国家与地区。其复用信号的基础层为一次群 T1,由 24 路 PCM 电话信号复用而成,速率为 1.544Mbps。T 体系中再次复用的基本原理与 E 体系的一样,具体参数如表 6.6.3 所示。其中北美与日本在三次群及以上的规定上有所差别。

表 6.6.3 T 体系各层次参数

| 层 次 | 速率/Mbps | 路 数 |
|---|---|---|
| T-1 | 1.544 | 24 |
| T-2 | 6.312 | 96 |
| T-3 | 32.064（日本） | 480 |
| | 44.736（北美） | 672 |
| T-4 | 97.728（日本） | 1440 |
| | 274.176（北美） | 4032 |
| T-5 | 397.200（日本） | 5760 |
| | 560.160（北美） | 8064 |

随着光纤通信系统的发展与数字通信速率的不断提高，E 体系与 T 体系已不能满足新的应用需求，因为非同步造成的不方便日益突出。1985 年，美国贝尔通信研究中心（Bell Communication Research）提出了一种新的 TDM 体系称为**同步光网络**（Synchronous Optical NETwork，SONET）。1989 年 ITU 在此基础上提出了**同步体系**（**SDH**）的建议。

在 SDH 中，信息以同步传输模块（STM）的结构进行传输，STM 重复周期为 $125\mu s$，包括信息的有效负荷与段开销。SDH 分为如表 6.6.4 的 4 级，各级的容量（路数）之间为 4 倍关系，速率也为 4 倍关系。借助同步模式的优点各级之间没有额外的开销。

表 6.6.4 SDH 的分级

| 等 级 | 速率/Mbps | 等 级 | 速率/Mbps |
|---|---|---|---|
| STM-1 | 155.52 | STM-16 | 2488.32 |
| STM-4 | 622.08 | STM-64 | 9953.28 |

PDH 与 SDH 之间需要连接时，通常是将若干 PDH 封装在 STM-1（155.52Mbps）之内。这时 PDH 信号的速率应低于 155.52Mbps，经调整（填充）为 155.52Mbps。例如，63 个 E1、3 个 E3、1 个 E4、84 个 T1 或 3 个 T3 等可以接入 1 个 STM-1 中。

## *6.6.5 复接与码率调整

在数字体系中，将低次群合并成高次群的过程称为**复接**（multiplexing）；将高次群分解为低次群的过程称为**分接**（demultiplexing）。在双工通信系统中，每个终端设备既需要复接器，也需要分接器，两者合在一起称为**复接分接器**（muldex），简称**复接器**。

在同步体系中，各输入支路的数字信号与复接器的定时时钟严格同步，复接时只需将信号相位调整到合适的位置，就可以直接按帧结构的规定组织数据，完成合并过程。但在准同步体系中，各输入支路数字信号的速率虽然按标称值设定，但实际上彼此间有一个很小的误差，这样，复接必须在信号间调整码元速率，使它们相互配合，以完成合并过程。

准同步复接实际上包括码率调整与同步复接两部分。下面介绍一种最基本与常用的码率调整方案称为**正码率调整**。所谓正码率调整就是指复接器的主时钟与输出速率比各支路信号的略微高一些，由于"输出快于输入"，经过一段时间的累积，某个支路上就会"来不及"提供新的数据，这时复接器就在输出信号中为该支路填充 1 个空闲位，以等待其数据的到来。

图 6.6.6 是 ITU 建议的 E 体系复接方案之一，用于将 4 个 2.048Mbps 的 E1 信号合并

为 8.448Mbps 的二次群信号。图中的复接帧长为 848 位,前 10 位为复接帧的同步码,第 11、12 位分别用于告警与国内用途,而码速调整是通过下面两点来实施的。

图 6.6.6 复接帧结构与正码速调整

(1) $C_{j1}C_{j2}C_{j3}$ 是第 $j$ 个支路的码速调整标志位,其中 $j=1,2,3,4$,共有 4 个支路。三个标志位取值相同,分布在复接帧中的不同位置处,以提高其可靠性。无须调整时,它们为"000";需要调整时,为"111"。传输中如果出现误码,使 3 个位不一致,接收方采用大数判决来处理。

(2) $b_j(j=1,2,3,4)$ 是与 $C_{j1}C_{j2}C_{j3}$ 相配合的实际调整位。不调整时,$C_{j1}C_{j2}C_{j3}=000$,$b_j$ 位为第 $j$ 支路的正常信息位;调整时,$C_{j1}C_{j2}C_{j3}=111$,$b_j$ 位为填充位,分接器处理时视其为无用位删除。

在复接帧中,4 个支路的有效信息部分的总位数最多可达到 $848-12-3\times4=824$ 位,故平均每路最多为 206 位。当调整位是填充位时,则只有 205 位。可见,以复接输出的 8448kbps 为基准,允许各支路的速率介于

$$\frac{205}{848}\times 8448 \approx 2042.264 \sim \frac{206}{848}\times 8448 \approx 2052.266 \text{(kbps)}$$

之间。由支路的标准速率 2048kbps 可以算出,每复接帧中应该有 205.576 位信息位,即调整位作为信息位的比例约为 57.6%;作为填充位的比例约为 42.4%。比例值 0.424 称为该方案的**标准码速调整比**。

## 本章关键词

通过下面的关键词,可以快速地回顾本章的主要知识点。

| | |
|---|---|
| 抽样、采样 | 量化误差(噪声) |
| 带限抽样定理 | 均匀量化器 |
| 奈奎斯特频率 | 量化间隔 |
| 欠抽样、混叠 | 最佳量化器 |
| 自然抽样 | 过载 |
| 平顶抽样 | 量化信噪比 |
| PAM、PDM、PPM | 平均或峰值信噪比 |
| 带通抽样 | 6dB 规则 |
| 量化、量化器 | 对数量化 |
| 量化电平数、位数 | 压缩、扩张 |
| 输出电平、分层或阈值电平 | A 律与 13 折线法 |

μ 律与 15 折线法
脉码调制（PCM）
A/D 转换
折叠码
波形编码
DPCM、ADPCM
DM、ADM 与 Σ-Δ
颗粒噪声、斜率过载失真
时分复用

帧结构、帧
帧同步码、虚假同步
基群、高次群
E1 与 T1
复帧
准同步体系
同步体系
复接、分接、复接器
正码率调整、码速调整比

## 习题

1. 对模拟信号 $m(t) = \sin(200\pi t)/200t$ 进行抽样。试问：
(1) 无失真恢复所要求的最小抽样频率为多少？
(2) 在用最小抽样频率抽样时，1 分钟有多少个抽样值？

2. 已知信号 $m(t)$ 的频谱为

$$M(f) = \begin{cases} 1 - \dfrac{|f|}{1000}, & |f| < 1000\text{Hz} \\ 0, & \text{其他} \end{cases}$$

(1) 假设以 1500Hz 的速率对它进行抽样，试画出已抽样信号 $m_s(t)$ 的频谱图；
(2) 若用 $f_s = 3000\text{Hz}$ 的速率抽样，重做(1)小题。

3. 指出下列信号的奈奎斯特频率，其中 $\text{sinc}(x) = \sin(\pi x)/(\pi x)$。
(1) $m(t) = \text{sinc}(1000t)$
(2) $m(t) = \text{sinc}^2(1000t)$
(3) $m(t) = \text{sinc}(1000t) + \text{sinc}^2(1000t)$

4. 在自然抽样中，模拟信号 $m(t)$ 和周期性的矩形脉冲串 $c(t)$ 相乘。已知 $c(t)$ 的重复频率为 $f_s$，每个矩形脉冲的宽度为 $\tau(f_s\tau < 1)$。假设时刻 $t = 0$ 对应于矩形脉冲的中心点。试问：
(1) $m(t)$ 经自然抽样后的频谱，说明 $f_s$ 与 $\tau$ 的影响；
(2) 自然抽样的无失真抽样条件与恢复 $m(t)$ 的方法。

5. 已知 $m(t)$ 的最高频率为 $f_m$，用矩形脉冲串对其进行平顶抽样，脉冲宽度为 $2\tau$，重复频率为 $f_s$，幅度为 1。试给出已抽样信号的时域与频域表示式，说明 $f_s$ 与 $\tau$ 的影响。

6. 求下面中频信号最小抽样频率：
(1) 中心频率为 60MHz，带宽为 5MHz；
(2) 中心频率为 30MHz，带宽为 6.5MHz；
(3) 中心频率为 70MHz，带宽为 2MHz。

7. 设带通信号的频率范围为 2～2.5MHz：
(1) 求最小抽样频率；
(2) 给出已抽样信号的频谱图；
(3) 调整抽样频率，使已抽样信号的频谱图间隔均匀。

8. 在要求量化误差不超过量化器输入范围的 $P\%$ 时,试说明均匀量化器的位数应满足
$$n \geqslant 3.32\log_{10}(50/P)$$

9. 假定输入信号具有均值为 1、方差为 0.5 的高斯分布,试计算其最佳 8 电平量化器的各个分层与输出电平值。

10. 假定输入信号具有均值为 0、方差为 2 的拉普拉斯分布,试计算其最佳 8 电平量化器的各个分层与输出电平值。

11. 对于具有 256 个量化电平的均匀量化器,试求下面几种输出信噪比:
(1) 峰值信噪比;
(2) 高斯分布随机信号的最大信噪比;
(3) 均匀分布随机信号的最大信噪比。

12. 已知输入为正弦信号,若需要预留的动态范围为 45dB,并要求量化信噪比不能低于 26dB,求线性 PCM 的编码位数。

13. 在 $A$ 律 PCM 系统中,当(归一化)输入信号抽样值为 0.12、0.3 与 $-0.7$ 时,输出二进制码组是多少?

14. 单路语音信号最高频率为 4kHz,抽样速率为 8kHz,以 PCM 方式传输。假设采用单极性 NRZ 矩形脉冲传输,试问:
(1) 采用 7 比特量化时,PCM 基带信号(第一零点)带宽为多少?
(2) 采用 8 比特量化时,结果又是多少?

15. 假定标准 PCM 语音信号通过误码率为 $10^{-5}$ 的信道传输,试估计恢复出的模拟信号可能达到的峰值信噪比。

16. 已知某线性 PCM 通信系统的线路误码率为 $10^{-4}$,模拟信号的最高频率为 3kHz,如果要求接收端恢复的模拟信号达到 30dB 的峰值信噪比,试问:
(1) PCM 量化器的比特数至少是多少?
(2) 传输系统的带宽至少是多少?

17. 试估计一张 650MB 的光盘可以存储:
(1) 多少分钟的标准 PCM 语音信号。
(2) 多少分钟的 CD 音乐信号。
(3) 多少分钟的 ADPCM(G.721)语音信号。

18. 已知正弦信号的频率为 4kHz,试分别设计线性 PCM 与 DM 系统,使量化信噪比都大于 30dB 要求,并比较两系统的数据速率。

19. 已知增量调制器的抽样频率为 32kHz,输入为语音信号,幅度范围为 $[-5V,+5V]$。试计算信号不过载的量化台阶(提示:考虑频率为 3.4kHz 的正弦信号,幅度为 5V)。

20. 遥感探测系统中包括 4 个输入信号:$s_i(t)$,$i=1,2,3,4$。其中 $s_1(t)$ 和 $s_2(t)$ 的带宽均为 250Hz,另外两个信号 $s_3(t)$ 和 $s_4(t)$ 的带宽均为 1kHz。分别对 $s_3(t)$ 和 $s_4(t)$ 以每秒 2400 个样值的速率进行抽样。将此抽样速率除以 4 后作为 $s_1(t)$ 和 $s_2(t)$ 的抽样速率。
(1) 试设计一个 TDM 系统,将这四路信号复合成一个数字序列;
(2) 如果采用 8 比特量化,给出 TDM 的数据传输速率。

21. 在 E1 系统中,试计算:(1)复帧时间长度;(2)每个信道的信令速率。

22. 在 T1 系统中,试计算:(1)复帧时间长度;(2)每个信道的信令速率。

# 第 7 章

# 信号空间理论与数字最佳接收机

在信号传输的分析中,许多信号波形(或函数)的表示形式与向量空间理论中的数学表示方法十分类似。通过将信号类比为向量,可以借助线性空间的理论来分析信号及其传输过程,形成信号空间分析方法。这种方法有助于研究者对数字传输系统及相关技术获得更为直观的认识与深刻的理解。结合统计检测与判决理论,它能够很好地研究 AWGN 信道上数字传输系统的最佳设计问题,简化误码性能的分析过程。所以,信号空间分析法是一项重要的理论分析工具。

MASK、MPSK 与 QAM 是三种重要的数字频带调制。它们的频带利用率相同,特性类似,是一维、二维传输信号的典型代表。运用信号空间分析方法可以直观地理解这三种调制的本质特征,还能够深入地分析与比较各种多元调制的误码性能。

MFSK 是另一类基本的数字频带调制,它利用多种不同的正交载波来携带信息,其传输信号占用更宽的频带,但误码性能得到有效的改善。MFSK 是 $M$ 维正交信号的典型代表,是运用信号空间分析的另一个重要案例。

本章着重介绍信号空间分析方法,并运用它进一步讨论 MASK、MPSK、QAM 与 MFSK 这几种多元数字传输技术。内容要点包括:

(1) 信号空间——向量空间、信号空间、信号合成器、分析器与相关器、信号组及正交化方法。

(2) AWGN 信道——噪声向量分解、接收信号的向量分解、AWGN 信道向量形式。

(3) 信号星座图——数字传输系统模型、信号空间与点集、星座图与云图。

(4) 最佳接收准则——最小差错概率准则、ML 与 MAP 准则、最小欧氏距离与最大相关准则。

(5) 最佳接收机结构——基于相关器或匹配滤波器的接收机、基于相干解调的接收机、最大相关接收机。

(6) 最小差错概率——旋转与平移不变性、最小差错概率的联合边界。

(7) MASK、MPSK 与 QAM 调制分析——信号星座图、最佳接收机、详细误码率分析、相互比较。

(8) MFSK 调制分析——信号星座图、最佳接收机、误码率分析。

## 7.1 信号空间理论

本节介绍信号空间的基本概念与有关的分析方法,并运用这种方法讨论噪声与接收信号,说明 AWGN 信道的向量形式。

### 7.1.1 向量空间回顾

向量(或矢量)空间的概念在解析几何与线性代数等课程中有详细的讨论,下面简要进行回顾。

在由 $N$ 个相互正交的单位向量 $e_1, e_2, \cdots, e_N$ 生成的（$N$ 维）**向量空间**（vector space）中，任何一个向量 $V$ 可以唯一地写成 $e_1, e_2, \cdots, e_N$ 的线性组合，即

$$V = \sum_{j=1}^{N} v_j e_j \tag{7.1.1}$$

其中，$v_j$ 是 $e_j$ 对应的系数。向量组记为 $\{e_j\}_{j=1}^{N}$，可视为该向量空间的坐标轴，而数值 $v_1$，$v_2, \cdots, v_N$ 称为向量 $V$ 的**坐标值**。于是，空间中的向量与一组数值一一对应、互相等价，即

$$V = \begin{bmatrix} v_1 \\ v_2 \\ \vdots \\ v_N \end{bmatrix} = [v_1, v_2, \cdots, v_N]^T \tag{7.1.2}$$

其中，$[\ \cdot\ ]^T$ 为矩阵的转置运算。

向量组 $\{e_j\}_{j=1}^{N}$ 又称为**标准正交基**（standard orthogonal basis），因为它们是彼此正交且长度归一的"基础"向量，即

$$e_j \cdot e_k = \begin{cases} 1, & j = k \\ 0, & j \neq k \end{cases} \quad j, k = 1, 2, \cdots, N \tag{7.1.3}$$

其中，运算"·"称为**内积运算**（inner product）。

内积运算是向量空间中最重要的基础运算之一。两个向量的内积结果是一个数值，并可以由它们的坐标值来计算，假定 $V_1 = [v_{11}, v_{12}, \cdots, v_{1N}]^T$ 与 $V_2 = [v_{21}, v_{22}, \cdots, v_{2N}]^T$，则

$$V_1 \cdot V_2 \stackrel{\text{def}}{=} V_1^T V_2 = [v_{11}, v_{12}, \cdots, v_{1N}] \begin{bmatrix} v_{21} \\ v_{22} \\ \vdots \\ v_{2N} \end{bmatrix} = \sum_{j=1}^{N} v_{1j} v_{2j} \tag{7.1.4}$$

一般来说，内积的物理意义是两个向量之间的相似程度。任何向量 $V$ 与单位向量 $e_j$ 的内积给出了 $V$ 中所包含的"$e_j$ 方向上的成分"，在几何上它表现为 $V$ 向 $e_j$ 的**投影**（projection）。如图 7.1.1 所示，这也正是求取向量坐标值的方法，即

$$v_j = V \cdot e_j \tag{7.1.5}$$

空间上还有两个重要的概念（如图 7.1.2 所示）：

(1) **范数**（norm），也称为长度

$$l = \|V\| = \sqrt{V \cdot V} = \sqrt{\sum_{j=1}^{N} v_j^2} \tag{7.1.6}$$

(2) **距离**（distance）

$$d = \|V_1 - V_2\| = \sqrt{\sum_{j=1}^{N} (v_{1j} - v_{2j})^2} \tag{7.1.7}$$

几何空间是向量空间的直观例子，其中，平面点或立体点就是向量，运用几何空间可以形象地分析各种向量问题。更广泛地讲，向量可以表征一般集合的元素（某种抽象量），向量空间就是包含了许多元素的集合，其理论可以用来分析各种抽象量的问题。

图 7.1.1 向量示例

图 7.1.2 向量的长度与距离示例

## 7.1.2 信号空间的基本概念

如果把每个信号(或波形)$s(t)$抽象为元素,各种各样的信号构成了研究信号的集合。进一步地,可以把信号元素$s(t)$称为**信号向量**(signal vector)或信号点(signal point),把信号集合称为**信号空间**(signal space),并作为向量空间来分析。运用这种数学方法,可以直观、深刻地理解信号及其处理过程。

### 1. 信号的内积、长度与距离

在信号空间中,信号向量表示为$s$,它其实就是$s(t)$的另一种记法,因此,信号向量也简称为信号,等同于$s(t)$。两个信号向量$s_1$与$s_2$的内积定义为

$$s_1 \cdot s_2 = \int_{-\infty}^{+\infty} s_1(t) s_2(t) dt \tag{7.1.8}$$

由此,信号$s$的长度为

$$\sqrt{E} = \|s\| = \sqrt{s \cdot s} = \sqrt{\int_{-\infty}^{+\infty} s^2(t) dt} \tag{7.1.9}$$

信号间的距离为

$$d_{12} = \|s_1 - s_2\| = \sqrt{\int_{-\infty}^{+\infty} [s_1(t) - s_2(t)]^2 dt} \tag{7.1.10}$$

上述术语的物理意义十分清楚:信号的长度就是其"有效值"(能量值的平方根);信号间的内积就是它们的相关值;信号间的距离就是它们差信号的"有效值"(即均方根误差)。

显然,在信号空间的分析中,关注能量型信号,即长度有限的信号向量。本章中重点关注的是时间有限的信号,例如,仅在$[0,T]$上非零的信号。因此,除非特别声明,本章后面讨论的信号主要是时间有限的能量型信号,这时,内积运算的积分限可由$(-\infty,+\infty)$变更为$[0,T]$。

### 2. 信号的坐标表示法

根据向量空间的理论,空间中任何信号总能够表示为正交且归一的基本信号之和。具体讲,记基本信号组为$\{f_j(t)\}_{j=1}^{N}$,组中每个信号满足

$$f_j \cdot f_k = \int_0^T f_j(t) f_k(t) dt = \begin{cases} 1, & j = k \\ 0, & j \neq k \end{cases} \quad j,k = 1,2,\cdots,N \tag{7.1.11}$$

则,在该组基本信号生成的$N$维信号空间中,任何信号$s(t)$可以唯一地表示为

$$s(t) = \sum_{j=1}^{N} s_j f_j(t) \qquad (7.1.12)$$

其中,系数 $s_j$ 是 $s(t)$ 的第 $j$ 个坐标值。

于是,信号(原本是一个函数)与一个向量(一组数值)唯一对应,即

$$s(t) \Leftrightarrow \boldsymbol{s} = \begin{bmatrix} s_1 \\ s_2 \\ \vdots \\ s_N \end{bmatrix} = [s_1, s_2, \cdots, s_N]^T \qquad (7.1.13)$$

其中,$[s_1, s_2, \cdots, s_N]^T$ 也称为 $s(t)$ 的**系数向量**。而具体的各个坐标值,可以按式(7.1.5)计算

$$s_j = \boldsymbol{s} \cdot \boldsymbol{f}_j = \int_0^T s(t) f_j(t) \mathrm{d}t \qquad (7.1.14)$$

有了信号的坐标,就可以避开积分方便地完成如下的重要运算:

(1) 计算能量:$E = \sum\limits_{j=1}^{N} s_j^2$;

(2) 计算差信号的强度:$d_{12} = \sqrt{\sum\limits_{j=1}^{N}(s_{1j} - s_{2j})^2}$;

(3) 计算内积(相关值):$r_{12} = \sum\limits_{j=1}^{N} s_{1j} s_{2j}$。

**例 7.1** 假定三维信号空间的基函数如图 7.1.3(a)所示,信号 $s(t)$ 如图 7.1.3(b)所示。试求:(1)$s(t)$ 的系数向量;(2)给出 $s(t)$ 的几何表示;(3)$s(t)$ 的能量。

**解** (1) 显然 $s(t)$ 的系数向量为

$$\boldsymbol{s} = \begin{bmatrix} A \\ A \\ 0 \end{bmatrix}$$

(2) $s(t)$ 在三维空间中的几何表示如图 7.1.3(c)所示。

(3) 信号能量为 $E_s = A^2 + A^2 + 0^2 = 2A^2$。

(a)

(b) (c)

图 7.1.3 例 7.1 图

## 7.1.3 信号的合成器、分析器与相关器

信号的坐标计算、内积运算是信号空间分析中最基本的操作,可以用合成器、分析器与相关器来具体实现。

合成器由信号的坐标值 $s_1,s_2,\cdots,s_N$ 按式(7.1.12)生成信号 $s(t)$,相应的框图如图 7.1.4(a)所示;分析器由信号 $s(t)$ 按式(7.1.14)分析出坐标值 $s_1,s_2,\cdots,s_N$,相应的框图如图 7.1.4(b)所示。

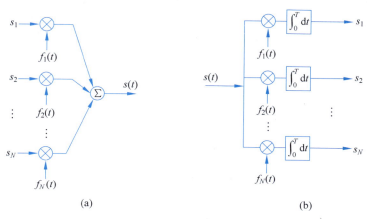

图 7.1.4 信号合成器与分析器

相关器可用于计算内积,因为

$$\boldsymbol{s}_1 \cdot \boldsymbol{s}_2 = \int_0^T s_1(t)s_2(t)\mathrm{d}t = \left[\int_0^T s_1(t)s_2(t+\tau)\mathrm{d}t\right]\Big|_{\tau=0} = r_{12}(\tau)\big|_{\tau=0} = r_{12}(0)$$

不妨将 $r_{12}(0)$ 简记为 $r_{12}$,它是两信号在 $\tau=0$ 时的相关值。相关器的框图如图 7.1.5(a)所示。其实,相关运算又等效于(单位增益的)匹配滤波处理。不妨记信号 $s_2(t)$ 的匹配滤波器为 $h_2(t)=s_2(T-t)$(取增益 $c=1$)。于是,$s_1(t)$ 通过 $h_2(t)$ 后在 $t=T$ 时刻的抽样值为

$$\begin{aligned}
[s_1(t)*h_2(t)]\big|_{t=T} &= \left[\int_0^T s_1(u)h_2(t-u)\mathrm{d}u\right]\Big|_{t=T} \\
&= \left\{\int_0^T s_1(u)s_2[T-(t-u)]\mathrm{d}u\right\}\Big|_{t=T} \\
&= \int_0^T s_1(u)s_2(u)\mathrm{d}u
\end{aligned}$$

匹配滤波处理的框图如图 7.1.5(b)所示,而图 7.1.5(c)是通过坐标值计算内积的方法。

图 7.1.5 计算内积的方法

可见，内积是一个有趣的运算，它具有多种计算方法，如

$$信号的内积 = 信号间的相关度 r_{12}(0) = 信号间的匹配度 s_1(t) * h_2(t)|_{t=T}$$

$$= 信号坐标值间的乘加值 \sum_{j=1}^{N} s_{1j} s_{2j}$$

### *7.1.4 信号组及 Gram-Schmidt 正交化方法

要运用信号空间方法就必须建立一个合适的空间，也就是要选择一组合适的基函数来作为坐标系。在数字通信中，经常需要讨论一组信号的传输问题，为此，应该建立一个"刚好"包含这组信号的空间。所谓"刚好包含"是指：建立的信号空间既要含有这组信号中的每一个，又要具有尽量小的规模（维数）。规模小有利于降低研究工作量。

给定 $M$ 个信号组成的信号组（或信号集）：$\{s_i(t)\}_{i=1}^{M}$。Gram-Schmidt 正交化方法能够系统地求出具有归一化正交性的基本函数集 $\{f_j(t)\}_{j=1}^{N}$，具体方法如下：

(1) 任选一个非零信号进行归一化，例如，对 $s_1(t)$，有

$$f_1(t) = \frac{s_1(t)}{\| s_1(t) \|} \tag{7.1.15}$$

(2) 取第二个信号，例如 $s_2(t)$，消去其中的"$f_1(t)$ 成分"；若结果信号非零，则进行归一化得出

$$f_2(t) = \frac{s_2(t) - \alpha_{21} f_1(t)}{\| s_2(t) - \alpha_{21} f_1(t) \|} \tag{7.1.16}$$

其中，$\alpha_{21} = \boldsymbol{s}_2 \cdot \boldsymbol{f}_1 = \int_0^T s_2(t) f_1(t) dt$。

(3) 取第三个信号，例如 $s_3(t)$，消去其中的"$f_1(t)$ 与 $f_2(t)$ 的成分"；若结果信号非零，则进行归一化，得出

$$f_3(t) = \frac{s_3(t) - \alpha_{31} f_1(t) - \alpha_{32} f_2(t)}{\| s_3(t) - \alpha_{31} f_1(t) - \alpha_{32} f_2(t) \|} \tag{7.1.17}$$

其中

$$\alpha_{31} = \boldsymbol{s}_3 \cdot \boldsymbol{f}_1 = \int_0^T s_3(t) f_1(t) dt$$

$$\alpha_{32} = \boldsymbol{s}_3 \cdot \boldsymbol{f}_2 = \int_0^T s_3(t) f_2(t) dt$$

(4) 以此类推，直至取完所有 $M$ 个信号。

在整个过程中，如果某一次消去前"$f_j(t)$ 成分"后的结果信号恰巧为 0，那么，这次就不产生基本函数，因此，基本函数的个数 $N \leqslant M$。

观察 $f_1(t), f_2(t), \cdots, f_N(t)$ 的产生过程可得：① 各个基函数是归一化的；② 每个基函数不包含其他基函数成分，因而彼此正交；③ $N$ 达到了最小，因为去除某个基函数都会造成与之对应的那个信号无法完全表示。④ 由于过程中选取信号的顺序可能不同，最终得出的基本函数可能不一样，但其个数 $N$ 是完全一致的，并且所生成的信号空间也是完全一致的。

因此，按 Gram-Schmidt 方法获得的基本函数是一组标准正交基，由它生成的信号空间包含信号组 $s_1(t), s_2(t), \cdots, s_M(t)$，且规模最小。

许多时候信号的特点很明显，可以简便快速地找出信号组的维数与基函数，而不总是需

要采用正规的 Gram-Schmidt 方法。

### 7.1.5 AWGN 信道及其等效向量形式

AWGN 信道是数字通信中最重要的基础信道,当信号 $s(t)$ 通过信道后,接收信号为 $r(t)=s(t)+n(t)$,其中 $n(t)$ 是功率谱为 $N_0/2$ 的零均值高斯白噪声。下面考察 $n(t)$ 与 $r(t)$ 在向量空间中的有关问题。

**1. 噪声的向量分析**

假定研究中所考虑的是 $N$ 维信号空间,其标准正交基函数为 $\{f_j(t)\}_{j=1}^N$,由于白噪声 $n(t)$ 的样本函数可能具有任意的形状,它不可能在有限的 $N$ 维空间中完整地表示出来,不妨记

$$n(t)=\sum_{j=1}^N n_j f_j(t) + n_E(t) \tag{7.1.18}$$

其中,$n_j = \int_0^T n(t) f_j(t) \mathrm{d}t$,代表 $n(t)$ 中的"$f_j(t)$ 成分",而 $n_E(t)$ 是所有基函数都无法表示的部分,即超出该信号空间的"多余"噪声部分。

由于 $n(t)$ 是随机的,$[n_1, n_2, \cdots, n_N]^T$ 与 $n_E(t)$ 都是随机的,其统计特性如下:

(1) $n_1, n_2, \cdots, n_N$ 是彼此独立的同分布高斯随机变量,均值为零,方差为 $N_0/2$。

(2) $n_E(t)$ 与 $n_1, n_2, \cdots, n_N$ 统计独立。

**证明** (1) 首先 $f_j(t)$ 都是确定函数,而积分运算是线性运算,高斯信号的积分结果仍然是高斯的,所以,各个 $n_j$ 都是高斯随机变量,而且,它们是联合高斯的。易见

$$E[n_j] = \int_0^T E[n(t)] f_j(t) \mathrm{d}t = 0, \quad j=1,2,\cdots,N$$

再任取 $n_j$ 与 $n_k, j,k=1,2,\cdots,N$ 有

$$E[n_j n_k] = E\left\{\left[\int_0^T n(t) f_j(t) \mathrm{d}t\right] \times \left[\int_0^T n(u) f_k(u) \mathrm{d}u\right]\right\}$$
$$= \int_0^T \int_0^T E[n(t) n(u)] f_j(t) f_k(u) \mathrm{d}t \mathrm{d}u$$

由于 $n(t)$ 是方差为 $N_0/2$ 的白噪声,$E[n(t)n(u)] = R_n(t-u) = \dfrac{N_0}{2}\delta(t-u)$,又借助 $\delta(t)$ 的筛选性质:$\int_0^T \delta(t-t_0) f(t) \mathrm{d}t = f(t_0)$,可得

$$E[n_j n_k] = \int_0^T \int_0^T \frac{N_0}{2} \delta(t-u) f_j(t) f_k(u) \mathrm{d}t \mathrm{d}u$$
$$= \frac{N_0}{2} \int_0^T f_j(u) f_k(u) \mathrm{d}u = \begin{cases} N_0/2, & j=k \\ 0, & j \neq k \end{cases} \tag{7.1.19}$$

由此可见,各个系数的方差同为 $N_0/2$,而不同系数之间彼此无关,由于它们是联合高斯随机变量,因此彼此独立。

(2) 由于

$$n_E(t) = n(t) - \sum_{j=1}^N n_j f_j(t)$$

是高斯随机量的线性运算的结果，因而 $n_E(t)$ 也是高斯的。而且，任取 $n_k, k=1,2,\cdots,N$，有

$$E[n_k n_E(t)] = E[n_k n(t)] - \sum_{j=1}^{N} E[n_k n_j] f_j(t)$$

$$= E\left\{\left[\int_0^T n(u) f_k(u) \mathrm{d}u\right] n(t)\right\} - \frac{N_0}{2} f_k(t)$$

$$= \int_0^T E[n(u) n(t)] f_k(u) \mathrm{d}u - \frac{N_0}{2} f_k(t)$$

$$= \int_0^T \frac{N_0}{2} \delta(u-t) f_k(u) \mathrm{d}u - \frac{N_0}{2} f_k(t)$$

$$= \frac{N_0}{2} f_k(t) - \frac{N_0}{2} f_k(t)$$

$$= 0 \tag{7.1.20}$$

这说明 $n_E(t)$ 与各个 $n_k$ 无关，同理，它们彼此独立。∎

### 2. 接收信号的向量分析

由于含有 $n(t)$，接收信号 $r(t)$ 也无法用信号空间的基函数完整地表示，这时有

$$r(t) = s(t) + n(t) = \sum_{j=1}^{N} s_j f_j(t) + \sum_{j=1}^{N} n_j f_j(t) + n_E(t) = \sum_{j=1}^{N} (s_j + n_j) f_j(t) + n_E(t) \tag{7.1.21}$$

其中，$s_j + n_j$ 正是 $r(t)$ 在信号空间中的投影，可记为 $r_j$，因为

$$r_j = \int_0^T r(t) f_j(t) \mathrm{d}t = \int_0^T s(t) f_j(t) \mathrm{d}t + \int_0^T n(t) f_j(t) \mathrm{d}t = s_j + n_j \tag{7.1.22}$$

显然，$r(t)$ 的特性由系数向量 $\mathbf{r} = [r_1, r_2, \cdots, r_N]^T$ 与 $n_E(t)$ 完全决定，其中 $n_E(t)$ 中不包含任何信号特性，且与 $\mathbf{r}$ 统计独立，因此，它对于分析 $s(t)$ 而言，没有任何贡献。

从恢复信源的需求来看，接收端只需关注 $r(t)$ 在信号空间中的投影 $r_1, r_2, \cdots, r_N$ 就可以了，也就是说，$\mathbf{r}$ 已包纳了充分的信息。这也可以想象为所选的信号空间滤除了无助于信息接收的多余噪声 $n_E(t)$。于是，有下述等效关系

$$r(t) = s(t) + n(t) \Leftrightarrow \mathbf{r} = \mathbf{s} + \mathbf{n} \tag{7.1.23}$$

即

$$\begin{bmatrix} r_1 \\ \vdots \\ r_N \end{bmatrix} = \begin{bmatrix} s_1 \\ \vdots \\ s_N \end{bmatrix} + \begin{bmatrix} n_1 \\ \vdots \\ n_N \end{bmatrix} \tag{7.1.24}$$

这表明，连续的（无限维的）AWGN 信道本质上等效于一个简单的 $N$ 维向量信道，如图 7.1.6 所示。

对于功率谱密度为 $N_0/2$ 的白噪声 $n(t)$，上述向量信道中有关信号向量的统计特性为：

(1) 噪声向量 $\mathbf{n}$。

$n_1, n_2, \cdots, n_N$ 是彼此独立的零均值高斯变量，方差同为 $N_0/2$。

(2) 接收向量 $\mathbf{r} = \mathbf{s} + \mathbf{n}$。

给定信号 $\mathbf{s} = [s_1, s_2, \cdots, s_N]^T$ 后，$r_1, r_2, \cdots, r_N$ 是彼此独立的高斯变量，其均值分别

图 7.1.6　AWGN 信道的等效向量信道

为 $s_1, s_2, \cdots, s_N$，方差同为 $N_0/2$。

由此可以写出有关的概率密度函数：

(1) 噪声向量 $\boldsymbol{n}$ 服从如下的 $N$ 维高斯分布

$$f(\boldsymbol{n}) = f(n_1, n_2, \cdots, n_N) = \prod_{i=1}^{N} \frac{1}{\sqrt{\pi N_0}} \exp\left(\frac{-n_i^2}{N_0}\right) = \left(\frac{1}{\sqrt{\pi N_0}}\right)^N \exp\left(-\frac{1}{N_0} \sum_{i=1}^{N} n_i^2\right)$$

(7.1.25)

(2) 在给定信号向量 $\boldsymbol{s}$ 的条件下，接收向量 $\boldsymbol{r}$ 均值为 $\boldsymbol{s}$，服从如下的 $N$ 维高斯分布

$$\begin{aligned} f(\boldsymbol{r} \mid \boldsymbol{s}) &= f(r_1, r_2, \cdots, r_N \mid s_1, s_2, \cdots, s_N) = \prod_{i=1}^{N} \frac{1}{\sqrt{\pi N_0}} \exp\left[-\frac{(r_i - s_i)^2}{N_0}\right] \\ &= \left(\frac{1}{\sqrt{\pi N_0}}\right)^N \exp\left[-\frac{1}{N_0} \sum_{i=1}^{N} (r_i - s_i)^2\right] \end{aligned}$$

(7.1.26)

## 7.2　数字传输模型与信号星座图

本节将运用信号空间的理论来详细解释信号的发送与接收过程，说明几种典型数字传输系统的信号点集与相应的星座图。

### 7.2.1　数字传输系统的一般模型

各种数字传输系统的共同之处是：①信息符号逐个按时隙发送；②每个符号以一种特定的信号波形来传输；③接收时，通过辨识收到的波形来恢复原来的符号。

考虑 $M$ 元信源每隔 $T_s$ 发出一个符号，第 $n$ 时隙发出的符号记为 $a_n$，取值集合为 $\{m_0, m_1, \cdots, m_{M-1}\}$。例如，二元通信中符号取值集为 $\{0,1\}$；在四元通信中，如 QPSK，符号取值集合为 $\{00,01,10,11\}$。假定各符号彼此独立，先验概率为 $p_0, p_1, \cdots, p_{M-1}$。在缺少先验概率信息时，通常认为各符号等概率，即

$$p_i = P(a_n = m_i) = \frac{1}{M}, \quad i = 0, 1, \cdots, M-1$$

(7.2.1)

一般而言，为了发射多元符号，发射机使用 $M$ 种信号波形：$s_0(t), s_1(t), \cdots, s_{M-1}(t)$，其集合称为发射信号集，记为 $\{s_i(t)\}_{i=0}^{M-1}$。根据信号空间的理论，它们确定出一个 $N(\leqslant M)$ 维空间，记相应标准正交基函数为 $\{f_j(t)\}_{j=0}^{N-1}$，这可以通过 Gram-Schmidt 正交化方法获得。各 $s_i(t)$ 对应于该空间中的一个信号点 $\boldsymbol{s}_i$，它的坐标值记为 $[s_{i0}, s_{i1}, \cdots, s_{i(N-1)}]^T$。于是，发射机基于预置的基函数 $\{f_j(t)\}_{j=0}^{N-1}$ 与信号集 $\{\boldsymbol{s}_i\}_{i=0}^{M-1}$ 发送信号。这包含两步工作：映

射信号点与合成信号,即

$$映射:a_n=m_i \Rightarrow \mathbf{s}_i = \begin{bmatrix} s_{i0} \\ s_{i1} \\ \vdots \\ s_{i(N-1)} \end{bmatrix} \quad (7.2.2)$$

$$合成:s(t) = \sum_{j=0}^{N-1} s_{ij} f_j(t) \quad (7.2.3)$$

考虑功率谱为 $N_0/2$ 的 AWGN 信道,假定其带宽足够,传输信号通过后无失真或失真可忽略。记接收到的信号为,$r(t)=s(t)+n(t)$,接收机逐个估计出发送的是哪一个信号,进而输出相应的符号。接收机也由两部分组成:分析信号和检测符号,即

$$分析:r_j = \int_0^{T_s} r(t) f_j(t) \mathrm{d}t, \quad j=0,1,\cdots,N-1 \quad (7.2.4)$$

$$检测:\mathbf{r} = \begin{bmatrix} r_0 \\ r_1 \\ \vdots \\ r_{N-1} \end{bmatrix} \Rightarrow \hat{a}_n = m_i \quad (7.2.5)$$

综上所述,传输系统模型可以表示为图 7.2.1 的形式,其中信号合成器,信道与信号分析器正好构成 AWGN 信道的等效向量信道。

图 7.2.1 数字传输系统的信号空间模型

由于噪声的影响,检测与判决中会偶尔出现错误,因此,需要进行合理的设计使错误概率在统计意义上达到最小。系统的**错误概率**又称为**差错概率**(**probability of error**),指它的**平均符号错误概率**,可用误码率(**probability of symbol error**)表示。它可以表示为

$$P_e = P(\hat{a}_n \neq a_n) = \sum_{i=0}^{M-1} P(a_n=m_i) P(\hat{a}_n \neq m_i \mid a_n=m_i)$$

$$= \sum_{i=0}^{M-1} p_i P(\hat{a}_n \neq m_i \mid a_n=m_i) \quad (7.2.6)$$

达到最小差错概率(误码率)的接收机称为**最佳接收机**(**optimal receiver**)。

## 7.2.2 信号星座图

图 7.2.1 给出的一般模型适用于各种类型的数字传输系统,包括各种基带与频带系统。系统的不同其实只是选用的信号集不同而已。下面通过例子具体说明。

**例 7.2** 双极性 NRZ 二元数字基带系统:信号为 $s_0(t)=-g_T(t)$,$s_1(t)=+g_T(t)$,如图 7.2.2 所示($g_T(t)$ 是高度为 $A$ 宽度为 $T_b$ 的矩形非归零脉冲)。

**解** 首先,依照 Gram-Schmidt 正交化方法求信号空间的基函数,记 $E_g = \int_0^{T_s} g_T^2(t) dt$,易见

$$\|s_0\| = \left[\int_0^{T_s} g_T^2(t) dt\right]^{1/2} = \sqrt{E_g}$$

因此

图 7.2.2 双极性 NRZ 基带系统的信号集

$$f_0(t) = -\frac{1}{\sqrt{E_g}} g_T(t)$$

由于 $s_1(t) + \sqrt{E_g} f_0(t) = 0$,所以,信号空间是一维的,可取基函数集为 $\{g_T(t)/\sqrt{E_g}\}$。

信号点集为 $\{s_0, s_1\}$,其中,$s_0 = [\sqrt{E_g}]$,$s_1 = [-\sqrt{E_g}]$。∎

**例 7.3** $M=4$ 元的数字基带系统:信号集为 $\{-3g_T(t), -g_T(t), +g_T(t), +3g_T(t)\}$,其中,$g_T(t)$ 为某个基带发送(成形)脉冲。

**解** 首先依照 Gram-Schmidt 正交化方法求信号空间的基函数,令

$$f_0(t) = \frac{1}{\sqrt{E_g}} g_T(t)$$

其中,$\sqrt{E_g} = \left[\int_0^{T_s} g_T^2(t) dt\right]^{1/2}$。由于 $s_0(t) + 3\sqrt{E_g} f_0(t) = 0$,$s_1(t) + \sqrt{E_g} f_0(t) = 0$,$s_3(t) - 3\sqrt{E_g} f_0(t) = 0$,所以,信号空间是一维的,基函数集为 $\{g_T(t)/\sqrt{E_g}\}$。

信号点集为

$$\{s_0, s_1, s_2, s_3\} = \{[-3\sqrt{E_g}], [-\sqrt{E_g}], [+\sqrt{E_g}], [+3\sqrt{E_g}]\}$$ ∎

**例 7.4** QPSK 系统:信号集为 $\{g_T(t)\cos(2\pi f_c t + i\pi/2)\}_{i=0}^{3}$,其中,$g_T(t)$ 为基带成形脉冲,并且 $2f_c T_s$ 为整数。

**解** 首先令

$$E_s = \int_0^{T_s} g_T^2(t) \cos^2\left(2\pi f_c t + i\frac{\pi}{2}\right) dt$$

$$= \frac{1}{2}\int_0^{T_s} g_T^2(t) dt + \frac{1}{2}\int_0^{T_s} g_T^2(t) \cos(4\pi f_c t + i\pi) dt = \frac{1}{2} E_g$$

其中,由于 $2f_c T_s$ 为整数,使第二项积分值为 0(其实,即使 $2f_c T_s$ 不为整数,通常 $f_c \gg 1/T_s$,第二项积分值仍然可以忽略不计)。

依照 Gram-Schmidt 正交化方法,容易得出信号空间为二维的,基函数为

$$f_0(t) = \sqrt{\frac{2}{E_g}} g_T(t) \cos(2\pi f_c t)$$

$$f_1(t) = \sqrt{\frac{2}{E_g}} g_T(t) \cos\left(2\pi f_c t + \frac{\pi}{2}\right) = -\sqrt{\frac{2}{E_g}} g_T(t) \sin(2\pi f_c t)$$

由 $2f_c T_s$ 为整数可得

$$\int_0^{T_s} f_0(t) f_1(t) \mathrm{d}t = \frac{1}{2} \int_0^{T_s} g_T^2(t) \sin(4\pi f_c t) \mathrm{d}t = 0$$

可见 $f_0(t)$ 与 $f_1(t)$ 是正交的。

显然，QPSK 系统的四个二维信号点为

$$\{\boldsymbol{s}_0, \boldsymbol{s}_1, \boldsymbol{s}_2, \boldsymbol{s}_3\} = \left\{ \begin{bmatrix} \sqrt{E_s} \\ 0 \end{bmatrix}, \begin{bmatrix} 0 \\ \sqrt{E_s} \end{bmatrix}, \begin{bmatrix} -\sqrt{E_s} \\ 0 \end{bmatrix}, \begin{bmatrix} 0 \\ -\sqrt{E_s} \end{bmatrix} \right\}$$

**例 7.5** 2FSK 系统：信号集为 $\{\cos(2\pi f_0 t), \cos(2\pi f_1 t)\}$，频率 $f_0$ 与 $f_1$ 满足正交条件：$\int_0^{T_s} \cos(2\pi f_0 t) \cos(2\pi f_1 t) \mathrm{d}t = 0$，且 $(f_0 + f_1)T_s$ 为整数。

**解** 信号空间是二维的，由于频率 $f_0$ 与 $f_1$ 正交，基函数为

$$f_0(t) = \sqrt{2} \cos(2\pi f_0 t)$$

$$f_1(t) = \sqrt{2} \cos(2\pi f_1 t)$$

其中，$E_s = \int_0^{T_s} \cos^2(2\pi f_0 t) \mathrm{d}t = \int_0^{T_s} \cos^2(2\pi f_1 t) \mathrm{d}t = 1/2$。

信号点集为 $\{\boldsymbol{s}_0, \boldsymbol{s}_1\} = \left\{ \begin{bmatrix} \sqrt{E_s} \\ 0 \end{bmatrix}, \begin{bmatrix} 0 \\ \sqrt{E_s} \end{bmatrix} \right\}$。

几种基本数字传输系统的信号集、信号空间与信号点集如表 7.2.1 所示。

表 7.2.1  基本数字传输系统的信号集、信号空间与信号点集

| 基带或频带数字系统 | 信 号 集 | 信号空间 维数 | 信号空间 基函数 | 信号点集 |
|---|---|---|---|---|
| 单极性二元基带系统 | $\{0, g_T(t)\}$ | 1 | $\frac{1}{\sqrt{E_g}} g_T(t)$ | $\{[0], [\sqrt{E_g}]\}$ |
| 双极性二元基带系统 | $\{-g_T(t), g_T(t)\}$ | 1 | | $\{[-\sqrt{E_g}], [\sqrt{E_g}]\}$ |
| $M$ 元基带系统 | $\{(2i-M+1)g_T(t)\}_{i=0}^{M-1}$ | 1 | | $\{(2i-M+1)\sqrt{E_g}\}_{i=0}^{M-1}$ |
| 2ASK | $\{0, g_T(t)\cos(2\pi f_c t)\}$ | 1 | $\sqrt{\frac{2}{E_g}} g_T(t)\cos(2\pi f_c t)$ | $\{[0], [\sqrt{E_s}]\}$ |
| 2PSK | $\{-g_T(t)\cos(2\pi f_c t),\ g_T(t)\cos(2\pi f_c t)\}$ | 1 | | $\{[-\sqrt{E_s}], [\sqrt{E_s}]\}$ |
| 2FSK | $\{\cos(2\pi f_0 t),\ \cos(2\pi f_1 t)\}$ | 2 | $\sqrt{2}\cos(2\pi f_0 t)$ $\sqrt{2}\cos(2\pi f_1 t)$ | $\left\{ \begin{bmatrix} \sqrt{E_s} \\ 0 \end{bmatrix}, \begin{bmatrix} 0 \\ \sqrt{E_s} \end{bmatrix} \right\}$ |
| QPSK | $\{g_T(t)\cos(2\pi f_c t),$ $g_T(t)\sin(2\pi f_c t),$ $-g_T(t)\cos(2\pi f_c t),$ $-g_T(t)\sin(2\pi f_c t)\}$ | 2 | $\sqrt{\frac{2}{E_g}} g_T(t)\cos(2\pi f_c t)$ $-\sqrt{\frac{2}{E_g}} g_T(t)\sin(2\pi f_c t)$ | $\left\{ \begin{bmatrix} \sqrt{E_s} \\ 0 \end{bmatrix}, \begin{bmatrix} 0 \\ \sqrt{E_s} \end{bmatrix}, \begin{bmatrix} -\sqrt{E_s} \\ 0 \end{bmatrix}, \begin{bmatrix} 0 \\ -\sqrt{E_s} \end{bmatrix} \right\}$ |

信号点集可用几何图形直观地表示出来，如图 7.2.3 所示。信号点集的图形宛如天空中的星座，所以它被称为**信号星座图**（**constellation**）。

图 7.2.3 几种数字传输系统的信号星座图

在信号传输过程中,发送端的映射操作将待传送的符号对应于星座图中的某个特定的信号点 $s_i$,该信号点通过等效的向量 AWGN 信道后,再由接收端的分析器输出为接收点 $r$。$r$ 原本应该落在信号空间中的 $s_i$ 处,但由于噪声的存在,它将偏离 $s_i$ 点,随机地落在其附近。$r$ 点的各种可能位置围绕 $s_i$ 点形成云状图形,称为**云图**(cloud)。云图是观察传输系统与信号宏观质量的一种定性与简便的实验数据。

云图中点的疏密程度对应于 $r$ 落在相应位置处的概率密度。由前面的讨论可知,$r$ 的统计特性为多维高斯分布,其条件概率密度函数为

$$f(\boldsymbol{r} \mid \boldsymbol{s}_i) = f(r_0, r_1, \cdots, r_{N-1} \mid s_{i0}, s_{i1}, \cdots, s_{i(N-1)})$$
$$= \left(\frac{1}{\sqrt{\pi N_0}}\right)^N \exp\left[-\frac{1}{N_0}\sum_{j=0}^{N-1}(r_j - s_{ij})^2\right] \qquad (7.2.7)$$

## 7.3 最佳接收机

最佳接收机是能够达到最小差错概率的接收系统。本节将采用信号空间的方法来直观地阐述最佳接收机的原理,解释实现最小错误概率的多种有关准则,介绍各种形式的最佳接收机结构,并说明最小差错概率的特性与计算方法。

### 7.3.1 最佳接收机原理

**1. 最佳检测器**

接收系统的检测器要完成由接收点恢复符号的工作,即基于向量 $r$ 估计出符号 $m_i$,这时,$r$ 也常称为**观察向量**(observed vector),相应的接收信号空间称为**观察空间**。

检测器根据 $r$ 的落点来选择应该输出的符号。具体地讲,$r$ 落在空间中的某些点上,检测器选择 $m_0$,这些点组成的集合称为判决区域 0,记为 $D_0$;$r$ 落在另一些点上时,检测器选择 $m_1$,这些点组成的集合称为判决区域 1,记为 $D_1$;以此类推,可得出其余的判决区域,

$D_2, \cdots, D_{M-1}$。显然,信号空间中的每一个点都必定对应于唯一的一个符号,也就说,它属于且只属于一个判决区域。因此,$D_0, D_1, \cdots, D_{M-1}$彼此不重叠,并共同覆盖整个观测空间,或者说,集合组$\{D_i\}_{i=0}^{M-1}$是观测空间的一个划分。

从数学上讲,检测器只不过是某个划分,它将观测空间划分为与发射信号点对应的$M$个判决区域,按照$r$落入的区域来估计发射的信号,进而选择相应的符号。判决规则通过这些判决区域来体现,检测器的不同就在于其判决区域定义得不同。

最佳接收机的目标就是要设计一个最佳检测器,或者说,分配一组最佳的判决区域$\{D_i\}_{i=0}^{M-1}$,使系统的平均差错概率达到最小。由式(7.2.6)可见

$$P_e = \sum_{i=0}^{M-1} p_i P(\hat{a}_n \neq m_i \mid a_n = m_i) = 1 - \sum_{i=0}^{M-1} p_i P(\hat{a}_n = m_i \mid a_n = m_i) \quad (7.3.1)$$

其中,条件"$a_n = m_i$"就是发射点为$s_i$;"$\hat{a}_n = m_i$"就是检测器输出为$m_i$,即,$r \in D_i$。于是,上式可以改写为

$$P_e = 1 - \sum_{i=0}^{M-1} p_i P(r \in D_i \mid s_i) = 1 - \sum_{i=0}^{M-1} p_i \int_{D_i} f(r \mid s_i) dr \quad (7.3.2)$$

显然,调整上式中的$D_i$,即变更判决区域,可能降低$P_e$。

仔细观察式(7.3.2)可以发现,最佳检测器的判决区域$\{D_i\}_{i=0}^{M-1}$可以如下获得:对于空间中任意一点$r$,比较下面$M$个函数值

$$y_0 = p_0 f(r \mid s_0), y_1 = p_1 f(r \mid s_1), \cdots, y_{M-1} = p_{M-1} f(r \mid s_{M-1})$$

寻找其中最大函数值$y_i$对应的下标$i$,即信号点$s_i$的下标,那么,令点$r$属于$D_i$。依此方法将空间中所有点逐个划分,便形成了$\{D_i\}_{i=0}^{M-1}$。这种划分可以使式(7.3.2)达到最小,因此,相应的检测器为最佳检测器。

上述最佳检测器通常采用下面的判决规则来表述

$$m_i : i = \arg\{\max_i \ p_i f(r \mid s_i)\} \quad (7.3.3)$$

其中,$m_i$是基于观察向量$r$的最佳输出符号,其下标由冒号后面的公式给出。公式中$\arg\{\max_i [\cdots]\}$表示使函数$[\cdots]$达到最大值的自变量$i$。

**2. ML 与 MAP 准则**

在检测与估计理论中,$p_i = P(a_n = m_i) = P(s_i)$称为先验概率,$f(r \mid s_i)$称为**似然函数**(likelihood function),而$P(s_i \mid r)$称为**后验概率**。几种函数之间由如下的 Bayes 公式联系在一起

$$P(s_i \mid r) = \frac{P(s_i) f(r \mid s_i)}{f(r)} \quad (7.3.4)$$

ML 与 MAP 准则定义为

(1) 使似然函数最大的规则称为**最大似然**(Maximum Likelihood,ML)**准则**,记为

$$\text{ML} \quad m_i : i = \arg\{\max_i f(r \mid s_i)\} \quad (7.3.5)$$

(2) 使后验概率密度函数最大的规则称为**最大后验概率**(Maximum A Posteriori probability,MAP)**准则**,记为

$$\text{MAP} \quad m_i : i = \arg\{\max_i P(s_i \mid r)\} \quad (7.3.6)$$

由 Bayes 公式容易看出，对于 MAP

$$\arg\{\max_i P(\mathbf{s}_i \mid \mathbf{r})\} = \arg\left\{\max_i \frac{p_i f(\mathbf{r} \mid \mathbf{s}_i)}{f(\mathbf{r})}\right\} = \arg\{\max_i p_i f(\mathbf{r} \mid \mathbf{s}_i)\}$$

因为 $f(\mathbf{r})$ 与 $i$ 无关。该式正是最佳判决规则式(7.3.3)的右端。进而，如果先验概率相等，$p_i = \frac{1}{M}$ 与 $i$ 无关，此时

$$\arg\{\max_i p_i f(\mathbf{r} \mid \mathbf{s}_i)\} = \arg\{\max_i f(\mathbf{r} \mid \mathbf{s}_i)\}$$

上式与式(7.3.5)形式一致。

综上可得：

(1) MAP 准则就是最佳检测规则，因此，MAP 接收机为最佳接收机，即最小差错概率接收机。

(2) 如果先验概率相等，ML 准则等同于 MAP 准则，这时 ML 接收机也是最佳接收机。

在大多数实际应用与理论分析中都可以假定先验概率相同，因而，ML 准则是一个最常用的准则。

**例 7.6** 二元信号 $\mathbf{s}_0 = [-\sqrt{E_g}]$ 与 $\mathbf{s}_1 = [\sqrt{E_g}]$ 的先验概率分别为 0.25 与 0.75。说明 ML 与 MAP 准则下的判决规则。

**解** 记接收信号为 $\mathbf{r} = [r]$，其条件概率为

$$f(\mathbf{r} \mid \mathbf{s}_0) = f(r \mid s_0) = \frac{1}{\sqrt{\pi N_0}} \exp\left[-\frac{(r+\sqrt{E_g})^2}{N_0}\right]$$

$$f(\mathbf{r} \mid \mathbf{s}_1) = f(r \mid s_1) = \frac{1}{\sqrt{\pi N_0}} \exp\left[-\frac{(r-\sqrt{E_g})^2}{N_0}\right]$$

对于 ML 准则，$f(r|s_0)$ 与 $f(r|s_1)$ 如图 7.3.1(a)所示。从图中可以看出判决区域 $D_0$ 与 $D_1$ 的范围应该从两曲线的交点处分界。由于 $f(r|s_0)$ 与 $f(r|s_1)$ 是相同的，可知区域的分界位置为 $V_T = \frac{1}{2}(-\sqrt{E_g} + \sqrt{E_g}) = 0$。ML 准则为，$r \gtreqless_0^1 0$。

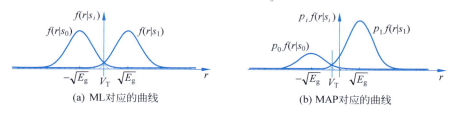

(a) ML对应的曲线　　　　(b) MAP对应的曲线

图 7.3.1　ML 与 MAP 对应的曲线图形示例

对于 MAP 准则，$0.25 f(r|s_0)$ 与 $0.75 f(r|s_1)$ 如图 7.3.1(b)所示。与 ML 相似，判决区域 $D_0$ 与 $D_1$ 仍应从两曲线交点处分界。由于两曲线高低不同。区域的分界位置在原点的左边，即 $V_T < 0$。$V_T$ 可由下面的方程解出

$$\frac{0.25}{\sqrt{\pi N_0}} \exp\left[-\frac{(V_T+\sqrt{E_g})^2}{N_0}\right] = \frac{0.75}{\sqrt{\pi N_0}} \exp\left[-\frac{(V_T-\sqrt{E_g})^2}{N_0}\right]$$

具体值的结果为

$$V_T = -\frac{N_0}{4\sqrt{E_g}} \ln\frac{p_1}{p_0} = -\frac{N_0}{4\sqrt{E_g}} \ln 3$$

MAP 准则为，$r \underset{0}{\overset{1}{\gtrless}} V_T$。

### 3. 对数似然函数与最小欧氏距离准则

ML 准则中的似然函数 $f(\boldsymbol{r}|\boldsymbol{s}_i)$ 正是前面多次讨论过的条件概率密度函数，它是包含指数函数的高斯分布。对于指数型的似然函数，采用对数似然函数最为方便。

**对数似然函数**定义为

$$l(\boldsymbol{s}_i) \overset{\text{def}}{=} \ln f(\boldsymbol{r}|\boldsymbol{s}_i) \tag{7.3.7}$$

由于 $\ln(\ )$ 是单调递增函数，易知，ML 准则可由对数似然函数等价地表述为

$$\text{ML} \quad m_i : i = \arg\{\max_i l(\boldsymbol{s}_i)\} \tag{7.3.8}$$

结合 $f(\boldsymbol{r}|\boldsymbol{s}_i)$ 的具体形式即式(7.2.7)，可得

$$l(\boldsymbol{s}_i) = l(s_{i_0}, s_{i_1}, \cdots, s_{i_{N-1}}) = \ln\left\{\left(\frac{1}{\sqrt{\pi N_0}}\right)^N \exp\left[-\frac{1}{N_0}\sum_{j=1}^{N-1}(r_j - s_{ij})^2\right]\right\}$$

$$= -\frac{N}{2}\ln(\pi N_0) - \frac{1}{N_0}\sum_{j=0}^{N-1}(r_j - s_{ij})^2$$

式中第一项为常量，第二项中，$\sum_{j=0}^{N-1}(r_j - s_{ij})^2 = \|\boldsymbol{r} - \boldsymbol{s}_i\|^2$。可见，$l(\boldsymbol{s}_i)$ 的最大与 $\|\boldsymbol{r} - \boldsymbol{s}_i\|^2$ 的最小一一对应。其几何意义非常清楚，即选择距离接收点 $\boldsymbol{r}$ 最近的信号点 $\boldsymbol{s}_i$，输出相应的符号 $m_i$。

因而，ML 准则等价于**最小欧氏距离准则**

$$\text{ML} \quad m_i : i = \arg\{\min_i \|\boldsymbol{r} - \boldsymbol{s}_i\|^2\} \tag{7.3.9}$$

又由于

$$\|\boldsymbol{r} - \boldsymbol{s}_i\|^2 = (\boldsymbol{r} - \boldsymbol{s}_i) \cdot (\boldsymbol{r} - \boldsymbol{s}_i) = \boldsymbol{r} \cdot \boldsymbol{r} - 2\boldsymbol{r} \cdot \boldsymbol{s}_i + \boldsymbol{s}_i \cdot \boldsymbol{s}_i$$

$$= \|\boldsymbol{r}\|^2 - 2\boldsymbol{r} \cdot \boldsymbol{s}_i + \|\boldsymbol{s}_i\|^2$$

其中，$\|\boldsymbol{s}_i\|^2$ 是 $\boldsymbol{s}_i$ 的能量，记为 $E_i$；而 $\|\boldsymbol{r}\|^2$ 与 $i$ 无关，因此 ML 准则又等价于

$$\text{ML} \quad m_i : i = \arg\left\{\max_i (\boldsymbol{r} \cdot \boldsymbol{s}_i) - \frac{1}{2}E_i\right\} \tag{7.3.10}$$

上式中，核心部分 $\boldsymbol{r} \cdot \boldsymbol{s}_i$ 反映的是观察向量 $\boldsymbol{r}$ 与 $\boldsymbol{s}_i$ 的相关程度，因而是一种**最大相关准则**。不少系统中的各个信号点能量相同，这时，最大相关准则简化为

$$\text{ML} \quad m_i : i = \arg\{\max_i \boldsymbol{r} \cdot \boldsymbol{s}_i\} \tag{7.3.11}$$

综上所述，在 AWGN 信道中，最小欧氏距离准则或最大相关准则就是 MAP 准则，对于先验概率相同的数字传输系统，相应的接收机为最佳接收机。

**例 7.7** 假定先验概率相同，试说明 2FSK 系统在 AWGN 信道中的最佳判决准则。

**解** 由前面的讨论可知 2FSK 系统的星座图如图 7.3.2 所示。根据最小欧氏距离准则，最佳判决区域由两个信号点之间的中间线分开，显然，接收点 $\boldsymbol{r} \in D_1$ 等价于 $r_1 > r_0$，($r_1$ 与 $r_0$ 分别是接收点的纵坐标与横坐标）。因此，判决准则为

$$r_1 \underset{0}{\overset{1}{\gtrless}} r_0 \quad \text{或} \quad (r_1 - r_0) \underset{0}{\overset{1}{\gtrless}} 0$$

图 7.3.2　2FSK 系统的判决准则

## 7.3.2 最佳接收机结构

由 7.2.1 节讨论的数字传输系统的一般模型,接收机由分析器与检测器两部分组成。结合刚刚讨论过的最佳接收原理可以得出两种结构的最佳接收机,如图 7.3.3 所示。根据 7.1 节,内积运算既可以用相关器实现,也可以用匹配滤波器实现。图 7.3.3(a)与(b)中分别采用相关器与匹配滤波器来实现接收机中分析器的内积运算。又由于在大多数实际应用与理论分析中都可以假定先验概率相同,因而,图中与本文后面的最佳接收机,除特别声明外,通常都采用 ML 准则。

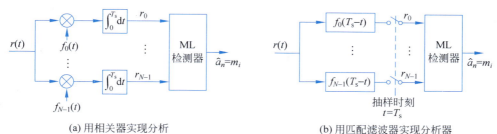

(a) 用相关器实现分析          (b) 用匹配滤波器实现分析器

图 7.3.3  相关器与匹配滤波器型的最佳接收机

**例 7.8**  设计 $M$ 元基带传输系统的最佳接收机。

**解**  由表 7.2.1 与图 7.2.3(c)可知,基带传输系统的信号空间是一维的,基函数为

$$f_0(t) = \frac{1}{\sqrt{E_g}} g_T(t)$$

采用图 7.3.3(b)的结构,可得出 $M$ 元基带传输系统的匹配滤波器型接收机如图 7.3.4 所示。其中,匹配滤波器中的因子 $\frac{1}{\sqrt{E_g}}$ 可以去掉,相应的判决门限更改为 $\{0, \pm 2E_g, \pm 4E_g, \cdots\}$ 即可。 ∎

图 7.3.4  $M$ 元基带传输系统的最佳接收机

显然,上面例题中讨论的结论,原则上适用于其他具有一维星座图的系统。例如,单极或双极性的二元基带系统、2ASK 与 2PSK 系统。

数字频带系统的基函数包含载波,形如 $\frac{1}{\sqrt{E_s}} g_T(t) \cos(2\pi f_c t)$,这时,接收机分析器可有图 7.3.5(a)~(d)的几种等效形式。其中,图 7.3.5(a)与(b)分别是匹配滤波器与相关器的两种基本形式,而图 7.3.5(c)是图 7.3.5(b)的简单变形,图 7.3.5(d)是图 7.3.5(c)的进一步变形。图 7.3.5(c)中将"乘以 $g_T(t)\cos(2\pi f_c t)$"改为分两次进行,其中虚线框内部是一个基带相关器,它又可以如图 7.3.5(d)所示用基带滤波器 $g_T(T_s - t)$ 来实现。因为 $g_T(t)$ 是带限的,所以在图 7.3.5(d)中不妨加入一个带宽足够的 LPF,如虚线框部分所示。注意到,图 7.3.5(d)正是前面经常讨论的相干解调器形式。其实,频带信号的几种分析器都必须精确地知道载波的频率与相位,因而,本质上都属于相干解调方法。

图 7.3.5 数字频带系统分析器的几种等效形式

另外,根据式(7.3.10)的最大相关规则,又可以将图 7.3.3 的最佳接收机改为图 7.3.6(a) 的结构。若再把相关运算改为用匹配滤波器实现,也可以改用图 7.3.6(b) 的结构,该结构中还假定所有信号能量相同,它对应于式(7.3.11)。这两种结构的分支数为 $M$,与符号元数相对应;而前面图 7.3.3 的结构中,分支数为 $N$,与信号空间的维数对应。显然,对于 $M>N$ 的情形,如 QPSK,基于最大相关规则的最佳接收机分支数增多,结构变得复杂。

图 7.3.6 基于最大相关规则的最佳接收机

**例 7.9** 设计 QPSK 系统的最佳接收机。

**解** 由表 7.2.1 与图 7.2.3(e)可知,QPSK 具有二维的信号星座图,基函数为 $\sqrt{\frac{2}{E_g}}g_T(t)\cos(2\pi f_c t)$ 与 $-\sqrt{\frac{2}{E_g}}g_T(t)\sin(2\pi f_c t)$。利用图 7.3.5(d)的分析器形式,可得如图 7.3.7 的最佳接收机结构。根据最小距离准则易知,ML 准则为

$$r_0 > |r_1|: \hat{a}_n = 00; \quad r_1 > |r_0|: \hat{a}_n = 01;$$
$$r_0 < -|r_1|: \hat{a}_n = 10; \quad r_1 < -|r_0|: \hat{a}_n = 11$$

图 7.3.7 QPSK 系统的最佳接收机

**例 7.10** 设计 2FSK 的最大相关接收机。

**解** 由于 2FSK 的信号集为 $\{g_T(t)\cos(2\pi f_0 t), g_T(t)\cos(2\pi f_1 t)\}$,基于最大相关规

则,其最佳接收机(采用匹配滤波器)如图 7.3.8 所示。

图 7.3.8　2FSK 的最大相关接收机

通常 2FSK 两个频率的信号是正交的,图 7.3.9 给出了输入信号及其两个匹配滤波器的输出结果。注意到该输出中含有正弦载波,如果直接采样需要极准确的定时。一般应该先滤除振荡后再抽样,或在各个支路上采用图 7.3.5(d)的形式。

图 7.3.9　输入信号及其两个匹配滤波结果

最后,上述多种有趣的最佳接收机结构是彼此等价的,在理论分析与实际应用中,可以依据具体需求来选用。

### 7.3.3　最小差错概率

再来考虑一下最佳接收机的差错概率(误码率)及有关问题。由式(7.3.2)得

$$P_e = 1 - \sum_{i=0}^{M-1} \int_{D_i} p_i f(\boldsymbol{r} \mid \boldsymbol{s}_i) \mathrm{d}\boldsymbol{r} \tag{7.3.12}$$

其中,判决区域 $\{D_i\}_{i=0}^{M-1}$ 按 MAP 或 ML 准则来确定。一般而言,除一些简单情况外,具体划分 $D_i$ 并计算相应的积分值是不容易的。

#### 1. 差错概率的旋转与平移不变性

数字传输系统有一个有趣的特性称为**差错概率的旋转与平移不变性**:传输系统的最小差错概率由它的信号星座图的形状和先验概率唯一确定,即使对该星座图进行任意的旋转与平移,传输系统的最小差错概率不会改变。

为了理解这一特性,以 QPSK 系统的星座图为例,考察最佳判决区域 $\{D_i\}_{i=0}^{M-1}$ 与星座之间的关联性。图 7.3.10(a)是系统相应的 $p_0 f(\boldsymbol{r} \mid \boldsymbol{s}_0)$、$p_1 f(\boldsymbol{r} \mid \boldsymbol{s}_1)$、$p_2 f(\boldsymbol{r} \mid \boldsymbol{s}_2)$ 与 $p_3 f(\boldsymbol{r} \mid \boldsymbol{s}_3)$ 的合并图,MAP 准则正是基于这一图形来划定判决区域的。由于 $f(\boldsymbol{r} \mid \boldsymbol{s}_i)$ 形状相同且具有圆对称性,因此,在任何一点 $\boldsymbol{r}$ 处,各个 $p_i f(\boldsymbol{r} \mid \boldsymbol{s}_i)$ 的取值实质上由 $\boldsymbol{r}$ 相对于各个 $\boldsymbol{s}_i$ 点的位置决定,也就是说,$\boldsymbol{r}$ 点的区域属性完全取决于它相对于各信号点的位置。由于 $\boldsymbol{r}$ 是任意的,所以,整个观察空间的最佳划分完全由星座图的信号点决定,它随星座图的旋转而旋转,平移而平移,如图 7.3.10(b)与(c)所示。

这表明判决区域相对于星座图是不变的,而且,各区域上的 $p_i f(\boldsymbol{r} \mid \boldsymbol{s}_i)$ 相对于区域也是不变的,所以,$P_e$ 公式(7.3.12)中的各个积分值不因星座的旋转与平移而变,$P_e$ 具有旋转与平移的不变性。

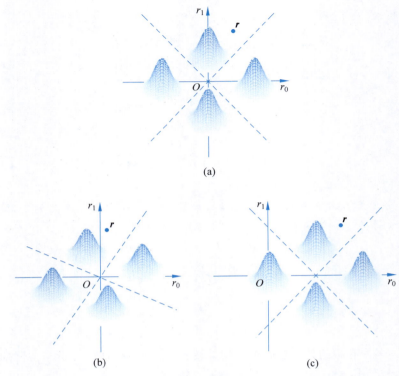

图 7.3.10 旋转与平移中 QPSK 系统的 $p_i f(r|s_i)$ 图形

**例 7.11** 假定等概率二元系统的信号星座图如图 7.3.11(a) 所示，求系统的最小差错概率。

(a) 原信号星座图     (b) 旋转与平移后的信号星座图

图 7.3.11 某二元系统的信号星座图

**解** 根据差错概率的旋转与平移不变性，对原星座图进行适当的旋转与平移，可得图 7.3.11(b) 的图形，相应的二维观察空间可退化为一维空间。由于先验概率相等，两条条件概率曲线是相同的，因此两判决区域的分界点在中央位置的 $d/2$ 处，所以

$$P_e = 1 - \frac{1}{2}\int_{D_0} f(r|s_0)\,dr - \frac{1}{2}\int_{D_1} f(r|s_1)\,dr$$

$$= 1 - \int_{D_0} f(r|s_0)\,dr = 1 - \int_{\frac{d}{2}}^{+\infty} \frac{1}{\sqrt{\pi N_0}} \exp\left(-\frac{r^2}{N_0}\right)dr$$

令 $u = \sqrt{\frac{2}{N_0}}\,r$，则

$$P_e = 1 - \int_{\sqrt{\frac{d^2}{2N_0}}}^{+\infty} \frac{1}{\sqrt{2\pi}} \exp\left(-\frac{u^2}{2}\right)du = Q\left(\sqrt{\frac{d^2}{2N_0}}\right) \tag{7.3.13}$$

从原图中可计算出这种系统每时隙的平均信号能量为

$$E_{\text{av}} = \frac{1}{2}\left[\left(\frac{\sqrt{2}}{2}d\right)^2 + \left(\frac{\sqrt{2}}{2}d\right)^2\right] = \frac{d^2}{2}$$

所以,该系统的最小差错概率还可以表示为

$$P_e = Q\left(\sqrt{\frac{E_{\text{av}}}{N_0}}\right)$$

容易看出,上例的讨论方法与式(7.3.13)的结论适用于各种信号点相距为 $d$ 的二元数字传输系统。结合图 7.2.3 中几种二元系统的具体星座图,可以将 $d$ 表示为各自的比特平均能量形式,并总结出表 7.3.1 的结果。容易看出,这些结果与第 3 章和第 5 章的有关结果是相同的。显然,基于信号空间的分析方法更为直观与简洁。

表 7.3.1 几种二元系统的差错概率

| | $E_{\text{bav}}$ | $d^2$ | $P_e$ 或 $P_b$ |
|---|---|---|---|
| 单极性基带或 2ASK | $\dfrac{0^2+d^2}{2}$ | $2E_{\text{bav}}$ | $Q\left(\sqrt{\dfrac{E_{\text{bav}}}{N_0}}\right)$ |
| 双极性基带或 2PSK | $\left(\dfrac{d}{2}\right)^2$ | $4E_{\text{bav}}$ | $Q\left(\sqrt{\dfrac{2E_{\text{bav}}}{N_0}}\right)$ |
| 2FSK | $\left(\dfrac{\sqrt{2}}{2}d\right)^2$ | $2E_{\text{bav}}$ | $Q\left(\sqrt{\dfrac{E_{\text{bav}}}{N_0}}\right)$ |

#### *2. 差错概率的联合边界

虽然差错概率的旋转与平移不变性有助于简化 $P_e$ 的计算,但当 $M$ 较大和信号星座图的形状不具有良好的对称性时,具体的 $P_e$ 仍然很难求得。这时,只能寻找 $P_e$ 的近似上界。这种上界略大于 $P_e$ 的理论值,大致给出了相应传输系统可能逼近的理想状况。在无法获得精确 $P_e$ 的情况下,它对于系统的理论分析与实际设计具有重要的指导意义。

一种简单而常用的上界公式称为**差错概率的联合边界**(union bound),具体公式为

$$P_e \leqslant (M-1)Q\left(\sqrt{\frac{d_{\min}^2}{2N_0}}\right) \leqslant \frac{M-1}{\sqrt{\pi}}\exp\left(-\frac{d_{\min}^2}{4N_0}\right) \tag{7.3.14}$$

其中,$d_{\min}$ 为星座图中信号点间的最小距离,$Q(\ )$ 函数与指数函数具有相似的趋势,作为 $Q(\ )$ 的自变量 $d_{\min}$(或 $d_{\min}^2/N_0$)是 $P_e$ 的主导因素。

从误码的产生原理可知,$P_e$ 主要由星座图中相距最近的那些信号点彼此之间的码元错误决定,式(7.3.14)本质上体现的正是这一点,不过,式中考虑了最坏的情形,即所有的信号点都处于最近距离 $d_{\min}$ 的情形。因此,当 $M$ 较大时,式(7.3.14)通常较为宽松,即离理论值较远。如果需要收紧边界,可将式(7.3.14)的因子$(M-1)$改为 $M_n$,$M_n$ 为星座图中相距最近的那些信号点的数目。

#### *3. 最小平均能量

优秀的数字传输系统应该按照前面讨论的方法进行最佳估计,以达到最小的差错概率。同时,还应该力求消耗尽量少的传输能量。利用信号星座图可以求出传输每个符号需要的平均能量为

$$E_{\text{av}} = \sum_{i=0}^{M-1} p_i \| \mathbf{s}_i \|^2 \tag{7.3.15}$$

其中，$p_i$ 为每个符号的先验概率，$E_{\text{av}}$ 也称为**信号星座图的平均能量**。

将星座图平移可能进一步降低其平均能量，因此，可以求出某个平移向量 $\mathbf{b}$，使移动后星座 $\mathbf{s}_i - \mathbf{b}$ 的平均能量达到最低。由

$$E_{\text{av}} = \sum_{i=1}^{M-1} p_i \| \mathbf{s}_i - \mathbf{b} \|^2 = \sum_{i=0}^{M-1} p_i [(\mathbf{s}_i - \mathbf{b})^{\text{T}}(\mathbf{s}_i - \mathbf{b})]$$

$$= \sum_{i=0}^{M-1} p_i (\mathbf{s}_i^{\text{T}} \mathbf{s}_i - 2\mathbf{b}^{\text{T}} \mathbf{s}_i + \mathbf{b}^{\text{T}} \mathbf{b})$$

为了寻求最佳 $\mathbf{b}$，令

$$\frac{\partial}{\partial \mathbf{b}} E_{\text{av}} = \sum_{i=0}^{M-1} p_i (0 - 2\mathbf{s}_i + 2\mathbf{b}) = 0$$

则

$$\mathbf{b} = \sum_{i=0}^{M-1} p_i \mathbf{b} = \sum_{i=0}^{M-1} p_i \mathbf{s}_i = E[\mathbf{s}_i] \tag{7.3.16}$$

其中，$E[\mathbf{s}_i]$ 是信号星座图 $\{\mathbf{s}_i\}_{i=0}^{M-1}$ 的统计平均向量(或点)。

所以，统计平均向量 $E[\mathbf{s}_i]$ 为零的星座图具有最小的平均能量；当 $E[\mathbf{s}_i]$ 非零时，平移为 $\mathbf{s}_i - E[\mathbf{s}_i]$ 后的统计平均为零，于是，新的星座图 $\{\mathbf{s}_i - E[\mathbf{s}_i]\}_{i=0}^{M-1}$ 具有最小平均能量。

从星座图易见，2PSK 是最小能量信号；而 2ASK 与 2FSK 都不是最小能量信号。由此可见，2ASK 与 2FSK 信号中有一部分能量对于保持最小差错概率传输而言是多余的。但这部分能量对于系统的其他需求是有价值的，比如，实现方面的简便性需求。很多实际系统都必须综合考虑多方面的目标，因而，像 2ASK、2FSK 等多种非最小平均能量的系统仍是具有实用价值的数字传输系统。

## 7.4 MASK、MPSK 与 QAM 及性能分析

MASK 与 MPSK 指 $M$ 元幅移与相移键控，QAM 指 $M$ 元正交幅度调制。它们是一类频带利用率相同，特性类似的多元频带调制方式。在同样的传输功率与白噪声条件下，QAM 的误码性能最佳，MPSK 次之，而 MASK 较差。

MASK 采用一维信号空间，MPSK 与 QAM 采用二维信号空间。它们是一、二维信号的典型代表。

### 7.4.1 信号星座图

基于第 5 章的介绍，可以对 MASK、MPSK 与 QAM 做进一步的信号空间分析。首先，它们的基函数及其信号特点可归纳如表 7.4.1，几种典型的星座图如图 7.4.1 所示。其中，基函数是归一化与正交的，$E_g$ 是信号 $g_T(t)$ 的能量，记信号时隙长为 $T_s$，则 $E_g = \int_0^{T_s} g_T^2(t) \mathrm{d}t$。

表 7.4.1 MASK、MPSK 与 QAM 系统的信号集、信号空间基函数与特点

| 调制方式 | 信号空间基函数 | 信号特点 |
|---|---|---|
| MASK | $f_0(t) = \sqrt{\dfrac{2}{E_g}} g_T(t) \cos(2\pi f_c t)$ | $M$ 种电平等间隔，典型值为：$\pm 1, \pm 3, \cdots, \pm(M-1)$ |

续表

| 调制方式 | 信号空间基函数 | 信号特点 |
|---|---|---|
| MPSK | $f_0(t)=\sqrt{\dfrac{2}{E_g}}g_T(t)\cos(2\pi f_c t)$ | $M$ 种相位等间隔，相应信号点均匀分布在圆周上，使所有的信号保持相同的幅度与能量 |
| QAM | $f_1(t)=-\sqrt{\dfrac{2}{E_g}}g_T(t)\sin(2\pi f_c t)$ | 信号点可以充分利用二维平面。星座图形状可为圆形的、矩形的或其他形式的。基本原则是：使信号点总体上尽量集中且邻近点间的距离最大 |

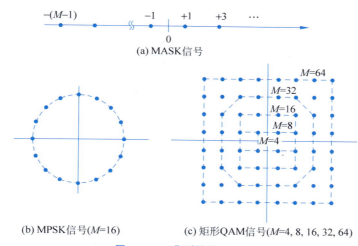

图 7.4.1 典型信号星座图

显然，MASK 信号是一维的，而 MPSK 与 QAM 信号是二维的。另一方面，MPSK 的信号点约束在圆周上，而 QAM 的没有约束。可以说，QAM 是一般形式，MPSK 与 MASK 是 QAM 的两种特殊形式，它们的信号点分别被限制在圆周与直线上。

QAM 的信号点可以充分利用整个二维平面。对于任何一个 $M$，其信号星座图可以是圆形的、矩形的或其他任何形式的。各信号点通常以原点对称，这样保证统计平均向量 $E[s_i]=0$，从而使信号的平均能量最小。QAM 星座安排的基本考虑是：在给定平均信号能量 $E_{av}$ 的情况下，使信号点之间的最小距离 $d_{min}$ 最大，从而使系统的误码性能达到最佳；或者，在给定 $d_{min}$ 的情况下，使 $E_{av}$ 最小，从而使信号消耗最少的能量。

**例 7.12** 假定 8QAM 的信号星座图与映射关系如图 7.4.2 所示，图中圆的半径为 3。试给出：(1) 一般信号公式；(2) 比特组为 010 时的具体信号公式。

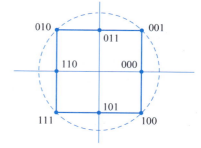

图 7.4.2 一种 8QAM 的信号星座图

**解** (1) 记第 $n$ 时隙比特组对应的信号点为 $s_i=[a_{cn},a_{sn}]^T$，则该 QAM 信号的一般公式为

$$s_{8QAM}(t)=a_{cn}f_0(t)+a_{sn}f_1(t)=\sqrt{\dfrac{2}{E_g}}g_T(t)[a_{cn}\cos(2\pi f_c t)-a_{sn}\sin(2\pi f_c t)]$$

(2) 比特组 010 对应的信号点为 $s_{010}=[-3,3]^T$，因此

$$s_{8QAM}(t)=3\sqrt{\dfrac{2}{E_g}}g_T(t)[-\cos(2\pi f_c t)-\sin(2\pi f_c t)]$$

## 7.4.2 最佳接收机

假定各符号等概率出现,最佳接收机等同于 MAP 准则接收机。对于 MASK,参照图 7.3.4 与图 7.3.5(d),可以得出如图 7.4.3 所示的最佳接收机框图。对于 QAM 与 MPSK,最佳接收机采用正交结构,如图 7.4.4 所示,其中 MAP 判决器通常采用最小距离准则。它们正是第 5 章给出的相应方案。

图 7.4.3　MASK 的最佳接收机

对于 MPSK,由于信号点沿圆周等距分布,具体的判决准则可由接收向量 $r=[r_0,r_1]^T$ 的夹角来实施,即计算 $\theta_r = \arctan \dfrac{r_1}{r_0}$,而后,以夹角门限进行一维判决,如图 7.4.5 所示。

图 7.4.4　QAM 与 MPSK 的最佳接收机

图 7.4.5　8PSK 判决区域、夹角门限以及 $f(r|s_0)$ 示意

## *7.4.3　MASK 最小差错概率

计算 MASK 系统的最小差错概率时,借助其星座图与各条件概率函数来分析。以 $M=4$ 为例,如图 7.4.6 所示。图中标出了各个条件概率 $f(r|s_i)$ 与判决区域 $D_i$,假定电平为 1 的信号对应于能量 $E_s$,则信号点的最小间距为 $d_{\min}=2\sqrt{E_s}$。考虑先验概率相同,则

$$P_e = \frac{1}{M}\sum_i \int_{r\notin D_i} f(r|s_i)\,dr = \frac{1}{M} 阴影区总面积$$

图 7.4.6　4ASK 的 $f(r|s_i)$ 图形

由于各个 $f(r|s_i)$ 形状相同,易知

$$\text{阴影区总面积} = 2(M-1) \times \text{高斯曲线单侧阴影区面积}$$
$$= 2(M-1)\int_{d_{\min}/2}^{\infty} \frac{1}{\sqrt{\pi N_0}} \exp\left(-\frac{r^2}{N_0}\right) dr$$

令 $u = \sqrt{\frac{2}{N_0}} r$,则

$$\text{阴影区总面积} = 2(M-1)\int_{\sqrt{d_{\min}^2/2N_0}}^{\infty} \frac{1}{\sqrt{2\pi}} \exp\left(-\frac{u^2}{2}\right) du = 2(M-1) Q\left(\sqrt{\frac{d_{\min}^2}{2N_0}}\right)$$

所以

$$P_e = \frac{2(M-1)}{M} Q\left(\sqrt{\frac{d_{\min}^2}{2N_0}}\right) \tag{7.4.1}$$

再根据图 7.4.1(a),计算 MASK 的平均码元能量为

$$E_{av} = \frac{1}{M}\sum_{i=0}^{M-1} \|s_i\|^2 = \frac{1}{M}\sum_{i=0}^{M-1}\left[(2i-M+1)\sqrt{E_s}\right]^2 = \frac{M^2-1}{3} E_s$$

于是,$d_{\min}^2 = (2\sqrt{E_s})^2 = \frac{12}{M^2-1} E_{av}$,代入式(7.4.1)得到 MASK 系统的最小差错概率。

MASK 系统的最小差错概率公式为

$$P_e = \frac{2(M-1)}{M} Q\left(\sqrt{\frac{6}{M^2-1} \times \frac{E_{av}}{N_0}}\right) = \frac{2(M-1)}{M} Q\left(\sqrt{\frac{6\log_2 M}{M^2-1} \times \frac{E_{bav}}{N_0}}\right) \tag{7.4.2}$$

其中,$E_{bav} = E_{av}/\log_2 M$ 为 MASK 系统的平均比特能量。

作为多元系统,MASK 系统通常采用格雷编码,这样每次码元错误几乎只造成 1 个比特错误,这时,系统的误比特性能为最佳,具体结果为 $P_b \approx P_e/\log_2 M$。

根据式(7.4.2)可得出 MASK 的平均误码率曲线,如图 7.4.7 所示。从图中看到,对于给定的误码率 $P_e$ 而言,随着 $M$ 值的增大,需要更多的 $E_{bav}/N_0$。当 $M$ 较小时,$M$ 每增加 1 倍,$E_{bav}/N_0$ 约需增加 4dB;当 $M$ 很大时,$E_{bav}/N_0$ 约需增加 6dB。还可以看到,$M$ 过大时,MASK 的误码性能会下降很多。

容易发现,MASK 的误码率结论及其推导过程,本质上与 4.4 节多元基带信号的相同。在这里,由于采用了信号空间分析方法,推导过程更为简明。

图 7.4.7 MASK 的平均误码率曲线

## *7.4.4 MPSK 最小差错概率

计算 MPSK 的最小平均差错概率时,依据其最佳接收机的判决区域来分析。为此观察

图 7.4.5，根据 MPSK 的 $M$ 个判决区域与相应的 $f(\boldsymbol{r}|\boldsymbol{s}_i)$ 的对称性，结合式(7.3.12)可以得到

$$P_e = 1 - \sum_{i=1}^{M-1} p_i \int_{D_i} f(\boldsymbol{r}|\boldsymbol{s}_i) = 1 - M \times \left[\frac{1}{M}\int_{D_0} f(\boldsymbol{r}|\boldsymbol{s}_0)d\boldsymbol{r}\right]$$

$$= 1 - \int_{D_0} f(\boldsymbol{r}|\boldsymbol{s}_0)d\boldsymbol{r} = 1 - \iint_{D_0} \frac{1}{\pi N_0} \exp\left[-\frac{(r_0 - \sqrt{E_s})^2 + r_1^2}{N_0}\right] dr_0 dr_1$$

这里假设各个信号等概率且能量为 $E_s$，则图中圆的半径为 $\sqrt{E_s}$。结合图示还可见，积分区域具有圆对称性，因而上式中的积分在极坐标中容易计算，令

$$\theta = \arctan\frac{r_1}{r_0}, \quad v = \sqrt{r_0^2 + r_1^2}$$

于是

$$P_e = 1 - \int_{-\pi/M}^{+\pi/M}\left[\int_0^\infty \frac{v}{\pi N_0}\exp\left(-\frac{v^2 - 2\sqrt{E_s}v\cos\theta + E_s}{N_0}\right)dv\right]d\theta \qquad (7.4.3)$$

除了 $M = 2$ 与 4 的简单情形外，上式只能采用数值方法来计算。

当 $M$ 较大和 $E_s/N_0$ 较高时，图 7.4.5 的 $D_0$ 及其上的积分可如图 7.4.8 进行近似。于是，按图 7.4.8(b)可得

$$P_e \approx \int_{\boldsymbol{r} \notin D_0} f(\boldsymbol{r}|\boldsymbol{s}_0)d\boldsymbol{r} = 2\int_{d_{\min}/2}^{+\infty}\left\{\int_{-\infty}^{+\infty}\frac{1}{\pi N_0}\exp\left[-\frac{(r_0-\sqrt{E_s})^2 + r_1^2}{N_0}\right]dr_0\right\}dr_1$$

$$= 2\int_{d_{\min}/2}^{+\infty} \frac{1}{\sqrt{\pi N_0}}\exp\left(-\frac{r_1^2}{N_0}dr_1\right) = 2Q\left(\sqrt{\frac{d_{\min}^2}{2N_0}}\right)$$

该结果与一般二元系统的结果相似，参见式(7.3.13)。从图中可见，$d_{\min} = 2\sqrt{E_s}\sin\frac{\pi}{M}$，代入上式可得 MPSK 系统的最小差错概率。

图 7.4.8 $D_0$ 区域积分的近似

MPSK 系统的最小差错概率公式为

$$P_e \approx 2Q\left(\sqrt{2\frac{E_s}{N_0}}\sin\frac{\pi}{M}\right) = 2Q\left(\sqrt{2\log_2 M \times \frac{E_{bav}}{N_0}}\sin\frac{\pi}{M}\right) \qquad (7.4.4)$$

其中，$E_{bav} = E_s/\log_2 M$，为 MPSK 系统的平均比特能量。

与其他多元系统一样，MPSK 系统通常采用格雷编码。这时，系统的误比特率近似为 $P_b \approx P_e/\log_2 M$。

MPSK 的误码率曲线如图 7.4.9 所示。为了获得高的频带利用率,有时要增大 $M$。从图中看到,对于给定的误码率 $P_e$ 而言,随着 $M$ 值的增大,需要更多的 $E_{\text{bav}}/N_0$。例如,在 $P_e = 10^{-5}$ 处,8PSK 比 4PSK 差约 4dB;16PSK 比 8PSK 差约 5dB;当 $M$ 更大时,$M$ 每增加 1 倍,$E_{\text{bav}}/N_0$ 约需增加 6dB。容易看出,$M$ 过大时,MPSK 的误码性能下降很多。实际上,常用的主要是 4PSK、8PSK 与 16PSK 系统。

从 MPSK 的圆形星座图可以看出,它的信号点被限制在半径为 $\sqrt{E_s} = \sqrt{E_b \log_2 M}$ 的圆周上。当 $M$ 增加时,大量的信号点挤在该圆周上,使信号点间的距离 $d_{\min}$ 明显下降,因而 $P_e$ 恶化。如果解除这种圆周约束,充分利用二维信号空间的平面来安排信号点,就可能在增加 $M$ 的时候,不显著地减小信号点间的最小距离 $d_{\min}$。这就是 QAM 方式。

图 7.4.9 MPSK 系统的误码率曲线

### 7.4.5 QAM 最小差错概率

QAM 的星座图多种多样,求解通用的 $P_e$ 公式一般来讲是非常困难的。这时可以利用联合边界公式给出大致的差错概率上界,利用式(7.3.14)可得

$$P_e \leqslant (M-1)Q\left(\sqrt{\frac{d_{\min}^2}{2N_0}}\right) \qquad (7.4.5)$$

其中,$d_{\min}$ 是 QAM 星座中信号的最小距离。当 $M$ 较大时,上界较宽松,可以按式(7.3.14)后面讨论的方法进行调整。

矩形 QAM 星座在实际通信中应用十分广泛,它虽然不一定是最优 QAM 星座结构,但接近最优。在给定的 $d_{\min}$ 条件下,矩形 QAM 星座的平均信号能量 $E_{\text{av}}$ 仅比最优 QAM 星座结构的 $E_{\text{av}}$ 稍微大一点。而矩形星座排布规整,映射与判决规则简明,使得其信号的产生与接收比较容易实现。所以,下面重点关注矩形 QAM 星座的情形。

图 7.4.10 正方形 QAM 星座与 $\sqrt{M}$ 元的 ASK 星座

特别是 $M = 4, 16, 64, 256$ 等的 QAM,由于 $M = 2^K$,相应的 $K$ 为偶数,此时的矩形星座是正方形的,称为**正方形星座**。由图 7.4.10 可见,$M$ 元的正方形 QAM 星座是两个 $\sqrt{M}$ 元的 ASK 星座的笛卡儿积(Cartesian product)。以 $M=16$ 为例,图中四个比特 $b_3 b_2 b_1 b_0$ 的高两位 $b_3 b_2$ 对应于信号点的横坐标 $a_{cn}$,低两位 $b_1 b_0$ 对应于信号点的纵坐标 $a_{sn}$,即

$$b_3 b_2 \leftrightarrow a_{cn}, b_1 b_0 \leftrightarrow a_{sn}$$

由此可以生成如下的两路 4ASK 信号

$$\begin{cases} s_{\text{PAM1}} = a_{cn} g_{\text{T1}}(t)\cos(2\pi f_c t) \\ s_{\text{PAM2}} = a_{sn} g_{\text{T1}}(t)\sin(2\pi f_c t) \end{cases} \quad (7.4.6)$$

于是,这类 $M$ 元 QAM 信号可以转化为两路载波正交的 $\sqrt{M}$ 元 ASK 信号之和,即

$$s_{\text{QAM}}(t) = s_{\sqrt{M}\text{-ASK1}}(t) + s_{\sqrt{M}\text{-ASK2}}(t) \quad (7.4.7)$$

而且,多元数字传输系统大都需要进行格雷编码,这对于正方形星座图的 QAM 不成问题,但对于其他形状的星座图,格雷编码不一定能有效地实施。所以,正方形星座的 QAM 系统更易于实际应用。

正方形星座图 QAM 的最小差错概率可如下计算: $M$ 元 QAM 符号接收正确等同于两路 $\sqrt{M}$ 元的 ASK 信号同时接收正确,即 MQAM 符号正确接收的概率为

$$P_c = (1 - P_{\sqrt{M}})^2$$

其中, $P_{\sqrt{M}}$ 是一路 $\sqrt{M}$ 元 ASK 的差错概率,由式(7.4.2)得

$$P_{\sqrt{M}} = \frac{2(\sqrt{M}-1)}{\sqrt{M}} Q\left(\sqrt{\frac{6}{(M-1)} \times \frac{E_{\text{av1}}}{N_0}}\right) \quad (7.4.8)$$

式中, $E_{\text{av1}}$ 是 $\sqrt{M}$ 元 ASK 信号的平均符号能量。由于式(7.6.13)中的两路 ASK 信号正交,因此, $E_{\text{av1}}$ 是 $M$ 元 QAM 信号平均符号能量 $E_{\text{av}}$ 的一半,即

$$P_{\sqrt{M}} = \frac{2(\sqrt{M}-1)}{\sqrt{M}} Q\left(\sqrt{\frac{3}{(M-1)} \times \frac{E_{\text{av}}}{N_0}}\right) = \frac{2(\sqrt{M}-1)}{\sqrt{M}} Q\left(\sqrt{\frac{3\log_2 M}{(M-1)} \times \frac{E_{\text{bav}}}{N_0}}\right)$$
$$(7.4.9)$$

图 7.4.11 QAM 的误码率曲线

式中, $E_{\text{bav}} \log_2 M = E_{\text{av}}$, $E_{\text{bav}}$ 是 QAM 的平均比特能量(也是 ASK 平均比特能量)。

于是,QAM 的差错概率为

$$P_e = 1 - P_c = 2P_{\sqrt{M}} - P_{\sqrt{M}}^2$$
$$\leqslant 2P_{\sqrt{M}} = \frac{4(\sqrt{M}-1)}{\sqrt{M}} Q\left(\sqrt{\frac{3\log_2 M}{(M-1)} \times \frac{E_{\text{bav}}}{N_0}}\right)$$
$$(7.4.10)$$

通常, $P_{\sqrt{M}}$ 很小,因此, $P_e \approx 2P_{\sqrt{M}}$。QAM 的误码率曲线如图 7.4.11 所示。当采用格雷编码时,误比特率最低,这时

$$P_b \approx \frac{P_e}{\log_2 M} \approx \frac{2P_{\sqrt{M}}}{\log_2 M} \quad (7.4.11)$$

一般的矩形星座图的 QAM 信号不一定能简单地拆分为两个 $\sqrt{M}$ 元的 ASK 信号,但可以证明其差错概率满足

$$P_e \leqslant 1 - \left[1 - 2Q\left(\sqrt{\frac{3E_{\text{av}}}{(M-1)N_0}}\right)\right]^2 \leqslant 4Q\left(\sqrt{\frac{3E_{\text{av}}}{(M-1)N_0}}\right) \quad (7.4.12)$$

其中, $E_{\text{av}}$ 是 QAM 信号的平均符号能量。式中右边的上界与理论值很接近,而且,其形式

也与式(7.4.10)相似。

### 7.4.6 差错概率的比较

多元传输系统在每个时隙上传送多个比特以提高频带利用率。但随 $M$ 的增大,它们的误码率普遍变差。相比之下,QAM 的性能最好,MPSK 次之,而 MASK 最差。实际应用中,当 $M$ 很大时,通常选择 QAM;当 $M$ 中等时,除 QAM 外也考虑 MPSK,因为 MPSK 恒包络的优点有时会很有用;而 MASK 较少被采用,它虽然简单但性能恶化严重。

下面详细地比较 QAM 与 MPSK 的误码性能。通过比较,我们一方面能更好地理解 QAM 系统充分利用二维信号空间获得的益处;另一方面可以借助比较结果正确地选择合适的系统。

由式(7.4.4)与式(7.4.10),MPSK 与 QAM(以方形星座为例)的误码率公式分别为

$$P_e \approx 2Q\left(\sqrt{2\log_2 M \times \sin^2 \frac{\pi}{M} \times \frac{E_{\text{bav}}}{N_0}}\right)$$

与

$$P_e \approx 4\left(\frac{\sqrt{M}-1}{\sqrt{M}}\right)Q\left(\sqrt{\frac{3\log_2 M}{M-1} \times \frac{E_{\text{bav}}}{N_0}}\right)$$

显然,两个公式中 $Q$ 函数的自变量是主导因素。定义 $R_M$ 为 QAM 与 MPSK 误码公式中两个 $Q$ 函数自变量的比值,即

$$R_M = \left[\frac{3\log_2 M}{M-1} \times \frac{E_{\text{bav}}}{N_0}\right] \bigg/ \left[2\log_2 M \times \sin^2 \frac{\pi}{M} \times \frac{E_{\text{bav}}}{N_0}\right] = \frac{3}{2(M-1)\sin^2 \frac{\pi}{M}} \quad (7.4.13)$$

$R_M$ 反映了同样 $M$ 下,QAM 比 MPSK 在 $Q$ 函数自变量上优越的倍数,也就是,为了达到同样的 $P_e$,MQAM 比 MPSK 在信噪比上优越的倍数。$R_M$ 也常表示为分贝形式,反映着 MQAM 相对于 MPSK 的信噪比改善量。表 7.4.2 给出了几种 $M$ 值下 $R_M$ 的分贝值。

表 7.4.2 MQAM 与 MPSK 的信噪比改善量

| $M$ | $10\log_{10}R_M$/dB | $M$ | $10\log_{10}R_M$/dB |
| --- | --- | --- | --- |
| 8 | 1.65 | 32 | 7.02 |
| 16 | 4.20 | 64 | 9.95 |

由表可见,QAM 比 MPSK 的误码性能明显优越,并随 $M$ 的增大而迅速增加。以 $M=32$ 为例,为了达到同样的 $P_e$,QAM 可以比 MPSK 系统的 $E_{\text{bav}}/N_0$ 低 7.02 dB,或者在同样的噪声环境下,同等功率的 QAM 比 MPSK 系统的误码率低得多。所以在实际通信系统中,在 $M>16$ 的情况下,几乎都采用 MQAM 系统。

## 7.5 MFSK 及性能分析

MFSK 指多元频移键控,它利用正弦载波的频率传输 $M$ 元符号。MFSK 的各个信号是彼此正交的,它是正交调制的典型代表。这种调制制式具有恒定的包络,它的频带利用率低而抗噪性能好。

### 7.5.1 信号正交性条件

由第 5 章介绍,MFSK 信号可以表示为

$$s_{\text{MFSK}}(t) = A\cos(2\pi f_n t), \quad (n-1)T_s \leqslant t \leqslant nT_s \tag{7.5.1}$$

其中,$f_n$ 为第 $n$ 时隙上的频率,$M$ 种频率取值为 $f_c \pm \dfrac{\Delta f}{2}, f_c \pm 3 \times \dfrac{\Delta f}{2}, \cdots, f_c \pm (M-1) \times \dfrac{\Delta f}{2}$。这里 $f_c$ 为载波频率,$\Delta f > 0$ 为频率间隔。MFSK 信号设计中要求这些频率彼此正交。这样,在运用相关器接收时各支路间互不影响。具体讲,任意两个频率 $f_i$ 与 $f_j$ 要求满足的正交条件为

$$\int_0^{T_s} \cos(2\pi f_i t)\cos(2\pi f_j t)\,\mathrm{d}t = \frac{1}{2}\int_0^{T_s}\{\cos[2\pi(f_i+f_j)t] + \cos[2\pi(f_i-f_j)t]\}\,\mathrm{d}t = 0$$

通常取 $(f_i+f_j)T_s$ 为整数,使上式中间的第一项为零(其实,由于 $f_i+f_j$ 很大,该项总是可以忽略的)。于是上式等价于

$$\int_0^{T_s} \cos(2\pi f_i t)\cos(2\pi f_j t)\,\mathrm{d}t = \frac{1}{2}\int_0^{T_s}\cos[2\pi(f_i-f_j)t]\,\mathrm{d}t = \frac{\sin[2\pi(f_i-f_j)T_s]}{4\pi(f_i-f_j)}$$

记 $\Delta f_{ij} = |f_i - f_j|$,则正交条件为

$$\operatorname{sinc}(2T_s \Delta f_{ij}) = \frac{\sin(2\pi T_s \Delta f_{ij})}{2\pi T_s \Delta f_{ij}} = 0 \tag{7.5.2}$$

可见,$f_i$ 与 $f_j$ 正交与否由差频 $\Delta f_{ij}$ 的取值决定。式(7.5.2)如图 7.5.1 所示,容易看出:

(1) 当 $\Delta f_{ij} = \dfrac{k}{2T_s}$ 时($k$ 为整数),频率 $f_i$ 与 $f_j$ 正交;

(2) 当 $\Delta f_{ij} \gg \dfrac{1}{T_s}$ 时,频率 $f_i$ 与 $f_j$ 可以近似正交。

图 7.5.1　2FSK 系统频率正交条件

显然,保证频率正交的最小间隔为 $\Delta f = \dfrac{1}{2T_s} = \dfrac{1}{2}R_s$。这是 FSK 的两个频率分量可被分辨从而实现正确接收所允许的最小频率间隔。

### 7.5.2 信号星座图与最佳接收机

由于 MFSK 信号的 $M$ 种信号彼此正交,它们形成的信号空间是 $N = M$ 维的。MFSK 的基函数为

$$\begin{cases} f_0(t) = \sqrt{2}\cos(2\pi f_0 t) \\ f_1(t) = \sqrt{2}\cos(2\pi f_1 t) \\ \quad\vdots \\ f_{M-1}(t) = \sqrt{2}\cos(2\pi f_{M-1} t) \end{cases} \tag{7.5.3}$$

设信号振幅为 $A$，能量为 $E_s$，易见，各信号向量为

$$\begin{cases} s_0 = [\sqrt{E_s}, 0, 0, 0, \cdots, 0]^T \\ s_1 = [0, \sqrt{E_s}, 0, 0, \cdots, 0]^T \\ \vdots \\ s_{M-1} = [0, 0, 0, 0, \cdots, \sqrt{E_s}]^T \end{cases} \quad (7.5.4)$$

其中，$\sqrt{E_s} = \sqrt{\int_0^{T_s} [A\cos(2\pi f_i t)]^2 dt} = \dfrac{\sqrt{2}}{2}A$。MFSK 的星座图是 $M$ 维空间中的点集，图 7.5.2 是 $M=2$ 与 3 的例子。

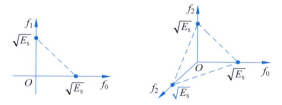

图 7.5.2　MFSK 信号星座图例子

参照图 7.3.5，可以得出如图 7.5.3 的 MFSK 的最佳接收机结构。按最近距离准则，应该选择各 $r_i$ 中最大者所在的支路对应的码元作为输出。即第 $D_i$ 区域为

$$D_i: r_i > r_j \quad i,j = 0,1,\cdots,M-1, \quad i \neq j \quad (7.5.5)$$

图 7.5.3　MFSK 的最佳接收机

MFSK 信号最常用的解调方法是多路包络检波法，即将图 7.5.3 的每个支路改为相应频点的 BPF 与包络检波器。它是一种非相干解调法，如 5.6 节所述。

## *7.5.3　最小差错概率

下面计算正交 MFSK 信号的最佳接收差错概率。在正交 MFSK 的各信号等概率与等能量的情况下，根据 MFSK 的 $M$ 个判决区域与相应的 $f(r|s_i)$ 的对称性，由式(7.3.12)可以得到

$$P_e = 1 - \sum_{i=0}^{M-1} p_i \int_{D_i} f(r|s_i) = 1 - M \times \left[\frac{1}{M} \int_{D_0} f(r|s_0) dr\right] = 1 - \int_{D_0} f(r|s_0) dr$$

式中，$f(r|s_0)$ 是发送 $s_0$ 时的条件概率密度函数。由于发送 $s_0$ 时接收向量为

$$r = s_0 + n = [\sqrt{E_s} + n_0, n_1, n_2, n_3, \cdots, n_{M-1}]^T$$

注意到 $n_i$ 与 $n_j$ 彼此独立,概率密度函数由式(7.1.26)给出

$$f(\boldsymbol{r}\mid\boldsymbol{s}_0)=\frac{1}{\sqrt{\pi N_0}}\exp\left[\frac{(r_0-\sqrt{E_s})^2}{N_0}\right]\times\prod_{i=1}^{M-1}\frac{1}{\sqrt{\pi N_0}}\exp\left(-\frac{r_i^2}{N_0}\right)$$

又 $D_0$ 区域为 $r_j<r_0,(j=1,2,\cdots,M-1)$,因此

$$P_e=1-\int_{D_0}f(\boldsymbol{r}\mid\boldsymbol{s}_0)\mathrm{d}\boldsymbol{r}$$

$$=1-\int_{-\infty}^{+\infty}\left\{\frac{1}{\sqrt{\pi N_0}}\exp\left[\frac{(r_0-\sqrt{E_s})^2}{N_0}\right]\times\int_{-\infty}^{r_0}\cdots\int_{-\infty}^{r_0}\prod_{i=1}^{M-1}\frac{1}{\sqrt{\pi N_0}}e^{-\frac{r_i^2}{N_0}}\mathrm{d}r_1\cdots\mathrm{d}r_{M-1}\right\}\mathrm{d}r_0$$

$$=1-\int_{-\infty}^{+\infty}\left\{\frac{1}{\sqrt{\pi N_0}}\exp\left[\frac{(r_0-\sqrt{E_s})^2}{N_0}\right]\times\left[\int_{-\infty}^{r_0}\frac{1}{\sqrt{\pi N_0}}e^{-\frac{r_i^2}{N_0}}\mathrm{d}r_1\right]^{M-1}\right\}\mathrm{d}r_0$$

令 $x=\sqrt{2/N_0}\times r_0$ 与 $y=\sqrt{2/N_0}\times r_1$,可得

$$P_e=1-\int_{-\infty}^{+\infty}\frac{1}{\sqrt{2\pi}}e^{-\frac{(x-\sqrt{2E_s/N_0})^2}{2}}\left(\int_{-\infty}^{x}\frac{1}{\sqrt{2\pi}}e^{-\frac{y^2}{2}}\mathrm{d}y\right)^{M-1}\mathrm{d}x$$

$$=1-\int_{-\infty}^{+\infty}\frac{1}{\sqrt{2\pi}}e^{-\frac{(x-\sqrt{2E_s/N_0})^2}{2}}[1-Q(x)]^{M-1}\mathrm{d}x \qquad(7.5.6)$$

可见, $P_e$ 是 $E_s/N_0$ 的复杂函数,以 $E_b/N_0=(E_s/N_0)/(\log_2 M)$ 为自变量,可以计算出 MFSK 的误码率曲线如图 7.5.4 所示。

图 7.5.4　MFSK 的误码率曲线

通过与 MASK、MPSK 和 QAM 的曲线相比较可见,MFSK 很不相同,其误码率随 $M$ 的增加反而减少。注意到,由 5.7 节可知,在 $T_s$ 保持不变的条件下,如果增大 $M$,那么,MFSK 的带宽随 $M$ 成比例的增大,其频带利用率将不断下降;而 MASK、MPSK 和 QAM 的带宽保持不变,其频带利用率随 $\log_2 M$ 成正比的提高。所以,MFSK 误码性能的改善是以增加信号的频谱带宽为代价的。显然,它适用于带宽富裕的信道,通过充分利用信道带宽

可以换取良好的抗噪性能。

为了比较不同 $M$ 时的性能,常将误码率统一折算为误比特率。由于 MFSK 的信号点彼此完全对称,星座图中没有"某信号点更容易错成相邻信号点"的特点,因此,没有必要采用格雷编码。当 $M$ 很大时有,$P_b \approx P_e/2$。其详细说明如下:

在发生一次误码时,记错误比特数为 $k$,$1 \leqslant k \leqslant K = \log_2 M$。针对每一种 $k$,错误样式有 $C_K^k$ 种,因此全部错误样式的总错误比特数为 $N_b = \sum_{k=0}^{K} k C_K^k$。

利用 $(1+x)^K = \sum_{k=0}^{K} C_K^k x^k$,两边求导得 $K(1+x)^{K-1} = \sum_{k=0}^{K} k C_K^k x^{k-1}$,再令 $x=1$ 得 $K 2^{K-1} = KM/2 = \sum_{k=0}^{K} k C_K^k$,于是,$N_b = KM/2$。MFSK 发生误码时,每种错误样式出现的概率相等,种类共 $M-1$ 种,因此,一次误码造成的平均错误比特数为 $E(k) = \dfrac{N_b}{M-1} = \dfrac{KM}{2(M-1)}$,所以

$$P_b = P_e \times \frac{E(k)}{K} = P_e \times \frac{M/2}{M-1} \tag{7.5.7}$$

通常 $M$ 很大,于是,$P_b \approx P_e/2$。

## 本章关键词

通过下面的关键词,可以快速地回顾本章的主要知识点。

| | |
|---|---|
| 向量空间、标准正交基 | 最大似然(ML)准则 |
| 内积、范数、距离 | 最大后验概率(MAP)准则 |
| 信号向量、信号点、信号空间 | 最小欧氏距离准则 |
| 信号系数向量 | 最大相关准则 |
| 合成器、分析器与相关器 | 对数似然函数 |
| Gram-Schmidt 正交化方法 | 最佳接收机、分析器与检测器 |
| 接收向量、噪声向量 | 相关接收机 |
| AWGN 等效向量信道 | 匹配滤波器接收机 |
| 映射信号点与合成信号 | 相干解调接收机 |
| 分析信号与检测符号 | 差错概率旋转与平移不变性 |
| 错误概率、差错概率 | 差错概率联合边界公式 |
| 符号错误概率、误码率 | 信号平均能量 |
| 信号集、信号星座图 | 圆形、矩形与正方形星座图 |
| 云图 | QAM 对于 MPSK 的信噪比改善 |
| 观察向量与观察空间 | 正交调制星座图 |
| 先验概率、似然函数、后验概率密度函数 | FSK 频率正交条件 |

# 习题

1. 假定持续时间为 $T$ 的信号 $s_1(t)$ 和 $s_2(t)$ 的系数向量分别为

$$\mathbf{s}_1 = [s_{11}, s_{12}, \cdots, s_{1N}]^T \quad \text{与} \quad \mathbf{s}_2 = [s_{21}, s_{22}, \cdots, s_{2N}]^T$$

试证明：

(1) 信号内积为：$r_{12} = \sum_{j=1}^{N} s_{1j} s_{2j}$；

(2) 信号能量为：$E_1 = \sum_{j=1}^{N} s_{1j}^2$；

(3) 信号的距离为：$d_{12} = \sqrt{\sum_{j=1}^{N} (s_{1j} - s_{2j})^2}$。

2. 三个信号 $s_1(t)$、$s_2(t)$ 和 $s_3(t)$ 的波形如图题 7.2 所示。

图题 7.2

(1) 使用 Gram-Schmidt 正交过程，找出这组信号的正交基本函数。

(2) 用(1)的基本函数集表示这三个信号。

3. 图题 7.3 给出了四个信号 $s_1(t)$、$s_2(t)$、$s_3(t)$ 和 $s_4(t)$ 的波形。

图题 7.3

(1) 使用 Gram-Schmidt 正交过程，找出这组信号的正交基本函数。

(2) 试给出信号空间图，并在其中标出这四个信号。

4. 假定持续时间为 $T$ 的正交信号 $s_1(t)$ 和 $s_2(t)$ 分别与零均值白噪声进行相关运算，得到相关值 $n_1$ 和 $n_2$，试证明 $n_1$ 与 $n_2$ 正交。

5. 信号集如图题 7.5 所示。

(1) 试说明它是正交信号集，并画出以它为基本函数、系数向量为 $[1,1]$ 与 $[1,-1]$ 的信号波形。

(2) 通过加入反信号，可以将含 $M$ 个信号的正交信号集扩展为含 $2M$ 个信号的双正交信号集。由图题 7.5 的信号给出双正交信号集，并画出其信号星座图。

图题 7.5

6. 给出下列信号的信号星座图：

(1) 单极性 NRZ 码；

(2) 双极性 RZ 码；

(3) 曼彻斯特码。

7. 一个 8 电平 PAM 信号定义为

$$s_i(t) = A_i[u(t) - u(t-T)]$$

其中，$u(t)$ 为阶跃函数，$A_i = \pm 1, \pm 2, \pm 3, \pm 4$。试给出 $\{s_i(t)\}_{i=1}^{8}$ 的信号星座图。

图题 7.8

8. 在曼彻斯特码中，二进制符号 1 与 0 分别由图题 7.8 所示的脉冲和其负信号表示。试计算 AWGN 信道上曼彻斯特码在最大似然接收时的差错概率的公式。

9. 正交信号 $s_1(t)$ 和 $s_2(t)$ 在时间 $0 \leqslant t \leqslant 3T$ 上的波形如图题 7.9 所示。接收信号为

$$r(t) = s_k(t) + n(t), \quad 0 \leqslant t \leqslant 3T, k = 1, 2$$

其中，$n(t)$ 为零均值且功率谱密度为 $N_0/2$ 的高斯白噪声。

图题 7.9

(1) 设计一个针对信号 $s_1(t)$ 或 $s_2(t)$ 的最佳接收机（假设这两个信号概率相等）；

(2) 当 $E/N_0 = 10$ 时，计算该接收机的平均符号差错概率，其中 $E$ 为信号能量。

10. 某数字通信系统在接收端抽样时刻的抽样值为 $r$

$$r = s_j + n, \quad j = 1, 2, 3, \quad 0 \leqslant t \leqslant T$$

其中 $s_j$ 是发送端对应的三个可能值之一：$s_1 = -A, s_2 = 0, s_3 = +A$，它们出现概率依次为 0.25、0.5 与 0.25；$n$ 是均值为零、方差 $\sigma_n^2$ 的高斯随机变量。现在根据 $r$ 的统计特性来进行判决，使平均错判概率最小。试计算：

(1) 发送 $s_1$ 时的错判概率 $P(e|s_1)$；

(2) 发送 $s_2$ 时的错判概率 $P(e|s_2)$；

(3) 发送 $s_3$ 时的错判概率 $P(e|s_3)$；

(4) 系统的平均错判概率（误符号率）$P_e$。

11. 假定图题 7.11 中信号点相应的符号是等概率的。

(1) 试证明图中的两个信号星座图具有相同的平均符号差错概率;

(2) 图中的两个星座图的平均能量分别是多少?

图题 7.11

12. 2ASK 的信号集为 $\{Ag_T(t)\cos(2\pi f_c t),0\}$,试参照图 7.4.3 给出其最佳接收机。

13. 4ASK 的信号集为 $\{A_i g_T(t)\cos(2\pi f_c t)\}_{i=0}^{3}$, $A_i = \pm 1, \pm 3$。

(1) 试分别参照图 7.4.3 与图 7.3.7(a)设计两种最佳接收机,比较两种结构的特点;

(2) 试给出 4ASK 的非相干(包络检波)接收机结构。

14. 单极性 MASK 的信号波形为

$$\{0, Ag_T(t)\cos(2\pi f_c t), 2Ag_T(t)\cos(2\pi f_c t), \cdots, (M-1)Ag_T(t)\cos(2\pi f_c t)\}$$

试求:该信号的星座图与误码率。

15. 电话线频带为 $300 \sim 3300\text{Hz}$,符号率为 $2400\text{Baud}$,试给出下面调制方式下的比特率与 $P_e = 10^{-5}$ 要求的 $E_{bav}/N_0$:

(1) QPSK、8PSK、16PSK;

(2) 4QAM、16QAM、64QAM。

16. 给定 8PSK 与 8QAM 信号空间图如图题 7.16 所示。试问:

(1) 若 8QAM 信号空间图中两相邻向量端点之间的最近欧氏距离为 $d$,其内、外圆半径 $a$ 与 $b$ 的值是多少?

(2) 若 8PSK 信号空间图中两相邻向量端点之间的最近欧氏距离为 $d$,其半径 $r$ 的值是多少?

(3) 计算并比较两种星座的误码率与平均能量。

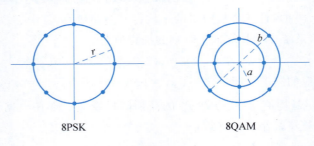

图题 7.16

17. 两个通带数字传输系统分别使用 16PSK 与 16QAM 制式,如果都要求达到 $10^{-5}$ 的平均符号差错概率。

(1) 试给出各自的 $E_{bav}/N_0$ 要求,比较两种信号的功率;

(2) 考虑正方形 QAM 星座图,比较两种信号的信号幅度特点。

18. 在带宽为 25kHz 的无线信道上进行 40kbps 的数据传输,试问:具有最小能量的调制与解调方式与达到 $10^{-5}$ 误比特率的 $E_{\text{bav}}/N_0$ 要求。

19. 2FSK 两频率间隔为 $\Delta f = \dfrac{1}{2T_b} = \dfrac{1}{2}R_b$ 时彼此正交,但当 $\Delta f = 0.715R_b$ 时,系统误码率可能更低,试给出这两种 $\Delta f$ 情形下的 2FSK 的误码率并进行比较。

20. 4FSK 的信号集为
$$\{g_T(t)\cos(2\pi f_0 t), g_T(t)\cos(2\pi f_1 t), g_T(t)\cos(2\pi f_2 t), g_T(t)\cos(2\pi f_3 t)\}$$
试分别参照图 7.5.3 与图 7.3.8 设计两种相干接收机,比较两种结构的特点。

# 第 8 章 现代数字传输技术

导学图

随着通信技术的广泛应用,特别是无线移动通信、宽带互联网、无线接入网、个人通信网、光纤通信、卫星通信和各类军事通信技术的快速发展,人们围绕着更好地利用有限的频谱资源、应对不平坦信道与恶劣多变的无线环境、实行宽带传输以提高数据速率、解决众多用户共享通信资源问题与实现军事与民用的特殊通信需要等多方面不断地改进方法,发展出许多先进的数字传输技术。

本章在前面章节的基础上,介绍几种现代数字传输中的重要技术,包括正交频分复用(OFDM)、扩展频谱技术与多天线传输技术。它们广泛应用于各种重要的现代通信系统中,诸如,CDMA 数字蜂窝电话系统、数字音视频广播系统(DAB/DVB)、有线/无线接入与个人网路(ADSL/WiFi/蓝牙)、WiMAX、3G/4G/5G 与 LTE 宽带无线通信系统、全球定位系统等。本章内容主要包括:

(1) 正交频分复用(OFDM)——多载波调制思想、OFDM 基本原理、基于 IFFT 的实现、循环前缀、系统方案、基本参数设计方法。

(2) 直接序列扩频(DSSS)——原理与特点、抗窄带干扰分析、CDMA。

(3) 伪随机(PN)序列——m 序列特点、产生与同步方法、Gold 序列概念、主要应用。

(4) 跳频扩频(FHSS)——原理与特点、抗干扰特性、CDMA。

(5) 空间复用——垂直分层空时码(V-BLAST)的基本原理,它的信号收发模型与主要检测方法。

(6) 空间分集——空时分组码(STBC)的基本原理。

(7) 智能天线——波束形成机理、入射信号模型、操纵向量与波束图的基本概念。

(8) 典型应用案例——WiFi 中的 OFDM、ADSL 中的 OFDM、蜂窝移动电话中的 CDMA、GPS 中的 PN 序列、蓝牙中的 FHSS。

## 8.1 OFDM

正交频分复用(Orthogonal Frequency Division Multiplexing,OFDM)是一种把信道频带划分为多个正交子带,再将数据分布到各个子带上并行传输的多载波通信方案。它的主要特点有:依靠正交性高效率地使用信道频带;采用宽码元与循环前缀巧妙地化解码间干扰问题;通过各子带的自适应调制以灵活应对各种不平坦与多变的信道条件;借助快速傅里叶变换技术高效地完成庞杂的并行处理。目前,OFDM 是面对复杂信道最为有效的通信方法之一。它成功地应用于各种重要的通信系统,例如,DAB 与 DVB、有线 ADSL、无线 WiFi 网络、WiMAX、3G/4G 与 LTE 无线通信系统等。

### 8.1.1 多载波调制的由来

随着通信的广泛使用,人们越来越需要应对频率响应很不平坦的非理想信道。这种信道在时域上表现为信道的(基带)冲激响应被扩展了,远大于发送脉冲的宽度,从而带来了严重的码间干扰(ISI),如图 8.1.1 所示。

图 8.1.1 不平坦的信道及其时域冲激响应

典型的例子是存在多径效应的许多无线信道都表现出频率选择性衰落。具体讲,电波在自由空间传播时往往能经过多条不同的路径到达收端,接收到的是多个信号的延时加权之和,这样信道的冲激响应被展宽了。考虑电波中 $f_0$ 频率成分 $A\cos(2\pi f_0 t)$ 经时延分别为 $t_1$ 与 $t_2$ 的两径传输后叠加的情况,有

$$A_1\cos[2\pi f_0(t+t_1)] + A_2\cos[2\pi f_0(t+t_2)]$$
$$= A_1\cos[2\pi f_0(t+t_1)] + A_2\cos[2\pi f_0(t+t_1)+\theta]$$

其中 $\theta = 2\pi f_0(t_2 - t_1)$,是两个波的相对相位差。对于不同的 $f_0$(即信号频谱中不同处),$\theta$ 不同,因此,两个波可能同相相加,也可能反相相减。这就引起频谱起伏,某些频点上甚至出现衰落"低谷",这种现象就是**频率选择性衰落**(**frequency selective fading**)。

传统的处理方法是加强接收机的均衡技术,通过增大抽头数 $N$ 来矫正信道大的延时展宽 $\tau_c$,或采用更复杂的最大似然序列估计(MLSE)等方法应对 ISI。但这些方法并不容易。信道的特性常常是时变的,均衡器必须采用自适应算法,尤其是高速通信中,码元宽度 $T_s \ll \tau_c$,这要求很大的 $N$,常常很难做到满意。

20 世纪 60 年代前后,军用短波通信系统中采用了一种特别的解决方案——**并行**(**parallel**)**传输**,也称为**多音**(**multi-tone**)或**多载波**(**multi-carrier**)**调制**,最早的见于 1957 年的 Kineplex 系统。其方法是把信道频谱划分为 $K$ 个狭小的子带,而后将数据分散到各个子带上并行传送,这实际上是一种**频分复用**(**FDM**)**技术**。这个方法很巧妙:只要 $K$ 足够大,各子带就近似平坦,这种"化整为零"的策略正是计算非规则区域面积的经典思想。从时域上看,每个子信道上的码率只需为原来的 $1/K$,可以使码宽 $T = KT_s \gg \tau_c$,因此,ISI 可以忽略而无须均衡,如图 8.1.2 所示。有趣的是,这种方法甚至无须了解太多的信道信息,只要大致知道其时间展宽值 $\tau_c$ 就可以了。

图 8.1.2 频带划分与子信道码元

当时这个方法并没有广泛使用,因为它存在几个问题:①每个子带之间必须留下保护间隔,因而有效带宽减小了;②每个子带都需要一套完整的通信系统,因而重复单元多,设

备庞大;③多路载波信号叠加后幅度起伏剧烈,造成峰均功率比高,要求后续处理(尤其是功放)保持高度的线性与动态范围。

20世纪70年代,Weinstein与Ebert提出了采用离散傅里叶变换/逆变换实现OFDM的运算方法。20世纪80年代,FFT的DSP与集成电路技术、线性放大器技术不断完善,OFDM理论也逐渐成熟。20世纪90年代以来,OFDM技术逐步实用化,先后在数字音频广播(DAB,1995年)、数字用户环路(DSL,1996年)、数字视频广播(DVB-T,1997年)、无线局域网(WLAN-802.11a,1999年;802.11g,2002年)、WiMAX(802.16d,2004年)、移动通信长期演进标准(LTE,2005年)与第4代移动通信(4G,2005年)等应用中取得大量成功。目前,OFDM是包括4G无线通信等在内的众多宽带通信系统的重要技术之一。

### 8.1.2 OFDM方案

**正交子载波**(**subcarrier**):考虑间隔为 $\Delta F$ 的 $K$ 个子载波:$f_k = k\Delta F, k = 0,1,\cdots,K-1$,(其中 $K$ 通常取为2的整次幂)。它们彼此正交,即任取两个载波 $f_k$ 与 $f_l (k \neq l)$,有

$$\int_0^T \cos(2\pi f_k t + \varphi_k)\cos(2\pi f_l t + \varphi_l)\mathrm{d}t = 0 \qquad (8.1.1)$$

其中,$T = 1/\Delta F$ 为子带的符号间隔,$\varphi_k$ 与 $\varphi_l$ 可以是任意相位值。

**证明** 上式左端可展开为

$$\frac{1}{2}\int_0^T \cos[2\pi(f_k+f_l)t+\varphi_k+\varphi_l]\mathrm{d}t + \frac{1}{2}\int_0^T \cos[2\pi|f_k-f_l|t+\varphi_k-\varphi_l]\mathrm{d}t = 0$$

因为 $(f_k+f_l)$ 与 $|f_k-f_l|$ 是非零整数,上两项都是cos函数在整数个周期上的积分。∎

按照上述子载波与符号间隔来实施多载波调制,收端根据式(8.1.1)的正交性可以完美地分离各个子带。这种通信方案称为**正交频分复用**(**OFDM**)。

OFDM中相邻的子载波(也称**副载波**)距离仅为 $\Delta F$,假定采用矩形NRZ,图8.1.3示意了OFDM的几个子载波与 $K=8$ 的频谱情况。我们从频域发现各子带之间不仅没有保护间隔,而且彼此重叠。只要保持好正交性,它们之间就互不干扰。显然,OFDM各子带的码率为 $\Delta F$,码元宽度为 $T$;系统总的码率为 $R_s = K\Delta F$,等效码元宽度为 $T_s = T/K$。易见,OFDM的信号带宽为

图 8.1.3 OFDM 子载波与频谱示意

$$B_T = (K+1)\Delta F = \frac{(K+1)}{K}R_s \approx R_s \qquad (8.1.2)$$

可见,OFDM 信号带宽非常有效,没有因为划分子带有丝毫下降。其实,OFDM 信号合成频谱呈矩形而常规单载波信号的频谱大多呈圆顶形,可以想见,OFDM 更为充分地利用了频带的整个区域。

设计 OFDM 系统时,$\Delta F$ 的选择原则是使子载波码宽 $T=(\Delta F)^{-1} \gg \tau_c$。实际上无线信道的响应是随机变化的,相应的延时展宽 $\tau_c$ 为随机变量。应用中,人们使用均方值(RMS) $\sigma_\tau$ 来统计它,那么 $\tau_c$ 的范围一般为 $2 \sim 4\sigma_\tau$。根据经验,可选取 $T > 15\sigma_\tau$。

**例 8.1** 某无线 OFDM 系统的可用带宽为 5MHz。室内统计的延时展宽 RMS 值约 100ns;室外统计的值约 $8\mu s$。试问两种情况下:(1)子信道的码元宽度如何选择?(2)子载波的数目与频率间隔为多少?

**解** (1) 为了在子信道传输时 ISI 可忽略,按 $T > 15\sigma_\tau$ 选择,于是

$$T_{\text{in-door}} > 15\sigma_\tau = 15 \times 0.1 = 1.5(\mu s)$$
$$T_{\text{out-door}} > 15\sigma_\tau = 15 \times 8 = 120(\mu s)$$

(2) 按 OFDM 方案, $K = B_T/\Delta F = B_T T$,因此

$$K_{\text{in-door}} > 5 \times 10^6 \times 1.5 \times 10^{-6} = 7.5$$
$$K_{\text{out-door}} > 5 \times 10^6 \times 120 \times 10^{-6} = 600$$

为了方便,选取 $K$ 为 2 的整数次幂并考虑预留部分子载波,于是选择 $K_{\text{in-door}} = 32$ 与 $K_{\text{out-door}} = 1024$。相应的 $\Delta F_{\text{in-door}} = 156.25 \text{kHz}$ 与 $\Delta F_{\text{out-door}} = 4882.8 \text{Hz}$。 ■

### 8.1.3 利用 FFT 的数字实现方法

**1. OFDM 信号产生原理**

根据 OFDM 原理,可按图 8.1.4 产生 OFDM 信号。考虑更为一般的情况:$K$ 个子载波为 $f_k = f_c + k\Delta F$,$k = 0, 1, \cdots, K-1$。该 OFDM 信号的具体过程如下:

图 8.1.4 OFDM 信号原理

(1) 串/并变换:从比特流中取出 $K$ 个符号 $a_k$,分配给 $K$ 个子带。

(2) 子带调制:考虑通用的 QAM,在第 $k$ 子带上,先将各符号按调制规则映射为星座点,记为 $X_k = a_{ck} + j a_{sk}$;而后由正交调制得到该子带的 QAM 信号,

$$x_k(t) = \text{Re}\left[X_k e^{j 2\pi(f_c + k\Delta F)t}\right] \qquad (8.1.3)$$

(3) 信号合成:所有子带的 QAM 信号叠加,得到最终的 OFDM 信号。

$$s(t) = \sum_{k=0}^{K-1} x_k(t) = \text{Re}\left[\left(\sum_{k=0}^{K-1} X_k e^{j2\pi k \Delta F t}\right) e^{j2\pi f_c t}\right] \qquad (8.1.4)$$

### 2. 利用 IFFT 的实现方法

从式(8.1.4)中令 $x(t) = \sum_{k=0}^{K-1} X_k e^{j2\pi k \Delta F t}$，不难看出它正是 $s(t)$ 的复包络。在每个符号 $T$ 上对 $x(t)$ 取 $K$ 个样值，间隔为 $T_s = T/K$，简记样值为 $x_n, n=0,1,\cdots,K-1$，即

$$x_n = x(nT_s) = \sum_{k=0}^{K-1} X_k e^{j2\pi k \Delta F n T_s} = \sum_{k=0}^{K-1} X_k e^{j\frac{2\pi k n}{K}} \qquad (8.1.5)$$

其中，$T_s \Delta F = T_s/T = 1/K$。由数字信号处理知识可以发现，$\{x_n\}$ 与 $\{X_k\}$ 正好是一对 $K$ 点的离散傅里叶变换(DFT)，即

$$\{x_n\}_{n=0,1,\cdots,K-1} \overset{K\text{点DFT}}{\Longleftrightarrow} \{X_k\}_{k=0,1,\cdots,K-1} \qquad (8.1.6)$$

$K$ 通常取为 2 的整次幂，这样 DFT 可利用快速傅里叶变换(FFT)的高效算法来完成。由此可见，OFDM 信号可以用 IFFT(如图 8.1.5 所示)来产生。图中 D/A 为数字/模拟转换(抽样速率为 $R_s = T_s^{-1}$)，最后的正交调制基于下式

$$s(t) = \text{Re}[x(t)e^{j2\pi f_c t}] = x_c(t)\cos(2\pi f_c t) - x_s(t)\sin(2\pi f_c t) \qquad (8.1.7)$$

式中，$x_c(t)$ 与 $x_s(t)$ 为 $x(t)$ 的实部与虚部。

图 8.1.5 利用 IFFT 产生 OFDM 信号

OFDM 的接收过程正好与其产生过程相反。可按图 8.1.5 逆行，首先按 $f_c$ 作正交解调，紧接着对正交与同相信号分别采样，而后根据符号同步将 $K$ 个样值对齐成一组，以便采用 FFT 计算出 $\{X_k\}$。随后各子带上完成 QAM 判决，最后经并串变换还原比特序列。

有的实际应用中只需要基带的 OFDM 信号而不必调制到更高的频带处，这时不需要 $f_c$ 与正交调制。由于实序列的对偶性，根据 DFT 的性质可以用 $2K$ 点的 FFT 直接得到 $2K$ 个实值基带信号。具体做法是：先构造一个 $2K$ 点的频域序列，

$$X'_k = \begin{cases} \text{Re}(X_0), & k=0 \\ X_k, & 0<k<K \\ \text{Im}(X_0), & k=K \\ X^*_{2K-k}, & K<k<2K \end{cases} \qquad (8.1.8)$$

这里，$(\cdot)^*$ 为共轭运算。再由 $\{X'_k\}_{k=0,1,\cdots,2K-1}$ 进行 $2K$ 点 IFFT 即可。这时 OFDM 的框图如图 8.1.6 所示。

图 8.1.6 产生基带 OFDM 信号

### 8.1.4 保护间隔与循环前缀

OFDM 依靠很宽的子带码元弱化了 ISI 的影响,但是又出现了一个新的问题,信道展宽毕竟存在,它会破坏子带之间的正交性。解决的方法是在每个码元前预留一段长于信道展宽的保护时间 $T_g$,它由本码元的尾部复制而成,称为**循环前缀**(**Cycle Prefix**,**CP**),如图 8.1.7 所示。接收时简单地丢弃这一段,而用后面的 $T$ 长段做 FFT 即可。这种做法既能够消除子信道的 ISI,又保持了它们之间的正交性。

图 8.1.7 循环前缀

**例 8.2** 无线局域网 802.11a:在 20MHz 带宽上采用 OFDM 方案。据统计,办公大楼典型的时延展宽 RMS 值 $\sigma_\tau$ 为 40~70ns,但有的环境可达 200ns。802.11a 设计时按照 200ns 考虑,试计算:(1)循环前缀的长度 $T_g$ 与子载波的符号间隔;(2)子带数目与间隔。

**解** (1)通常取保护间隔为时延展宽 RMS 值的 2~4 倍,并取整个符号间隔为 $T_g$ 的 4~5 倍以上。802.11a 设计人员的做法是:取 $T_g=4\sigma_\tau=0.8\mu s$ 与 $T_g+T=5T_g=4\mu s$。

(2)由于 $T=4-T_g=3.2(\mu s)$,$K=B_T/\Delta F=B_T T=20\times 3.2=64$,它正好是 2 的幂次。而 $\Delta F=B_T/K=20/64=0.3125(MHz)$。实际的 802.11a 使用了这 64 个子载波中间的 52。∎

下面用图 8.1.8(a)两径传播的情形来解释循环前缀的道理。图中 $c_k(t)$ 与 $c_l(t)$ 分别是第 $k$ 与 $l$ 子带的第一径信号,$\alpha c_k(t-\tau)$ 与 $\alpha c_l(t-\tau)$ 为它们的第二径信号,其中,$\alpha$ 为衰减因子,$\tau$ 为相对时延。原来 $c_k(t)$ 与 $c_l(t)$ 是正交的,但现在 $[c_k(t)+\alpha c_k(t-\tau)]$ 与 $[c_l(t)+\alpha c_l(t-\tau)]$ 不再正交了。其原因是前一个码元的拖尾部分发生了影响,例如,$c_k(t)$ 与 $\alpha c_l(t-\tau)$ 之间不正交。

如果做一点改动,发送时在码元前空闲一段 $T_g$ 长时域作为保护间隔,接收时跳过这一段再作积分。如图 8.1.8(b)中实线所示,为了简明,这里只是给出了 $c_k(t)$ 与 $\alpha c_l(t-\tau)$。不难看出,虽然让过了前一码元的拖尾,但取值为零的保护段没能解决问题。有趣的是,如果把码元的尾部循环到前边填入保护间隔,如虚线所示,那么 $T$ 段上的两个信号是完全正交的。因为,在该积分段上 $c_l(t-\tau)=\cos[2\pi f_l(t-\tau)]=\cos(2\pi f_l t-\varphi_l)$,$\varphi_l=2\pi f_l \tau$,注意到式(8.1.1)中 $\varphi_k$ 与 $\varphi_l$ 可以任意,不论 $\tau$ 取何值总有

$$\int_0^T c_k(t)c_l(t-\tau)\mathrm{d}t = \int_0^T \cos(2\pi f_k t)\cdot\cos(2\pi f_l t - \varphi_l)\mathrm{d}t = 0 \qquad (8.1.9)$$

其实子带信号以 $T$ 为周期,插入循环前缀就是用周期拓展方法使信号延伸为 $(T_g+T)$ 长,这样保持了信号的完整性。

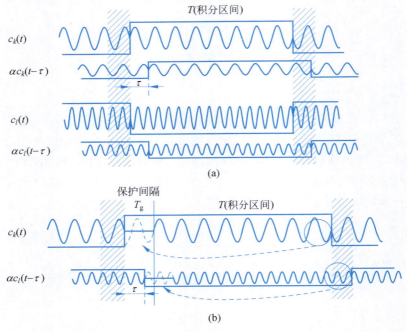

图 8.1.8　两径传播中的保护间隔与循环前缀

不过,保护间隔降低了子带的有效数据率,它从原来的 $\Delta F$ 降低为 $\dfrac{T}{T+T_g}\Delta F$。因此,应尽量减小 $T_g$。无线通信中有时遇到这样的情况,多数时候多径的时延都不是太大,但又有少数时候存在较大的时延路径。面对这种情形的办法是:按多数时候的信道展宽来设定 $T_g$,而后设计一个较为简单的均衡器,在大时延信号出现时,它能将 ISI 收缩到 $T_g$ 以内,而不必完全清除它。这种处理称为**信道展宽收缩**(channel shortening)。

### *8.1.5　OFDM 系统方案

一个典型的无线 OFDM 通信系统的发送与接收框图如图 8.1.9 所示。其中粗线框单

图 8.1.9　无线 OFDM 发送与接收框图

元是前面已讨论过的基本单元，正交调制与解调采用模拟实现，这里归入 RF 单元中。下面对其他单元给予说明。

定时与同步是所有数字通信系统必备的重要单元。一方面，OFDM 接收机依靠定时信息才能对齐采样点，正确实施 FFT；另一方面，它基于准确的载波同步才能保持各子带之间正交。基本的办法是通过合理地插入导频来实现同步。在许多无线通信应用中常常发生载波频率偏移，其主要原因是通信设备移动时信号会产生多普勒频偏。高速运动时载波频偏尤其严重。矫正频偏是 OFDM 系统中既非常重要又很困难的任务。

信道估计单元为有效接收与判决 MQAM 信号提供基本信息。OFDM 接收机通过 FFT 获得所有子带的信号样值，由于各子带近似平坦，相应的信道可视为只有简单增益的 AWGN 信道。记第 $k$ 子带的接收信号样值为 $r_k$，有

$$r_k = C_k X_k + n_k \qquad (8.1.10)$$

其中，$X_k$ 为发送的星座信号值，$C_k$ 为该信道的增益，$n_k$ 为子带的高斯白噪声。为了配准判决区域，通常需要 $C_k$ 信息来调节各自子带的增益。这实际上是一组只有单个抽头的均衡器。信道估计单元一般借助发送预先安排的训练码元来计算各子带的 $C_k$ 与噪声功率 $\sigma_{nk}^2$。对于时变信道，系统在通信过程中需要周期地插入训练码元来及时探测信道特性。常常也运用"判决指导"策略，即利用实际数据的判决情况来直接统计与估算信道参数。

有了信道信息后还可以计算各子带的 $E_b/N_0$，进而开展自适应调制与编码。即各子带依据自己的情况选用合适的信号功率、调制与编码模式。一种方法是在子带之间分配不同的发送功率，使总的传输效果最佳；另一种方法是选用不同的调制与编码方式，使总的误码率最低。例如，设定误码要求为 $p_e = 10^{-6}$，如果某子带的 $E_b/N_0$ 超过理论值17.4dB，那么该子带可采用 32QAM；如果只有 10.6dB 多一点，那么以该子带宜采用 BPSK 或 QPSK；如果信噪比过低，那么暂时不用该子带。简单地讲，就是多用好的信道，少用差的信道。从信息论的角度看，这是充分利用不平坦信道的最佳策略。信息论中有一个著名的"**注水（water pouring）理论**"，对它的形象解释如下：将信道的频率响应翻转过来，视为河道的河床，原来频率响应低处将导致 SNR 低，对应于河道底部高的位置（不利于疏通水流的位置），如图 8.1.10 所示。传输时要尽量多利用 SNR 高的位置（河道的深水区）。最佳的策略是"像水流填充河道那样"利用信道频带中的各部分。

图 8.1.10　利用不平坦信道的河道解释

OFDM 系统主要应用于信道不理想的环境，应用纠错编码是非常必要的。纠错编码的原理与方法将在第 11 章详细讨论，其基本思想是加入冗余使得数据之间彼此关联，从而以整体抗拒个体错误。而交织技术的本质是改变数据次序使"成片"的误码分散开来，以便各个"击破"。OFDM 系统应联合使用纠错码与交织技术，把坏子带的误码分散开，充分借助其他子带的正确数据来纠错。

最后，高的峰均功率比（PAR）是多载波方案的固有难题。为了防止信号峰值处发生非线性失真，有时被迫减小发送功率，这限制了通信能力。人们对改善信号的 PAR 开展了大量的研究。例如，可在各个子带信号上附加一定的相位，以防止多个信号形成同相叠加。相位的取值方案可由某种算法来计算。

要深入了解 OFDM 系统的各个具体的技术与方法可以参考有关文献与书籍。

## 应用案例(10)——5G 无线移动网络中的 OFDM

国际电信联盟为 5G 定义了增强移动宽带、海量大连接、低时延/高可靠三大应用场景。其中,增强移动宽带的典型应用对带宽要求极高,关键的性能指标包括 100Mbps 用户体验速率、数十 Gbps 峰值速率、500km/h 以上的移动性等。

为了适用多样化的应用场景,5G 中 OFDM 子载波间隔有多种选择,可以表示为 $\Delta f = 2^\mu \times 15\text{kHz}$。其中,子载波间距配置 $\mu = \{0,1,2,3,4\}$,适用于不同的信道类型,对应子载波间隔为 15kHz、30kHz、60kHz、120kHz 和 240kHz。5G 中 OFDM 符号中 CP 的开销和 4G 一样都为 7%。对于 60kHz 的参数集,还定义了扩展 CP。不同的频段定义了不同的参数集,对于所有的参数集,激活子载波的数量均为 3300。对于 3300 个激活子载波,表 8.1.1 给出了不同参数集对应的最大带宽。

表 8.1.1  5G 中 OFDM 参数集

| OFDM 子载波间隔/kHz | 15 | 30 | 60 | 120 |
|---|---|---|---|---|
| OFDM 符号长度/μs | 66.67 | 33.33 | 16.67 | 8.33 |
| CP 长度/μs | 4.69 | 2.34 | 1.17 | 0.59 |
| 最大带宽/MHz | 50 | 100 | 200 | 400 |

对比 4G 网络中的 OFDM,子载波带宽固定为 15kHz,频谱利用率达到 90%;而对于 5G 网络,5 种可选择的子载波带宽,结合大规模 MIMO 技术,实现了 5G 网络多样化应用场景的要求,频谱利用率为 94%~99%。

OFDM 案例

## 应用案例(11)——无线局域网(Wireless LAN)中的 OFDM

无线局域网常被人们通俗地称为 WiFi。其第一个标准 802.11(1997)采用扩频方案,速率只有 1Mbps 与 2Mbps,后来的 11b(1999)的速率为 5.5Mbps 与 11Mbps。第二个标准 11a(1999)与后来的 11g(2003)采用 OFDM 方案,最高速率达到了 54Mbps。

WLAN 中的 OFDM 系统信道带宽为 20MHz,采用中间 52 个子载波(间隔为 0.3125MHz)。符号宽 $T_g + T$ 为 4μs,符号率 $R = 1/4\mu s = 250\text{kBaud}$,其中,循环前缀等具体设计如前面例 8.4 所述。这些子载波从中心向两边编号,编号范围为 -26~+26。52 个中只有 48 个用于数据传输,另外 4 个,第 ±7 与 ±21 号子载波专门用作导频,供接收方进行载波同步。

标准中使用"1/2 的卷积码"作为纠错码,并规定了具体的交织方法。1/2 指纠错码的基本码率(即有效数据率)为 1/2。它还可以工作于 3/4 码率(通过所谓的"穿孔处理"来实现)。子载波的调制有 4 种方式:BPSK、QPSK、16QAM 与 64QAM。因此,调制与纠错码可组合出 8 种模式,适用于不同的环境。例如,(16QAM+1/2 码率)时,

$$48 \text{ 码元} \times (4\text{bit/码元}) \times 250\text{kBaud} \times (1/2) = 24\text{Mbps}$$

以此类推,8 种模式的具体数据速率如表 8.1.2 所示。

表 8.1.2  802.11a 中 OFDM 的各种数据速率                        单位:Mbps

| 基本数据速率 | BPSK | QPSK | 16QAM | 64QAM |
|---|---|---|---|---|
| 1/2 | 6 | 12 | 24 | 36 |
| 3/4 | 9 | 18 | 36 | 54 |

数据传输时以帧为单位。每帧包含：前导(16 符号)+信令(1 符号)+数据与结尾(可变)。这里每个符号 4μs，由 48 个子载波的符号共同组成。前导全部为训练码，可供收方实施信道估计。信令采用最可靠的(BPSK+1/2 码率)模式，主要提供数据率与数据序列长度，其数据率就是表 8.1.2 的 8 种之一。数据部分按信令指出的调制与纠错码模式传输，数据的结尾是卷积码的结尾位。

### 应用案例(12)——非对称数字用户线路(ADSL)中的 OFDM

电信公司传统的入户电话线为一条铜质线路，用于传输频带 300～3400Hz 的语音。数据通信开始以后，人们利用它传送数据，为此设计了大量的电话 modem，它的作用是把数字消息调制到 300～3400Hz 的频带上，以便连接到电信局。因为该信道的频带很窄，电话 modem 需要很多元的 QAM 与复杂的调制与编码技术，例如，28.8kbps 用到了 960 元 QAM。即使这样，电话 modem 的最高速率也只能做到 56.6kbps 左右。**ADSL**（**Asymmetric Digital Subscriber Line**)的出现彻底改变了这种状况。其实电话线直到 1MHz 左右的频带部分都可用于通信，只是随着频率的上升信号衰减明显，这部分频带是非平坦的。

ADSL 在有线线路上运用 OFDM 技术，既实现了电话、上行与下行数据三者的复用，又实现了宽带数字传输。这种技术有时也被称为**离散多音**(**Discrete-MultiTone，DMT**)调制。ADSL 典型的频带划分方案如图 8.1.11 所示。它的频率间隔为 4312.5Hz，子带总数目为 256。具体的复用方法为：

(1) 在第 0 子带(4kHz 以下)，传统的电话语音可通过简单 LPF 分离出来。
(2) 在第 6～31 子带(25.9～138kHz)进行上行数据通信。
(3) 在第 32～255 子带(138～1104kHz)进行下行数据通信。

图 8.1.11　ADSL 的典型频带划分方案

考虑到实际应用中上传与下载的速率特点，方案中的上/下行子载波数目作了非对称配置，因此称为 ADSL。

上/下行通信均采用 OFDM，导频分别占用第 64 与 96 号子载波。符号率同为 4kHz，循环前缀为码宽的 1/16，即 $T_g+T=250\mu s$ 与 $T_g=15.625\mu s$。这个保护间隔有时不够长，因此，ADSL 实现时常常用到信道展宽缩短均衡器，并配有充足的训练序列。各子带调制方式为 QPSK～64QAM，对应于每码元 2～6 比特。

其实，ADSL 的上/下行子载波数目允许灵活调整，甚至可以利用第 255 号子载波以上的频带部分，以达到更高的数据速率。

## 8.2　扩展频谱技术与 CDMA

扩展频谱技术分为直接序列扩频与跳频扩频两种。它们采用独特的方法将数字传输信号的频谱扩展得很宽，使之具有好的隐蔽性、高的保密性与强的抗干扰性。它还具有码分多址(CDMA)、多径分离、信号精确配准等重要特性。这种技术源自于军事通信,但也非常适合于许多民用领域。目前,除了广泛的军事用途之外,它还在数字蜂窝电话、无线蓝牙、无线数据通信、遥测、全球定位系统等很多方面有着大量的应用。

### 8.2.1　直接序列扩频

#### 1. 扩展频谱原理

**直接序列扩频**(**Direct Sequence Spread Spectrum**,**DSSS**)简称**直扩**,其典型系统框图如图 8.2.1 所示。在常规数字通信系统上它主要插入了扩频与解扩两个处理,如图中虚线框部分。**扩频**(**spread**)的作用是在发送信号前将它的码元"打碎";**解扩**(**de-spread**)的作用是在接收后还原出码元。这里,$c(t)$ 称为**扩频码**,它通常是一种取值 $\pm 1$ 的伪随机(PN)码(貌似随机的已知序列)。它的码元称为**码片**或"碎片"(chip),码片宽度记为 $T_c$。通常 $T_c = T_s/L$,$T_s$ 为基带信号码宽,整数 $L \gg 1$。

图 8.2.1　直接扩频系统框图

以基于 BPSK 的直扩(DSSS-BPSK)系统为例,记基带信号为 $m(t)$,则常规 BPSK 传输信号为 $s_0(t) = m(t)\cos(2\pi f_c t)$,于是

$$s_{DS}(t) = m(t)c(t)\cos(2\pi f_c t) = m_c(t)\cos(2\pi f_c t) \tag{8.2.1}$$

其中,$m_c(t) = m(t)c(t)$,它是 $m(t)$ 的"碎片"形式。图 8.2.1 中示意了码元的变化过程,图中 $s_{DS}(t)$ 的波形中忽略了载波,实为 $m_c(t)$。接收时首先必须使本地 $c(t)$ 与信号的"对齐",称为扩频码同步。这样,$c^2(t) = 1$,于是

$$\begin{aligned} r_0(t) &= r_{DS}(t)c(t) = m(t)c^2(t)\cos(2\pi f_c t) + n(t)c(t) \\ &= m(t)\cos(2\pi f_c t) + n_0(t) \end{aligned} \tag{8.2.2}$$

而 $n_0(t) = n(t)c(t)$,它是后续解调要面对的等效噪声。

为了了解扩频在频域的作用,先计算相关函数

$$R_{m_c}(\tau) = E[m(t+\tau)c(t+\tau)m(t)c(t)] = R_m(\tau)R_c(\tau) \tag{8.2.3}$$

因此,相应的功率谱关系为

$$P_{m_c}(f) = P_m(f) * P_c(f) \tag{8.2.4}$$

这个过程如图 8.2.2 所示。从信号带宽上看,$B_{m_c} = B_m + B_c$。其实,$m(t)$ 的码宽为 $T_s$,而 $c(t)$ 与 $s_{DS}(t)$ 为 $T_c$,可知,$B_{m_c} \approx T_c^{-1} \gg B_m \approx T_s^{-1}$。因此,$m_c(t)$ 的频谱被扩展了,$s_{DS}(t)$ 的频谱也同样被扩展了。人们称这种处理技术为**扩展频谱**(**Spectrum Spread**,**SS**),简称扩频或扩谱。

图 8.2.2　扩频处理的频域作用

称 $L = B_{DS}/B_0$ 为**扩频因子**(spreading factor)。显然,$L = T_s/T_c$,并且 $B_{m_c} = B_m L$。

考察解扩对高斯白噪声的影响。由于解扩与扩频的数学处理是完全一样的,因此参考式(8.2.3)可知

$$R_{n_0}(\tau) = R_n(\tau)R_c(\tau) = \frac{N_0}{2}\delta(\tau)R_c(\tau) = \frac{N_0 R_c(0)}{2}\delta(\tau) \qquad (8.2.5)$$

这里,$R_c(0) = \lim_{T \to \infty} \frac{1}{T}\int_{-T/2}^{T/2} c^2(t)dt = 1$,可以发现 $n_0(t)$ 同样是(双边)功率谱密度为 $N_0$ 的高斯白噪声。所以,后续处理采用常规接收方法,而直扩系统与常规系统具有同样的误码率性能。例如,DSSS-BPSK系统相干解调的性能为 $p_e = Q(\sqrt{2E_b/N_0})$。

### 2. 抗窄带干扰特性

扩频系统的一个重要特点是能够抵抗窄带干扰。假设信道中有一个功率为 $P_J$ 的窄带干扰 $J(t)$,则解扩输出信号为

$$r_0(t) = m(t)\cos(2\pi f_c t) + n_0(t) + J(t)c(t)$$

解扩对于 $J(t)$ 的频域作用如图8.2.2所示,即 $J(t)$ 的频谱被扩展为平坦形状,而其功率谱密度被降低了 $L$ 倍,使得 $J(t)c(t)$ 仿佛是一般白噪声。经过后续的窄带滤波后,其影响变得很微小。从频域上看,整个过程如图8.2.3所示。

图 8.2.3 扩频系统中窄带干扰的频域过程

为了定量分析解扩对窄带干扰的作用,记干扰的谱密度为 $J_0$。如果干扰直接作用到常规信号的频带上,则 $J_0 = P_J/B_0$。而扩频系统的解扩处理使得 $J_0 = P_J/B_{DS}$。考虑影响误码率的 $E_b/J_0$ 的改善情况,有

$$\frac{E_b/(P_J/B_{DS})}{E_b/(P_J/B_0)} = \frac{B_{DS}}{B_0} = L \qquad (8.2.6)$$

因此,$L$ 又常被称为**扩频处理增益**。

如果着眼于某个性能指标,要求处理后的 $E_b/J_0$ 超过 $(E_b/J_0)_t$ 值,则要求

$$L \times \frac{E_b}{P_J/B_0} \geq (E_b/J_0)_t \qquad 即 \qquad \frac{P_J}{E_b B_0} \leq \frac{L}{(E_b/J_0)_t} \qquad (8.2.7)$$

不妨考虑 $B_0 = T_s^{-1}$,这时信号功率为 $P_s = E_b/T_s = E_b B_0$。称如下的 $P_J/P_s$ 为**干扰容限**(interference margin),有

$$\frac{P_J}{P_s} = \frac{L}{(E_b/J_0)_t} \qquad 即 \qquad \left(\frac{P_J}{P_s}\right)_{dB} = L_{dB} - \left(\frac{E_b}{J_0}\right)_{t\_dB} \qquad (8.2.8)$$

其含义是:在规定性能下扩频系统所能容忍的(相对)最大噪声功率。

**例8.3** 某DSSS-QPSK系统在AWGN信道 $N_0 = 10^{-12}$ 时的性能为 $p_e = 10^{-9}$。当信道中出现10倍于信号功率的单频干扰时,要求系统仍能达到 $p_e = 10^{-8}$。试问系统的扩频

因子 $L$ 至少应该为多少?

**解** 根据 QPSK 相干解调性能,$p_e=10^{-9}$ 与 $10^{-8}$ 分别要求 $E_b/N_0$ 为 12.55dB 与 11.95dB,即比值为 18 与 15.67。因此

$$\frac{E_b}{N_0}=18$$

又由

$$\frac{E_b}{N_0+J_0}=15.67$$

于是,要求 $\left(\dfrac{E_b}{J_0}\right)_t=\left(\dfrac{1}{15.67}-\dfrac{1}{18}\right)^{-1}=121.06$,由式(8.2.8)有

$$L\geqslant\left(\frac{P_J}{P_s}\right)\left(\frac{E_b}{J_0}\right)_t=10\times 121.06=1210.6$$

对于宽带干扰,即分布于整个 $B_{DS}$ 上的干扰,解扩处理一般无法降低它的功率谱,因此,扩频系统对它没有特别的抑制能力。

扩频技术源于军事需要。军事应用中希望通信信号具有三个特点:①不被敌方发现;②即使敌方接收到了也无法解开;③能够不被敌方阻塞保持畅通。扩频技术很好地实现了这三点。首先,扩频后的发射信号只有很低的功率谱,类似于噪声,它很难被察觉;其次,没有正确的扩频码,敌方无法解出信息;最后,它能够有效抵抗常见的窄带干扰。不难发现,扩频信号可以隐蔽在正常无线信号的背后。例如无线电广播,既不对现有信号形成干扰,又能保证自身的正常传输。

### 8.2.2 CDMA

常规的通信技术的设计理念都是尽量少地占用信道以便更多用户可以进行通信,但扩频技术反其道而行,用到很宽的频带。它能在民用领域发挥什么作用呢?

下面首先说明直扩系统的等效基带形式,如图 8.2.4 所示。不妨考虑 $g_T(t)$ 为矩形 NRZ 脉冲,$c(t)$ 按码元宽度 $T_s$ 周期重复,记其基本周期部分为 $c_T(t)$。则

$$s_{DS}(t)=\sum_k a_k g_T(t-kT_s)c(t)=\sum_k a_k c_T(t-kT_s) \tag{8.2.9}$$

可见,扩频信号可视为以 $c_T(t)$ 为其发送脉冲的信号,其接收机(图中虚线框部分)为相关接收机,也就是匹配滤波器接收机。考察同步后第 $k$ 个码元的接收情况

$$\begin{aligned}r_k&=\frac{1}{T_s}\int_{(k-1)T_s}^{kT_s}[s_{DS}(t)+n(t)]c(t)dt\\&=\frac{1}{T_s}\int_{(k-1)T_s}^{kT_s}a_k c_T(t-kT_s)c_T(t-kT_s)dt+\frac{1}{T_s}\int_{(k-1)T_s}^{kT_s}n(t)c_T(t-kT_s)dt\\&=a_k+n_k\end{aligned} \tag{8.2.10}$$

其中,$\dfrac{1}{T_s}\int_{(k-1)T_s}^{kT_s}c_T(t-kT_s)c_T(t-kT_s)dt=\dfrac{1}{T_s}\int_0^{T_s}c^2(t)dt=1$,$n_k$ 是 $n(t)$ 对应的积分。解扩的过程就是运用与之匹配的码型累积信号能量的过程。

扩频码是周期的。如果扩频码的周期小于或等于码元宽度 $T_s$,则通常称它为**短码**;反之称它为**长码**。容易发现,即使 $c(t)$ 不以 $T_s$ 为周期,解扩的本质与结果也是这样。

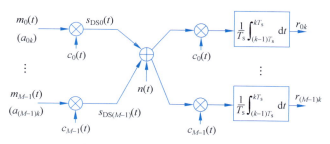

图 8.2.4　直扩系统的等效基带形式

现在考虑 $M$ 个扩频信号出现在同一频带的情况，如图 8.2.5 所示。这时每个用户使用各自的扩频码 $c_i(t), i=0,1,\cdots,M-1$，而接收机收到的是 $M$ 个信号的合成信号与噪声，即

$$r(t)=\sum_{i=0}^{M-1}s_{DSi}(t)+n(t) \qquad (8.2.11)$$

图 8.2.5　$M$ 个扩频信号的情况

下面考察第 $j$ 接收机解扩与解调第 $k$ 信号的情形。假设所有信号是同步的（它们码片一致对齐），且接收机的本地 $c_j(t)$ 也与它们达到同步，于是

$$\begin{aligned}r_{jk}&=\frac{1}{T_s}\int_{(k-1)T_s}^{kT_s}r(t)c_j(t)\mathrm{d}t\\&=\sum_{i=0}^{M-1}\left[\frac{1}{T_s}\int_{(k-1)T_s}^{kT_s}a_{ik}c_i(t)c_j(t)\mathrm{d}t\right]+\frac{1}{T_s}\int_{(k-1)T_s}^{kT_s}n(t)c_j(t)\mathrm{d}t\end{aligned} \qquad (8.2.12)$$

记扩频码 $c_i(t)$ 与 $c_j(t)$ 之间的互相关系数为 $R_{ij}(k)$，即

$$R_{ij}(k)=\frac{1}{T_s}\int_0^{T_s}c_i(t)c_j(t)\mathrm{d}t \qquad (8.2.13)$$

有 $R_{jj}(k)=1$。于是

$$r_{jk}=\sum_{i=0}^{M-1}a_{ik}R_{ij}(k)+n_{jk}=a_{jk}+\sum_{i\ne j}a_{ik}R_{ij}(k)+n_{jk} \qquad (8.2.14)$$

类似于码间干扰 ISI 的概念，式(8.2.14)中右端的第二项为多个用户之间的干扰，称为**多址干扰**（Multiple-Access Interference，MAI）。利用互相关系数尽量小的不同扩频码，可以使 MAI 足够小，进而 $r_{jk}\approx a_{jk}+n_{jk}$。这样频带中的多个信号被分离开来，各个信号几乎互不干扰地各自通信。基于这种原理的复用方案称为**码分复用**（Code Division Multiplexing，CDM），相应的多址方案称为**码分多址**（Code Division Multiple Access，CDMA）。

显然，最理想的是选择彼此正交的扩频码，使 $R_{ij}(k)=0,i\ne j$，则 MAI$=0$。这样，所有信号完全互不干扰，每个用户都能够像独自运行一样获得完好的通信性能。最著名的正交扩频码为 **Walsh-Hadamard 码**（W-H 码），可如下迭代构成。

$$\mathbf{W}_2=\begin{pmatrix}+1 & +1\\+1 & -1\end{pmatrix},\quad \mathbf{W}_{2^k}=\begin{pmatrix}\mathbf{W}_{2^{k-1}} & \mathbf{W}_{2^{k-1}}\\ \mathbf{W}_{2^{k-1}} & -\mathbf{W}_{2^{k-1}}\end{pmatrix} \qquad (8.2.15)$$

例如,$k=2$,则

$$W_4 = \begin{pmatrix} +1 & +1 & +1 & +1 \\ +1 & -1 & +1 & -1 \\ +1 & +1 & -1 & -1 \\ +1 & -1 & -1 & +1 \end{pmatrix} \tag{8.2.16}$$

矩阵中每一行可作为一个扩频码,它们彼此正交,长度为 4,共有 4 个。仿此可以根据需要构造出任意长度的正交的扩频码组。

然而,正交码只有当所有信号都达到准确同步时才能发挥作用。许多情况中各个发送方彼此独立工作,众多信号的码片之间根本无法同时对齐。这时,我们希望扩频码即使在只有自身同步的情况下也满足:当 $i \neq j$ 时,$R_{ij}(k)$ 达到尽量小,这种扩频码是**准正交码**。例如,常用的准正交码为 PN 码。

**近远效应**(near-far effect)是影响 MAI 的有一个关键问题。例如,处于不同位置的无线通信机,传输信号因距离远近而衰减不同,发送机需要采用不同的功率。这种情况很像集会上人与人的交谈。离得远的需要适当加大音量,离得近的应该尽量压低声音,以免干扰他人,为了描述这种情况,需要在图 8.2.5 中为每个用户补充发送幅度 $A_i$ 与传输衰减因子 $g_i$,这样,式(8.2.14)应该为

$$r_{jk} = A_j g_j a_{jk} + \sum_{i \neq j} A_i g_i a_{ik} R_{ij}(k) + n_{jk} \tag{8.2.17}$$

显然,$A_i$ 是可以调节的,通过对它的优化可以改善总的 MAI 情况。这种方法称为**功率控制**(power control)。通常为反馈控制算法,基本原理是调低近距离信号的功率,使之刚好能够保证有效通信,调高远距离信号的功率,使之能够达到基本的通信质量。

## 应用案例(13)——蜂窝移动电话系统 IS-95 中的 CDMA

CDMA 手机案例

北美第二代(2G)数字蜂窝电话标准(1993)IS-95 由高通(Qualcomm)公司提出。它是扩频技术的第一个商用例子,也是 CDMA 最成功的应用典范。蜂窝电话系统以蜂窝(即小区)为基本单位,每个小区设置一个基站与区内多个移动终端(手机)进行双向通信。IS-95 采用 FDD(频分双工)实现双向传输,设置前向与反向链路各为 1.25MHz,借助 CDMA 支持最多可达 61 个用户同时通话。

前向链路上基站向所有手机传送数据,这些数据码分复用在一起,用同一个无线发射机送出。信号发送框图如图 8.2.6(a)所示。每个用户的基本数据率为 9.6kbps,可以是数字语音或一般数据,经过 1/2 卷积码后变为 19.2bps,再由 64 元 W-H 正交码扩频到 1.2288Mcps。多个用户的数据在扩频后叠加在一起,同时还加入了专门的导频信号。最后合成信号通过 QPSK 调制发射。手机接收时借助导频实现同步,而后以指定的 W-H 码解扩,利用正交性完好地分离出自己的数据。图中的长码与短码是用于其他目的的 PN 码,长码实现用户数据加密,短码保证各个基站的信号彼此不相关。IS-95 采用了功率控制策略,基站依据接收情况还要发送相应的功率控制位,指示手机增减发射功率。

反向链路上各手机独立向基站发送数据,无线信号在空中混合后被基站的无线接收机收到。由于无法实现完全同步,这里只能采用准正交分离策略,信号框图如图 8.2.6(b)所示。为了应对性能的下降,发送前采用纠错能力更强的 1/3 卷积码,编码后数据率变为 28.8bps,再以

6 比特分组实施 64 元 W-H 正交调制，W-H 正交调制类似于 FSK(这里的 W-H 码与扩频没有任何关系)，它具有更好的误码性能。而后各用户使用自己的长码将数据扩频 4 倍至 1.2288Mcps。长码为 42 阶 PN 码，基站接收时正是以此来解扩分离用户数据。最后，手机发送数据时改用 OQPSK，这样信号的包络比较稳定，有利于提高放大器效率，缓解手机的电池压力。

图 8.2.6 IS-95 的前向/反向链路的基本框图

从理论上讲，如果了解所有各路 $A_i$、$g_i$、$R_{ij}(k)$ 与接收到的 $a_{ik}$，可以推算 MAI，从而很好地消除它。这类接收信号的方法属于**多用户检测**（**MUltiuser Detection**，**MUD**）。例如，基站上就有条件实施这样的方法。MUD 得到了大量的研究，但它极为复杂。在目前的各种实际应用中，主要使用的仍然是功率控制算法，它简单且有效。

### *8.2.3  伪随机序列及其同步方法

**伪随机**（pseudo-random）或伪噪声（Pseudo-Noise，PN）序列是一种貌似随机的序列，但它毕竟是由已知方法产生的确定序列，因此只是伪随机的。最重要的 PN 序列是二进制的**最长线性反馈移位寄存器序列**，简称 **m 序列**。它可由简单的移位寄存器产生，如图 8.2.7 所示。以级数 $n(=3)$ 为例，只要恰当地连接几根反馈线(反馈时采用模二加)，在时钟的驱动下就可以逐位输出 m 序列。这种序列实际上是周期的，周期长为 $L=2^n-1$，而这正是 $n$ 位寄存器所能形成的最长不重复周期，m 序列因此得名。

考虑 $n$ 级 m 序列(周期 $L=2^n-1$)，它的基本特性如下：

(1) 均衡性：0 与 1 大致各占一半(1 多一个)。

(2) 游程特性：游程指序列中连 0 段或连 1

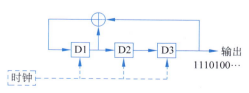

图 8.2.7 m 序列生成电路（$n=3$）

段,只要序列比较长,长为 1 的游程约占 1/2,长为 2 的约占 1/4,……。

(3) 移位相加性:m 序列移位后与自己相加,其结果是自己的另一个移位序列。

(4) 相关函数:若 $c(t)$ 为 m 序列的矩形 NRZ 信号,码片宽 $T_c$,记周期为 $T=LT_c$,有

$$R(\tau) = \frac{1}{T}\int_0^T c(t+\tau)c(t)\mathrm{d}t = \begin{cases} 1, & \tau = 0 \\ -1/L, & \tau \neq 0 \end{cases} \tag{8.2.18}$$

如图 8.2.8 所示。

图 8.2.8  m 序列的相关函数($n=3$)

当 $L$ 很大时,m 序列的这些特性与二进制随机独立序列的统计特性非常相似。

只要知道某一级 m 序列的反馈连接线位置,按图 8.2.7 就可以构造出其产生电路。表 8.2.1 列出了一批 m 序列,表中用八进制数简洁地表示出反馈线的连接方法,将八进制展开为二进制,LSB 对应最左的反馈输入,其他位依次对应各寄存器是否反馈(1=反馈)。

表 8.2.1  常见 m 序列

| 级 数 | 八进制 | 级 数 | 八进制 | 级 数 | 八进制 | 级 数 | 八进制 |
| --- | --- | --- | --- | --- | --- | --- | --- |
| 2 | 7 | 8 | 435 | 14 | 42103 | 20 | 4000011 |
| 3 | 13 | 9 | 1021 | 15 | 100003 | 21 | 10000005 |
| 4 | 23 | 10 | 2011 | 16 | 210013 | 22 | 20000003 |
| 5 | 45 | 11 | 4005 | 17 | 400011 | 23 | 40000041 |
| 6 | 103 | 12 | 10123 | 18 | 1000201 | 24 | 100000207 |
| 7 | 211 | 13 | 20033 | 19 | 2000047 | 25 | 200000011 |

扩频接收时必须对扩频码进行同步。m 序列的同步基于其相关峰的特点,原理框图如图 8.2.9 所示。其中圆圈中为一个周期的 m 序列的各比特值,它们用作相应支路的权因子。只有当输入信号与之对齐时输出端出现很高的相关峰。实际扩频系统中通常分为粗同步与细同步。粗同步采用图中的方案但每次只移动半个码片,捕获精度为 $\pm T_c/2$。细同步可在此基础上采用早迟门同步等方法将码片定时逐步细化对准。

图 8.2.9  m 序列的捕获与同步

在码分多址的应用中,m 序列有一些重要缺陷。首先,周期相同的 m 序列数目不多,例如,$L=127$ 的只有 18 个,$L=1023$ 的只有 60 个。其次,不同 m 序列之间的互相关系数

可能很大,很多时候达到相关峰的 30% 以上,这样会造成严重的 MAI。Gold 序列由两个 m 序列的模二相加生成,如图 8.2.10 所示。要达到好的性能,需要按一定条件挑选两个 m 序列,称为**优选对**。由 $n$ 级优选对产生 Gold 序列时能够做到:①可配出 $2^n-1$ 种不同的序列,加上两个 m 序列,共得到 $2^n+1$ 个可用序列;②Gold 序列的互相关系数大幅度降低,例如,$n=10$ 的不超过相关峰的 6%,$n=11$ 的不超过 3%。因此 Gold 序列应用广泛。另外还有其他一些改进方法,例如,可由一个很长的 m 序列适当截取一段来使用,称为原 m 序列的**短截码**。

PN 序列在通信中有着非常广泛的应用。除扩频通信外,几个主要的用途如下:

(1) 扰码。符号序列中的长连码不利于同步,强周期性容易对相邻信号构成干扰。通信系统常常需要扰乱数据,改善它的统计特性。最便利的方法是运用 m 序列**扰码器**与**解扰器**,如图 8.2.11 所示。

图 8.2.10 Gold 序列的生成原理　　　图 8.2.11 m 序列扰码器与解扰器

(2) 测量延时与距离。利用 m 序列尖锐的相关峰,可以在信号上进行相对定时,由此测出波形延时,进而计算传播距离,得出所关心的目标距离。显然,PN 序列的码片越窄则定时越准,序列长度越长(累积时间越长),则测量的信噪比越高。

(3) 测量误码率。误码率是数字通信系统主要的质量指标。m 序列中 0 与 1 随机且均衡,因此常被作为"标准"测试数据传送,收方在同步后可比较差错,统计误码。

(4) 数据加密。利用 PN 序列的随机性,将其与数据序列作模二加形成加密数据,接收后利用同样的序列再次模二加可还原数据。

## 应用案例(14)——全球定位系统 GPS 中的 PN 序列

美国建立的**全球定位系统**(Global Positioning System,GPS)利用 24 颗卫星覆盖地球,在世界的任何角落通过接收卫星的 RF 信号就可以准确确定所在的位置。GPS 的 24 颗卫星是同步工作的,每颗卫星以 BPSK 按 50bps 的速率播发它的精确位置与时间。数据同时按两种扩频模式发送:C/A(粗/捕获)与 P(精确)模式。C/A 模式的扩频码为周期 1023 的 Gold 码,扩频因子为 20460,码片速率为 1.023Mcps;P 模式采用周期为 $6.1871\times10^{12}$ 的超长 PN 码(相当于 1 星期),扩频因子与码片速率提高 10 倍。一般用户只能接收 C/A 信号,P 模式用于军事。

GPS 接收机通过捕获扩频信号可以得到自己与卫星的相对时差,其中包含两者的绝对时钟差 $\tau_0$ 与 RF 信号的传播时间 $\tau$,如果知道 $\tau$ 就可以测出自己与卫星的距离。在世界任何地方，GPS接收机总能够收到至少4颗卫星的信号，由这4颗卫星的相对时差可以消除未知$\tau_0$，计算出3颗卫星的距离。同时，通过接收数据还可以得到各卫星播报的位置坐标。从空间几何知识可知，基于任何3个参考点的位置与相对距离，结合一些常识就可以计算出GPS接收机的位置坐标。GPS就是这样工作的，其C/A模式的定位精度可以达到几十厘米，而P模式就更高了。

GPS采用扩频信号有几个好处：①信号谱密度低，无须授权也不会干扰其他已有的信号；②定时应用可以占用一点时间，允许扩频信号充分累积，因而定时精度好且抗噪增益高；③借助CDMA多个卫星信号只需占用一个频带。

### *8.2.4 跳频扩频

#### 1. 基本原理

**跳频扩频**（Frequency Hopping Spread Spectrum，FHSS）简称**跳扩**或**跳频**，它的做法是让信号的频率在一个很宽的范围内"随机跳跃"，使它的频谱扩散到整个频带。以FHSS-BFSK为例，典型的跳扩系统如图8.2.12所示。系统将一个带宽为$B_{FH}$的频谱划分为$L$个信道，构成频道集$F$。发送时由PN序列控制频率合成器在$F$集上"随机"选出频率$f_h$，再通过变频处理使信号"跳"到$f_h$进行传输。接收时必须首先使本地PN序列同步，再由它控制频率合成器产生出完全一样的频率序列，将跳跃的信号变回到原来的频率。图8.2.13示意了$s_{FH}(t)$信号的频率跳跃过程。容易理解，$s_{FH}(t)$的带宽为$B_{FH}$，并且，$B_{FH}=LB_0$其中，$B_0$为原常规已调信号的带宽，$L$为扩频因子。

图8.2.12 跳频扩频系统框图

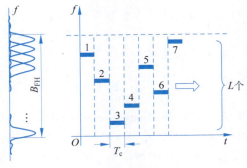

图8.2.13 跳频过程与频谱

跳扩系统主要使用FSK调制，因为接收时很难做到载波同步，通常只得实施非相干解调。跳扩系统分为慢跳频与快跳频两种类型。慢跳频系统，每个码元或多个码元上频率只跳变一次；快跳频系统，每个码元内频率要跳变多次。设PN序列的码片宽度为$T_c$，数据符号间隔为$T_s$，则$T_c \geqslant T_s$为慢跳频；否则为快跳频。

容易发现,FHSS技术也很适用于军事应用,因为它的频率"跳跃恍惚",敌方不易捕获,没有PN码又无法跟踪,很宽的频带也难于完全阻断。另一方面,跳扩系统也方便实现CDMA,只要设计好PN序列使多个设备的频率跳跃中彼此不要落入同一位置,它们就可以互不干扰,各自通信。

### *2. 抗干扰特性

下面讨论FHSS的抗干扰特性。如果干扰是全频带的(即宽带干扰),假设干扰功率为$P_J$,则信号与干扰之比为

$$\gamma_b = \frac{E_b}{J_0} = \frac{E_b}{P_J/B_{FH}} = \frac{E_b}{P_J/B_0} \times L = \frac{P_s}{P_J} \times L \tag{8.2.19}$$

其中,$P_s = E_b R_b$,并认为$R_b = B_0$。可见其增益为$L$,$L$越高改善越大。以BFSK为例,忽略噪声的影响,这时系统的误码率为

$$p_e = \frac{1}{2} e^{-\gamma_b/2} \tag{8.2.20}$$

如果干扰集中于部分频带,记比例为$\alpha$,则有的频率上信号通畅,有的信号中断。先考虑慢跳频情形,码元不被干扰的比例为$1-\alpha$,误码率为零;被干扰的比例为$\alpha$,误码率视为0.5,则

$$p_e = 0 \times (1-\alpha) + 0.5\alpha = 0.5\alpha \tag{8.2.21}$$

即使$\alpha$为1‰,系统的误码也极为严重。这时候必须运用纠错编码技术,实行"联防"。可以证明,正确使用纠错编码后,平均误码率可以达到,$p_e = e^{-\gamma_b/4}$。可见,系统的性能虽下降了3dB,但仍然能够工作。

再考虑快跳频情形,每个码元跳变$L_h = T_s/T_c$次。每次有$\alpha$的概率遭遇干扰。一种称为"硬判决"的方法是:把每个符号的多个码片传输结果先做判决,而后再实施大数裁决。另一种称为"软判决"的方法好一些,它把每个符号的多个码片传输结果先不做判决,而是按SNR加权叠加后作一次性判决。可以证明它们的结果可接近式(8.2.20)的结果,因此,快速FHSS在一定的干扰下也能够工作。

### *3. CDMA

考虑多个跳频信号位于同一个频带的情形。如果所有信号能够同步,只要用户数目不大于$L$并精心选择PN序列,使信号在跳频时始终保持彼此互不碰撞,则可以获得完全的CDMA。

如果同步无法保证,例如发送方的时钟差异、传播时延,甚至PN序列协调不佳或用户数目超过$L$,则碰撞无法避免,这时通信性能会明显下降。但只要碰撞比例不大,可以将这种情况等效视为部分频带干扰,因此,通过加大$L$与使用纠错编码,并尽量限制碰撞比例,可以实现类似于准正交的CDMA。

## 应用案例(15)——蓝牙(Bluetooth)中的FHSS

蓝牙技术(1994)由欧洲的爱立信(Ericsson)公司发明,是一种无线个人网络(WPAN)通信技术。它适用于小巧电子产品,以近距离、中低速率、低功耗与方便灵活为特点,其典型的例子如蓝牙耳机。蓝牙技术工作在无须申请的2.4~2.4835GHz的ISM频带,它将该频带划分为79个1MHz间隔的信道,在这些信道上基于慢速FHSS技术构建微小网络,支持多达8个设备同时通信。

蓝牙网络采用主/从模式。主设备发送时钟使全网同步工作。跳频速度为1600Hz。跳频时运用自适应跳频(AFH)技术使跳频序列自动避开已被占用的信道。基本的调制为$BT=0.5$的 GFSK,数据率1Mbps。GFSK 其实与 GMSK 很接近,泛指采用高斯低通滤波器过滤矩形 NRZ 基带信号的 FSK 调制方法。这里的调制指数取 0.35。新近标准中的数据率(EDR)可以达到3Mbps,它改用 40 个 2MHz 的信道,并使用效率更高的 π/4DQPSK 与 8DPSK 调制。

其实 802.11(1997)最早使用过与蓝牙技术几乎同样的 FHSS 方案,但这种方案更适合小巧的中低速网络,因此,后来的 WiFi 标准中全部改用了 DSSS 与 OFDM 的方案。

## 8.3 多天线传输技术

随着无线通信用户数和业务量的不断增长,在有限的时频资源约束下如何有效地提高信道容量和频谱效率是新一代无线移动通信系统面临的重要挑战。在这个背景下,空间资源的利用进入了学术界和工业界的视野,以 MIMO(Multi-Input Multi-Output,多输入多输出)为代表的多天线传输技术得到了较为充分的研究,并成功应用在第四代及其以后的移动通信系统中。MIMO 传输技术充分挖掘空间资源,形成了空间复用、空间分集和智能天线三个主要技术路线,分别侧重于提升频谱利用率,改善传输质量和抗干扰能力。本节主要通过三个典型用例介绍上述三种 MIMO 技术的基本原理和方法。

### 8.3.1 空间复用与 V-BLAST

空间复用的实现得益于 MIMO 信道提供了用于通信的额外空间维数,它使得若干数据流在同一时刻占用相同的频率,通过多个天线同时传送,从而带来数据速率和频谱效率的提升。1996 年 Bell 实验室的学者 Foshini 首先给出了一种空间复用的方案,提出了**垂直分层空时码**(Vertical Bell Laboratories Layered Space-Time,V-BLAST)的思想。1998 年,Bell 实验室的 Wolinansky 等人采用 V-BLAST 方法建立了一个 MIMO 实验系统,室内测试达到了 20bps/Hz 以上的频谱利用率。下面以 MIMO 空间复用的典型应用 V-BLAST 为例来介绍其基本原理。

**1. V-BLAST 信号收发模型**

V-BLAST 编码方式如图 8.3.1 所示。调制编码后的符号序列首先经过串/并变换,得到并行的 $M_t$ 个子数据流 $c_j, j=1,2,\cdots,M_t$,发送到 $M_t$ 个相应的天线上。每个数据流可以看作一层信息,此时每根天线上的数据流速率是原来的 $\frac{1}{M_t}$。假设第 $j$ 根发射天线到第 $i$ 根接收天线之间的信道为单径平坦衰落,衰落系数为 $h_{ij}$。那么,在经过 $h_{ij}$ 的平坦衰落后,

图 8.3.1 V-BLAST 编码及传输方式

$M_r$ 个接收天线上得到的信号为 $r_i, i=1,2,\cdots,M_r$。

以第一根接收天线为例,接收到的信号可以写作

$$r_1 = \sum_{i=1}^{M_t} h_{1i} c_i + n_1 \tag{8.3.1}$$

其中,$n_1$ 表示第一根接收天线处的加性高斯白噪声。

单独就一根接收天线而言,我们显然无法从接收信号中检测出全部的数据流 $c_j,j=1,2,\cdots,M_t$。为此,MIMO 系统利用 $M_r$ 副接收天线来完成接收,即通过增加空间维度构成方程组来解决问题。于是,V-BLAST 传输过程可以表示为

$$\begin{pmatrix} r_1 \\ r_2 \\ \vdots \\ r_{M_r} \end{pmatrix} = \begin{pmatrix} h_{11} & h_{12} & \cdots & h_{1M_t} \\ h_{21} & h_{22} & \cdots & h_{2M_t} \\ \vdots & \vdots & \ddots & \vdots \\ h_{M_r 1} & h_{M_r 2} & \cdots & h_{M_r M_t} \end{pmatrix} \begin{pmatrix} c_1 \\ c_2 \\ \vdots \\ c_{M_t} \end{pmatrix} + \begin{pmatrix} n_1 \\ n_2 \\ \vdots \\ n_{M_r} \end{pmatrix} \tag{8.3.2}$$

上式可以简写为

$$\boldsymbol{r} = \boldsymbol{H}\boldsymbol{c} + \boldsymbol{n} \tag{8.3.3}$$

式中,$\boldsymbol{r}$ 表示 $M_r \times 1$ 的接收信号向量,$\boldsymbol{H}$ 是 $M_r \times M_t$ 维信道响应矩阵,$\boldsymbol{c}$ 是 $M_t \times 1$ 的发送信号向量,$\boldsymbol{n}$ 是 $M_r \times 1$ 的加性高斯白噪声向量,其每个分量都是均值为零、方差为 $\sigma^2$ 的相互独立的正态分布随机变量。

可以看出,V-BLAST 链路接收端如果能够成功接收数据流 $\boldsymbol{c}$,那么该链路将实现相对于单天线通信链路 $M_t$ 倍的传输速率,频谱效率也随之提升 $M_t$ 倍。但是,从式(8.3.2)容易看到,每个接收天线收到的信号都是所有发射天线信号的混叠。因此,如何从接收信号向量 $\boldsymbol{r}$ 中检测原始的发送信号向量 $\boldsymbol{c}$ 是 V-BLAST 编码是否可行的基本问题。围绕着 Bell 实验室的 V-BLAST 空时编码,下面讨论几种经典的检测算法,并说明它们的优缺点。

2. 检测方法

1) 迫零(ZF)检测

ZF 检测的思想是对信道求逆从而消除混叠,即消除多天线符号间的干扰,它可以表示为

$$\hat{\boldsymbol{c}} = \boldsymbol{H}^{\dagger} \boldsymbol{r}$$
$$= \boldsymbol{H}^{\dagger}(\boldsymbol{H}\boldsymbol{c} + \boldsymbol{n})$$
$$= \boldsymbol{H}^{\dagger}\boldsymbol{H}\boldsymbol{c} + \boldsymbol{H}^{\dagger}\boldsymbol{n} \tag{8.3.4}$$

其中,$(\cdot)^{\dagger}$ 代表 Moore-Penrose 广义逆矩阵(伪逆)。根据矩阵理论的相关知识,如果 $\boldsymbol{H}$ 是列满秩的,则

$$\boldsymbol{H}^{\dagger} = (\boldsymbol{H}^H \boldsymbol{H})^{-1} \boldsymbol{H}^H, \quad \text{且 } \boldsymbol{H}^{\dagger} \boldsymbol{H} = \boldsymbol{I} \tag{8.3.5}$$

其中,$(\cdot)^H$ 代表共轭转置矩阵。于是,得到

$$\hat{\boldsymbol{c}} = \boldsymbol{c} + \boldsymbol{H}^{\dagger} \boldsymbol{n} \tag{8.3.6}$$

根据上式便可以进行判决,得到发射信号的估计值。

值得注意的是,$\boldsymbol{H}$ 为列满秩的一个必要条件是 $M_r \geq M_t$,即接收天线数不能小于发射天线数。另外,如果信道系数矩阵 $\boldsymbol{H}$ 中的列向量相关性较强,那么 $\boldsymbol{H}$ 也不会满足列满秩的条件。其中,列向量相关性较强反映了各收发天线间的信道系数不完全独立的物理意义。

例如,在视距(LOS)情况下,有较强的直射路径,导致信道系数矩阵 $H$ 中的各列大概率是强相关的,使得 ZF 算法失效。

2) 最小均方误差(MMSE)检测

关于前面讨论的 ZF 算法,可从式(8.3.4)和式(8.4.6)看出,它在消除天线符号间干扰的过程中可能以噪声增强为代价。下面的 MMSE 检测的思想是综合考虑噪声与符号间干扰问题,在噪声增强和削弱符号间干扰之间进行均衡。它的做法是在最小均方误差准则下,通过对接收向量进行线性加权,使其与发射信号之间的均方误差最小。MMSE 准则可以表示为

$$\min E\{\|W^H r - c\|^2\} \tag{8.3.7}$$

其中,$E\{\cdot\}$ 代表数学期望,$W$ 是权值矩阵。

通过简单的矩阵计算及最优化理论,可以得到满足上式的最优权值矩阵为

$$W_{opt}^H = (H^H H + \sigma^2 I)^{-1} H^H \tag{8.3.8}$$

MMSE 准则的复杂度介于 ZF 与后面将讨论的 ML 算法之间。

ZF 与 MMSE 检测其实都是对接收向量 $r$ 左乘一个处理矩阵 $G$,只是 $G$ 的取值不同,

$$G = \begin{cases} H^\dagger = (H^H H)^{-1} H^H, & \text{ZF} \\ W_{opt}^H = (H^H H + \sigma^2 I)^{-1} H^H, & \text{MMSE} \end{cases} \tag{8.3.9}$$

因此,ZF 与 MMSE 的统一接收结构如图 8.3.2 所示。

根据以上介绍和已有的研究成果,可以到如下结论。

(1) 在低信噪比下,MMSE 考虑到了检测处理时对噪声的抑制问题,因此性能比 ZF 有所改进,但是并不多;

(2) 在高信噪比下,MMSE 与 ZF 的性能基本一致,因为从式(8.3.9)中可以看出,当噪声方差很小时(即高信噪比时),MMSE 的权值与 ZF 的伪逆矩阵是一样的。

3) 连续干扰对消(SIC)检测

SIC 检测器的结构可以用图 8.3.3 表示,它的检测思想是按照一定的顺序逐层(子流)检测。首先选择一层,检测出该层的信息,然后重建该层的接收信号并从总的接收信号中将其减去,最后输出消去了该层干扰的接收信号,为下一层的检测做准备。不断继续这样的过程,直至最后一层数据流被恢复为止。

图 8.3.2 ZF 与 MMSE 的统一接收结构

图 8.3.3 SIC 检测器结构

SIC 是基于 ZF 和 MMSE 的(用到了 ZF 和 MMSE 的处理矩阵 $G$),也可以认为是对 ZF 和 MMSE 的改进。不同之处是,SIC 是逐层检测,并且引入了**重建对消**思想。值得注意的是,SIC 在重建接收信号的时候,会产生**误差传播**(**error propagation**)的问题:译码第 $k$ 层数据流时的差错使得相减后的信号不正确,该差错会传播给之后的 $k+1,k+2,\cdots,M_t$ 层数据流。

解决误差传播问题的一个有效方法是排序 SIC(Ordered SIC,OSIC),它在 SIC 的基础上做了检测顺序方面的改进。OSIC 在检测之前首先计算每层(子流)的信噪比,按照信噪比从大到小的顺序检测,检测过程和 SIC 一样。因为首先选择信噪比大的层进行检测,这样误判的概率降低,从而使误差传播的可能性降低,系统可靠性提高。

4) 最大似然(ML)检测

ML 检测是发射等概率条件下的最优检测方法。假设在接收端**信道状态信息**(**CSI**)已知,即 $H$ 已知,那么 ML 检测可以表示为

$$\hat{c} = \arg\min_{\hat{c} \in C} \| r - H\hat{c} \|^2 \tag{8.3.10}$$

其中,arg min 表示使函数达到最小值时的变量取值,$\| \cdot \|$ 代表 Frobenius 范数,$C$ 表示 $\hat{c}$ 所有可能取值的集合。

ML 检测就是在距离意义上从星座图中寻找与接收信号最接近的向量作为发射信号的估计值,其本质上是一种遍历的方法。虽然 ML 是一种最优的检测方法,但是 ML 检测的复杂度是所有检测算法中最大的($M_t$ 以指数规律增长),工程上实现难度较大。

图 8.3.4 给出了 $M_t = M_r = 2$ 条件下,采用 QPSK 调制的 V-BLAST 系统在 ML 检测、MMSE 检测、SIC 检测和 OSIC 检测下的误符号率曲线。由图 8.3.4 可知,采用 ML 检测时,系统性能最好,其次分别是 OSIC 检测、SIC 检测和 MMSE 检测。

图 8.3.4　2 发 2 收 V-BLAST 链路几种检测性能的比较

## 8.3.2　空间分集与 STBC

8.3.1 节介绍了多天线传输技术是怎样提升频谱效率的。本节将说明多天线传输技术还能提供分集。所谓**分集**(**diversity**),简单地讲就是在接收端获得发送信号的多个接收结果,在恶劣信道条件下,通过它们的共同处理来实现可靠通信。考虑无线衰落信道,信道的多径、多普勒效应等因素使得通信系统很容易发生差错。分集技术(常常借助于收发两端协

同)为接收端提供发送信号的多个表现(副本),每个表现构成一个分集分支,理想情况下它们是统计独立的(独立特性受信道传播条件影响)。于是,随着分集分支数量的增加,所有分支在同一时刻都发生严重恶化的概率将急剧下降。这样分集技术就使无线连接更稳定,改进了链接的可靠性或错误率。空间分集技术以**空时分组码**(Space-Time Block Code,STBC)和**空时格码**(Space-Time Trellis Code,STTC)为代表。本节主要以 STBC 为例,介绍空间分集 MIMO 的应用。

STBC 编码最先由 Alamouti 在 1998 年提出,采用了简单的两发送天线的分集编码方式。在这种编码方案中,编码器会选取连续的两个符号$(c_1,c_2)$,将其映射为发送信号矩阵

$$C = \begin{bmatrix} c_1 & -c_2^* \\ c_2 & c_1^* \end{bmatrix} \tag{8.3.11}$$

天线 1 发送信号矩阵的第一行,天线 2 发送信号矩阵的第二行,如图 8.3.5 所示。

图 8.3.5　Alamouti STBC 原理示意图

可以看出,Alamouti STBC 是在空域和时域上同时进行编码的。那么,相邻两符号周期内接收到的信号可以表示为

$$\begin{cases} r_1 = h_1 c_1 + h_2 c_2 + n_1 \\ r_2 = -h_1 c_2^* + h_2 c_1^* + n_2 \end{cases} \tag{8.3.12}$$

其中,$h_1$ 和 $h_2$ 表示天线 1 和天线 2 到接收天线的信道响应系数,$n_1$ 和 $n_2$ 表示第一个符号和第二个符号的加性白高斯噪声。上式可以写作下面的形式

$$\begin{pmatrix} r_1 \\ r_2^* \end{pmatrix} = \begin{pmatrix} h_1 & h_2 \\ h_2^* & -h_1^* \end{pmatrix} \begin{pmatrix} c_1 \\ c_2 \end{pmatrix} + \begin{pmatrix} n_1 \\ n_2^* \end{pmatrix} \tag{8.3.13}$$

类似地,可以简写为

$$r = Hc + n \tag{8.3.14}$$

考察信道矩阵 $H$ 的正交性,可以发现

$$H^H H = \begin{pmatrix} |h_1|^2 + |h_2|^2 & 0 \\ 0 & |h_1|^2 + |h_2|^2 \end{pmatrix} = \alpha I \tag{8.3.15}$$

其中,$\alpha = |h_1|^2 + |h_2|^2$。

Alamouti STBC 编码的关键是使得信道矩阵 $\boldsymbol{H}$ 的列向量相互正交。这样,矩阵方程的解可以写作

$$\tilde{\boldsymbol{r}} = \boldsymbol{H}^{\mathrm{H}} \boldsymbol{r} = \alpha \boldsymbol{c} + \tilde{\boldsymbol{n}} \tag{8.3.16}$$

其中,$\tilde{\boldsymbol{n}} = \boldsymbol{H}^{\mathrm{H}} \boldsymbol{n}$。在接收端,由 ML 检测准则,得到发射向量 $\boldsymbol{c}$ 的估计值

$$\hat{\boldsymbol{c}} = \arg\min_{\hat{\boldsymbol{c}} \in C} \| \tilde{\boldsymbol{r}} - \alpha \hat{\boldsymbol{c}} \|^2 \tag{8.3.17}$$

Alamouti STBC 的最大优势在于:采用简单的 ML 准则,可以获得完全的两天线分集增益。后来,Tarokh 进一步将两天线 STBC 编码推广到多天线的形式,提出了通用的正交设计准则,此处不做详述。图 8.3.6 比较了 BPSK 调制的 Alamouti STBC 方案($M_{\mathrm{t}}=2$,$M_{\mathrm{r}}=1$)与单天线系统在瑞利衰落信道下的误符号率。可以看出,由于 Alamouti STBC 方案提供了额外的分集增益,因此其误码率性能要明显优于没有空间分集增益的单天线系统。

图 8.3.6  单天线系统与 2 发 1 收 Alamouti STBC 方案误符号率对比

**例 8.4**  假设 MIMO 系统传输二进制消息序列为 01 11 11 01 10 00,采用格雷编码的 QPSK 调制,试写出 2 天线 Alamouti STBC 编码后的发射符号序列。

**解**  QPSK 调制后的符号序列(复数表示)为:$1-\mathrm{j}, 1+\mathrm{j}, 1+\mathrm{j}, 1-\mathrm{j}, -1+\mathrm{j}, -1-\mathrm{j}$。根据 Alamouti STBC 编码原理可以得到两根天线上的发射符号序列分别是:

$$\boldsymbol{c}_1 = [1-\mathrm{j}, -1+\mathrm{j}, 1+\mathrm{j}, -1-\mathrm{j}, -1+\mathrm{j}, 1-\mathrm{j}]$$
$$\boldsymbol{c}_2 = [1+\mathrm{j}, 1+\mathrm{j}, 1-\mathrm{j}, 1-\mathrm{j}, -1-\mathrm{j}, -1-\mathrm{j}]$$

### 8.3.3  智能天线

智能天线这一术语首先在通信领域得到广泛应用,指代一种充分利用天线空间特性达到无线通信目的的多天线系统。在不同领域也称为数字波束形成、自适应阵列、自适应天线、空域自适应滤波等。智能天线借助多个天线组成天线阵列,通过控制生成一定形状的电磁波波束实现空间选择性,即,在所需要的空间方向上收发有用信号(需要的信号),同时抑制(避开)其他方向的无用信号和干扰。因而,它又称**波束形成**(**beam forming**)。

图 8.3.7 给出了一个由 $M$ 个天线组成的均匀线性阵列,平面波以 $\theta$ 角度入射,天线间距离为 $d$。以第 1 个天线接收到的信号为参考点,假设信号以角频率 $\omega$ 入射到线性天线阵列,第 1 个接收天线收到的信号为

$$x_1(t) = s(t)\mathrm{e}^{\mathrm{j}\omega t} \tag{8.3.18}$$

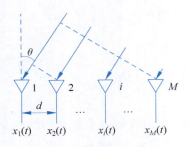

图 8.3.7 均匀线性阵列及入射信号模型

其中,$s(t)$为信号的复包络。

考虑$s(t)$为一个相对窄带信号,第 2 个接收天线的信号相对于参考点在时间上要早$\tau_2$,所以第 2 个接收天线接收到的信号为

$$x_2(t) = s(t)e^{j\omega(t-\tau_2)} \qquad (8.3.19)$$

根据图 8.3.7 给出的线性阵列几何关系可以得到

$$\tau_2 = \frac{d\sin\theta}{c} \qquad (8.3.20)$$

其中,$c$ 代表光速。

同理,第 $i$ 个天线接收到的信号为

$$x_i(t) = s(t)e^{j\omega(t-\tau_i)} = s(t)e^{j\omega t}e^{-j\omega\tau_i} \qquad (8.3.21)$$

其中,$\tau_i$ 表示第 $i$ 个天线接收到的信号相对于参考点在时间上的提前量,可以表示为

$$\tau_i = \frac{(i-1)d\sin\theta}{c} \qquad (8.3.22)$$

将各个天线的接收信号写成一个列向量

$$\begin{aligned}\boldsymbol{x}_s(t) &= (x_1(t) \quad x_2(t) \quad \cdots \quad x_M(t))^T \\ &= s(t)e^{j\omega t}(e^{-j\omega\tau_1} \quad e^{-j\omega\tau_2} \quad \cdots \quad e^{-j\omega\tau_M})^T \end{aligned} \qquad (8.3.23)$$

考虑到基带信号处理中下变频的操作,省去$e^{j\omega t}$。再考虑到噪声,上式可以写为

$$\boldsymbol{x}_s(t) = s(t)\boldsymbol{a}(\tau) + \boldsymbol{n}(t) \qquad (8.3.24)$$

其中,$\boldsymbol{a}(\tau)$ 称为天线阵列对信号的方向向量或者**操纵向量**(steering vector),可以写作

$$\boldsymbol{a}(\tau) = (e^{-j\omega\tau_1} \quad e^{-j\omega\tau_2} \quad \cdots \quad e^{-j\omega\tau_M})^T \qquad (8.3.25)$$

各个天线接收到的信号,经过加权后合成一路信号,如图 8.3.8 所示。合成信号为

$$y(t) = \boldsymbol{w}^H \boldsymbol{a}(\theta)s(t) + \boldsymbol{w}^H \boldsymbol{n}(t) \qquad (8.3.26)$$

其中,$\boldsymbol{w} = (w_1 \quad w_2 \quad \cdots \quad w_M)^T$ 为加权系数向量,利用角频率与波长的关系 $\lambda = \frac{2\pi c}{\omega}$,可将式(8.3.22)改写作

$$\tau_i = \frac{(i-1)2\pi d\sin\theta}{\lambda\omega} \qquad (8.3.27)$$

再记

$$\varphi = \frac{2\pi d}{\lambda}\sin\theta \qquad (8.3.28)$$

图 8.3.8 智能天线接收信号合路

进而可将操纵向量 $\boldsymbol{a}(\tau)$ 表示为

$$\boldsymbol{a}(\theta) = (1 \quad e^{-j\varphi} \quad \cdots \quad e^{-j(M-1)\varphi})^T \qquad (8.3.29)$$

阵列的空间滤波响应(即**波束图**)定义为当阵列输入为平面波时,阵列输出(通常只考虑输出幅度或功率)与平面波入射角的关系。方向向量经过加权后,输出的幅度波束图为

$$F(\theta) = |\boldsymbol{w}^H \boldsymbol{a}(\theta)| \qquad (8.3.30)$$

不失一般性,如果我们想使天线阵列的波束指向 $\theta_0$ 方向,那么权向量可以取为 $w=a(\theta_0)$。此时幅度波束图可以写作

$$F(\theta)=|a^H(\theta_0)a(\theta)|=\left|\sum_{i=1}^{M}e^{-j(i-1)(\varphi-\varphi_0)}\right| \quad (8.3.31)$$

化简后,输出的幅度波束图为

$$F(\theta)=\left|\sum_{i=1}^{M}e^{-j(i-1)(\varphi-\varphi_0)}\right|=\left|\frac{\sin[M(\varphi-\varphi_0)/2]}{\sin[(\varphi-\varphi_0)/2]}\right|$$

$$=\left|\frac{\sin[(M\pi d/\lambda)(\sin\theta-\sin\theta_0)]}{\sin[(\pi d/\lambda)(\sin\theta-\sin\theta_0)]}\right| \quad (8.3.32)$$

图 8.3.9 以 $\theta_0=0$(即波束瞄准法线方向)为例,画出了含有 8 个天线的线性阵列的波束图,其中 $d=0.5\lambda$。

图 8.3.9 智能天线接收信号合路

观察上述波束图方程,可总结得到以下特点:

(1) 波束呈 $\frac{\sin x}{x}$ 形状,其主瓣半功率点(3dB)宽度为

$$\theta_B=\frac{0.886}{\frac{Md}{\lambda}}=\frac{0.886}{\frac{D}{\lambda}}(弧度) \quad (8.3.33)$$

其中,$D=Md$ 就是通常所说的"孔径"。

(2) 在 $\theta_0=0$ 方向的波束图,不仅仅在 $\theta=0$ 点出现最大值,只要满足下式都可能出现最大值

$$\varphi=\frac{2\pi d}{\lambda}\sin\theta=\pm 2k\pi \quad (8.3.34)$$

或

$$\sin\theta=\pm k\frac{\lambda}{d}, \quad k=0,1,2,\cdots \quad (8.3.35)$$

(3) 当 $d>0.5\lambda$ 时,除了在 $\theta=0$ 有最大值,在区间 $[-0.5\pi,0.5\pi]$ 内还可以产生最大值,这些不同于瞄准方向的最大值叫作"栅瓣"。例如,$d=2\lambda$ 时,在 $\theta=\pm30°,\pm90°$时,出现栅瓣。

(4) 为了避免栅瓣的出现,应该使

$$d \leqslant \frac{\lambda}{2} \tag{8.3.36}$$

在实际情况中,为了使天线阵列的波束指向 $\theta_0$ 方向选取权向量 $w=a(\theta_0)$ 有可能不是最优的方案。对波束形成器权向量 $w$ 的设计一般可以等效为求解最佳滤波器权向量的问题,即按照一定的准则求使得代价函数达到最小值的解。最佳波束形成器的准则主要有最小均方误差(MMSE)准则、最大信噪比(MaxSNR)准则、线性约束最小方差(LCMV)准则、最大似然(ML)准则及最小二乘(LS)准则。

**例 8.5** 假设智能天线阵列具有 16 个阵元,阵元间距 $d=0.5\lambda$,试画出在 $\theta_0=0$ 方向的波束图,并与图 8.3.9 做对比。

**解** 根据式(8.3.32)可以画出波束图如图 8.3.10 所示。

图 8.3.10　16 天线阵列 $\theta_0=0$ 波束图

对比图 8.3.9 与图 8.3.10,可以看出,阵元数增加后,波束图主瓣更尖锐(能量更集中)。

**例 8.6** 如图 8.3.7 所示的线性阵列,假设其工作频率为 2.4GHz,阵元数为 4,阵元间距为 6cm,入射波到达角为 30°,试计算:(1)以第 1 个天线接收到的信号为参考点,第 2 个接收天线的信号相对于参考点提前了多少;(2)入射波形的操纵向量;(3)主瓣半功率点宽度;(4)波束图出现最大值的点。

**解** (1) 由于光速 $c=3\times10^8 \text{m/s}$,根据线性阵列几何关系,可以得到时间提前量为

$$\tau = \frac{d\sin\theta}{c} = \frac{0.05 \times \sin30°}{3\times10^8} = 0.1(\text{ns})$$

(2) 入射波波长 $\lambda = \frac{c}{f} = \frac{3\times10^8}{2.4\times10^9} = 0.125(\text{m})$,根据式(8.3.28)可以得到:

$$\varphi = \frac{2\pi d}{\lambda}\sin\theta \approx 1.5$$

因此,操纵向量为

$$\boldsymbol{a} = (1 \quad e^{-j1.5} \quad e^{-j3} \quad e^{-j4.5})^T$$

(3) 根据式(8.3.33)可以得到主瓣半功率点宽度为

$$\theta_B = \frac{0.886}{\frac{Md}{\lambda}} = \frac{0.886}{\frac{4 \times 0.06}{0.125}} = 0.4615(\text{弧度})$$

(4) 根据式(8.3.32)，波束图出现最大值的点满足：

$$\left(\frac{\pi d}{\lambda}\right)(\sin\theta - \sin\theta_0) = \pm k\pi \quad k=0,1,2,\cdots$$

因此，$\sin\theta \approx \pm 2.08k + 0.5 \quad k=0,1,2,\cdots$。由于$-1 \leqslant \sin\theta \leqslant 1$，因此取$k=0$，最大值的点为30°。

## 应用案例(16)——5G 网络中的 MIMO

MIMO 技术是提升无线网络频谱利用率与信息传输速率的关键技术之一，在 3G、4G 网络中已经得到应用。针对 5G 网络，演进出了大规模 MIMO 技术，综合利用了多天线的复用、分集和空间波束成形能力。

5G 网络基站侧可支持配置上百根天线的大规模天线阵列，如 64 根天线，可以实现 $10\lg64 = 18\text{dB}$ 的阵列增益。传统 3G/4G 网络中的 MIMO 阵列一般是通过生成一个固定的宽波束覆盖整个目标区域。而 5G 大规模 MIMO 阵列具备窄波束形成能力，例如，支持 8 个窄波束在 20ms 周期内完成扫描发送，从而实现水平+垂直维度的三维立体灵活覆盖形式。

此外，根据信道传输环境，4G 和 5G 中的 MIMO 也支持多用户下的空间复用和空间分集，合理利用多天线资源在系统频谱利用率和传输可靠性上进行优化折中。

## 本章关键词

通过下面的关键词，可以快速地回顾本章的主要知识点。

多径与频率选择性衰落　　　　　　　　　扩展频谱、扩谱、扩频、解扩
RMS 延时展宽　　　　　　　　　　　　扩频码、码片(chip)
并行传输、多音/多载波调制　　　　　　扩频因子、扩频处理增益
正交频分复用　　　　　　　　　　　　干扰容限
IFFT 的实现方法　　　　　　　　　　　码分多址(CDMA)、码分复用(CDM)
基带 OFDM 信号　　　　　　　　　　　多址干扰(MAI)
循环前缀(CP)　　　　　　　　　　　　Walsh-Hadamard 码(W-H 码)
信道展宽收缩均衡　　　　　　　　　　近远效应、功率控制
信道估计、自适应调制　　　　　　　　蜂窝移动电话中的 CDMA
注水理论　　　　　　　　　　　　　　伪随机/伪噪声(PN)序列
峰均功率比 PAR　　　　　　　　　　　最长线性反馈移位器序列、m 序列
WiFi 中的 OFDM　　　　　　　　　　　游程、相关函数
ADSL 中的 OFDM　　　　　　　　　　捕获与同步
直接序列扩频(DSSS)、直扩　　　　　　Gold 序列、优选对

| | |
|---|---|
| 扰码器与解扰器 | 连续干扰对消(SIC)检测 |
| 测量延时与距离、测量误码率 | 最大似然(ML)检测 |
| GPS 中的 PN 序列 | 分集(diversity) |
| 跳频扩频(FHSS)、跳扩/跳频 | 空时分组码(STBC) |
| 蓝牙中的 FHSS | 智能天线 |
| 空间复用 | 波束形成(beam forming) |
| 垂直分层空时码 V-BLAST | 均匀线性阵列 |
| 接收信号向量 | 入射信号模型 |
| 发送信号向量 | 操纵向量(steering vector) |
| 信道响应矩阵 | 空间滤波响应(波束图) |
| 迫零(ZF)检测 | 幅度波束图 |
| 最小均方误差(MMSE)检测 | 主瓣半功率点(3dB)宽度 |

## 习题

1. 某无线 OFDM 系统的传输带宽为 20MHz。试问下述情况下子信道的码元宽度如何选择？子载波的数目与频率间隔又如何？

   (1) 室内统计的 NLOS(非视线)延时展宽 RMS 值约为 300ns；
   (2) 微蜂窝统计的延时展宽 RMS 值约为 $2\mu s$；
   (3) 宏蜂窝统计的延时展宽 RMS 值约为 $8\mu s$。

2. 考虑 OFDM 信号复包络 $x(t)$ 如式(8.2.5)所示，记其实部为 $x_e(t) = [x(t) + x^*(t)]/2$。令 $x_m = x_r(mT_s/2), m = 0, 1, \cdots, 2K-1$。试求 $\{x_m\}_{m=0,1,\cdots,2K-1}$ 的 $2K$ 点 DFT 值。

3. 某 WiMAX 系统在 20MHz 带宽上采用 OFDM 方案。信道数目 2048，标准要求保护间隔取总间隔的 1/4、1 8、1/16 或 1/32。考虑信道展宽 RMS 为 $4\mu s$，试问：(1)子载波的符号间隔与保护间隔；(2)子载波速率。

4. 某无线信道带宽为 16MHz，延时展宽 RMS 值约为 $0.2\mu s$，要求数据率为 25Mbps，采用 1/2 的卷积码。试设计 OFDM 系统参数，包括循环间隔、符号间隔、子带间隔、载波数、FFT 点数。

5. 已知 16QAM 在 AWGN 信道中 $p_e = 10^{-6}$ 时要求 $E_b/N_0 = 14.5\text{dB}$。假设某 DSSS-16QAM 系统的扩频因子为 1000，忽略噪声影响，试问，该系统的噪声容限是多少？

6. 某 DSSS-8PSK 系统 $L = 1000$，在干扰功率 20 倍于信号时仍能保证 $p_e = 10^{-6}$（即 $E_b/N_0 = 14\text{dB}$），试问：无干扰时该系统的误码率能够达到多少？

7. 设有一个 DSSS 通信系统，采用 BPSK 调制，系统中共有 25 个同类发射机共用一段发射频率，每个发射机的发送信息速率为 10kbps，如不考虑接收噪声的影响，试问：

   (1) 扩频码片的最低速率是多少才能保证解扩后的信号干扰比($E_b/J_0$)不低于 12dB？
   (2) 此时的误码率大约是多少？

8. 有一个 DSSS 通信系统，采用 BPSK 调制，发送信息的基带带宽为 10kHz，扩频后的基带带宽为 10MHz。在只有一个用户发送的情况下，接收信噪比为 16dB。

(1) 若要求接收信号干扰比($E_b/J_0$)不低于 10dB,请问该系统可以容纳多少用户?

(2) 如果系统中的噪声可以忽略不计,试问可以容纳多少用户?

9. 考虑 $M$ 个用户的 CDMA 应用。假定各直扩信号具有零均值、彼此正交且功率为 1,即 $E(a_i)=0$;$E[a_{i(k+m)}a_{jk}]=0, i\neq j$;$E[a_{i(k+m)}a_{ik}]=\delta[m]$。记第 $j$ 用户 $k$ 码元的 MAI 为 $I_{jk}$,参见式(8.3.14)。试说明:

(1) $EI_{jk}=0$ 与 $EI_{jk}^2 = \sum_{i\neq j}|R_{ij}(k)|^2$;

(2) 第 $j$ 用户的接收误码率可近似为 $p_e = Q\left(\sqrt{\dfrac{2E_b}{N_0+EI_{jk}^2}}\right)$。

10. 试给出一个 4 级 m 序列的产生框图,并给出其一个周期的序列。

11. 试给出 7 级 m 序列的自相关函数,并图示之。

12. 现有一个快跳频系统,每个二进制输入信息码元以不同的频率被发送 8 次,并采用码率为 1/2 的纠错编码,码片速率为 64kbps,跳频带宽为 1.2MHz。试问:

(1) 跳频系统的输入符号速率与系统总的信息速率;

(2) 系统的扩频因子是多少?

13. 假设 FHSS-BFSK 系统每符号跳 $n$ 次($n$ 为奇整数),符号能量记为 $E_b$。它采用硬判决方法工作于(双边)功率谱密度为 $N_0/2$ 的 AWGN 信道。试证明:

(1) 单个码片的传输误码率为 $p_{e0}=\dfrac{1}{2}e^{-E_b/(2nN_0)}$;

(2) 大数判决后的系统误码率为 $p_e = \sum_{i=(n+1)/2}^{n} C_n^i p_{e0}^n (1-p_{e0})^{n-i}$。

14. 试简要说明空间复用、空间分集与智能天线的作用。

15. 试简要描述 V-BLAST 的几种检测算法。

16. 假设 MIMO 系统传输二进制消息序列为 011111011000,采用 BPSK 调制,试写出 2 天线 Alamouti STBC 编码后的发射符号序列。

17. 试写出例 8.6 条件下的接收阵列孔径。

18. 试写出例 8.6 条件下的接收阵列的权向量。

# 第 9 章

# 多用户与无线通信

大量的通信系统都要求服务众多的用户,即多个用户在同一时间共享系统的资源,多用户通信涉及多路复用与多址接入。

链路预算分析是无线通信系统设计中的一项重要工作,通过对电波传输中信号的增益与损耗、噪声的来源与大小的考察,可以宏观地把握系统的总体性能。

与有线通信方式相比,很多无线通信的重要特点是其信道的时变特征。若用户在移动中通信,则电波在传播过程中可能被建筑物、树木等遮蔽、阻挡,出现阴影衰落;同时电波在传播过程中由于散射、绕射、反射等作用,到达接收端的信号是多路径信号的合成,由于各条路径信号的相位和幅度有差异,合成波会出现起伏,产生多径衰落。

本章针对多用户无线通信系统的特点,从以下几方面进行讨论。

(1) 多路复用与多址技术——多路复用与多址技术的概念,FDM/FDMA、TDM/TDMA、CDM/CDMA 举例,随机接入多址技术 ALOHA 和 CSMA/CD 协议。

(2) 无线通信链路预算——无线传输的增益和损耗,噪声温度和噪声系数,链路传输预算,手机与卫星通信链路预算案例。

(3) 多径衰落与信号分集接收技术——无线电波传播机理、多径衰落信道、瑞利和莱斯信道、时延扩展与相关带宽、分集接收技术等。

## 9.1 多址技术

随着通信系统的广泛应用,充分利用通信资源为多个用户提供服务是通信中的重要问题,这需要通过多路复用与多址技术来解决。本节介绍几种主要的多路复用与多址技术的基本原理,并通过实际例子说明它们的用法。

### 9.1.1 多路复用与多址技术概述

如何利用通信资源为多个用户提供服务很早就成为一个重要的问题。它早期表现在共同使用线路上,通常一条线路的可用带宽很宽,足以容纳多个用户的信号占据不同的频率位置共同传输,这样就形成了**多路通信**。多个用户的信号共用同一资源的理论基础是正交分割,即多个在某种特征上正交的信号在混合后还可以借助正交性彼此区分开来。最基本的通信资源是频带、时间与空间。实际系统中基本的划分体制有下面三种。

(1) 频分复用(FDM):在频域中划分出不重叠的子带,分别用于不同信号。

(2) 时分复用(TDM):在时域中把时隙(称为帧)划分为多个子时隙,分别用于不同的信号。

(3) 码分复用(CDM):借助一组正交编码,分别作用于不同信号,使它们之间的码特性彼此正交。

这三种复用技术在前面的章节中已经初步讨论过,图 9.1.1 是它们的形象表示。由图 9.1.1 可见,FDM 中各个信号的频带错开而时间上重合;TDM 中各个信号时隙上错开,而频带上重合;CDM 中(以跳频为例)各信号的时隙与频带"跳着"使用,彼此因正交而错开,不会"碰撞"。

图 9.1.1  几种基本复用技术

显然,FDM 既适用于模拟通信也适用于数字通信;而 TDM 与 CDM 因其固有特点,只适用于数字通信。

还有两种结合上述复用方案并主要应用于无线通信的划分体制。

(1) 空分复用:在空间与地域的不同位置上传输不同信号。典型的方法是利用窄波束的电磁波在不同空间上用相同频率传输信号。

(2) 极化复用:利用电磁波具有垂直与水平两种正交的极化方向,在同一频率上传输不同信号。

另外,光纤通信中还采用了所谓的**波分复用**(**WDM**),是按波长的不同来划分,使不同信号共用光纤信道。它本质上也是一种 FDM 技术,因载波频率处于光波频段,习惯上使用波长代替频率来讨论。而且,光波的传播也有一些特殊性,所以需要与 FDM 分开来研究。

**复用**(**multiplexing**)**技术**在一条通信信道中划分出多个资源供多个用户同时使用。随着通信范围的扩展,很多需要共用通信系统的用户分布于区域的不同地点,而且大量的用户都不需要永久地占用资源,其通信需求是时有时无的。为了充分发挥共有资源的效率,逐渐发展出了多址与接入技术。简单地讲,**多址**(**multiple access**)**技术**指的是位于不同地点的多个用户接入与共用通信系统的技术。多路复用与多址接入都是共享通信系统的技术,如图 9.1.2 所示。它们有着许多相同之处,但也有一些差别:

(1) 多址技术侧重于分布于多个地点的多个用户(远程)共用通信系统的问题,而多路复用侧重于集中在收、发两个局部区域的用户(或汇集到收、发两端的用户)共用通信系统的问题。

(2) 多址技术侧重于处理暂时提出的与不易于预先固定的通信需求,通信资源必须动态分配;而多路复用技术侧重于用户需求固定或至多缓慢变化的通信需求,通信资源基本上可以预先静态分配。

(a) 多路复用　　　　　　　　(b) 多址

图 9.1.2　多路复用与多址

下面结合一些例子,简要说明一些典型的多路复用与多址技术应用中的相关问题、技术特点与方法。

## 9.1.2　FDM/FDMA 举例

频分复用(FDM)与频分多址(FDMA)的基本概念前面章节已经说明过。在第 1 章中给出了多个电视频道、FM 音频广播频道等共用频带的情形。第 3 章中又给出了 FM 立体声广播中左、右声道的差信号经 DSB-SC 调制后与和信号共用通信系统的情形;以及电视信号中伴音信号经 FM 调制后与视频信号共用通信系统的情形。

FDM/FDMA 的核心技术是频谱搬移,它主要运用第 3 章介绍的各种频带调制方法来完成;或者,对于数字通信,运用第 5 章介绍的各种数字频带调制方法来完成。FDM/FDMA 应用早,技术成熟,其优点是不需要复杂的同步与定时。其缺点是(在用户很多时)并行设备多,系统复杂;多个频带信号叠加后会有大的包络起伏,而功率放大器工作在最大功率时往往是非线性的,这时会引起非线性失真,造成交调干扰。

下面通过几个例子,进一步说明 FDM/FDMA 及其特点。

**1. 采用 FDMA 的卫星模拟电话系统**

著名的国际通信卫星机构(Intelsat)的系列卫星中采用了一种固定分配的 FDMA 制式来传送多路模拟语音,图 9.1.3 是频带分配的一个例子。

图 9.1.3　卫星模拟通信的 FDMA 例子

这种体制的要点是：

（1）分布于世界各地（覆盖区内）的地面站 A、B、C 等共用卫星的 1 个 36MHz 的转发器。

（2）每个站点按预先分配好的频带同时向转发器发送信号，再由转发器一并转发给其他地面站。

以上面的 C 站为例，它分配有 5MHz 频带，位于 6237.5～6242.5MHz，供 60 路语音通信。60 路语音正好对应于一个 240kHz 的超群，该超群再以载频 6240MHz 进行 FM 调制形成 5MHz 带宽的 RF 信号，经对准卫星的天线发送至转发器。

### 2. 采用 FDMA 的卫星数字通信系统

Intelsat 系列卫星还可以安排为按需分配的 FDMA 制式传送语音，图 9.1.4 是数字电话通信系统的频率分配例子。

图 9.1.4 卫星数字通信的 FDMA 例子

这种体制的要点是：

（1）卫星转发器的带宽划分成 800 个 45kHz 的频带，称作信道。每个信道上传送 1 路 64kbps 的 PCM 数字电话，采用 QPSK 调制。已调信号带宽为 38kHz，另外 7kHz 为信道间的保护间隔。

（2）多达 49 个分布于各地的地面站，可以按需申请占用其中 1 个或多个信道传输电话语音。

## 9.1.3　TDM/TDMA 举例

时分复用（TDM）与时分多址（TDMA）的基本内容在前面章节已经说明过。第 6 章中的 PCM 基群与高次群，详细说明了时分复用的例子。

TDM/TDMA 总是用于数字通信系统，它的基本方法是以较高的数字速率轮流传输多个用户的数据。它需要高速数字传输技术并要求精准的同步与定时技术，以保证各个用户准确地使用相应的时隙。

高速数字通信系统通常较复杂与昂贵，码元过窄时常常需要先进的均衡措施，而精准的定时与同步也需要复杂的技术。采用 TDM/TDMA 的优点是数字实现且不需要很多的并行设备，当用户很多时平均成本效率比 FDM 与 FDMA 更好；并且，TDM/TDMA 信号便于实现恒定包络，这样可以充分利用放大器而不必担心非线性失真。

GSM 是应用非常成功的数字蜂窝移动通信系统，其中采用了大量的先进技术。下面以 GMS 的复用与多址技术为例进一步说明。

### 1. GSM 中的 TDM 与 TDMA

移动通信中的无线传输发生在移动用户（手机）与基站之间。从基站至各用户称为下行

(**downlink**),而从各用户至基站称为**上行**(**uplink**)。上行、下行中 GSM 的每个频道都采用 270.833kbps 的 GMSK 调制,已调信号占用 200kHz 的带宽。粗略地讲,GSM 系统中 TDMA 体制的要点是:

(1) 按 4.615ms 为 1 帧,每帧划分为 8 个 577μs 的时隙,如图 9.1.5(a)所示。

图 9.1.5 GSM 的 TDMA 原理

(2) 每个时隙针对一个用户。下行中,这些时隙供基站发送数据至移动用户;上行中,各个时隙供不同的用户发送数据至基站。

这样,分布在不同位置的多个(1~8 个)用户可以同时使用该信道进行通信。还要注意的是,GSM 的各个 577μs 的时隙不是简单的单个码元,而是由 156.25bit 组成的一组比特。图 9.1.5(b)是时隙的一种基本结构。

这种帧结构的基本特点有:

(1) 尾比特——置于起始与结束时间,各占 3bit(约 11μs),也称为功率上升拖尾时间。因为各用户在时隙上突发传输,起始时载波电平必须从最低值迅速上升到额定值;结束时,载波电平必须从额定值迅速下降到最低值(如-70dB)。

(2) 信息比特——两组共 114bit 用于传送用户数据(例如语音编码数据)。

(3) 训练序列——主要用于均衡器训练。

(4) 保护期——8.25bit 相当于约 30μs,是为了防止不同用户发出的信号在到达基站时因距离不同而导致重叠。

实际上,有的时隙有特殊安排,其结构也有所不同,因为各个用户呼叫通信对方、接入与退出通信系统都需要信令。而且,整个通信系统还需要各种辅助控制。因此,在 GSM 系统中,把传送用户数据的时隙组成的通道称为**业务信道**(**service channel**),而把传送控制数据的时隙组成的通道称为**控制信道**(**control channel**),控制信道又分为多种类型。

**2. GSM 中的 FDM/FDMA 与 FDD**

GSM 实际上还利用到频分的技术:

(1) 上行、下行以频带分开,称为**频分双工**(**FDD**)。上行频带 890~915MHz;下行频带 935~960MHz,收、发频率相差 45MHz。

(2) 上行、下行频带各 25MHz,其中又按 200kHz 划分为 124 个频道而每个频道上实现

270.833kbps 的 GMSK 数字调制。

因此,GMS 系统联合使用频分与时分支持共 124×8＝992 个物理信道,去除控制的需要,可以支持几百个用户双向共享移动通信系统。

### 9.1.4 CDM/CDMA 及举例

码分复用(CDM)和码分多址(CDMA)与扩展技术关联在一起,从扩频通信可知,接收方只有使用与发送方相同的扩频码字才能正确接收。假定有多个时隙为 $T$ 的数据信号 $s_1(t), s_2(t), \cdots, s_N(t)$,分别用扩频码信号 $c_1(t), c_2(t), \cdots, c_N(t)$ 进行扩频。$c_i(t)$ 与 $c_j(t)$ 在时隙 $T$ 上彼此正交,即它们满足

$$c_i(t)c_j(t) = \begin{cases} 0, & i \neq j \\ 1, & i = j \end{cases} \quad (9.1.1)$$

扩频后的信号叠加在一起形成和信号 $s(t)$,它可以表示为

$$s(t) = \sum_{i=1}^{N} c_i(t)s_i(t) \quad (9.1.2)$$

接收方使用 $c_1(t)$ 进行同步并解扩,得到

$$\int_0^T c_1(t)s(t)dt = \int_0^T c_1^2(t)s_1(t)dt + \sum_{c=2}^{N} \int_0^T c_1(t)c_i(t)s_i(t)dt = s_1(t) \quad (9.1.3)$$

可见,由于 $c_i(t)$ 与 $c_j(t)(i \neq j)$ 正交,解扩处理可以理想地区分出 $s_1(t)$。如果 $c_i(t)$ 与 $c_j(t)$ 的正交性差一些,即互相关非零,则解出的信号中会包含部分其他信号,这部分残余信号称为**多用户干扰**(multiuser interference)。

CDM/CDMA 基于这种扩频码的正交性来区分信号,实现多个用户共同通信的目的。CDMA 方案相比于 TDMA 方案的优点是各个同时工作的发射机之间不需要精确同步,CDMA 技术应用于蜂窝系统时频率复用因子可提高到 100%。另外,CDMA 独特的保密性、抗干扰与抗衰特性都是其优点。下面将结合实际例子进一步加以说明。

美国高通公司(Qualcomm)提出的 IS-95 无线电话系统成功地运用了 FDMA/CDMA 技术。在频分方面,IS-95 采用了频分双工(FDD),并考虑每个频道为 1.25MHz 带宽。多个频道可以频分复用一个较宽的频带,为更多的移动用户服务。

在单个 1.25MHz 带宽的频道上,IS-95 系统采用 CDMA 技术支持多达 60 多个移动用户同时通信,详细说明参见 8.3 节。

### *9.1.5 随机接入多址技术

在多用户数据通信中,经常会出现分布在各点的用户接入与共用一个信道的问题。信道共享属于多址接入技术,可以分为随机接入与受控接入两大类。随机接入的特点是各个用户随意地自发使用信道,当两个或多个用户同时在信道上发送数据时会出现冲突,导致传输失败,因此,需要采用一定的协议,保证通信能够顺利进行。下面介绍两种重要的随机接入协议。

#### 1. ALOHA 协议

**ALOHA 协议**是一种用于数据通信的随机接入多址协议,它最早的方案非常简单,有时也称为 **P-ALOHA**(Pure ALOHA),运用于 ALOHA 系统。1971 年美国夏威夷大学开始运

用 ALOHA 系统,通过卫星通信把几所大学的计算机连接成网络。"ALOHA"是夏威夷人所讲的"Hello"的意思。

P-ALOHA 协议非常简单,其要点是:

(1) 随机发送。每个用户任何时候需要传送数据时,直接发送,发送中使用纠错编码。

(2) 监听结果。数据发出后,用户监听结果。因为随机发送的信号可能彼此冲突,这时接收方可以基于纠错编码发现错误,返回失败(NAK)信息。

(3) 重新发送。收到 NAK 后重新发送数据,重发前随机等待一段时间,以减小用户间再次冲突的概率。

(4) 超时重发。如果发送后长时期没有收到反馈结果,自动重新发送。

图 9.1.6 示出了 ALOHA 系统的工作过程。

图 9.1.6 ALOHA 协议的工作过程

这种协议实际上是以竞争方式共享信道,是一种适用于广播信道的竞争协议。它在当时的应用中是成功的,但它的最大信道利用率其实只有约 18%。在它的基础上后来发展出了多种改进协议,如时隙 ALOHA 与预约 ALOHA,它们的信道利用率可分别提高至约 37% 与 67%。

**2. CSMA/CD 协议**

ALOHA 协议中用户在广播信道上随意发送数据可能造成大量冲突,因而限制了其信道利用率。局域网的线路是一个有线广播信道,在局域网上广为应用的**载波侦听多址接入协议**(Carrier-Sense Multiple Access with Collision Detection,CSMA/CD)是 ALOHA 协议的一种改进结果。其最大的特点是附加了一个硬件装置,在发送前侦听信道是否空闲并在发送中检测冲突是否出现,这种技术称为载波侦听与冲突检测。所谓载波其实指线路中的任何电平变化。实际上,局域网线路上使用曼彻斯特编码的基带数字信号,这种编码的每个比特都有跳变,借助这一特点容易检测出是否有信号存在。

CDMA/CD 协议的要点是:

(1) 侦听与延迟——用户在载波信号存在或最小数据包间隔期之内不发送信号。

(2) 传输与检测——在可以发送时启动传输,并检测冲突;如果冲突发生,则中断传输,并送出 ABORT 信号通知所有用户。

(3) 随机回退重传——随机时延一段时间后重新尝试传输。如果反复重传,第 $n$ 次重传的时延为 $0 \sim 2^{n-1}$ ($0 < n \leqslant 10$)的随机数,延时单位为 512bit 的时间间隔。

**应用案例(17)——中国提出的 TD-SCDMA 标准成为 3G 国际标准之一**

20 世纪 90 年代,在第三代移动通信的国际标准化制定进程中,欧洲、日本提出了 WCDMA 标准,美国提出了 CDMA 2000 标准。以李世鹤为首的电信科学技术研究院(大唐电信科技产业集团)科研队伍,提出了 TD-SCDMA(时分同步码分多址)标准。2000 年 5 月,TD-SCDMA 被正式接纳为 3G 三大国际标准之一。这是 100 多年来中国第一次在国际上完整地提出自己的电信技术标准建议,标志着我国在移动通信领域进入世界先进行列。

TD-SCDMA 综合运用了时分、频分、码分多址技术,时频码资源(图 9.1.7)具有以下特点:

(1) 包含 3 个载波,每个载波带宽为 1.6MHz;

(2) 采用 TDD 双工方式。帧长为 10ms,每帧包含 2 个子帧,子帧长为 5ms。子帧包含 7 个业务时隙(TS0~TS6),业务时隙可灵活地分配上行时隙、下行时隙比例。在移动互联网应用中,许多业务上行、下行数据量是不对称的,因此业务时隙的灵活分配非常适合非对称业务。

(3) 在每个时隙中,最多可同时共存 16 个扩频码,每个扩频码可传输一个用户的信息。扩频因子为 1/2/4/8/16,码片速率为 1.28Mcps。

(4) 上行链路采用同步 CDMA 技术。用户到基站的距离不同,导致用户信号到基站的时间不同。同步 CDMA 要求用户的上行时隙同时到达基站,这样可有效降低多址干扰。∎

图 9.1.7 TD-SCDMA 三维资源示意图

## 9.2 无线通信链路预算分析

无线通信系统设计中一个重要的问题是进行链路预算分析,这包括无线电波传输中的增益与损耗、噪声的来源与度量等方面。通过链路分析以便宏观地把握通信系统的总体性能。本节说明无线链路分析的有关问题。

### 9.2.1 无线传输中的增益与损耗

无线传输通路中的增益与损耗如图 9.2.1 所示,从发射天线输入到接收天线输出,整个

通路的增益为

$$\frac{P_r}{P_t} = \frac{G_t G_r}{L_f} \quad (9.2.1)$$

或者

$$(P_r)_{dB} - (P_t)_{dB} = (G_t)_{dB} + (G_r)_{dB} - (L_f)_{dB} \quad (9.2.2)$$

其中，$P_t$ 和 $P_r$ 分别是发射天线输入和接收天线输出处的信号功率，其中，$G_t$ 和 $G_r$ 分别是发射天线和接收天线的功率增益，$L_f$ 为电波在自由空间传播时的功率损耗。

图 9.2.1　无线传输中的增益与损耗

电波在传播过程中，能量随着传输距离的增加而扩散，全向天线辐射的能量是向周围均匀扩散的。当无线辐射功率为 $P_t$ 时，在距离为 $d$ 的球面上辐射功率的密度，即单位面积上的辐射功率为

$$P'_r = \frac{P_t}{4\pi d^2} \quad (9.2.3)$$

图 9.2.2 中示出了各向同性辐射源的某一方向上，在不同距离（分别为 $R_1$ 和 $R_2$）处以相同的接收天线面积 $A$ 捕获辐射能量的情况。显然，距离较近的天线可以接收到更多的功率，而距离越远的天线接收到的信号功率较少。

图 9.2.2　给定面积的天线在不同距离上所接收的辐射能量

通信系统中尽量采用定向天线，并用"天线增益"来表征其方向性。**发射天线增益**（transmitting antenna gain）$G_t$ 为天线在最大辐射功率方向上单位立体角发射的功率与全方向天线的单位立体角发射的功率之比。如果采用定向天线，根据式(9.2.3)可以得到与发射端相距为 $d$ 的单位面积所对应的信号功率 $P'_r$ 为

$$P'_r = \frac{G_t P_t}{4\pi d^2} \quad (9.2.4)$$

**接收天线增益**（receiving antenna gain）$G_r$ 可表示为

$$G_r = \frac{4\pi}{\lambda^2} A_e \quad (9.2.5)$$

其中，$\lambda$ 为电波波长；$A_e$ 为接收天线的**有效面积**（effective area）。天线是互易元，即用于发

射和接收时具有相同的增益特性。常见各类天线的增益与有效面积参数如表 9.2.1 所示。

表 9.2.1 天线的增益与有效面积的关系

| 天线类型 | 功率增益 $G_A$（绝对单位） | 有效面积 $A_e/\mathrm{m}^2$ |
|---|---|---|
| 各向同性 | 1 | $\lambda^2/4\pi$ |
| 喇叭形天线，口形区域面积 $A$ | $10A/\lambda^2$ | $0.81A$ |
| 抛物面或碟盘形天线，面积 $A$ | $7A/\lambda^2$ | $0.56A$ |
| 绕杆式天线（两个交叉的振子，以 90°相差馈电） | 1.15 | $1.15\lambda^2/4\pi$ |
| 半波极子 | 1.64 | $1.64\lambda^2/4\pi$ |
| 无穷小偶极子或环 | 1.5 | $1.5\lambda^2/4\pi$ |

接收信号的功率为

$$P_r = P_t' A_e = G_t P_t \left(\frac{\lambda}{4\pi d}\right)^2 G_r = \frac{P_t G_t G_r}{L_f} \tag{9.2.6}$$

这里，定义**自由空间传输路径损耗**（**free-space path loss**）为

$$L_f = \left(\frac{4\pi d}{\lambda}\right)^2 \tag{9.2.7}$$

由于工作波长 $\lambda$ 与频率 $f$ 的关系为 $\lambda = c/f$，而 $c = 3 \times 10^8 \mathrm{m/s}$，于是，式(9.2.7)可改写为

$$L_f = \left(\frac{4\pi d f}{c}\right)^2 \tag{9.2.8}$$

可见，自由空间传播损耗与距离和工作频率有关，还可以表示为

$$L_f = 92.44 + 20\lg d + 20\lg f \quad (\mathrm{dB}) \tag{9.2.9}$$

其中，$d$ 的单位是 km，$f$ 的单位是 GHz。例如，同步卫星距地球约 35 800km，对于 4GHz 的载频，$L_f$ 为 195.6dB。

## 9.2.2 噪声温度与噪声系数

### 1. 噪声源

热噪声是主要的噪声源，它近似为高斯白噪声，（双边）功率谱为常数，取值为

$$\frac{N_0}{2} = 2kTR \tag{9.2.10}$$

其中，$k = 1.38 \times 10^{-23} \mathrm{J/K}$（玻耳兹曼常数），$T = (273 + C)\mathrm{K}$（热力学温度），$C$ 为摄氏温度，$R$ 为电阻值。

热噪声源加在匹配负载（$R_L = R$）上的时候，可得到最大功率谱，称为**可用噪声功率谱**（**available noise PSD**）

$$P_{av}(f) = \frac{N_0/2}{R} \times \left(\frac{1}{2}\right)^2 = \frac{1}{2}kT \tag{9.2.11}$$

在噪声宽带 $B$ 上，相应的**可用噪声功率**（**available noise power**）

$$P_{av} = kTB \tag{9.2.12}$$

对于一般的噪声源，功率谱可能不平坦，但也可以测量其 $P_{av}$，并表示为式(9.2.12)形式，其中，$T = \frac{P_{av}}{kB}$，称为该噪声源的**噪声温度**（**noise temperature**）。显然，热噪声源的噪声温度就是它的实际物理温度；非热噪声源的温度不一定是它的物理温度，而是一个等效数值。

## 2. 线性双端系统

噪声通过系统会发生变化，而且设备还可能引入额外的噪声。假定输入与输出处达到阻抗匹配，设备的功率增益为 $G(f)$，并记输入噪声的功率谱为 $P_{ns}(f)$，设备引入的噪声部分功率谱为 $P_{nx}(f)$，则输出噪声的功率谱为

$$P_{no}(f) = P_{ns}(f)G(f) + P_{nx}(f)$$

定义系统（在频点 $f$ 处）的**点噪声系数**（spot noise figure）为

$$F(f) = \frac{P_{no}(f)}{P_{ns}(f)G(f)} > 1 \tag{9.2.13}$$

显然，低噪系统的 $F(f)$ 接近于 1，而无噪系统的 $F(f)=1$。又定义带宽 $B$ 上的**平均噪声系数**（average noise figure）为

$$F = \frac{\int_{f_0-B/2}^{f_0+B/2} P_{no}(f)\,\mathrm{d}f}{\int_{f_0-B/2}^{f_0+B/2} P_{ns}(f)G(f)\,\mathrm{d}f} \tag{9.2.14}$$

其中，$f_0$ 为测量频带的中心频率。上式右边分子部分为输出噪声功率，记为 $P_{no}$。由于阻抗匹配，它也正是可用噪声输出功率。

如果在测量频带内输入噪声是白色的，且系统增益为常数 $G$，则

$$F = \frac{P_{no}}{kT_s BG} \tag{9.2.15}$$

其中，$T_s$ 是输入噪声的温度。

定义系统的**有效输入噪声温度**（effective input noise temperature）为 $T_e$，它满足

$$P_{no} = G(kT_s B) + G(kT_e B) = Gk(T_s + T_e)B \tag{9.2.16}$$

其物理意义为系统引入的噪声折合为温度是 $T_e$ 的输入噪声。显然，如果系统是无噪声的，则 $T_e = 0$。容易得到

$$F = \frac{T_s + T_e}{T_s} \quad \text{或} \quad T_e = T_s(F-1) \tag{9.2.17}$$

## 3. 级联系统的情况

通信系统中常常是几个系统级联而形成整个系统。例如，接收机中 RF 放大器、传输线、下变频器与 IF 放大器常常级联在一起。系统级联框图如图 9.2.3 所示。

图 9.2.3 级联系统

级联系统的增益为

$$G = G_1 G_2 G_3 \cdots \tag{9.2.18}$$

噪声系数与有效输入噪声温度为

$$F = F_1 + \frac{F_2-1}{G_1} + \frac{F_3-1}{G_1 G_2} + \cdots \qquad (9.2.19)$$

$$T_e = T_{e1} + \frac{T_{e2}}{G_1} + \frac{T_{e3}}{G_1 G_2} + \cdots \qquad (9.2.20)$$

通常,$G_1$,$G_1 G_2$,…相对较大,所以 $F_1$ 与 $T_{e1}$ 在整个系统的噪声中占有主导地位。于是在设计接收机时,第一级具有低噪声与高增益,对全系统的噪声性能有着非常重要的意义。

**例 9.1** 考虑两个系统级联的情况,证明

$$T_e = T_{e1} + \frac{T_{e2}}{G_1} \quad \text{与} \quad F = F_1 + \frac{F_2-1}{G_1}$$

**解** 第一级与第二级的噪声输出分别为

$$P_{n01} = G_1 k(T_s + T_{e1}) B$$

$$P_{n02} = G_2 P_{n01} + G_2 k T_{e2} B = G_2 G_1 k(T_s + T_{e1}) B + G_2 k T_{e2} B$$

注意到总的增益为 $G = G_1 G_2$,于是,整个系统的输出噪声功率为

$$P_{n0} = G k \left( T_s + T_{e1} + \frac{T_{e2}}{G_1} \right) B$$

对照定义式可见,整个系统的有效输入噪声温度为

$$T_e = T_{e1} + \frac{T_{e2}}{G_1}$$

又结合式(9.2.17)

$$T_e = T_s(F_1 - 1) + \frac{T_s(F_2 - 1)}{G_1} = T_s \left\{ \left[ F_1 + \frac{T_s(F_2-1)}{G_1} \right] - 1 \right\}$$

对照式(9.2.17),可见

$$F = F_1 + \frac{T_s(F_2 - 1)}{G_1} \qquad ■$$

### 9.2.3 链路预算分析

无线**链路预算**(**link budget**)实际上是对链路功率的预算,它分析从发射机至接收机的整个无线电链路中各个环节的信号增益、损耗、噪声的大小等,以确定出接收系统可以获得的输入信噪比。基于这一分析可以宏观地估算出无线通信系统的总体性能,印证其是否到达预期的设计目标。

链路预算分析主要应用在基于视距传输的各种无线电通信系统中,例如卫星通信系统等。

通信系统的性能主要由接收系统解调器输入处的信噪比(SNR)决定。工程应用中人们习惯于将解调前射频(或中频)信号的 SNR 称为**载干比**(**Carrier-Noise Ratio**,**CNR**),记为 $\left(\dfrac{C}{N}\right)$;而将解调后基带信号的 SNR 称为信噪比。因此,链路预算要计算的就是解调器输入处的CNR。考虑图 9.2.4,其中包括了接收机前端环节,如接收天线至接收机的传输线、低噪声放大器、滤波器、下变频器与中频放大器等。

应用前面的知识可知

图 9.2.4　通信系统框图

$$P_r = \frac{P_t G_t G_r}{L_f} = \frac{P_{EIRP} G_r}{L_f} \tag{9.2.21}$$

其中,记 $P_{EIRP} = P_t G_t$,称为**等效全向辐射功率(Effective Isotropic Radiation Power,EIRP)**。外来噪声由接收天线引入,其大小用有效输入噪声温度 $T_r$ 度量,因此,接收机输入处的总的有效噪声温度为

$$T_{tot} = T_r + T_{e1}$$

于是,在解调器输入处的 CNR 为

$$\left(\frac{C}{N}\right)_{in} = \frac{P_r}{kT_{tot}B} = \frac{P_{EIRP} G_r}{k(T_r + T_{e1})BL_f} \tag{9.2.22}$$

其中,$B$ 为 RF(或 IF)信号的带宽。工程应用中通常采用 dB 表示,即

$$\left[\left(\frac{C}{N}\right)_{in}\right]_{dB} = (P_{EIRP})_{dBW} - (L_f)_{dB} + \left(\frac{G_r}{T_{tot}}\right)_{dB} - k_{dB} - B_{dB} \tag{9.2.23}$$

其中,$P_{EIRP}$ 以瓦特为单位,因此其分贝数的单位是 dBW;$(L_f)_{dB}$ 如式(9.2.9);而且

$$k_{dB} = 10\lg(1.38 \times 10^{-23}) = -228.6$$

$$B_{dB} = 10\lg(B)$$

对于模拟通信系统,由第 3 章的知识,输出信号的 SNR 直接由解调器输入处的 CNR 决定。而对数字通信系统,还需要折算出 $E_b/N_0$ 值。由于其中 $R_b$ 为比特率

$$\left(\frac{C}{N}\right)_{in} = \frac{E_b \times R_b}{N_0 \times B}$$

因此

$$\left(\frac{E_b}{N_0}\right) = \left(\frac{C}{N}\right)_{in} \times \frac{B}{R_b} = \frac{P_{EIRP} G_r}{kT_{t_0} R_b L_f}$$

以 dB 为单位表示时

$$\left(\frac{C}{N}\right)_{in} = (P_{EIRP})_{dB} - (L_f)_{dB} + \left(\frac{G_r}{T_{t_0}}\right)_{dB} - k_{dB} - (R_b)_{dB} \tag{9.2.24}$$

为了确保通信可靠工作,工程上还要附加一个链路容限 $M(dB)$,以防止实际应用中的一些无法预计的变化或突发状况,显然,$M$ 越大,系统越安全,但付出的成本也越高。

**例 9.2**　如图 9.2.5 所示为一个典型的地面终端接收机,由一个低噪声射频放大器(低噪声放大器 LNA)、下变频器(混频器)、中频(IF)放大器构成。

这些组成部分及接收天线的等效噪声温度为 $T_{antenna} = 50K$,$T_{RF} = 50K$,$T_{mixer} = 500K$ 与 $T_{IF} = 1000K$。两个放大器的有效功率增益为 $G_{RF} = 200 = 23dB$ 与 $G_{IF} = 1000 = 30dB$。

于是,接收机的等效噪声温度为

$$T_e = T_{antenna} + T_{RF} + \frac{T_{mixer} + T_{IF}}{G_{RF}} = 50 + 50 + \frac{500 + 1000}{200} = 107.5K$$

图 9.2.5 地面终端接收机框图

**例 9.3** 某地球站工作在 C 频段(频率为 6.10GHz),天线增益为 54dB,发射功率为 100W。卫星接收天线增益为 26dB,与地球站的距离为 37 500km。转发器等效噪声温度为 500K,带宽为 36MHz,增益为 110dB。试计算:(1)链路传输损耗(含 2dB 附加损耗);(2)转发器输入噪声功率;(3)转发器输入 C/N;(4)转发器输出(信号)功率。

**解**
(1) 由式(9.2.9),链路损耗为
$$L_f = 92.44 + 20\lg d + 20\lg f$$
$$= 92.44 + 20\lg 37\,500 + 20\lg 6.1 + 2 = 201.6(\text{dB})$$

(2) 噪声功率为
$$P_{n\_dBW} = k_{dB} + T_{tot\_dB} + B_{dB}$$
$$= -228.6 + 10\lg 500 + 10\lg(36 \times 10^6)$$
$$= -126.0(\text{dBW})$$

(3) 由式(9.2.6),转发器输入载波功率为
$$P_{r\_dBW} = 10\lg P_t + 10\lg G_t + 10\lg G_r - 10\lg L_f$$
$$= 10\lg 100 + 54 + 26 - 201.6$$
$$= -101.6(\text{dBW})$$

于是,载噪比为
$$\left[\left(\frac{C}{N}\right)_{in}\right]_{dB} = P_{r\_dBW} - P_{n\_dBW} = -101.6 + 126.0 = 24.4(\text{dB})$$

(4) 卫星转发器输出(信号)功率为 $-101.6 + 110 = 8.4(\text{dBW})$,即 6.9W。

## 应用案例(18)——"天通一号"卫星与华为 Mate 60 手机的通信链路预算

手机直连卫星可为偏远地区与应急情况提供通信服务手段。中国电信通过"天通一号"卫星向用户提供全新的手机直连卫星服务。"天通一号"是中国自主研发的同步通信卫星,搭载大型可展开天线,采用频率复用技术开展卫星移动通信业务,填补了我国军民两用自主卫星移动通信服务的空白。"天通一号"卫星全面覆盖我国领土、领海与周边地区,包括中东、非洲以及太平洋、印度洋等大部分区域,为中国及周边地区提供全天候、全天时、稳定可靠的移动通信服务。华为 Mate 60 手机首先实现了常规手机的卫星移动通信功能,以其上行链路为例,链路传输预算如下。首先,已知的基本参数为:

语音业务 1.2kbps,BPSK 调制,信号带宽 $B \approx 2\text{kHz}$;

终端上行工作频率 $f=2\text{GHz}$,发射功率 $P_\text{t}=2\text{W}$,发射天线增益 $G_\text{t\_dB}=0\text{dB}$;
空间传输距离 $d=36\,000\text{km}$,传输吸收损耗、馈线损耗 $L_\text{g\_dB}=6\text{dB}$;
卫星接收波束增益 $G_\text{r\_dB}=28\text{dB}$(12m 接收天线,110 点波束,每波束接收增益 28dB);
接收机等效噪声温度 $T_\text{e}=171\text{K}$(噪声系数 $F=2\text{dB}$)。

由此可得到,链路损耗为

$$L_\text{f\_dB} = 92.44 + 20\lg d + 20\lg f = 92.44 + 20\lg 36000 + 20\lg 2 = 189.6(\text{dB})$$

接收载波信号功率为

$$C_\text{in\_dB} = 10\lg P_\text{t} + G_\text{t\_dB} - L_\text{f\_dB} - L_\text{g\_dB} + G_\text{r\_dB}$$
$$= 10\lg(2) + 0 - 189.6 - 6 + 28 = -164.6(\text{dBW})$$

接收噪声信号功率:

$$N_\text{in\_dB} = 10\lg(kT_\text{e}B) = 10\lg(1.38\times 10^{-23}\times 171\times 2000) = -173.3(\text{dBW})$$

接收载噪比:

$$\left(\frac{C}{N}\right)_\text{in\_dB} = C_\text{in\_dB} - N_\text{in\_dB} = -164.6 + 173.3 = 8.7(\text{dB})$$

∎

## *9.3 多径衰落与信号分集接收技术

本节主要讨论无线电波传播过程中出现的多径衰落问题,以及改进通信性能所采用的不同分集接收技术。

对于无线通信系统,发射机与接收机之间的传播路径非常复杂,除了视距传播以外,在传播过程还可能受到建筑物、山脉、树木的遮挡而产生反射、折射和散射,移动通信系统的信道传播特性具有很大的随机性。随着发射机和接收机之间距离的增加,电波的衰减将剧增。另外,移动台相对于发射台移动的方向和速度也对接收信号产生影响。

### 9.3.1 无线电波传播机理

无线电波的传播环境十分复杂,传播机理多种多样。但从总体上看,大致可以归结为反射、绕射和散射波。

#### 1. 反射波

**反射波**是指通过地面或其他障碍物反射到达接收点的电波。当电磁波遇到比波长大得多的物体时发生反射,反射发生于地球表面、建筑物和墙壁表面。多径反射波是从不同建筑物或其他物体反射后,到达接收点的传播信号。当接收信号由直射波和一路反射波组成时,为两径模型,在开阔地区,两径模型接近实际移动通信系统。在城区或地形有起伏的地区,要用三径、四径等多径模型来描述移动信道。

#### 2. 绕射波

**绕射波**是指当发射机和接收机之间的无线路径被尖利的边缘阻挡时电波会发生绕射。由阻挡表面产生的二次波散布于空间,当发射机和接收机之间不存在视距路径,围绕阻挡体也产生电波的弯曲。

#### 3. 散射波

**散射波**是指当电波在传播过程受到遮挡的物体小于波长,且单位体积内阻挡体的个数非常巨大时,发生散射。散射波产生于粗糙表面、小物体或其他不规则物体。在实际的通信系统中,树叶、街道标志和灯柱等都会引起散射。

### 9.3.2 多径衰落信道举例

在无线通信系统中,随处可见多径衰落信道。例如,地面蜂窝移动通信系统、手机和基站之间传输信息过程中,信号可能因建筑物、树木、山丘等障碍物而产生反射,这样无论在基站端还是手机端接收到的都是来自不同路径的多条信号。又如,高频信号通过电离层传输。电离层是由离地球表面上方 $60\sim400\text{km}$ 高度的带电离子组成,由于电离层的多层特性,信号将以不同的时延和不同传播路径到达接收端,具有不同时延的信号分量称为多径分量,多径分量通常具有不同的载波相位偏移,叠加后将对信号造成破坏。再如,两架飞机之间的通信,可能会接收到来自地面反射的二次信号分量,地面反射信号分量到达接收端的时延和衰落程度不同。另外,飞机之间的相对运动会使信号传输产生多普勒频移。

从上面两个例子可以看出,无线信道具有两种基本特征:一种特征是传输信号通过多条具有不同时延的传输路径到达接收端;另一种特征是在传输一个宽度极窄的脉冲时,由于多种散射体引起的不同时延导致了接收信号在时间上的扩展。可见,传输介质的结构随时间而变化,因此任何信号通过该信道都会产生时变的响应。多次重复进行窄脉冲试验,会发现由于传输介质的物理结构变化而引起接收信号的改变,包括多散射信号的相对时延。图 9.3.1 是窄脉冲在信道传输时的变化波形。

图 9.3.1 窄脉冲在信道传输时的响应

假定传输的未调制的载波为 $A\cos(2\pi f_c t)$,则无噪声的多径信号叠加后可表示为

$$x(t) = A\sum_n a_n(t)\cos[2\pi f_c(t-\tau_n(t))] = A\text{Re}\left[\sum_n a_n(t)\text{e}^{-\text{j}2\pi f_c \tau_n(t)}\text{e}^{\text{j}2\pi f_c t}\right] \quad (9.3.1)$$

其中,$a_n(t)$ 是与第 $n$ 条传输路径相关的时变传输衰减因子,$\tau_n(t)$ 是相应的传输时延。其复值信号可表示为

$$z(t) = \sum_n a_n(t)\text{e}^{-\text{j}2\pi f_c \tau_n(t)} = \sum_n a_n(t)\text{e}^{-\text{j}\phi_n(t)} \quad (9.3.2)$$

从上式可以看出,虽然信道输入为单频信号,但输出却包含多个频率分量,新的频率分量是由随时间变化的信道响应产生的。其中,$z(t)$ 的均方根频谱宽度称为多普勒频率扩展,

其大小用来度量信号 $z(t)$ 随时间变化的快慢。如果 $z(t)$ 变化缓慢,则多普勒频率扩展较小,反之,则多普勒频率扩展较大。

接收信号会引起衰落,这种衰落程度主要由时变相位因子 $\phi_n(t)$ 决定。信道中的时变多径传输将引起接收信号幅度的变化,称为**信号衰落**(signal fading)。

时变多径信道模型可以用图 9.3.2 表示。图 9.3.2 所示的信道模型由均匀间隔的抽头延迟线构成,相邻抽头之间的间隔为 $T_s$,因此,该模型的时间分辨率为 $T_s$。记各加权系数为 $\{c_n(t)=a_n(t)e^{j\phi_n(t)}\}$,其他的特性可以用相互无关的高斯复随机过程描述。延迟线长度与多径信道中的时间展宽量相对应,称为**多径扩展**(multipath spread),表示为 $T_m = NT_s$,其中,$N$ 为多径信号分量的最大数目。

图 9.3.2 时变多径信道模型

### 9.3.3 瑞利和莱斯衰减模型

图 9.3.2 描述的信道模型中,加权系数可以描述为复高斯随机过程,各加权系数表示为
$$c(t) = c_r(t) + jc_i(t) \tag{9.3.3}$$
其中,$c_r(t)$ 和 $c_i(t)$ 为统计独立且平稳的高斯随机实过程。$c(t)$ 也可表示为
$$c(t) = a(t)e^{j\phi(t)} \tag{9.3.4}$$
其中,$a(t)$ 和 $\phi(t)$ 分别表示幅度和相位,且
$$a(t) = \sqrt{c_r^2(t) + c_i^2(t)} \quad \text{与} \quad \phi(t) = \arctan\frac{c_i(t)}{c_r(t)}$$

如果 $c_r(t)$ 和 $c_i(t)$ 是均值为零的高斯过程,则 $a(t)$ 幅度的统计特征可以用瑞利概率分布来描述,且相位 $\phi(t)$ 在 $[0, 2\pi]$ 上服从均匀分布。瑞利衰落信号的幅度可表示为如下概率密度函数
$$f(a) = \frac{a}{\sigma^2}e^{-a^2/2\sigma^2}, \quad a \geqslant 0 \tag{9.3.5}$$
其中,参数 $\sigma^2 = E[c_r^2] = E[c_i^2]$。当 $a < 0$ 时,$f(a) = 0$。

对于飞机之间的无线通信,$c_r(t)$ 和 $c_i(t)$ 是非零均值高斯过程,则 $a(t)$ 幅度的统计特征可以用莱斯概率分布来描述,而相位 $\phi(t)$ 也是非零均值的。莱斯衰落信号的幅度可表示为如下概率密度函数

$$f(a) = \frac{a}{\sigma^2} e^{-(a^2+s^2)/2\sigma^2} I_0\left(\frac{sa}{\sigma^2}\right), \quad a \geqslant 0 \tag{9.3.6}$$

### 9.3.4 时延扩展与相关带宽

由于无线信道中各种反射物的存在,导致信号幅度、相位以及时间的变化,这些因素使发射波到达接收机时,形成在时间、空间上互相区别的多个无线电波,形成多径传播效应。这些多径分量具有随机分布的幅度、相位和入射角度,被接收机天线按照向量进行合并,使接收信号产生衰落失真。

#### 1. 时延扩展

**时延扩展**定义为最大传输时延和最小传输时延的差值,即脉冲展宽的时间,记为 $\Delta$。在多径传播条件下,接收信号会产生时延扩展。发送端发送一个窄脉冲信号,通过多条不同长度的传播路径进行传播。而传播路径随着移动台的运动而不断变化,这样各条路径到达接收机的时延就有较大差异。接收信号由许多不同时延的脉冲组成,这些脉冲可能是离散的,也可能是连成一片的。若发送的窄脉冲宽度为 $T$,则接收信号宽度为 $T+\Delta$。在数字传输中,由于时延扩展,接收信号中一个码元的波形会扩展到其他码元周期中,引起码间串扰。当码元速率较小,满足条件 $R_b < 1/\Delta$ 时,可以避免码间串扰,否则会引起码间串扰。不同环境下,平均时延扩展是不一样的。为了避免码间串扰,应该使码元周期大于多径引起的时延扩展。如果不能避免码间干扰,则需要通过信道均衡来补偿。

#### 2. 相关带宽

在无线移动信道中,存在两类扩展:多径效应在时域产生时延,多普勒效应在频域产生多普勒频移。**相关带宽**(coherent bandwidth) $\Delta f$ 可表示为

$$\Delta f = \frac{1}{T_m} \tag{9.3.7}$$

上式中 $T_m$ 为多径扩展。

对于无线移动通信,存在一个固有的相关带宽。当信号的带宽小于相关带宽时,发生非频率选择性衰落;当信号的带宽大于相关带宽时,发生频率选择性衰落。

### 9.3.5 分集技术及分类

电波在传播过程中受到建筑物、树木等的遮蔽和阻挡,会出现阴影效应和多径衰落,当信道衰落比较大时(即信道是深度衰落的)会发生大量错误,导致通信性能严重下降甚至不能接收和检测。分集是补偿信道衰落的一种有效方式,如果接收机通过相互独立的衰落信道得到两个或多个含相同信息的传输信号副本,则所有信号分量同时衰落的概率会降低。在接收端对这些信号进行适当的合并,以便大大降低多径衰落的影响,从而提高传输的可靠性。由于无须增加发射功率或带宽,因此分集技术能以较低的成本改善通信的性能。

在接收端得到相互独立的传输路径,可以通过时域、频域和空域等方法来实现,相对应的分集技术分别是时间分集、频率分集和空间分集。此外,在实际系统中还会用到角度分集和极化分集。

#### 1. 时间分集

对于一个随机衰落信号来说,若对其振幅进行顺序取样,时间间隔大于相干时间的两个

样点是互不相关的。通过在 $N$ 个不同的时隙上传输相同的信息,来获得 $N$ 条包含相同信息的独立衰落信号副本,其中两条相邻时隙的间隔大于或等于信道的相干时间,这种方法称为**时间分集**。

2. 频率分集

在 $N$ 个 OFDM 载波频率上传输相同信息,获得 $N$ 条包含相同信息的独立衰落信号副本,其中两条相邻载波的间隔要大于或等于信道的相干带宽,那么在接收端就可以得到衰落特性不相关的信号,从而产生分集效果,这种方法称为**频率分集**。

3. 空间分集

在无线移动通信系统中,很难保证发射机和接收机之间存在一视距路径,由于移动终端周围物体的散射,导致接收信号出现瑞利衰落。若接收端采用多副天线进行接收,只要天线间空间距离足够远,以保证信号的多径分量具有完全不同的传输路径。为了获得独立衰落的信号,一对接收天线之间的距离通常为波长的若干倍,这种方法称为**空间分集**。图 9.3.3 给出了空间分集的例子。

图 9.3.3 分集接收示意图

### 9.3.6 分集合并技术

接收端收到 $N$ 个独立的衰落信号后,如何利用这些信号以减小衰落的影响,这就是合并问题。在接收端可以使用多种方法将传输信息从接收信号中提取出来。

根据在接收端合并技术的位置不同,可以分为检测前合并技术和检测后合并技术。常用的合并技术包括选择式合并、最大比合并、等增益合并、平方律合并。

1. 选择式分集

接收机监测 $N$ 个接收信号的功率电平,选择其中功率最强的信号进行解调和检测。由于信号强度的时变性,会导致频繁地从一个信号切换到另一个信号。改进方法之一是预设功率电平门限值,只要信号功率电平超过门限值,就可以解调和检测。当信号衰落低于门限值时,选择具有最大接收功率电平的信号进行解调和检测,该方法称为**选择式分集**。

2. 最大比合并

为了获得更好的分集效果,可以采用相关解调和检测分集接收方法,对解调后的 $N$ 个接收信号进行估计并修正其相位偏移。对 $N$ 个接收信号的功率电平进行估计且修正相位,修正后的解调器输出信号按照接收信号强度(功率电平平方根)比例进行加权,再送入检测器,该方法称为**最大比分集合并**。

### 3. 等增益合并

与最大比合并相对应，如果 N 个解调器输出的相位修正信号叠加后送到检测器，则该方法称为**等增益合并**。

### 4. 平方律合并

如果正交信号通过 N 条独立的衰落信道传输信息，则接收端使用非相干解调来处理。此时 N 个解调器的输出先平方再相加，然后输出到检测器，该方法称为**平方律合并**。

不同的分集合并方式可以用图 9.3.4 表示。

图 9.3.4 N 阶分集的二进制数字通信系统模型

在图 9.3.4 中，对于等增益合并，可以表示为

$$R_m = \sum_{i=1}^{N} r_{im} e^{j\phi_i}, \quad m=1,2 \tag{9.3.8}$$

对于最大比合并，可以表示为

$$R_m = \sum_{i=1}^{N} a_i r_{im} e^{j\phi_i}, \quad m=1,2 \tag{9.3.9}$$

对于平方律合并，可以表示为

$$R_m = \sum_{i=1}^{N} |r_{im}|^2, \quad m=1,2 \tag{9.3.10}$$

## 9.3.7 Rake 接收机

Rake 接收机是由 Price 和 Green 于 1958 年首先提出来的，Rake 接收技术是 CDMA 系统的关键技术之一。信号在传播过程中受到障碍物的遮蔽和阻挡，出现反射和折射，到达接收端的信号是多条路径的合成信号。对于 CDMA 系统，扩频码片宽度与扩频带宽成反比，且是扩频带宽的倒数。如果这些多径信号之间的时延超过一个码片，接收机可以分别对它们进行解调，解调后的信号再加以合并，然后进行判决，这就是 Rake 接收机的原理。换言之，Rake 接收机使用相关接收机组，对每条路径使用一个相干接收机，各相干接收机与同一期望信号的一个延迟形式相关。

Rake 接收机由搜索器、解调器和合并器 3 个模块组成。搜索器完成路径搜索，主要

原理是利用码的相关特性。解调器完成信号的解扩、解调,多径数决定了解调器的个数。

图 9.3.5 是 Rake 解调器的框图。在图 9.3.5 中,以 $1/T$ 的码元速率对单频载波进行调制来传输数字信息,且信道的有效带宽 $W$ 超过相干带宽。假定码元持续时间 $T$ 满足 $T \ll T_a$(相干时间)的条件,则在时间 $T$ 范围内信道是缓慢变化的,呈慢衰落状态。同时由于有效带宽大于相干带宽,信道是频率选择性的。

图 9.3.5　Rake 解调器

带通信号带宽为 $W$,其等效低通信号占用的带宽为 $W/2$,因此可采用带限低通信号 $s(t)$,接收信号可以表示为

$$r(t) = \sum_{n=1}^{L} c_n(t) s(t - n/W) \qquad (9.3.11)$$

该解调器具有相同的加权间隔和加权系数,可以有效地收集接收信号的所有分量。

## 本章关键词

通过下面的关键词,可以快速地回顾本章的主要知识点。

| | |
|---|---|
| 多址技术 | 波分复用 |
| 多路复用 | 频分双工、时分双工 |
| 频分多址与频分复用 | 上行、下行 |
| 时分多址与时分复用 | 蜂窝系统 |
| 码分多址与码分复用 | GSM 系统 |

业务信道、控制信道
IS-95 系统
ALOHA
CSMA/CD
发射天线增益
接收天线增益
有效面积
自由空间传输路径损耗
可用噪声功率谱
可用噪声功率
噪声温度
点噪声系数

平均噪声系数
有效输入噪声温度
链路预算
载干比
等效全向辐射功率
链路容限
信号衰落
多径扩展
时延扩展
相关带宽
分集接收、分集合并
Rake 接收

## 习题

1. 试简要说明 FDMA 和 FDM 的异同点。

2. TDMA 帧通常包含多个子帧，子帧又常称为"突发"。有些突发作为基准，不包含业务数据；而包含业务数据的突发也都带有非业务数据的"报头"部分。

(1) 假定某 TDMA 帧总长度为 40 800bit，由 8 个业务突发和 1 个参考突发组成。业务突发的报头和参考（基准）突发都需要 560bit，突发之间的保护间隔等效为 120bit。试计算帧效率。

(2) 若帧周期为 2ms，语音信道的比特速率为 64kbps，计算可承载的等效语音信道数。

3. 一组用户共享一个速率为 56kbps 的异步 ALOHA 信道。每个用户平均每 10s 输出 1 个包，包长为 2000bit，包的产生过程服从泊松分布。信道繁忙时，用户数据包缓存在缓冲区内。问这条信道最多可以支持的用户数是多少。

4. $P_r = P_t G_t G_r \left(\dfrac{\lambda}{4\pi d}\right)^2$ 为自由空间传播的一种形式。试证明该公式也可由以下的等价形式表示：

(1) $P_r = \dfrac{P_t A_t A_r}{\lambda^2 d^2}$ 　　　　(2) $P_r = \dfrac{P_t A_t G_r}{4\pi d^2}$

其中，$P_t$ 为发射功率，$A_t$ 为发射天线的有效面积，$A_r$ 为接收天线的有效面积，$P_r$ 为接收功率。

5. 如果发射机的发射功率为 30W，发射天线和接收天线都为单位增益天线，载频为 2000MHz，求出在自由空间中距发射机 500m 处的接收功率。

6. 假定相距 20km 的两个电台之间无阻挡，电台工作频率为 900MHz，求电波传播损耗。

7. 一无线链路采用一对各自效率为 55% 的 2.4m 蝶形天线，分别作为发射和接收天线。链路的其他参数：发射功率为 1.2dBW，载波频率为 4GHz，接收机与发射机之间的距离为 120m。试计算：

(1) 自由空间传播损耗；
(2) 每个天线的功率增益；
(3) 单位为 dBW 的接收功率。

8. 设天线的噪声温度为 35K，通过损耗为 0.5dB 的馈线与 LNA 相连。LNA 的噪声温度为 90K。试计算以下点的系统噪声温度：
(1) 馈线输入端；
(2) LNA 输入端。

9. 某接收机由损耗波导、低噪声射频放大器、下变频器以及中频放大器组成，如图题 9.9 所示。这四部分的噪声系数和功率增益已在图中标注。天线温度为 50K，试计算：
(1) 图中四部分的等效噪声温度，假设室温为 290K；
(2) 计算整个接收机的有效噪声温度。

图题 9.9

10. 接收机配置如图 9.2.5 所示。假设有损耗的波导被插入接收天线与低噪声放大器之间。波导损耗为 2dB，其物理温度为 300K。其他参数与例 9.2 的相同，试计算接收机的有效噪声温度。

11. 一个微波发射机在 2GHz 的输出为 0.1W，假定该发射机用于发射和接收天线都是直径为 1.8m 的抛物面天线的微波系统，计算：
(1) 天线的增益；
(2) 发射信号的 EIRP；
(3) 如果接收机位于自由路径损耗环境中，距离发射天线 30km 处。求接收天线可接收到的信号功率。

12. 在无线通信系统中，上行链路（反向链路）的载波频率小于下行链路（前向链路）。请说明这种选择的正确性。

13. 天线对准了一个方向后，其噪声温度为 50K。它连接到噪声系数为 2.0dB 的前置放大器，且在有效频带的 10MHz 带宽上可得到增益 30dB。
(1) 试求前置放大器的有效输入噪声温度；
(2) 试求前置放大器输出可得到的噪声功率。

14. 比较以下两种情况下的最大多普勒频移：
(1) 工作频率为 900MHz，移动台运动速度为 50km/s；
(2) 工作频率为 2GHz，移动台运动速度为 100km/s。

15. 考虑一个单支路瑞利衰落信号，它以 30% 的概率低于某平均 SNR 阈值 4dB。以阈值做参考，求出瑞利衰落信号的均值，并且尝试找到在平均 SNR 阈值之下 4dB 处的两路或者多路选择分集接收机。

# 第 10 章

# 信息论基础

信息论是一门运用概率论与数理统计方法研究信息的度量、传递、变换等规律的应用数学学科。这门学科的出现正是源于以香农为代表的学者对于通信中的信息及其传输问题的研究。

信息的本质与消息中的不确定性相关联,而信息传递过程的本质是使接收者得到比较确切的消息,从而降低其不确定性的过程。信息论中定义熵,以度量消息中的不确定性;定义互信息,以度量传递信息的多少。

通信的根本任务是有效与可靠地传递信息。利用熵与互信息等概念,信息论对通信系统进行数学模型化和宏观分析,获得了许多重要的结论。信息论的结论指出:通信的效率可以借助信源压缩编码来提高——压缩信源的极限是信源的熵;噪声信道中可以借助信道编码来实现无差错的通信——无差错通信的速率上限是信道的容量。

本章着重介绍信息论中与通信系统关联的一些基础知识,内容要点包括:

(1)熵与互信息——离散无记忆信源、不确定性与熵、联合熵与条件熵、互信息。

(2)信道的容量——离散无记忆信道、二进制对称信道、信道容量、信道编码定理、典型序列。

(3)连续信源——相对熵、联合与条件相对熵。

(4)高斯信道模型——高斯信道容量公式,通信系统的容量与带宽、信号功率和噪声功率的关系。

(5)无失真信源编码——压缩与编码、信源编码定理、定长与变长编码、Huffman 编码算法。

(6)限失真信源编码——速率-失真函数、二进制信源与高斯信源的速率-失真函数。

## 10.1 熵与互信息

第 1 章引入了信息量的概念,指出消息信号具有不确定性,因而包含信息。本节将进一步阐述熵、条件熵与互信息的概念,说明信息的本质是"不确定性的减少"。

### 10.1.1 熵及其特性

#### 1. 信源的模型

信源及其输出的消息分为数字的与模拟的两大类。数字信源的数学模型为取值离散的随机序列。最简单的数字信源的模型称为**离散无记忆信源**(**Discrete Memoryless Source,DMS**),所谓"无记忆",是指每个时刻的符号是独立同分布的随机变量。给定 $M$ 元符号的字符集 $\{a_1, a_2, \cdots, a_M\}$ 与取值概率 $\{p_1, p_2, \cdots, p_M\}$,就完整地描述了一个 DMS。

模拟信源的数学模型为连续时间的随机过程 $X(t)$。通常,消息信号总是带限的,因此,可以按足够高的抽样率对 $X(t)$ 进行抽样,将它转换为离散时间的随机序列 $\{X_i\}$ 来建模。许多情形中,认为各时刻的样点是无记忆的与同分布的随机变量,它是连续取值的,于是可以用其概率密度函数 $f_X(x)$ 来描述。

综上所述,信源均可以描述为随机变量的序列,并常常简化为无记忆的。本节首先关注取值离散的情形。

### 2. 熵的定义与特性

以 DMS 为基础,第 1 章引入了熵的概念,定义为

$$H(X) = -\sum_{i=1}^{M} p_i \log p_i \tag{10.1.1}$$

作为信源(或其符号)$X$ 所蕴含的不确定性的度量。有时称 $I(p_i) = -\log p_i$ 为自信息量,于是 $H(X)$ 是自信息量的平均值。公式中采用 $\log(\cdot)$ 是为了满足下面几个要求:

(1) 不确定性的大小应该只依赖于 $X$ 的概率 $p_i$,而与取值 $a_i$ 无关。

(2) $I(\cdot)$ 是 $p_i$ 的连续函数,它的取值非负,并呈递减关系。

(3) 具有可加性:如果 $p_i = p_{i_1} p_{i_2}$(独立性的特征),则 $I(p_i) = I(p_{i_1}) + I(p_{i_2})$。

可以证明,只有对数函数满足这些要求。公式中,对数的底常常取为 2,这时 $H(X)$ 的单位为比特(bit);如果对数的底为 e(自然对数),则熵的单位为奈特(nat);如果对数的底为 10,则熵的单位为哈特莱(Hartley)。还注意到 $H(X)$ 其实并非随机变量 $X$ 的函数,而是取值概率 $p_i$ 的函数,因此,有时还特别将其改记为 $H(p_1, p_2, \cdots, p_M)$。

下面不加证明地给出熵的几个重要特性:

(1) 最小值为 0。当且仅当某个 $p_i = 1$,而其他的 $p_i$ 为 0 时,$H(X) = 0$。这是消息完全确定的情形。

(2) 最大值为 $\log_2 M$。当且仅当 $M$ 个取值等概率($p_i = 1/M$)时,熵达到了最大值,$H(X) = \log_2 M$(bit)。这是消息完全随机的情形。

(3) 划分(grouping)性质。将 $X$ 的取值划分为 $A$ 与 $B$ 两组,从而形成三个新的随机变量:$X_2$ 取值 0 与 1(0 表示属于 $A$ 组),$A$ 取值 $\{a_1, a_2, \cdots, a_t\}$,$B$ 取值 $\{a_{t+1}, a_{t+2}, \cdots, a_M\}$(其中 $0 < t \leq M$);$X_2$ 的取值概率为 $p_A = P(X_2 = 0) = \sum_{i=1}^{t} p_i$ 与 $p_B = P(X_2 \neq 0) = \sum_{i=t+1}^{M} p_i$,则

$$\begin{aligned} H(X) &= H(X_2) + p_A H(A) + p_B H(B) \\ &= H(p_A, p_B) + p_A H\left(\frac{p_1}{p_A}, \cdots, \frac{p_t}{p_A}\right) + p_B H\left(\frac{p_{t+1}}{p_B}, \cdots, \frac{p_M}{p_B}\right) \end{aligned} \tag{10.1.2}$$

可见,熵的值是正的,范围为 $[0, \log_2 M]$ bit,熵的值随取值数目与取值等概率程度的增加而提高。

**例 10.1** 二进制 DMS 的熵:假定二进制信源 $X$ 的两种取值为 $[0, 1]$,相应的概率分别为 $p$ 与 $1-p$,则由定义

$$H(X) = H(p, 1-p) = -p \log_2 p - (1-p) \log_2 (1-p) \text{(bit)} \tag{10.1.3}$$

其函数曲线如图 10.1.1 所示。根据曲线容易验证其最大值与最小值。二进制符号熵的公式应用广泛,常简记为 $H_2(p)$。∎

图 10.1.1 二进制 DMS 的熵 $H_2(p)$

### 10.1.2 联合熵与条件熵

在研究两个或多个随机变量时,用到"联合"与"条件"的概念。

1. 定义与基本性质

假定两个随机变量$(X,Y)$的取值为$(x_i,y_j)$,概率为$p(x_i,y_j)=P(X=x_i,Y=y_j)$,并记条件概率为

$$p(x_i \mid y_j) = P(X=x_i \mid Y=y_j) = \frac{P(X=x_i, Y=y_j)}{P(Y=y_j)} = \frac{p(x_i,y_j)}{p(y_j)}$$

那么

(1) 定义**联合熵**(joint entropy)为

$$H(X,Y) = -\sum_i \sum_j p(x_i,y_j) \log p(x_i,y_j) \tag{10.1.4}$$

它反映了 $X$ 与 $Y$ 共同蕴含的不确定性。

(2) 定义**条件熵**(conditional entropy)为

$$H(X \mid Y) = -\sum_i \sum_j p(x_i,y_j) \log p(x_i \mid y_j) \tag{10.1.5}$$

它反映了在 $Y$ 已知的条件下,$X$ 尚存的不确定性。

考虑 $Y=y_j$ 的具体取值时,条件随机变量 $X|Y=y_j$ 的熵为

$$H(X \mid Y=y_j) = -\sum_i P(X=x_i \mid Y=y_j) \log P(X=x_i \mid Y=y_j)$$

再对 $Y$ 的条件取值进行平均,得到平均条件熵为

$$\sum_j H(X \mid Y=y_j) P(Y=y_j)$$
$$= -\sum_i \sum_j P(X=x_i \mid Y=y_j) P(Y=y_j) \log P(X=x_i \mid Y=y_j)$$
$$= -\sum_i \sum_j p(x_i,y_j) \log p(x_i \mid y_j)$$
$$= H(X \mid Y)$$

容易发现,有两种极端情况:

(1) $X=Y$ 时,$H(X|Y)=0$;

(2) $X$ 与 $Y$ 独立时,$H(X|Y)=H(X)$。

它们显然是合乎常理的,而且可以证明

$$H(X|Y) \leqslant H(X) \tag{10.1.6}$$

其中等号仅在 $X$ 与 $Y$ 独立时成立。它的物理解释为:给定 $Y$ 总有可能减少 $X$ 的不确定性,而决不会增加。

**例 10.2** 证明

$$H(X,Y) = H(Y) + H(X|Y) \tag{10.1.7}$$

**证明** 利用概率公式 $p(x_i,y_j) = p(x_i|y_j)p(y_j)$ 与全概率公式 $\sum_i p(x_i,y_j) = p(y_j)$ 可得

$$\begin{aligned}
H(X,Y) &= -\sum_i \sum_j p(x_i,y_j) \log p(x_i,y_j) \\
&= -\sum_i \sum_j p(x_i,y_j) \log[p(x_i|y_j)p(y_j)] \\
&= -\sum_i \sum_j p(x_i,y_j) \log p(x_i|y_j) - \sum_i \sum_j p(x_i,y_j) \log p(y_j) \\
&= H(X|Y) - \sum_j \left(\sum_i p(x_i,y_j)\right) \log p(y_j) \\
&= H(X|Y) - \sum_j p(y_j) \log p(y_j) \\
&= H(Y) + H(X|Y)
\end{aligned}$$

∎

以上例题的结论可直观地解释为:$X$ 与 $Y$ 共同的不确定性是其中一个的不确定性,加上"除开"它以后还存留的不确定性。结合式(10.1.6),还发现

$$H(X,Y) \leqslant H(X) + H(Y) \tag{10.1.8}$$

并在 $X$ 与 $Y$ 独立时,上式取等号。

**2. 多元情形与信源的熵速率**

两个随机变量的联合熵与条件熵的概念很容易推广到多个随机变量的情形。给定 $n$ 个随机变量,记为 $n$ 维向量 $\mathbf{X}=(X_1,X_2,\cdots,X_n)$,联合熵定义为

$$\begin{aligned}
H(\mathbf{X}) &= H(X_1,X_2,\cdots,X_n) \\
&= -\sum_{i_1}\sum_{i_2}\cdots\sum_{i_n} p(x_{i_1},x_{i_2},\cdots,x_{i_n}) \log p(x_{i_1},x_{i_2},\cdots,x_{i_n})
\end{aligned} \tag{10.1.9}$$

条件熵定义为

$$\begin{aligned}
&H(X_n|X_1,X_2,\cdots,X_{n-1}) \\
&= -\sum_{i_1}\sum_{i_2}\cdots\sum_{i_n} p(x_{i_1},x_{i_2},\cdots,x_{i_n}) \log p(x_{i_n}|x_{i_1},x_{i_2},\cdots,x_{i_{n-1}})
\end{aligned} \tag{10.1.10}$$

根据条件概率的链式公式,仿例 10.2 可以证明

$$\begin{aligned}
H(X_1,X_2,\cdots,X_n) = &H(X_1) + H(X_2|X_1) + H(X_3|X_1,X_2) + \cdots + \\
&H(X_n|X_1,X_2,\cdots,X_{n-1})
\end{aligned} \tag{10.1.11}$$

运用多元联合熵与条件熵可以研究一段信息序列的熵与信源的熵率。考虑信源输出的

随机序列为$(X_1, X_2, \cdots, X_n, \cdots)$,可见,

第 1 个符号的熵为:$H(X_1)$;

在第 1 个符号的基础上,第 2 个符号新增的熵为:$H(X_2|X_1)$;

在第 1 与第 2 个符号的基础上,第 3 个符号新增的熵为:$H(X_3|X_1,X_2)$;

⋮

在前 $n-1$ 个符号的基础上,第 $n$ 个符号新增的熵为:$H(X_n|X_1,X_2,\cdots,X_{n-1})$。

因此直到 $n$ 为止,前 $n$ 个符号总的熵为式(10.1.11)。

定义信源的**熵速率**(**entropy rate**)为平均每个符号(提供)的熵,记为 $H$

$$H = \lim_{n \to \infty} \frac{1}{n} H(X_1, X_2, \cdots, X_n) \tag{10.1.12}$$

如果信源是平稳的,那么上述极限存在。由于平稳信源稳定地输出熵,因此,应该有

$$H = \lim_{n \to \infty} H(X_n | X_1, X_2, \cdots, X_{n-1}) \tag{10.1.13}$$

**例 10.3** 分析 DMS 的熵速率。

**解** 由于 DMS 各个符号是独立同分布的,记单个符号的熵为 $H(X)$,于是

$$H(X_n | X_1, X_2, \cdots, X_{n-1}) = H(X)$$

与

$$H(X_1, X_2, \cdots, X_n) = nH(X)$$

易见,熵速率 $H = H(X)$。 ∎

显然,对于一般有记忆的信源而言,研究多元联合熵与条件熵是必要的。

### 10.1.3 互信息

式(10.1.6)指出借助观察 $Y$ 可能减少有关 $X$ 的不确定性,这种减少意味着观察过程获得了 $X$ 的一些有用信息,或者说 $X$ 传递给 $Y$ 了一些信息。基于这种想法引出了互信息的概念。

定义 $X$ 与 $Y$ 的**互信息**(**mutual information**)为

$$I(X;Y) = H(X) - H(X|Y) \tag{10.1.14}$$

它反映通过观察 $Y$ 所获得的有关 $X$ 的信息。

考虑两种极端的情况:

(1) $X$ 与 $Y$ 独立,则

$$I(X;Y) = H(X) - H(X) = 0$$

即,有了 $Y$ 仍然无法得到任何有关 $X$ 的信息。

(2) $X = Y$,则

$$I(X;Y) = H(X) - 0 = H(X)$$

即,有了 $Y$ 便有了全部有关 $X$ 的信息。

容易发现,互信息还有下述性质:

(1) 它总是非负的,即 $I(X;Y) \geq 0$;

(2) 它是对称的,即 $I(X;Y) = I(Y;X)$;

(3) 它是双方共享的部分,即

$$I(X;Y) = H(X) + H(Y) - H(X,Y) \tag{10.1.15}$$

如图 10.1.2 所示。

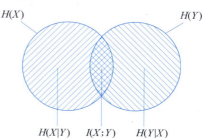

图 10.1.2 熵、条件熵与互信息关系

通过把 Y 形象地想象为观察镜,图 10.1.3 直观地解释了互信息的概念。

(a) $X$ 与 $Y$ 独立　　(b) $X$ 与 $Y$ 少量关联　　(c) $X$ 与 $Y$ 大量关联　　(d) $Y=X$

图 10.1.3　互信息的直观解释

图 10.1.4　二元符号的传输框图

**例 10.4**　分析二元信息传输中的互信息。如图 10.1.4 所示,假定信道的误码率为 10%;二元输入符号 $X$ 的概率为 $p=P(X=1)=0.6$,经传输后接收到的符号为 $Y$。

**解**　根据概率论的有关公式可计算出各种基本概率与条件概率,并按定义求出 $H(X|Y)$,如表 10.1.1 所示。

表 10.1.1　各种基本概率、条件概率与 $H(X|Y)$

| $x_i, y_j$ | $p(y_j|x_i)$ | $p(x_i, y_j)$ | $p(y_j)$ | $p(x_i|y_j)$ | $-p(x_i, y_j)\log_2 p(x_i|y_j)$ |
|---|---|---|---|---|---|
| 0 0 | 0.9 | 0.36 | 0.42 | 0.857 | 0.080 |
| 1 0 | 0.1 | 0.06 |  | 0.143 | 0.168 |
| 0 1 | 0.1 | 0.04 | 0.58 | 0.069 | 0.154 |
| 1 1 | 0.9 | 0.54 |  | 0.931 | 0.056 |
|  |  |  |  | $H(X|Y)=\sum=$ | 0.458 |

由熵的定义与例 10.1 的 $H_2(p)$ 公式可知:
$$H(X)=H_2(0.6)\approx 0.971(\text{bit})　\text{与}　H(Y)=H_2(0.58)\approx 0.982(\text{bit})$$
由于误码的影响,$Y$ 的取值概率比 $X$ 的更趋于均匀,其不确定性也更高。又
$$I(X;Y)=I(Y;X)=H(X)-H(X|Y)=0.513(\text{bit})$$
可见,该信道将 $X$ 中 0.512bit 的信息传递给了 $Y$,而还有 0.458bit 是从 $Y$ 中无法获得的。如果信道没有误码,则 $Y=X$,$X$ 的全部 0.971bit 都可以传递给 $Y$。　∎

考察熵与互信息的概念可以发现,信息的本质是熵的减少量,而熵是对"未知程度"的度量;熵的减少意味着"未知程度"的降低,于是释放出了信息。这使人联想到势能与功的关系。可见,信息是在互动中获得的,因而称为互信息。

## 10.2　离散信道与信道容量

介于收发信者之间传输消息的通路称为信道。从广义上讲,一个把输入信号映射为输出信号的系统都可以被视为信道。本章将介绍离散无记忆信道模型,给出信道容量的定义与信道编码定理,说明信道容量是信息通过信道的速率上限。

### 10.2.1　离散信道模型

信道的特性由它的输入和输出之间的关系决定,这种关系通常是随机的。在实际信道

中,有很多因素造成输出与输入不一致,这些因素包括传输衰减、非线性、带宽有限、多径传播与衰落、加性噪声等。

许多的实际信道是波形信道,它们传输的信号是时间连续与频带有限的消息信号。由于所有的带限信号都可以基于采样定理表述为离散时间序列,相应的信道也可以按离散时间形式来描述与分析。

如果离散时间信道的输入与输出变量的取值是离散的,那么就可以称其为**离散信道**。信道在某 $n$ 时刻的输出 $Y(n)$ 有时不只取决于当前的输入 $X(n)$,还与此前(甚至于此后)的输入有关,例如,系统存在码间干扰时。信道的这种特性称为**记忆性**。

简单且常用的信道是**离散无记忆信道**(Discrete Memoryless Channel,DMC),这种信道每个时刻的特性是相同的,且输出只与当前的输入有关。其具体的数学描述为:

(1) 输入字符为 $M$ 元的,字符集记为 $\{x_1, x_2, \cdots, x_M\}$;
(2) 输出字符为 $J$ 元的,字符集记为 $\{y_1, y_2, \cdots, y_J\}$;
(3) 输入至输出的关系由条件概率表示,记为 $p(y_j|x_i)$,共 $M \times J$ 个,可用 $M \times J$ 的矩阵描述。

离散无记忆信道模型如图 10.2.1 所示。

**二进制对称信道**(Binary Symmetric Channel,BSC)是最基本的离散无记忆信道,如图 10.2.2(a)所示。它的输入与输出都是二元符号,条件概率是对称的,即

图 10.2.1 离散无记忆信道模型

$$P(1 \mid 0) = P(0 \mid 1) = p_e$$
$$P(0 \mid 0) = P(1 \mid 1) = 1 - p_e$$

其中,$p_e$ 为信道的错误概率。显然,BSC 又如图 10.2.2(b)所示,其输入与输出的关系还可以表示为

$$Y = X \oplus e \tag{10.2.1}$$

其中,"$\oplus$" 为模二加,$e$ 为错误比特,定义为

$$e = \begin{cases} 1, & \text{发生错误,概率为 } p_e \\ 0, & \text{不发生错误,概率为 } 1 - p_e \end{cases} \tag{10.2.2}$$

图 10.2.2 二进制对称信道(BSC)模型

**例 10.5** AWGN 中的 BPSK 系统。

**解** AWGN 的 BPSK 系统可以视为传输二元序列的 BSC 信道,其参数为

$$p_e = Q\left(\sqrt{\frac{2E_b}{N_0}}\right)$$

其中,$E_b$ 是传输信号的平均比特能量,$N_0/2$ 为 AWGN 信道的功率谱密度值。

## 10.2.2 信道容量

### 1. 信道容量的定义

通信的目的是传输信息,在每次运用信道将输入符号 $X$ 传输成 $Y$ 的过程中,传递的信息可以用互信息来分析。考虑离散无记忆信道,由定义可得

$$\begin{aligned}
I(X,Y) &= H(Y) - H(Y|X) \\
&= -\sum_j p(y_j)\log p(y_j) + \sum_i \sum_j p(x_i, y_j)\log p(y_j|x_i) \\
&= -\sum_i \sum_j p(x_i, y_j)\log \sum_i p(x_i, y_j) + \sum_i \sum_j p(x_i, y_j)\log p(y_j|x_i) \\
&= \sum_i \sum_j p(x_i, y_j)\log \frac{p(y_j|x_i)}{\sum_i p(x_i, y_j)} \\
&= \sum_i \sum_j [p(y_j|x_i) p(x_i)]\log \frac{p(y_j|x_i)}{\sum_i p(y_j|x_i) p(x_i)}
\end{aligned} \tag{10.2.3}$$

其中,$p(y_j|x_i)$ 是信道的特性,而 $p(x_i)$ 是输入符号的特性。可见,信道的互信息不仅取决于信道自身,还取决于如何输入符号,也就是,如何使用信道。

所谓信道的能力,应该是在充分运用信道的情况下,其能够传递的最大信息量。以传递一个符号作为一次信道使用,**信道容量**(channel capacity)定义为

$$C = \max_{\{p(x_i)\}} I(X,Y) \quad (\text{比特 / 信道使用}) \tag{10.2.4}$$

式中的最大化是在所有可能的概率分布 $\{p(x_i), i=1,2,\cdots,M\}$ 上进行的。注意,信道是按次使用的,因此,信道容量的单位为**比特/信道使用**(bit/channel-use)。

**例 10.6** BSC 的信道容量(假定错误概率为 $p_e$)。

**解** 记输入符号 $X$ 的概率为 $p = P(X=1) = 1-P(X=0)$,首先计算 $H(Y|X)$,可得

$$H(Y|X) = \sum_i \sum_j [p(y_j|x_i) p(x_i)]\log p(y_j|x_i)$$

由于 $p(0|0) = p(1|1) = 1-p_e$ 与 $p(1|0) = p(0|1) = p_e$,可得

$$\begin{aligned}
H(Y|X) &= -(1-p_e)p\log(1-p_e) - p_e p \log p_e - \\
&\quad (1-p_e)(1-p)\log(1-p_e) - p_e(1-p)\log p_e \\
&= -(1-p_e)\log(1-p_e) - p_e \log p_e \\
&= H_2(p_e)
\end{aligned}$$

于是

$$I(X,Y) = H(Y) - H_2(p_e)$$

由于 BSC 是对称的,$X$ 等概率时 $Y$ 也等概率,这时,$H(Y)$ 达到最大值 1bit,因此得到信道容量为

$$C = 1 - H_2(p_e)$$

该式的曲线如图 10.2.3 所示,可见,BSC 的信道容量为 0~1bit,当 $p_e = 0.5$ 时,信道容量为 0;而 $p_e = 0$ 与 1 时信道容量为最大值 1,其中的物理意义是明显的。

图 10.2.3　BSC 的信道容量

### 2. 信道编码定理

在信道容量的分析中可以发现,要充分运用信道应该预先调整输入符号的概率特性,这一处理称为**信道编码**(channel coding)。具有信道编码/译码的数字通信系统的如图 10.2.4 所示。以二元通信为例,编码单元将 $k$ bit 映射为 $n$ bit,显然,必须满足 $n \geqslant k$ 才能保证映射是可逆的。定义**编码效率**为

$$r = \frac{k}{n} \tag{10.2.5}$$

图 10.2.4　具有信道编码/译码的数字通信系统

> **信道编码定理**:假定信源 $X$ 按 $R_s$(sym/s)的速率产生消息符号,而传输系统按 $R_c$(信道使用/s)的频次使用信道,如果
>
> $$R_s H(X) \leqslant R_c C \tag{10.2.6}$$
>
> 则存在一种编码方法,使信源能够以任意小的错误概率在信道中传输。

粗略地讲,在有错误的信道上,只要信息率不大于信道容量,就可以实现无错误的可靠通信,或者说,$C$ 是可靠通信的最高允许速率。信道编码定理也称为**香农第二定理**,是信息论的基本定理之一。在有误码的信道上是否可以没有错误地进行有效的传输一直是令人困惑的问题,1948 年,香农提出的该定理回答了这个问题。定理其实只肯定了可靠通信的可能性与存在条件,而没有给出具体的实现方法;并且,定理对于可靠通信的解释是误码率可以趋于零,而没有给出精确的计算公式。

## 10.3　相对熵与高斯信道容量

前面两节着重讨论了离散取值的信源与信道的有关问题。本节将其中的一些概念扩展到连续取值的情形中,进而导出了相对熵的概念与信息论的另一个基本公式——高斯信道容量公式。

### 10.3.1 连续信号的相对熵与互信息

考虑一个连续取值的信源,它由概率密度函数为 $f_X(x)$ 的随机变量 $X$ 来描述,类似于离散随机变量,定义

$$h(X) = -\int_{-\infty}^{+\infty} f_X(x) \log f_X(x) \, dx \tag{10.3.1}$$

为 $X$ 的**相对熵**(**differential entropy**)。

相对熵有别于普通熵(绝对熵),因为连续随机变量 $X$ 在任何一单点处的取值概率为零,因而无法直接定义该取值的自信息。将 $X$ 写成离散随机变量的极限形式,令区间宽度为 $\Delta x$,则 $X$ 落入区间 $[x_k, x_k+\Delta x)$ 的概率为 $f_X(x_k)\Delta x$。于是,$X$ 的熵可以表述为下面的极限形式

$$\begin{aligned} H(X) &= -\lim_{\Delta x \to 0} \sum_{k=-\infty}^{+\infty} [f_X(x_k)\Delta x] \log[f_X(x_k)\Delta x] \\ &= -\lim_{\Delta x \to 0} \sum_{k=-\infty}^{+\infty} [f_X(x_k)\Delta x] \log f_X(x_k) - \lim_{\Delta x \to 0} \sum_{k=-\infty}^{+\infty} [f_X(x_k)\Delta x] \log \Delta x \\ &= -\lim_{\Delta x \to 0} \sum_{k=-\infty}^{+\infty} [f_X(x_k) \log f_X(x_k)]\Delta x - \lim_{\Delta x \to 0} \sum_{k=-\infty}^{+\infty} [f_X(x_k)\Delta x] \log \Delta x \\ &= -\int_{-\infty}^{+\infty} f_X(x) \log f_X(x) \, dx - \lim_{\Delta x \to 0} \left[\int_{-\infty}^{+\infty} f_X(x) \, dx\right] \log \Delta x \end{aligned}$$

由于 $\int_{-\infty}^{+\infty} f_X(x) \, dx = 1$,可得

$$H(X) = h(X) - \lim_{\Delta x \to 0} \log \Delta x \tag{10.3.2}$$

易见,$-\lim_{\Delta x \to 0} \log \Delta x = +\infty$,这表明 $X$ 的熵为无穷大。直观上讲,这个结论是合理的,因为连续随机变量的取值区间是无限稠密的,它蕴含着无限多的不确定性。为了方便,不妨将式(10.3.2)中的 $-\lim_{\Delta x \to 0} \log \Delta x$ 项作为公共参考量,而只使用相对熵 $h(x)$ 进行讨论。

进一步,定义 $X$ 与 $Y$ 的**联合相对熵**与**条件相对熵**为

$$h(X,Y) = -\int_{-\infty}^{+\infty}\int_{-\infty}^{+\infty} f_{XY}(x,y) \log f_{XY}(x,y) \, dx \, dy \tag{10.3.3}$$

$$h(X|Y) = \int_{-\infty}^{+\infty}\int_{-\infty}^{+\infty} f_{XY}(x,y) \log f_{X|Y}(x|y) \, dx \, dy \tag{10.3.4}$$

显然,$X$ 与 $Y$ 的互信息仍然为

$$I(X;Y) = H(X) - H(X|Y) = h(X) - h(X|Y) \tag{10.3.5}$$

注意到,式中公共参考量相互抵消,因此,互信息的概念与特性与离散随机变量的完全一样。

**例 10.7** 随机变量 $X$ 在 $[0,a]$ 上均匀分布,求它的相对熵。

**解** 由于

$$f_X(x) = \begin{cases} 1/a, & 0 \leqslant X \leqslant a \\ 0, & \text{其他} \end{cases}$$

于是,按定义有

$$h(x) = \int_0^a \frac{1}{a} \log_2 a \, dx = \log_2 a \quad \text{(bit)} \tag{10.3.6}$$

注意到 $a \in (0,1)$ 时，$h(x) < 0$，这说明相对熵不同于普通熵，相对熵是一个相对量，它可以为负。∎

**例 10.8** 高斯随机变量 $X \sim N(\mu, \sigma^2)$，求它的相对熵。

**解** 首先

$$f_X(x) = \frac{1}{\sqrt{2\pi\sigma^2}} \exp\left[-\frac{(x-\mu)^2}{2\sigma^2}\right]$$

于是

$$\log_2 f_X(x) = -\log_2 \sqrt{2\pi\sigma^2} - \frac{(x-\mu)^2}{2\sigma^2} \log_2 e$$

进而

$$h(X) = \log_2 \sqrt{2\pi\sigma^2} \int_{-\infty}^{+\infty} f_X(x) dx + \frac{\log_2 e}{2\sigma^2} \int_{-\infty}^{+\infty} (x-\mu)^2 f_X(x) dx$$

易知，式中第一个积分为 1，第二积分为 $\sigma^2$，因此

$$h(X) = \frac{1}{2}\log_2(2\pi\sigma^2) + \frac{1}{2}\log_2 e = \frac{1}{2}\log_2(2\pi e \sigma^2) \quad \text{(bit)} \tag{10.3.7}$$

该式表明，高斯变量的相对熵与均值无关，而由方差唯一确定；方差越大，相对熵也越大。∎

另外，还可以证明：如果 $X$ 是方差为 $\sigma^2$ 的连续随机变量，则

$$h(X) \leqslant \frac{1}{2}\log_2(2\pi e \sigma^2) \tag{10.3.8}$$

并且，当且仅当 $X$ 为高斯变量时式中的等号成立。可见，对于有限方差的连续随机变量，高斯变量具有最大的相对熵，或者说，高斯分布具有最大的不确定性。

### 10.3.2 高斯信道的容量

#### 1. 高斯信道模型

理论分析与实际应用中经常需要研究有限功率信号在高斯信道上的传输问题。考虑传输信号 $X(t)$ 的带宽为 $B$、功率设定为 $P$，而信道为 AWGN 信道，噪声功率谱密度为 $N_0/2$。于是，信道的输出信号可表示为

$$Y(t) = X(t) + N(t) \tag{10.3.9}$$

其中，$N(t)$ 是均值为零、方差为 $N_0 B$ 的带限高斯白噪声，而且 $N(t)$ 与 $X(t)$ 独立。基于带限信号的采样定理，可以将上式转换为离散时间序列的形式

$$Y(nT_s) = X(nT_s) + N(nT_s)$$

其中，$T_s$ 为采样间隔，并假设抽样点之间是彼此独立的。

为了书写简便，下面讨论中将上式简记为

$$Y = X + N \tag{10.3.10}$$

依据前面的假设可知：$X$ 满足 $E[X^2] = P$，$N$ 服从高斯分布 $N(0, N_0 B)$，$X$ 与 $N$ 独立。式(10.3.10)称为**离散时间无记忆 AWGN 信道模型**，简称为**高斯信道模型**。容易发现，该信道的输入至输出的关系还可以用下面的条件概率描述

$$f_{Y|X}(y \mid x) = \frac{1}{\sqrt{2\pi N_0 B}} e^{-\frac{(y-x)^2}{2N_0 B}} \quad (10.3.11)$$

高斯信道模型是理论分析与实际应用中非常重要和常用的一种信道模型。

### 2. 高斯信道的容量

下面研究高斯信道的容量。由定义

$$C = \max_{f_X(x)} I(X;Y) = \max_{f_X(x)} [h(Y) - h(Y \mid X)] \quad (10.3.12)$$

其中，最大化是在概率密度 $f_X(x)$ 上进行的，而且约束条件为 $E[X^2] = P$。

下面分两步来讨论：首先，可以证明，当 $X$ 与 $N$ 独立时，$h(Y|X) = h(N)$。于是

$$C = \max_{f_X(x)} [h(Y) - h(N)] \quad (10.3.13)$$

为了获得 $C$，必须使 $h(Y)$ 最大，由式(10.3.8)可知，$Y$ 必须是高斯的。

而后，由于 $X = Y - N$ 是两个高斯变量之差，可见，$X$ 也必定是高斯的，不妨设其均值为 $\mu_X$，易见

$$\sigma_Y^2 = \sigma_X^2 + \sigma_N^2 = P - \mu_X^2 + N_0 B$$

为了得到最大的 $h(Y)$，$\sigma_Y^2$ 应该达到最大，这要求 $\mu_X = 0$，因此，$X \sim N(0, P)$。此时，$\sigma_Y^2 = P + N_0 B$。

最后，代入式(10.3.10)可得

$$C = \frac{1}{2}\log_2[2\pi e(P + N_0 B)] - \frac{1}{2}\log_2(2\pi e N_0 B)$$

$$= \frac{1}{2}\log_2\left(1 + \frac{P}{N_0 B}\right) \quad \text{(bit/channel-use)} \quad (10.3.14)$$

考虑抽样率为 $2B$，于是信道使用率为 $2B$ 次/秒，这样

$$C = B\log_2\left(1 + \frac{P}{N_0 B}\right) = B\log_2\left(1 + \frac{S}{N}\right) \quad \text{(bps)} \quad (10.3.15)$$

其中，$P/N_0 B$ 实际上是信号与噪声的功率比，因此，常记为 $S/N$。这便是著名的**高斯信道容量公式**，相应的结论也称为**香农第三定理**。

**例 10.9**　设电话线路频带为 $300 \sim 3300$ Hz，信噪比为 30 dB，按 AWGN 信道计算其容量。

**解**　易见，$B = 3000$ Hz，$S/N = 1000$，于是

$$C = 3000\log_2(1 + 1000) = 29\,902 \text{(bps)}$$ ■

### 10.3.3 信道容量公式的讨论

高斯信道容量公式是信息论中最重要的结论之一，它高度概括了通信系统的容量与它的关键参数：带宽、信号功率和噪声功率(或信噪比)之间的关联。由于高斯分布具有最大的不确定性，在各种研究中高斯信道模型也被广泛用作为保守模型。

#### 1. 容量与带宽的关系

考察一下信道容量与带宽的关系。在加性白噪声信道上，增加系统带宽会同时带来两方面的影响：①有助于提高传输速率；②更多的噪声会进入接收机。信道容量公式(10.3.15)中的两个 $B$ 也反映了这两点。实际上，单纯增加带宽不能无限地增大信道容量，在 $B \to \infty$ 时，容

量 $C$ 将趋于某固定值。借助极限公式 $\lim\limits_{x\to\infty}\left(1+\frac{1}{x}\right)^x = e$，由式(10.3.15)可见

$$C_\infty = \lim_{B\to\infty} C = \lim_{B\to\infty} \frac{P}{N_0}\log_2\left(1+\frac{1}{N_0 B/P}\right)^{N_0 B/P}$$

$$= \frac{P}{N_0}\log_2 e = 1.44\frac{P}{N_0}\text{(bps)} \tag{10.3.16}$$

**2. $E_b/N_0$ 与频带利用率 $\eta$ 的关系**

考察 AWGN 上数字通信的情况。由信道编码定理可知，系统的信息传输速率必须满足

$$R_b \leqslant C = B\log_2\left(1+\frac{P}{N_0 B}\right)$$

在数字通信系统的分析中，常常采用 $E_b/N_0$ 与频带利用率 $\eta = R_b/B$，由于 $P = E_b R_b$，易知

$$\eta \leqslant \log_2\left(1+\eta\times\frac{E_b}{N_0}\right)$$

由此可解出

$$\frac{E_b}{N_0} \geqslant \frac{2^\eta - 1}{\eta} \tag{10.3.17}$$

基于上式可以给出图 10.3.1 的两个区域，并进行下面的讨论：

**图 10.3.1　数字通信系统中 $\eta$ 与 $E_b/N_0$ 的关系**

（1）图中左上（阴影）区域为无法实现可靠通信的区域；右下方为能够实现可靠通信的区域；而分界线对应于上式取"="号，即 $R_b = C$ 的理想通信系统。显然，好的通信系统应该处于右下区域并尽量接近分界线。

（2）在带宽充足时，$\eta$ 可以尽量小，这时主要关心降低发送功率的问题，这种情形常常称为功率受限情形。极端情况下，无限地增加 $B$ 使 $\eta\to 0$，由图可见，分界线左下端 $E_b/N_0\to -1.6\text{dB}$。这表明：即使带宽无限（或码率接近零），系统仍需要至少 $-1.6\text{dB}$ 的 $E_b/N_0$ 才能实现可靠通信。极限值 $-1.6\text{dB}$ 称为**香农极限**（**Shannon limit**），可由式(10.3.17)求得

$$\lim_{\eta\to 0}\frac{E_b}{N_0} = \lim_{\eta\to 0}\frac{(2^\eta-1)'}{\eta'} = \lim_{\eta\to 0}\frac{2^\eta \ln 2}{1} = 0.693 = -1.6\text{dB} \tag{10.3.18}$$

(3) 另一方面,在带宽受限的情形中,常常采用低维数的多元调制系统,这时,$\eta$ 可能很高,需要提高信号功率来实现可靠通信。

实际通信系统中,MFSK 是功率受限系统的典型例子。图 10.3.2 中"□"标出了几种 MFSK 系统(取误码率 $P_e = 10^{-5}$)。可见,随 $M$ 加大,系统的 $E_b/N_0$ 趋于香农极限。另一方面,图 10.3.2 中还用"○"标出了几种 MPSK 系统(也取误码率 $P_e = 10^{-5}$)。它们与 MQAM 可以作为带宽受限系统的例子。

图 10.3.2 功率受限与带宽受限系统的例子($P_e = 10^{-5}$)

## 10.4 离散信源编码与压缩算法

物理信源产生的消息信号通常包含大量的冗余,保存与传输这些冗余会浪费有限的系统资源,降低通信效率。信息传输与处理中一个重要的问题是如何将消息信号表示为规范、有效的形式,这一过程称为**信源编码**(source coding)。信源编码常常能够缩小数据量,因此也称为**数据压缩**(data compression)。

本节主要讨论离散信源编码的基本概念,说明定长与变长编码方法,给出信源编码定理,并介绍 Huffman 编码算法。

### 10.4.1 定长编码与信源编码定理

为了规范、有效地表示消息信号,信源编码应该注意下面几个基本要求:

(1) 编码过程应该可逆,这样才可以从编码后的码字序列中无失真地恢复出原始消息信号,这种编码也因此称为**无失真**(或**无损**)**编码**。

(2) 编码输出码字占用的资源要尽量地少,其衡量方法通常采用单位消息符号所需要的**平均码字长度**,记为 $\overline{L}$ 或 $\overline{R}$;平均码字长度也称为**码速率**(code rate),它的单位为比特/符号(bit/sym)。

(3) 输出码字主要采用二进制格式,这种格式是常用的规范格式。

**定长编码**(fixed-length coding)是基本的信源编码方式,定长编码器的输入与输出是固定长度的。假设 $M$ 元离散无记忆信源 $X$ 的取值与概率分别为 $\{a_1, a_2, \cdots, a_M\}$ 与 $\{p_1, p_2, \cdots,$

$p_M$},最简单的定长编码器以单个符号作为输入,产生 $N$ 长的二进制码字。易见,必须使 $2^N \geq M$ 才能实现无失真编码,即 $N \geq [\log_2 M] + 1$,这里 $[\cdot]$ 为取整运算。显然,输出码字的平均码长(或码率)为

$$\bar{L} = \frac{N}{1} = [\log_2 M] + 1$$

更一般的定长编码器采用分组编码,即以 $K$ 个符号为一组,一并编码为 $N$ 长二进制码字,则平均码长为

$$\bar{L} = N/K$$

**信源编码定理**:对于熵为 $H(X)$ 的离散无记忆信源 $X$,无失真编码的平均码长 $\bar{L}$(或码速率 $\bar{R}$)满足

$$\bar{L} = \bar{R} \geq H(X) \tag{10.4.1}$$

而且,$\bar{L}$(或 $\bar{R}$)可以无限地接近 $H(X)$。

信源编码定理又称为**香农第一定理**,该定理指出离散无记忆信源的熵 $H(X)$ 是其每个符号平均码长 $\bar{L}$(即平均比特数)的基本限制。高效的编码器应该使 $\bar{L}$ 尽力接近 $H(X)$。考察每个符号的编码器可见,当符号 $X$ 等概率分布时,编码器可能直接达到高效率的极限,因为 $H(X) = \log_2 M$。但在 $X$ 不等概率时,单个符号的编码器显然是不够的,这时,$K$ 个符号为一组的分组编码器可以获得更短的平均码长,并在 $K \to \infty$ 时趋于定理给出的极限。

## *10.4.2 典型序列

下面说明典型序列理论,而后借助它进一步解释信源编码定理。

1. 二元典型序列

考虑取值 1 与 0 的概率分别为 $p$ 与 $1-p$ 的二进制独立同分布随机序列,{$U_1$, $U_2$, $\cdots$},从中任取 $n$ 长的一段序列,由大数定理易知,当 $n$ 充分大时,这段序列中 1 的个数约为 $np$,而 0 的个数约为 $n(1-p)$。这种 1 与 0 的个数分别在 $np$ 与 $n(1-p)$ 左右的 $n$ 长序列称为**典型序列**(typical sequence)。相应地,其他 $n$ 长序列称为**非典型**(或**稀有**)**序列**。

典型序列具有如下特点:

(1) 典型序列是一类定义较为"模糊"的序列,它由约 $np$ 个 1 与 $n(1-p)$ 个 0 组成,其 0 与 1 的顺序是任意的。

(2) 各个典型序列大致等概率,它的概率约为

$$p^{np}(1-p)^{n(1-p)} = 2^{np\log_2 p} \times 2^{n(1-p)\log_2(1-p)} = 2^{n[p\log_2 p + (1-p)\log_2(1-p)]} = 2^{-nH(U)}$$

(3) 典型序列与非典型序列将全体 $n$ 长序列的集合划分为两大类,分别记为 $T$ 与 $\bar{T}$。任取一个 $n$ 长序列 $s$,则

$$P(s \in T) \approx 1 \quad 与 \quad P(s \in \bar{T}) \approx 0 \quad (n\text{ 足够大}) \tag{10.4.2}$$

因为当 $n$ 充分大时,序列 $s$ 中 1 的个数总是约为 $np$。

(4) 典型序列的总数 $n_T$ 约为 $2^{nH(U)}$。因为,在近似等概率的特点下

$$n_T \approx \frac{\text{总概率}}{\text{每个的概率}} \approx \frac{1}{2^{-nH(U)}} = 2^{nH(U)} \tag{10.4.3}$$

其实，典型序列可以借助"任意小正数 $\varepsilon$"的数学表述来精确定义：给定任意 $\varepsilon>0$，满足

$$\left|-\frac{1}{n}\log_2 P(s)-H(U)\right|<\varepsilon \qquad (10.4.4)$$

的 $n$ 长序列 $s$ 称为 $\varepsilon$ 典型序列。可见，$\varepsilon$ 反映了典型序列的"模糊程度"，显然，只要 $n$ 充分大，$\varepsilon$ 可以任意小。

图 10.4.1 形象地表示了典型序列集合的情况。图中 $S$ 与 $T$ 分别是 $n$ 长序列全体的集合与典型序列的集合。典型序列的"典型性"随 $n$ 的加大而更加凸现出来。典型序列的数目 $n_T \approx 2^{nH(U)}$，通常只占 $n$ 长序列总数 $2^n$ 中的少部分，只有当序列中 0 与 1 等概率($p=0.5$)时，$H(U)=1$，使 $n_T=2^n$，这时，所有的序列都是典型的。

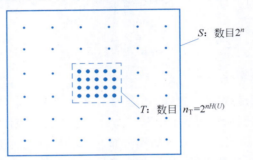

图 10.4.1 典型序列集合的情况

类似于二元典型序列，对于 $M$ 元 $K$ 长序列 $\{X_1,X_2,\cdots,X_K\}$：

(1) 典型序列指大约含有 $Kp_1$ 个 $a_1$，$Kp_2$ 个 $a_2$，$\cdots\cdots$，$Kp_M$ 个 $a_M$ 的 $K$ 长序列，其严格定义仿式(10.4.4)，称为"$\varepsilon$ 典型序列"；这类序列的概率大约为

$$p_1^{Kp_1}p_2^{Kp_2}\cdots p_M^{Kp_M}=2^{Kp_1\log_2 p_1+Kp_2\log_2 p_2+\cdots+Kp_M\log_2 p_M}=2^{-KH(X)}$$

它们大致是彼此等概率的。

(2) 典型序列全体的集合 $T$ 占有的概率，随 $K$ 的增大而趋于 1，即在 $K$ 充分大以后，任取 $K$ 长序列 $s$，则

$$P(s\in T)\approx 1$$

由此可得，典型序列的个数大致为

$$n_T \approx \frac{\text{总概率}}{\text{单个序列概率}} \approx 2^{KH(X)} \qquad (10.4.5)$$

$n_T$ 通常远小于 $K$ 长序列的总数 $M^K$。

将典型序列理论运用于定长编码器可见，当 $K$ 充分大时，编码器的任何输入序列 $s$ 几乎都是典型序列，因此，$s$ 大约只有 $2^{KH(X)}$ 种。于是编码器只需采用 $N$ 不多于 $[KH(X)]+1$ 位的二进制数就可以完全表示这 $2^{KH(X)}$ 种序列。而编码器忽略其他序列时造成错误的概率可以任意小，当 $K\to\infty$ 时，这种错误概率将趋于零。由于，$KH(X)+1>N\geqslant KH(X)$，所以，这种编码器的平均码长满足

$$H(X)+\frac{1}{K}>\overline{L}\geqslant H(X) \qquad (10.4.6)$$

即，$\overline{L}$ 大于 $H(X)$ 并随 $K$ 的增加而无限接近 $H(X)$。

### 10.4.3 变长编码及相关定理

具有使用价值的信源编码器实际上大都采用**变长**（**variable-length**）方式，重要的例子有 Huffman 编码、Lempel-Ziv 编码与游长编码等。有的变长编码器将固定长度的输入序列编码为不同长度的输出序列；有的则将不同长度的输入序列编码为固定长度的输出序列；还有的输入与输出序列都是不同长度的。

下面主要以定长输入、变长输出编码器为例，说明有关的编码方法及要注意的问题。表 10.4.1 示意了几种变长编码的例子，其输入长度均为 1。

表 10.4.1  几种变长编码的例子

| 取值 | 概率 | 定长编码 | 变长编码 I | 变长编码 II | 变长编码 III |
|---|---|---|---|---|---|
| $a_1$ | 0.6 | 00 | 0 | 0 | 0 |
| $a_2$ | 0.2 | 01 | 1 | 10 | 01 |
| $a_3$ | 0.1 | 10 | 00 | 110 | 011 |
| $a_4$ | 0.1 | 11 | 11 | 111 | 0111 |
| 平均长度 |  | 2 | 1.2 | 1.6 | 1.7 |

由表 10.4.1 可见，各个变长编码的平均码长都比定长的要小一些。以输入序列 $\{a_1 a_2 a_3 a_1 \cdots\}$ 为例，三种变长编码的输出码流分别是

(1) 码 I：01$\overline{000}$…

(2) 码 II：0101100…

(3) 码 III：0$\overline{0101}$10…

假定译码器沿各码流从左向右逐位译码。易见，码 I 的译码有问题，因为无法确定 "000"（下画线处）到底是 "$a_1 a_1 a_1$" 或是 "$a_1 a_3$" 或是 "$a_3 a_1$"。究其原因，问题出在"非前缀"条件上，即某些码字正好是另一些码字的前缀（前部分）。同样，码 III 的译码也有这种问题（见下画线处），而码 II 没有问题。

所谓**"非前缀"**（**prefix-free**）条件，是指任何一个码字都不是其他码字的前缀。满足"非前缀"条件的编码称为**非前缀码**（**prefix-free code**）。显然，非前缀码是可以唯一译码的，因而是广为讨论的一类变长编码。可以证明，非前缀码具有下述定理。

> **定理**：对于熵为 $H(X)$ 的离散无记性信源，存在输入序列长度为 $K$ 的非前缀码，其输出码字的平均长度 $\bar{L}$ 满足
>
> $$H(X) + \frac{1}{K} > \bar{L} \geqslant H(X) \tag{10.4.7}$$

根据该定理，采用输入序列足够长的非前缀码，就可以使平均码字长度任意接近信源熵 $H(X)$，逼近最高编码效率。

### 10.4.4 Huffman 算法

**Huffman（霍夫曼）算法**是一种构造优良非前缀码的方法。它的基本思想是为信源字符集的各个符号规定不同长度的二进制序列，序列的长度与相应符号的信息量大致相同，于是，这种编码的平均码长接近信源的熵。

下面通过具体例子说明 Huffman 算法。

**例 10.10** Huffman 编码算法。八元符号的取值概率分别为 {0.33, 0.24, 0.11, 0.22, 0.01, 0.05, 0.03, 0.01}，其 Huffman 算法过程如图 10.4.2 所示，其中树状图也称为 **Huffman 树（Huffman tree）**。

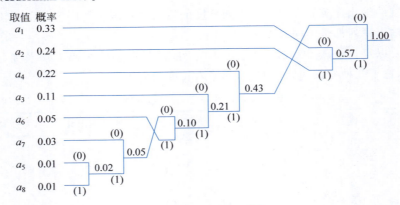

图 10.4.2　Huffman 树

图 10.4.2 给出了 Huffman 算法的具体步骤。

(1) 排序：按概率递减顺序排列信源符号。

(2) 合并：为概率最小的两个分支分配比特 0 与 1，而后合二为一，合并后的概率为原来的和。

(3) 再排序：将合并后的概率与其他概率再按递减顺序排序。

(4) 再合并：再为概率最小的两个分支分配比特 0 与 1，而后又合二为一，新概率为原概率之和。

如此反复直至全部合并为一。最后，由最终合并点出发反向搜索至各符号处，收集分配的比特，形成各个码字序列，如表 10.4.2 所示。

表 10.4.2　Huffman 码字表

| 符　号 | 概　率 | 码　字 | 符　号 | 概　率 | 码　字 |
| --- | --- | --- | --- | --- | --- |
| $a_1$ | 0.33 | 10 | $a_6$ | 0.05 | 0111 |
| $a_2$ | 0.24 | 11 | $a_7$ | 0.03 | 01100 |
| $a_4$ | 0.22 | 00 | $a_5$ | 0.01 | 011010 |
| $a_3$ | 0.11 | 010 | $a_8$ | 0.01 | 011011 |

可以求得，$H(X) = 2.3536$ (bit) 与 $\bar{L} = 2.38$ (bit)。

容易发现，Huffman 算法构造出的码字不是唯一的，但其平均长度是不变的。很多因素都可以引起码字的变化，例如：①最后一次分配的比特 0 与 1 可以任意；②相同概率的排序可以任意。实际应用中常常尽量高地放置合成概率（图 10.4.2 就是这样），因为这样产生的码字的长度变化可以小一些。

Huffman 算法自提出以后长期作为主要的无失真数据压缩方法。Huffman 算法的主要缺点是它需要先统计信源的概率特性，而且当信源具有记忆性时，为了获得好的压缩效果，编码的复杂性会大幅度升高。在这些方面，后来提出的 Lempel-Ziv 算法具有更好的适应性，且十分易于实现。Lempel-Ziv 算法是一种变长输入、定长输出的编码算法。它在英语文本压缩上可以达到 55％ 的压缩率,而 Huffman 编码通常只有 43％。Lempel-Ziv 算法通用性很好,性能优良,因此,广泛应用于计算机软件中。常见的 ZIP、ZOO、LZH 与 ARJ 等都是这种算法的不同版本。

## *10.5　率失真函数与限失真编码定理

上一节的信源编码定理指出,保持平均码速率 $\bar{R} \geqslant H(X)$ 就可能对熵为 $H(X)$ 的信源进行无失真编码。然而,实际情况中常常必须将编码速率降到更低的数值,这就免不了会造成失真。

本节讨论在这类情况下有效控制失真的理论,说明编码过程中的失真、失真与码率间的函数关系,给出率失真定理,并讨论二进制信源编码器与高斯信源编码器的率失真函数。

### 10.5.1　失真与率失真定理

许多实际的信源编码系统中,一定程度的失真是不可避免的,也是可以接受的。最明显的情形是模拟信源的数字化问题,模拟信号涉及连续取值的随机变量,它的绝对熵是无穷大,因此,采用任何有限位的码字进行编码都会带来失真。在第 6 章中看到,模拟信源数字化过程中的一个核心处理单元是量化器,量化器用有限种离散的取值去近似模拟样本值,在量化的过程中会不可避免地引入量化误差。

即使是离散信源,当它的熵 $H(X)$ 过大时,系统也常常必须牺牲一部分细节信息,以更低的码率对它进行保存与传输。例如,在保存或传输已经数字化后的图像与语音时,人们总是尽可能地降低数据量,为此,相应的编码算法在去除内在冗余的同时,还不得不放弃大量次要信息,以有限的失真换取高效的压缩率。

其实,大多数的信息接收者(人或计算机)只有有限的感知灵敏度与分辨率,超过其灵敏度与分辨率提供的信息部分是没有意义的,因此,去除这些内容是完全允许的。可见,有限失真下的编码问题是很值得研究的,它是信息理论中的一个重要的基本问题。

1. 失真与"$D$ 允许"编码器

下面主要以离散无记忆信源为例来说明失真与有失真情形下的编码问题。假定广义编码器模型如图 10.5.1 所示,该模型中包含:

(1) 输入符号 $X$ 为 $M$ 元的,取值记为 $\{x_1, x_2, \cdots, x_M\}$,概率记为 $\{p(x_1), p(x_2), \cdots, p(x_M)\}$;

(2) 输出码字 $Y$ 为 $N$ 元的,取值记为 $\{y_1, y_2, \cdots, y_N\}$,概率记为 $\{p(y_1), p(y_2), \cdots, p(y_N)\}$;

图 10.5.1　信源编码器模型

(3) 编码器的特性由条件概率描述: $p(y_j | x_i)$,共 $M \times N$ 个。广义地讲,编码器不一定是一对一的,同一个输入 $x_i$,在不同情况下,可能被表示为不同的码字 $y_j$。

当编码器用码字 $y_j$ 表示输入符号 $x_i$ 时,记相应的编码失真(或误差)为 $d(x_i, y_j)$。于是,输入符号 $x_i$ 的平均失真为 $\sum_{j=1}^{N} d(x_i, y_j) p(y_j | x_i)$,而对于输入符号 $X$ 的所有取值,编码器的平均失真为

$$\bar{d} = E[d(x_i, y_j)] = \sum_{i=1}^{M}\sum_{j=1}^{N} d(x_i, y_j) p(y_j | x_i) p(x_i) \tag{10.5.1}$$

为了控制失真，可以指定某个失真值 $D$，并称其为**允许失真 $D$**，要求编码器的平均失真满足 $\bar{d} \leqslant D$。由式(10.5.1)可见，对于给定的信源分布 $p(x_i)$ 与失真计算公式 $d(x_i, y_j)$，条件 $\bar{d} \leqslant D$ 是否满足由条件概率 $p(y_j | x_i)$ 决定，即由编码器的具体设计决定。

在 $\bar{d} \leqslant D$ 约束条件下，编码器所有可能的条件概率函数构成的集合记为

$$P_D = \{p(y_j | x_i); \bar{d} \leqslant D\} \tag{10.5.2}$$

该集合称为"**$D$ 允许**"的编码器集合。它是某信源的失真度限制在 $D$ 以内的各种编码器的全体。

**2. 率失真函数与编码定理**

另一方面，从信息论的角度考察编码过程可见，将符号 $X$ 编码为 $Y$ 的过程中，编码器传递的信息可用 $I(X,Y)$ 互信息来度量，由式(10.2.3)得

$$I(X,Y) = H(Y) - H(Y|X) = \sum_i \sum_j [p(y_j | x_i) p(x_i)] \log \frac{p(y_j | x_i)}{\sum_i p(y_j | x_i) p(x_i)}$$

传递给 $Y$ 的信息越多，$Y$ 需要占用的资源就越多。在保证失真满足要求时，应该只传递最必要的那部分信息。因此，在限定失真的前提下，总是期望编码器传递最少的信息量。显然，这时编码器输出的码速率最低，编码器的效率也最高。

**定义 速率-失真函数**（rate-distortion function）（简称率失真函数）为

$$R(D) = \min_{p(y_j | x_i) \in P_D} \{I(X;Y)\} \tag{10.5.3}$$

其中，最小化在 $D$ 允许的编码器中进行，约束条件为 $\sum_j p(y_j | x_i) = 1$。

可以证明，互信息 $I(X,Y)$ 是 $p(y_j|x_i)$ 的下凹函数与 $p(x_i)$ 的上凸函数，因此，它关于 $p(y_j|x_i)$ 有最小值，而关于 $p(x_i)$ 有最大值 $C$。由式(10.5.3)与式(10.5.2)还可见，$R(D)$ 依赖于 $D$，其实，它与信源分布 $p(x_i)$、失真的具体计算公式 $d(x_i, y_j)$ 也有关。而另一方面，$R(D)$ 本质上与编码器的码字速率相关联，因此，它取名为速率-失真函数。下面的定理指出，$R(D)$ 是编码器的速率下界，该定理证明较为复杂，请参见相关书籍。

**速率-失真定理**：对于无记忆信源，失真限定为 $D$ 以内的编码器的最小平均输出码率满足

$$\bar{R} \geqslant R(D) \tag{10.5.4}$$

速率-失真定理其实是限定失真条件下的信源编码定理。显然，限失真编码的方向是寻找码率接近 $R(D)$ 的编码方法，这一点与无失真编码中寻找码率接近信息熵 $H(X)$ 的编码方法本质上是一致的。

### 10.5.2 二进制信源编码器的率失真函数

二进制无记忆信源是最基本与重要的一类离散信源，下面分析这种信源的率失真函数。假定二进制无记忆信源概率分布为 $P(X=1) = 1 - P(X=0) = p$，相应编码器的特性为 $p(0|1) = 1 - p(1|1) = p_e$ 与 $p(1|0) = 1 - p(0|0) = p_e$。定义失真度量公式为

$$d(x_i, y_j) = \begin{cases} 1, & y_j \neq x_i \\ 0, & y_j = x_i \end{cases} \quad (10.5.5)$$

该度量公式称为**汉明失真**,其含义是用 $y_j$ 表示 $x_i$ 有错。易见,编码器的平均失真为

$$\bar{d} = E[d(x_i, y_j)] = 1 \times p_e \times (1-p) + 1 \times p_e \times p = p_e$$

即平均失真就是编码器输出出现错误的概率。

可以证明,允许误差为 $D$ 时的率失真函数为

$$R(D) = \begin{cases} H_2(p) - H_2(D), & 0 \leqslant D \leqslant \min(p, 1-p) \\ 0, & \text{其他} \end{cases} \quad (10.5.6)$$

其中,$H_2(\cdot)$ 如式 (10.1.3)。以 $p=0.5$ 为例,相应曲线如图 10.5.2 所示。由图可见,码率与允许失真 $D$ 呈反向变化关系,例如:

(1) 极端情况下 $R=0$:这时编码器特性为 $p_e = 0.5$,其输出与输入完全无关,失真达到最大。

(2) $D=0$ 时:要求编码器绝对正确,其特性为 $p_e = 0$,这时平均码率达到最大值 $1\text{bit/sym}$。

(3) $D=0.1$ 时:允许编码器有 10% 的错误,特性为 $p_e = 0.1$,其平均码率为

$$R = 1 - H_2(0.1) \approx 1 - 0.47 = 0.53 (\text{bit/sym})$$

该值低于二元信源正确传输要求的 $1\text{bit/sym}$。

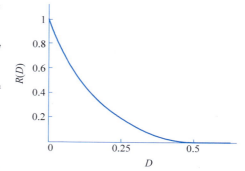

图 10.5.2　二进制 DMS 编码器的率失真函数($p=0.5$)

**例 10.11**　假定二进制信源的概率分布为 $P(X=1) = 1 - P(X=0) = 0.5$,编码器将 5 比特编码为 4 比特:只输出前 4 比特,抛弃最后 1 比特(恢复时简单填 1)。试分析这种编码器的速率与失真。

**解**　显然,平均码率为 $R = 4/5 = 0.8 (\text{bit/sym})$。

恢复时,最后 1 比特错误概率为 0.5,因此,平均错误概率为 $p_e = 0.5/5 = 0.1$。于是,采用汉明失真时有,$\bar{d} = E[d(x_i, y_j)] = p_e = 0.1$。

由式 (10.5.6) 可见,理想的最低平均码率为,$R(0.1) = 1 - H_2(0.1) \approx 0.53$,本例的实际数值为 0.8,没有达到理想值。即一定还有更好的编码方法,在 $R=0.8$ 时可获得低于 0.1 的 $p_e$;或者,在接近 0.53 的码率下获得 0.1 的 $p_e$。∎

可以发现,图 10.5.1 的编码器与图 10.2.1 的离散无记忆信道模型形式相同,而且,上面给出的二进制信源编码器与图 10.2.2 的 BSC 信道模型的形式也相同。其实,编码器与信道都是将 $X$ 映射为 $Y$ 的系统,而且,研究它们的基本方法都是分析互信息 $I(X,Y)$。但编码器与信道所关心的问题与背景是不同的。熵(或相对熵)、互信息、信道容量与率失真函数是信息论中的四个基本概念,它们相互密切关联,物理含义清楚。熵是随机变量内在不确定性的度量;互信息是熵(或相对熵)的差值;而信道容量与率失真函数是互信息的最大值(关于 $p(x_i)$)与最小值(关于 $p(y_j|x_i)$)。

### 10.5.3　高斯信源编码器的率失真函数

高斯无记忆信源是最基本与最重要的一类连续信源,下面分析这种信源的率失真函数。

假定信源 $X$ 是时间离散与无记忆的，其取值连续并服从高斯分布，记为 $X \sim N(0, \sigma_X^2)$。相应编码器的输出为 $Y$。当用 $y_j$ 表示 $x_i$ 时，定义失真度量公式为

$$d(x_i, y_j) = (x_i - y_j)^2 \tag{10.5.7}$$

于是，编码器的平均失真为 $\bar{d} = E[(X-Y)^2]$。它就是编码器的均方误差（失真）。

可以证明，允许误差为 $D$ 时的率失真函数为

$$R(D) = \begin{cases} \dfrac{1}{2} \log_2 \left( \dfrac{\sigma_X^2}{D} \right), & 0 \leqslant D \leqslant \sigma_X^2 \\ 0, & \text{其他} \end{cases} \tag{10.5.8}$$

相应曲线如图 10.5.3 所示。由图可见，码率与允许失真 $D$ 呈反向变化关系。当 $D \to 0$ 时，$R(D) \to \infty$；而 $D \to \sigma_X^2$ 时，$R(D) = 0$。

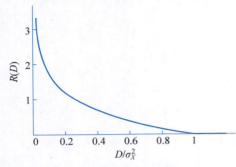

图 10.5.3　高斯无记忆信源编码器的率失真函数

**例 10.12**　假定高斯无记忆信源的均值为零、方差为 1。试分析：(1) 采用 8 比特或 16 比特量化时最小平均失真与信噪比分别是多少？(2) 采用 8 比特或 16 比特均匀量化时，不过载量化噪声功率与信噪比分别是多少？

**解**　(1) 由式 (10.5.8) 可见

$$D(R) = \sigma_X^2 2^{-2R} \tag{10.5.9}$$

分别代入 $R=8$ 与 $R=16$，以及 $\sigma_X^2 = 1$ 得

$$D(8) = 2^{-16} \approx 1.526 \times 10^{-5} \quad \text{与} \quad D(16) = 2^{-32} \approx 2.328 \times 10^{-10}$$

它们分别为 $-48.16\text{dB}$ 与 $-96.32\text{dB}$。

由速率-失真定理，上述失真下，编码器码长至少需要 8 比特与 16 比特。反之，码长设定为 8 比特与 16 比特时，失真最小可低到 $-48.16\text{dB}$ 与 $-96.32\text{dB}$。或者说，方差为 1 时，8 比特与 16 比特量化器可能达到的最大信噪比分别为 $48.16\text{dB}$ 与 $96.32\text{dB}$。

(2) 由于信源服从均值为零、方差为 $\sigma_X^2$ 的高斯分布，取均匀量化器的量化范围 $[-3\sigma_X, 3\sigma_X]$，可保证过载的概率小于 0.003，因此忽略不计。根据均匀量化器的相关知识可知，量化噪声功率（即均方量化误差）为

$$\sigma_q^2 = \frac{\Delta^2}{12} = \frac{(6\sigma_X/2^n)^2}{12} = 3 \times 2^{-2n} \sigma_X^2$$

分别代入 $n=8$ 与 $n=16$，以及 $\sigma_X^2 = 1$ 得

$$\sigma_q^2(8) = 3 \times 2^{-16} \approx 4.578 \times 10^{-5} \quad \text{与} \quad \sigma_q^2(16) = 3 \times 2^{-32} \approx 6.984 \times 10^{-10}$$

它们分别为 $-43.39\text{dB}$ 与 $-91.56\text{dB}$，或者说，8 比特与 16 比特均匀量化器可达到的信噪比分别为 $43.39\text{dB}$ 与 $91.56\text{dB}$。它们与理想值相差 $4.77\text{dB}$。　■

## 本章关键词

通过下面的关键词，可以快速地回顾本章的主要知识点。

离散无记忆信源（DMS）　　　　　　　　　　　　　熵

自信息
联合熵
条件熵
熵速率
互信息
离散无记忆信道（DMC）
二进制对称信道（BSC）
信道容量、比特/信道使用
信道编码
编码效率
信道编码定理
相对熵
联合相对熵
条件相对熵
离散时间无记忆 AWGN 信道模型、高斯信道模型
高斯信道容量公式
香农极限

信源编码、数据压缩
无失真（或无损）编码
平均码字长度、码速率
定长编码、变长编码
信源编码定理
典型序列
非典型序列或稀有序列
"非前缀"条件
非前缀码
Huffman 算法
Huffman 树
允许失真 $D$
"$D$ 允许"的编码器
速率-失真函数、率失真函数
速率-失真定理
汉明失真
均方误差失真

## 习题

1. 某 DMS 信源字符集为 $\{a_1, a_2, a_3, a_4, a_5\}$，取值概率为 $\left\{\frac{1}{2}, \frac{1}{8}, \frac{1}{16}, \frac{1}{16}, \frac{1}{4}\right\}$，试求：(1)信源熵是多少？(2)如果符号率为 100sym/s，信源熵率是多少？(3)如果信源符号是等概率的，信源熵又是多少？

2. 试证明：$M$ 元随机变量 $X$ 当且仅当取值等概时熵达到了最大值，$H(X) = \log_2 M$(bit)（提示：借助不等式 $\ln x \leqslant x - 1$，等号在 $x = 1$ 时成立）。

3. 试证明：
   (1) $X = Y$ 时，$H(X|Y) = 0$；
   (2) $X$ 与 $Y$ 独立时，$H(X|Y) = H(X)$；
   (3) $H(X|Y) \leqslant H(X)$。

4. 已知 $Y = g(X)$，其中 $g$ 为确定函数，试证明：
   (1) $H(Y) \leqslant H(X)$；
   (2) $H(Y|X) = 0$。

5. 试证明：互信息满足
   (1) $I(X;Y) \geqslant 0$；
   (2) $I(X;Y) = I(Y;X)$；
   (3) $I(X;Y) = H(X) + H(Y) - H(X,Y)$。

6. 已知随机变量 $A$ 与 $B$ 的联合概率为 $P(A=B=0) = P(A=B=1) = P(A=1, B=0) = \frac{1}{3}$，试求：$H(A)$、$H(B)$、$H(A|B)$、$H(B|A)$、$H(A,B)$ 与 $I(A,B)$。

7. 已知 BSC 信道的错误概率为 $p_e = 0.1$ 与 $0.9$，试计算信道容量。

8. 二进制删除信道（Binary Erasure Channel，BEC）如图题 10.8 所示，其中，$u$ 表示传输不可靠，无法（删除）判决。

图题 10.8

(1) 试证明该信道的容量为 $C_{BEC} = 1 - p_e$ （bit/channel-use）。

(2) 假定 $p_e = 0.1$，计算 BEC 的容量并与相应 BSC 的比较。

9. $M$ 进制对称信道（M-ary Uniform Channel，MUC）的输入与输出都是 $M$ 元的，条件概率为

$$p(y_j \mid x_i) = \begin{cases} 1 - p_e, & i = j \\ p_e/(M-1), & i \neq j \end{cases} \; ; \; i,j \in \{1, 2, \cdots, M\}$$

(1) 试证明该信道的容量为

$$C_{MUC} = \log M + p_e \log \frac{p_e}{M-1} + (1-p_e) \log(1-p_e) \quad \text{(bit/channel-use)}$$

(2) 考虑 $M = 8$，$p_e = 10^{-4}$，计算信道的容量。

10. 已知二元信源的 0 与 1 的取值概率分别是 0.2 与 0.8。现有 3 个 10 长序列（0000000000）、(0111011111) 与 (1111111111)。试问：

(1) 其中哪个是典型序列？

(2) 各自的概率是多少？

11. 试求下列情况中，连续随机变量 $X$ 的相对熵。

(1) $X$ 是参数为 $\lambda > 0$ 的指数随机变量：$f(x) = \frac{1}{\lambda} e^{-\frac{x}{\lambda}} \; (x \geq 0)$；

(2) $X$ 是参数为 $\lambda > 0$ 的拉普拉斯随机变量：$f(x) = \frac{1}{2\lambda} e^{-\frac{|x|}{\lambda}}$；

(3) $X = aY$，其中，$Y$ 具有连续概率密度函数且相对熵为 $h(Y)$。

12. 已知加性高斯白噪声信道的带宽为 5MHz，噪声功率谱为 $N_0/2 = 10^{-8}$ W/Hz，假定信号功率为 5W，求该信道的容量。

13. 试计算下面 3 种 AWGN 信道的容量：

(1) 电话信道带宽为 300~3300Hz，信噪比为 35dB；

(2) 卫星转发器带宽为 36MHz，$P/N_0 = 5 \times 10^8$；

(3) 深空通信带宽为 10MHz 或 100MHz，$P/N_0 = 10^6$。

14. 已知三元 DMS 的字符集为 $\{a_1, a_2, a_3\}$，取值概率为 $\{0.1, 0.3, 0.6\}$，该信源产生长度为 100 的序列，试问：

(1) 全部序列与典型序列的数目分别是多少？

(2) 最可能序列的概率与典型序列的概率是多少？

(3) 最可能序列是否为典型序列？

(4) 描述全部序列与仅描述典型序列分别需要的比特数？

15. DMS 信源字符集为 $\{a_1, a_2, a_3\}$，取值概率为 $\{0.5, 0.3, 0.2\}$。

(1) 求信源熵。

(2) 设计 Huffman 编码，计算编码效率。

(3) 设计二次扩展(每次取两个字符)Huffman 编码,计算编码效率。

16. 统计表明,正常英文中包括"and"、"the"、"to"、"of"和"you"在内的 43 个词汇占约 50% 的概率。如果要对 8192 个词汇进行编码传输,试问是否存在编码率为 10.5 比特/词汇的无失真编码方案。

17. 二元 DMS 信源每秒输出 1000 比特,其符号 0 与 1 的概率分别是 0.25 与 0.75,试问:
(1) 信源的符号率是多少?
(2) 无差错传输的最小信息速率是多少?
(3) 如果允许错误概率 0.1,传输所需的最小信息速率是多少?

18. 已知高斯信源的功率为 4。试问:
(1) 在容量为 2(比特/信道使用)的信道上传输时所能达到的最小均方误差是多少?
(2) 如果要求输出信噪比大于 20dB,允许的最大均方误差是多少?信道容量至少是多少?

19. 已知无记忆高斯样值序列的均值为零、方差为 4,假定以 $10 \times 10^3$ 样值/秒的速率通过带宽为 3000Hz 的 AWGN 信道,允许接收端的失真(按均方误差计算)小于 1。试问:
(1) 信息传输的速率至少是多少?
(2) 该信道的容量至少是多少?相应的信噪比至少是多少?
(3) 如果采用 QPSK 调制进行传输,最低数据率是多少?以 $P_e = 10^{-5}$ 计,信道的信噪比至少是多少?

# 第 11 章 纠错编码

一般地,信息传输涉及可行性编码、有效性编码、可靠性编码和安全性编码四个领域的编码或信号设计。可靠性编码常又称为信道编码,狭义的信道编码又称为纠错编码,主要目的是通过设计信号自身具有的数据结构,使信息传输的接收端能够检测或纠正数据在传输中发生的差错。

可靠性编码源自 20 世纪 40 年代末的两项相互独立的工程性研究。其一是为了解决噪声中的可靠通信问题,香农(Shannon)创新性地提出了无差错编码传输原理(即信道编码定理),通过概率分析证明纠错码是实现无差错信息传输的唯一途径;其二是为了解决消息存储中少量比特数据差错纠正问题,汉明(Hamming)和戈莱(Golay)创新性地提出了具有代数构造特征的纠错码。经过几十年的发展,纠错编码已经成为信息与通信的科技与产业界重要的基础研究领域。

如今,纠错编码在通信、数据存储、计算机、组合实验设计、密码设计、系统可靠性检测与评估,甚至在游戏设计等领域有非常广泛的运用。例如,CRC 码、BCH/RS 码、无差错传播特性的最大自由距离卷积码、LDPC 码和 Polar 码等性能优良的纠错码,通过 FEC(Forward Error Correction)和 ARQ(Automatic Repeat-reQuest)等机制的应用与实现,被纳入各类保障信息传输可靠性的通信工程和相应的工业标准。

本章系统地讨论纠错编码理论与技术,内容要点包括:

(1) 编码与纠错编码——编码的概念、分类与作用,编码传输的层次架构与纠错码的作用。

(2) 编码传输的流程——编码的基本原理,编码传输的差错与度量,最佳解调与译码。

(3) 纠错编码传输信道——码字信道与码元信道,常见码元信道模型,码元传输的随机差错与突发差错。

(4) 纠错编码传输机理——时延与带宽以及信噪比,BSC 上的传输差错概率特征,信息传输速率及信道容量,最大似然译码准则,无差错编码传输机理的策略、资源开销与香农限。

(5) 纠错码及线性分组码——纠错码的基础结构与编码目标,重复码、等重码、奇偶校验码与许用码组筛选,线性分组码的一般结构,码的变形以及码的组合,纠错码的检错与纠错机理。

(6) 线性循环码——多项式结构,矩阵结构,系统循环码与 CRC 校验。

(7) 线性卷积码——矩阵结构,多项式结构,状态图与栅格图结构,维特比译码,卷积码的好码。

(8) 典型代数结构码——汉明码,RM 码,BCH 码与 RS 码。

(9) 典型迭代可译码——Turbo 码,LDPC 码,Polar 码。

(10) 纠错码的应用和发展——运用模式,简要发展历程。

## 11.1 纠错编码与传输信道

### 11.1.1 编码与纠错编码

#### 1. 编码的概念、分类与作用

**编码**(coding)的概念与机理源于对离散数码按照形式化规则所进行的数据编排与增删以及变换,使得处理过程和结果都具有特定的数学结构。如今编码原理与方法在其发展过程中,自然地拓展到了连续函数信号波形的规范化设计与处理。

例如,我国的居民身份证号就是一种编码,它是对一个人的基本数码信息(包括身份证登记地址码、生日数码、登记地人群顺序码和相应的数据校验码等),按照特定规则编排[即结构编码(frame coding)]形成的一种连续 18 位的十进制数专用数据结构。再如,对表达通信数据的基带方波信号进行平方根升余弦滤波(root raised cosine filtering)成形处理视为一种**预编码**(pre-coding),它是一种规范化的函数变换,目的是减小通信信号的带外频谱扩展,进而减小码间串扰(Inter-Symbol Interference,ISI)。

数据冗余编码的一个简单案例是**奇偶校验编码**(parity-check coding),其操作原理是:对任意 $k=2$ 个数据比特 $c_0,c_1 \in \{0,1\}$,计算模 2 加的值 $c_2=(c_1+c_0)\bmod 2 = c_1 \oplus c_0$,编排形成一个称为码字(code word)的 $n=3$ 维向量 $\boldsymbol{c}=(c_0,c_1,c_2)$ (coded vector);此例中码字向量的全部分量遵从形式化的**奇偶校验约束关系**,即 $c_0 \oplus c_1 \oplus c_2 \equiv 0$,或者码字 $\boldsymbol{c}$ 中的各个分量等于 1 的总数恒定保持为偶数或 0;$\boldsymbol{c}$ 中的数据位 $c_2$ 称为编码向量 $\boldsymbol{c}$ 的奇偶校验位或编码冗余位。一般地,称所有满足奇偶校验约束关系的全体 $n$ 长向量的集合为一个 $(n,k)=(n,n-1)$ 奇偶校验码(code) $C$,比值 $R_c=k/n$ 表示码的冗余度,称为**编码码率**(code rate)。前例是一个 $(n,k)=(3,2)$ 且码率 $R_c=2/3$ 的奇偶校验码,码的代数结构是一个受限的向量集合,可描述为

$$C=\{\boldsymbol{c}\}=\{(c_0,c_1,c_2) \mid c_2=c_0 \oplus c_1; \forall c_0,c_1 \in \{0,1\}\} \tag{11.1.1}$$

编码是信息处理的基本途径,在包括信息传输在内的信息处理中,编码从处理效能上分为可行性、有效性、可靠性和安全性四大类。它们涉及信号以及码字的结构(structure)或波形(waveform)的构造(construction)、检测(detection)与重构(reconstruction)等处理,具体的方法可分为编码(coding)方法和预编码(precoding)方法以及相应的解码方法(decoding)。

1) 可行性编码

通信的可行性(availability)编码具有多种类型,均可以归结为通过构建适合特定信道传输的信号波形或者具有解析与代数性质的传输系统结构来满足通信的可行性需求。

典型的可行性编码方法有增强数据流的平稳特性的线路编码(line coding),如 HDB3 编码、曼彻斯特(Manchester)编码以及 m 序列扰码(scrambler)等;提升通信前提所需的帧同步(frame synchronization)效能的通用巴克(Barker)码和用于移动通信标准 LTE(4G)的 ZC(Zadoff-Chu)导频(pilot)序列等;具有频谱扩展能力的直接序列扩频(spread spectrum sequence spectrum spread)和跳频(frequency hopping)的序列编码,如 m 序列、Walsh 序列和 Gold 序列以及非线性与密码序列等;标识通信终端唯一性的扰码;实现包含码分多址(Code Division Multi-Access,CDMA)在内的多址接入编码(multi-access coding);以实现

数字波束成形（digital beamforming）为主要目的的预编码（precoding for beamforming）和以实现信道状态信息估计为主要目的的预编码（precoding for CSI estimation）。

2) 有效性编码

通信的有效性（effectiveness）编码具有多种类型，其目的一方面是降低信号的冗余性，另一方面是提高系统的利用率。

作为降低消息冗余度的有效性编码又称为信源编码（source coding）或数据压缩（data compression），具体方法有：在无损信息约束下，冗余数据压缩可达最大压缩率的编码——Huffman 编码；在有损信息条件下，可大幅度压缩语音数据量的 A 律脉冲编码调制。作为提高通信资源利用率的编码方法有：连续相位编码调制（Continuous Phase coded Modulation, CPM）和波形整形编码（waveform shaping）可以有效抑制信号的带外频谱扩展，最佳比特-符号映射（bit-symbol mapping）编码可以使得调制星座的能量或功率效率最大化。

3) 可靠性编码

通信的可靠性（reliability）编码常常又称为信道编码（channel coding），具体涉及三类编码方法：一是侧重于通过设计数据的数学结构、消除由信道干扰导致的数据传输差错的**纠错编码**（error correction coding for data channel）；二是侧重于通过设计信号的物理波形、消除各类由信道非理想特性导致的串扰（含波束或信道之间的串扰以及数据流符号之间的串扰）和波形畸变的**预编码**（precoding for inter-inference cancellation）；三是侧重于利用随机噪声与干扰特性兼具隐秘特征的**脏纸编码**（dirty-paper coding）类的极限编码。

纠错码通过设计具有冗余特征的数据结构，在接收端检测与纠正传输中的数据差错，从而抵御信道中数据意义上的各种干扰。常见的纠错码有奇偶校验码、重复（repeat）码、汉明码、RS（Reed-Solomon）码、卷积码（convolution code）、LDPC（Low Density Parity Check）码、极化码（polar code）、TCM（Trellis Coded Modulation）与空时编码（Space-Time Coding, STC）。

以消除数据流码间符号串扰和消除信道间信号串扰为主要目的的预编码（precoding for ISI channel）包括了相关编码、迫零（Zero-Forcing）编码和线性最小均方误差（Linear Minimum Mean Square Error, L-MMSE）编码等多种编码方法。

4) 安全性编码

安全性（security）编码的目的是通过基于密钥安全或根安全（如一次一密和 NP 难题等）的加密与签名算法以及密码协议证明，在不影响信息操作的可用性前提下，保障信息在传输中的隐私性和真实性。常见的方法有：作为数字水印或隐秘通信的脏纸编码方法、作为国际加密标准的 AES（Advanced Encryption Standard）算法、作为数字签名基础的椭圆曲线密码学（Elliptic Curve Cryptography, ECC）方法与哈希（Hash）算法。

2. 编码传输的层次架构与纠错码的作用

信息传输可以分解为四个层次，不同层次的信道传输有不同的编码结构及其数据与波形，具体来说：

(1) 表征信息传输的**信息信道传输**，主要用于描述通信业务特征，如语音通信、视频通信、数据通信等；

(2) 表征信息数据化传输的**数字信道传输**，主要用于描述通信（尤其是数字通信）的数字传输特征；

(3) 表征数据编码结构化传输的**编码信道传输**，主要用于描述结构化数据的传输特征；

(4) 表征物理信号波形参数化传输的**模拟信道传输**，主要用于描述通信的工程实现特征。

四个层次划分的信道传输架构如图 11.1.1 所示。

图 11.1.1　编码在信息、数据、码字与波形等不同逻辑传输层次中的作用

香农在 1948 年提出的信道编码定理中充分展现了纠错编码的价值。**信道编码定理**指出，在有限能量限制下，如果编码码率小于由信道转移概率特征和信源分布概率特征确定的信道容量，那么就一定存在一类由纠错编码方法和最大似然译码方法组成的信息传输方案。在码率小于信道容量的条件下，信息传输误码率趋于无穷小。

## 11.1.2　编码传输系统

### 1. 编码传输的流程

**信息**(information)在统计信息论意义上是一个随机事件，通过**消息**(message)的数据(data)或者波形(waveform)甚至文档(document)予以表达或承载以及传输。一般地，信息直接表示为比特数据流 $(u(t))_{t=1}^{*}$（星号上标表示数据流长度可变），$u(t) \in \{0,1\}$。为便于分析，常将数据序列 $\{u(n)\}$ 拆分为一些接续的 $k$ 长分组块(block)或向量(vector) $\boldsymbol{u} = (u_0, u_1, \cdots, u_i, \cdots, u_{k-1})$，并称向量 $\boldsymbol{u}$ 为信息分组、分量 $u_i$ 为信息码元。

信息的**编码**是对信息分组处理并形成**编码码字**(coded word 或者 word)的操作。信息的**编码传输**(coded transmission)则是以承载一个信息分组的编码码字为一个传输单位所进行的逐个编码码字的传输，如图 11.1.2 所示。在图 11.1.2 中，信息的全部编码传输过程可以划分为 6 个主要流程或环节：消息分组(Message Blocking)、编码(Coding)或冗余校验(Redundancy Parity Checking)、调制(Modulation)或波形映射(Waveform Mapping)、信号传播(Signaling & Propagation)、信号检测(Signal Detection)与解调(Demodulation)与译码及消息恢复(Decoding and Message Recovery)。

### 2. 编码的基本原理

如前所述，编码在操作上可以认为是对信息数据分组的一类形成码字的规范化处理。

图 11.1.2 信息的编码传输流程框图

虽然一般的 $q$ 元编码是指表达数据的码元符号有 $q \geqslant 2$ 种取值时的编码,不过仍可以用 $q=2$ 时的二元编码来从原理上解释 $q$ 元编码。

**二元编码**(binary coding)将一个 $k$ 维二元信息数据向量 $\boldsymbol{u}=(u_0,u_1,\cdots,u_{k-1})$ 变换为一个 $n$ 维的二元码字(code word)数据向量 $\boldsymbol{c}=(c_0,c_1,\cdots,c_{n-1})$,记为 $\boldsymbol{c}=\phi[\boldsymbol{u}]$。其中, $c_i \in \{0,1\}$ 称为编码码元(符号)(code symbol),正整数 $n$ 称为码长(code length),正整数 $k$ 称为信息位长(information length),全部可能码字的集合 $\boldsymbol{C}=\{\boldsymbol{c}\}$ 称为一个 $[n,k]$ **分组码**,比值 $R_c=k/n$ 称为分组码的**编码码率**(code rate),它表示平均每个码元(比特)承载的信息数据(比特)量。

依据信息表达的完备性,必然有 $n \geqslant k$,且在 $n>k$ 时,称为**冗余编码**(redundancy coding),此时,表达信息分组的码字可在比信息分组空间更大的空间中选择与构造,从而有可能将冗余编码设计为具有一定检错和纠错能力的码,即设计为**纠错码**(error correction code)。

依据信号与系统理论以及矩阵理论,如果向量变换 $\phi$ 是线性变换,那么 $\phi$ 可以表示为一个由行满秩(full-rank)矩阵 $\boldsymbol{G}=[g_{ij}]_{k \times n}$ 实现的矩阵与向量相乘的运算关系,因而,码字 $\boldsymbol{c}=(c_0,c_1,\cdots,c_{n-1})$ 与信息分组 $\boldsymbol{u}=(u_0,u_1,\cdots,u_{k-1})$ 之间变换关系 $\boldsymbol{c}=\phi[\boldsymbol{u}]$ 的矩阵形式为

$$\begin{cases} \boldsymbol{c}=(c_0,c_1,\cdots,c_{n-1})=\phi[\boldsymbol{u}]=(u_0,u_1,\cdots,u_{k-1})[g_{ij}]_{k\times n}=\boldsymbol{uG}=\boldsymbol{u}[\boldsymbol{g}_0,\cdots,\boldsymbol{g}_i,\cdots,\boldsymbol{g}_{k-1}]^T \\ \phantom{\boldsymbol{c}}=u_0\boldsymbol{g}_0+\cdots+u_i\boldsymbol{g}_i+\cdots+u_{k-1}\boldsymbol{g}_{k-1} \\ \text{rank}(\boldsymbol{G})=k \leqslant n \end{cases}$$

(11.1.2)

其中,变换矩阵 $\boldsymbol{G}$ 称为 $(n,k)$ 线性分组码 $\boldsymbol{C}=\{\boldsymbol{c}\}$ 的**生成矩阵**(generator matrix)。

**3. 编码传输的差错与度量**

编码传输的差错来源于物理波形的传输畸变以及因此导致的数据解调差错以及译码差错。

虽然编码传输在逻辑意义上是以码字为传输单元进行的传输,但是一个逻辑传输单元并非一定对应于一个物理的信号波形。对于绝大多数的通信工程实现而言,一个码字的传输是通过无记忆的**逐个符号调制**(symbol-by-symbol modulation)和传播,即将 $n$ 个编码符号转换为 $n$ 个接续的物理信号波形的传输。

对于二元通信系统,调制是将二元码元符号 $c$ 映射为一个波形参数随之变化的特定物理波形 $s(t)$。常见的 BPSK(Binary Phase Shift Keying,二元相位键控)调制 $\kappa$ 将二值数据

$c \in \{0,1\}$ 映射为起始相位为 $\theta = \kappa(c) \in \{0,\pi\}$ 的符号波形 $s(t) = \sqrt{(2E_s)/T_s}\cos(\omega_c t + \theta)$，这里，BPSK 的波形参数 $f_c = \omega_c/(2\pi)$、$T_s$ 和 $E_s$ 分别表示码元符号波形为余弦函数时的载波频率（基础量纲为赫兹）、持续时长（基础量纲为秒）和信号能量（基础量纲为焦耳）。需要注意的是，$E_s$ 通常是一个在载波频率足够大的条件下可满足工程需求的近似计算值，即

$$E_s = \int_0^{T_s} |A\cos(\omega_c t + \theta)|^2 dt = A^2 \int_0^{T_s} \frac{1}{2}(1 + \cos(2\omega_c t + 2\theta))dt$$

$$= \frac{A^2}{2}\int_0^{T_s} 1 dt + \int_0^{T_s}\cos(2\omega_c t + 2\theta)dt$$

$$= \frac{A^2 T_s}{2} + o\left(\frac{1}{\omega_c}\right) \xrightarrow{\omega_c \to \infty} \frac{A^2 T_s}{2}$$

于是，码字 $\boldsymbol{c} = (c_0, c_1, \cdots, c_{n-1})$ 调制变换为物理波形 $\tilde{s}(t)$，且 $\tilde{s}(t)$ 还可描述为波形向量 $\boldsymbol{s}(t)$，即

$$\begin{cases} \tilde{s}(t) = s_0(t) + s_1(t - T_s) + \cdots + s_{n-1}(t - (n-1)T_s), & 0 \leqslant t < nT_s \\ s_i(t) = \sqrt{(2E_s)/T_s}\cos(\omega_c t + \theta_i), & 0 \leqslant t < T_s, \quad i = 0, 1, \cdots, n-1 \\ \boldsymbol{s}(t) = (s_0(t), s_1(t), \cdots, s_i(t), \cdots, s_{n-1}(t)) \end{cases} \quad (11.1.3)$$

编码传输差错是接收码字 $\hat{\boldsymbol{c}}$ 不等于发送码字 $\boldsymbol{c}$ 的现象，这涉及三方面的认知。

（1）码字 $\boldsymbol{c}$ 是所有码元 $\{c_0, c_1, \cdots, c_{n-1}\}$ 的整体性逻辑关联，任何一个码元 $c$ 的传输差错都会导致整个码字传输的差错，即解调向量 $\boldsymbol{y}$ 的判决值 $\boldsymbol{v} \neq \boldsymbol{c}$，或者译码输出 $\hat{\boldsymbol{c}} \neq \boldsymbol{c}$。

（2）码元 $c$ 出现传输差错的本原原因是发送的码元符号波形 $s(t)$ 在传输中发生畸变为 $\tilde{s}(t)$，由此导致接收波形 $\hat{s}(t)$ 的检测特征量与发送波形的特征量出现误差，即 $\Theta[\hat{s}(t)] \neq \Theta[s(t)]$，继而导致解调甚至解码参数 $\boldsymbol{y}$ 所承载的数据判决值 $\hat{\boldsymbol{c}}$ 或者 $\hat{\boldsymbol{u}}$ 与发送数据值之间出现误差，即 $\hat{\boldsymbol{c}} \neq \boldsymbol{c}$ 或者 $\hat{\boldsymbol{u}} \neq \boldsymbol{u}$。

（3）衡量码字传输差错特性的基本参数有两个：一个参数是概率意义上的**码字传输差错概率** $P_W(e) = \Pr(\hat{\boldsymbol{c}} \neq \boldsymbol{c})$，另一个参数是几何意义上的接收向量 $\boldsymbol{y}$ 以及译码输出码字 $\hat{\boldsymbol{c}}$ 与发送码字 $\boldsymbol{c}$ 之间的距离 $d_*(\boldsymbol{y}, \boldsymbol{c})$ 与 $d_*(\hat{\boldsymbol{c}}, \boldsymbol{c})$。

信息信号的传播过程是：信息发送端驱使承载有信息数据的电流信号或电磁波信号或光信号，在物理信道中（包括在电缆或自由空间或光纤等特定介质中和特定方向上），通过传导、直射、散射、反射、漫射和绕射等方式，实现信号的传递与分发；信息接收端通过检测或采集信息信号的能量来确认是否检测到信息信号，并且进一步估计信号波形参数以实现信息数据的获取。

信道的任何非理想介质传播特性都可能导致发送信号 $s(t)$ 在传播过程中发生**波形畸变**，进而导致表征信息数据的波形参数的等效能量衰减。例如，载波频率 $f_c$ 的信号在距离为 $d$ 的物理空间中单向传播时以恒定衰减因子 $\lambda(f_c, d)$ 的形式表示有距离 $d$ 的平方量级的传输能量损耗，还会在多径传播时以随机性乘性干扰 $h(t)$ 的形式表示有信号幅度的非线性随机衰落；载波频率 $f_c$ 会因信号源运动的**多普勒**（Doppler）效应导致观测载波频率偏移为 $f_c + f_d$；信道带宽受限会产生传播信号的带外频谱失真进而导致前导符号波形延展叠加于后继符号波形的符号间串扰；信道中的本原热噪声信号 $w(t)$ 和其他干扰信号 $v(t)$ 会对传输信号产生叠加性干扰。一般性地，信息符号波形 $s(t)$ 经由信道传播的输出符号波形

为 $r(t)$，

$$r(t) = \lambda(f_c, d) \cdot h(t) \cdot s(t; f_c + f_d) + v(t) + w(t) \tag{11.1.4}$$

#### 4. 最佳解调与译码

信号检测与解调是在信息接收端建立起了可容忍误差的同步（主要包括信号的频率与相位同步、数据符号同步和码字同步）条件下，依据最大似然检测准则，检测信道输出波形 $r(t)$ 或 $r(t)$ 中的发送波形成分 $\hat{s}(t)$ 或 $\hat{s}(t)$，并构建接收数据分组 $\mathbf{y} = (y_0, y_1, \cdots, y_{n-1})$；译码与消息恢复是依据信道传播特征和编码结构特征，对 $\mathbf{y}$ 进行解析与变换，并按照最大似然译码准则恢复发送的信息分组 $\hat{\mathbf{u}}$。

在大多数的编码分析中，均假设码字的每一个码元均是随机变量且相互独立，因此，码字传输差错概率 $P_W(e) = \Pr(\hat{\mathbf{c}} \neq \mathbf{c})$ 与码元传输差错概率 $P_c(e) = \Pr(\hat{c} \neq c)$ 的关系是

$$P_W(e) = 1 - (1 - P_c(e))^n \tag{11.1.5}$$

注意到，由于总是存在随机性的信道干扰，通信系统中的接收符号波形（或接收向量）空间远远大于发送符号波形（码字）空间，因而，解调与译码过程 $\psi$ 不是编码与调制过程 $\phi$ 的严格逆映射，所以，最佳的解调与译码是实现在接收向量 $\mathbf{y}$ 时估计码字 $\mathbf{c}$ 的后验概率 $\Pr(\mathbf{c} | \mathbf{y})$ 极大化，即

$$\hat{\mathbf{c}} = \arg\max_{\mathbf{c} \in \{\mathbf{C}\}} \{\Pr(\mathbf{c} | \mathbf{y})\} \tag{11.1.6}$$

针对数据向量（序列）的汉明距离 $d_H(\mathbf{c}, \mathbf{c}')$、针对数据向量（序列）欧几里得距离 $d_E(\mathbf{y}, \mathbf{y}')$ 以及波形向量（序列）的欧几里得距离 $d_E(\mathbf{s}(t), \mathbf{s}'(t))$ 分别定义为

$$d_H(\mathbf{c}, \mathbf{c}') = \sum_{c_i \neq c_i'; i=0,1,\cdots,n-1} 1 \tag{11.1.7}$$

$$d_E(\mathbf{y}, \mathbf{y}') = \sqrt{\sum_{i=0}^{n-1} (y_i - y_i')^2}, \quad y_i, y_i' \in \mathbb{R} = (-\infty, +\infty) \tag{11.1.8}$$

$$d_E(\mathbf{s}(t), \mathbf{s}'(t)) = \sqrt{\sum_{i=0}^{n-1} \left( \int_{t \in T_s} (s_i(t) - s_i'(t))^2 \, dt \right)}$$

$$= \sqrt{\sum_{i=0}^{n-1} \| s_i(t) - s_i'(t) \|_2}, \quad \| s_i(t) \|_2 < \infty, \| s_i'(t) \|_2 < \infty \tag{11.1.9}$$

汉明距离 $d_H(\mathbf{c}, \mathbf{v})$ 描述了发送码字 $\mathbf{c}$ 时硬判决接收向量 $\mathbf{v}$ 中的码元差错数目，$d_H(\mathbf{c}, \hat{\mathbf{c}})$ 描述了译码输出码字 $\hat{\mathbf{c}}$ 中的码元差错数目。所以，最佳译码器的设计是实现译码输出码字 $\hat{\mathbf{c}}$ 与接收向量的汉明距离最小化，或者是实现译码输出码字 $\hat{\mathbf{c}}$ 的重构发送波形 $s[\hat{\mathbf{c}}](t)$ 与接收波形 $r(t)$ 的欧几里得距离最小化，即

$$\hat{\mathbf{c}} = \begin{cases} \arg\min_{\mathbf{c} \in \{\mathbf{c}\}} \{d_H(\mathbf{c}, \mathbf{v})\}, & \text{硬判决译码} \\ \arg\min_{\mathbf{c} \in \{\mathbf{c}\}} \{d_E(s[\mathbf{c}](t), r(t))\}, & \text{软判决译码} \end{cases} \tag{11.1.10}$$

码字传输差错概率 $P_W(e)$ 和码元传输差错概率 $P_c(e)$ 以及码字与向量间距离的具体表达形式共同确定了码字传输或者码元传输信道的具体数学模型，即信道模型。

## 11.1.3 纠错编码传输信道

### 1. 码字信道与码元信道

对于逐个码元符号调制的传输实现,编码信息传输是一类由离散与数字化的符号数据承载的信息传输,具有码字信道和码元信道两个不同结构的传输层次。特别地,在码元传输层次上,还具有抽象的数学计算数据传输和具象的物理波形参数传输两个不同操作实现的层次,参见图 11.1.3。

图 11.1.3 码字传输信道和码元传输信道

在码字传输结构层次上,编码信息传输是逐个地以码字 $c=(c_0,c_1,\cdots,c_{n-1})$ 为基本传输单元的传输。由于 $k$ 个信息符号经由编码处理之后完全融入 $n$ 个编码码元构成的码字之中,因此,无论何种调制和解调以及信道传播,只有完整地获得一个码字对应的接收序列 $y=(y_0,y_1,\cdots,y_{n-1})$ 之后,才有可能通过解析并译码获得可能的发送信息分组 $\hat{u}$。因此,称传输码字的信道为码字信道。显然,$n$ 长的码字传输是在码元和码字两级同步条件下的 $n$ 次码元传输。

在码元传输结构层次上,码元传输是将抽象的数学运算符号 $c\in A$(例如,二元有限域元素 $c\in A=\text{GF}(2)$)调制转换为具象的物理参数符号 $x\in X\subseteq \mathbf{R}$(例如,BPSK 信号波形的相位参数 $\theta=x\in X=\{0,\pi\}\subseteq \mathbf{R}$ 或者幅度参数 $d=x\in X=\{-A,+A\}\subseteq \mathbf{R}$)所进行的传输,码元符号的传输结果记为码元信道的输出 $y\in Y\subseteq \mathbf{R}$,$X$ 和 $Y$ 分别称为码元传输信道的输入集和输出集。

### 2. 常见码元信道模型

物理符号 $x$ 和 $y$ 的表达形式可以与数学符号 $c$ 的形式相同,也可以不同,而且正因为这样针对物理概念抽象的不同而形成了不同的码元信道模型。例如,物理背景为理想 BPSK 信号传输时,码元信道可以有 5 种信道模型,分别是 BSC、BEC、B-DMC、B-AWGNC 和加性混叠与乘性衰落混合干扰信道。

1) BSC 模型

BSC(Binary Symmetric Channel,二元对称信道)的输入集和输出集均为整数集合 $\mathbf{Z}$ 的子集,$X=Y=\{0,1\}\subseteq \mathbf{Z}$;信道传输机理表述为信道输出 $y$ 等于信道输入 $x$ 与信道差错特征值 $z$ 的整数模 2 加运算;差错变量 $z$ 是一个两点分布随机变量,仅仅在样本值为 1 时导致传输差错;差错变量 $z$ 的一个 $n$ 长样本向量 $z=(z_0,z_1,\cdots,z_{n-1})$ 称为 BSC 的一个差错分组或差错向量或差错图案(Error Pattern);传输差错概率 $p=\Pr(z=1)$ 称为信道误码率(Channel Bit Error Rate,Channel BER)或者信道的错误转移概率 $\Pr(y\neq x|x)$(Erroneous

Transition Probability),因此常记 BSC 为符号 BSC($p$);BSC($p$)常作为硬判决二元数据传输的信道模型,其传输特性以一个代数方程和一个概率密度分布函数联立描述为

$$\begin{cases} y=(x+z) \bmod 2, y,x,z \in \{0,1\} \\ \Pr(z=1)=p; \Pr(z=0)=1-p \end{cases} \quad (11.1.11)$$

适用于 BSC 的编码传输信道模型与传输架构如图 11.1.4 所示。

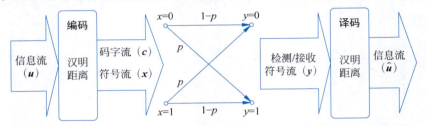

图 11.1.4 适用于 BSC 的编码传输信道模型与传输架构

2) BEC 模型

BEC(Binary Erasure Channel,二元删除信道)的信道输入集和输出集分别为 $X=\{0,1\}$ 和 $Y=\{0,1,e\}$,其中,$e$ 表示传输差错;信道输出端能够以信道删除概率(Erasure Probability)$\varepsilon = \Pr(y=e|x)$ 判断数据传输差错,以概率 $1-\varepsilon$ 判断数据传输正确,但完全不能确认发生传输差错时的数据发送源;BEC 常常作为最简软判决二元传输的信道模型;BEC 的传输特性由信道的转移概率分布描述为

$$\begin{cases} \Pr(y=0 \mid x=0)=\Pr(y=1 \mid x=1)=1-\varepsilon \\ \Pr(y=e \mid x=0)=\Pr(y=e \mid x=1)=\varepsilon \\ \Pr(y=1 \mid x=0)=\Pr(y=0 \mid x=1)=0 \end{cases} \quad (11.1.12)$$

适用于 BEC 的编码传输信道模型与传输架构如图 11.1.5 所示。

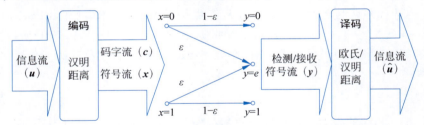

图 11.1.5 适用于 BEC 的编码传输信道模型与传输架构

3) B-DMC 模型

B-DMC(Binary-input Discrete Memoryless Channel,二元输入多元无记忆输出信道)的输入集与输出集分别为 $X=\{0,1\}$ 和 $Y=\{0,1,\cdots,L-1\}$;B-DMC 可作为一般性有限量化软判决二元数据传输的信道模型。

4) B-AWGNC 模型

B-AWGNC(Binary-input Additive White Gaussian Noise Channel,二元输入加性白高斯噪声信道)的输入集与输出集分别为 $X=\{-A,+A\}$ 和 $Y=(-\infty,+\infty)$;B-AWGNC 的传输机理是对发送的波形符号值 $x$ 叠加白噪声干扰值 $w$;**白噪声信号** $w$ 的幅值可以是服从均值 $E[w]=0$ 和方差 $D[w]=\sigma_w^2$ 的高斯分布的随机变量 $w$,概率密度函数为 $f_{\text{PDF}}(w)$;

B-AWGNC 常常作为具有理想接收机的二元数据传输系统的基础模型；B-AWGNC 的传输特性描述为

$$\begin{cases} y=x+w, x\in\{-A,+A\}; y,w\in(-\infty,+\infty) \\ f_{\text{PDF}}(w)=\dfrac{1}{\sqrt{2\pi}\sigma_w}\exp\left[-\dfrac{w^2}{2\sigma_w^2}\right], w\in(-\infty,+\infty) \end{cases} \quad (11.1.13)$$

5）加性混叠与乘性衰落混合信道模型

混合干扰信道是在 B-AWGNC 模型基础上，增补针对发送信号的乘性因子 $h$ 后的信道模型；由于对 $h$ 常常表征为瑞利随机变量，所以又称此信道为**瑞利衰落**（Rayleigh Fading）信道；混合信道模型常用于无线通信的信道建模，信道传输特性描述为

$$\begin{cases} y=hx+w, \quad x\in\{-A,+A\}; h\in(0,+\infty); y,w\in(-\infty,+\infty) \\ f_{\text{PDF}}(w)=\dfrac{1}{\sqrt{2\pi}\sigma_w}\exp\left[-\dfrac{w^2}{2\sigma_w^2}\right], \quad w\in(-\infty,+\infty) \\ f_{\text{PDF}}(h)=\dfrac{h}{\alpha_h^2}\exp\left[-\dfrac{h^2}{2\alpha_h^2}\right], \quad \alpha_h, h\in(0,+\infty) \\ E[h]=\int_0^\infty h f_{\text{PDF}}(h)\mathrm{d}h=\sqrt{\dfrac{\pi\alpha_h^2}{2}}\approx 1.2533\alpha_h \\ D[h]=E[h^2]-E^2[h]=\alpha_h^2\left(2-\dfrac{\pi}{2}\right)\approx 0.4292\alpha_h^2 \end{cases} \quad (11.1.14)$$

适用于 B-AWGNC 与瑞利衰落混合信道上的编码传输信道模型与传输架构如图 11.1.6 所示。

图 11.1.6　适用于 B-AWGNC 与瑞利衰落混合信道上的编码传输信道模型与传输架构

#### 3. 码元传输的随机差错与突发差错

码元传输的差错类型可以分为**随机差错**（random error）和**突发差错**（burst error）两类以及这两类的混合。

BSC、BEC、B-DMC 和 B-AWGNC 等信道模型都能良好地反映信道中的随机差错特征，即符号传输差错的数量在整个传输符号总数中呈现为服从均匀分布的随机变量。具有随机差错特征的信道称为随机差错信道。

随机衰落导致的符号传输差错在数据流上通常表现为突发差错特征，即在传输数据流的一个或多个随机的局部区域内呈现极高的符号传输差错率，而在其他数据流区域内则呈现较低甚至极低的符号传输差错率。具有突发差错特征的信道称为突发差错信道。

对于较为简单的突发差错信道建模，常采用信道误码率较大 $p_{\text{Bad}}\geqslant p_{\text{H}}$ 的 BSC 信

BSC(Bad)表征局部区域内的突发差错特征,信道误码率较低 $p_{\text{Good}} \leqslant p_{\text{L}}$ 的 BSC 信道 BSC(Good)表征其他局部区域内的无突发差错特征。由此,以 BSC(Bad)和 BSC(Good)为状态节点形成的一个两状态(可拓展至多状态)的马尔可夫过程就成为了突发信道的简化数学模型,并称其为**两状态吉尔伯特**(Gilbert)**信道模型**,两节点的状态保持概率和节点转移概率 $p_{\text{BG}}$、$p_{\text{BB}}$、$p_{\text{GB}}$ 和 $p_{\text{GG}}$ 满足 $p_{\text{BG}} + p_{\text{BB}} = 1$,$p_{\text{GB}} + p_{\text{GG}} = 1$。两状态吉尔伯特信道模型如图 11.1.7 所示。

图 11.1.7 两状态吉尔伯特信道模型

## 11.2 可靠性信息传输原理

### 11.2.1 信息的编码传输

**1. 时延与带宽以及信噪比**

对于逐个符号调制与波形传输的编码信息传输,参见图 11.1.2,记 $T_u$ 和 $T_c$ 分别为纠错编码前和后的码元(比特)符号的持续时间,$E_u$ 和 $E_c$ 分别为纠错编码前和后的码元(比特)符号的波形能量,如果不考虑任何编码与译码计算的延时以及电磁波传播的延时,那么,纠错编码传输相对于无纠错编码传输的时延与带宽开销以及能量(或信噪比)具有如下六个基本特征。

(1) 码元持续时间 $T_c$ 为原来的 $n/k$,即 $T_c = (k/n)T_u = R_c T_u \leqslant T_u$。

(2) 码元传输信号带宽为原来的 $n/k$,即

$$B_c = (n/k)B_u = B_u/R_c \geqslant B_u \tag{11.2.1}$$

(3) 分组传输的整体时延 $T_{\text{Delay}}$ 增大 1 倍,因为对于串行数据流,至少需要一次完整的 $k$ 个信息码元的编码时间和接续编码其后的一次完整的 $n$ 个编码码元传输时间,才可实现译码,故有

$$T_{\text{c-Delay}} \geqslant (kT_u + nT_c) \geqslant 2kT_u \geqslant 2nT_c \geqslant 2T_u = T_{\text{u-Delay}} \tag{11.2.2}$$

(4) 在消息传输总能量保持不变(即 $nE_c = kE_u$)的条件下,纠错编码后的码元符号波形能量 $E_c$ 比编码前的码元符号波形能量 $E_u$ 减小为原来的 $n/k$,即 $E_c = R_c E_u$。

(5) 在纠错编码前后传输信息的总能量保持不变(即 $nE_c = kE_u$)的条件下,纠错编码前后的码元符号波形的功率不变,即 $P_c = E_c/T_c = (R_c E_u)/(R_c T_u) = P_u$。

(6) 在纠错编码前后传输信息的总能量保持不变(即 $nE_c = kE_u$)的条件下,纠错编码后的信噪比 $(\text{SNR})_c$ 为编码前的 $n/k$,即在假设噪声是单边功率谱密度为 $N_0$ 为白噪声情形时有

$$(\text{SNR})_c = \frac{P_c}{B_c N_0} = \frac{P_u}{R_c B_u N_0} = \frac{1}{R_c} \frac{P_u}{B_u N_0} = \frac{1}{R_c}(\text{SNR})_u \tag{11.2.3}$$

$$E_c = \frac{k}{n} E_u \tag{11.2.4}$$

信噪比(SNR)定义为信号功率与噪声功率的比值 $(\text{SNR}) = (P_{\text{signal}}/P_{\text{noise}})$,计量量纲为倍(fold)或者分贝(decibel,dB),$(\text{SNR})(\text{dB}) = 10\log_{10}[(\text{SNR})(\text{fold})]$。

**2. BSC 上的传输差错概率特征**

BSC 作为一种最基本的信道模型,常常成为评估通信性能和编码传输性能的基础模型,核心参数是计算或评估 BSC 的符号传输转移概率 $p$ 以及由此确定的传输分组的差错概率特征。例如,在双边功率谱密度为 $(N_0/2)$ 的 AWGN 信道上,采用信号能量为 $E_s$ 的 BPSK 信

号进行可以相干解调的传输时,若信源数据是随机均匀分布的,即 $\Pr(x=0)=\Pr(x=1)=1/2$,那么,BPSK 波形传输差错概率就是 AWGN 信道上的符号波形检测差错概率,也等于抽象为 BSC 模型的信道转移概率 $p$,即

$$p = P_{\text{symb}}(e) = P_{\text{BPSK}}(e) = Q\left(\sqrt{\frac{2E_s}{N_0}}\right)$$
$$= Q\left(\sqrt{2\frac{(E_s/T_s)}{(2B_s)(N_0/2)}}\right) = Q\left(\sqrt{2\left(\frac{P_s}{P_w}\right)}\right) = Q(\sqrt{2(\text{SNR})}) \quad (11.2.5)$$

$$Q(x) = \frac{1}{\sqrt{2\pi}}\int_x^{\infty} e^{-z^2/2} \text{d}z = \frac{1}{2}\text{erfc}\left(\frac{x}{\sqrt{2}}\right) \quad (11.2.6)$$

其中,$Q(x)$ 称为**高斯概率函数**,$E_s$ 和 $P_s$ 以及 $T_s$ 分别是 BPSK 信号波形的能量和功率以及波形持续时间,$B_s = 1/T_s$ 是 BPSK 信号波形的常规估算带宽,$P_w$ 表示通带内的白噪声功率,$\text{SNR} = (P_s/P_w)$ 表示信噪比,量纲为倍(fold)或者分贝(dB),$\text{SNR}(\text{dB}) = 10\log_{10}[\text{SNR}(\text{fold})]$。

特别需要注意的是,采用 BSC 作为 BPSK 传输纠错编码数据的信道模型时,需在编码前后信号功率不变的条件下,计算相应的信道转移概率 $p$,例如,利用式(11.2.5)计算编码后的 BPSK 码元传输误码率时,式中的 $E_s$ 应该是编码符号的能量,即 $E_s = E_c$,同时波形带宽 $B_s = B_c$,于是,传输编码码元的信道转移概率为 $p = P_{\text{code-symb}}(e)$

$$p = P_{\text{code-symb}}(e) = Q\left(\sqrt{\frac{2E_c}{N_0}}\right) = Q\left(\sqrt{\frac{2E_u R_c}{N_0}}\right) = Q\left(\sqrt{2R_c\left(\frac{E_u}{N_0}\right)}\right)$$
$$= Q(\sqrt{2R_c(\text{SNR})}) \quad (11.2.7)$$

一般地,BSC($p$) 上分组编码传输主要具有如下五个概率特征。

(1) 在 BSC 上传输分组时,发生差错数目越少的**差错图案** $e = (e_0, e_1, \cdots, e_i, \cdots, e_{n-1})$ 是出现差错概率越大的差错图案,这一原理奠定纠错码译码设计的一个基本原则:译码算法应该力求纠正更大概率出现的差错图案所导致的码字传输差错。因为,总有 $p \leqslant 1/2$ 以及如下对于 $n$ 比特分组的差错概率值不等式成立,

$$\underbrace{(1-p)^n}_{\text{恰有0个差错}} \geqslant \underbrace{p(1-p)^{n-1}}_{\text{恰有1个差错}} \geqslant \cdots \geqslant \underbrace{p^t(1-p)^{n-t}}_{\text{恰有}t\text{个差错}} \geqslant \cdots \geqslant \underbrace{p^n}_{\text{恰有}n\text{个差错}} \quad (11.2.8)$$

(2) 在 $n$ 比特的分组(block)中出现恰好 $t$ 个差错的概率为

$$P_{\text{Block}}(e \mid t; p, n) = C_n^t p^t (1-p)^{n-t} \quad (11.2.9)$$

(3) 在 $n$ 比特的分组中出现比特差错的个数的均值或平均差错个数 $\bar{t}$ 为

$$\bar{t} = \sum_{j=0}^n j C_n^j p^j (1-p)^{n-j} = np \quad (11.2.10)$$

对 BSC 而言,信道平均差错率 $p_0 = \bar{t}/n = p$。一个典型的电信级信道要求平均差错率小于业务需求门限,即 $p_0 \leqslant p_{\text{th}} \approx 10^{-5}$,即平均 10 万个传输数据比特中只容忍有 1 个传输比特差错。在一些对通信业务质量有严格要求的场合,如果 $p_0 > 10^{-3}$,则认为此时的信道不可用。

(4) 在 $n$ 比特的分组中出现比特差错的个数的方差 $\sigma_t^2$ 为

$$\sigma_t^2 = E[(t-\bar{t})^2] = \sum_{j=0}^n (j-\bar{t})^2 C_n^j p^j (1-p)^{n-j} = np(1-p) \quad (11.2.11)$$

(5) $3\sigma$ 比特差错区间(即比特差错个数偏离平均数 3 倍标准差的趋势或程度)为

$$t_{3\sigma} = \bar{t} + 3\sigma_t = \bar{t} + 3\sqrt{np(1-p)} = np\left(1 + 3\sqrt{\frac{1-p}{np}}\right) \quad (11.2.12)$$

$t_{3\sigma}$ 是衡量分组传输差错特性的一个重要参数,它表明在做纠错编码的纠错能力设计时,纠错码的可纠正差错数目不应该是 $\bar{t}$ 而应该是 $t_{3\sigma}$。事实上,以差错数超 $3\sigma$ 错误区间的概率 $P_{\text{Block}}(e|t \geq t_{3\sigma})$ 作为设计的信道转移概率的上限才是合理的。

$$P_{\text{Block}}(e \mid t \geq t_{3\sigma}) = \sum_{j=\lceil t_{3\sigma} \rceil}^{n} C_n^j p^j (1-p)^{n-j} = 1 - \sum_{j=0}^{\lceil t_{3\sigma} \rceil - 1} C_n^j p^j (1-p)^{n-j}$$

$$(11.2.13)$$

### 3. 信息传输速率及信道容量

**信息传输速率** $R_{\text{info}}$ (information rate)是衡量通信性能的最基础指标。依据传输信息的消息格式特征不同或消息的物理特征不同,信息传输速率主要有三种度量方式及量纲。

(1) $R_{\text{info-symb}}$,即"信息比特每符号(bits/symb)",表示平均一个传输符号承载与传输的信息量,又称为**符号信息速率**。对于二元数据符号传输,一个传输符号就是一个传输数据比特,因而常常将量纲(bits/symb)也表达为量纲(bits/bit)。因此,有必要对(bits/bit)进行语义分辨:表示符号 symb 的比特 bit 是数据比特(即在计算上只可取正整数值的数据量纲比特),而 bits 表示的是信息比特(计算上可取正实数值的信息量量纲比特)。

(2) $R_{\text{info-time}}$,即"信息比特每秒(bits/sec)",表示单位时间内传输的信息量,此速率参数常称为时间域上的**通信容量**(capacity)。

(3) $R_{\text{info-time-freq}}$,即"信息比特每秒每赫兹(bits/sec.Hz)",表示单位时间内及单位频率上传输的信息量,此速率参数常作为通信谱效率的度量。

信息传输的终极目标是信息传输速率的极大化,即在消息或数据传输的误码率趋于 0 的意义上使得信息传输速率最大,进而可认为信息传输蕴含了无误差的数据传输。

信息传输速率的最大值称为**信道容量**(channel capacity)$C$(bits/symb)。对给定信道(即对给定的传输干扰特性),注意到在接收到信道输出符号 $y$ 时仍持有的信源熵(即信源不肯定性)是 $H(X|Y)$,因而,互信息量 $I(X,Y) = H(X) - H(X|Y)$ 表示信道的无差错符号信息传输速率,所以,只能通过调整信源数据的概率分布 $p(x)$ 来使得 $I(X,Y)$ 最大,因此,信道容量 $C$ 定义为

$$C = \max_{\{p(x)\}} \{H(X) - H(X \mid Y)\} \text{(bits/symb)} \quad (11.2.14)$$

BSC 在信源为均匀分布时达到信道容量 $C_{\text{BSC}}$

$$C_{\text{BSC}}(p) = \max_{\{p(x)\}} \{I_{\text{BSC}}(X,Y)\} = \max_{\{p(x)\}} \{I_{\text{BSC}}(p)\}$$

$$= 1 + p\log_2 p + (1-p)\log_2(1-p) \quad \text{(bits/symb)} \quad (11.2.15)$$

删除概率为 $p$ 的 BEC,信源为均匀分布时达到信道容量 $C_{\text{BEC}}$

$$C_{\text{BEC}}(p) = 1 - p \quad \text{(bits/symb)} \quad (11.2.16)$$

AWGN 样值信道(此时传输符号表达为取值实数的样值)在信源样值信号分布为正态分布 $N(\mu, \sigma_x^2) = N(0, \sigma_x^2)$ 时达到信道容量 $C_{\text{AWGN-sample}}$

$$\begin{cases} C_{\text{AWGN-sample}}(\text{SNR}) = \frac{1}{2}\log_2(1+(\text{SNR})) \quad (\text{bits/symb}) \\ (\text{SNR}) = \frac{\sigma_x^2}{N_0} \end{cases} \quad (11.2.17)$$

AWGN 波形信道（此时传输符号表达为一个持续时间为 $1/B$ 的波形）在信源波形为正态分布时达到信道容量 $C_{\text{AWGN-waveform}}$

$$C_{\text{AWGN-waveform}}(B,\text{SNR}) = B\log_2(1+(\text{SNR})) \quad (\text{bits/s}) \quad (11.2.18)$$

B-AWGN 符号信道（此时传输符号表达为对极特征的二元整数值（$\pm A$））在信源幅值分布是均匀分布时达到信道容量 $C_{\text{AWGN-Bipolar}}$

$$C_{\text{AWGN-Bipolar}} = 1 - \int_{-\infty}^{+\infty} \frac{1}{\sqrt{2\pi\sigma_w^2}} \exp\left(-\frac{(z-A)^2}{2\sigma_w^2}\right) \log_2\left(1+\exp\left(-\frac{2Az}{\sigma_w^2}\right)\right) \mathrm{d}z \quad (\text{bits/symb})$$
$$(11.2.19)$$

记信道的波形符号传输速率（又称为**波特率**）为 $R_{\text{symb}}$，计量单位为符号/秒（symbs/s）或者（Baud），则符号信道容量 $C_{\text{Symb}}$ 与时间波形信道容量 $C_{\text{Waveform}}$ 的关系为

$$C_{\text{Waveform}}(\text{bits/s}) = R_{\text{symb}}(\text{symbs/s}) \times \max_{\{p(x)\}}\{I_{\text{Symb}}(X,Y)\}(\text{bits/symb})$$
$$= R_{\text{symb}}(\text{symbs/s}) \times C_{\text{Symb}}(\text{bits/symb}) \quad (11.2.20)$$

**4. 最大似然译码准则**

记接收向量 $\boldsymbol{y}$ 的译码码字输出为 $\hat{\boldsymbol{c}}$，则使码字译码差错概率 $P_W(e) = P(\hat{\boldsymbol{c}} \neq \boldsymbol{c})$ 最小的译码准则是选择 $\boldsymbol{c}$ 使后验概率 $P(\boldsymbol{c}|\boldsymbol{y})$ 最大。运用贝叶斯准则，最大后验概率译码准则可以表示为

$$\hat{\boldsymbol{c}} = \arg\max_{\boldsymbol{c}\in C}\{P(\boldsymbol{c}|\boldsymbol{y})\} = \arg\max_{\boldsymbol{c}\in C}\left\{\frac{P(\boldsymbol{c})P(\boldsymbol{y}|\boldsymbol{c})}{P(\boldsymbol{y})}\right\}$$
$$= \arg\max_{\boldsymbol{c}\in C}\{P(\boldsymbol{c})P(\boldsymbol{y}|\boldsymbol{c})\} \quad (11.2.21)$$

因此，如果信源概率分布为均匀分布，$P(\boldsymbol{c})$ 为常数，则由于 $P(\boldsymbol{y}|\boldsymbol{c})$ 是发送 $\boldsymbol{c}$ 收到 $\boldsymbol{y}$ 的似然值，所以最小差错概率译码准则简化为最大似然（ML）译码准则，即

$$\hat{\boldsymbol{c}} = \arg\max_{\boldsymbol{c}\in C}\{P(\boldsymbol{y}|\boldsymbol{c})\} \quad (11.2.22)$$

对于离散无记忆符号信道（DMC）上的码字传输，码字 $\boldsymbol{c} = (c_0, c_1, \cdots, c_{n-1})$ 与接收向量 $\boldsymbol{y} = \boldsymbol{v}$ 的差异由汉明距离 $d(\boldsymbol{y}, \boldsymbol{c}) = d_H(\boldsymbol{v}, \boldsymbol{c})$ 确定，因此，对于更简单的 BSC 有

$$P(\boldsymbol{y}|\boldsymbol{c}) = P(\boldsymbol{v}|\boldsymbol{c}) = p^{d_H(\boldsymbol{v},\boldsymbol{c})}(1-p)^{n-d_H(\boldsymbol{v},\boldsymbol{c})}$$
$$= (1-p)^n \left(\frac{p}{1-p}\right)^{d_H(\boldsymbol{v},\boldsymbol{c})} \quad (11.2.23)$$

至此，最大似然译码准则简化为汉明距离意义上的**最小距离**（Minimum Distance，MD）**译码准则**是

$$\hat{\boldsymbol{c}} = \arg\min_{\boldsymbol{c}\in C}\{d_H(\boldsymbol{v},\boldsymbol{c})\} \quad (11.2.24)$$

## 11.2.2 无差错编码传输机理

**1. 编码传输策略**

信道容量以信道的整体统计特征（即熵）表达信息传输的最大速率，但并不能提供实现

最大速率信息传输的途径。从信息传输必须依赖消息传输的原理出发，可以发现，一方面，信息传输出现差错必定是由于消息（或数据）传输出现差错，即信息比特误码率 $P_{\text{info-bit}}(e) > 0$ 必有消息比特或编码数据比特的误码率 $P_{\text{mes-bit}}(e) > 0$；而另一方面，当消息传输误码率趋于 0 时，相应的信息传输速率一定是最大的信息传输速率，即 $P_{\text{mes-bit}}(e) \to 0$ 必有 $P_{\text{info-bit}}(e) \to 0$。所以，实现最大速率传输信息的必要条件一定是实现信息传输误码率趋于 0。

信道编码定理与纠错码原理给出的信息的信道编码传输策略是：对于有消息传输差错的信道 $\text{BSC}(p)$，即对于 $P_{\text{mes-bit}}(e) = P_{\text{mes-bit}}^{(\text{BSC})}(e) = p > 0$，设计一个 $(n,k)$ 分组纠错码，在 $R_c = (k/n) \leqslant C_{\text{BSC}}(p)$（即编码码率小于信道容量）的条件下，为 $\text{BSC}(p)$ 增设编码处理与译码处理的"外壳"；尽管在无译码时的编码码元误码率更差，即 $P_{\text{mes-bit}}^{(\text{No-Decoding})}(e) \geqslant P_{\text{mes-bit}}^{(\text{BSC})}(e) \geqslant 0$，但是，一个设计优良的码（例如，Polar 码）在码长趋于无穷大时，采用最大似然译码方法可使译码后的编码码元误码率趋于 0，即 $P_{\text{mes-bit}}^{(\text{Coding+Decoding})}(e) = P_c(e) \xrightarrow{n \to \infty} 0$，从而必有信息传输误码率趋于 0，进而同时实现信息传输速率达到极大化。

纠错编码对于原始信道的赋能增强，使得编码、译码和原始 $\text{BSC}(p)$ 三者组建起了一个无信息传输差错的 BSC，即 $\text{BSC}(P_c(e) \to 0)$。这个"将有传输差错的 BSC（即 $\text{BSC}(p)$）改造为一个无传输差错的 BSC（即 $\text{BSC}(P_c(e))$）"的信道编码传输策略如图 11.2.1 所示。

图 11.2.1 信道编码传输策略——将有差错的 BSC 改造为无差错的 BSC

于是，若信源波特率 $R_{\text{symb}}$ 为 $R_u$ (Baud) 或 (symb/sec)，那么无差错信息传输的速率必须满足

$$\begin{cases} R_{\text{info-symb}} \leqslant R_c = \dfrac{k}{n} \leqslant I_{\text{BSC}}(p) \leqslant C_{\text{BSC}}(p) \\ R_{\text{info-time}} = R_u R_{\text{info-symb}} \leqslant R_u R_c \leqslant R_u C_{\text{BSC}}(p) \end{cases} \quad (11.2.25)$$

对纠错编码能力的一个**通俗比喻**是：如果信道对每一个传输符号的干扰都是独立的，那么，无编码传输好比是"单打独斗"，即"$k$ 个无编码的数据信号各自独立应对 $k$ 个独立干扰，即各个码元自保其数据安全"；$(n,k)$ 编码传输则可比喻为"组团群殴"，即"$n$ 个编码为一体的数据信号相互协作去应对 $n$ 个独立干扰，通过校验约束联合保护全部 $k$ 个数据的安全"。因而，即使编码后的码元个体弱于编码前的个体，但是通过优化的协作机制，"组团群殴"在整体效能上仍可胜过"单打独斗"。在此意义上，纠错编码仅仅是通过"几乎没有额外

资源开销"的数学设计就可带来通信传输性能的改善,即获得所谓的编码增益。

例如,对于简单的$(n,k)=(3,2)$奇偶校验编码,编码是对任意$k=2$个数据比特$c_0$,$c_1 \in \{0,1\}$,计算校验位数据$c_2 = (c_1+c_0) \bmod 2 = c_1 \oplus c_0$,并生成$n=3$维的具有相互奇偶校验约束(所谓"相互协作")的码字向量$\mathbf{c}=(c_0,c_1,c_2)$;若码字$\mathbf{c}=(c_1,c_2,c_3)$在传输中发生了任意一个符号差错并记为接收数据向量$\mathbf{v}=(v_0,v_1,v_2)$,那么$\mathbf{v}=(v_0,v_1,v_2)$作为一个数据结构的整体就一定不再满足奇偶校验约束关系(所谓"组团群殴"),即一定有$v_2 \neq v_1 \oplus v_0$,从而为检测或纠正传输中的符号差错奠定了基础。

分析下面的案例可知,增加传输信号能量虽然可以降低误码率,但无限制地增大能量是不可物理实现的规则,而且高能量开销并非提升通信效能最佳策略;此外,普通的纠错编码虽然可以减小误码率,但因码率更低而难以有效实现信源数据的传输。

**案例分析**——考虑等概率发送的二元$n$-重复码,通过BSC传输的情况。

对于等概率发送的二元$n$-重复码,通过BSC传输,接收端按等效于最大似然译码的择多判决准则(即译码输出0,当且仅当接收向量中半数以上分量码元为0)译码,相应的消息比特差错概率为

$$P_b(e) = \sum_{j=[n/2]+1}^{n} C_n^j p^j (1-p)^{n-j} = 1-(1-p)^n \sum_{j=0}^{[(n-1)/2]} C_n^j \left(\frac{p}{1-p}\right)^j \quad (11.2.26)$$

于是$P_b(e) \to 0$,当且仅当$n \to \infty$时,但同时此$n$-重复码的码率$R_c=1/n \to 0$,信道所能提供的传信能力为$R_b = R_t R_c \to 0$。因此尽管此时等价的$C_{BSC}(P_b(e)) \to 1$,但对于有限的信道传输速率$R_t < \infty$,在$P_b(e) \to 0$意义上,$R_{info}=R_b \to 0$。所以$n$-重复码不能获得$P_b(e) \to 0$意义上的有效信息传输。

进一步地,仍假设信源均匀分布,以双极BPSK信号在白高斯噪声信道(AWGN)上传输消息,在等同传输能量即等同功率消耗条件下,分别计算无纠错编码应用和应用了$n$-重复码时的信息传输信噪比$(E_b/N_0)$。

等能量消耗指有编码和无编码的平均消息比特传输能量相等$E_{bu}=E_{bc}=E$,因此有$E_{tu}=E$和$E_{tc}=R_c E$。由符号传输差错概率$P_s(e)=Q(\sqrt{2(E_t/N_0)})$得到有编码和无编码时的误码率$P_b(e)$和相应的$(E_b/N_0)$分别为

$$P_{bu}(e) = Q(\sqrt{2(E/N_0)}) \quad (11.2.27)$$

$$\left(\frac{E_b}{N_0}\right)_u = \frac{(E/N_0)}{C_{BSC}(P_{bu}(e))} \quad (11.2.28)$$

$$P_{bc}(e) = \sum_{j=[n/2]+1}^{n} C_n^j p^j (1-p)^{n-j} \quad (11.2.29)$$

$$p = P_s(e) = Q(\sqrt{2R_c(E/N_0)}) \quad (11.2.30)$$

$$\left(\frac{E_b}{N_0}\right)_c = \frac{(E/N_0)}{C_{BSC}(P_{bc}(e))} \quad (11.2.31)$$

$$C_{BSC}(P_b(e)) = 1 + \frac{1}{\log_e 2}[P_b(e)\log_e P_b(e) + (1-P_b(e))\log_e(1-P_b(e))]$$

$$(11.2.32)$$

$(E/N_0)=0.1$和$(E/N_0)=8$时的计算实例如表11.2.1所示。∎

表 11.2.1　BPSK 传输 $n$-重复码的差错特性

| $(E/N_0)$ | 差错特性 | 无编码 | 3-重复码 | 5-重复码 |
|---|---|---|---|---|
| 0.1<br>(−10dB) | $(E_t/N_0)$ | 0.100(−10dB) | 0.033(−14.77dB) | 0.020(−16.99dB) |
| | $P_s(e)$ | $Q(\sqrt{0.2})\approx 0.326$ | $Q(\sqrt{0.2}\sqrt{1/3})\approx 0.397$ | $Q(\sqrt{0.2}\sqrt{1/5})\approx 0.421$ |
| | $P_b(e)$ | 0.326 | 0.348 | 0.354 |
| | $C_{BSC}(P_b(e))$ | 0.085 | 0.068 | 0.062 |
| | $(E_b/N_0)$ | 1.176(0.71dB) | 1.471(1.67dB) | 1.613(2.08dB) |
| 8<br>(9.03dB) | $(E_t/N_0)$ | 8.00(9.03dB) | 2.67(4.26dB) | 1.60(2.04dB) |
| | $P_s(e)$ | 0.000 032 | 0.0011 | 0.037 |
| | $P_b(e)$ | 0.000 032 | 0.000 003 6 | 0.000 478 8 |
| | $C_{BSC}(P_b(e))$ | 0.999 476 | 0.999 929 7 | 0.994 029 1 |
| | $(E_b/N_0)$ | 8.0042(9.033dB) | 8.0006(9.031dB) | 8.0481(9.057dB) |

该例的计算数据表明：

(1) 传输比特能量在数值上可能小于香农限，但等价的 $(E_b/N_0)$ 总大于香农限，例如，传输信噪比为 −10dB 时无编码传输所等价的 $(E_b/N_0)$ 为 0.71dB。

(2) 不恰当的纠错编码不但不能提高信息传输性能，反而会导致性能恶化。例如，信息比特信噪比为 9.03dB 时，5-重复码的性能劣于无编码的传输性能，而 3-重复码的性能优于无编码的传输性能。

(3) 纠错码需在原始误码率高于某个信噪比阈值(称为译码阈值或译码门限)后才能提高传输性能。例如，在 −10dB 传输信噪比情形下，应用重复码总难以获得性能改善。不同的纠错码存在不同的译码门限值。

(4) 单纯增加重复码码长，并不能改善传输性能。这说明重复码不是可以达到香农限或实现完全无差错信息传输的纠错码，虽然编码定理保障存在一种码率小于 0.085 的纠错码能够在 −10dB 传输信噪比情形下当码长 $n\to\infty$ 时达到 $P_b(e)\to 0$。

### 2. 资源开销与香农限

虽然衡量通信系统工程的技术指标非常多，即使对于通信链路而言，也有传输容量或数据率或吞吐率、接收机灵敏度与接收机工作门限信噪比、天线增益、纠错编译码增益、误码率等，但是，从通信原理的基础概念上分析，通信系统的基本资源只有三项，即能量(energy)或功率(power)、频谱(spectrum)和时间(time)。

独立地衡量能量或功率资源开销的参数通常是以加性白噪声为干扰参照下的信噪比 SNR(Signal to Noise Ratio)。SNR 有两种表示形式：一是符号波形信噪比 $E_s/N_0$；二是信息比特信噪比 $E_b/N_0$，即传输一个信息比特所需的信噪比。

独立地衡量频谱资源开销的主要参数有两项：一是带宽 $B$(赫兹，Hz)，通常以符号波形的傅里叶变换频率谱的第一过零点频率值作为带宽值；二是谱效率 $\gamma$，特指数字调制中单位符号波形带宽内调制的信息比特量，即单位频谱上承载的信息量，计量为赫兹比特数(bit/Hz)。

独立地衡量时间资源开销的参数主要有时延 $T_{Delay}$，特指由通信系统架构而非由通信工程实现复杂度确定的信息传输时间延时。

综合地衡量能量、频谱和时间这三者通信开销的指标有两项：一是**香农限**(Shannon

limit),即实现无差错信息传输时的极限最低通信资源开销,定义为传输一个信息比特所需的最小信噪比,记为符号 $\eta_{\min}=(E_b/N_0)_{\min}$;二是信息传输的**信息比特谱效率**,定义为单位时间单位带宽上传输的信息比特数,记为 $\gamma=(R_b/B)$(比特/秒·赫兹),这里 $R_b$ 是单位为比特/秒的信息传输速率。

根据信道编码定理,即无误差传输条件 $R_b \leqslant C^T \leqslant C_{\text{AWGN}}$ 可以得到

$$R_b \leqslant C_{\text{AWGN}} = B\log_2\left(1+\frac{P_s}{\sigma^2}\right) = B\log_2\left(1+\frac{E_s R_s}{N_0 B}\right) = B\log_2\left(1+\frac{E_b}{N_0}\frac{R_b}{B}\right) \tag{11.2.33}$$

其中,$E_s$ 为传输符号的能量,$R_s$ 为传输符号速率或波特率,信息比特信噪比 $\eta=(E_b/N_0)$ 与信息比特谱效率 $\gamma=(R_b/B)$ 的关系为

$$\eta = \left(\frac{E_b}{N_0}\right) \geqslant \frac{2^{R_b/B}-1}{R_b/B} = \frac{2^\gamma-1}{\gamma} \tag{11.2.34}$$

$$\eta_{\min} = \lim_{B\to\infty}\left(\frac{E_b}{N_0}\right) = \lim_{R_b\to 0}\left(\frac{E_b}{N_0}\right) = \lim_{\gamma\to 0}\frac{2^\gamma-1}{\gamma} = \log_e 2 = 0.693(\text{或}-1.59\text{dB}) \tag{11.2.35}$$

数值 $\eta_{\min}=(E_b/N_0)_{\min}=0.693$ 或 $-1.59$dB 称为理想通信系统在信息比特谱效率趋于零时的香农限,它是任何通信系统传输一个信息比特所需信噪比的最小极限指标。

通信系统的能量带宽效率平面是由参数对 $(\eta,\gamma)$ 界定的二维平面,满足不等式(11.2.34)的参数点在此平面上限定了一个称为可达区域的区域,参见图 11.2.2。可达区域内确定的任何系统均可能实现无误差信息传输,而任何不在此区域的系统均不可能实现无误差信息传输。

**图 11.2.2** 编码信息传输系统的能量带宽效率平面

可达区域内系统参数点的移动表征系统的某种结构和性能变化,如图 11.2.2 中系统 A 到系统 B 的变化表示在不增加信号带宽和保持相同的比特谱效率的条件下可以降低实现无误差信息传输所需要的信噪比,系统 B 到系统 C 的变化表示在不增加信噪比的条件下可以提高比特谱效率。

可以证明,BPSK 调制在最佳信号检测以及可达无差错信息传输的分组纠错编码的条件下,当码率 $R_c \to 0$ 时,BSC 信道的香农限为

$$\eta_{\min}^{\text{BPSK}} = \left(\frac{E_b}{N_0}\right)_{\min} = \frac{\pi\log_e 2}{2} = 1.089(\text{或 } 0.37\text{dB}) \tag{11.2.36}$$

对于理想软判决二元传输,信道模型为白噪声参数记为 $z$ 的 B-AWGNC,若调制方式

为 BPSK,信号幅度 $A=\sqrt{E}=\sqrt{R_c E_b}$,信道输出为 $y=\pm A+z$,那么,由无差错传输的必要条件有

$$R_c \leqslant C_{\text{B-AWGNC}} = 1 - \int_{-\infty}^{+\infty} \frac{1}{\sqrt{2\pi\sigma^2}} \exp\left(-\frac{(y-A)^2}{2\sigma^2}\right) \log_2\left(1+\exp\left(-\frac{2Ay}{\sigma^2}\right)\right) dy$$

$$= 1 - \int_{-\infty}^{+\infty} \frac{1}{\sqrt{\pi N_0}} \exp\left(-\frac{(y-\sqrt{R_c E_b})^2}{N_0}\right) \log_2\left(1+\exp\left(-\frac{4\sqrt{R_c E_b} \cdot y}{N_0}\right)\right) dy$$

(11.2.37)

上式的数值解给出了 B-AWGNC 信道的香农限 $\eta_m^{\text{B-AWGNC}} = (E_b/N_0)_{\min}$ 与编码码率 $R_c$ 之间的数值关系,如表 11.2.2 所示。同时还可以数值验证,采用 BPSK 信号传输时,以及纠错码码率 $R_c \to 0$ 时,B-AWGNC 信道的香农限逼近到 AWGN 的香农限,即 0.693(−1.59dB)。

表 11.2.2　B-AWGNC 信道上不同码率的香农限 $\eta_{\min}^{\text{B-AWGNC}} = (E_b/N_0)_{\min}$

| $R_c$ | 0.01 | 0.05 | 0.10 | 0.15 | 0.20 | 0.25 | 0.30 | 0.35 | 0.40 | 0.45 |
|---|---|---|---|---|---|---|---|---|---|---|
| $\eta_{\min}^{\text{B-AWGNC}}/\text{dB}$ | −1.55 | −1.44 | −1.29 | −1.13 | −0.96 | −0.79 | −0.62 | −0.43 | −0.24 | −0.03 |
| $R_c$ | 0.50 | 0.55 | 0.60 | 0.65 | 0.70 | 0.75 | 0.80 | 0.85 | 0.90 | 0.95 |
| $\eta_{\min}^{\text{B-AWGNC}}/\text{dB}$ | 0.19 | 0.42 | 0.68 | 0.96 | 1.28 | 1.63 | 2.05 | 2.54 | 3.21 | 4.18 |

因此,现代通信系统设计和实现的一个路径追求是:约束特定的调制制式,研究新型的纠错码及其译码方法,使得通信系统的整体形象传输效能逼近相应码率约束下的香农限。这正是 Turbo 码和 LDPC 码的实验成功之道,更是 Polar 码的理论与实践成功之道。

然而,如果工程实践不能容忍无限长的码长实现,且松弛误码率需求为足够小而非绝对 0,那么衡量通信系统以及纠错码效能的参数转换为**编码增益**(coding gain),即在满足业务需求的误码率@BER* 条件下,纠错编译码带来的传输一个信息比特所需信噪比 $(E_b/N_0)$ 的减少量,记为 $G_c$,计算或测试方法为

$$G_c = \frac{(E_b/N_0)_{\min}^{\text{Without-Coding}}}{(E_b/N_0)_{\min}^{\text{With-Coding}}} \bigg|_{@\text{BER}^*}$$

(11.2.38)

$$G_c(\text{dB}) = \left[\left(\frac{E_b}{N_0}\right)_{\min}^{\text{Without-Coding}}(\text{dB}) - \left(\frac{E_b}{N_0}\right)_{\min}^{\text{With-Coding}}(\text{dB})\right]_{@\text{BER}^*}$$

(11.2.39)

按照信号检测(包括纠错译码)一般理论,对于给定的调制解调方式和信道,总存在相近的常数 $A_1$ 与 $A_2$,以及相近的常数 $B_1$ 与 $B_2$,使得传输符号差错概率 $P_s(e)$ 满足

$$A_1 Q\left(B_1 \sqrt{\frac{E_t}{N_0}}\right) \leqslant P_s(e) \leqslant A_2 Q\left(B_2 \sqrt{\frac{E_t}{N_0}}\right)$$

(11.2.40)

这表明 $P_s(e)$ 是 $(E_t/N_0)$ 的单调降函数,并且 $P_s(e)$ 具有 $Q(x)$ 形式的随 $(E_t/N_0)$ 增大而急剧减小的"瀑布"曲线规律,如图 11.2.3 所示。

$P_b(e)$ 虽然因信号解调方式不同以及因编码与译码方式不同是 $P_s(e)$ 的不同函数,但是对给定的编码方式(给定 $n$、$R_c$、$d_{\min}$ 等)以及译码方式,$P_b(e)$ 仍然应当与 $P_s(e)$ 有单调关系,所以仍然存在某对常数 $A$ 与 $B$ 使得 $P_b(e)$ 满足

$$P_b(e) \approx A Q\left(B \sqrt{\frac{E_b}{N_0}}\right)$$

(11.2.41)

图 11.2.3 编码增益

图 11.2.3 表征了编码增益、误码率、信噪比之间的关系及其特征,具体来讲:

(1) 香农限 0.693 是误码率趋于 0 时的所需最小信噪比($E_b/N_0$)值。

(2) 译码门限表示了纠错码产生正向编码增益时的工作信噪比数值点,即在给定译码门限的信噪比点及其更大数值点上,编译码导致 BER 随($E_b/N_0$)的增加而减小;此外,门限值取决于码的结构和具体的译码方式,但一定大于相应码率的香农限 $\eta_{\min}$。

(3) 短(长)码是指码长更短(长)的纠错码,通常短码的延迟性能优于长码,但在纠错效能上弱于长码。

(4) 在工程实践中发现,几乎所有的通信系统(含调制和编码)都存在误码平层(error floor)现象,即在信噪比达到某个特定值以后,误码率 BER 对信噪比($E_b/N_0$)的增长不再敏感。

(5) 在不同的 BER 比较参照点 $P_b^{\mathrm{comp}}(e)$,相应的编码增益 $G_c$ 不同。通常,$G_c$ 指渐进编码增益 $G_{ac}$,即 $G_{ac}$ 是 $P_b^{\mathrm{comp}}(e) \to 0$ 即 $\eta \gg 1$ 时的编码增益,对于码率为 $R_c$、最小码距为 $d$ 的分组码有编码增益的估计值为

$$G_{ac} \approx 10\log_{10}(R_c d) \qquad (11.2.42)$$

典型编码系统在采用 BPSK 调制时的编码增益经验值如表 11.2.3 所示,其中 $G_c @ P_b(e) = 10^{-5}$ 指误码率为 $10^{-5}$ 时的编码增益。

表 11.2.3 典型编码系统采用 BPSK 调制在 AWGN 信道传输时的编码增益 单位:dB

| 编码技术 | $G_c @ P_b(e) = 10^{-5}$ | $G_c @ P_b(e) = 10^{-8}$ |
| --- | --- | --- |
| 理想编码 | 11.2 | 13.6 |
| 分组码:$R_c = 1/2$,$d \approx 0.3n$,硬判决 | 3.0~4.0 | 4.5~5.5 |

续表

| 编码技术 | $G_c@P_b(e)=10^{-5}$ | $G_c@P_b(e)=10^{-8}$ |
|---|---|---|
| 分组码：$R_c=1/2, d\approx 0.3n$，软判决 | 5.0~6.0 | 6.5~7.5 |
| 卷积码：$R_c=1/2, K=7$，软判决维特比算法 | 4.0~5.5 | 5.0~6.5 |
| 级联码：RS(255,233)码，硬判决<br>+卷积码 $R_c=1/2, K=7$，软判决维特比算法 | 6.5~7.5 | 8.5~9.5 |
| Turbo 码(C. Berrou, 1993年)：<br>$R_c=1/3$(8状态)；$n\approx 5000$；<br>MAP 译码(6~8次迭代)；<br>工作信噪比距离香农限(−0.51dB)约 0.49dB | 9.0~10.0 | 12.0~13.0 |
| 随机 LDPC 码(Sae-Young Chung 等，2001年)：<br>$R_c=1/2$；$n\approx 10^7$；<br>BP 译码(60~80次迭代)；<br>工作信噪比距离香农限(0.19dB)约 0.0045dB | ~11.1 | ~13.6 |

## 11.3 线性分组码

### 11.3.1 纠错码的基础结构与编码目标

**1. 汉明概念**

纠错码的基础结构要素基本由汉明(Richard Wesley Hamming)一人创建。以汉明命名的特征参数有：**汉明重量**(Hamming weight)、**汉明距离**(Hamming distance)、**最小码距**(minimum code distance)和**汉明球**(Hamming sphere)。

对于 $n$ 维向量 $\boldsymbol{a}=(a_0, a_1, \cdots, a_{n-1})$, $a_i \in A$，若在码元符号集合 $A$ 上定义有加法运算且有加法零元 $0$ 或 $\theta$，那么，$\boldsymbol{a}$ 的汉明重量 $w_H(\boldsymbol{a})$ 定义为 $\boldsymbol{a}$ 中非零元分量的个数；向量 $\boldsymbol{a}$ 与 $\boldsymbol{b}$ 之间的**汉明距离** $d_H(\boldsymbol{a}, \boldsymbol{b})$ 定义为 $\boldsymbol{a}$ 与 $\boldsymbol{b}$ 之间不同分量的个数，即

$$w_H(\boldsymbol{a}) = \sum_{i=0,1,\cdots,n-1; a_i\neq 0} 1 \tag{11.3.1}$$

$$d_H(\boldsymbol{a}, \boldsymbol{b}) = d_H((a_0, a_1, \cdots, a_{n-1}), (b_0, b_1, \cdots, b_{n-1})) = \sum_{i=0,1,\cdots,n-1; a_i\neq b_i} 1, \quad a_i, b_i \in A \tag{11.3.2}$$

依据向量的加法运算规则，即 $\boldsymbol{a} \pm \boldsymbol{b} = (a_0 \pm b_0, a_1 \pm b_1, \cdots, a_{n-1} \pm b_{n-1})$，可以发现对于二元向量 $\boldsymbol{a}$ 与 $\boldsymbol{b}$，每当有分量 $a_i \neq b_i$，则必然使 $\boldsymbol{a}-\boldsymbol{b}$ 的汉明重量加1，从而有

$$d_H(\boldsymbol{a}, \boldsymbol{b}) = w_H(\boldsymbol{a} - \boldsymbol{b}) \tag{11.3.3}$$

$$w_H(\boldsymbol{a}) = d_H(\boldsymbol{a}, \boldsymbol{\theta}), \boldsymbol{\theta} = (0, 0, \cdots, 0) \tag{11.3.4}$$

**例 11.1** 对汉明距离和汉明重量的三个计算案例如下：

(1) $d_H((00001111),(11001100)) = \sum_{a_i \neq b_i} 1 = 4, A=\{0,1\}$。

(2) $d_H((01021121),(12021011)) = \sum_{a_i \neq b_i} 1 = 4, A=\{0,1,2\}$。

(3) $w_H((10100101)) = d_H((10100101),(00000000)) = 4, A=\{0,1\}$。 ◼

纠错码作为一个码字向量的集合 $\boldsymbol{C}$，其最小汉明距离 $d_{\min}(\boldsymbol{C})$ 或 $d_{\min}$ 或者更常常简记

为 $d$,称为**最小码距**,定义为 $C$ 中任意两不同码字之间汉明距离的最小值,即

$$d_{\min} = \min\{d_H(c,c') \mid c,c' \in C; c \neq c'\} \quad (11.3.5)$$

为突出标识最小码距在纠错码结构上的价值,将具有 $M$ 个码字且最小码距为 $d = d_{\min}(C)$ 的 $[n,M]$ 或 $[n,k]$ 分组码,标记为 $[n,M,d]$ 或 $[n,k,d]$ 码。特别地,线性分组码记为 $(n,k)$ 码或 $(n,k,d)$ 码。

$[n,M]$ 码的基本几何特征是:全部码字是分布在 $n$ 维汉明度量空间 $(V^{(n)}, d_H)$ 中的 $M$ 个点。

以某一个码字 $c$ 为中心、以正整数 $\lambda$ 为半径的**汉明球**是汉明度量空间 $V^{(n)}$ 中的一个向量集合 $S(c,\lambda) = \{v \mid d_H(c,v) \leqslant \lambda\}$。于是,一个最优的 $[n,M,d] = [n,M,2\lambda_{\max}+1]$ 纠错码设计就是在 $(V^{(n)}, d_H)$ 中,不交叠地镶嵌或球填充(sphere packing)$M$ 个半径均达到相同最大值 $\lambda_{\max}$ 的汉明球 $S(c_i, \lambda_{\max})$,$i = 1,2,\cdots,M$。

#### 2. 纠错码的设计目标

一方面,依据最大似然译码原理,在无记忆信道上逐个码元符号地传输码字时,最小化译码差错概率等价为最小化接收序列与特定码字信号之间的欧几里得距离。对于逐个符号调制与传输,码字对应信号间的欧几里得距离最大化必有码字间的汉明距离最大,所以,纠错码设计的第一目标是:给定码长 $n$ 和码字数 $M$,设计的纠错码具有最大的最小码距 $d = d_{\min}(C)$,即

$$d = \max\{d_{\min}(C^{(l)}) \mid\mid C^{(l)}\mid = M, C^{(l)} = \{(c_0^{(l)}, c_1^{(l)}, \cdots, c_{n-1}^{(l)})\}, l = 1,2,\cdots\}$$
$$(11.3.6)$$

从减小传输差错概率的角度观察,纠错码的最优设计应当实现纠错码设计的第一目标。对于 $[n,k,d]$ 码,最小码距最大化的极限表示为**辛格里顿界**(Singleton bound),即

$$d \leqslant n - k + 1 = r - 1 \quad (11.3.7)$$

达到辛格里顿界(即 $d = n-k+1$)的纠错码称为**最大距离可分码**(Maximum Distance Separable code,MDS code)。特称参数 $r = n-k$ 为冗余位长,可以说 MDS 码是把编码冗余的作用发挥到极致的纠错码。RS(Reed-Solomon)码是目前唯一已找到的一类 MDS 码。

另一方面,信息传输追求单位符号传输的信息量最大,或纠错码的编码码率最大,故纠错码设计的第二目标是:给定码长 $n$ 和最小距离 $d$,设计的纠错码具有最大的码字数 $M$,即

$$M = \max\{M^{(l)} \mid d_{\min}(C^{(l)}) = d, C^{(l)} = \{(c_0^{(l)}, c_1^{(l)}, \cdots, c_{n-1}^{(l)})\}, l = 1,2,\cdots\} \quad (11.3.8)$$

从增加传信率的角度观察,码的设计应当力求达成纠错码设计的第二目标。对于有 $q$ 种码元($q=2$ 时为二元码)的 $[n,k,d]$ 码,最大码字数的极限表示为**汉明界**(Hamming bound)或**球填充界**(sphere packing bound),在几何上表现为在 $n$ 维空间中填充的汉明球的数量最大。汉明界的代数表达形式是

$$q^{n-k} \leqslant \sum_{i=0}^{\lceil \frac{d-1}{2} \rceil} C_n^i (q-1)^i \quad (11.3.9)$$

达到汉明界的纠错码称为**完备码**(perfect code),是给定码长和最小码距条件下的最大码率码,而且其最小码距为奇数 $d = 2t+1$。迄今为止发现的全部完备码是汉明码、戈莱码和奇数长重复码。

虽然纠错码设计的终极目标是实现香农信道编码定理,但是针对不同传输差错度量方

式的纠错思路促成了不同的设计与实现路径。度量传输差错的距离特征是设计和实现代数编译码(典型如基于硬判决数据的 BCH 码/RS 码/代数几何码等)的基本出发点,编译码的极限性能评估主要表现为码的结构参数是否逼近或达到各种码限;度量传输差错的概率特征则是设计和实现迭代编译码(典型如基于软判决数据的卷积码/乘积码/Turbo 码/LDPC 码/Polar 码等)的基本出发点,编译码的极限性能评估主要表现为码的纠错概率与资源开销是否逼近或达到香农限。

**3. 重复码、等重码、奇偶校验码与许用码组筛选**

"重复"是设计纠错码的一种最简洁实用的方法,即重复 $n$ 次发送同一个信息符号;相应的译码方法是择多或者择大判决,即以接收向量中的最多数符号特征的对应码元为译码码元输出。

**例 11.2** 二元 $n$-重复码。

$n$-重复码是一个 $[n,k,d]=[n,1,n]$ 纠错码,码字构造方法是对信息码元重复 $n-1$ 次形成 $n$ 长码字。例如,在长为 3 的 8 个不同二元向量中,选择向量集合 $\{(000),(111)\}$ 构成的 $[n,k,d]=[3,1,3]$ 的二元 3-重复码,并有

$$R_c = (\log_2 M)/n = (\log_2 2^k)/n = k/n = 1/3, \quad r = n - k = n - 1 = 2$$

采用 BPSK 调制传输时,3-重复码与调制波形的对应关系为

$$\begin{cases} 数据\ 0 \leftrightarrow 码字\ (000) \leftrightarrow \text{BPSK 信号向量}\ \boldsymbol{x}=(+A,+A,+A) \\ 数据\ 1 \leftrightarrow 码字\ (111) \leftrightarrow \text{BPSK 信号向量}\ \boldsymbol{x}=(-A,-A,-A) \end{cases}$$

**例 11.3** 四元 2-重复码。

四元 2-重复码 $\boldsymbol{C}=\{(00),(11),(22),(33)\}$ 是一个 $[n,M]=[2,4]$ 的四元分组码,

$$R_c = \log_q M/n = (\log_4 4)/2 = 1/2, \quad r = n - k = 2 - 1 = 1$$

四元 2-重复码的每个码元平均传输的消息比特数为 $R_c \log_2 q = (1/2)\log_2 4 = 1$ 比特,一个码字传输的消息比特数为 $\log_2 M = 2$ 比特。由于 $q=4$,所以每个码元等价的数据比特数为 $\log_2 q = \log_2 4 = 2$ 比特,从而对四元码的逐个符号调制是诸如 QPSK 调制类的四元调制。

"等重"或者"等比"也是一种设计纠错码的简捷有效的方法,即选用汉明重量为特定值的全部向量作为码字。

**例 11.4** 二元 $m/n$ 等比码。

以五元组中恒定汉明重量为 3 作为码字选取准则,那么一个二元 $m/n=3/5$ 等比码是在 32 个不同五维二元向量中选择出的一个二元 $[n,M]=[5,10]$ 码;该码常用于传输十进制数字符号,码字集合和码率分别为

$$\boldsymbol{C} = \begin{Bmatrix} (00111),(01110),(11100),(11001),(10011) \\ (10101),(01011),(10110),(01101),(11010) \end{Bmatrix}$$

$$R_c = \frac{\log_q M}{n} = \frac{\log_2 C_n^m}{n} = \frac{\log_2 C_5^3}{5} = \frac{\log_2 10}{5} \approx 0.6644$$

其中,

$$C_n^m = \frac{n!}{m!(n-m)!} = \frac{1 \cdot 2 \cdots n}{(1 \cdot 2 \cdots m)(1 \cdot 2 \cdots (n-m))} \qquad (11.3.10)$$

表示 $n$ 中取 $m$ 的组合数，且 $0! = 1$，$C_n^0 = 1$。由于 $k = \log_2 C_5^3$ 不是整数值，所以该等比码不存在整数值的消息位长和冗余位长。

奇偶校验是设计 $[n,k,d]$ 纠错码的最简洁且高效率的方法，并且奇偶校验属性成了纠错码设计的基础。基础的偶校验方法是通过添加一个校验冗余比特，构造汉明重量恒为偶数或 0 的 $n$ 维向量，形成一类 $(n,k,d) = (n,n-1,2)$ 线性分组码。对于二元信息分组 $(u_0, u_1, \cdots, u_{n-2})$，偶校验编码是计算校验位或冗余位 $c_{n-1}$ 并形成**偶校验码 C**，

$$\begin{cases} \boldsymbol{C} = \{(c_0, c_1, \cdots, c_{n-2}, c_{n-1})\} = \{(u_0, u_1, \cdots, u_{n-2}, c_{n-1})\} \\ c_{n-1} = (u_0 + u_1 + \cdots + u_{n-2}) \bmod 2, u_i \in \{0,1\} \end{cases} \qquad (11.3.11)$$

对于传输偶校验码字的对应二元接收分组或向量 $\boldsymbol{y} = (y_0, y_1, \cdots, y_{n-2}, y_{n-1})$，偶校验过程是计算**校验子**或者**伴随式** $s$（syndrome）

$$s = (y_0 + y_1 + \cdots + y_{n-2} + y_{n-1}) \bmod 2, \quad y_i \in \{0,1\} \qquad (11.3.12)$$

在校验子取值 $s = 1$ 时，可正确判断接收分组 $\boldsymbol{y}$ 中有奇数个传输比特错误，而 $s = 0$ 表示接收分组 $\boldsymbol{y}$ 中或者无传输比特差错或者存在偶数个传输比特错误。

可很容易将对信息向量的奇偶校验编码方法推广到对信息数据矩阵的偶校验编码，从而有可能既可检测传输差错的存在，还可能纠正检测到的差错。

**例 11.5** 二维 $[9,4]$ 偶校验阵列码。

一个二维 $[n,k,d] = [9,4,4]$ 偶校验阵列纠错码的编码是对 $2 \times 2$ 阵列消息数据进行逐行（或逐列）奇偶校验编码后再做逐列（或逐行）奇偶校验编码形成的 $3 \times 3$ 编码阵列，码率 $R_c = 4/9 \approx 0.444$，码字 $\boldsymbol{c}$ 的形式可以不再是向量而是一个 $3 \times 3$ 矩阵，即

$$\boldsymbol{c} = \begin{bmatrix} m_{00} & m_{01} & p_{02} \\ m_{10} & m_{11} & p_{12} \\ p_{20} & p_{21} & p_{22} \end{bmatrix}$$

其中，$p_{02}$ 和 $p_{12}$ 分别是第 1 行和第 2 行的偶校验码元，$p_{20}$ 和 $p_{21}$ 分别是第 1 列和第 2 列的偶校验码元，$p_{22}$ 是第 3 行或第 3 列的偶校验码元。在此例中，任意 1 位码元错误一定在某特定行和某特定列上同时导致偶校验失效，从而由二维坐标体系确定此码元错误位置，继而完成任意单个差错的纠正。

许用码组筛选是设计 $[n,M,d]$ 码的另一种途径。在 $n$ 维向量集合 $V_n^{(n)}$ 中，通过特定向量约束关系 $\psi(v_0, v_1, \cdots, v_{n-1}) = 0$ 恰当选择出 $M$ 个称为**许用码组**的分组（或向量）作为码字 $\boldsymbol{C}$，可以构造出多种精巧的纠错码。

$$\begin{aligned} \boldsymbol{C} &= \{(v_0, v_1, \cdots, v_{n-1}) \mid \psi(v_0, v_1, \cdots, v_{n-1}) = 0, v_i \in A, i = 0,1,\cdots,n-1\} \\ &\subseteq V_n^{(n)} = \{(v_0, v_1, \cdots, v_{n-1}) \mid v_i \in A, i = 0,1,\cdots,n-1\} \end{aligned} \qquad (11.3.13)$$

**例 11.6** 5 个许用码组筛选案例。为传输 2 比特信息，考察如下 5 种码长均为 4 的纠错码构造方法以及其编码映射和基本结构特征。

(1) 在由 $2^4 = 16$ 个 4 维分组构成的 $V^{(n)} = (Z_2)^4$ 集合中，随机选择 4 个二元 4 维分组构成一个二元 $[n,M] = [4,4]$ 或 $[n,k] = [4,2]$ 纠错码，结构特征为

$$\boldsymbol{C} = \{(0001), (0011), (1011), (0010)\}$$

$$\phi:(00)\leftrightarrow(0001),(01)\leftrightarrow(0011),(10)\leftrightarrow(1011),(11)\leftrightarrow(0010)$$
$$R_c=k/n=2/4=0.5,\quad r=n-k=4-2=2,\quad d=1$$

(2) 在由 $2^4=16$ 个 4 维分组构成的 $V^{(n)}=(Z_2)^4$ 集合中,选择将每两位信息比特重复一次构造的分组作为码字,得到一个二元 $[n,M]=[4,4]$ 或 $[n,k]=[4,2]$ 纠错码为
$$\boldsymbol{C}=\{(0000),(0101),(1010),(1111)\}$$
$$\phi:(00)\leftrightarrow(0000),(01)\leftrightarrow(0101),(10)\leftrightarrow(1010),(11)\leftrightarrow(1111)$$
$$R_c=k/n=2/4=0.5,\quad r=n-k=4-2=2,\quad d=2$$

(3) 在由 $2^4=16$ 个 4 维分组构成的 $V^{(n)}=(Z_2)^4$ 集合中,选择 4 个(恰好仅有 4 个)汉明重量等于 3 的二元 4 维分组作为码字,得到一个二元 $[n,M]=[4,4]$ 或 $[n,k]=[4,2]$ 纠错码,此码又称为 3/4 等比码,相应的结构特征为
$$\boldsymbol{C}=\{(0111),(1110),(1101),(1011)\}$$
$$\phi:(00)\leftrightarrow(0111),(01)\leftrightarrow(1110),(10)\leftrightarrow(1101),(11)\leftrightarrow(1011)$$
$$R_c=k/n=2/4=0.5,\quad r=n-k=4-2=2,\quad d=2$$

(4) 在由 $3^4=81$ 个 4 维分组构成的 $V^{(n)}=A^4=\{0,1,2\}^4$ 集合中,即在 $q=3$ 的三元码元集 $A=\{0,1,2\}$ 上,选择 4 个三元的 4 维分组作为码字,得到一个三元 $[n,M]=[4,4]$ 纠错码为
$$\boldsymbol{C}=\{(0000),(0011),(1100),(2222)\}$$
$$\phi:(00)\leftrightarrow(0000),(01)\leftrightarrow(0011),(10)\leftrightarrow(1100),(11)\leftrightarrow(2222)$$
$$R_c=(\log_q M)/n=(\log_3 4)/4=0.3155,\quad d=4$$

在此例中,由于信息码元集合 $U=\{0,1\}$ 与编码码元集合 $A=\{0,1,2\}$ 不存在集合的代数结构延拓关系,所以不存在表示信息符号量的整数 $k$ 值,$k=\log_q M$。

(5) 在由 $4^4=256$ 个 4 维分组构成的 $V^{(n)}=A^4=\{0,1,2,3\}^4$ 集合中,即在四元码元集 $A=\{0,1,2,3\}$ 上,选择将任意一个码元重复 4 次作为码字,得到一个由 4 个四元 4 维分组构成的四元 $[n,M]=[4,4]$ 或 $[n,k]=[4,1]$ 分组纠错码为
$$\boldsymbol{C}=\{(0000),(1111),(2222),(3333)\}$$
$$\phi:(00)\leftrightarrow(0000),(01)\leftrightarrow(1111),(10)\leftrightarrow(2222),(11)\leftrightarrow(3333)$$
$$R_c=(\log_q M)/n=(\log_4 4)/4=1/4=0.25,\quad k=\log_q M=\log_4 4=1$$
$$r=n-k=4-1=3,\quad d=4$$
∎

### 11.3.2 线性分组码的一般结构

**1. 线性分组码及其结构**

$(n,k)$ 线性分组编码是对固定长度的信息分组 $\boldsymbol{u}=(u_0,u_1,\cdots,u_{k-1})$ 进行线性变换 $\phi(\boldsymbol{u})$,得到固定长度的码字向量或码字 $\boldsymbol{c}=(c_0,c_1,\cdots,c_{n-1})$。由 $\phi(\boldsymbol{u})$ 确定的全部码字的集合称为一个 $(n,k)$ 线性分组码(linear block code),记为 $\boldsymbol{C}$ 或者 $\boldsymbol{C}(n,k)$,$\boldsymbol{C}=\{\boldsymbol{c}\,|\,\boldsymbol{c}=\phi(\boldsymbol{u}),\boldsymbol{u}\in V_k^{(k)}\}$。

依据矩阵理论,线性变换 $\boldsymbol{c}=\phi(\boldsymbol{u})$ 的实现形式是一个 $k\times n$ 且 $k<n$ 的行满秩(full-rank)矩阵 $\boldsymbol{G}=[g_{ij}]_{k\times n}$ 与向量 $\boldsymbol{u}$ 的乘积,即

$$\begin{cases} \boldsymbol{c} = (c_0, c_1, \cdots, c_{n-1}) = \phi[\boldsymbol{u}] \\ \\ = (u_0, u_1, \cdots, u_{k-1})[g_{ij}]_{k \times n} = \boldsymbol{u}\boldsymbol{G}_{k \times n} = \boldsymbol{u} \begin{bmatrix} \boldsymbol{g}_0 \\ \vdots \\ \boldsymbol{g}_i \\ \vdots \\ \boldsymbol{g}_{k-1} \end{bmatrix} \\ \\ = u_0 \boldsymbol{g}_0 + \cdots + u_i \boldsymbol{g}_i + \cdots + u_{k-1} \boldsymbol{g}_{k-1} \\ \\ \text{rank}[\boldsymbol{G}_{k \times n}] = k \leqslant n \end{cases} \quad (11.3.14)$$

构成线性分组码的矩阵 $\boldsymbol{G}$ 称为 $(n,k)$ 线性分组码 $\boldsymbol{C}(n,k)$ 的生成矩阵(Generator Matrix)。线性分组码 $\boldsymbol{C}(n,k)$ 的基本特性由 $\boldsymbol{G}$ 确定,主要有:

(1) 码字集合 $\boldsymbol{C}(n,k)$ 又称为码(code),是 $n$ 维线性空间的一个 $k$ 维子空间 $V_n^{(k)} \subseteq V_n^{(n)}$,即有 $\dim[\boldsymbol{C}(n,k)] = \dim[V_n^{(k)}] = k$。

(2) 全零向量一定是码字,即 $\boldsymbol{\theta} \in \boldsymbol{C}(n,k)$。

(3) 任意两码字的和仍是码字,即对 $\boldsymbol{c}, \boldsymbol{c}' \in \boldsymbol{C}(n,k)$,有
$$\boldsymbol{c} + \boldsymbol{c}' = (c_0 + c_0', \cdots, c_{n-1} + c_{n-1}') \in \boldsymbol{C}(n,k) \quad (11.3.15)$$

(4) 线性分组码的最小汉明距离(即码距)等于非零码字的最小汉明重量,即
$$d_{\min} = \min_{\boldsymbol{c} \neq \boldsymbol{\theta}, \boldsymbol{c} \in \boldsymbol{C}(n,k)} \{w_H(\boldsymbol{c})\} \quad (11.3.16)$$

(5) 生成矩阵 $\boldsymbol{G}$ 的任意行初等变换矩阵生成相同的码,$\boldsymbol{C}(n,k) = \{\boldsymbol{u}\boldsymbol{G}\} = \{\boldsymbol{u}\boldsymbol{G}'\}$,$\boldsymbol{G}' \approx \boldsymbol{G}$,并称由行初等变换的形成的码是等价码。

(6) 对给定的 $n$ 和 $k$,行初等变换不等价的 $q$ 元线性分组码的个数 $N_q(n,k)$ 为
$$N_q(n,k) = \prod_{i=0}^{k-1} \frac{(q^{n-i} - 1)}{(q^{k-i} - 1)} = N_q(n-1, k) + q^{n-k} N_q(n-1, k-1) \quad (11.3.17)$$

(7) 编码变换 $\boldsymbol{c} = \boldsymbol{u}\boldsymbol{G}$ 是 $n$ 个布尔方程(仅含模二加/乘运算)组的计算:
$$\begin{cases} c_0 = \phi_0(u_0, u_1, \cdots, u_{k-1}) \\ \vdots \\ c_{n-1} = \phi_{n-1}(u_0, u_1, \cdots, u_{k-1}) \end{cases} \quad (11.3.18)$$

由编码布尔方程组可见,码字码元 $c_j$ 不一定直接等于消息码元 $u_i$,于是在应用中还需在纠错译码之后补充进行译码码字 $\hat{\boldsymbol{c}}$ 到信息分组 $\hat{\boldsymbol{u}}$ 的一对一逆变换。因此有必要构造系统码 $\boldsymbol{C}_S$,使得系统码的某 $k$ 个码字码元恒定于 $k$ 个消息码元,即有
$$\boldsymbol{C}_S = \{\boldsymbol{c}_S = (c_0, c_1, \cdots, c_j, \cdots, c_{n-1}) \mid c_j \equiv u_{i(j)}, \boldsymbol{u} = (u_0, u_1, \cdots, u_{i(j)}, \cdots, u_{k-1})\}$$
$$(11.3.19)$$

线性分组码的**标准系统码** $\boldsymbol{C}_{NS}$ 是指生成矩阵 $\boldsymbol{G} = \boldsymbol{G}_S = [\boldsymbol{I}_k \boldsymbol{P}_{k \times r}]$ 的分组码,这里 $\boldsymbol{I}_k$ 是 $k$ 阶单位矩阵,$\boldsymbol{P}_{k \times r}$ 是任意的列满秩矩阵,从而 $c_j \equiv u_{i(j)} = u_j, j = 0, 1, \cdots, k-1$。

关于系统码的基本特性有:

(1) 由矩阵行等价原理可知,任何线性分组码均可以通过行初等变换转换为系统码,但并非所有的线性分组码都可以等价为标准形系统码。

(2) 由矩阵行等价原理和列置换不改变最小距离的原理,系统码或标准形系统码均与

原码有相同的码率和最小码距,称码率和最小距离相同的码为纠错设计等价码。

(3) 尽管在码字集合意义上有 $C = \{uG\} = \{uG_S\} = C_S$,但是仍可存在 $uG \neq uG_S$ 的情形。

考察校验矩阵的特性以及校验方程的形式,为不失一般性,以标准系统码结构为例进行分析。标准系统码的编码码元与信息码元之间的编码计算关系可表示为式(11.3.20),对于 $j \geqslant k$,生成 $c_j$ 的 $r = n - k$ 个方程 $\{\phi_j'\}$ 是标准系统码的校验方程组;再注意到编码运算仅仅是系数乘的加法运算,从而等价于方程组 $\{\phi_j'\}$ 的 $\{\phi_j''\}$ 必定是以 $\{c_j\}$ 为变量的线性组合,即存在系数集合 $\{h_{i,j}\}_{r \times n}$ 使得校验方程式(11.3.21)以及其矩阵形式的式(11.3.22)和式(11.3.23)成立。

$$\begin{cases} c_0 = u_0 \\ \vdots \\ c_{k-1} = u_{k-1} \\ c_k = \phi_0'(u_0, u_1, \cdots, u_{k-1}) \\ \vdots \\ c_{n-1} = \phi_{r-1}'(u_0, u_1, \cdots, u_{k-1}) \end{cases} \tag{11.3.20}$$

$$\begin{cases} \phi_0'(c_0, c_1, \cdots, c_{k-1}) - c_k = 0 \\ \vdots \\ \phi_{r-1}'(c_0, c_1, \cdots, c_{k-1}) - c_{n-1} = 0 \end{cases} = \begin{cases} \phi_0''(c_0, c_1, \cdots, c_{k-1}, c_k, \cdots, c_{n-1}) = 0 \\ \vdots \\ \phi_{r-1}''(c_0, c_1, \cdots, c_{k-1}, c_k, \cdots, c_{n-1}) = 0 \end{cases}$$

$$\Leftrightarrow \begin{cases} h_{0,0} c_0 + h_{0,1} c_1 + \cdots + h_{0,n-1} c_{n-1} = 0 \\ \vdots \\ h_{r-1,0} c_0 + h_{r-1,1} c_1 + \cdots + h_{r-1,n-1} c_{n-1} = 0 \end{cases} \tag{11.3.21}$$

$$c H^T = (c_0, c_1, \cdots, c_{n-1}) H^T = \underbrace{(0, 0, \cdots, 0)}_{r} = \theta^{(r)} \tag{11.3.22}$$

$$H = \begin{bmatrix} h_0 \\ \vdots \\ h_{r-1} \end{bmatrix} = \begin{bmatrix} h_{0,0} & h_{0,1} & \cdots & h_{0,n-1} \\ h_{1,0} & h_{1,1} & \cdots & h_{1,n-1} \\ \vdots & \vdots & \ddots & \vdots \\ h_{r-1,0} & h_{r-1,1} & \cdots & h_{r-1,n-1} \end{bmatrix} = [h_{i,j}]_{r \times n} \tag{11.3.23}$$

依据线性空间理论,行满秩矩阵 $G = [g_{ij}]_{k \times n} = [g_0, \cdots, g_i, \cdots, g_{k-1}]^T$ 的全部行向量生成 $n$ 维向量空间 $V_n^{(n)}$ 的一个 $k$ 维子空间 $V_k^{(n)}$,必对应存在 $V_n^{(n)}$ 的一个 $r = n - k$ 维正交子空间 $V_r^{(n)}$,即 $V_r^{(n)}$ 中的任意向量均与 $V_k^{(n)}$ 中的任意向量正交。于是,以 $V_r^{(n)}$ 中的一组基底 $\{h_0, h_1, \cdots, h_j, \cdots, h_{r-1}\}$ 为行向量构成的矩阵 $H = [h_0, h_1, \cdots, h_j, \cdots, h_{r-1}]^T = [h_{ij}]_{r \times n}$ 满足 $cH^T = \theta$,故称 $H$ 为 $(n, k)$ 分组码的**一致校验矩阵**(parity-check matrix),简称校验矩阵,且有 $g_i h_j^T = 0$。

于是,$(n, k)$ 分组码 $C(n, k)$ 具有生成矩阵和校验矩阵两种等价的定义形式,即

$$\begin{cases} \boldsymbol{C} = \boldsymbol{C}(\boldsymbol{G}) = \{\boldsymbol{c} \mid \boldsymbol{c} = \boldsymbol{uG}, \forall \boldsymbol{u} \in V_k^{(k)}\} = \{\boldsymbol{v} \mid \boldsymbol{v}\boldsymbol{H}^{\mathrm{T}} = \boldsymbol{\theta}, \forall \boldsymbol{v} \in V_n^{(n)}\} = \boldsymbol{C}(\boldsymbol{H}) \\ \boldsymbol{GH}^{\mathrm{T}} = [\boldsymbol{0}]_{k \times (n-k)} \end{cases}$$

(11.3.24)

线性分组码校验矩阵的基本特性有:

(1) 向量 $\boldsymbol{v}$ 是码字,当且仅当 $\boldsymbol{v} \cdot \boldsymbol{H}^{\mathrm{T}} = \boldsymbol{\theta}^{(r)}$。

(2) $(n,k)$ 线性分组码 $\boldsymbol{C}$ 的校验矩阵 $\boldsymbol{H}$ 与生成矩阵 $\boldsymbol{G}$ 满足

$$\boldsymbol{G} \cdot \boldsymbol{H}^{\mathrm{T}} = [\boldsymbol{0}]_{k \times r}$$

(11.3.25)

更一般地,若 $\boldsymbol{G}$ 和 $\boldsymbol{H}$ 的任意行初等变换分别为 $\boldsymbol{G}'$ 和 $\boldsymbol{H}'$,那么仍然有 $\boldsymbol{G}' \cdot (\boldsymbol{H}')^{\mathrm{T}} = [\boldsymbol{0}]_{k \times n}$,而且虽然有 $\boldsymbol{uG} \neq \boldsymbol{uG}'$,但是并不表明 $\{\boldsymbol{uG}\} \neq \{\boldsymbol{uG}'\}$。

(3) 校验矩阵 $\boldsymbol{H}$ 的行秩 $\mathrm{rank}[\boldsymbol{H}]$ 等于 $r = n - k$。

(4) 若 $\boldsymbol{G}_{\mathrm{S}} = [\boldsymbol{I}_k \boldsymbol{Q}_{k \times r}]_{k \times n}$,则

$$\boldsymbol{G}_{\mathrm{S}} = [\boldsymbol{I}_k \boldsymbol{Q}_{k \times r}]_{k \times n} \leftrightarrow \boldsymbol{H}_{\mathrm{S}} = [-(\boldsymbol{Q}_{k \times r})^{\mathrm{T}} \boldsymbol{I}_r]$$

(11.3.26)

更一般地,$\boldsymbol{G}$、$\boldsymbol{G}_{\mathrm{S}}$ 与 $\boldsymbol{H}$、$\boldsymbol{H}_{\mathrm{S}}$ 仍然满足 $\boldsymbol{GH}_{\mathrm{S}}^{\mathrm{T}} = \boldsymbol{GH}^{\mathrm{T}} = \boldsymbol{G}_{\mathrm{S}}\boldsymbol{H}_{\mathrm{S}}^{\mathrm{T}} = \boldsymbol{G}_{\mathrm{S}}\boldsymbol{H}^{\mathrm{T}} = [\boldsymbol{0}]_{k \times r}$。

以 $(n,k)$ 线性分组码 $\boldsymbol{C}$ 的校验矩阵 $\boldsymbol{H}$ 作为生成矩阵而构成的另一个 $(n',k') = (n, n-k)$ 线性分组码,记为 $\boldsymbol{C}^*$,称为 $(n,k)$ 线性分组码的**对偶码**(dual code)。

校验矩阵提供一个确定线性分组码最小码距 $d = d_{\min}$ 的方法,即最小码距判别定理,其计算量远小于依据最小码距定义直接采用穷举法的计算量,而且提供了一个分析线性分组码结构特征的基础代数途径。

**定理(最小码距判别定理)**: 线性分组码的最小码距 $d$ 等于其校验矩阵 $\boldsymbol{H}$ 的最小线性相关的列数;或者等价为 $d = d_{\min}$,当且仅当其校验矩阵 $\boldsymbol{H}$ 中任意 $d-1$ 列线性无关,但是某 $d$ 列线性相关。

**证明**: 必要性证明。记 $\boldsymbol{H}$ 列向量形式为 $[\boldsymbol{h}_1, \boldsymbol{h}_2, \cdots, \boldsymbol{h}_n]$,若有其中某 $d-1$ 列线性相关,

$$a_{i1}\boldsymbol{h}_{i1} + a_{i2}\boldsymbol{h}_{i2} + \cdots + a_{i,d-1}\boldsymbol{h}_{i,d-1} = \boldsymbol{\theta}$$

则可以构造码字 $\boldsymbol{c}$ 为

$$\boldsymbol{c} = (0, \cdots, 0, a_{i1}, 0, \cdots, 0, a_{i2}, 0, \cdots, 0, a_{i,d-1}, 0, \cdots, 0)$$

显然,因 $a_{ij}$ 不全为 0,此码字的重量 $w_{\mathrm{H}}(\boldsymbol{c}) \leqslant d-1$,这与 $d$ 是该码的最小码重相矛盾。从而证明若最小码距为 $d$,则 $\boldsymbol{H}$ 中任意 $d-1$ 列线性无关。

充分性证明。若任意 $d-1$ 列线性无关,某 $d$ 列 $\boldsymbol{h}_{i1}, \boldsymbol{h}_{i2}, \cdots, \boldsymbol{h}_{id}$ 线性相关,那么必存在非全零的 $a_{i1}, a_{i2}, \cdots, a_{id}$ 使得 $a_{i1}\boldsymbol{h}_{i1} + a_{i2}\boldsymbol{h}_{i2} + \cdots + a_{id}\boldsymbol{h}_{id} = \boldsymbol{\theta}$,因此码字

$$\boldsymbol{c} = (0, \cdots, 0, a_{i1}, 0, \cdots, 0, a_{id}, 0, \cdots, 0)$$

的重量 $w_{\mathrm{H}}(\boldsymbol{c})$ 恰好为 $d$ 且是最小重量码字。 ■

此定理还表明校验矩阵及其生成矩阵的列置换不改变码的最小距离。

注意,最小码距 $d_{\min} = d$ 是 $\boldsymbol{H}$ 的最小线性相关的列数,并不等于矩阵 $\boldsymbol{H}$ 的(列)秩 $r$(即 $\boldsymbol{H}$ 的最大线性无关列数 $r$)。由此特性,可以得到最小码距的辛格里顿(Singleton)限为:对任意 $(n,k)$ 线性分组码,均有

$$d_{\min} \leqslant r + 1 = n - k + 1$$

(11.3.27)

## 2. 线性分组码的变形以及码的组合

纠错码在实际应用中碰上的第一个难题是码长与码率与通信业务需求数值不匹配,例如,绝大多数优良的纠错码码长并不恰好等于2的幂次方,因而需要要对已有的纠错码的结构进行的基础性改造,即实施码的变形。另外,为增强编码纠错能力以及为适应不同差错样式条件下的应用,还需要进行多个纠错码的组合。

纠错码的基本变形分为三类六种,分别是:

(1) **扩展**(extending 或 expanding)与**打孔**或删余(puncturing),即增加与删除1个(或多个)校验位,保持信息位长不变,$(n,k,d) \underset{\text{puncturing}}{\overset{\text{extending}}{\rightleftharpoons}} (n+1,k,d^*)$。

(2) **增广**(augmenting)与**删信**(expunging 或 expurgating),即增广是增加1个信息位的同时删除1个冗余位,删信是增加1个校验位的同时删除1个信息位,保持码长不变,$(n,k,d) \underset{\text{expurgating}}{\overset{\text{augmenting}}{\rightleftharpoons}} (n,k+1,d^*)$。

(3) **延长**(lengthening)与**缩短**(shortening),即延长是在增广基础上再做码的扩展而缩短则是反向操作,并有 $k/n < (k+1)/(n+1)$,$(n,k,d) \underset{\text{shortening}}{\overset{\text{lengthening}}{\rightleftharpoons}} (n+1,k+1,d^*)$。

二元纠错码的一种扩展方法是增加一位**总偶校验位** $c^*$ 使得 $c^* = c_0 + c_1 + \cdots + c_{n-1}$,从而使得 $(n,k,d)$ 码变形为 $(n+1,k,d^*)$ 码,扩展后的码字为 $c^* = (c_0, c_1, \cdots, c_{n-1}, c^*)$。容易证明,如果二元 $(n,k,d)$ 分组码的最小汉明距离 $d$ 是奇数,那么,$(n+1,k,d^*)$ 扩展码仍是二元分组码,最小汉明距离 $d^* = d+1$;如果 $d$ 是偶数,则 $d^* = d$。

多个纠错码的常见组合方式有3种:乘积(producting)、交织(interleaving)和级联(concatenating)。分别说明如下:

(1) 纠错码的乘积。

对消息阵列采用相同或不同的纠错码(称为子码)分别作消息行和消息列的编码。记乘积码的列子码和行子码分别为 $(n_1,k_1,d_1)$ 码和 $(n_2,k_2,d_2)$ 码,则 $k_1 \times k_2$ 消息阵列的乘积编码原理如图11.3.1所示。构造乘积码的行子码和列子码的顺序并不影响乘积码的最小距离 $d^*$,并且有 $d^* = d_1 d_2$。

图 11.3.1　乘积码结构

对于行码产生的校验位可以作为"新的数据位"再用列码的方式进行编码,也可以先用列码编码,然后对列码的校验位作行码编码,从而形成规则形的乘积码。为提高编码码率,也可以不对校验位的数据进行二次编码,形成非规则的乘积码。

(2) 纠错码的级联。

对消息编码后的码字再进行一次(或多次)编码。$(N,K,D)$ 分组码与 $(n,k,d)$ 分组码的级联编码,获得一种非常强纠错能力的 $(Nn,Kk,d^*)$ 分组码,并且 $d^* \geqslant Dd$,这里 $D$ 为外码(离信道"更远")的最小码距,$d$ 为内码(离信道"更近")的最小码距。级联编码是既纠正随机差错又纠正突发差错的有效纠错编码方法。采用 RS 码为外码,卷积码或者 LDPC 码为内码的级联码已经成为一种工业标准。

**例 11.7** 外码通常是 $2^k$ 元的 $(N,K)$ 码,如八元 $(4,2)$ 码,内码通常是二元的 $(n,k)$ 码或二元卷积码,如二元 $(5,3)$ 码,如图 11.3.2 所示,级联后为一个相应的二元 $(20,6)$ 码。

图 11.3.2 级联码结构案例

(3) 纠错码的交织或交织编码。

交织是改变多个码字或者一个码字中各码元传送顺序的一种"编码"方法。交织编码分为分组交织和卷积交织两种基本类型。

典型的分组交织过程如图 11.3.3 所示,$D$ 个 $n$ 长码字作为 $D \times n$ 阵列的 $D$ 个行向量;交织码字则是阵列的 $n$ 个列向量 $\boldsymbol{a}^{(1)}, \boldsymbol{a}^{(2)}, \cdots, \boldsymbol{a}^{(n)}$,信道传送顺序为递增列序;参数 $D$ 称为**交织深度**;显然分组交织不改变码率。

图 11.3.3 分组交织原理图示("行进列出")

如果交织编码所用的 $(n,k,d)$ 码可以纠正 $t$ 个随机差错,那么交织深度为 $D$ 的交织编码可以纠正小于或等于 $b_{\max} = D \cdot t$ 长的连续差错或突发差错。因为接收解交织阵列 $\boldsymbol{v}$ 中,连续 $b$ 个信道差错被均匀地分布到解交织阵列的各个行中,从而每一行上的差错数目小于 $\lceil b/D \rceil$,这里 $\lceil x \rceil$ 表示大于 $x$ 的最小正整数。

交织码是最为有效的纠正突发差错的码。在无线信道等有较强衰落的干扰环境的通信纠错编码中,大多采用各种形式的交织编码方案。

### 11.3.3 线性分组码的检错与纠错机理

纠错码的译码可以分为检错译码和纠错译码以及纠检错混合译码三种模式。

利用纠错码 $C$ 的结构特性,在传输码字 $c$ 的接收端,判断接收向量 $\boldsymbol{v}$ 是否是一个码字 $\hat{c}$ 的传输结果并输出判断标志 $\mu$ 称为**检错**(error detection)。显然,实现检错译码的前提是发送方和接收方具有完全相同的码集合 $C$,检错译码更适用于硬判决信道(即 DMC 信道)上的应用。检错译码的基本准则是:若 $\boldsymbol{v} \notin C$,那么判断传输有差错,即 $\mu = 1$;否则判断传输无差错,即 $\mu=0$。

$$\mu = \begin{cases} 1, & \boldsymbol{v} \notin \boldsymbol{C} \\ 0, & \boldsymbol{v} \in \boldsymbol{C} \end{cases} \tag{11.3.28}$$

注意,检错译码操作在 $\boldsymbol{v} \in \boldsymbol{C}$ 时给出传输无差错判断是存在判断错误或误判可能的。因为对于加性干扰信道模型 $\boldsymbol{v}=\boldsymbol{c}+\boldsymbol{e}$,存在不可检测的差错图案 $\boldsymbol{e}^*$,即 $\boldsymbol{e}^*$ 导致发送码字 $\boldsymbol{c}$ 错为另一个码字 $\boldsymbol{c}' \in \boldsymbol{C}, \boldsymbol{c}' \neq \boldsymbol{c}$,或者 $\boldsymbol{c}=\boldsymbol{c}'+\boldsymbol{e}^*$。因此,为减小传输差错,总力求设计纠错码 $\boldsymbol{C}$ 使得 $d(\boldsymbol{c},\boldsymbol{c}')$ 最大化以及 $d=d_{\min}(\boldsymbol{C})$ 最大化,由此等效地使得不可检差错概率 $P_{UD}(e)=P_r[\boldsymbol{e}=\boldsymbol{e}^*]$ 最小化。

由检错译码基本准则直接产生的差错检测方法是一种穷举搜索方法,即将接收向量 $\boldsymbol{v}$ 与所有码字 $\boldsymbol{c} \in \boldsymbol{C}$ 进行比较。事实上,依据纠错码结构可以设计出更为简洁的检错方法。

**例 11.8** $n$-重复码的重量检测检错法。

$n$-重复码 $\boldsymbol{C}=\{(00\cdots0),(11\cdots1)\}$ 只有两个码字,对于接收向量 $\boldsymbol{v}=(v_0,v_1,\cdots,v_{n-1}) \in A^n=Z_2^n$,一般性检错方法可描述为:若 $0 < w_H(\boldsymbol{v}) < n$,则传输有差错;否则传输无差错。∎

**例 11.9** 二元偶校验码的重量值奇偶性检错法。

偶校验码是一个 $(n,k,d)=(n,n-1,2)$ 的线性分组码,码字 $\boldsymbol{c}$ 满足 $c_0+c_1+\cdots+c_{n-1}=0$ 或者码元取值1的个数为偶数或者0,因此,对于接收向量 $\boldsymbol{v}=(v_0,v_1,\cdots,v_{n-1}) \in A^n=Z_2^n$,偶校验码的一般性检错方法可描述为:若 $w_H(\boldsymbol{v})=$ 偶数或零,则传输有差错;否则传输无差错。∎

一般地,对接收向量 $\boldsymbol{v}=(v_0,v_1,\cdots,v_{n-1}) \in Z_2^n$,针对校验矩阵为 $\boldsymbol{H}=[h_{ij}]_{(n-k)\times n}$ 的 $(n,k)$ 线性分组码 $\boldsymbol{C}=\{\boldsymbol{v}\,|\,\boldsymbol{v}\boldsymbol{H}^T=\boldsymbol{\theta}, \forall\,\boldsymbol{v} \in V_n^{(n)}=Z_2^n\}$ 的通用检错方法是:若 $\boldsymbol{v}\boldsymbol{H}^T \neq \boldsymbol{\theta}$,则传输有差错;否则传输无差错。

利用纠错码 $\boldsymbol{C}$ 的结构特性,在传输码字 $\boldsymbol{c}$ 的接收端,首先判断接收向量 $\boldsymbol{v}$ 是否存在传输差错,然后确定差错符号的位置和差错数值,最后对接收向量中的差错符号进行修正,并输出译码码字 $\hat{\boldsymbol{c}}$ 称为**纠错**(error correction)。纠错译码方法的实现方式与纠错码的结构和信道模型紧密关联,本章仅讨论硬判决信道上的纠错译码。显然,实现纠错译码的基本前提是发送方和接收方具有完全相同的码或码字集合 $\boldsymbol{C}$,并且最小化纠错失败与纠错错误概率的前提假设是重量小的差错图案出现的概率大。

**例 11.10** 3-重复码的择多判决纠错法。

对于3-重复码 $\boldsymbol{C}=\{(000),(111)\}$ 的纠错译码,由于一个接收分组中两个比特错误的概率小于一个比特错误的概率,所以3-重复码是能纠正一个比特错误的 $(n,k,d)=(3,1,3)$ 码。纠错规则是以接收分组(向量)中的多数分量符号作为译码输出的信息码元符号,具体的纠错操作方法如表11.3.1和图11.3.4所示。

表 11.3.1 3-重复码纠错译码操作表

| 信息 $u$ | 发送码字 $c$ | 接收分组 $v$ | 译码码字 $\hat{c}$ | 译码消息 $\hat{u}$ | 译码状态 |
|---|---|---|---|---|---|
| 0 | 000 | 000 | 000 | 0 | 正确译码 |
| 0 | 000 | 001 | 000 | 0 | 正确译码 |

续表

| 信息 $u$ | 发送码字 $c$ | 接收分组 $v$ | 译码码字 $\hat{c}$ | 译码消息 $\hat{u}$ | 译码状态 |
|---|---|---|---|---|---|
| 0 | 000 | 010 | 000 | 0 | 正确译码 |
| 0 | 000 | 011 | 111 | 1 | 错误译码 |
| 1 | 111 | 100 | 000 | 0 | 错误译码 |
| 1 | 111 | 101 | 111 | 1 | 正确译码 |
| 1 | 111 | 110 | 111 | 1 | 正确译码 |
| 1 | 111 | 111 | 111 | 1 | 正确译码 |

$n$-重复码的择大判决译码操作可以一般性地采用接收分组的汉明重量检测描述为

$$\begin{cases} w_H(v) < n/2 \Rightarrow \hat{u} = 0 \\ w_H(v) > n/2 \Rightarrow \hat{u} = 1 \\ w_H(v) = n/2 \Rightarrow \hat{u} = ? \end{cases}$$

按照如图 11.3.4 所示的距离分布特征,$n$-重复码的译码操作还可以一般性地采用接收分组与码字的汉明距离描述为

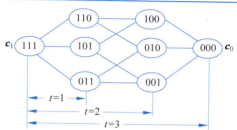

图 11.3.4 纠 1 位符号差错的 3-重复码的码字与可能接收分组的距离特征

$$\begin{cases} d_H(v,c_0) < d_H(v,c_1) \Rightarrow \hat{u} = c_0 \\ d_H(v,c_0) > d_H(v,c_1) \Rightarrow \hat{u} = c_1 \\ d_H(v,c_0) = d_H(v,c_1) \Rightarrow \hat{u} = ? \end{cases}$$

一个纠错码是用于检错场景,还是用于纠错场景,抑或用于检错与纠错的混合应用场景,既取决于通信工程对纠错码应用的需求,还关联到纠错码的具体结构设计与译码方法设计。为此,纠错码的**译码模式**(decoding mode)或译码器工作模式指译码器对接收分组 $v$ 进行纠检错的处理方式,它可分为**检错模式**、**纠错模式**和**混合纠检错模式**三类。

(1) 检错模式:译码器对任意的接收分组 $v$ 只给出有无传输差错的标志 $\mu$ 或者给出其扩展标记分组 $z = (v, \mu)$,其中,

$$\mu = \Psi_D(v) = \begin{cases} 0, & v \in C (\text{传输无差错}) \\ 1, & v \notin C (\text{传输有差错}) \end{cases} \quad (11.3.29)$$

(2) 纠错模式:译码器对任意接收分组 $v$,总输出码字 $z = \hat{c}$,即 $z = \hat{c} = \Psi_C(v) \in C$。若 $\hat{c} = c$,则称为译码正确;若 $\hat{c} \neq c$,则称为译码错误。采用最小距离译码的纠错准则为

$$d_H(c_i, v) \leq d_H(c_j, v)|_{i \neq j} \Leftrightarrow \hat{c} = c_i, \quad i,j = 1,2,\cdots,M \quad (11.3.30)$$

(3) 混合纠检错模式:混合纠检错模式又称为**限定距离译码模式**。译码器对任意接收分组 $v$,或者输出码字 $z = \hat{c}$,或者输出其他预设向量 $z = \tilde{v}$ 或 $z = (v, \mu) = (v, 1)$,即对于某个预定的不可译向量集合 $B \subset V$,

$$z = \Psi_H(v) = \begin{cases} \hat{c}, v \in V - B, \hat{c} \in C \\ \tilde{v}, v \in B \end{cases} \quad (11.3.31)$$

若混合纠检错模式的限定距离是 $t_e \leq t_c = [(d-1)/2]$,其中,$[x]$ 为小于或等于 $x$ 的最大整数,那么混合纠检错的译码准则可表示为

$$\begin{cases} d_H(\boldsymbol{v},\boldsymbol{c}_i) \leqslant t_e \mid_{i=1,2,\cdots,M} \Rightarrow \hat{\boldsymbol{c}} = \boldsymbol{c}_i \\ d_H(\boldsymbol{v},\boldsymbol{c}_i) > t_e \mid_{i=1,2,\cdots,M} \Rightarrow \mu = 1 \end{cases} \quad (11.3.32)$$

若纠错译码器能够输出码字,即 $\Psi(\boldsymbol{v}) \in C$ 时,则称此情形为**译码成功**(decoding success);在译码成功情形中,若 $\hat{\boldsymbol{c}} = \boldsymbol{c}$,则称为译码正确;若 $\hat{\boldsymbol{c}} \neq \boldsymbol{c}$,则称为译码错误。若纠错译码器不能输出码字,即 $\Psi(\boldsymbol{v}) \notin C$ 时,则称此情形为**译码失败**(decoding failure)。完备译码(complete decoding)是指不存在译码失败情形的译码。

应注意,混合纠检错译码并非先纠错译码后又检错译码或者先检错译码后又纠错译码。一个译码器只能在三种译码模式的某一种模式下工作,如图 11.3.5 所示,检错和纠错能力分别表述为最大检错数 $t_d$ 和最大纠错数 $t_c$,它是译码器可以检测或纠正任意位置上码元差错的最大数目。

图 11.3.5 译码正确($\boldsymbol{v}_c$)、译码错误($\boldsymbol{v}_e$)与译码失败($\boldsymbol{v}_f$)

**定理**(检纠错数定理):具有最小距离 $d$ 的分组码的最大检错数 $t_d$ 和最大纠错数 $t_c$ 满足,

(1) 在检错模式下,有
$$t_d = d - 1 \quad (11.3.33)$$

(2) 在纠错模式下,记 $[x]$ 为小于或等于 $x$ 的最大整数,则有
$$t_c = [(d-1)/2] \quad (11.3.34)$$

(3) 在混合纠检错模式下,有
$$t_c + t_d \leqslant d - 1 \text{ 并同时有 } t_c < t_d \quad (11.3.35)$$

**证明**:记发送码字为 $\boldsymbol{c}$,并有 $d_H(\boldsymbol{c},\boldsymbol{c}') = d$,三种工作模式的纠检错数如图 11.3.3 所示。

图 11.3.6 分组码的纠检错数图示

由于任意 $t \leqslant d-1$ 个传输差错均不可能使 $\boldsymbol{v} = \boldsymbol{c}' \neq \boldsymbol{c}$,所以在检错模式时,$t_d = d - 1$。按最小距离纠错译码准则,$d_H(\boldsymbol{c}',\boldsymbol{v}) < d_H(\boldsymbol{c},\boldsymbol{v})$ 当且仅当传输差错数 $t > [(d_{min}-1)/2]$,所

以在纠错模式时, $t_c = [(d_{min} - 1)/2]$。

对于混合纠检错,注意第一种情形是仅当 $d_H(c, v) \leq t_c$ 且 $t_c < d_H(c', v)$ 时有正确的纠错译码, $d_H(c', v) \leq t_c$ 时有错误的纠错译码;第二种情形是仅当 $t_c < d_H(c, v)$ 且 $t_c < d_H(c', v) \leq d - d_H(c, v)$ 时有正确的检错译码,而此时的差错数即是 $t_d = d_H(c, v)$,所以在混合模式时,必同时满足 $t_c < t_d$ 和 $t_c + t_d < d$。由于对同一接收向量只有上述两种情形中的一种出现,所以混合译码是或者必给出码字输出的纠错译码或者仅检测有无差错的检错译码的一种译码模式。

**推论**:分组码在混合模式下的纠检错数目满足,纠正 $t_c$ 个错误或检测 $t_c + 1, t_c + 2, \cdots, t_c + t_\delta = t_d$ 个错误,当且仅当 $d_{min} > 2t_c + t_\delta$。

**例 11.11** 对于一个 6-重复码, $d = d_{min}$ 为 6。检错模式应用时的最大检错数为 5。纠错模式应用时的最大纠错数为 2。混合纠检错模式时若纠 1 个错,则可检 4 个错;若纠 2 个错,则可检 3 个错。

应注意,最大检错数和最大纠错数指码字上任意位置上的差错数目。一个设计良好的检错译码算法不仅可以检测任意小于或等于 $t_d$ 个差错,还可以检测部分 $t_d + 1$ 个差错,甚至部分 $t_d + 2, t_d + 3, \cdots$ 个差错。同样一个设计良好的纠错译码算法不仅可以纠正任意小于或等于 $t_c$ 个差错,还可以检测部分 $t_c + 1$ 个差错,甚至部分 $t_c + 2, t_c + 3, \cdots$ 个差错。因此最大检错数和最大纠错数并不能全面反映一个码的检纠错能力,而要用差错概率来全面评估码的检纠错能力。

由于线性分组码具有了线性子空间数学结构,所以对线性分组码的译码具有更强的可操作性方法,伴随式译码方法就是其一。

**伴随式**(syndrome)计算是获得差错检测标志 $\mu$ 的一种基本方法。若线性分组码的校验矩阵是 $H$,那么接收向量 $v$ 的**伴随式向量** $s$ 定义为

$$s = vH^T, \quad v \in V_n^{(n)} \tag{11.3.36}$$

在离散无记忆加性噪声信道模型上,接收向量 $v$ 等于发送码字 $c$ 与信道差错图案 $e$ 的向量相加,从而伴随式是一个仅与差错图案 $e$ 直接相关的特征向量,即

$$s = vH^T = (c + e)H^T = cH^T + eH^T = \theta + eH^T = eH^T \in V_r(F_q)$$

因此,伴随式检错的机制和方法可表示为

$$\mu = \begin{cases} 1, & v \notin C \\ 0, & v \in C \end{cases} \xrightarrow{线性分组码} \mu = \begin{cases} 1, & s = vH^T \neq \theta \\ 0, & s = vH^T = \theta \end{cases}$$

$$\xrightarrow{判断} \begin{cases} 有传输差错 \\ 无传输差错或者出现无法检测的差错图案 \end{cases} \tag{11.3.37}$$

伴随式检错方法将对接收向量 $v$ 是否属于码字集合 $C$ 的判断,改造为对伴随式向量 $s$ 是否是全 0 向量 $\theta$ 的判断,计算量从穷举搜索量减小为向量与矩阵的乘积计算量。

对于 $q$ 元编码与 $q$ 元传输信道,伴随式向量有 $|\{s\}| = q^r$ 种变化,因而若可以估计信道差错图案的出现概率,那么,以最大概率出现的差错图案作为可纠正的候选差错图案,并与伴随式向量形成一对一对应关系,则可以最大概率地纠正最大概率的传输差错,从而实现最大似然纠错。于是,伴随式纠错译码的机制和方法以算法形式描述如表 11.3.2 所示。注意,由于存在不同差错图案具有相同伴随式的可能,甚至同一个伴随式对应不同汉明重量差

错图案的可能,所以,算法的离线计算阶段中的步骤(4)、(5)需要不断检测伴随式译码表是否在其构造过程中始终维持包含最小重量的差错图案及其对应的伴随式。

表 11.3.2 $(n,k)$ 线性分组码伴随式纠错译码算法

| 初始条件 | 校验矩阵 $H$;可纠正候选差错图案集 $E=\{e\}\leftarrow\varnothing$;伴随式向量集合 $S=\{s\}\leftarrow\varnothing$;伴随式译码表 $TS=\{(s,e)\}\leftarrow\varnothing$;伴随式计数 $m$ 初值 $m\leftarrow 0$ | |
|---|---|---|
| 离线计算阶段 | (1) | $m\leftarrow m+1$;若 $m>q^r=q^{n-k}$,则跳转至步骤(7) |
| | (2) | 选择汉明重量最小的 $e^*$ 并且 $e^*\notin E$ |
| | | $E\leftarrow E\cup\{e^*\}$(即为 $E$ 添加可纠正的以及伴随式不重复相等的差错图案 $e^*$) |
| | (3) | 计算 $s^*=e^*H^T$ |
| | (4) | 若 $s^*\in S$,则 $m\leftarrow m-1$;跳转至步骤(1) |
| | (5) | 若 $s^*\notin S$,则 $S\leftarrow S\cup\{s^*\}$(即为 $S$ 添加伴随式 $s^*$) |
| | (6) | $TS\leftarrow TS\cup\{(s^*,e^*)\}$(即为 $TS$ 添加一个表项 $(s^*,e^*)$) |
| | (7) | 离线计算阶段结束 |
| 在线计算阶段 | (1) | 依据接收向量 $v$,计算 $\hat{s}=vH^T$ |
| | (2) | 由 $\hat{s}$ 查 $TS$ 表获得 $\hat{e}$(即 $(\hat{s},\hat{e})\in TS$) |
| | (3) | 计算译码输出码字 $\hat{c}=v-\hat{e}$ |
| | (4) | 在线计算阶段结束 |

伴随式译码算法可纠正的差错图案数目满足汉明限,即对于二元$(q=2)$纠错码,有

$$2^r \geqslant \sum_{t=0}^{t_c} C_n^t \qquad (11.3.38)$$

线性分组码的另一种通用译码方法是**标准阵列**(standard array)译码方法。二元线性分组码的标准阵列 $A=\{a_{ij}|1\leqslant i\leqslant 2^r,1\leqslant j\leqslant 2^k\}$ 是依照线性分组码结构,对接收空间向量 $V=V_n^{(n)}$ 的一种"正交"分解,标准阵列结构如表 11.3.3 所示,其中,$c_1=e_1=\theta$。具体构造方法描述为如下 3 个步骤。

表 11.3.3 标准阵列

| $e_1$ | $a_{11}=e_1+c_1$ | $\cdots$ | $a_{1j}=e_1+c_j$ | $\cdots$ | $a_{1,2^k}=e_1+c_{2^k}$ |
|---|---|---|---|---|---|
| $\vdots$ | | | | | |
| $e_i$ | $a_{i1}=e_i+c_1$ | $\cdots$ | $a_{ij}=e_i+c_j$ | $\cdots$ | $a_{i,2^k}=e_i+c_{2^k}$ |
| $\vdots$ | | | | | |
| $e_{2^r}$ | $a_{2^r,1}=e_{2^r}+c_1$ | $\cdots$ | $a_{2^r,j}=e_{2^r}+c_j$ | $\cdots$ | $a_{2^r,2^k}=e_{2^r}+c_{2^k}$ |

(1) 以候选的可纠差错图案作为标准阵列的导引列(即标准阵列左外侧列);选择最小汉明重量图案 $\theta$ 为第 1 可纠正差错(实为无错)图案,即 $e_1=\theta$;候选的可纠差错图案 $e_i$ 是标准阵列的第 1 行、第 2 行以及至第 $i-1$ 行中没有包含的向量;全部候选的可纠正差错图案的汉明重量随标准阵列的行序递增或不变,即

$$0=w_H(e_1)\leqslant w_H(e_2)\leqslant w_H(e_3)\leqslant \cdots \leqslant w_H(e_{2^r}) \qquad (11.3.39)$$

(2) 标准阵列的第 1 行由全部 $2^k$ 码字与第 1 可纠正差错图案分别做向量相加获得,即 $a_{11}=e_1+c_1=\theta+\theta=\theta$,$a_{1j}=e_1+c_j=c_j$,$j=1,2,\cdots,2^k$。

(3) 标准阵列的第 $i$ 行第 $j$ 列元素为 $a_{ij}=e_i+c_j$,$i=1,2,\cdots,2^r$,$j=1,2,\cdots,2^k$。

可以证明,线性分组码的标准阵列 $A=[a_{ij}](1\leqslant i\leqslant 2^r,1\leqslant j\leqslant 2^k)$ 具有以下特点:

(1) 任意两行均不相同,即 $\{a_{ij}|1\leqslant j\leqslant 2^k\}\cap\{a_{i'j}|i'\neq i,1\leqslant j\leqslant 2^k\}=\varnothing$。

(2) 任意两列均不相同,即 $\{a_{ij}|1\leqslant i\leqslant 2^r\}\cap\{a_{ij'}|j'\neq j,1\leqslant i\leqslant 2^r\}=\varnothing$。

(3) 每行都有相同的伴随式,即 $a_{ij}H^T=a_{ij'}H^T$。

(4) 所有阵列元素组成全部可能的 $n$ 元组,即 $V=A=[a_{ij}]$。

记 $A_i=\{a_{ij}|1\leqslant j\leqslant 2^k\}$ 和 $B_j=\{a_{ij}|1\leqslant i\leqslant 2^r\}$ 分别表示标准阵列的第 $i$ 行和第 $j$ 列,$z$ 为译码器的输出,则应用标准阵列进行纠错码的三种译码模式的译码操作可解释为

(1) 检错译码:若 $v\notin A_1$,则有传输差错。

(2) 完备译码:若 $v\in B_j$,则 $z=\hat c=c_j$。

(3) 限定距离译码:若 $v\in B_j\cap(\bigcup_{i=1}^m A_i)$,则 $z=\hat c=c_j$,否则 $z=(v,1)$。

显然在限定距离译码中,$z=\hat c=c_j$ 时为译码成功,$z=(v,1)$ 时为译码失败,参数 $m$ 的选择是使该译码方法恰能纠正所有 $t\leqslant t_c$ 个差错,即 $2^m=\sum_{0\leqslant t\leqslant t_c}C_n^t$,或者 $w_H(e_m)\leqslant t_c<w_H(e_{m+1})$。

图 11.3.7 标准阵列纠错译码

**例 11.12** 对于一个 (5,3) 线性分组码的生成矩阵 $G$,其标准型生成矩阵 $G_S$、标准型一致校验矩阵 $H_S$ 分别为

$$G=\begin{bmatrix}1&0&1&1&0\\0&1&0&1&1\\1&1&0&1&0\end{bmatrix},\quad G_S=\begin{bmatrix}1&0&0&0&1\\0&1&0&1&1\\0&0&1&1&1\end{bmatrix},\quad H_S=\begin{bmatrix}0&1&1&1&0\\1&1&1&0&1\end{bmatrix}$$

其中,$G$ 到 $G_S$ 的行初等变换过程为:$R_3\leftarrow R_3+R_2$;$R_1\leftarrow R_1+R_3$;$R_1\leftrightarrow R_3$($R_i$ 表示第 $i$ 行)。

由于此码的 $H_S$ 的第 1 列和第 5 列相同而线性相关,因而 $H_S$ 最小线性相关的列数为 2,所以此码得最小码距 $d_{\min}=2$。此例 (5,3) 线性分组码在不同生成矩阵构造条件下的码字和对偶码的码字如表 11.3.4 所示,相应的伴随式译码表如表 11.3.5 所示,相应的标准阵列译码表如表 11.3.6 所示。

表 11.3.4 (5,3) 线性分组码案例

| 消息 $u$ | $G$ 生成的码字 | $G_S$ 生成的码字 | 对偶码的码字 |
|---|---|---|---|
| 000 | 00000 | 00000 | |
| 001 | 11010 | 00111 | |
| 010 | 01011 | 01011 | 00000 |
| 011 | 10001 | 01100 | 11101 |
| 100 | 10110 | 10001 | 01110 |
| 101 | 01100 | 10110 | 10011 |
| 110 | 11101 | 11010 | |
| 111 | 00111 | 11101 | |

表 11.3.5 (5,3)线性分组码的伴随式译码表案例

| s | e |
|---|---|
| 00 | 00000 |
| 01 | 00001 |
| 10 | 00010 |
| 11 | 01000 |

表 11.3.6 (5,3)线性分组码的标准阵列案例

| 00000 | 11010 | 01011 | 10001 | 10110 | 01100 | 11101 | 00111 |
|---|---|---|---|---|---|---|---|
| 00001 | 11011 | 01010 | 10000 | 10111 | 01101 | 11100 | 00110 |
| 00010 | 11000 | 01001 | 10011 | 10100 | 01110 | 11111 | 00101 |
| 01000 | 10010 | 00011 | 11001 | 11110 | 00100 | 10101 | 01111 |

在此例中，所有伴随式的数目为 $2^r = 2^2 = 4$，小于全部单个差错的差错图案数目 $C_n^1 = C_5^1 = 5$，因而，可以选择不同的单个差错的差错图案组合作为候选的纠错图案，相应得到的伴随式表以及标准阵列也有所不同。∎

纠错码的纠错概率性能，由译码码字差错概率 $P_W(e) = P_r(\hat{c} \neq c)$、译码编码码元差错概率 $P_c(e) = P_r(\hat{c} \neq c)$ 和译码消息码元差错概率 $P_u(e) = P_r(\hat{u} \neq u)$ 三个概率性指标和编码增益 $G_c$ 指标进行描述。这四个译码性能指标值既在硬判决译码和软判决译码的不同具体算法实现上存在较大的数值偏差，又在数值估算和测量上存在较大的误差，因此，在实际应用中，往往是先进行完备且严格的计算机仿真实验，然后进行样机测试实验，最终确定可信的检错与纠错性能。纠错码的概率性纠错指标则在判断码的效能趋势上具有重要作用。

译码消息码元差错概率 $P_u(e)$ 是纠错码编码译码系统实现信息传输质量的最终衡量指标，常常简称为误码率 BER(Bit Error Rate)，即 BER$= P_u(e)$。

对于码率为 $R_c = k/n$ 的纠错码，在码长 $n$ 和最小码距 $d = d_{\min}(C)$ 均充分大时，再限制译码模式是完备译码，那么记 $A(t)$ 表示汉明重量为 $t$ 的码字个数，则纠错码的译码后码字差错概率 $P_W(e)$ 与译码后编码码元差错概率 $P_c(e)$ 之间的关系可推导如下：

$$P_u(e) \approx \frac{n}{k} P_c(e) = \frac{1}{R_c} P_c(e) \tag{11.3.40}$$

$$P_W(e) \approx \sum_{t=\lceil (d-1)/2 \rceil}^{n} A(t) P_c(e)^t (1-P_c(e))^{n-t}$$

$$= (1-P_c(e))^n \sum_{t=\lceil (d-1)/2 \rceil}^{n} A(t) \left[\frac{P_c(e)}{1-P_c(e)}\right]^t \tag{11.3.41}$$

$$P_W(e) \leqslant \sum_{t=\lceil (d-1)/2 \rceil}^{n} \frac{t \cdot A(t)}{n} P_c(e)^t$$

$$\approx \sum_{t=\lceil (d-1)/2 \rceil}^{n} \frac{t \cdot A(t)}{n} Q\left[\sqrt{2tR_c \frac{E_b}{N_0}}\right]^t \tag{11.3.42}$$

最后有

$$P_u(e) \leqslant \frac{d}{n} P_W(e) \tag{11.3.43}$$

## 11.4 线性循环码

### 11.4.1 线性循环码的多项式结构

纠错码的有效构造和有效译码的设计几乎总是来源于更为精致的数学结构设计,同时也显现出更多和更严的约束条件。例如,在分组特性和线性特性这两个基本约束条件下,借助矩阵工具构造出了 $(n,k)$ 线性分组码 $C$,而且还进一步发现 $(n,k)$ 线性分组码是一个 $k$ 维的线性子空间或者是一个以码字为元素的加法群。

循环特性是考察向量基本结构纠错码的第三种约束条件。记向量 $c=(c_0,c_1,\cdots,c_{n-3},c_{n-2},c_{n-1})$ 的 1 次循环右移是该向量的序位依序右移循环 1 次的重新排序向量,

$$c^{(1)}=\varphi(c)=\varphi(c_0,c_1,\cdots,c_{n-3},c_{n-2},c_{n-1})=(c_{n-1},c_0,c_1,\cdots,c_{n-3},c_{n-2}) \quad (11.4.1)$$

类似地,再记向量 $c$ 的 2 次与 $m$ 次循环右移是 $c^{(2)}$ 与 $c^{(m)}$、1 次循环左移是 $^{(1)}c$、0 次循环移位是 $c^{(0)}$,并分别表示为

$$\begin{cases} c^{(1)}=\varphi(c)=(c_{n-1},c_0,c_1,\cdots,c_{n-2}) \\ c^{(2)}=\varphi(\varphi(c))=\varphi(c^{(1)})=\varphi^2(c)=(c_{n-2},c_{n-1},c_0,c_1,\cdots,c_{n-3}) \\ c^{(m)}=\varphi(c^{(m-1)})=\varphi^{(m-1)}(c) \\ c^{(n)}=c^{(0)}=c \\ ^{(1)}c=c^{(n-1)} \\ ^{(m)}c=c^{(n-m)} \end{cases} \quad (11.4.2)$$

**循环码**(cyclic code)是其任意码字的任意循环移位都仍是同一个码的码字的分组码。循环码 $C$ 可以表示为

$$C=\{c \mid \forall c, c^{(1)} \in C, \mid c \mid = \mid c^{(1)} \mid = n\} \quad (11.4.3)$$

注意,循环移位不改变向量的长度,因此循环码是分组码的一个子类,但是并非任意的循环码都是线性分组码。

向量 $c=(c_0,c_1,\cdots,c_{n-3},c_{n-2},c_{n-1})$ 与次数小于 $n$ 的多项式 $c(x)$ 在数学上可以构成一种一一对应关系,向量加运算可等价为多项式加运算,即

$$(c_0,c_1,\cdots,c_{n-1})+(c'_0,c'_1,\cdots,c'_{n-1}) \leftrightarrow (c_0+c_1 x+\cdots+c_{n-1}x^{n-1})+ \\ (c'_0+c'_1 x+\cdots+c'_{n-1}x^{n-1}) \quad (11.4.4)$$

再利用多项式的模运算规则,即有

$$\begin{cases} a(x)=a(x) \bmod (x^n-1), \partial^\circ a(x)<n \\ a(x)(x^n-1)=0 \bmod (x^n-1) \\ (a(x)+b(x)) \bmod (x^n-1)=([a(x) \bmod (x^n-1)]+[b(x) \bmod (x^n-1)]) \bmod (x^n-1) \\ (a(x) \cdot b(x)) \bmod (x^n-1)=([a(x) \bmod (x^n-1)] \cdot [b(x) \bmod (x^n-1)]) \bmod (x^n-1) \end{cases} \quad (11.4.5)$$

其中,$\partial^\circ a(x)$ 是多项式 $a(x)$ 的次数。可以证明向量的右移循环移位等价为多项式的乘运算和模运算的混合运算,即

$$\begin{cases} \boldsymbol{c}=(c_0,c_1,c_2,\cdots,c_{n-2},c_{n-1}) \\ \quad \leftrightarrow c_0+c_1x+c_2x^2+\cdots+c_{n-2}x^{n-2}+c_{n-1}x^{n-1}=c(x) \\ \boldsymbol{c}^{(1)}=(c_{n-1},c_0,c_1,\cdots,c_{n-3},c_{n-2}) \\ \quad \leftrightarrow c_{n-1}+c_0x+c_1x^2+\cdots+c_{n-3}x^{n-2}+c_{n-2}x^{n-1}=x\cdot c(x)\bmod(x^n-1) \\ \boldsymbol{c}^{(m)}\leftrightarrow x^{(m)}\cdot c(x)\bmod(x^n-1),m=0,1,2,\cdots,n \end{cases} \tag{11.4.6}$$

因此,循环码可以完全由多项式以及多项式的运算来予以表达。

**例 11.13** 在如下三个向量集合中,$\boldsymbol{C}_A$ 是线性循环码,$\boldsymbol{C}_B$ 是非循环的线性分组码,$\boldsymbol{C}_C$ 是非线性的循环码。

$$\boldsymbol{C}_A=\begin{Bmatrix}(000)\\(110)\\(011)\\(101)\end{Bmatrix} \quad \boldsymbol{C}_B=\begin{Bmatrix}(000)\\(100)\\(011)\\(111)\end{Bmatrix} \quad \boldsymbol{C}_C=\begin{Bmatrix}(000)\\(100)\\(010)\\(001)\end{Bmatrix}$$

**例 11.14** 二元 3/5 等比码是一个非线性的码长为 5 的分组循环码,码字集合 $\boldsymbol{C}$ 和对应的多项式集合 $\boldsymbol{C}(x)$ 分别描述为,所有码字(即码字多项式),或者是(00111)即 $c_1(x)$ 的任意循环移位,或者是(10101)即 $c_2(x)$ 的任意循环移位。

$$\boldsymbol{C}=\begin{Bmatrix}(00111),(01110),(11100),(11001),(10011)\\(10101),(01011),(10110),(01101),(11010)\end{Bmatrix}$$

$$\begin{aligned}\boldsymbol{C}(x)&=\begin{Bmatrix}x^2+x^3+x^4, & x+x^2+x^3, & 1+x+x^2, & 1+x+x^4, & 1+x^3+x^4\\ 1+x^3+x^4, & x+x^3+x^4, & 1+x^2+x^3, & x+x^2+x^4, & 1+x+x^3\end{Bmatrix}\\ &=\{c(x)\mid c_1(x)=(x^2+x^3+x^4)^{(i)},c_2(x)=(1+x^3+x^4)^{(j)},i,j=0,1,2,3,4\}\end{aligned}$$

$(n,k)$ 线性循环码 $\boldsymbol{C}(x)=\{c(x)\}$ 需要在循环码条件基础上再满足线性分组码的条件,即任意两码字多项式(简称**码式**)之和仍是一个码式,即 $\forall c(x)+c'(x)\in \boldsymbol{C}(x)$,以及全零向量对应的零多项式 $\theta(x)\in \boldsymbol{C}(x)$。

**定理(线性循环码存在定理)**:在一个任意的 $(n,k)$ 线性循环码 $\boldsymbol{C}(x)$ 中,必定存在一个非零的、首一的、最低次数为 $r$ 的码式 $g(x)$,并且满足:(1) $g(x)$ 是唯一的;(2) $g(x)$ 的零次项 $g_0\neq 0$;(3)次数小于或等于 $n-1$ 的多项式 $c(x)$ 是码式当且仅当 $c(x)$ 是 $g(x)$ 的倍式;(4) $r=n-k$。

**证明**: $(n,k)$ 线性循环码至少存在一个非零向量为码字,所以,可以以此非零向量的对应码式作为 $g(x)$。由码的线性性可知,$ag(x)$ 必是码式,所以可设 $g(x)$ 为首一码式。其次,多项式的次数作为非负整数必有最小值 $r$,故可假设 $g(x)$ 是最低次数恰等于 $r$ 的码式,

$$g(x)=x^r+g_{r-1}x^{r-1}+\cdots+g_1x+g_0 \tag{11.4.7}$$

若 $g'(x)$ 是另一个次数为 $r$ 的非零首一码式,则由线性性,$g(x)-g'(x)=g''(x)$ 仍是码式,但 $g''(x)$ 的次数小于 $r$,这与 $g(x)$ 是最低次的码式假设矛盾。所以,作为前提存在的 $g(x)$ 的唯一性得证。

若 $g_0=0$,则由于 $r<n$,因此有

$$g(x)=x(g_1+g_2x+\cdots+g_{r-1}x^{r-2}+x^{r-1})=x\cdot g'(x)\bmod(x^n-1)$$

即 $g(x)$ 是另一次数更低的码式 $g'(x)$ 的循环移位,这与 $g(x)$ 是最低次码式假设矛盾。

由循环移位性有 $x^i g(x), i=1,2,\cdots,n-1-r$ 均是码式,再由线性分组码的群特性,
$$a_{n-1-r} \cdot g(x) \cdot x^{n-1-r} + \cdots + a_1 \cdot g(x) \cdot x + a_0 \cdot g(x) = a(x) \cdot g(x)$$
也必是码式,所以若 $g(x)$ 的倍式 $a(x)g(x)$ 的次数小于 $n$,则 $a(x)g(x)$ 必是码式。

反之,如果 $f(x)$ 是码式,则由 $f(x)=a(x) \cdot g(x)+r(x), 0 \leqslant \partial^\circ r(x) < \partial^\circ g(x)$,必有 $r(x)=0$。因为若 $r(x) \neq 0$,那么由线性性,$r(x)=f(x)-a(x)g(x)$ 一定是码式,且次数小于 $r$,这又与 $g(x)$ 为最低次码式假设矛盾,因此必有 $r(x)=0$,从而码式 $f(x)=a(x)g(x)$ 一定是 $g(x)$ 的倍式。

由式(11.4.7)可知,不同码式的数目为 $q^{n-r}$ 个,而 $q$ 元循环码作为 $(n,k)$ 分组码恰有 $q^k$ 个码字,所以 $n-r=k$。 ∎

注意,线性循环码存在定理指出,线性循环码的任意码式必定是某个唯一的特殊码式 $g(x)$ 的倍式,因此,码字多项式 $g(x)$ 称为 $(n,k)$ 线性循环码的**生成多项式**(generator polynomial),简称生成式,于是 $(n,k)$ 线性循环码可表示为

$$C(x) = \{c(x) \mid c(x) = u(x)g(x) \bmod (x^n - 1), \partial^\circ g(x) = r, g_0 \neq 0, g_r = 1\}$$
(11.4.8)

其中,$u(x)$ 表示信息数据多项式,通常假设 $u(x)$ 的阶(即次数)满足 $\partial^\circ u(x) < k$。

因此,$(n,k)$ 线性循环码的构造转换为生成式 $g(x)$ 的构造。关于 $g(x)$ 构造方法有许多,最为基本的一种是选择 $(x^n-1)$ 的因式作为生成式 $g(x)$,该方法的存在性和正确性由如下线性循环码构造定理给出。

**定理**(线性循环码构造定理):多项式 $g(x)$ 是 $(n,k)$ 线性循环码的生成多项式,当且仅当 $g(x)$ 是 $(x^n-1)$ 的 $r=n-k$ 次因式。

**证明**:必要性证明。

若 $g(x)$ 是生成式,则由多项式的欧几里得除法,有
$$x^k \cdot g(x) = 1 \cdot (x^n - 1) + r(x), \quad \partial^\circ r(x) < n$$
由循环码的循环移位定义知,$r(x)$ 是 $g(x)$ 的循环移位而且是码式,所以有
$$x^n - 1 = x^k g(x) - r(x) = x^k g(x) - a(x)g(x) = g(x) \cdot (x^k - a(x))$$
从而证明 $g(x)$ 是 $x^n-1$ 的因式。

充分性证明。

设 $n-k=r$ 次 $g(x)$ 是 $x^n-1$ 的因式,那么如下线性组合
$$a_0 g(x) + a_1(x \cdot g(x)) + \cdots + a_{k-1}(x^{k-1} g(x)) = a(x)g(x)$$
必定是 $(n,k)$ 分组码的全部码式。另外,任意码式 $c(x)$ 的升幂式 $x \cdot c(x) = x \cdot (a(x)g(x))$ 可以表示为

$$\begin{aligned}
x \cdot (a(x)g(x)) &= x \cdot (c_0 + c_1 x + \cdots + c_{n-1} x^{n-1}) \\
&= c_{n-1}(x^n - 1) + (c_{n-1} + c_0 x + c_1 x^2 + \cdots + c_{n-2} x^{n-1}) \\
&= c_{n-1}(x^n - 1) + c^{(1)}(x) \\
&= (c_{n-1} f(x) g(x)) + c^{(1)}(x)
\end{aligned}$$

于是,码式 $c(x)$ 的一次移位 $c^{(1)}(x)$ 是一个码式,当且仅当 $c^{(1)}(x)$ 仍是 $g(x)$ 的倍式,即
$$c^{(1)}(x) = x \cdot (a(x)g(x)) - (c_{n-1} f(x)g(x)) = b(x) \cdot g(x)$$

类似地，可以证明任意码式 $c(x)$ 的任意次循环移位 $c^{(i)}(x)$ 均是 $g(x)$ 的倍式，所以由 $g(x)$ 生成的 $(n,k)$ 分组码是一个 $(n,k)$ 线性分组循环码。

由线性循环码构造定理可见，给定生成式 $g(x)$ 后，多项式 $h(x)=(x^n-1)/g(x)$ 总满足码式的校验关系，即 $c(x)h(x)=0 \bmod (x^n-1)$，故称 $h(x)$ 为 $(n,k)$ 循环码的**校验多项式**。再注意到，任何码式 $c(x)$ 必有 $c(x)=a(x)g(x)$，所以，以校验式定义的乘积校验关系等价为以生成式界定的求余式关系，即

$$v(x)h(x)=0 \bmod (x^n-1) \Leftrightarrow v(x)=0 \bmod g(x) \tag{11.4.9}$$

由于 $(n,k)$ 线性循环码是 $(n,k)$ 线性分组码的子类，所以 $(n,k)$ 线性循环码的代数结构首先仍然是一个 $k$ 维的线性子空间；其次，由于模 $M(x)=(x^n-1)$ 的多项式加 $\oplus_{M(x)}$ 和多项式乘 $\otimes_{M(x)}$ 两种运算使得多项式代数系 $(\{a(x)\},\oplus_{f(x)},\otimes_{f(x)})$ 形成一个环，这里，

$$\begin{cases} a(x)\oplus_{M(x)}b(x)=(a(x)+b(x)) \bmod M(x) \\ a(x)\otimes_{M(x)}b(x)=(a(x)\times b(x)) \bmod M(x) \\ M(x)=x^n-1 \end{cases} \tag{11.4.10}$$

特别地，二元 $(n,k)$ 线性循环码在代数结构上是二元域 $F_2=\text{GF}(2)$ 上模 $(x^n-1)$ 多项式环中的一个称为"理想"的特殊子环，循环码的生成多项式即为该理想的生成元，这一结构特征为更广泛的循环码构造和分析提供了代数结构基础。

### 11.4.2 线性循环码的矩阵结构

根据生成式/校验式与对应码字/对偶向量之间的关系，可以更为直接且简洁地获得 $(n,k)$ 线性分组循环码的生成矩阵/校验矩阵与生成式/校验式之间的对应关系。

对于 $(n,k)$ 循环码生成式 $g(x)$，可以证明多项式组 $\{g(x),g(x)\cdot x,\cdots,g(x)\cdot x^{k-1}\}$ 直接对应的向量组 $\{w,w^{(1)},\cdots,w^{(k-1)}\}$ 为 $k$ 阶的线性无关向量组，因此，以 $\{w,w^{(1)},\cdots,w^{(k-1)}\}$ 为行向量构成的矩阵必然是 $(n,k)$ 循环码作为分组码的一个生成矩阵，记为 $(n,k)$ 循环码的升幂形式生成矩阵 $\mathbf{G}=\langle g_0 g_1 \cdots g_r \rangle_{k\times n}$，即

$$\begin{cases} \mathbf{w}^{(0)} = \underbrace{(g_0 \quad g_1 \quad g_2 \quad \cdots \quad g_{r-1} \quad g_r \quad 0 \quad \cdots \quad 0 \quad 0 \quad 0)}_{n} \\ \mathbf{w}^{(1)} = \underbrace{(0 \quad g_0 \quad g_1 \quad \cdots \quad g_{r-2} \quad g_{r-1} \quad g_r \quad \cdots \quad 0 \quad 0 \quad 0)}_{n} \\ \mathbf{w}^{(k-1)} = \underbrace{(0 \quad 0 \quad \cdots \quad 0 \quad g_0 \quad g_1 \quad g_2 \quad \cdots \quad g_{r-2} \quad g_{r-1} \quad g_r)}_{n} \end{cases} \tag{11.4.11}$$

$$\mathbf{G}=\langle g_0 g_1 \cdots g_r\rangle_{k\times n}=\begin{bmatrix}\mathbf{w}^{(0)}\\ \mathbf{w}^{(1)}\\ \vdots \\ \mathbf{w}^{(k-1)}\end{bmatrix}_{k\times n}=\begin{bmatrix}g_0 & g_1 & g_2 & \cdots & g_{r-1} & g_r & 0 & \cdots & 0 \\ 0 & g_0 & g_1 & g_2 & \cdots & g_{r-1} & g_r & \cdots & 0 \\ \vdots & \vdots & \vdots & \vdots & \vdots & \vdots & \vdots & \ddots & \vdots \\ 0 & 0 & 0 & g_0 & g_1 & g_2 & \cdots & g_{r-1} & g_r\end{bmatrix}_{k\times n}$$
$$\tag{11.4.12}$$

类似地，一致校验式 $h(x)=(x^n-1)/g(x)=h_0+h_1 x+h_2 x^2+\cdots h_{k-1}x^{k-1}+h_k x^k$

对应升幂形式 $\boldsymbol{G}=\langle g_0 g_1 \cdots g_r\rangle_{k\times n}$ 的一致校验矩阵 $\boldsymbol{H}$ 可推演为 $\boldsymbol{H}=\langle h_k h_{k-1} \cdots h_1 h_0\rangle_{r\times n}$

$$\boldsymbol{H} = \begin{bmatrix} \boldsymbol{h}^{(r)} \\ \boldsymbol{h}^{(r-1)} \\ \vdots \\ \boldsymbol{h}^{(1)} \end{bmatrix}_{r\times n} = \begin{bmatrix} h_k & h_{k-1} & \cdots & h_1 & h_0 & 0 & 0 & 0 \\ 0 & h_k & h_{k-1} & \cdots & h_1 & h_0 & 0 & 0 \\ \vdots & & \ddots & & \vdots & & \ddots & \vdots \\ 0 & \cdots & 0 & h_k & h_{k-1} & \cdots & h_1 & h_0 \end{bmatrix}_{r\times n} \quad (11.4.13)$$

$(n,k)$ 线性循环码的生成式 $g(x)$ 和校验式 $h(x)$，以及相应的生成矩阵和校验矩阵 $\boldsymbol{G}$ 和 $\boldsymbol{H}$，具有相互转换关系，如图 11.4.1 所示。

生成式与生成矩阵：$(g(x), \partial^0 g(x)=r)$ $\leftrightarrow$ $(\boldsymbol{G}_{k\times n}, \langle g_0 g_1 \cdots g_r\rangle)$
$\updownarrow$ $\updownarrow$
$g(x)h(x)=(x^n-1)$ $\boldsymbol{G}\boldsymbol{H}^\mathrm{T}=[0]_{k\times r}$
$\updownarrow$ $\updownarrow$
校验式与校验矩阵：$(h(x), \partial^0 h(x)=k)$ $\leftrightarrow$ $(\boldsymbol{H}_{r\times n}, \langle h_k h_{k-1} \cdots h_0\rangle)$

图 11.4.1 线性循环码的生成式、校验式与生成矩阵以及校验矩阵之间的关系

**例 11.15** 在二元域 $F_2$ 上，多项式 $x^7-1=x^7+1$ 的不可约因式分解为

$$x^7-1=x^7+1=(x^3+x^2+1)(x^3+x+1)(x-1)$$

因此，码长为 $n=7$ 的二元循环码可以由 $x^7-1$ 的任意因式作为生成式 $g(x)$ 生成，当然不同生成式生成的循环码的性能可能大不相同。如下罗列了此例各种循环码结构中的 5 种结构。

(1) $(7,4)$ 循环码 A，生成式为 $g(x)=x^3+x^2+1, h(x)=(x+1)(x^3+x+1)=x^4+x^3+x^2+1$，码式 $c(x)$ 和生成矩阵与校验矩阵分别为

$$c(x)=(u_0+u_1 x+u_2 x^2+u_3 x^3)(x^3+x^2+1)$$

$$\boldsymbol{G}=\begin{bmatrix} 1 & 0 & 1 & 1 & 0 & 0 & 0 \\ 0 & 1 & 0 & 1 & 1 & 0 & 0 \\ 0 & 0 & 1 & 0 & 1 & 1 & 0 \\ 0 & 0 & 0 & 1 & 0 & 1 & 1 \end{bmatrix}, \quad \boldsymbol{H}=\begin{bmatrix} 1 & 1 & 1 & 0 & 1 & 0 & 0 \\ 0 & 1 & 1 & 1 & 0 & 1 & 0 \\ 0 & 0 & 1 & 1 & 1 & 0 & 1 \end{bmatrix}$$

(2) $(7,4)$ 循环码 B，生成式为 $g(x)=x^3+x+1, h(x)=x^4+x^2+x+1$，码式 $c(x)$ 和生成矩阵与校验矩阵分别为

$$c(x)=(u_0+u_1 x+u_2 x^2+u_3 x^3)(x^3+x+1)$$

$$\boldsymbol{G}=\begin{bmatrix} 1 & 0 & 1 & 1 & & & \\ & 1 & 0 & 1 & 1 & & \\ & & 1 & 0 & 1 & 1 & \\ & & & 1 & 0 & 1 & 1 \end{bmatrix}, \quad \boldsymbol{H}=\begin{bmatrix} 1 & 1 & 1 & 0 & 1 & & \\ & 1 & 1 & 1 & 0 & 1 & \\ & & 1 & 1 & 1 & 0 & 1 \end{bmatrix}$$

(3) $(7,3)$ 循环码 A，生成式为 $g(x)=(x^3+x+1)(x+1), h(x)=x^3+x+1$，码式 $c(x)$ 和生成矩阵与校验矩阵分别为

$$c(x)=(u_0+u_1 x+u_2 x^2)(x^4+x^2+x+1)$$

$$\boldsymbol{G}=\begin{bmatrix} 1 & 1 & 1 & 0 & 1 & & \\ & 1 & 1 & 1 & 0 & 1 & \\ & & 1 & 1 & 1 & 0 & 1 \end{bmatrix}, \quad \boldsymbol{H}=\begin{bmatrix} 1 & 0 & 1 & 1 & & & \\ & 1 & 0 & 1 & 1 & & \\ & & 1 & 0 & 1 & 1 & \\ & & & 1 & 0 & 1 & 1 \end{bmatrix}$$

(4) (7,1)循环码(此码可等价为一个7重复码),生成式为 $g(x)=(x^3+x+1)(x^3+x+1)$, $h(x)=(x+1)$,码式 $c(x)$ 和生成矩阵与校验矩阵分别为

$$c(x) = u_0 \cdot (x^6 + x^5 + x^4 + x^3 + x^2 + x + 1)$$

$$\boldsymbol{G} = \begin{bmatrix} 1 & 1 & 1 & 1 & 1 & 1 & 1 \end{bmatrix}, \quad \boldsymbol{H} = \begin{bmatrix} 1 & 1 & & & & & \\ & 1 & 1 & & & & \\ & & 1 & 1 & & & \\ & & & 1 & 1 & & \\ & & & & 1 & 1 & \\ & & & & & 1 & 1 \end{bmatrix}$$

(5) (7,6)循环码,生成式为 $g(x)=x+1$,$h(x)=x^6+x^5+x^4+x^3+x^2+x+1$,码式 $c(x)$ 为

$$\begin{aligned} c(x) &= (u_0 + u_1 x + u_2 x^2 + u_3 x^3 + u_4 x^4 + u_5 x^5)(x+1) \\ &= u_0 + (u_0 + u_1)x + (u_1 + u_2)x^2 + (u_2 + u_3)x^3 + \\ &\quad (u_3 + u_4)x^4 + (u_4 + u_5)x^5 + u_5 x^6 \end{aligned}$$

此码实际上等价为偶校验码,生成矩阵 $\boldsymbol{G}$ 是(7,1)循环码的一致校验矩阵 $\boldsymbol{H}$,而校验矩阵 $\boldsymbol{H}$ 是(7,1)循环码的生成矩阵 $\boldsymbol{G}$,即(7,6)循环码(偶校验码)与(7,1)循环码(重复码)互为对偶码。∎

此外还需注意,并非对于任意的 $(n,k)$ 都一定存在 $g(x)$ 使得 $\boldsymbol{C}(x)=\{u(x)g(x)\}$ 是一个线性循环码。例如,$(x^6-1)$ 的不可约多项式分解是 $(x^6-1)=(x-1)(x^5+x^4+x^3+x^2+x+1)$,因而对于码长 $n=6$,仅仅存在 $(n,k)=(6,1)$ 或者 $(n,k)=(6,5)$ 两种二元线性循环码。

### 11.4.3 系统循环码与CRC校验

与线性分组码类似,线性循环码也可以具有系统码结构形式。

$(n,k)$ 线性循环码的系统循环码(cyclic system code)定义为:码式 $c(x)$ 的高次幂部分依序等于消息多项式 $u(x)$ 的线性循环码,即对 $u(x)=u_0+u_1 x+\cdots+u_{k-1}x^{k-1}$,设计

$$\begin{cases} c(x) = c_0 + c_1 x + \cdots + c_{n-k-1}x^{n-k-1} + c_{n-k}x^{n-k} + c_{n-k+1}x^{n-k+1} + \cdots + c_{n-1}x^{n-1} \\ \quad\quad = p_0 + p_1 x + \cdots + p_{n-k-1}x^{n-k-1} + u_0 x^{n-k} + u_1 x^{n-k+1} + \cdots + u_{k-1}x^{n-1} \\ \quad\quad = p(x) + x^{n-k} \cdot u(x) \\ \partial^\circ p(x) < r = n-k \end{cases}$$

(11.4.14)

其中,$p(x)$ 称为**系统码校验位多项式**(parity-check polynomial),$\partial^\circ p(x) < r=n-k$ 表示校验位始终限制在码多项式的低阶次位上。

由线性循环码的码式是生成式的倍式得到,$p(x)+x^{n-k}u(x)=a(x)g(x)\equiv 0 \bmod g(x)$,进而得到校验位多项式为

$$p(x) = (-x^r \cdot u(x)) \bmod g(x) \tag{11.4.15}$$

以及循环码的标准系统码的码式为

$$c(x) = x^r u(x) + p(x) = x^r \cdot u(x) - (x^r \cdot u(x) \bmod g(x)) \tag{11.4.16}$$

**例 11.16** 对于一个 $(7,4)$ 循环码的生成式 $g(x)=1+x+x^3$,由于

$$\begin{cases} x^3 = g(x)+(1+x), & \leftrightarrow c_0(x)=1+x+x^3 \\ x^4 = xg(x)+(x+x^2), & \leftrightarrow c_1(x)=x+x^2+x^4 \\ x^5 = (x^2+1)g(x)+(1+x+x^2), & \leftrightarrow c_2(x)=1+x+x^2+x^5 \\ x^6 = (x^3+x+1)g(x)+(1+x^2), & \leftrightarrow c_3(x)=1+x^2+x^6 \end{cases}$$

所以可得到该 $(7,4)$ 循环码的系统码生成矩阵和系统码码式的计算形式为

$$\mathbf{G}_S = \begin{bmatrix} 1 & 1 & 0 & 1 & 0 & 0 & 0 \\ 0 & 1 & 1 & 0 & 1 & 0 & 0 \\ 1 & 1 & 1 & 0 & 0 & 1 & 0 \\ 1 & 0 & 1 & 0 & 0 & 0 & 1 \end{bmatrix} \leftrightarrow \begin{bmatrix} g(x) \bmod (x^7-1) \\ xg(x) \bmod (x^7-1) \\ (x^2+1)g(x) \bmod (x^7-1) \\ (x^3+x+1)g(x) \bmod (x^7-1) \end{bmatrix} = \begin{bmatrix} c_0(x) \\ c_1(x) \\ c_2(x) \\ c_3(x) \end{bmatrix}$$

$$c(x) = (u_0 c_0(x) + u_1 c_1(x) + u_2 c_2(x) + u_3 c_3(x)) \bmod (x^7-1)$$

于是,当 $u(x)=1+x+x^3$,相应的系统码码式为

$$c(x) = (1 \cdot c_0(x)) + (1 \cdot c_1(x)) + (0 \cdot c_2(x)) + (1 \cdot c_3(x))$$
$$= (1+x+x^3) + (x+x^2+x^4) + (1+x^2+x^6)$$
$$= (x^3+x^4+x^6) \quad ∎$$

**差错多项式**(error polynomial)是差错图案向量 $\mathbf{e}=(e_0,e_1,\cdots,e_{n-1})$ 的多项式形式 $e(x)$,即

$$\mathbf{e}=(e_0,e_1,\cdots,e_{n-1}) \leftrightarrow e(x) = e_0+e_1 x+e_2 x^2+\cdots+e_{n-1} x^{n-1} \quad (11.4.17)$$

其中,$e_i$ 称为**错值**(error value),相应的 $x^i$ 为**错位**(error location),$e_i=0$ 表示无错。在无记忆加性干扰的硬判决信道模型中,接收多项式表示为 $v(x)=c(x)+e(x)$。

对于线性循环码码字的传输,由 $c(x)=a(x)g(x)$ 以及 $v(x) \bmod g(x) = e(x) \bmod g(x)$,定义循环码的**伴随多项式**(syndrome polynomial,简称伴随式)为 $s(x)$

$$s(x) = v(x) \bmod g(x) = s_0+s_1 x+s_2 x^2+\cdots+s_{r-1} x^{r-1} \quad (11.4.18)$$

显然,$s(x)$ 只是 $e(x)$ 的函数,一个可检测差错图案 $e(x)$ 是使得 $s(x) \neq 0(x)$ 的差错图案。基于 $\partial°g(x)=r$ 的限制和模 $g(x)$ 运算的特征,可以发现循环码的检错能力强于分组码的检错能力,即线性循环码作为分组码可以检测任意 $t_d < d = d_{\min}(\mathbf{C}(x))$ 个随机差错,而且可以检测任意 $b \leq r$ 长的突发差错。可分析得到二元 $(n,k)$ 循环码检测突发差错和随机差错的能力。

(1) 检测 $b=r+1$ 的突发差错比例为

$$\gamma_{r+1} = \frac{|\{e(x) \mid b=r+1, s(x) \neq \theta\}|}{|\{e(x) \mid b=r+1\}|} \approx 1-2^{1-r} \quad (11.4.19)$$

(2) 检测 $b>r+1$ 的突发差错比例为

$$\gamma_{b>r+1} = \frac{|\{e(x) \mid b>r+1, s(x) \neq \theta\}|}{|\{e(x) \mid b>r+1\}|} \approx 1-2^{-r} \quad (11.4.20)$$

(3) 对于采纳为工业标准检错码的循环码,若 $\partial°g(x)=r$,那么以不可检测差错的差错图案在所有差错图案中比例作为不可检差错概率 $P_{\text{UDE}}(e)$ 约等于

$$P_{\text{UDE}}(e) \approx \frac{1}{2^r} \quad (11.4.21)$$

(4) 若循环码的生成式为 $g(x)=(x+1)p(x)$ 且 $p(x)$ 是一个**本原多项式**(primitive polynomial),则此循环码可检测所有奇数重量的差错。

CRC 码全称为**循环冗余校验码**(cyclic redundancy check code),是对某一类生成式为 $g(x)$ 的系统循环码进行特定的**截短**(truncation)处理后,专用于差错检测的纠错码。截短前的原循环码生成式仍称为 CRC 码生成式 $g_{CRC}(x)$。

循环码截短是对 $(n,k)$ 系统循环码截去高幂次的 $b$ 个消息位的方法,其中一种常见的截短方法的具体操作步骤是:

(1) 若实际消息位长为 $l=k-b$,则构造 $k$ 长信息分组 $u$ 为

$$u=(u_0,u_1,\cdots,u_{l-1},\underbrace{0,0,\cdots,0}_{b=k-l})\leftrightarrow u(x)$$

(2) 用 $(n,k)$ 循环码 $g(x)$ 对消息 $u$ 进行系统码编码,获得系统循环码的码字 $c$ 为

$$c=(c_0,c_1,\cdots,c_{r-1},u_0,u_1,\cdots,u_{l-1},\underbrace{0,0,\cdots,0}_{b=k-l})\xrightarrow{\text{系统循环码编码}}c(x)$$

(3) 截去 $c$ 的 $b$ 个高次位的全部全 0 码元,获得截短码字 $c^*$ 作为实际传输码字,

$$c^*=(c_0,c_1,\cdots,c_{r-1},u_0,u_1,\cdots,u_{l-1})=(c_0,c_1,\cdots,c_{r-1},c_r,c_{r+1},\cdots,c_{r+l-1})\leftrightarrow c^*(x)$$

可以证明,按上述截短方法所得截短循环码的基本特性有:

(1) $(n,k)$ 循环码码 $c$ 在 $b$ 位截短后为 $(n^*,k^*)=(n-b,k-b)$ 码 $c^*$,码率略为降低,因为

$$R_c^*=\frac{k-b}{n-b}<\frac{k}{n}=R_c$$

(2) 一般地,循环码 $c(x)$ 的截短码 $c^*(x)$ 不再是具有循环仍为码字的循环码。这一特性使得截短循环码的突发检测能力更强,因为突发差错不可能循环绕过截取的确认为全零的 $b$ 位信息位。

(3) 常见的构造途径是选择本原多项式 $p(x)$ 使得 CRC 生成式 $g_{CRC}(x)$ 为

$$g_{CRC}(x)=(x+1)p(x) \tag{11.4.22}$$

(4) 由于截短的位长 $b$ 可以任意设定,因此,CRC 码可以用于任何长度的数据帧的校验需求。特别地,因为截短循环码与原循环码有相同的生成多项式,并且恢复的 $b$ 个全零位并不存在任何"差错",所以截短循环码与原循环码有相同的检纠错能力。

(5) 对于高位先传约定,对接收向量 $v^*$ 或接收式 $v^*(x)$,需先做截短码的"还原",即填充 $b$ 个数据 0 以恢复无截短的 $v$ 或 $v(x)$ 后,才能利用 $g(x)$ 正确计算 $c^*(x)$ 的伴随式 $s^*(x)$,

$$\begin{cases}v=(v_0^*,\cdots,v_{n-1}^*,\underbrace{0,\cdots,0}_{b})=(c^*+e^*,\underbrace{0,\cdots,0}_{b})\\v(x)=v^*(x)+(0\cdot x^{n^*+b})=(c^*(x)+e^*(x))+(0\cdot x^{n^*+b})\end{cases} \tag{11.4.23}$$

显然,没有必要等效计算 $b$ 个连 0 位 $(0\cdot x^{b+n^*})$ 的"额外"伴随式,所以为消除本不存在的计算量,对于 $\partial^\circ g(x)=r$,设计截短码的**修正伴随式**(modified syndrome polynomial)为 $s^{(r+b)}(x)$,并作为检错判断的计算依据,

$$\begin{aligned}s^{(r+b)}(x)&=(x^{r+b}\cdot v^*(x))\bmod g(x)=((x^{r+b}\bmod g(x))\cdot v^*(x))\bmod g(x)\\&=(w^*(x)\cdot v^*(x))\bmod g(x)\end{aligned} \tag{11.4.24}$$

**例 11.17** 构造一个二元的 $(n^*, k^*) = (40, 32)$ 截短循环码。

由于 $n^* - k^* = 40 - 32 = 8$,故考虑 $\partial°g(x) = r = 8$;再因基础循环码码长均为 $2^m - 1$,故最接近 40 的基础码长是 63;因此,以 $g(x) = (x^2 + x + 1)(x^6 + x + 1) = x^8 + x^7 + x^6 + x^3 + 1$ 为生成式,可以构造一个 $(n, k) = (63, 55)$ 的循环码;于是,对 $(63, 55)$ 截短构造 $(40, 32)$ 循环码时,截短的信息位数目为 $b = n - n^* = 63 - 40 = 23$;截短后的修正伴随式为

$$s^{(r+b)}(x) = x^{r+b} v^*(x) \mod g(x) = (x^{31} v^*(x)) \mod (x^8 + x^7 + x^6 + x^3 + 1)$$
$$= ((x^{31} \mod (x^8 + x^7 + x^6 + x^3 + 1)) v^*(x)) \mod (x^8 + x^7 + x^6 + x^3 + 1)$$
$$= ((x^7 + x^5 + x + 1) v^*(x)) \mod (x^8 + x^7 + x^6 + x^3 + 1)$$

因此,修正伴随式的计算包含对接收式 $v^*(x) = v_0^* + v_1^* x + \cdots + v_{39}^* x^{39}$ 的多项式乘和多项式取模的混合运算,其计算电路如图 11.4.2 所示,图中移位寄存器的上半部分反馈电路形成模多项式运算电路,下半部分前馈电路形成多项式乘法运算电路。电路的数据输入顺序为 $v_{39}^*, \cdots, v_1^*, v_0^*$,当输入数据完成,移位寄存器的内容即是修正伴随式的值。

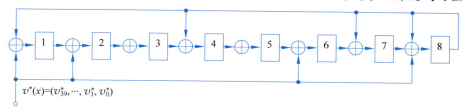

图 11.4.2 修正伴随式计算案例(乘除混合电路)电路原理图

目前关于 CRC 码的工业标准参见表 11.4.1。

表 11.4.1 典型的 CRC 码工业标准

| 名 称 | 生成多项式的形式 |
| --- | --- |
| CRC4-ITU-G.704 | $x^4 + x^3 + x^2 + x + 1$; $x^4 + x + 1$ |
| CRC5-ITU-USB | $x^5 + x^2 + 1$ |
| CRC6-ITU-G.704 | $x^6 + x + 1$ |
| CRC8-ATM | $x^8 + x^2 + x + 1$ |
| CRC8-CCITT | $x^8 + x^7 + x^3 + x^2 + 1$ |
| CRC8-通用 | $x^8 + x^7 + x^6 + x^4 + x^2 + 1$ |
| CRC10-通用 | $x^{10} + x^9 + x^5 + x^4 + x + 1$ |
| CRC12-通用 | $x^{12} + x^{11} + x^3 + x^2 + x + 1$ |
| CRC16-ANSI | $(x+1)(x^{15} + x + 1) = x^{16} + x^{15} + x^2 + 1$ |
| CRC16-CCITT | $(x+1)(x^{15} + x^{14} + x^{13} + x^{12} + x^4 + x^3 + x^2 + x + 1) = x^{16} + x^{12} + x^5 + 1$ |
| CRC16-IEC TC57 | $(x+1)^2 \cdot (x^{14} + x^{10} + x^9 + x^8 + x^5 + x^3 + x^2 + x + 1)$ <br> $= x^{16} + x^{14} + x^{11} + x^8 + x^6 + x^5 + x^4 + 1$ |
| CRC24-Radix64 | $x^{24} + x^{23} + x^{18} + x^{17} + x^{14} + x^{11} + x^{10} +$ <br> $x^7 + x^6 + x^5 + x^4 + x^3 + x + 1$ |
| CRC32-IEEE 802.3 | $x^{32} + x^{26} + x^{23} + x^{22} + x^{16} + x^{12} + x^{11} +$ <br> $x^{10} + x^8 + x^7 + x^5 + x^4 + x^2 + x + 1$ |
| CRC32-通用 | $x^{32} + x^{28} + x^{27} + x^{26} + x^{25} + x^{23} + x^{22} + x^{20} +$ <br> $x^{19} + x^{18} + x^{14} + x^{13} + x^{11} + x^{10} + x^9 + x^8 + x^6 + 1$ |
| CRC64-ISO | $x^{64} + x^4 + x^3 + x + 1$ |

## 11.5 线性卷积码

### 11.5.1 线性卷积码的矩阵结构与多项式结构

#### 1. 线性卷积码原理

如果说$(n,k)$分组码的每次编码操作是在当前时间$l$将一组(或一段)共$k$个消息码元$\boldsymbol{u}(l)$输入编码计算系统,并在同一个节拍内输出一组(或一段)共$n$个编码码元结果$\boldsymbol{v}(l)$,那么,$(n,k,m)$卷积码编码(convolutional coding)的每次编码操作则是:在当前时间$l$将一组共$k$个消息码元$\boldsymbol{u}(l)$输入编码计算系统,让它们与存储在系统中的前$m$个时间的各组(或各段)消息码元$\{\boldsymbol{u}(l-1),\boldsymbol{u}(l-2),\cdots,\boldsymbol{u}(l-m)\}$一起联合计算,并在当前节拍内输出一组(或一段)共$n$个编码码元的结果$\boldsymbol{v}(l)$,即

$$\begin{cases} \boldsymbol{v}(l) = \phi(\boldsymbol{u}(l),\boldsymbol{u}(l-1),\cdots,\boldsymbol{u}(l-m)) \\ \boldsymbol{u}(l) = (u_1(l),u_2(l),\cdots,u_k(l)) \\ \boldsymbol{v}(l) = (v_1(l),v_2(l),\cdots,v_n(l)) \end{cases}, \quad l=0,1,2,\cdots \tag{11.5.1}$$

显然,分组编码是卷积编码在$m=0$时的特例。

在卷积编码中,若每一组的每一位计算输出$v_j(l),j=1,2,\cdots,n$,与当前消息组$\boldsymbol{u}(l)$以及存储消息组$\{\boldsymbol{u}(l-1),\boldsymbol{u}(l-2),\cdots,\boldsymbol{u}(l-m)\}$的计算关系都是线性关系,等价于全为模加运算,那么该卷积编码称为线性卷积编码。线性卷积编码的一般串行实现结构如图11.5.1所示。

图 11.5.1 $(n,k,m)$线性卷积编码的串行编码原理框图

#### 2. 线性卷积码的矩阵结构

由图 11.5.1 可见,任意一个输入段$\boldsymbol{u}(l-h)$与输出段$\boldsymbol{v}(l)$的关系都是一个特定的$(n,k)$线性分组码的编码关系,于是,存在$m+1$个$k\times n$的矩阵$\boldsymbol{G}_h$,使得

$$\boldsymbol{v}(l) = \boldsymbol{u}(l-h)\boldsymbol{G}_h, \quad h=0,1,\cdots,m \tag{11.5.2}$$

因此,对于消息段序列$\boldsymbol{u}=(\boldsymbol{u}(0),\boldsymbol{u}(1),\cdots,\boldsymbol{u}(m),\boldsymbol{u}(m+1),\cdots)$,相应的卷积编码输出段序列为$(\boldsymbol{v})=(\boldsymbol{v}(0),\boldsymbol{v}(1),\cdots,\boldsymbol{v}(m),\boldsymbol{v}(m+1),\cdots,\boldsymbol{v}(l),\cdots)$,并且满足

$$\begin{cases} \boldsymbol{v}(0) = \boldsymbol{u}(0)\boldsymbol{G}_0 \\ \boldsymbol{v}(1) = \boldsymbol{u}(0)\boldsymbol{G}_1 + \boldsymbol{u}(1)\boldsymbol{G}_0 \\ \quad\vdots \\ \boldsymbol{v}(m) = \boldsymbol{u}(0)\boldsymbol{G}_m + \boldsymbol{u}(1)\boldsymbol{G}_{m-1} + \cdots + \boldsymbol{u}(m-1)\boldsymbol{G}_1 + \boldsymbol{u}(m)\boldsymbol{G}_0 \\ \boldsymbol{v}(m+1) = \boldsymbol{u}(1)\boldsymbol{G}_m + \boldsymbol{u}(2)\boldsymbol{G}_{m-1} + \cdots + \boldsymbol{u}(m)\boldsymbol{G}_1 + \boldsymbol{u}(m+1)\boldsymbol{G}_0 \end{cases} \tag{11.5.3}$$

或者一般性地有

$$\begin{cases} \boldsymbol{v}(l) = \boldsymbol{u}(l-m)\boldsymbol{G}_m + \boldsymbol{u}(l-m+1)\boldsymbol{G}_{m-1} + \cdots + \boldsymbol{u}(l-1)\boldsymbol{G}_1 + \boldsymbol{u}(l)\boldsymbol{G}_0 \\ \quad = \sum_{h=0}^{m} \boldsymbol{u}(l-h)\boldsymbol{G}_h, \quad l = 0,1,2,\cdots \\ \boldsymbol{u}(l) = 0, \quad l < 0 \end{cases} \quad (11.5.4)$$

式(11.5.71)称为卷积编码的**卷积矩阵**(convolutional matrix)表达式。参数 $m$(段)称为卷积编码的**记忆长度**(memory length)。$K = m+1$(段)称为卷积码的**段约束长度**(segment constrain length),相应的比特约束长度为 $n_A = K \cdot n$(比特)。

注意,进入卷积编码器的最后 $m$ 段消息仍是要编码输出的消息,对这最后 $m$ 段消息的编码处理,称为卷积编码的结尾处理。一种常见的结尾处理方法是额外输入 $m$ 段无效的 0 数据比特,一方面,将存储的 $m$ 段消息编码全部推出;另一方面,保证编码器回到全 0 的初态。因此,卷积码对于有限 $L$ 段长消息的编码速率 $R_L$ 和渐近编码速率 $R_c$ 分别为

$$R_L = \frac{Lk}{Ln + mn} = \frac{k}{n}\left(1 - \frac{m}{L+m}\right) \quad (11.5.5)$$

$$R_c = \lim_{L \to \infty} \frac{k}{n}\left(1 - \frac{m}{L+m}\right) = \frac{k}{n} \quad (11.5.6)$$

如果卷积编码的输入即消息长度是无限长,则卷积编码的输出也是无限长,此时描述输入/输出关系的半无穷大矩阵 $\boldsymbol{G}_\infty$ 称为卷积码的**生成矩阵**(generator matrix)

$$\boldsymbol{G}_\infty = \begin{bmatrix} \boldsymbol{G}_0 & \boldsymbol{G}_1 & \boldsymbol{G}_2 & \cdots & \boldsymbol{G}_{m-1} & \boldsymbol{G}_m & & & \\ & \boldsymbol{G}_0 & \boldsymbol{G}_1 & \boldsymbol{G}_2 & \cdots & \boldsymbol{G}_{m-1} & \boldsymbol{G}_m & & \\ & & \boldsymbol{G}_0 & \boldsymbol{G}_1 & \boldsymbol{G}_2 & \cdots & \boldsymbol{G}_{m-1} & \boldsymbol{G}_m & \\ & & & \cdots & \cdots & \cdots & \cdots & \cdots & \end{bmatrix} \quad (11.5.7)$$

显然,卷积码的生成矩阵 $\boldsymbol{G}_\infty$ 由其前 $k$ 行、$(m+1) \times n$ 列组成的子矩阵 $\boldsymbol{G}_B$ 实质确定,$\boldsymbol{G}_B$ 称为卷积码的**基本生成矩阵**(base generator matrix)

$$\boldsymbol{G}_B = [\boldsymbol{G}_0 \boldsymbol{G}_1 \boldsymbol{G}_2 \cdots \boldsymbol{G}_{m-1} \boldsymbol{G}_m] = [g_{it}]_{k \times Kn} \quad (11.5.8)$$

虽然生成矩阵更能从整体特征上表现卷积码的结构和编码机理,但明显具有极大的描述复杂度。特别地,在实际工程应用中,对卷积编码的参数具有较紧的限制,例如,$k \leqslant 2$ 且大多数场合 $k=1$;$2 \leqslant n \leqslant 3$,仅在一些特殊条件下容忍 $n \to 8$ 与 $K = m+1 \leqslant 7$,以及一些极端条件下容忍 $K \to 16$。因此,在面向理解或者实用的目标时,采用两个实用性的途径进行卷积码的机理分析与设计以及性能评估,一个是限定参数范围的案例化分析,另一个是因应需求采用特定数学工具的适应性分析,所用工具有矩阵,或者递归方程,或者前向和后向多项式传递函数,或者栅格图。

### 3. 线性卷积码的多项式结构

注意到时间序列与多项式具有一对一的对应关系,消息段序列 $\boldsymbol{u} = (\boldsymbol{u}(0), \boldsymbol{u}(1), \cdots, \boldsymbol{u}(l), \cdots)$ 与编码输出段序列 $\boldsymbol{v} = (\boldsymbol{v}(0), \boldsymbol{v}(1), \cdots, \boldsymbol{v}(l), \cdots)$ 可以分别用多项式 $\boldsymbol{u}(x)$ 和 $\boldsymbol{v}(x)$ 表示为

$$\boldsymbol{u}(x) = \boldsymbol{u}(0) + \boldsymbol{u}(1)x + \cdots + \boldsymbol{u}(l)x^l + \cdots$$

$$= \begin{bmatrix} u_1(0) \\ u_2(0) \\ \vdots \\ u_k(0) \end{bmatrix} + \begin{bmatrix} u_1(1) \\ u_2(1) \\ \vdots \\ u_k(1) \end{bmatrix} x + \cdots + \begin{bmatrix} u_1(l) \\ u_2(l) \\ \vdots \\ u_k(l) \end{bmatrix} x^l + \cdots = \begin{bmatrix} u_1(x) \\ u_2(x) \\ \vdots \\ u_k(x) \end{bmatrix} \quad (11.5.9)$$

其中,消息 $\boldsymbol{u}(x)$ 的分量多项式 $u_i(x)$ 为

$$u_i(x) = u_i(0) + u_i(1)x + \cdots + u_i(l)x^l + \cdots, \quad i = 1, 2, \cdots, k \quad (11.5.10)$$

类似地,

$$\boldsymbol{v}(x) = \begin{bmatrix} v_1(x) \\ v_2(x) \\ \vdots \\ v_n(x) \end{bmatrix} \quad (11.5.11)$$

$$v_j(x) = v_j(0) + v_j(1)x + \cdots + v_j(l)x^l + \cdots, \quad j = 1, 2, \cdots, n \quad (11.5.12)$$

利用段序列描述方式,(二元)$(n,k,m)$ 卷积码编码器可以更直接地描述为一个 $k$(比特)并行输入且 $n$(比特)并行输出的系统,如图 11.5.2 所示。

图 11.5.2 二元线性 $(n,k,m)$ 卷积码的并行编码原理框图

在图 11.5.2 中,$u_i(l-h)$ 的多项式表示为 $x^h u_i(x)$,所以,对 $j = 1, 2, \cdots, n$ 得到

$$v_j(l) = g_{1,j} u_1(l) + g_{2,j} u_2(l) + \cdots + g_{k,j} u_k(l) +$$
$$g_{1,n+j} u_1(l-1) + g_{2,n+j} u_2(l-1) + \cdots + g_{k,n+j} u_k(l-1) + \cdots +$$
$$g_{1,mn+j} u_1(l-m) + g_{2,mn+j} u_2(l-m) + \cdots + g_{k,mn+j} u_k(l-m)$$

$$v_j(x) = g_{1,j} u_1(x) + g_{2,j} u_2(x) + \cdots + g_{k,j} u_k(x) +$$
$$g_{1,n+j} x u_1(x) + g_{2,n+j} x u_2(x) + \cdots + g_{k,n+j} x u_k(x) + \cdots +$$
$$g_{1,mn+j} x^m u_1(x) + g_{2,mn+j} x^m u_2(x) + \cdots + g_{k,mn+j} x^m u_k(x)$$
$$= (g_{1,j} + g_{1,n+j} x + \cdots + g_{1,mn+j} x^m) u_1(x) +$$
$$(g_{2,j} + g_{2,n+j} x + \cdots + g_{2,mn+j} x^m) u_2(x) + \cdots +$$
$$(g_{k,j} + g_{k,n+j} x + \cdots + g_{k,mn+j} x^m) u_k(x)$$
$$= g(1,j)(x) \cdot u_1(x) + g(2,j)(x) \cdot u_2(x) + \cdots + g(k,j)(x) \cdot u_k(x)$$

由此得到线性 $(n,k,m)$ 卷积码的多项式表达式为

$$\begin{cases} \boldsymbol{v}(x) = (v_1(x), v_2(x), \cdots, v_j(x), \cdots, v_n(x)) = \boldsymbol{u}(x)\boldsymbol{G}(x) \\ \boldsymbol{u}(x) = (u_1(x), u_2(x), \cdots, u_i(x), \cdots, u_k(x)) \\ \boldsymbol{G}(x) = [g(i,j)(x)]_{k \times n} \\ g(i,j)(x) = g_{i,j} + g_{i,n+j}x + \cdots + g_{i,mn+j}x^m \end{cases} \quad (11.5.13)$$

称 $k \times n$ 多项式矩阵 $\boldsymbol{G}(x)$ 为线性 $(n,k,m)$ 卷积码的**多项式生成矩阵**(polynomial generator matrix),由于 $x$ 的幂次计算 $x^h$ 等价为 $h$ 段时间延迟 $D^h$,又称 $\boldsymbol{G}(D)$ 为卷积码的延迟算子生成矩阵。

如果将基本生成矩阵 $\boldsymbol{G}_B$ 的元素 $g_{it}$ 的列下标 $t$ 表示为

$$t = j + hn, \quad j = 1, 2, \cdots, n, \quad h = 0, 1, 2, \cdots, m$$

那么 $g_{it} = 1$ 表示输入移位寄存器中的第 $h$ 段的第 $i$ 位输入比特 $u(l-t, i)$ 参与第 $j$ 位输出比特的编码,$g_{it} = 0$ 则表示不参与输出编码,因此可以用 $k \times n$ 个所谓生成序列 $\{\boldsymbol{g}(i,j)\}$ 描述各段第 $i$ 位输入对第 $j$ 位输出编码的影响,

$$\begin{cases} \boldsymbol{g}(i,j) = (g_{i,j}, g_{i,(n+j)}, g_{i,(2n+j)}, \cdots, g_{i,(hn+j)}, \cdots, g_{i,(mn+j)}) \\ i = 1, 2, \cdots, k, j = 1, 2, \cdots, n, h = 0, 1, 2, \cdots, m \end{cases} \quad (11.5.14)$$

由以上讨论可见,线性 $(n,k,m)$ 卷积码可以由其多项式生成矩阵 $\boldsymbol{G}(x)$,或生成矩阵 $\boldsymbol{G}_\infty$ 或生成序列 $\{\boldsymbol{g}(i,j)\}$ 进行完全的描述、分析和设计。

**例 11.18** 关于卷积码的一个经典教科书案例是 $(2,1,2)$ 卷积码,电路原理图如图 11.5.3 所示,其中 $(\sigma_2(l), \sigma_1(l))$ 表示第 $l$ 节拍时两个寄存器存储的记忆数据。当存储数据参与编码输出的计算时,存储数据又称为编码器的状态以及状态向量。

图 11.5.3 $(2,1,2)$ 卷积码电路原理图

$$\begin{cases} v_1(x) = (1 + x + x^2)u(x) \\ v_2(x) = (1 + x^2)u(x) \end{cases}$$

$$\boldsymbol{G}(x) = [1 + x + x^2, 1 + x^2]$$

$$\begin{cases} \sigma_2(l) = \sigma_1(l-1) \\ \sigma_1(l) = u(l-1) \end{cases}$$

∎

**例 11.19** 本例说明一个卷积码的数学描述与电路实现却并非是一对一的对应。例如,一个 $(3,2,2)$ 二元线性系统卷积码的生成矩阵 $\boldsymbol{G}_\infty$ 和对应的 $\boldsymbol{G}(x)$ 分别为

$$\boldsymbol{G}_\infty = \begin{bmatrix} 101 & 000 & 001 & & \\ 011 & 001 & 000 & & \\ & 101 & 000 & 001 & \\ & 011 & 001 & 000 & \\ & & \cdots & & \end{bmatrix}, \quad \boldsymbol{G}(x) = \begin{bmatrix} 1 & 0 & 1 + x^2 \\ 0 & 1 & 1 + x \end{bmatrix}$$

那么,实现此卷积码的电路存在逻辑计算功能上完全等价的简化型和标准型(见图 11.5.4(a) 与 (b))两种电路形式。显然,图 11.5.4(b) 比图 11.5.4(a) 多用了一个寄存器单元,但是

其电路系统中的两个移位寄存器架构的工作更为稳健。

图 11.5.4　(3,2,2)卷积码的两种电路实现形式

## 11.5.2　线性卷积码的状态转移图与栅格图结构

卷积码与分组码的明显区别是卷积码编码器要存储 $m$ 段消息数据,这些消息数据既要因新的输入而改变,又要影响当前的编码输出,因此称表达这些存储数据的参数为卷积编码器的**内部状态**(internal state),简称状态。

若二元$(n,k,m)$卷积编码器有效的存储单元数共计为 $M$,则第 $l$ 时刻的状态变量记为状态向量 $\sigma(l)$ 或简记为 $\sigma$

$$\sigma(l) = (\sigma_M(l), \sigma_{M-1}(l), \cdots, \sigma_2(l), \sigma_1(l)) \tag{11.5.15}$$

若状态向量作为一个十进制数的二进制表达形式,那么常将第 $l$ 时刻二元$(n,k,m)$卷积码的 $2^M$ 个各不相同的状态表示为 $2^M$ 个不同的十进制数 $S_0, S_1, \cdots, S_{2^M-1}$。

显然,编码器状态为$\sigma$(或$\sigma(l)$)时,输入段$u$(或$u(l)$)产生的编码输出段为$v$(或$v(l)$),并使该状态改变(称为转移)到新的状态$\sigma'$(或$\sigma(l+1)$)。将$\sigma$到$\sigma'$的转移过程描述为一个转移分支,记为$(\sigma,\sigma')$或$(\sigma(l),\sigma(l+1))$,分支的标记为$v/u$或$v(l)/u(l)$。因此,包含了分支标记的**状态转移表**可描述为 $\Sigma = \{[\sigma,\sigma',v,u]\}$。

尽管卷积码有 $2^M$ 个状态,但是由于每段 $u$ 的输入为 $k$ 比特只有 $2^k$ 种状态的变化,从而,每个状态只转移到 $2^M$ 个状态的某个子集($2^k$ 个状态)中去,每个状态也只能由某 $2^k$ 个状态的状态子集转移而来。

**例 11.20**　前述例 11.18 中$(2,1,2)$码的状态向量为$\sigma = (\sigma_2, \sigma_1)$,共有 4 种状态 $S_0$, $S_1, S_2, S_3$,根据图 11.5.2 所示的编码电路原理图容易获得其状态转移表结构,闭合型状态转移图如图 11.5.5 所示,开放型状态转移图如图 11.5.6 所示。

$$\Sigma = \{[\sigma, \sigma', v, u]\} = \begin{Bmatrix} [(00),(00),(00),(0)], & [(00),(01),(11),(1)] \\ [(01),(10),(10),(0)], & [(01),(11),(01),(1)] \\ [(10),(00),(11),(0)], & [(10),(01),(00),(1)] \\ [(11),(10),(01),(0)], & [(11),(11),(10),(1)] \end{Bmatrix}$$

该码的状态转移方程和输出方程分别为

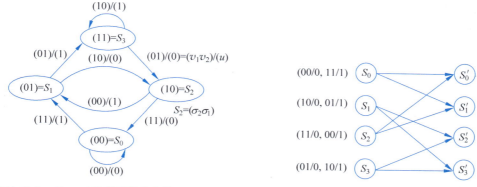

图 11.5.5 (2,1,2)卷积码的状态转移图(闭合型)　　图 11.5.6 (2,1,2)卷积码的状态转移图(开放型)

$$\begin{cases}\sigma'_1=u\\ \sigma'_2=\sigma_1\end{cases}\quad\begin{cases}v_1=u+\sigma_1+\sigma_2\\ v_2=u+\sigma_2\end{cases}$$

闭合型的状态转移图更直接地描述了卷积编码器在任一时刻的工作状况,而开放型的状态转移图则更适合去描述一个特定输入序列的编码过程。将开放型的状态转移图按时间顺序级联形成的图称为栅格图或篱笆图。

消息段序列 $u=(u(0),u(1),\cdots,u(l),\cdots)$ 在产生编码输出段序列 $v=(v(0),v(1),\cdots,v(l),\cdots)$ 的同时,也产生状态转移序列 $(\sigma)=(\sigma(0),\sigma(1),\cdots,\sigma(l),\sigma(l+1),\cdots)$,若路径分支段表示为 $p(l)=(\sigma(l),\sigma(l+1))$,则 $(p)=(p(0),p(1),\cdots,p(l-1),\cdots)$ 表示状态序列 $(\sigma)$ 在栅格图中形成的有向路径,并称这种有向路径 $p$ 为卷积码的**编码路径**(coding path)。

当有向路径始于全 0 状态 $S_0$ 又终于 $S_0$ 时,表明编码器又回到全 0 初态,因此定义始于 $S_0$ 又首次终于 $S_0$ 的路径为一个卷积码码字。

对于 $k=1$ 的卷积码,常用实线表示 $u=0$ 时输入产生的转移分支,用虚线表示 $u=1$ 时输入产生的转移分支。

**例 11.21**　前述例 11.18 的(2,1,2)卷积码的栅格图及几条路径例如图 11.5.7 和图 11.5.8 所示。

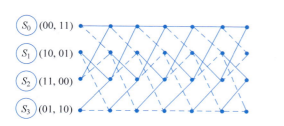

图 11.5.7　(2,1,2)码的栅格图(实线表示 $u=1$,虚线表示 $u=0$)

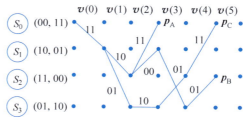

图 11.5.8　(2,1,2)码的路径例(其中,路径 $p_A$ 和路径 $p_C$ 为码字)

路径 $p_A=(S_0,S_1,S_2,S_0)$　　消息 A(100)　　输出 A(11 10 11)
路径 $p_B=(S_0,S_1,S_2,S_1,S_3,S_2)$　　消息 B(10110)　　输出 B(11 10 00 01 01)
路径 $p_C=(S_0,S_1,S_3,S_3,S_2,S_0)$　　消息 C(110100)　　输出 C(11 01 10 01 11)

由上讨论得到卷积码用栅格图描述的几点结论:

(1) 卷积码的一个分支或转移是栅格图（或状态图）中接续状态的容许连接。
(2) 卷积码的一条路径是可容许连接的分支串。
(3) 卷积码的码字是始于零状态并首次终于零状态的路径。

### 11.5.3 卷积码的维特比译码方法

记卷积码发送码字 $\boldsymbol{v} = (\boldsymbol{v}(0), \boldsymbol{v}(1), \cdots, \boldsymbol{v}(l), \cdots)$ 的对应编码路径 $\boldsymbol{p} = (\boldsymbol{p}(0), \boldsymbol{p}(1), \cdots, \boldsymbol{p}(l), \cdots)$，通过无记忆信道传输的接收段序列为 $\boldsymbol{y} = (\boldsymbol{y}(0), \boldsymbol{y}(1), \cdots, \boldsymbol{y}(l), \cdots)$，$\boldsymbol{y}(l) = (y_1(l), y_2(l), \cdots, y_n(l))$，那么，在消息比特等概率出现的假设下，可认为卷积编码的各个编码路径等概发送，于是，卷积码的最大似然译码是在栅格状态图中寻找一条路径，使似然值（概率）$P(\boldsymbol{y}|\boldsymbol{v})$ 或对数似然值 $\log P(\boldsymbol{y}|\boldsymbol{v})$ 最大。

标记状态 $\boldsymbol{\sigma}_i(l)$ 至状态 $\boldsymbol{\sigma}_{i'}(l+1)$ 的连接分支为二元组 $\boldsymbol{p}_{i,i'}(l) = (\boldsymbol{\sigma}_i(l), \boldsymbol{\sigma}_{i'}(l+1))$，此路径分支的似然值 $\gamma_{i,i'}(l)$ 定义为：在分支编码段数据为 $\boldsymbol{v}(l) = \boldsymbol{v}_{i,i'}(l)$ 条件下获得接收段数据 $\boldsymbol{y}(l)$ 的对数概率，即对于 BSC($p$) 上的数据传输

$$\gamma_{i,i'}(l) = \log P(\boldsymbol{y}(l) | \boldsymbol{v}_{i,i'}(l)) = \log(p^{d_{i,i'}(l)}(1-p)^{n-d_{i,i'}(l)})$$

$$= d_{i,i'}(l) \log \frac{p}{1-p} + n \log(1-p) \qquad (11.5.16)$$

其中，$d_{i,i'}(l) = d_H(\boldsymbol{y}(l), \boldsymbol{v}_{i,i'}(l))$ 为 $\boldsymbol{y}(l)$ 与 $\boldsymbol{v}_{i,i'}(l)$ 之间的汉明距离。

由于 $p < 1/2$，$\log(p/(1-p))$ 和 $\log(1-p)$ 均为负值，所以，最大似然译码需极大化路径值 $\sum_l \gamma(l)$ 等价为极小化距离值 $\sum_l d(l)$，从而，最大似然译码过程等价为最小距离译码过程，因此，可重新定义分支路径值 $\gamma_{i,i'}(l)$ 为

$$\gamma_{i,i'}(l) = d_H(\boldsymbol{v}_{i,i'}(l), \boldsymbol{y}(l)) \qquad (11.5.17)$$

在第 $l$ 时刻状态 $\boldsymbol{\sigma}_i(l)$ 的路径最大似然值 $\Gamma(\boldsymbol{\sigma}_i(l))$ 应是从全零节点起始至此当前节点的最大累积似然值或最小累积距离值，相应的路径称为从全零节点起始连接至 $\boldsymbol{\sigma}_i(l)$ 的**幸存路径**（survivor path），记为 $\hat{\boldsymbol{p}}_i(0, l)$

$$\hat{\boldsymbol{p}}_i(0, l) = (\hat{\boldsymbol{p}}(0,1), \hat{\boldsymbol{p}}(1,2), \cdots, \hat{\boldsymbol{p}}(l-1, l))$$

$$= (\hat{\boldsymbol{p}}(0), \hat{\boldsymbol{p}}(1), \cdots, \hat{\boldsymbol{p}}(l-1)) \qquad (11.5.18)$$

于是，连接至 $\boldsymbol{\sigma}_{i'}(l+1)$ 的幸存路径的最小累积距离值 $\Gamma(\boldsymbol{\sigma}_{i'}(l+1))$ 应当满足

$$\Gamma(\boldsymbol{\sigma}_{i'}(l+1)) = \min_{\{\boldsymbol{p}(0,l+1)\}} \left\{ \sum_{t=0}^{l} \gamma(t) \right\}$$

$$= \min_{\{\boldsymbol{p}_{i,i'}(l)\}} \{ \Gamma(\boldsymbol{\sigma}_i(l)) + d_H(\boldsymbol{y}(l), \boldsymbol{v}_{i,i'}(l)) \}$$

$$= \min_{\{\boldsymbol{p}_{i,i'}(l)\}} \{ \Gamma(\boldsymbol{\sigma}_i(l)) + \gamma_{i,i'}(l) \} \qquad (11.5.19)$$

这表明，连接至 $\boldsymbol{\sigma}_{i'}(l+1)$ 的幸存路径可以转化为先求解出连接至 $\boldsymbol{\sigma}_i(l)$ 的幸存路径，然后求解所有可能 $\boldsymbol{\sigma}_i(l)$ 至 $\boldsymbol{\sigma}_{i'}(l+1)$ 的最短路径。对任意 $L > 0$，这种求解至 $\boldsymbol{\sigma}_i(L)$ 的最短路径的迭代算法称为**维特比算法**（Viterbi algorithm）。有限长度为 $L$ 的维特比算法形式化描述如表 11.5.1 所示。

表 11.5.1 卷积码的维特比硬判决译码算法

| 初始条件 | 状态转移表 $\Sigma=\{[\boldsymbol{\sigma},\boldsymbol{\sigma}',\boldsymbol{v},\boldsymbol{u}]\}$；段计数 $l\leftarrow 0$；最大迭代次数 $L$ 对 $i=0,1,\cdots,2^M-1$，最小累积路径值 $\Gamma_i(0)\leftarrow 0$ 和幸存路径 $\hat{\boldsymbol{p}}_i(0,0)\leftarrow\varnothing$ | |
|---|---|---|
| 在线前向迭代计算 | (1) | 获取接收数据序列段 $\boldsymbol{y}(l)$ |
| | (2) | 依据 $\Sigma=\{[\boldsymbol{\sigma},\boldsymbol{\sigma}',\boldsymbol{v},\boldsymbol{u}]\}$，对 $i=0,1,\cdots,2^M-1$ 重复进行 |
| | (2.1) | 对 $j=0,1,\cdots,2^k-1$，分别计算分支路径值， $\gamma_{i_j,i}(l)=d_H(\boldsymbol{y}(l),\boldsymbol{v}_{i_j,i}(l))$ |
| | (2.2) | 对 $j=0,1,\cdots,2^k-1$，分别计算候选累积路径值， $\Gamma_{i_j,i}(l+1)=\Gamma_i(l)+\gamma_{i_j,i}(l)$ |
| | (2.3) | 计算最小累积路径值， $\Gamma_i(l+1)=\Gamma_{i_d,i}(l+1)=\min\limits_{j=0,1,\cdots,2^k-1}\{\Gamma_{i_j,i}(l+1)\}$ |
| | (2.4) | 形成并存储连接至 $\boldsymbol{\sigma}_i(l+1)$ 的幸存路径 $\hat{\boldsymbol{p}}_i(0,l+1)$， $\hat{\boldsymbol{p}}_i(0,l+1)=(\hat{\boldsymbol{p}}_i(0,l),\boldsymbol{p}_{i_d}(l))=(\hat{\boldsymbol{p}}_i(0,l),(\boldsymbol{\sigma}_{i_d}(l),\boldsymbol{\sigma}_i(l+1)))$ |
| | (3) | 段计数加 1，即 $l\leftarrow l+1$ |
| | (3.1) | 若 $l<L$，则返回迭代计算的第(1)步 |
| | (3.2) | 若 $l\geq L$，则求最小累积路径值为 $\hat{\Gamma}(L+1)$ 的幸存路径 $\hat{\boldsymbol{p}}=\hat{\boldsymbol{p}}_d$，并依据 $\Sigma=\{[\boldsymbol{\sigma},\boldsymbol{\sigma}',\boldsymbol{v},\boldsymbol{u}]\}$ 输出该条路径对应的消息序列 $\hat{\boldsymbol{u}}$，即 $\hat{\Gamma}(L+1)=\min\limits_{i=0,1,\cdots,2^M-1}\{\Gamma_i(L+1)\}$；$\hat{\Gamma}(L+1)\Rightarrow\hat{\boldsymbol{p}}\leftrightarrow\hat{\boldsymbol{u}}$ |

维特比算法的实现涉及以下几个问题：

(1) 分支度量值 $\gamma$ 的计算方式对于不同的信道特性有不同的计算方法，例如，对于软判决接收数据序列 $\boldsymbol{y}(l)$ 可采用欧几里得距离，即 $\gamma_{i_j,i}(l)=d_E(\boldsymbol{y}(l),\tilde{\boldsymbol{v}}_{i_j,i}(l))$，其中，$\tilde{\boldsymbol{v}}_{i_j,i}(l)$ 为编码数据的"逆调制信号样值"。

(2) 表 11.5.1 中算法的步骤(2.2)、步骤(2.3)、步骤(2.4)称为维特比算法的 ACS(加/比/存)操作，是维特比算法中最耗费时间和空间的单项操作步骤。

(3) 如果幸存路径长度为 $L$，共需 $L\cdot 2^M$ 个段存储单元来存储全部幸存路径，因此对实际应用中几乎无穷大的传送序列，不可能在"最后"才产生译码输出。若记 $L=L_d$ 为译码输出时刻，$L_d$ 的值不可能太大，通常 $L_d$ 选择为 5~10 倍约束长度 $K$，即 $L_d=(5\sim 10)K$，称为**译码深度**(decoding depth)。

(4) 当实际序列长度 $L\gg L_d$ 时，译码器可以是逐 $L_d$ 段长进行译码。

(5) 由于译码器最终需输出消息序列 $\hat{\boldsymbol{u}}$，所以获得译码输出的幸存路径后还需进行该路径"回逆"以确定该路径对应的消息序列 $\hat{\boldsymbol{u}}$。

### *11.5.4 卷积码的好码

卷积码的纠错性能难以用单一的解析表达式描述，主要评估指标是**自由距离**(free distance)和误码率。卷积码自由距离 $d_f$ 定义为任意两等长编码序列的汉明距离的最小值，当 $n$、$k$、$m$ 确定后，$d_f$ 取决于编码函数(或编码器)的具体结构。目前尚无一般方法可以由给定的 $n$、$k$、$m$、$d_f$ 来确定生成多项式矩阵 $\boldsymbol{G}(x)$。

对给定的 $n$、$k$、$m$、$d_f$，卷积码的结构中还存在一类**误差传播码**(error propagation code),或称**恶性码**(catastrophic code)。即使是采用最大似然的维特比译码算法,恶性码的少量译码差错仍可导致无穷多的差错。所以一个好的卷积码是对给定 $n$、$k$、$m$,具有最大 $d_f$ 的非恶性码。

常见的具有最大自由距离的非恶性码如表 11.5.2 所示,其中卷积码的码结构参数是多项式生成矩阵 $G(x)$ 的八进制表示。

**表 11.5.2 具有最大自由距离的非恶性卷积码**

| 码率 $k/n$ | $K$ | $g(i,1)(x)$ | $g(i,2)(x)$ | $g(i,3)(x)$ | $g(i,4)(x)$ | $d_f$ | $d_f$ 上限 |
|---|---|---|---|---|---|---|---|
| 1/2 | 3 | 5 | 7 | | | 5 | 5 |
| | 4 | 15 | 17 | | | 6 | 6 |
| | 5 | 23 | 35 | | | 7 | 8 |
| | 6 | 53 | 75 | | | 8 | 8 |
| | 7 | 133 | 171 | | | 10 | 10 |
| | 8 | 247 | 371 | | | 10 | 11 |
| | 9 | 561 | 753 | | | 12 | 12 |
| | 10 | 1167 | 1545 | | | 12 | 13 |
| | 11 | 1335 | 3661 | | | 14 | 14 |
| 1/3 | 3 | 5 | 7 | 7 | | 8 | 8 |
| | 4 | 13 | 15 | 17 | | 10 | 10 |
| | 5 | 25 | 33 | 37 | | 12 | 12 |
| | 6 | 47 | 53 | 75 | | 13 | 13 |
| | 7 | 133 | 145 | 175 | | 15 | 15 |
| | 8 | 225 | 331 | 367 | | 16 | 16 |
| | 9 | 557 | 663 | 711 | | 18 | 18 |
| 1/4 | 3 | 5 | 7 | 7 | 7 | 10 | 10 |
| | 4 | 13 | 15 | 15 | 17 | 13 | 15 |
| | 5 | 25 | 27 | 33 | 37 | 16 | 16 |
| | 6 | 53 | 67 | 71 | 75 | 18 | 18 |
| | 7 | 135 | 135 | 147 | 163 | 20 | 20 |
| | 8 | 235 | 275 | 313 | 357 | 22 | 22 |
| | 9 | 463 | 535 | 733 | 745 | 24 | 24 |
| 2/3 | 2 | $\begin{bmatrix}3\\3\end{bmatrix}$ | $\begin{bmatrix}1\\2\end{bmatrix}$ | $\begin{bmatrix}2\\3\end{bmatrix}$ | | 3 | 4 |
| | 3 | $\begin{bmatrix}2\\7\end{bmatrix}$ | $\begin{bmatrix}7\\5\end{bmatrix}$ | $\begin{bmatrix}7\\2\end{bmatrix}$ | | 5 | 6 |
| | 4 | $\begin{bmatrix}11\\16\end{bmatrix}$ | $\begin{bmatrix}06\\15\end{bmatrix}$ | $\begin{bmatrix}15\\17\end{bmatrix}$ | | 7 | 7 |
| | 5 | $\begin{bmatrix}03\\34\end{bmatrix}$ | $\begin{bmatrix}16\\31\end{bmatrix}$ | $\begin{bmatrix}15\\17\end{bmatrix}$ | | 8 | 8 |

**例 11.22** 一个 1/2 码率,$K=4$ 的卷积码,以八进制数据 $(15,17)=(001101,001111)$ 表示的多项式生成矩阵 $G(x)=(1+x+x^3,1+x+x^2+x^3)$。若码率 2/3 且 $K=2$ 卷积码结构的八进制数据为 $\begin{bmatrix}3 & 1 & 2\\3 & 2 & 3\end{bmatrix}=\begin{bmatrix}011 & 001 & 010\\011 & 010 & 011\end{bmatrix}$,则多项式生成矩阵 $G(x)$ 为

$$\boldsymbol{G}(x) = \begin{bmatrix} 1+x & x & 1 \\ 1+x & 1 & 1+x \end{bmatrix}$$

## 11.6 典型代数结构码

优良纠错码的编码以及译码的设计(至少其原始理念)基本上都源于某类数学理论或者某类问题的巧妙数学求解。例如,汉明码源于不重复列的矩阵构造,RM 码源于布尔函数排列,BCH 码和 RS 码源于伽罗华域上多项式求根,Goppa 码源于代数曲线剩余类构造,Turbo 码源于似然函数分解,LDPC 码源于稀疏矩阵及其赋值二分图上的置信传播,极化码源于以熵函数为基础形式的信道拆分与合并。

### 11.6.1 汉明码

**汉明码**是由汉明(Richard Wesley Hamming)在 1950 年首次发现的一类纠正单个错误的完备线性分组码。汉明码是由校验矩阵定义一类线性分组码的典型代表。

二元 $m$ 阶汉明码 $C = \mathcal{H}(q,m) = \mathcal{H}(2,m)$ 定义为:以全部二元非零 $m$ 维向量作为校验矩阵 $\boldsymbol{H} = \boldsymbol{H}(2,m)$ 列向量的线性分组码。$\boldsymbol{H}(2,m)$(正整数 $m \geqslant 3$)的基本特性如下:

(1) 码长 $n_{\text{Hamming}}$、消息位长 $k_{\text{Hamming}}$ 和校验位长 $r_{\text{Hamming}}$ 分别为

$$\begin{cases} n_{\text{Hamming}} = 2^m - 1 \\ k_{\text{Hamming}} = (2^m - 1) - m \\ r_{\text{Hamming}} = n - k = m \end{cases} \tag{11.6.1}$$

(2) 码率 $R_c = 1 - m/(2^m - 1)$。

(3) 最小码距 $d_{\min} = 3$,最大纠错数 $t_c = 1$。

(4) 汉明码是完备码,即

$$\sum_{i=0}^{t_c=1} C_n^i = 1 + n = 1 + 2^m - 1 = 2^m = 2^{n-k} = 2^r$$

(5) $\boldsymbol{H} = \boldsymbol{H}(2,m)$ 满足如下递归关系:

$$\boldsymbol{H}(2,m+1) = \begin{bmatrix} 0 & \cdots & 0 & 1 & 1 & \cdots & 1 \\ & & & 0 & & & \\ & \boldsymbol{H}(2,m) & & \vdots & & \boldsymbol{H}(2,m) & \\ & & & 0 & & & \end{bmatrix}, \quad m \geqslant 2 \tag{11.6.2}$$

(6) 记 $A_w$ 表示一个码中重量为 $w$ 的码字的个数,那么可以证明,二元汉明码的重量分布多项式(weight distribution polynomial)为

$$A(x) = \sum_{w=0}^{n} A_w x^w = \frac{1}{n+1}[(1+x)^n + n(1-x)(1-x^2)^{(n-1)/2}]$$

$$= \frac{1}{n+1}[(1+x)^n + n(1+x)^{(n-1)/2}(1-x)^{(n+1)/2}] \tag{11.6.3}$$

注意,在汉明码 $\mathcal{H}(2,m)$ 的一致校验矩阵 $\boldsymbol{H}(2,m)$ 构造中,每一种不同的非零列向量的排列顺序或者对已有 $\boldsymbol{H}(2,m)$ 的任意列初等置换,均获得不同形式的校验矩阵 $\boldsymbol{H}'(2,m)$,

这些不同形式的 $H(2,m)$ 所定义的码在编码映射意义上虽然不同,但是它们都具有相同的上述 6 项汉明码的基本特性,因此称这些不同的码是在码结构参数意义上等价的汉明码。应当指出:存在满足汉明码基本特性(1)~(3)但不等价为汉明码的非线性分组码。

**例 11.23** $(n,k,d)=(15,11,3)$ 二元汉明码的两种等价的校验矩阵分别为

$$H(2,4)=\begin{bmatrix}1&0&0&0&1&0&0&1&1&0&1&0&1&1&1\\0&1&0&0&1&1&0&0&0&1&1&1&0&1&1\\0&0&1&0&0&1&1&0&1&0&1&1&1&0&1\\0&0&0&1&0&0&1&1&0&1&0&1&1&1&1\end{bmatrix}$$

$$H'(2,4)=\begin{bmatrix}1&0&1&0&1&0&1&0&1&0&1&0&1&0&1\\0&1&1&0&0&1&1&0&0&1&1&0&0&1&1\\0&0&0&1&1&1&1&0&0&0&0&1&1&1&1\\0&0&0&0&0&0&0&1&1&1&1&1&1&1&1\end{bmatrix}$$

**例 11.24** 一个三元 3 阶 $(13,10,3)$ 汉明码的一致校验矩阵为

$$H(3,3)=\begin{bmatrix}0&0&0&0&1&1&1&1&1&1&1&1&1\\0&1&1&1&0&0&0&1&1&1&2&2&2\\1&0&1&2&0&1&2&0&1&2&0&1&2\end{bmatrix}$$

**例 11.25** 二元 3 阶汉明码是一个 $(7,4,3)$ 线性分组码,此码的系统码形式的一致校验矩阵和生成矩阵分别为 $H(3)$ 和 $G(3)$,编码电路原理图如图 11.6.1 所示。

$$H(3)=H(2,3)=\begin{bmatrix}1&1&1&0&1&0&0\\0&1&1&1&0&1&0\\1&1&0&1&0&0&1\end{bmatrix},\quad G(3)=\begin{bmatrix}1&0&0&0&1&0&1\\0&1&0&0&1&1&1\\0&0&1&0&1&1&0\\0&0&0&1&0&1&1\end{bmatrix}$$

图 11.6.1 二元 $(7,4)$ 汉明码编码电路原理图

对于消息向量 $u=(u_0u_1u_2u_3)$,等价的编码方程和编码联立方程组分别为

$$(c_0c_1c_2c_3c_4c_5c_6)=(u_0u_1u_2u_3)G(3)$$

$$\begin{cases}c_i=u_i,i=0,1,2,3\\c_4=u_0+u_1+u_2\\c_5=u_1+u_2+u_3\\c_6=u_0+u_1+u_3\end{cases}$$

## *11.6.2 RM 码

RM 码即 Reed-Muller 码(里德-穆勒码),是由穆勒(David Eugene Muller)在 1954 年源

于对布尔函数的特征分析时首次发现的一类线性分组码,同时期里德(Irving Stoy Reed)给出了可达到最小码距纠错能力限的译码方法。在 2023 年前后,阿贝(Emmanuel Abbe)等分别发现 RM 码在特定信道条件(如对称信道)上可达到香农限。

布尔函数的小项表示是指布尔函数的计算形式是形如 $x_1 x_2 \cdots x_s$ 的全部可能(模 2 乘)乘积项之(模 2 加)和。布尔函数 $f(\boldsymbol{x})$ 的阶 $\partial^\circ f(\boldsymbol{x})$ 定义为乘积项中的有效变元个数的最大值,即

$$r = \partial^\circ f(\boldsymbol{x}) = \partial^\circ f(x_1, x_2, \cdots, x_m) = \max_{s=0,1,2,\cdots,m} \{s \mid x_1 x_2 \cdots x_s \text{ 是 } f(\boldsymbol{x}) \text{ 的一个乘积项}\}$$

(11.6.4)

给定一个确定的布尔函数 $f(\boldsymbol{x}) = f(x_1, x_2, \cdots, x_m)$,对其全部可能函数值进行排列所得的 $n = 2^m$ 维向量 $\boldsymbol{e}^{(r,m)}(f)$ 称为 $f(\boldsymbol{x})$ 的评估向量(evaluation vector),即

$$\boldsymbol{e}^{(r,m)}(f) = (f(\boldsymbol{x}^{(1)}), f(\boldsymbol{x}^{(2)}), \cdots, f(\boldsymbol{x}^{(2^m)})), \quad \boldsymbol{x} = (x_1, x_2, \cdots, x_m) \in F_2^m$$

(11.6.5)

**例 11.26** 布尔函数的评估向量案例。

(1) 布尔常数函数 $f(\boldsymbol{x}) = 1$ 和 $f(\boldsymbol{x}) = 0$ 的阶均为 $r = \partial^\circ f(\boldsymbol{x}) = 0$,评估向量分别是 $n = 2^m$ 维的 $\boldsymbol{e}^{(r,m)}(f(\boldsymbol{x})) = \boldsymbol{e}^{(0,m)}(1) = (1,1,\cdots,1)$ 和 $\boldsymbol{e}^{(r,m)}(0) = (0,0,\cdots,0)$。

(2) 二元 1 阶的布尔塌缩函数 $f(x_1, x_2) = x_1$ 的评估向量 $\boldsymbol{e}^{(r,m)}(f) = \boldsymbol{e}^{(1,2)}(x_1)$ 为

$$\boldsymbol{e}^{(r,m)}(f) = \boldsymbol{e}^{(1,2)}(x_1) = (f(1,1), f(1,0), f(0,1), f(0,0)) = (1,1,0,0)$$

(3) 布尔异或函数 $f(x_1, x_2) = x_1 + x_2$ 是二元 1 阶函数,评估向量为 $\boldsymbol{e}^{(r,m)}(f) = \boldsymbol{e}^{(1,2)}(x_1 + x_2)$ 为

$$\boldsymbol{e}^{(1,2)}(x_1 + x_2) = (f(1,1), f(1,0), f(0,1), f(0,0)) = (0,1,1,0)$$

$$f(x_1, x_2) = x_1 \oplus x_2 = (x_1 \cap \bar{x}_2) \cup (\bar{x}_1 \cap x_2)$$
$$= (x_1(1 + x_2)) + ((1 + x_1)x_2) + (x_1(1 + x_2))((1 + x_1)x_2)$$
$$= (x_1 + x_2) \mod 2 = x_1 + x_2 \quad ■$$

于是,以 $m$ 个变量的、阶(degree)不超过 $r$ 的全部可能形式的布尔函数 $f(x_1, x_2, \cdots, x_m)$ 的所有评估向量 $\{\boldsymbol{e}^{(t,m)}(f) \mid 0 \leqslant t \leqslant r\}$ 作为码字构成的分组码称为 RM 码,记为 $\boldsymbol{C} = \mathrm{RM}(r, m)$,

$$\boldsymbol{C} = \mathrm{RM}(r, m) = \{\boldsymbol{e}^{(t,m)}(f) \mid f \in F_2[x_1, x_2, \cdots, x_m], 0 \leqslant \partial^\circ f = t \leqslant r\}$$
$$= \{\boldsymbol{e}_1^{(t,m)}(f), \boldsymbol{e}_2^{(t,m)}(f), \cdots, \boldsymbol{e}_i^{(t,m)}(f), \cdots, \boldsymbol{e}_M^{(t,m)}(f)\}$$

(11.6.6)

二元 $r$ 阶 RM 码 $\boldsymbol{C} = \mathrm{RM}(r, m)(0 \leqslant r \leqslant m)$ 的基本特性如下。

(1) $\mathrm{RM}(r, m)$ 是一个二元 $(n, k, d)$ 线性分组码,其基本参数满足

$$\begin{cases} n_{\mathrm{RM}} = 2^m \\ M_{\mathrm{RM}} = 2^{k_{\mathrm{RM}}} \\ k_{\mathrm{RM}} = C_m^0 + C_m^1 + C_m^2 + \cdots + C_m^r \\ d_{\mathrm{RM}} = d_{\min}(\mathrm{RM}(r, m)) = 2^{m-r} \end{cases}$$

(11.6.7)

(2) RM 码的生成矩阵 $\boldsymbol{G}(r, m)$ 可由 $\boldsymbol{C} = \mathrm{RM}(r, m)$ 中的任意一组(共 $k$ 个)基底向量构成,基底向量的一个选择原则是:不同阶函数的评估向量线性不相关;同阶函数的评估向量在自变量分布不同时线性不相关。

(3) RM 码的生成矩阵 $G(r,m)$ 满足如下矩阵递归关系：

$$\begin{cases} G(r,m) = \begin{bmatrix} G(r,m-1) & G(r,m-1) \\ 0 & G(r-1,m-1) \end{bmatrix}, & 0 < r \leqslant m \\ G(0,0) = [1] \\ G(0,1) = [1 \quad 1] \\ G(0,m) = [\underbrace{1 \quad 1 \quad \cdots \quad 1}_{2^m}] \\ G(1,1) = \begin{bmatrix} 1 & 1 \\ 1 & 0 \end{bmatrix} \cong \begin{bmatrix} 1 & 0 \\ 0 & 1 \end{bmatrix} \end{cases} \quad (11.6.8)$$

其中，"$A \cong B$"表示矩阵 $A$ 与 $B$ 行初等变换等价，即矩阵 $A$ 与 $B$ 的各自全部行向量生成向量空间完全相同。

(4) 一般地，RM 码不是循环码，但是一些特殊的 RM 码具有循环码的等价结构。

(5) $\text{RM}(r,m)$ 是 $\text{RM}(r+1,m)$ 的子码（子空间）。

(6) $\text{RM}(0,m)$ 是 $(n,k,d) = (2^m,1,2^m)$ 重复码，即 $G(0,m) = [1 \quad 1 \quad \cdots \quad 1]$；$\text{RM}(m-1,m)$ 是一个 $(n,k,d) = (2^m, 2^m-1, 2)$ 的偶校验码。

(7) $\text{RM}(m-r-1,m)$ 是 $\text{RM}(r,m)$ 的对偶码。

(8) 采用 $(r+1)$ 步大数逻辑判决译码方法，$\text{RM}(r,m)$ 的纠错能力可达最小码距极限，即可以纠正最多 $\lfloor (2^{m-r}-1)/2 \rfloor$ 个码元差错。

(9) RM 码存在多种等价构造方法。

**例 11.27** 对于 $m=3$ 以及 $r=0,1,2,3$，$\text{RM}(r,m) = \text{RM}(r,3)$ 的各个生成矩阵 $G(r,m)$ 分别描述如下，它们的构造原则是选择线性无关的评估向量作为基底向量。

$$G(0,3) = [e^{(0,3)}(1)] = [1 \quad 1 \quad 1 \quad 1 \quad 1 \quad 1 \quad 1 \quad 1]$$

$$G(1,3) = \begin{bmatrix} e^{(1,3)}(x_1) \\ e^{(1,3)}(x_2) \\ e^{(1,3)}(x_3) \\ e^{(0,3)}(1) \end{bmatrix} = \begin{bmatrix} 1 & 1 & 1 & 1 & 0 & 0 & 0 & 0 \\ 1 & 1 & 0 & 0 & 1 & 1 & 0 & 0 \\ 1 & 0 & 1 & 0 & 1 & 0 & 1 & 0 \\ 1 & 1 & 1 & 1 & 1 & 1 & 1 & 1 \end{bmatrix} \cong \begin{bmatrix} 1 & 0 & 1 & 0 & 1 & 0 & 1 & 0 \\ 0 & 1 & 0 & 1 & 0 & 1 & 0 & 1 \\ 0 & 0 & 1 & 1 & 0 & 0 & 1 & 1 \\ 0 & 0 & 0 & 0 & 1 & 1 & 1 & 1 \end{bmatrix}$$

$$= \begin{bmatrix} G(1,2) & G(1,2) \\ 0 & G(0,2) \end{bmatrix}$$

$$G(1,2) = \begin{bmatrix} G(1,1) & G(1,1) \\ 0 & G(0,1) \end{bmatrix} = \begin{bmatrix} 1 & 0 & 1 & 0 \\ 0 & 1 & 0 & 1 \\ 0 & 0 & 1 & 1 \end{bmatrix}$$

$$G(2,3) = \begin{bmatrix} e^{(2,3)}(x_1 x_2) \\ e^{(2,3)}(x_1 x_3) \\ e^{(2,3)}(x_2 x_3) \\ e^{(1,3)}(x_1) \\ e^{(1,3)}(x_2) \\ e^{(1,3)}(x_3) \\ e^{(0,3)}(1) \end{bmatrix} = \begin{bmatrix} 1 & 1 & 0 & 0 & 0 & 0 & 0 & 0 \\ 1 & 0 & 1 & 0 & 0 & 0 & 0 & 0 \\ 1 & 0 & 0 & 0 & 1 & 0 & 0 & 0 \\ 1 & 1 & 1 & 1 & 0 & 0 & 0 & 0 \\ 1 & 1 & 0 & 0 & 1 & 1 & 0 & 0 \\ 1 & 0 & 1 & 0 & 1 & 0 & 1 & 0 \\ 1 & 1 & 1 & 1 & 1 & 1 & 1 & 1 \end{bmatrix}$$

$$\cong \begin{bmatrix} G(2,2) & G(2,2) \\ 0 & G(1,2) \end{bmatrix} = \begin{bmatrix} 1 & 0 & 0 & 0 & 1 & 0 & 0 & 0 \\ 0 & 1 & 0 & 0 & 0 & 1 & 0 & 0 \\ 0 & 0 & 1 & 0 & 0 & 0 & 1 & 0 \\ 0 & 0 & 0 & 1 & 0 & 0 & 0 & 1 \\ 0 & 0 & 0 & 0 & 1 & 0 & 1 & 0 \\ 0 & 0 & 0 & 0 & 0 & 1 & 0 & 1 \\ 0 & 0 & 0 & 0 & 0 & 0 & 1 & 1 \end{bmatrix}$$

$$G(3,3) = \begin{bmatrix} e^{(3,3)}(x_1 x_2 x_3) \\ e^{(2,3)}(x_1 x_2) \\ e^{(2,3)}(x_1 x_3) \\ e^{(2,3)}(x_2 x_3) \\ e^{(1,3)}(x_1) \\ e^{(1,3)}(x_2) \\ e^{(1,3)}(x_3) \\ e^{(0,3)}(1) \end{bmatrix} = \begin{bmatrix} 1 & 0 & 0 & 0 & 0 & 0 & 0 & 0 \\ 1 & 1 & 0 & 0 & 0 & 0 & 0 & 0 \\ 1 & 0 & 1 & 0 & 0 & 0 & 0 & 0 \\ 1 & 0 & 0 & 0 & 1 & 0 & 0 & 0 \\ 1 & 1 & 1 & 1 & 0 & 0 & 0 & 0 \\ 1 & 1 & 0 & 0 & 1 & 1 & 0 & 0 \\ 1 & 0 & 1 & 0 & 1 & 0 & 1 & 0 \\ 1 & 1 & 1 & 1 & 1 & 1 & 1 & 1 \end{bmatrix}$$ ∎

### *11.6.3 BCH 码与 RS 码

**BCH 码**是在 1959 年由 Hocquenghem(Alexis Hocquenghem)以及在 1960 年由 Bose(Raj Chandra Bose)与 Chaudhuri(Dwijendra Kumar Ray-Chaudhuri)各自独立发现的基于有限域上多项式根结构特性的一类线性循环码。BCH 码的价值在于可以依据最小码距需求去定制构造循环码的生成多项式,而非如一般循环码情形,需要首先通过分解多项式 $x^n-1$ 的因式来构造生成多项式,然后对构造出的生成多项式进行分析确立循环码的最小码距。

**RS 码**是在 1960 年由 Reed(Irving S. Reed)和 Solomon(Gustave Solomon)基于有限域上多项式内插特性发现的一类多元循环码,其价值体现为它是迄今发现的唯一实用 MDS(最大距离可分)码。尽管 RS 码的原创思路并非与 BCH 码一样,但是 RS 码却可以完全等价为 BCH 码在多元码情形中的特例。

域是一种定义有加法和乘法两种运算的代数系统。例如,在实数域 **R** 中定义有实数加法运算"+"和其逆运算,还定义有实数乘法运算"×"及其逆运算;每种运算都对应有各自唯一的不影响运算结果的恒等元素,实数加法的恒等元是 0,实数乘法的恒等元是 1。

不同于实数域有无限多个(实数)元素,**有限域**(finite field)又称为**伽罗华域**(Galois field),是域中元素个数为有限正整数 $q$ 个的一类域,记为 $F_q$ 或者 $GF(q)$。有限域的阶 $|F_q|$ 定义为域元素的个数 $q$,而且 $|F_q|=q$ 的整数值一定等于某个素数,$q=p$,或者等于某个素数的幂,$q=p^m$。有限域 $F_q$ 的元素形式不再是实数域那样的实数,而是抽象符号 $\alpha$、$\beta$ 与 $\gamma$ 以及 $\omega$ 等,符号之间的加法和乘法运算规则与实数域运算类似,例如,存在唯一的加法恒等元 0(即 $\alpha+0=0+\alpha=\alpha$)和乘法恒等元 1(即 $\alpha\times 1=1\times\alpha=\alpha$);加法与乘法均满足交换律;乘法对加法还满足分配律;0 乘任何元素仍等于 0,$\alpha\times 0=0\times\alpha=0$。

由于任何两个元素个数相同的有限域一定同构,所以,常用一种可以实际计算的有限域案例作为一般有限域的代表。元素个数为素数 $p$ 的有限域 $F_p$ 的代表是模 $p$ 整数加(即 $(a+b) \bmod p$)和模 $p$ 整数乘(即 $(a \times b) \bmod p$)运算界定的整数模运算域 $(Z_p, \oplus, \otimes)$,简记为 $Z_p$;最简单的有限域是整数模 2 加和乘运算确定的二元域 $Z_2 \cong F_2 = \text{GF}(2)$。

对于元素个数为 $q = p^m$ 的有限域 $F_{p^m} = \text{GF}(p^m)$,抽象元素 $\alpha$ 的代表形式可以选择为域 $F_p$ 上的多项式(polynomial over field $F_p$)$a(x)$,即多项式 $a(x)$ 的系数均为 $F_p$ 中的元素。记以多项式为元素的模多项式运算有限域为 $(F_p[x]/f(x), \oplus, \otimes) \cong F_{p^m} = \text{GF}(p^m)$,多项式的模 $f(x)$ 加和模 $f(x)$ 乘运算是

$$\begin{cases} \alpha + \beta \leftrightarrow (a(x) + b(x)) \bmod f(x) = a(x) \oplus b(x) \\ \alpha \times \beta \leftrightarrow (a(x) \times b(x)) \bmod f(x) = a(x) \otimes b(x), \\ \omega^n = \omega^{n-1} \cdot \omega \leftrightarrow (w(x)^{n-1} \times w(x)) \bmod f(x) \end{cases} \quad \begin{matrix} \partial^\circ f(x) = m \\ f(x) \text{ 为首一既约多项式} \end{matrix}$$

(11.6.9)

其中,多项式模运算的模式 $f(x)$ 限定是一个次数为 $m$ 的首一既约多项式(monic irreducible polynomial),即 $f(x)$ 最高次哑元 $x^m$ 的系数为 1(即"首一"),且 $f(x)$ 不能分解为次数更低的 $F_p$ 上的多项式的乘积(即"既约"),构造此域的模多项式 $f(x)$ 称为**域多项式**(field polynomial)。最为简单的多项式域是 $(F_2[x]/f(x), \oplus, \otimes) \cong F_{2^m}$。$F_{2^m}$ 显然是 $F_2$ 上的扩展,又称为 $F_2$ 的扩域。

**例 11.28** 既约式案例。对于 $F_2$ 上的多项式案例,有

$$x^4 + x^2 + x + 1 = x^2(x^2 + 1) + (x + 1) = x^2(x+1)(x+1) + (x+1)$$
$$= (x+1)(x^2(x+1) + 1)$$

所以,$x^4 + x^2 + x + 1$ 是 $F_2$ 上的一个可约多项式,它也是既约式 $x+1$ 和 $x^3 + x^2 + 1$ 的最小公倍式。此外,还可以验证 $1+x$、$1+x+x^3$、$1+x^2+x^3$、$1+x+x^4$ 和 $1+x+x^2+x^3+x^4$ 均分别是 $F_2$ 上的既约式。∎

有限域 $F_q$ 的基础结构可以从加法运算和乘法运算两个侧面进行解析。从乘法特征看,设 $\omega \in F_q$,它的不同幂次为 $\omega^{-\infty} = 0, \omega^0 = 1, \omega^i = \omega \cdot \omega^{i-1}, \omega^{-i} = (\omega^{-1})^i, i = 0, 1, 2, \cdots$,那么,根据有限域运算的封闭性总存在一个正整数 $k$ 使得 $\omega^k = 1$ 并且对任何 $k' < k$ 都有 $\omega^{k'} \neq 1$,称此最小正整数为元素 $\omega$ 的阶(order),记为 $|\omega|$。称阶达到最大值 $q-1$ 的元素是 $F_q$ 的本原元(primitive element)。在 $F_q$ 中存在可通过欧拉函数 $\varphi(n)$ 值(即大于 0 且小于 $n$ 并与 $n$ 互素的正整数的个数)计算确定出 $\varphi(q-1)$ 个不同的本原元。$F_q$ 可表示为一个本原元 $\alpha$ 的幂次级数形式,即

$$F_q = \{0 = \alpha^{-\infty}, \alpha^0 = 1, \alpha = \alpha^1, \alpha^2, \cdots, \alpha^i, \cdots, \alpha^{q-2}\} = \langle \alpha \rangle \quad (11.6.10)$$

**例 11.29** $F_8 = \text{GF}(2^3) \cong (F_2[x]/(1+x+x^3), \oplus, \otimes)$ 是有 $2^3 = 8$ 个元素的有限域,域多项式为既约式 $f(x) = 1 + x + x^3$,模 $f(x)$ 运算规则如表 11.6.1 和表 11.6.2 所示。由于运算的交换律成立,故而运算表具有对称性,所以只需表列一半的表格内容。表 11.6.1 和表 11.6.2 中第一列括号内的希腊字母 $\omega_j$ 作为抽象域元素并对应一个多项式的元素实现,例如,表 11.6.1 和表 11.6.2 中有 $\omega_1 \leftrightarrow (0), \omega_3 \leftrightarrow (x), \omega_7 \leftrightarrow (x^2 + x)$。该案例域中有 $\varphi(q-1) = \varphi(7) = |\{1,2,3,4,5,6\}| = 6$ 个本原元,其中 3 个本原元是 $\alpha = x$、$\beta = x^2$ 和 $\gamma = x + $

1,该有限域采用此 3 个不同本原元表示的结构如表 11.6.3 所示,例如,域元素 $\omega_6 = \alpha^6 = \beta^3 = \gamma^2 \leftrightarrow (x^2+1)$。

表 11.6.1　模 $f(x)=1+x+x^3$ 加法运算表

| $\oplus$ | 0 | 1 | $x$ | $x+1$ | $x^2$ | $x^2+1$ | $x^2+x$ | $x^2+x+1$ |
|---|---|---|---|---|---|---|---|---|
| $0 \leftrightarrow (\omega_1)$ | 0 | 1 | $x$ | $x+1$ | $x^2$ | $x^2+1$ | $x^2+x$ | $x^2+x+1$ |
| $1 \leftrightarrow (\omega_2)$ | | 0 | $x+1$ | $x$ | $x^2+1$ | $x^2$ | $x^2+x+1$ | $x^2+x$ |
| $x \leftrightarrow (\omega_3)$ | | | 0 | 1 | $x^2+x$ | $x^2+x+1$ | $x^2$ | $x^2+1$ |
| $x+1 \leftrightarrow (\omega_4)$ | | | | 0 | $x^2+x+1$ | $x^2+x$ | $x^2+1$ | $x^2$ |
| $x^2 \leftrightarrow (\omega_5)$ | | | | | 0 | 1 | $x$ | $x+1$ |
| $x^2+1 \leftrightarrow (\omega_6)$ | | | | | | 0 | $x+1$ | $x$ |
| $x^2+x \leftrightarrow (\omega_7)$ | | | | | | | 0 | 1 |
| $x^2+x+1 \leftrightarrow (\omega_8)$ | | | | | | | | 0 |

表 11.6.2　模 $f(x)=1+x+x^3$ 乘法运算表

| $\otimes$ | 0 | 1 | $x$ | $x+1$ | $x^2$ | $x^2+1$ | $x^2+x$ | $x^2+x+1$ |
|---|---|---|---|---|---|---|---|---|
| $0 \leftrightarrow (\omega_1)$ | 0 | 0 | 0 | 0 | 0 | 0 | 0 | 0 |
| $1 \leftrightarrow (\omega_2)$ | | 1 | $x$ | $x+1$ | $x^2$ | $x^2+1$ | $x^2+x$ | $x^2+x+1$ |
| $x \leftrightarrow (\omega_3)$ | | | $x^2$ | $x^2+x$ | $x+1$ | 1 | $x^2+x+1$ | $x^2+1$ |
| $x+1 \leftrightarrow (\omega_4)$ | | | | $x^2+1$ | $x^2+x+1$ | $x^2$ | 1 | $x$ |
| $x^2 \leftrightarrow (\omega_5)$ | | | | | $x^2+x$ | $x$ | $x^2+1$ | 1 |
| $x^2+1 \leftrightarrow (\omega_6)$ | | | | | | $x^2+x+1$ | $x+1$ | $x^2$ |
| $x^2+x \leftrightarrow (\omega_7)$ | | | | | | | $x$ | $x^2$ |
| $x^2+x+1 \leftrightarrow (\omega_8)$ | | | | | | | | $x+1$ |

表 11.6.3　$(F_2[x]/1+x+x^3)$ 的本原元表示

| 多　项　式 | $\alpha = x$ | $\beta = x^2$ | $\gamma = x+1$ |
|---|---|---|---|
| $\omega_1 \leftrightarrow (0)$ | $\alpha^{-\infty}$ | $\beta^{-\infty}$ | $\gamma^{-\infty}$ |
| $\omega_2 \leftrightarrow (1)$ | $\alpha^0$ | $\beta^0$ | $\gamma^0$ |
| $\omega_3 \leftrightarrow (x)$ | $\alpha^1$ | $\beta^4$ | $\gamma^5$ |
| $\omega_4 \leftrightarrow (x+1)$ | $\alpha^3$ | $\beta^5$ | $\gamma^1$ |
| $\omega_5 \leftrightarrow (x^2)$ | $\alpha^2$ | $\beta^1$ | $\gamma^3$ |
| $\omega_6 \leftrightarrow (x^2+1)$ | $\alpha^6$ | $\beta^3$ | $\gamma^2$ |
| $\omega_7 \leftrightarrow (x^2+x)$ | $\alpha^4$ | $\beta^2$ | $\gamma^6$ |
| $\omega_8 \leftrightarrow (x^2+x+1)$ | $\alpha^5$ | $\beta^6$ | $\gamma^4$ |

一方面,熟知实数域上多项式的根可能不是实数而是复数,即根可能分布在实数域的扩域即复数域中,类似地,有限域 $F_q = GF(q)$ 上多项式的全部根也一定分布在 $GF(q)$ 的扩域 $GF(q^m)$ 中。另一方面,一个 $n$ 次或 $n$ 阶多项式的全部特征完全由其全部 $n$ 个根确定,即可以通过对根的选择来构造一个多项式。进一步可以证明,若选择 $GF(2^m)$ 中的 $r$ 个元素 $\{\vartheta_1, \vartheta_2, \cdots, \vartheta_r\} \subseteq GF(2^m)$ 并满足所谓**共轭元**(conjugate element)特征,即 $\vartheta_s = \omega^{2^{s-1}}$,$s=1$,$2,\cdots,r$,以及 $\omega^{2^r} = \omega$,那么以 $\omega$ 的全部共轭元形成的共轭根系 $\Omega(\omega) = \{\omega^{2^{s-1}}\}$ 作为多项式的全部根所构造的 $r$ 阶多项式 $W_\omega(z)$ 就是一个 $GF(2)$ 上的多项式,并称 $W_\omega(z)$ 为全体共轭元的**极小多项式**(minimal polynomial)。

$$\begin{cases} W_\omega(z) = \prod_{s=1}^{r}(z-\vartheta_s) = \prod_{s=1}^{r}(z-\omega^{2^{s-1}}) = \sum_{j=0}^{r}w_j z^j = w_0 + w_1 z + w_2 z^2 + \cdots + w_r z^r \\ \vartheta_s = \omega^{2^{s-1}} \in \mathrm{GF}(2^m), \omega^{2^r} = \omega; w_j \in \mathrm{GF}(2) \end{cases}$$

(11.6.11)

特别地,对任意 $s=1,2,\cdots,r$,任意若有 $\vartheta_s = \omega^{2^{s-1}}$ 是一个本原元,那么,本原元 $\vartheta_s = \omega^{2^{s-1}}$ 的极小多项式 $p_\omega(x)$ 又称为**本原多项式**(primitive polynomial)。

**例 11.30** 在 $F_8 = (F_2[x]/1+x+x^3)$ 中各个元素的极小多项式如表 11.6.4 所示,其中,$\alpha = x$ 为本原元。

表 11.6.4  $F_8 = (F_2[x]/1+x+x^3)$ 中所有元素的极小多项式

| 元素 $\omega$ 的多项式形式 | 共轭根系 $\Omega(\omega)$ | 极小多项式 $W_\omega(z)$ |
|---|---|---|
| 0 | $\alpha^{-\infty}$ | $W_0(z) = z$ |
| 1 | $\alpha^0$ | $W_1(z) = z+1$ |
| $x, x^2, x^2+x$ | $\alpha, \alpha^2, \alpha^4$ | $W_\alpha(z) = W_{\alpha^2}(z) = W_{\alpha^4}(z) = z^3+z+1$ |
| $x+1, x^2+1, x^2+x+1$ | $\alpha^3, \alpha^6, \alpha^5$ | $W_{\alpha^3}(z) = W_{\alpha^6}(z) = W_{\alpha^5}(z) = z^3+z^2+1$ |

在具备了有限域、域多项式、元素乘幂、元素的阶、本原元、共轭元、极小多项式等基本知识后,容易更深刻地理解 BCH 码和 RS 码的构造机理。

有限域 GF($q$) 上的广义 $q$ 元 BCH 码(general $q$-ary BCH code)是:以预先确定的两整数 $\lambda \geq 0$ 和 $\delta > 1$,在预先构造的 GF($q^m$) 中任意选择域元素 $\beta$ 的全部非零的 $\delta - 1$ 个连续幂次元素 $\{\beta^\lambda, \beta^{\lambda+1}, \beta^{\lambda+2}, \cdots, \beta^{\lambda+\delta-2}\}$,作为循环码生成多项式 $g(x)$ 的根的一类循环码,并称 GF($q$) 为 BCH 码的**码元域**,GF($q^m$) 为 BCH 码的**根域**。

BCH 码的生成多项式和码长分别是

$$\begin{cases} g_{\mathrm{BCH}}(x) = \mathrm{LCM}\{W_\lambda(x), W_{\lambda+1}(x), \cdots, W_{\lambda+\delta-2}(x)\} \\ n_{\mathrm{BCH}} = \mathrm{LCM}\{n_\lambda, n_{\lambda+1}, \cdots, n_{\lambda+\delta-2}\} \end{cases}$$

(11.6.12)

其中,LCM$\{A_1, A_2, \cdots, A_n\}$ 表示参数 $A_1, A_2, \cdots, A_n$ 的最小公倍数或最小公倍式(least common multiple),$W_\lambda(x), W_{\lambda+1}(x), \cdots, W_{\lambda+\delta-2}(x)$ 和 $n_\lambda, n_{\lambda+1}, \cdots, n_{\lambda+\delta-2}$ 分别是元素 $\beta^\lambda, \beta^{\lambda+1}, \cdots, \beta^{\lambda+\delta-2}$ 的极小式和元素的阶。

在 BCH 码的构造参数选择中,如果 $\lambda = 1$,则称相应的 BCH 码为狭义 BCH 码;如果 $\{\beta^\lambda, \beta^{\lambda+1}, \beta^{\lambda+2}, \cdots, \beta^{\lambda+\delta-2}\}$ 中任何一个元素为本原元,则称相应构造的 BCH 码为本原 BCH 码,否则为非本原 BCH 码。

BCH 码以及 RS 码作为一类 $(n,k,d)$ 线性循环码,具有如下基本性质与特征。

(1) 码长 $n = n_{\mathrm{BCH}}$;校验位长 $r = \partial^\circ g_{\mathrm{BCH}}(x)$;信息位长 $k = n_{\mathrm{BCH}} - \partial^\circ g_{\mathrm{BCH}}(x)$。

(2) 最小码距 $d \geq \delta$,$\delta$ 称为设计距离。此性质称为 BCH 码限定理。

(3) 本原 BCH 码的码长达到最大,$n = n_{\mathrm{BCH}} = q^m - 1$。

(4) $q = 2^m$ 元 RS 码是广义 BCH 码的一种特例,满足:码长 $n = 2^m - 1$;$(\lambda, 2^m - 1) = 1$;码元域与根域均为 GF($2^m$)。

(5) 对 $(n,k)$ RS 码有 $d_{\min} = n - k + 1$,即 RS 码是最大距离可分码。

(6) 对于 $q=2^m$ 元 RS 码,选择设计距离为 $\delta=2t+1$,其中 $t$ 表示可纠正的 $q=2^m$ 元差错数;选择码的根集合为 $\{\alpha^\lambda,\alpha^{\lambda+1},\alpha^{\lambda+2},\cdots,\alpha^{\lambda+\delta-2}\}$,当 $\lambda$ 满足 $(\lambda,2^m-1)=1$ 的条件时,$\alpha^\lambda$ 为本原元;于是,$q=2^m$ 元 RS 码的结构参数为

$$(n,k,d)=(2^m-1,2^m-\delta,\delta)=(2^m-1,2^m-1-2t,2t+1) \quad (11.6.13)$$

$$g_{RS}(x)=(x-\alpha^\lambda)(x-\alpha^{\lambda+1})(x-\alpha^{\lambda+2})\cdots(x-\alpha^{\lambda+\delta-2})$$
$$=x^{\delta-1}+g_{\delta-2}x^{\delta-2}+g_{\delta-3}x^{\delta-3}+\cdots+g_2x^2+g_1x+g_0 \quad (11.6.14)$$

(7) 一般地,实现 RS 码的译码是 NP 难(NP-Hard)问题。目前实现 BCH 码以及 RS 码译码的基本算法主要有:达到最小码距纠错能力限的、计算复杂度为 $O(n_{BCH}^2)$ 的 Berlekamp-Massey 代数译码算法;以特定概率超越最小码距纠错能力限的 Guruswami-Sudan 列表译码(list decoding)算法;以及用于近似软判决处理的 Koetter-Vardy 列表译码算法。

**例 11.31** 以有限域 $GF(2^3)=(E_2[x]/1+x+x^3)$ 为根域,构造 BCH 码案例。

(1) 若 $\lambda=1,\delta=3$,以 $\{\beta^\lambda,\beta^{\lambda+1},\cdots,\beta^{\lambda+\delta-2}\}=\{\alpha,\alpha^2\}$ 为根集合构造的 BCH 码为本原 BCH 码,$n=2^3-1=7$,$g(x)=LCM\{W_1(x),W_2(x)\}=W_1(x)=x^3+x+1$,显然,此码可以等价为一个汉明码。

(2) 若 $\lambda=1,\delta=4$,以 $\{\beta^\lambda,\beta^{\lambda+1},\cdots,\beta^{\lambda+\delta-2}\}=\{\alpha,\alpha^2,\alpha^3\}$ 为根集合构造的 BCH 码是一个本原 BCH 码,码长 $n=2^3-1=7$,此码等价为一个重复码,生成多项式是

$$g(x)=LCM\{W_1(x),W_2(x),W_3(x)\}=W_1(x)W_3(x)$$
$$=(x^3+x+1)(x^3+x^2+1)=x^6+x^5+x^4+x^3+x^2+x+1 \quad ∎$$

**例 11.32** 二元 $(23,12,7)$ 可纠三错的戈莱码是一种达到汉明限的完备码,它也可等价为一个纠双错的二元狭义非本原 BCH 码。

由 $n=23$ 以及 $2^{11}-1=2047=89\times 23$,记 $\alpha$ 是 $GF(2^{11})$ 中的本原元,选择 $\beta=\alpha^{89}$,则 $|\beta|=|\alpha^{89}|=23$。因而,以设计距离 $\delta=5$ 构造 BCH 码时,可设计根集合为 $\{\beta,\beta^2,\beta^3,\beta^4\}$,构造的狭义非本原 BCH 码必有码长 $n$ 为

$$n=LCM\{|\beta|,|\beta^2|,|\beta^3|,|\beta^4|\}=LCM\left\{23,\frac{23}{(2,23)},\frac{23}{(3,23)},\frac{23}{(4,23)}\right\}=23 \quad (11.6.15)$$

考察 $\beta=\alpha^{89}$ 的共轭元系 $\Omega(\beta)$,发现 $\beta,\beta^2,\beta^3,\beta^4\in\Omega(\beta)$,所以,生成式为 $g(x)=W_\beta(x)$,

$$\Omega(\beta)=\{\beta,\beta^2,\beta^4,\beta^8,\beta^{16},\beta^{32},\beta^{64},\beta^{128},\beta^{256},\beta^{512},\beta^{1024},\beta^{2048}=\beta\}$$
$$=\{\beta,\beta^2,\beta^4,\beta^8,\beta^{16},\beta^9,\beta^{18},\beta^{13},\beta^3,\beta^6,\beta^{12}\}$$

$$g(x)=W_\beta(x)=(x-\beta)(x-\beta^2)(x-\beta^3)(x-\beta^4)(x-\beta^6)(x-\beta^8)$$
$$(x-\beta^9)(x-\beta^{12})(x-\beta^{13})(x-\beta^{16})(x-\beta^{18}) \quad (11.6.16)$$
$$=g_0+g_1x+g_2x^2+g_3x^3+\cdots+g_{10}x^{10}+g_{11}x^{11}$$

由于 $\beta^{-1}$ 的阶 $|\beta^{-1}|=|\beta|=23$,其极小式 $W_{\beta-1}(x)$ 为 $W_\beta(x)$ 的互反式,从而相应的生成式也是互反式,即 $g^*(x)=W_\beta^*(x)$ 仍生成一个码长 $n=23$ 的循环码,

$$g^*(x)=W_{\beta^{-1}}(x)=(x-\beta^{-1})(x-\beta^{-2})(x-\beta^{-3})(x-\beta^{-4})(x-\beta^{-6})(x-\beta^{-8})$$
$$(x-\beta^{-9})(x-\beta^{-12})(x-\beta^{-13})(x-\beta^{-16})(x-\beta^{-18})$$

$$= g_0^* + g_1^* x + g_2^* x^2 + g_3^* x^3 + \cdots + g_{10}^* x^{10} + g_{11}^* x^{11}$$

由 $\partial^° g(x) = \partial^° g^*(x) = 11$ 以及循环码特性，故有 $x^{23} - 1 = (x-1) \cdot g(x) \cdot g^*(x)$ 以及

$$g(x) \cdot g^*(x) = \sum_{i=0}^{22}\left(\sum_{j=0}^{i} g_j \cdot g_{i-j}^*\right) x^i = x^{22} + x^{21} + x^{20} + \cdots + x^3 + x^2 + x + 1$$
(11.6.17)

从而得到关于未知量 $\{g_i\}$ 和 $\{g_i^*\}$ 的非线性代数联立方程组：

$$\begin{cases} \sum_{j=0}^{i} g_j \cdot g_{i-j}^* = 1, & i = 0, 1, \cdots, 21, 22 \\ g_j^* = g_{11-j}, & j = 0, 1, \cdots, 10, 11 \end{cases}$$

解此非线性代数联立方程组即得两个不同的循环码生成式 $g(x)$ 和 $g^*(x)$：

$$\begin{cases} g(x) = x^{11} + x^{10} + x^6 + x^5 + x^4 + x^2 + 1 \\ g^*(x) = x^{11} + x^9 + x^7 + x^6 + x^5 + x + 1 \end{cases}$$
(11.6.18)

此两式均可作为设计纠双错的狭义非本原 BCH 码 $(n,k,\delta) = (23,12,5)$ 的生成多项式。由于此码最低次非零码式对应的码字具有最小重量 $w_H(g(x)) = 7$，所以此狭义非本原 BCH 码的实际结构是 $(n,k,d) = (23,12,7)$，即 $5 = \delta \leqslant d_{\min} = 7$。∎

### 应用案例(19)——空间数据传输所用的一种 RS 码及其参数

国际空间数据系统咨询委员会(Consultative Committee for Space Data System, CCSDS)在 CCSDS 131.0-B-5(2023-09)号蓝皮书 *TM SYNCHRONIZATION AND CHANNEL CODING* 中建议，空间数据传输所用 RS 码的参数设计为

(1) 码元域和根域均设置为 $GF(2^8) = (F_2[x]/(x^8 + x^7 + x^2 + x + 1))$。

(2) 码长为 $n = 2^8 - 1 = 255$。

(3) 对于满足 $\alpha^8 + \alpha^7 + \alpha^2 + \alpha + 1 = 0$ 的本原元 $\alpha$，该码的生成多项式为

$$g(x) = \prod_{j=128-t}^{127+t}(x - \alpha^{11 \cdot j}) = \sum_{i=0}^{2t} g_i x^i$$

(4) 对于 $t = 8, 16$ 两种可选的符号纠错数，获得 RS$(n,k,d)$ 码分别为 RS(255,239,17)码和 RS(255,223,33)码。∎

## 11.7 典型迭代可译码

### 11.7.1 Turbo 码

Turbo 码是由克劳德·贝鲁(Claude Berrou)、格拉维约(A. Glavieux)和蒂蒂马吉希玛 (P. Thitimajshima)三人在 1993 年发明的全球第一个在实验和工程应用中均验证可逼近香农限的纠错码。Turbo 码的典型技术指标是：在 BPSK-AWGN 信道上，对于码长 65536、约束长度 5(16 状态)分量编码、总码率 1/3 的 Turbo 码，通过 18 轮迭代译码时，实现误码率小于 $10^{-5}$ 时的 $E_b/N_0$ 开销仅约 0.7dB。

Turbo 码得名于其编码机理与发动机的"涡轮(Turbo)增强"原理的类比特征，编码原

理如图 11.7.1 和图 11.7.2 所示。决定 Turbo 码性能的三个重要因素是：交织算法、分量编码器结构和迭代译码算法。在实际应用中，可以通过对基础码率 1/3 的标准编码输出进行打孔操作(即按照特定规则删除部分校验比特)，以实现多种码率的 Turbo 码编码。

图 11.7.1　Turbo 码编码的基本原理图

图 11.7.2　Turbo 码编码的(8 状态)编码器实现案例示意图

Turbo 编码通过并行级联卷积编码(Parallel Concatenated Convolutional Codes, PCCC)方法，对同一消息比特流 $(u)=(u_1,u_2,\cdots,u_K)$ 先进行**交织**(interleave)处理得到 $(\tilde{u})=\pi[(u)]$(即仅对数据排列顺序位置进行置换处理，且 $\{\tilde{u}_1,\tilde{u}_2,\cdots,\tilde{u}_K\}=\{u_1,u_2,\cdots,u_K\}$，以实现数据在交织后具有足够的随机排布特征)后，然后采用 $\phi^{(A)}$ 与 $\phi^{(B)}$ 两个码率相同的子编码器，又称为**分量编码器**(component encoder)，分别对交织前和交织后的消息比特流进行等价的 1/2 码率的系统码卷积编码，并且对约束长度为 $\kappa$ 的卷积编码器补充输入 $\kappa-1$ 个编码器状态清零数据输入比特，最后获得码长为 $N_{\text{Turbo}}$、基础编码码率为 $R_{\text{Turbo}}=1/3$ 的 Turbo 码码字 $c=(u,c^{(A)},c^{(B)})$。仍以 $(u)$ 表示补充了后缀清零数据的消息比特流，注意到补充编码器状态清零数据(即补零数据)作为信息数据传输时是无效信息传输，而补零数据的作用是实现对有效编码码字在编码器中的残留记忆数据的全部推出及传输，所以，Turbo 码的编码实现方案有后缀补零数据是否需要传输两种基本的修订实现方案，从而有

$$N_{\text{Turbo}}=\begin{cases}3(K+\kappa-1),&\text{补零数据要传输方案}\\3K+2(\kappa-1),&\text{补零数据不传输方案}\end{cases} \quad (11.7.1)$$

$$\begin{cases} c = (u, c^{(A)}, c^{(B)}) = (v_1, v_2, v_3) \\ c^{(A)} = \phi^{(A)}[(u)] \\ c^{(B)} = \phi^{(B)}[(\tilde{u})] = \phi^{(B)}[\pi[(u)]] \end{cases} \quad (11.7.2)$$

$$R_{\text{Turbo}} = \frac{K_{\text{Turbo}}}{N_{\text{Turbo}}} = \frac{K}{3(K+\kappa-1)} \xrightarrow{K \gg \kappa} \frac{1}{3} \quad (11.7.3)$$

在 Turbo 码的实现方案中，常常设计 $\phi^{(A)} = \phi^{(B)} = \phi$，且 $\phi$ 是一个具有前向、后向混合的递归卷积编码器。一个简单的前后向混合递归卷积编码器的案例如图 11.7.3 所示。

图 11.7.3 前后向混合递归 8 状态卷积编码器结构示意图

在图 11.7.3 中，由于 $d(x) = u(x) + d(x)(x^2 + x^3)$，从而得到 $d(x) = u(x)/(1+x^2+x^3)$；再注意到编码器的输出 $c(x) = d(x) + xd(x) + x^3 d(x) = d(x)(1+x+x^3)$，于是，得到有理分式形式的编码器传递函数 $T(x)$ 和约束长度 $\kappa$ 分别为

$$T(x) = \left[\frac{c(x)}{u(x)}\right] = \frac{g_F(x)}{g_B(x)} \quad (11.7.4)$$

$$\kappa = \max\{\partial^\circ g_F(x), \partial^\circ g_B(x)\} + 1 \quad (11.7.5)$$

在此案例中，

$$T(x) = \left[\frac{c(x)}{u(x)}\right] = \frac{g_F(x)}{g_B(x)} = \frac{(1+x+x^3)}{(1+x^2+x^3)}$$

$$\kappa = \max\{\partial^\circ g_F(x), \partial^\circ g_B(x)\} + 1 = \max\{3,3\} + 1 = 4$$

记 Turbo 码码字传输的接收数据为 $(y) = (y^u, y^A, y^B)$，那么显然可以认为 $(y^u, y^A)$ 和 $(y^u, y^B)$ 分别是 Turbo 码两个码率 1/2 的系统码结构的分量编码器的对应传输接收数据。因此，Turbo 译码算法或者 Turbo 译码器的设计目标就是：充分利用分量译码器 A 和 B 的译码输出消息数据 $(\hat{u}^A)$ 和 $(\hat{u}^B)$，或者在软判决译码时的译码输出软信息 $(L^A)$ 和 $(L^B)$，使得 Turbo 译码的消息数据输出 $(\hat{u})$ 的误码率 $P_r((\hat{u}) \neq (u)) = P_b(e)$ 最小。

Turbo 译码的创新体现在如下两方面：

(1) 提出消息数据的外信息(extrinsic-information)的概念。通过解析 MAP(Maximum a Posteriori Probability)译码算法结构，例如，针对 BCJA(Bahl-Cocke-Jelinek-Raviv,1974 年)算法和 Baum-Welch(1963 年)算法进行解析，推断依据接收数据 $(y^u, y^P)$ 可计算消息数据 $(u)$ 的一种外信息 $L^u_{\text{Ext}}$ 的计算方法，从而，将基本型的 MAP 译码计算结构转换为一种三输入两输出的概率或似然值计算结构。对于 Turbo 码结构对应的分量译码器 A 而言，三输入 $(y^u, y^A, L^u_{\text{Ext-B}})$ 分别是接收消息数据 $y^u$、接收校验数据 $y^A$ 以及来自另一分量译码器 B 的消息数据外信息 $L^u_{\text{Ext-B}}$；两输出 $(L^u_{\text{Ext-A}}, L^u)$ 分别是消息数据似然值 $L^u$ 和其数据外信息 $L^u_{\text{Ext-A}}$。由此，为 Turbo 码的 A 和 B 两个分量译码器之间的"涡轮式"迭代计算确立迭代计算的数据源。

(2) 设计出在两个分量译码器之间的"涡轮式"迭代计算方案,如图 11.7.4 所示,即在第 $t<T_{max}$ 轮,B 分量译码器计算的消息数据外信息在逆交织之后提供给 A 分量译码器作译码计算,A 分量译码器计算的消息数据外信息直接提供给 B 分量译码器作译码计算,直至迭代次数达到最大值 $T_{max}$ 时对消息符号似然值 $L^u(T_{max})$ 做硬判决 $\mu[\cdot]$ 并输出译码消息数据 $\hat{u}$。

$$\begin{cases}(L^u_{Ext-A}(t), L^u(t)) \leftarrow (\boldsymbol{y}^u, \boldsymbol{y}^A, L^u_{Ext-B}(t-1)), & 0 < t < T_{max} \\ (L^u_{Ext-B}(t), L^u(t)) \leftarrow (\boldsymbol{y}^u, \boldsymbol{y}^B, L^u_{Ext-A}(t-1)), & 0 < t < T_{max} \\ \hat{u} = \mu[L^u(T_{max})]\end{cases} \quad (11.7.6)$$

图 11.7.4 Turbo 码译码原理结构示意图

## 11.7.2 LDPC 码

1962 年,美国麻省理工学院(MIT)的加拉格尔(Robert Gray Gallager),在其博士论文中首次提出了**低密度稀疏校验**(Low Density Parity Check,LDPC)码的编码和译码思想与基本原理。直到 1996 年以及此后的数年期间,在 Turbo 码性能逼近香农限的研究和应用推进下,以 MacKay、Spielman、Neal、Luby 和 Shu Lin(林舒)等为代表的众多学者几乎同时期发现并构造出新型的 LDPC 码,在采用 Tanner 于 1981 年发明的 Tanner 图表示 LDPC 码的**二分图**(bipartite graph)基础上,利用贝叶斯网络推理的置信传播(Belief Propagation,BP)算法进行迭代译码,LDPC 码的纠错性能可以在实验中完美地逼近到香农限。

特别地,在码长趋于无穷大时(如码长接近或大于 10 000 时),LDPC 码的综合性能明显优于 Berrou 等在 1993 年发明的 Turbo 码,尤其是具有更低的误码平层(error floor),自此,LDPC 码成为当今纠错码领域最为广泛且深刻研究与应用的方向。

如今,LDPC 码成为几乎所有国际通信技术标准的一个基准规范(benchmark specifications),涉及的技术标准领域有蜂窝移动通信领域的 3GPP(3rd generation partnership project)-4G/5G 标准、数字卫星电视的 DVB-S(Digital Video Broadcasting-Satellite)标准、移动宽带接入网的 IEEE 802.16e 标准;空间数据传输的 CCSDS(Consultative Committee for Space Data Systems)标准。伴随着对 LDPC 码的进一步拓展研究,还涌现出大量与此稀疏特征类似或机理相通的多种编码思想与方法,如喷泉码(fountain code)、无速率码(rateless code)、分批稀疏码(batched sparse code)等。

构造更优的 LDPC 码是编码学术技术界始终致力达成的目标，为此学者们提出了诸多 LDPC 码的构造策略与方法。

(1) 从是否引入随机构造策略看，有随机性构造、确定性构造以及混合性构造三大类方法，最早期的 Gallager 构造法就是一种随机构造方法。

(2) 从所用数学工具看，有基于代数理论的构造和基于图论的构造两大类方法，如利用有限域等代数工具的有 FG(Finite Geometry,有限几何)构造法和 SP(Super-Position)构造法，利用因子图(factor graph)等图论原理的构造法，利用密度进化机理的有限图上渐行边增长 PEG(Progressive Edge-Growth)构造法和原模图(protograph-based)构造法。

(3) 从是否实现循环特性而减小码的实现复杂度看，有 QC(Quasi Cyclic,准循环)和 FC(Full Cyclic,全循环)等不同构造方法。

LDPC 码的有效编码方法大多是基于校验矩阵具体稀疏性设计出的定制性的编码算法。例如，Richardson 等在 2001 年发明的基于矩阵下三角分解原理的编码方法，实现编码计算复杂度从传统的依码长平方增长降低至基本依码长线性增长；再如，Jin Lu 等在 2008 年声称发明了一种适用于任何 LDPC 码的线性码长复杂度的编码方法。

关于二元 LDPC 码的成熟译码算法种类繁多，主要分为三类：

(1) 支持完全软判决迭代译码的置信传播算法(Belief Propagation Algorithm,BPA)；

(2) BPA 算法的简化型算法，主要有**和积算法**(Sum-Product Algorithm,SPA)、最小和算法(Min-Sum Algorithm,MSA)和基于可靠度算法(Reliability-Based Algorithm)等；

(3) 支持硬判决迭代译码的比特翻转算法(Bit-Flipping Algorithm,BFA)，基于 BFA 的支持软判决译码的加权比特翻转算法(Weighted-BF Algorithm,WBFA)。

LDPC 码的性能可以分为纠错性能和结构性能两个侧面。针对 LDPC 码独有特征的纠错性能指标主要有：

(1) 译码门限，即实现正编码增益时的信息比特信噪比($E_b/N_0$)。

(2) 差错平层，即($E_b/N_0$)增长对误码率 BER 的减小不再敏感时的 BER 值。

(3) 距香农限的距离，即达到设计或者应用需求的 BER 目标值时，对应的($E_b/N_0$)值与给定码率之香农限的距离。

针对 LDPC 码独有特征的结构性能指标主要有：

(1) 码长与码率；

(2) 变量节点的度分布(即在 Tanner 图中，全部变量节点各自连接至校验节点的连接分布)和校验节点的度分布；

(3) 最小码距；

(4) 最小围长(Girth)；

(5) 陷阱集(Trapping Sets)分布；

(6) 全局或局部循环性。

LDPC 码的纠错性能指标与结构性能指标具有尚未完全探明的相互约束关系，并且共同影响到编码和译码的复杂度。

一个$(N,K)$线性分组码是一个 LDPC 码，当且仅当定义此码的校验矩阵 $\boldsymbol{H}_{M\times N}^{(*)}=[h_{ij}^{(*)}]_{M\times N}$ 同时满足如下行秩和稀疏两个条件：

(1) 行秩条件：矩阵 $\boldsymbol{H}_{M\times N}^{(*)}$ 的行秩 $\text{rank}[\boldsymbol{H}_{M\times N}^{(*)}]=(N-K)\leqslant M$；

(2) 稀疏条件：矩阵 $\boldsymbol{H}_{M\times N}^{(*)}$ 的非零元素 $h_{ij}^{(*)}\neq 0$ 的占比小于给定稀疏门限 $\delta_{\max}\%$。目前业界通常取值 $\delta_{\max}=15$，即 85% 以上的矩阵元素 $h_{ij}^{(*)}$ 均为 0，或者 $|\{h_{ij}^{(*)}|h_{ij}^{(*)}\neq 0\}|/(M\times N)<0.15$。

行秩条件保障了 LDPC 码作为 $(N,K)$ 线性分组码的编译码唯一性；稀疏条件保障了译码(校验)计算的复杂度(即参与校验的码元数目)可以得到有效的可实现控制。

由于 $\boldsymbol{H}_{M\times N}^{(*)}$ 和 $\boldsymbol{H}_{(N-K)\times N}$ 行秩相同并生成相同的行空间，所以在 LDPC 码的迭代译码处理过程中，可采用定义矩阵 $\boldsymbol{H}_{M\times N}^{(*)}$，也可以采用其行等价的但一定稀疏的校验矩阵 $\boldsymbol{H}_{(N-K)\times N}$。特别地，$N$ 维向量 $\boldsymbol{c}$ 是 LDPC 码的码字，当且仅当 $\boldsymbol{c}$ 满足：

$$\begin{cases} \boldsymbol{c}(\boldsymbol{H}_{(N-K)\times N})^{\mathrm{T}}=\boldsymbol{\theta}^{(N-K)}=\underbrace{(0,0,\cdots,0)}_{N-K} \\ \boldsymbol{c}(\boldsymbol{H}_{M\times N}^{(*)})^{\mathrm{T}}=\boldsymbol{\theta}^{(M)}=\underbrace{(0,0,\cdots,0)}_{M} \end{cases} \tag{11.7.7}$$

一般地，非规则 LDPC 码标记为 $(N,\{\rho_i\},\{\gamma_j\})$ 码，而规则 LDPC 码标记为 $(N,\rho,\gamma)$ 码且应当满足三个基本条件：

(1) (行规范性和稀疏性)校验矩阵 $\boldsymbol{H}^{(*)}$ 的任意行中非零元素个数恒等于常数 $\rho\ll N$。

(2) (列规范性和稀疏性)校验矩阵 $\boldsymbol{H}^{(*)}$ 的任意列中非零元素个数恒等于常数 $\gamma\ll M$。

(3) (无长 4 环特性)$\boldsymbol{H}$ 的任意两行(或任意两列)在相同列(或行)位置上的元素均为 1 的个数不超过 1。

LDPC 码校验矩阵 $\boldsymbol{H}_{M\times N}^{(*)}=[h_{ij}^{(*)}]_{M\times N}=[\boldsymbol{h}_1^{(*)},\boldsymbol{h}_2^{(*)},\cdots,\boldsymbol{h}_j^{(*)},\cdots,\boldsymbol{h}_N^{(*)}]_{1\times N}$ 的第 $j$ 列 $\boldsymbol{h}_j^{(*)}$ 对应于在信道上传输的第 $j$ 个随机的编码发送符号 $x_j$ 或者第 $j$ 个随机的传输接收符号 $y_j$，于是，记 $\lambda_j$ 为 LDPC 码的第 $j$ 个符号变量的随机度量值(即符号变量似然值)。$\boldsymbol{H}_{M\times N}^{(*)}$ 的第 $i$ 行对应于进行码字(奇偶)校验的第 $i$ 个校验方程，并记校验结果为 LDPC 码的第 $i$ 个校验符号的随机度量值 $\Lambda_i$，即对于二元码的任意码字 $\boldsymbol{c}=(c_1,c_2,\cdots,c_j,\cdots,c_N)$ 和接收符号向量 $\boldsymbol{y}=(y_1,y_2,\cdots,y_j,\cdots,y_N)$，硬判决时的校验符号随机度量值 $\Lambda_i$(即与之相等的伴随式校验值 $s_i$)和软判决时的校验符号随机度量值(或者校验似然值)$\Lambda_i$，分别为

$$\begin{cases} s_i=(h_{i1}^{(*)}y_1+\cdots+h_{ij}^{(*)}y_j+\cdots+h_{iN}^{(*)}y_N)\bmod 2 \\ \quad =\begin{cases} 0, & (y_1,y_2,\cdots,y_j,\cdots,y_N)=(c_1,c_2,\cdots,c_j,\cdots,c_N) \\ 1, & (y_1,y_2,\cdots,y_j,\cdots,y_N)\neq(c_1,c_2,\cdots,c_j,\cdots,c_N) \end{cases} \\ y_j,h_{ij}^{(*)}\in\{0,1\},\quad i=1,2,\cdots,M \end{cases} \tag{11.7.8}$$

$$\Lambda_i=\mu[h_{i1}^{(*)}y_1,h_{i2}^{(*)}y_2,\cdots,h_{ij}^{(*)}y_j,\cdots,h_{iN}^{(*)}y_N],\quad h_{ij}^{(*)}\in\{0,1\},i=1,2,\cdots,M \tag{11.7.9}$$

由这个硬判决的伴随式计算关系，可以得到校验方程与接收变量符号之间的图示化连接关系，并为迭代计算符号似然值而非简单计算校验子提供了设计理念。

依据 Tanner 图理论，校验矩阵 $\boldsymbol{H}_{M\times N}^{(*)}=[h_{ij}^{(*)}]_{M\times N}$ 可表示为一种二分图(bipartite graph)，第 $i$ 个校验方程记为校验节点 $i$(Check Node，CN)，第 $j$ 接收符号记为变量节点 $j$(Variable Node，VN)。校验节点之间以及变量节点之间均无连接关系，校验节点 $i$ 与变量节点 $j$ 之间具有连接关系，当且仅当 $h_{ij}^{(*)}\neq 0$。校验节点 $i$ 所连接的全体变量节点是一个

部分变量节点的集合 $J^{(VN)}(i)=\{j|h_{ij}^{(*)}=1, j=1,2,\cdots,N\}$，变量节点 $j$ 所连接的全部校验节点则是一个部分校验节点集合 $I^{(CN)}(j)=\{i|h_{ij}^{*}=1, i=1,2,\cdots,M\}$。

例如，一个二元的 $(N,\rho,\gamma)=(10,4,2)$ "并非稀疏"的 LDPC 码的校验矩阵 $\boldsymbol{H}_{M\times N}^{(*)}$ 为

$$\boldsymbol{H}_{M\times N}^{(*)}=[h_{ij}^{(*)}]_{5\times 10}=\begin{bmatrix}1&1&1&1&0&0&0&0&0&0\\1&0&0&0&1&1&1&0&0&0\\0&1&0&0&1&0&0&1&1&0\\0&0&1&0&0&1&0&1&0&1\\0&0&0&1&0&0&1&0&1&1\end{bmatrix}$$

该案例矩阵第 2、3、4 和第 5 行之和等于第 1 行，进一步可验证该矩阵的行秩等于 $(N-K)=4<M=5$。因而，此校验矩阵生成了一个 $(N,K)=(10,6)$ 线性分组码，码率为 $K/N=3/5$。该案例码的 Tanner 图如图 11.7.5 所示。

图 11.7.5 $(N,\rho,\gamma)=(10,4,2)$ LDPC 码的 Tanner 图案例

由图 11.7.5 可见：第 2 校验节点 $\Lambda_2$（方形图块）连接到了第 $1(\lambda_1)$、$5(\lambda_5)$、$6(\lambda_6)$ 和 $7(\lambda_7)$ 变量节点（圆形图块），即 $J^{(VN)}(2)=\{1,5,6,7\}$；第 3 校验节点 $\Lambda_3$ 连接到了第 $2(\lambda_2)$、$5(\lambda_5)$、$8(\lambda_8)$ 和 $9(\lambda_9)$ 变量节点，即 $J^{(VN)}(3)=\{2,5,8,9\}$；第 7 变量节点 $\lambda_7$ 连接到了第 $2(\Lambda_2)$ 和第 $5(\Lambda_5)$ 校验节点，即 $I^{(CN)}(7)=\{2,5\}$。

对于给定的 LDPC 码校验矩阵 $\boldsymbol{H}_{M\times N}^{(*)}=[h_{ij}^{(*)}]_{M\times N}$ 和无记忆信道上的传输输出（或通信接收机解调输出）序列 $\boldsymbol{y}=(y_1,\cdots,y_j,\cdots,y_N)$，根据 LDPC 码的 Tanner 图结构可见：符号变量 $y_j$ 的似然度量值 $\lambda_j$ 必然是 $\gamma_j=|V_j^{(\Lambda)}|$ 个校验方程（节点）的全部校验度量值的函数，另外，第 $i$ 个校验方程（节点）的校验度量值 $\Lambda_i$ 一定是 $\rho_i=|V_i^{(\Lambda)}|$ 个符号变量（节点）的全部似然度量值的函数。因此，采用在校验节点与变量节点之间进行迭代处理的策略是获得 $\boldsymbol{y}$ 的似然度量值的"最佳估计" $\boldsymbol{\lambda}=(\lambda_1,\lambda_2,\cdots,\lambda_j,\cdots,\lambda_N)$ 的途径。注意到变量节点与校验节点之间是多对多的连接关系，所以，记变量节点 $j$ 前向传递给校验节点 $i$ 的度量值是 $\lambda^{(i)}(j)$，校验节点 $i$ 反向传递给变量节点 $j$ 的度量值是 $\Lambda^{(j)}(i)$，如图 11.7.6 所示。

图 11.7.6 LDPC 码译码时在 Tanner 图上的前向（实线）与后向（虚线）的信息传递

和积算法（SPA）是一种在译码性能与实现复杂度之间具有折中优势的 LDPC 码译码算法，采用了 Tanh 函数为计算核函数，具体算法流程如表 11.7.1 所示。

$$\begin{cases} \tanh(\alpha) = \dfrac{\sinh(\alpha)}{\cosh(\alpha)} = \dfrac{e^{\alpha}-e^{-\alpha}}{e^{\alpha}+e^{-\alpha}} \\ \operatorname{artanh}(\alpha) = \dfrac{1}{2}\ln\dfrac{1+\alpha}{1-\alpha} \end{cases} \quad (11.7.10)$$

表 11.7.1  LDPC 码的和积译码算法

| | LDPC 码的和积译码算法 |
|---|---|
| 初始化 | (1) 发送码字 $c=(c_1,c_2,\cdots,c_N)$ 的传输接收序列 $y=(y_1,y_2,\cdots,y_N)$ |
| | (2) AWGN 信道的白噪声方差 AWGN 信道参数 $\sigma^2$ |
| | (3) LDPC 码 Tanner 图结构,即 $(N,\{\rho_i\},\{\gamma_j\})=(N,\{|J^{(\mathrm{VN})}(i)|\},\{|I^{(\mathrm{CN})}(j)|\})$ 且有 $$\begin{cases} I^{(\mathrm{CN})}(j)=\{i\,|\,h_{ij}^{(*)}\neq 0, i=1,2,\cdots,M\}, \quad j=1,2,\cdots,N \\ J^{(\mathrm{VN})}(i)=\{j\,|\,h_{ij}^{(*)}\neq 0, j=1,2,\cdots,N\}, \quad i=1,2,\cdots,M \end{cases}$$ |
| | (4) 迭代轮数门限值 $r_{\max}$;迭代轮数初始值 $r=1$ |
| | (5) (变量节点度量值初始化):对于 $i=1,2,\cdots,M$,计算并赋值, $$\lambda^{(i)}(j) = \log\dfrac{P(c_j=0\,|\,y_j)}{P(c_j=1\,|\,y_j)} = \dfrac{2y_j}{\sigma^2}, \quad j=1,2,\cdots,N$$ |
| | (6) (校验节点度量值初始化):对于 $j=1,2,\cdots,N$,赋值 $$\Lambda^{(j)}(i)=0, \quad i=1,2,\cdots,M$$ |
| 输出 | 码字 $c=(c_1,c_2,\cdots,c_N)$ 或者迭代过程向量 $v=(v_1,v_2,\cdots,v_N)$ |
| 计算流程 | (1) (更新校验节点度量值):对于 $j=1,2,\cdots,N$,计算 $$\Lambda^{(j)}(i) = 2\operatorname{artanh}\left[\prod_{j'\in\{J^{(\mathrm{VN})}(i)-\{j\}\}}\tanh\left[\dfrac{\lambda^{(i)}(j')}{2}\right]\right], \quad i=1,2,\cdots,M$$ |
| | (2) (更新变量节点度量值):对于 $i=1,2,\cdots,M$,计算 $$\lambda^{(i)}(j) = \dfrac{2y_j}{\sigma^2} + \sum_{i'\in\{I^{(\mathrm{CN})}(j)-\{i\}\}}\Lambda^{(j)}(i'), \quad j=1,2,\cdots,N$$ |
| | (3) (更新变量节点后验概率值):计算 $$\lambda_j = \dfrac{2y_j}{\sigma^2} + \sum_{i\in I^{(\mathrm{CN})}(j)}\Lambda^{(j)}(i), \quad j=1,2,\cdots,N$$ |
| | (4) (迭代处理控制与输出): |
| | (4-1) 计算硬判决符号值, $$v_j = \begin{cases} 0, & \lambda_j \geq 0 \\ 1, & \lambda_j < 0 \end{cases} \quad j=1,2,\cdots,N$$ |
| | (4-2) 若 $vH^{\mathrm{T}}=(v_1,v_2,\cdots,v_N)H^{\mathrm{T}}=0$,则迭代结束,输出码字 $c=v$; |
| | (4-3) 若迭代轮数超过迭代轮数门限值,即若 $r\geq r_{\max}$,则迭代结束,并输出向量 $v$; |
| | (4-4) 迭代轮数加 1,即 $r\leftarrow r+1$,并返回本算法流程第(1)步 |

## 11.7.3 极化码

2009 年,埃尔达·阿里坎(Erdal Arikan)发明并证明了**极化码**(Polar Code)是在 BSC、BEC 以及 Bi-DMS(Binary Discrete Memoryless Channel)类任何输入二元且输出对称信道上的第一类理论可达香农限的纠错码。极化码的优异性能很快获得华为等通信公司以及国际 3GPP 组织的认证,并由华为公司主推成为 5G 移动通信系统中信令信道的编码方案,成为中国通信技术领先世界的一个著名案例。

极化码的设计思想是：数据流在平稳信道上的串行传输可以从统计意义上等价为各个数据在独立平稳信道上的并行传输，而在各个并行信道之间做输入数据的简单校验编码及其迭代重复编码，就可使得外加了编码结构的并行信道的符号等价传输信道发生**极化**（polarization），即部分等价信道的信道容量趋于 0，而其他部分的等价信道的信道容量趋于 1。这样一来，可以设置等价信道容量趋于 0 的信道输入数据为"冻结"（frozen）数据，并设置等价信道容量趋于 1 的信道输入数据为需要传输的信息数据，该做法称为极化码编码，信道容量趋于 1 的等价信道数量的占比即为极化码的编码码率。可以发现，采用**接续删除译码**（Successive Cancellation decoding，SC）方法可以有效实现码长趋于无穷大时误码率趋于 0。

**接续列表删除译码**（Successive Cancellation List decoding，SCL）方法在译码延时和正确译码概率等方面比 SC 有显著的性能提升。在短码长极化码的应用中，例如，在 5G 控制信道应用中限制极化码的码长 $N=2^\lambda$，$5 \leqslant \lambda \leqslant 10$，此时比较明显提升极化码性能的另一种途径是在编码端极化码编码基础上额外引入 CRC 校验，译码端则采用 CRC 校验辅助的 SCL 算法，称其为 CRC-Aided SCL（CA-SCL）算法。

极化码的设计原理可用如图 11.7.7～图 11.7.9 所示的案例予以解读与理解。记"1 进 1 出"的对称信道为 $W=I[c,y]$，例如，$W$ 是一个差错概率 $p=0.5$ 的 BEC，则 $W$ 的传信容量为 $C[W]=1-p=0.5$。对两个并行信道 $W$ 进行外部编码组合为一个"2 进 2 出"的编码信道系统 $I[(u_1,u_2),(y_1,y_2)]$，如图 11.7.7 所示，其中，一个"1 进 1 出"的等效分离信道 $W^-$ 的传信容量可计算等于 $C[W^-]=I[u_1,y_1]=0.25$，另一个"1 进 1 出"的等效分离信道 $W^+$ 的传信容量为 $C[W^+]=I[u_2,y_2]=0.75$。

**图 11.7.7** "2 进 2 出"的极化码编码信道系统

类似地，对两个"2 进 2 出"的编码信道系统进行外部编码得到"4 进 4 出"的编码信道系统，如图 11.7.8 所示，分离出来的 4 个等效"1 进 1 出"信道的传信容量分别为

$C[W^{--}]=0.0625$，$C[W^{+-}]=0.5625$，$C[W^{-+}]=0.4375$，$C[W^{++}]=0.9375$

这个计算案例表明：编码后的等效信道发生了信道极化现象，即原本物理传输特征完全相同的两个"1 进 1 出"信道，在组合编码之后等效的"1 进 1 出"逻辑信道的传信容量发生了增大或减小的变化。因而，完全相同的 $N$ 个"1 进 1 出"物理信道在特定组合编码之后，在 $N$ 趋于无穷大时，等效的 $K<N$ 个"1 进 1 出"逻辑信道的传信容量可以趋于最大值 1（或实现无差错传输），而其余逻辑信道传信容量均趋于 0，如此获得了逻辑上的 $K<N$ 个无差错传输信道，或者码率 $K/N$ 的极化码编码。

按照图 11.7.8 展示的极化码编码信道系统的原理，可设计一个码率为 0.5、码长为 8 的极化码编码器，如图 11.7.9 所示，它原本是一个"8 进 8 出"的极化码编码信道系统，在设

置极化信道传输容量最小的 4 个"1 进 1 出"逻辑信道的输入为"**冻结位**"(frozen bit)比特后,即在编码器发送端恒定设置数据位 $u_1=u_2=u_3=u_5=u_i^*=0$,其余 4 个"1 进 1 出"逻辑信道的输入为需要编码传输的消息数据位,即 $u_4=u_6=u_7=u_8=$ data,编码输出码字为 $(y_1,y_2,y_3,y_4,y_5,y_6,y_7,y_8)$,最终获得一个实际的"4 进 8 出"的极化码编码系统。

图 11.7.8 "4 进 4 出"的极化码编码信道系统

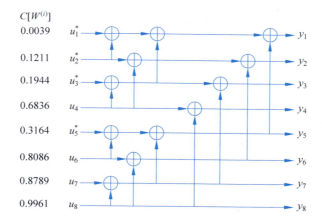

图 11.7.9 "4 进 8 出"的极化码编码信道系统案例

## 11.8 纠错码的应用和发展

### 11.8.1 纠错码的应用及运用模式

纠错码在通信、数据存储、计算机、组合实验设计、密码设计、系统可靠性检测与评估,乃至游戏设计等领域有非常广泛的运用。通信中的差错控制方式有 FEC、ARQ、IRQ 三类,如图 11.8.1 所示。

1. 前向纠错

前向纠错(Forward Error Correction,FEC)是通信接收端仅仅根据收到的接收分组来判断是否存在传输差错并对有错分组进行纠错的编译码方案,因而 FEC 只有从发送端到接收端单方向上的编码分组传输。FEC 是纠错码应用的主要途径。

图 11.8.1　差错控制的 FEC、ARQ 与 IRQ 方式

### 2. 自动重传请求

自动重传请求(Automatic Repeat Request, ARQ)是通信接收端根据收到的接收分组,判断是否存在前向信道(即发送端至接收端)的传输差错并对请求发送端重传有错分组的编译码方案,因此在发送端与接收端之间的两个方向上均有在某种 ARQ 协议控制下的不同的编码分组传输。

显然,ARQ 方式中反馈回传的数据量远小于发送数据量,从而常假设反馈信道(即后向信道或接收端至发送端)是无差错数据传输信道。

基本的 ARQ 协议分为停等(Stop and Wait, SW)协议、回退 $N$ 步(Go Back $N$, GB-$N$)协议和选择重传(Selective Repeat, SR)协议;混合 ARQ(Hybrid ARQ, HARQ)协议是 SW-ARQ 协议的重要改进。混合 ARQ 有三种类型:HARQ-1 是常规的 ARQ;HARQ-2 的译码器将多次重传码字的相应接收向量通过类似"编码分集"的方法合并"译码"得到可靠性更高的码字;HARQ-3 又称为增量 ARQ,它的发送端根据需要逐渐补充发送原始码字的部分数据,接收端根据累积获得的增量数据,通过"编码分集"的方法合并"译码",得到可靠性更高的码字。

现代各类通信机制的出现,又衍生出多种多样的 ARQ 方式,如适于无线信道和卫星信道的多信道 SW-ARQ 等,又如基于码率兼容纠错码运用的 RB-ARQ 等。

检错码主要应用于基本的 ARQ 方式,例如,在 SW-ARQ 中运用了多种 CRC(循环冗余校验,Cyclic Redundancy Check)码,在 HARQ 方式中不仅需要应用检错码,还可能需要应用纠错码。

### 3. 信息重传

信息重传(Information Repeat Request, IRQ)是一种不使用纠错码或检错码的差错控制方式。在 IRQ 方式中,发送端对接收端反馈回传的数据与此前发出的数据进行比较,并判断有无传输差错,继而确定是否重传数据,因此在发收双向上均有在某种协议控制下的数据分组传输。

显然 IRQ 方式的运用依赖于系统提供双向的传输信道,并且通常要求双向信道均有极小的传输差错概率。

数据存储系统是另一个重要的纠错码运用领域,其纠错码应用方式有与通信应用相同

的 FEC 和独特的 FED(Forward Error Detection,前向检错)。FED 的目的是提供对存储数据可靠性,甚至存储介质可靠性的一种判断。

各式各样的纠错码的基本分类如下:

(1) 分组码与卷积码——按消息分组与码字的对应关系是一对一还是多对一分类。

(2) 循环码与非循环码——按码字是否具有循环移位不变特性分类,循环码的工程实现因其循环特性而得到了极大简化。

(3) 线性码与非线性码——按码字集合是否为线性空间分类。

(4) 域上码与非域上码——按码元集合是否为有限域分类,环上循环码即是一种非域上码。

(5) 汉明空间码与非汉明空间码——按是否以汉明距离度量码字间以及码字与接收向量间的差异分类,如基于李(Lee)距离设计的纠错码。

(6) 时域码与空域码——按码是否提供空间冗余分类,常规纠错码均是时域码,即码的冗余性体现在时间序列上,而格上构造的陪集码是应用于 TCM(Trellis Coded Modulation)的具有空间冗余性的信号空间码或空域码,目前热门的空时码也可属于空域码范畴。

不论对纠错码有多少种研究途径,但是归纳起来纠错码的研究和发展可以大致分为如下四个基本领域。

(1) 码限,码或某一类码的整体性能极限特性或性能界;

(2) 码构造,具体码或某一类码的构造和实现;

(3) 译码,具体码或某一类码的译码及其相应的纠检错性能;

(4) 码的应用。

### 11.8.2 纠错码的简要发展历程

纠错码或者信道编码作为当今信息与通信科技界以及产业界取得丰硕成果的基础研究领域,源自 20 世纪 40 年代末两个几乎同期但相互独立的工程性研究工作。

第一是为解决噪声中的可靠通信问题开展的研究,创新性的代表成果是**香农**提出的无差错编码传输原理(即信道编码定理),通过概率分析证明纠错码是实现无差错信息传输的唯一途径,或者存在一类纠错码在码长趋于无穷大时无差错通信所需的最小信噪比逼近香农限。其蕴含的随机编码思想还促进了数字通信的信号设计与编码的工程技术发展和应用。

第二是为解决消息存储中少量比特数据差错纠正问题的研究,其创新性的代表成果是**汉明**(Hamming)和**戈莱**(Golay)的具有代数构造特征的纠错码,因其蕴含的代数与组合学特性促使了"纠错码"这个新的数学分支在代数与近世代数、组合数学、数论、计算数学等数学门类的基础上诞生和发展。

从 20 世纪 50 年代开始至今,针对代数编译码方法和软判决概率译码方法,始终是纠错码的主要研究内容之一,典型的研究成就有:

(1) 戈莱(Golay)码(1949 年)、汉明(Hamming)码(1950 年)、里德-穆勒(Reed-Muller,RM)码(1954 年)和 Goppa 码(1981 年)等基于矩阵和线性代数的分组码设计,以及分组码的一般硬判决与软判决译码方法,如 Chase 算法(1972 年)和 MAP 或 BCJR 算法(1974 年)。

(2) BCH(Bose-Chaudhuri-Hocquenghem)码(Hocquenghem,1959 年;Bose,Chaudhuri,

1960年)、里德-索罗蒙(Reed-Solomon, RS)码(1960年)及其循环码(Prange, 1957年)等基于有限域的多项式代数编码,以及一般硬判决译码方法,特别是伯利坎普-梅西-福尼(Berlekamp-Massey-Forney)译码算法(Berlekamp, 1967年; Massey, 1969年)。

(3) 伊莱亚斯卷积码(Elias convolutional codes)(1955年)以及维特比(Viterbi)译码算法(1967年)。

(4) 1966年左右,交织(interleaving)、乘积(producting)与级联(concatenating)等多码的联合构造及其相应的迭代译码方法逐渐成熟。

(5) 1999年,用于一般分组码的近似软判决译码的GS(Guruswami-Sudan)列表(list)译码算法以及此后2003年的KV(Koetter-Vardy)算法在概率意义上超越了纠错码最小距离译码限。

(6) 此外,Gilbert-Varshamov限(1952年)、MacWilliams恒等式(1963)、McEliece限(1977年)以及Tsfasman-Vladut-Zink限(1982年)等编码理论限的研究给纠错码的代数构造建立了更加牢固的理论基础。

在20世纪80年代初期开始,基于有限域的纠错码研究已经拓展到复数域上的空时码研究,昂格博克(Ungerboeck)等将纠错码与高阶调制融合形成高谱效的TCM(Trellis Coded Modulation)通信体制,实现在无信号带宽扩展条件下的编码增益获取;1998年前后,阿拉穆蒂(Alamouti)以及卡德班克(Calderbank)等开启了运用纠错码原理设计空时码(space-time code)(例如Alamouti空时码)来保障MIMO(Multiple-Input Multiple-Output)系统在无线衰落信道上的优良传输性能的研究路径。

1993年前后,由Berrou、Glavieux和Thitimajshima三人新发明的Turbo码(1993年),在实验与工程验证意义上均可逼近香农限;从1995年开始,麦凯(MacKay)、鲁比(Luby)理查森(Richardson)、乌尔班克(Urbanke)、福尼(Forney)、卡斯特罗(Costello)以及林舒(Shu Lin)等,通过坦纳(Tanner)图技术和置信传播(belief propagation)技术形成的BP算法与和积算法(1995年),再发现加拉格尔(Gallager)在1962年发明的LDPC(Low Density Parity Check)码,是在实验与工程验证意义上均逼近香农限的纠错码,典型指标是码率为0.5、码长为$10^7$时的LDPC码距离香农限仅0.0045dB,而且,LDPC码的误码平层比Turbo码更低;2008年,阿里坎(Arikan)发明的极化码成为迄今唯一理论证明可逼近香农限的一类可构造纠错码。

如今,CRC码、BCH/RS码、无差错传播特性的最大自由距离卷积码、LDPC码和极化码等性能优良的纠错码,通过FEC(Forward Error Correction)和ARQ(Automatic Repeat-reQuest)等机制的应用与实现,被广泛地纳入各类保障信息传输可靠性的通信工程和相应的工业标准,涉及的典型行业领域与案例简介如下。

(1) 通信。

纠错码已经成为现代数字通信系统的标准配置部件。例如,1996年的CCITT-V34标准采用TCM作为33.6kbps的调制解调器的编码标准方案,奠定电话电缆线上大容量数据传输的技术基础。再如,在由国际3GPP(3rd Generation Partnership Project)组织颁布的第4代(2006年4G-LTE标准)移动通信系统基础性传输技术标准中,采纳了Turbo码和LDPC码为数据传输的编码方案;在第5代(2018年5G)移动标准以及仍在商用的LTE系统中,数据通道几乎以LDPC码为主,信令通道则采用了极化码和RS码双选择方案。具体的建议参见表 11.8.1,文件来源主要是 3GPP TS38.212 V15.2.0-Release 15,*Multiplexing and channel coding*,2018-07 第 5 章。

表 11.8.1  3GPP 的 5G 系统信道编码方案

| 信道类型 | | 编码算法 |
|---|---|---|
| BCH(广播信道) | | 极化码 |
| DCI(下行控制信息) | | 极化码 |
| UCI<br>(上行控制信息) | 12b 及更多 | 极化码 |
| | 1b | 重复码 |
| | 2b | 单形码 |
| | 3~11b | RM 码 |
| DL-SCH(下行-共享信道) | | LDPC 码 |
| UL-SCH(上行-共享信道) | | LDPC 码 |

从业界的实际应用状况看,纠错码应用的一个趋势是以极化码替代咬尾卷积码,以 LDPC 码替代 Turbo 码;RS 码和 RM 码虽然还面临着软判决译码方法与实现的挑战,但在信令传输上仍是一个优选的纠错码方案。

(2) 存储。

例如,在光盘(包括激光唱片 CD、数字通用光盘 DVD 和蓝光光盘 BD 等)数据存储以及所涉及的中国国家标准 GB/T 33663—2017 中,再如在硬盘 HD 与随机存储器 RAM 等信息存储设备中,采纳了 RS 码作为数据存储的基本框架。

(3) 标识。

例如,在二维码信息标识与采集系统(包括广泛使用的国际标准 ISO/IEC18004 的 QR-Code 和纳入 ISO/IEC 20830:2021 标准的中国汉信码等系统)中,采用了 BCH 码和 RS 码的复合应用实现数据的可靠表征,保障了当今社会生活中二维码作为常规信息服务基础的可靠应用。

(4) 测控与深空通信。

例如,在全球数十个国家参与的国际航天测控 CCSDS 系统(The Consultative Committee for Space Data Systems)的技术方案中,应用了卷积码、RS 码、LDPC 码以及级联编码等多种纠错码,有效保障了探月、登月、火星探测、外太空探索以及 GPS/BD 航天航空所需的极低信噪比条件下的可靠通信。一个典型案例是:2006 年,"漫游者号"火星探测器以 CCSDS 标准的 (8920,1/6) Turbo Codes 实现在 Ka 波段(32GHz)上数据速率达到 168kbps 的 QPSK 传输,将火星探测数据可靠地回传至地球。

此外,信道编码始终是数字信息处理系统中难以或缺的一个组成部分,而且还是代数(如代数几何码是一个数学分支)、计算(如采用极化码机理形成新型的分布式信源编码方法)、网络(如达到最大网络吞吐率的网络容量编码和提升网络整体可靠性的网络纠错码)、密码(如 IC 不可克隆功能 PUF 设计和基于纠错码的加密体制)、DNA(如 DNA 序列结构是基于 4 种碱基特性的一类四元编码结构)、设计(如采用 RS 码和 RM 码方法可以优化架构与实验的冗余设计)、量子(如量子纠错码)等多学科中的持续研究焦点。

## 本章关键词

通过对关键词的梳理，可以快速地回顾本章的主要知识点。

码  
编码  
纠错码  
码率  
二元对称信道  
删除信道  
白噪声信道  
随机差错  
突发差错  
差错图案  
误码率  
传信率  
香农信道编码定理  
香农限  
编码增益  
汉明距离  
汉明重量  
最小码距  
汉明限  
辛格利顿限  
最大距离可分(MDS)码  
分组码  
系统码  
重复码  
奇偶校验码  
生成矩阵  
校验矩阵  
循环码  
生成多项式  
校验多项式  
模多项式运算  
循环冗余(CRC)校验  
译码  
译码模式  

伴随式  
标准阵列  
纠错数  
检错数  
卷积码  
约束长度  
栅格图  
幸存路径  
自由距离  
维特比算法  
译码深度  
汉明码  
有限域  
既约多项式  
本原元  
极小多项式  
BCH 码  
RS 码  
戈莱码  
RM 码  
布尔函数  
Turbo 码  
前后向系统递归卷积  
分量码  
符号外信息  
LDPC 码  
二分图  
BP 译码  
和积译码  
比特翻转  
极化码  
信道极化  
冻结比特  
接续(SC)译码

前向纠错 FEC  
自动重传 ARQ  

3GPP-5G  
CCSDS  

## 习题

1. 以 BPSK 信号的调制、传输和解调为例,解释:
(1) 信号波形畸变如何导致了通信数据传输差错;
(2) 统计参数信噪比(SNR)和误码率(BER)作为通信性能评估的价值;
(3) 汉明距离和欧几里得距离分别作为解调或者译码操作的度量参数的价值。

2. 对于 AWGN 信道上的编码 BPSK 信号传输,在带宽和功率开销均各自不变情况下,分析为什么采用 3-重复码时的 BER 性能比无编码情形时的 BER 性能更差。若 BPSK 信号传输信道是平稳瑞利衰落(flat Rayleigh fading)信道,分析为何 3-重复码译码后 BER 曲线的斜率是无编码 BER 曲线的负 3 倍以上,即有 3 阶分集效能。

3. 研讨并论述香农信道编码定理和香农限在表征无差错信息传输原理上,分别有什么出发点和特点。

4. 证明奇校验码的检错能力与偶校验码相同,但奇校验码不是线性分组码,奇校验码的码字 $c=(m_0,m_1,\cdots,m_{k-1},p)$,满足 $m_0+m_1+\cdots+m_{k-1}+p=1\pmod 2$,$p$ 是奇校验位。

5. 若一个(6,2)线性分组码校验矩阵 $H$ 如下:

$$H = \begin{bmatrix} h_1 & 1 & 0 & 0 & 0 & 1 \\ h_2 & 0 & 0 & 0 & 1 & 1 \\ h_3 & 0 & 0 & 1 & 0 & 1 \\ h_4 & 0 & 1 & 1 & 1 & 0 \end{bmatrix}$$

那么,(1) 求 $h_i, i=1,2,3,4$,使得该码最小码距 $d_{\min} \geq 3$;
(2) 求该码的系统码生成矩阵 $G_S$。

6. 若消息与码字的冗余编码对应是:$(00) \leftrightarrow (00000)$,$(01) \leftrightarrow (00111)$,$(10) \leftrightarrow (11110)$,$(11) \leftrightarrow (11001)$,那么,
(1) 证明该码是一个线性分组码并给出其标准阵列;
(2) 求该码的码长、码率、最小码距、生成矩阵和校验矩阵;
(3) 若在转移概率 $p=10^{-3}$ 的 BSC 上等概率传输消息,求用标准阵列译码后的码字差错概率和消息比特差错概率。

7. 证明任意线性分组码的码字汉明重量或者是偶数(包括 0),或者恰好一半码字重量是偶数(含 0)且另一半码字重量是奇数。

8. 若线性循环码以 $g(x)=1+x$ 为生成多项式,那么,
(1) 证明 $g(x)$ 可以构成任意长度的循环码;
(2) 求码长为 $n$ 时的校验多项式 $h(x)$;
(3) 证明该码是一个偶校验码。

9. 已知(8,5)线性分组码的生成矩阵 $G$ 如下:

$$G = \begin{bmatrix} 1 & 0 & 0 & 0 & 0 & 1 & 1 & 1 \\ 0 & 1 & 0 & 0 & 0 & 1 & 0 & 0 \\ 0 & 0 & 1 & 0 & 0 & 0 & 1 & 0 \\ 0 & 0 & 0 & 1 & 0 & 0 & 0 & 1 \\ 0 & 0 & 0 & 0 & 1 & 1 & 1 & 1 \end{bmatrix}$$

那么,(1) 证明该码为循环码;

(2) 求该码的生成多项式 $g(x)$ 和校验多项式 $h(x)$ 和最小码距 $d$。

10. 常以 $g(x) = x^8 + x^2 + x + 1$ 作为生成多项式进行 ATM 协议中 32 比特的地址和路由数据的 CRC 校验,给出此最小码距 $d=4$ 的 (40,32) CRC 码的具体编码和检错译码实现方法。

11. 针对图题 11.11(a) 和图题 11.11(b) 两卷积码,分别完成如下小题。

(1) 求多项式生成矩阵 $G(x)$,生成矩阵 $G_\infty$,渐进编码效率 $R$,约束长度 $K$;

(2) 求自由距离 $d_f$;

(3) 画出开放型的状态转移图和栅格图;

(4) 求消息 $u = (100110)$ 时的码字序列 $v = (v_0, v_1, v_2, \cdots)$;

(5) 在栅格图上画出对应于消息 $u = (100110)$ 的编码路径;

(6) 若消息 $u = (100110)$ 的编码序列 $c = (c_0, c_1, c_2, \cdots)$ 在 BSC 上的传输差错图案是 $e = (1010000\cdots)$,给出维特比译码的译码过程和输出 $\hat{c}$ 与 $\hat{u}$。

图题 11.11

12. 研讨并解释不论是分组码还是卷积码的任何译码方法,总有纠错译码的码字差错概率大于纠错译码的码元差错概率。

13. 构造一个非循环码的 (7,4) 汉明码,分析校验矩阵的列交换改变了码结构的哪些特征。

14. 研讨并解释在 BPSK 传输时,若接收为(无论是否编码后的)实数向量 $y$,消息符号 $u$ 的对数似然比值(LLR)为 $L(u) = \log[\Pr(u=1|y)/\Pr(u=0|y)]$,那么,外信息 $L_{\text{Ext}}(u)$ 满足 $L(u) = L_{\text{api}}(u) + L_{\text{ch}}(u) + L_{\text{Ext}}(u)$,其中,$L_{\text{api}}(u) = \log[\Pr(u=1)/\Pr(u=0)]$ 是 $u$ 的先验 LLR,$L_{\text{ch}}(u) = \log[\Pr(y|u=1)/\Pr(y|u=0)]$ 是 $u$ 的信道 LLR,$L_{\text{ch-BSC}(p)}(u) = -(-1)^y \log[(1-p)/p]$,$L_{\text{ch-AWGN}(N_0)}(u) = -(4y)/N_0$。

15. 研讨分别依据 $H^*_{M \times N}$ 和 $H_{R \times N}$ 实现 LDPC 码的和积译码算法时,是否存在译码的性能差异,这里 $H^*_{M \times N}$ 是定义矩阵,$H_{R \times N}$ 是行秩 $R < M$ 的等价矩阵。

16. 研讨在构造极化码时,如果难以准确计算分离信道的传输容量 $C(W^{(*)})$,那么还应该依据其他什么参数来筛选冻结比特位?

17. 一个通信系统的消息比特速率为 1Mbps,信道为衰落信道,在衰落时间(最大为 2ms)内可以认为完全发生数据比特传输差错,对此,

(1) 求衰落导致的突发差错的突发比特长度;

(2) 若采用汉明码和交织编码方法纠正突发差错,求汉明码的码长和交织深度;

(3) 若用一般的分组码交织纠正突发差错并限定交织深度不大于256,求最小所需的分组码码长和最小码距;

(4) 若用某个 BCH 码进行交织来纠正突发差错并限定交织深度不大于256,求一个合适的码长和相应的 BCH 码的生成多项式。

# 附录 A  常用数学公式

## 1. 三角和复数

$$\sin x = \frac{e^{jx} - e^{-jx}}{2j} \qquad \cos x = \frac{e^{jx} + e^{-jx}}{2}$$

$$e^{\pm jx} = \cos x \pm j\sin x \qquad e^{\pm j\pi/2} = \pm j$$

$$R\cos(x+\theta) = A\cos x - B\sin x, \text{其中}, \begin{cases} R = \sqrt{A^2 + B^2} \\ \theta = \arctan(B/A) \end{cases}, \begin{cases} A = R\cos\theta \\ B = R\sin\theta \end{cases}$$

$$\cos(x \pm y) = \cos x \cos y \mp \sin x \sin y \qquad 2\cos x \cos y = \cos(x-y) + \cos(x+y)$$

$$\sin(x \pm y) = \sin x \cos y \pm \cos x \sin y \qquad 2\sin x \sin y = \cos(x-y) - \cos(x+y)$$

$$2\sin x \cos y = \sin(x-y) + \sin(x+y)$$

$$\cos\left(x \pm \frac{\pi}{2}\right) = \mp \sin x \qquad \sin\left(x \pm \frac{\pi}{2}\right) = \pm \cos x$$

$$\cos 2x = \cos^2 x - \sin^2 x \qquad \sin 2x = 2\sin x \cos x$$

$$2\cos^2 x = 1 + \cos 2x \qquad 2\sin^2 x = 1 - \cos 2x$$

$$4\cos^3 x = 3\cos x + \cos 3x \qquad 4\sin^3 x = 3\sin x - \sin 3x$$

## 2. 微分规则

$$[u(x)v(x)]' = u'(x)v(x) + u(x)v'(x) \qquad \left[\frac{u(x)}{v(x)}\right]' = \frac{u'(x)v(x) - u(x)v'(x)}{v^2(x)}$$

$$\frac{du}{dx} = \frac{du}{dv}\frac{dv}{dx}$$

## 3. 导数表

$$(x^n)' = nx^{n-1} \qquad \left(\frac{1}{x}\right)' = -\frac{1}{x^2} \qquad (\sqrt{x})' = \frac{1}{2\sqrt{x}}$$

$$(e^x)' = e^x \qquad (a^x)' = a^x \ln a$$

$$(\ln x)' = \frac{1}{x} \qquad (\log_a x)' = \frac{1}{x}\log_a e$$

$$(\cos(ax))' = -a\sin(ax) \qquad (\sin(ax))' = a\cos(ax)$$

$$(\tan(ax))' = \frac{a}{\cos^2(ax)} \qquad (\arctan(ax))' = \frac{a}{1+(ax)^2}$$

$$(\arccos(ax))' = -\frac{a}{\sqrt{1-(ax)^2}} \qquad (\arcsin(ax))' = \frac{a}{\sqrt{1-(ax)^2}}$$

## 4. 积分技巧

换元法: $\int_a^b f(x) dx \xlongequal{x=\varphi(t)} \int_{\varphi^{-1}(a)}^{\varphi^{-1}(b)} f[\varphi(t)]\varphi'(t) dt$

分部积分法：$\int_a^b uv' \mathrm{d}x = (uv)\Big|_b^a - \int_a^b u'v \mathrm{d}x$

5. 不定积分表

$\int k \mathrm{d}x = kx + C$ （以下公式中常数 $C$ 略去）

$\int x^n \mathrm{d}x = \dfrac{1}{n+1} x^{n+1}$ $(n \neq -1)$ $\qquad \int (a+bx)^n \mathrm{d}x = \dfrac{(a+bx)^{n+1}}{b(n+1)}$ $(n \neq -1)$

$\int \dfrac{1}{x} \mathrm{d}x = \ln|x| \qquad \int \dfrac{\mathrm{d}x}{a+bx} = \dfrac{1}{b} \ln|a+bx|$

$\int \cos x \mathrm{d}x = \sin x \qquad \int \sin x \mathrm{d}x = -\cos x$

$\int x \cos x \mathrm{d}x = \cos x + x \sin x \qquad \int x \sin x \mathrm{d}x = \sin x - x \cos x$

$\int x^2 \cos x \mathrm{d}x = 2x \cos x + (x^2 - 2) \sin x \qquad \int x^2 \sin x \mathrm{d}x = 2x \sin x - (x^2 - 2) \cos x$

$\int a^x \mathrm{d}x = a^x \log_a e \qquad \int e^{ax} \mathrm{d}x = \dfrac{e^{ax}}{a}$

$\int x e^{ax} \mathrm{d}x = e^{ax}\left(\dfrac{x}{a} - \dfrac{1}{a^2}\right) \qquad \int x^2 e^{ax} \mathrm{d}x = e^{ax}\left(\dfrac{x^2}{a} - \dfrac{2x}{a^2} + \dfrac{2}{a^3}\right)$

$\int e^{ax} \sin x \mathrm{d}x = \dfrac{e^{ax}}{a^2 + 1}(a \sin x - \cos x) \qquad \int e^{ax} \cos x \mathrm{d}x = \dfrac{e^{ax}}{a^2 + 1}(a \cos x - \sin x)$

$\int \dfrac{1}{1+x^2} \mathrm{d}x = \arctan x \qquad \int \dfrac{1}{\sqrt{1-x^2}} \mathrm{d}x = \arcsin x$

6. 有限项级数

$\displaystyle\sum_{n=1}^{N} n = \dfrac{N(N+1)}{2} \qquad \sum_{n=0}^{N} q^n = \dfrac{1 - q^{N+1}}{1-q}$

$\displaystyle\sum_{n=1}^{N} n^2 = \dfrac{N(N+1)(2N+1)}{6} \qquad \sum_{n=1}^{N} n^3 = \dfrac{N^2(N+1)^2}{4}$

$\displaystyle\sum_{n=0}^{N} C_N^n a^{N-n} b^n = (a+b)^N$，其中，$C_N^n = \dfrac{N!}{(N-n)! n!}$

7. 无穷级数

$e^x = \displaystyle\sum_{n=0}^{\infty} \dfrac{x^n}{n!} \qquad \cos x = \sum_{n=0}^{\infty} \dfrac{(-1)^n x^{2n}}{(2n)!} \qquad \sin x = \sum_{n=0}^{\infty} \dfrac{(-1)^n x^{2n+1}}{(2n+1)!}$

泰勒级数：$f(x) = \displaystyle\sum_{n=0}^{\infty} \dfrac{f^{(n)}(x_0)}{n!} (x - x_0)^n$

傅里叶级数：$x(t) = \displaystyle\sum_{n=-\infty}^{\infty} c_n e^{jn(2\pi/T)t}$，其中，$c_n = \dfrac{1}{T} \int_T x(t) e^{-jn(2\pi/T)t} \mathrm{d}t$

# 附录 B  典型概率分布及主要统计特性

| 名称<br>概率密度(分布)函数<br>(或分布律) | 图　　示 | 均值 $E[X]$<br>方差 $\mathrm{Var}(X)$ | 特征函数<br>(概率母函数) |
|---|---|---|---|
| (0-1)分布、两点分布<br>$P(X=1)=p$<br>$P(X=0)=q$<br>$f(x)=p\delta(x-1)+q\delta(x)$<br>$F(x)=pu(x-1)+qu(x)$ | | $p$<br>$pq$ | $p\mathrm{e}^{\mathrm{j}v}+q$<br>$pz+q$ |
| 二项分布：$B(n,p)$<br>(binomial)<br>$P_n(k)=C_n^k p^k q^{n-k}$<br>$k=0,1,2,\cdots,n,\ p+q=1$ | $n=10$<br>$p=q=0.5$ | $np$<br>$npq$ | $(p\mathrm{e}^{\mathrm{j}v}+q)^n$<br>$(pz+q)^n$ |
| 泊松分布：$P(\lambda)$<br>(Poisson)<br>$P(k)=\dfrac{\lambda^k}{k!}\mathrm{e}^{-\lambda}$<br>$k=0,1,2,\cdots,+\infty$ | $\lambda=5$ | $\lambda$<br>$\lambda$ | $\mathrm{e}^{-\lambda(1-\mathrm{e}^{\mathrm{j}v})}$<br>$\mathrm{e}^{-\lambda(1-z)}$ |
| 离散均匀分布<br>(uniform)<br>$P(X=k)=\dfrac{1}{N}$<br>$k=0,1,2,\cdots,N-1$ | | $\dfrac{N-1}{2}$<br>$\dfrac{N^2-1}{12}$ | $\dfrac{1-\mathrm{e}^{\mathrm{j}Nv}}{N(1-\mathrm{e}^{\mathrm{j}v})}$<br>$\dfrac{1-z^N}{N(1-z)}$ |
| 均匀分布：$U(a,b)$<br>(uniform)<br>$f(x)=\begin{cases}\dfrac{1}{b-a}, & a<x\leqslant b\\ 0, & \text{其他}\end{cases}$ | | $\dfrac{a+b}{2}$<br>$\dfrac{(b-a)^2}{12}$ | $\dfrac{\mathrm{e}^{\mathrm{j}bv}-\mathrm{e}^{\mathrm{j}av}}{\mathrm{j}v(b-a)}$ |

续表

| 名称<br>概率密度(分布)函数 | 图 示 | 均值 $E[X]$<br>方差 $\mathrm{Var}(X)$ | 特征函数<br>(概率母函数) |
|---|---|---|---|
| 指数分布<br>(exponential)<br>$f(x)=\begin{cases}\lambda\mathrm{e}^{-\lambda x}, & x\geqslant 0\\ 0, & x<0\end{cases}$<br>$F(x)=\begin{cases}1-\mathrm{e}^{-\lambda x}, & x\geqslant 0\\ 0, & x<0\end{cases}$<br>$(\lambda>0)$ | | $\dfrac{1}{\lambda}$<br>$\dfrac{1}{\lambda^2}$ | $\dfrac{1}{1-\mathrm{j}v/\lambda}$ |
| 正态(高斯)分布: $N(\mu,\sigma^2)$<br>(normal/Gaussian)<br>$f(x)=\dfrac{1}{\sqrt{2\pi}\sigma}\mathrm{e}^{-(x-\mu)^2/2\sigma^2}$ | | $\mu$<br>$\sigma^2$ | $\mathrm{e}^{\mathrm{j}\mu v-\sigma^2 v^2/2}$ |
| $\chi^2$ 分布: $\chi^2(n)$<br>(Chi-square)<br>$f(x)=\dfrac{x^{\frac{n}{2}-1}}{2^{\frac{n}{2}}\Gamma\left(\dfrac{n}{2}\right)}\mathrm{e}^{-\frac{x}{2}}, x\geqslant 0$<br>$\Gamma\left(\dfrac{n}{2}\right)=\int_0^\infty x^{\frac{n}{2}-1}\mathrm{e}^{-x}\mathrm{d}x$ | | $n$<br>$2n$ | $(1-\mathrm{j}2v)^{-n/2}$ |
| 伽马($\Gamma$)分布: $\Gamma(r,\lambda)$<br>(Gamma)<br>$f(x)=\begin{cases}\dfrac{x^{r-1}\mathrm{e}^{-\lambda x}}{\Gamma(r)\lambda^{-r}}, & x\geqslant 0\\ 0, & x<0\end{cases}$<br>$(r>0,\lambda>0)$ | | $\dfrac{r}{\lambda}$<br>$\dfrac{r}{\lambda^2}$ | $(1-\mathrm{j}v/\lambda)^{-r}$ |
| 对数正态分布<br>(log-normal)<br>$f(x)=\dfrac{1}{x\sqrt{2\pi}\sigma}\mathrm{e}^{-(\ln x-\mu)^2/2\sigma^2}$<br>$x>0$ | | $\mathrm{e}^{\mu+\sigma^2/2}$<br>$\mathrm{e}^{2\mu+\sigma^2}(\mathrm{e}^{\sigma^2}-1)$ | — |
| 瑞利分布<br>(Rayleigh)<br>$f(x)=\begin{cases}\dfrac{x}{\sigma^2}\mathrm{e}^{-\frac{x^2}{2\sigma^2}}, & x\geqslant 0\\ 0, & x<0\end{cases}$<br>$(\sigma>0)$ | | $\sqrt{\dfrac{\pi}{2}}\sigma$<br>$(2-\pi/2)\sigma^2$ | $\mathrm{e}^{-\sigma^2 v^2/2}\times$<br>$\left(1+\mathrm{j}\sqrt{\dfrac{\pi}{2}}\sigma v\right)$ |

续表

| 名称<br>概率密度(分布)函数 | 图 示 | 均值 $E[X]$<br>方差 $\mathrm{Var}(X)$ | 特征函数<br>(概率母函数) |
|---|---|---|---|
| 莱斯分布（Rician）<br>$f(x)=\dfrac{x}{\sigma^2}\mathrm{e}^{-(x^2+a^2)/2\sigma^2}\mathrm{I}_0\left(\dfrac{ax}{\sigma^2}\right)$,<br>$(a>0,\sigma>0)$<br>$\mathrm{I}_0(\eta)=\dfrac{1}{2\pi}\int_0^{2\pi}\mathrm{e}^{\eta\cos\theta}\mathrm{d}\theta$ | | $\left[(1+r)\mathrm{I}_0\left(\dfrac{r}{2}\right)+r\mathrm{I}_1\left(\dfrac{r}{2}\right)\right]\dfrac{\sqrt{\pi}}{2}\sigma\mathrm{e}^{-\frac{r}{2}}$,<br>$(r=a^2/2\sigma^2)$<br>— | — |
| 拉普拉斯分布（Laplacian）<br>$f(x)=\dfrac{1}{2\lambda}\mathrm{e}^{-|x-\mu|/\lambda}$,<br>$-\infty<x<\infty,(\lambda>0)$ | | $\mu$<br>$2\lambda^2$ | $\dfrac{\mathrm{e}^{\mathrm{j}\mu v}}{1+\lambda^2 v^2}$ |
| 柯西分布（Cauchy）<br>$f(x)=\dfrac{\alpha/\pi}{(x-\mu)^2+\alpha^2}$,<br>$-\infty<x<\infty,(\alpha>0)$ | | 不存在<br>不存在 | $\mathrm{e}^{\mathrm{j}\mu v-\alpha|v|}$ |

# 附录 C  $Q(x)$ 函数表

| $x$ | 0 | 1 | 2 | 3 | 4 | 5 | 6 | 7 | 8 | 9 | $\times 10^{-n}$ |
|---|---|---|---|---|---|---|---|---|---|---|---|
| 0. | 0.5000 | 0.4602 | 0.4207 | 0.3821 | 0.3446 | 0.3085 | 0.2743 | 0.2420 | 0.2119 | 0.1841 | $\times 1$ |
| 1. | 1.5866 | 1.3567 | 1.1507 | 0.9680 | 0.8076 | 0.6681 | 0.5480 | 0.4457 | 0.3593 | 0.2872 | $\times 10^{-1}$ |
| 2.0 | 2.2750 | 2.2216 | 2.1692 | 2.1178 | 2.0675 | 2.0182 | 1.9699 | 1.9226 | 1.8763 | 1.8309 |  |
| 2.1 | 1.7864 | 1.7429 | 1.7003 | 1.6586 | 1.6177 | 1.5778 | 1.5386 | 1.5003 | 1.4629 | 1.4262 | $\times 10^{-2}$ |
| 2.2 | 1.3903 | 1.3553 | 1.3209 | 1.2874 | 1.2545 | 1.2224 | 1.1911 | 1.1604 | 1.1304 | 1.1011 |  |
| 2.3 | 1.0724 | 1.0444 | 1.0170 | 0.9903 | 0.9642 | 0.9387 | 0.9137 | 0.8894 | 0.8656 | 0.8424 |  |
| 2.4 | 8.1975 | 7.9763 | 7.7603 | 7.5494 | 7.3436 | 7.1428 | 6.9469 | 6.7557 | 6.5691 | 6.3872 |  |
| 2.5 | 6.2097 | 6.0366 | 5.8677 | 5.7031 | 5.5426 | 5.3861 | 5.2336 | 5.0849 | 4.9400 | 4.7988 |  |
| 2.6 | 4.6612 | 4.5271 | 4.3965 | 4.2692 | 4.1453 | 4.0246 | 3.9070 | 3.7926 | 3.6811 | 3.5726 | $\times 10^{-3}$ |
| 2.7 | 3.4670 | 3.3642 | 3.2641 | 3.1667 | 3.0720 | 2.9798 | 2.8901 | 2.8028 | 2.7179 | 2.6354 |  |
| 2.8 | 2.5551 | 2.4771 | 2.4012 | 2.3274 | 2.2557 | 2.1860 | 2.1182 | 2.0524 | 1.9884 | 1.9262 |  |
| 2.9 | 1.8658 | 1.8071 | 1.7502 | 1.6948 | 1.6411 | 1.5889 | 1.5382 | 1.4890 | 1.4412 | 1.3949 |  |
| 3.0 | 1.3499 | 1.3062 | 1.2639 | 1.2228 | 1.1829 | 1.1442 | 1.1067 | 1.0703 | 1.0350 | 1.0008 |  |
| 3.1 | 9.6760 | 9.3544 | 9.0426 | 8.7403 | 8.4474 | 8.1635 | 7.8885 | 7.6219 | 7.3638 | 7.1136 |  |
| 3.2 | 6.8714 | 6.6367 | 6.4095 | 6.1895 | 5.9765 | 5.7703 | 5.5706 | 5.3774 | 5.1904 | 5.0094 |  |
| 3.3 | 4.8342 | 4.6648 | 4.5009 | 4.3423 | 4.1889 | 4.0406 | 3.8971 | 3.7584 | 3.6243 | 3.4946 |  |
| 3.4 | 3.3693 | 3.2481 | 3.1311 | 3.0179 | 2.9086 | 2.8029 | 2.7009 | 2.6023 | 2.5071 | 2.4151 | $\times 10^{-4}$ |
| 3.5 | 2.3263 | 2.2405 | 2.1577 | 2.0778 | 2.0006 | 1.9262 | 1.8543 | 1.7849 | 1.7180 | 1.6534 |  |
| 3.6 | 1.5911 | 1.5310 | 1.4730 | 1.4171 | 1.3632 | 1.3112 | 1.2611 | 1.2128 | 1.1662 | 1.1213 |  |
| 3.7 | 1.0780 | 1.0363 | 0.9961 | 0.9574 | 0.9201 | 0.8842 | 0.8496 | 0.8162 | 0.7841 | 0.7532 |  |
| 3.8 | 7.2348 | 6.9483 | 6.6726 | 6.4072 | 6.1517 | 5.9059 | 5.6694 | 5.4418 | 5.2228 | 5.0122 |  |
| 3.9 | 4.8096 | 4.6148 | 4.4274 | 4.2473 | 4.0741 | 3.9076 | 3.7475 | 3.5936 | 3.4458 | 3.3037 |  |
| 4.0 | 3.1671 | 3.0359 | 2.9099 | 2.7888 | 2.6726 | 2.5609 | 2.4536 | 2.3507 | 2.2518 | 2.1569 | $\times 10^{-5}$ |
| 4.1 | 2.0658 | 1.9783 | 1.8944 | 1.8138 | 1.7365 | 1.6624 | 1.5912 | 1.5230 | 1.4575 | 1.3948 |  |
| 4.2 | 1.3346 | 1.2769 | 1.2215 | 1.1685 | 1.1176 | 1.0689 | 1.0221 | 0.9774 | 0.9345 | 0.8934 |  |
| 4.3 | 8.5399 | 8.1627 | 7.8015 | 7.4555 | 7.1241 | 6.8069 | 6.5031 | 6.2123 | 5.9340 | 5.6675 |  |
| 4.4 | 5.4125 | 5.1685 | 4.9350 | 4.7117 | 4.4979 | 4.2935 | 4.0980 | 3.9110 | 3.7322 | 3.5612 |  |
| 4.5 | 3.3977 | 3.2414 | 3.0920 | 2.9492 | 2.8127 | 2.6823 | 2.5577 | 2.4386 | 2.3249 | 2.2162 | $\times 10^{-6}$ |
| 4.6 | 2.1125 | 2.0133 | 1.9187 | 1.8283 | 1.7420 | 1.6597 | 1.5810 | 1.5060 | 1.4344 | 1.3660 |  |
| 4.7 | 1.3008 | 1.2386 | 1.1792 | 1.1226 | 1.0686 | 1.0171 | 0.9680 | 0.9211 | 0.8765 | 0.8339 |  |
| 4.8 | 7.9333 | 7.5465 | 7.1779 | 6.8267 | 6.4920 | 6.1731 | 5.8693 | 5.5799 | 5.3043 | 5.0418 |  |
| 4.9 | 4.7918 | 4.5538 | 4.3272 | 4.1115 | 3.9061 | 3.7107 | 3.5247 | 3.3476 | 3.1792 | 3.0190 | $\times 10^{-7}$ |
| 5. | 2.8665 | 1.6983 | 0.9964 | 0.5790 | 0.3332 | 0.1899 | 0.1072 | 0.0599 | 0.0332 | 0.0182 | $\times 10^{-7}$ |
| 6. | 9.8659 | 5.3034 | 2.8232 | 1.4882 | 0.7769 | 0.4016 | 0.2056 | 0.1042 | 0.0523 | 0.0260 | $\times 10^{-10}$ |
| 7. | 1.2798 | 0.6238 | 0.3011 | 0.1439 | 0.0681 | 0.0319 | 0.0148 | 0.0068 | 0.0031 | 0.0014 | $\times 10^{-12}$ |
| 8. | 6.2210 | 2.7480 | 1.2019 | 0.5206 | 0.2232 | 0.0948 | 0.0399 | 0.0166 | 0.0068 | 0.0028 | $\times 10^{-16}$ |
| 9. | 1.1286 | 0.4517 | 0.1790 | 0.0702 | 0.0273 | 0.0105 | 0.0040 | 0.0015 | 0.0006 | 0.0002 | $\times 10^{-19}$ |

# 参 考 文 献

[1] Couch II L W. Digital and Analog Communication Systems[M]. 6th ed. 影印版. 北京：科学出版社，2003.
[2] Proakis J G, Salehi M. Communication Systems Engineering[M]. 2nd ed. New Jersey：Prentice-Hall Inc.，2002.
[3] Lathi B P. Modern Digital and analog communication systems[M]. 4th ed. 北京：电子工业出版社，2011.
[4] Haykin S. 通信系统[M]. 沈连丰，等译. 4版. 北京：电子工业出版社，2003.
[5] 曹志刚，钱亚生. 现代通信原理[M]. 北京：清华大学出版社，1992.
[6] 樊昌信，曹丽娜. 通信原理[M]. 6版. 北京：国防工业出版社，2011.
[7] 周炯槃，庞沁华，续大我，等. 通信原理[M]. 4版. 北京：北京邮电大学出版社，2019.
[8] Oppenheim A V，Willsky A S. 信号与系统[M]. 刘树棠，译. 2版. 西安：西安交通大学出版社，1998.
[9] 李晓峰，周宁，傅志中，等. 随机信号分析[M]. 5版. 北京：电子工业出版社，2018.
[10] Wilson S G. Digital Modulation and Coding[M]. 影印版. 北京：电子工业出版社，1998.
[11] Proakis J G. Digital Communications[M]. 4th ed. 影印版. 北京：电子工业出版社，2001.
[12] Sklar B. 数字通信——基础与应用[M]. 沈连丰，等译. 2版. 北京：电子工业出版社，2002.
[13] Blake R. Electronic Communication Systems[M]. 2nd ed. 影印版. 北京：电子工业出版社，2002.
[14] Tanenbaum A S. 计算机网络[M]. 潘爱民，徐明伟，译. 4版. 北京：清华大学出版社，2004.
[15] Stallings W. 计算机网络与Internet协议与技术[M]. 林琪，阎慧，译. 北京：中国电力出版社，2005.
[16] 曹志刚，等. 通信原理与应用：基础理论部分[M]. 北京：高等教育出版社，2015.
[17] 曹志刚，等. 通信原理与应用：系统案例部分[M]. 北京：高等教育出版社，2015.
[18] 张树京，冯玉珉. 通信系统原理[M]. 北京：清华大学出版社，北京交通大学出版社，2003.
[19] 宋铁成，刘郁蓉，等. 通信原理[M]. 北京：人民邮电出版社，2023.
[20] 王新梅，肖国镇. 纠错编码：原理与方法[M]. 修订版. 西安：西安电子科技大学出版社，1991.
[21] Lin S，Costello D J. 差错控制编码[M]. 晏坚，何元智，潘亚汉，等译. 北京：机械工业出版社，2007.
[22] 傅祖芸. 信息论：基础理论与应用[M]. 5版. 北京：电子工业出版社，2022.
[23] Gast M S. 802.11无线网络权威指南[M]. O'Reilly Taiwan公司编译. 2版. 南京：东南大学出版社，2007.
[24] Lee J S，Miller L E. CDMA系统工程手册[M]. 许希斌，周世东，等译. 北京：人民邮电出版社，2000.
[25] Viswanath D T P. 无线通信基础[M]. 李锵，周进，等译. 北京：人民邮电出版社，2007.
[26] Boccuzzi J. 通信信号处理[M]. 刘祖军，田斌，易克初，译. 北京：电子工业出版社，2010.
[27] 李晓峰，唐斌，舒畅，等. 应用随机过程[M]. 2版. 北京：电子工业出版社，2022.
[28] Paulraj A，Nabar R，Gore D. 空时无线通信导论[M]. 刘威鑫，译. 北京：清华大学出版社，2007.
[29] 龚耀寰. 自适应滤波——时域自适应滤波和智能天线[M]. 2版. 北京：电子工业出版社，2003.
[30] Trees H L V. 最优阵列处理技术[M]. 汤俊，等译. 北京：清华大学出版社，2008.
[31] ITU-R P. 676-11建议书. 无线电波在大气气体中的衰减，2016.
[32] 张平，李文璟，牛凯，等. 6G需求与愿望[M]. 北京：人民邮电出版社，2021.
[33] Tomlinson M，Tjhai C J，Ambroze M A，et al. Error-Correction Coding and Decoding—Bounds，Codes，Decoders，Analysis and Applications[J]. SpringerOpen，2017.
[34] Morelos-Zaragoza R H. The Art of Error Correcting Coding[M]. 2nd ed. NJ：John Wiley & Sons，

Ltd.,2006.

[35] Vitetta G M,Taylor D P,Colavolpe G,et al. Wireless Communications—Algorithmic Techniques [M].NJ: John Wiley and Sons,Ltd.,2013.

[36] Morais D H. Key 5G Physical Layer Technologies—Enabling Mobile and Fixed Wireless Access [M]. 2nd ed. Springer Nature Switzerland AG 2022.

[37] Rao K D. Channel Coding Techniques for Wireless Communications[M]. 2nd ed. Singapore: Springer Nature Singapore Pte Ltd.,2019.

[38] https://errorcorrectionzoo.org/.